高等学校教材
电子信息

电子技术

林红 周鑫霞 主编

清华大学出版社
北京

内容简介

本书按照1995年教育部(原国家教委)颁发的“高等工业学校电子技术基础课程教学基本要求”，本着简洁、通俗、先进和实用的原则而精心编写。

本书主要内容有半导体二极管及其基本电路、晶体管及其基本放大电路、场效应管及其基本放大电路、反馈放大电路、集成电路运算放大器及其应用、信号产生电路、直流电源、数字电路基础、逻辑代数与逻辑函数、组合逻辑电路、双稳态触发器、时序逻辑电路、数模和模数转换器。

本书每章有小结、习题或思考题，并附有一部分习题答案，便于教学和自学。

本书可作为高等学校和成人高等教育各专业电子技术课程的教材(教学学时为40～70)，本书也可供工程技术人员自学和参考。

图书在版编目(CIP)数据

电子技术/林红，周鑫霞主编. —北京：清华大学出版社，2008.4 (2022.1重印)
(高等学校教材·电子信息)
ISBN 978-7-302-16067-0

Ⅰ. 电… Ⅱ. ①林… ②周… Ⅲ. 电子技术—高等学校—教材 Ⅳ. TN

中国版本图书馆CIP数据核字(2007)第139111号

责任编辑：魏江江　徐跃进
责任校对：时翠兰
责任印制：宋　林

出版发行：清华大学出版社
网　址：http://www.tup.com.cn, http://www.wqbook.com
地　址：北京清华大学学研大厦A座　　邮　编：100084
社总机：010-62770175　　邮　购：010-62786544
投稿与读者服务：010-62776969，c-service@tup.tsinghua.edu.cn
质量反馈：010-62772015，zhiliang@tup.tsinghua.edu.cn
印装者：三河市铭诚印务有限公司
经　销：全国新华书店
开　本：185mm×260mm　　**印　张**：24.75　　**字　数**：601千字
版　次：2008年4月第1版　　**印　次**：2022年1月第11次印刷
印　数：17501~18000
定　价：34.00元

产品编号：025921-01

编审委员会成员

出版说明

改革开放以来，特别是党的十五大以来，我国教育事业取得了举世瞩目的辉煌成就，高等教育实现了历史性的跨越，已由精英教育阶段进入国际公认的大众化教育阶段。在质量不断提高的基础上，高等教育规模取得如此快速的发展，创造了世界教育发展史上的奇迹。当前，教育工作既面临着千载难逢的良好机遇，同时也面临着前所未有的严峻挑战。社会不断增长的高等教育需求同教育供给特别是优质教育供给不足的矛盾，是现阶段教育发展面临的基本矛盾。

教育部一直十分重视高等教育质量工作。2001 年 8 月，教育部下发了《关于加强高等学校本科教学工作，提高教学质量的若干意见》，提出了十二条加强本科教学工作提高教学质量的措施和意见。2003 年 6 月和 2004 年 2 月，教育部分别下发了《关于启动高等学校教学质量与教学改革工程精品课程建设工作的通知》和《教育部实施精品课程建设提高高校教学质量和人才培养质量》文件，指出"高等学校教学质量和教学改革工程"是教育部正在制定的《2003—2007 年教育振兴行动计划》的重要组成部分，精品课程建设是"质量工程"的重要内容之一。教育部计划用五年时间(2003—2007 年)建设 1500 门国家级精品课程，利用现代化的教育信息技术手段将精品课程的相关内容上网并免费开放，以实现优质教学资源共享，提高高等学校教学质量和人才培养质量。

为了深入贯彻落实教育部《关于加强高等学校本科教学工作，提高教学质量的若干意见》精神，紧密配合教育部已经启动的"高等学校教学质量与教学改革工程精品课程建设工作"，在有关专家、教授的倡议和有关部门的大力支持下，我们组织并成立了"清华大学出版社教材编审委员会"(以下简称"编委会")，旨在配合教育部制定精品课程教材的出版规划，讨论并实施精品课程教材的编写与出版工作。"编委会"成员皆来自全国各类高等学校教学与科研第一线的骨干教师，其中许多教师为各校相关院、系主管教学的院长或系主任。

按照教育部的要求，"编委会"一致认为，精品课程的建设工作从开始就要坚持高标准、严要求，处于一个比较高的起点上；精品课程教材应该能够反映各高校教学改革与课程建设的需要，要有特色风格、有创新性(新体系、新内容、新手段、新思路，教材的内容体系有较高的科学创新、技术创新和理念创新的含量)、先进性(对原有的学科体系有实质性的改革和发展，顺应并符合新世纪教学发展的规律，代表并引领课程发展的趋势和方向)、示范性(教材所体现的课程体系具有较广泛的辐射性和示范性)和一定的前瞻性。教材由个人申报或各校推荐(通过所在高校的“编委会”成员推荐),经“编委会”认真评审,最后由清华大学出版社审定出版。

目前,针对计算机类和电子信息类相关专业成立了两个“编委会”,即“清华大学出版社计算机教材编审委员会”和“清华大学出版社电子信息教材编审委员会”。首批推出的特色精品教材包括:

(1) 高等学校教材·计算机应用——高等学校各类专业,特别是非计算机专业的计算机应用类教材。

(2) 高等学校教材·计算机科学与技术——高等学校计算机相关专业的教材。

(3) 高等学校教材·电子信息——高等学校电子信息相关专业的教材。

(4) 高等学校教材·软件工程——高等学校软件工程相关专业的教材。

(5) 高等学校教材·信息管理与信息系统。

(6) 高等学校教材·财经管理与计算机应用。

清华大学出版社经过二十多年的努力,在教材尤其是计算机和电子信息类专业教材出版方面树立了权威品牌,为我国的高等教育事业做出了重要贡献。清华版教材形成了技术准确、内容严谨的独特风格,这种风格将延续并反映在特色精品教材的建设中。

清华大学出版社教材编审委员会
E-mail:dingl@tup.tsinghua.edu.cn

前　言

随着现代科学技术的迅猛发展，特别是由于微电子技术、电子计算机技术的迅猛发展，电子技术已成为许多专业开设的一门技术基础课程。随着半导体技术的发展，电子技术所涵盖的内容越来越多，但受限于新的教学大纲和学生知识结构的变化，该门课所允许的授课学时却越来越少，该教材就是为了适应这种形势的需要而编写的。编者在分析了 1990 年以来出版或再版的若干美国同类教材和国内重点大学的改革教材的基础上，结合他们多年来在该门课上的教学体会及在该领域的科研实践体会，力求在教材编写中体现出以下的思路和特色。

1. 教材最大限度地删除了对半导体器件（半导体二极管、晶体管、场效应晶体管和集成电路）内部物理过程的数学分析，把注意力放在器件的外部伏安特性、模型和参数上面。这是解决电子技术内容多、学时数少的必要措施，这一做法也被各种新教材所共同采用。

2. 虽然新器件、新电路不断涌现，但基本概念、基本原理是不会变化的。教材始终以"讲透概念原理、打好电路基础"为宗旨，对基本概念的讲述一般不压缩篇幅，这是使教材易读的重要措施；简化公式的数学分析推导过程，使公式简明易记，重在应用。

3. 教材服务的对象是初学者，因此在章节次序的安排上应符合由浅入深，由个别到一般的认识规律。例如，不为追求"先器件后电路"的系统性，而把器件在前面的章节里就全盘托出，使得学习难度增加。代之以"边器件边电路"的方法，介绍完一种器件，接着就讲它的基本实用电路。放大电路的分析也按照先基础电路后实用变形电路来编排的。

4. 教材有意识地加强了电路模型的概念。电路中的电子器件一旦模型化以后，剩下分析计算的工作依靠电路理论课程的知识来完成，使学生掌握研究电路的统一方法，所学的知识得到从具体到抽象的升华。

5. 电子技术是学生第一次接触到的一门工程型、技术型、实用型而非理论型的课程，因此，教材注意强调电路结构和元件取值的合理性。电路的计算则用工程近似方法：抓主要矛盾，简化模型和计算。

6. 对集成电路的讨论强化"外部"，淡化"内部"，着眼于方法和能力的培养。

7. 教材对放在各章之后的习题（或思考题）给予足够的重视。习题是对学生是否掌握本章的基本知识的全面检查，能起到纠正模糊认识，巩固基础知识的作用，并且还具有提高分析实用电路能力的作用。编者根据多年的教学实践，精选题目，并附有部分习题的答案，使之对学生帮助最大。

8. 教材各章之后附有小结，以帮助学生归纳重要知识点和重要结论。

注意到各层次学生的需要，教材的实际内容超过教学学时数，以便教师在讲授时根据专业需要、学时多少和学生实际水平来决定取舍。本教材可作为高等学校电信、计算机应用、自动化、电子、电力、机械、化工、建筑等专业的本科或专科电子技术课程的教学用书。

本教材由林红、周鑫霞主编，参加编写的工作人员有蒙向阳、杨凡、蒙丹阳、张艳艳、徐海林、杨桦、林卫、林晓曦、程萍、张德芳、马莉、王红、张士军。

本教材在编写过程中得到有关专家和教师的指导和帮助，在此表示衷心感谢。

由于编者水平有限，书中难免有疏漏之处，恳请各位读者批评指正。

编　者

目录

绪 论

电子技术是近几十年来发展非常迅速的一门学科，它的应用已渗透到工业、农业、国防、科技以及人民生活的各个领域。目前电子技术已经成为现代科学技术的一个重要组成部分。那么，电子技术如何发展起来的？它有哪些相关概念？本课程的性质、任务及重点是什么？它的特点和学习方法又是什么？这是绪论要讨论的问题。

0.1 电子技术发展概况

电子技术的核心是电子器件，电子器件的更新换代，引起了电子电路的极大变化，出现了更多的应用领域和更新的应用技术。

1869 年 Hittorf 和 Crookes 发明的阴极射线管是电子技术发展历史的起点。1906 年真空三极管的诞生，标志着第一代电子器件——真空管开始形成。此后，近半个世纪里，真空管几乎是各种电子设备中唯一可用的电子器件，电子技术得到了迅速发展，成为一门新兴科学。随后电子技术取得许多成就，如电视、雷达和计算机的发明都与真空管是分不开的。

在 20 世纪 40 年代后期，出现了一种新型的电子器件——半导体器件，它被称为第二代电子器件。与真空管相比，半导体管具有体积小、质量轻、功耗低及寿命长等特点，因而很快在许多领域取代了真空管。半导体器件有二极管、晶体管、电阻、电容等，都是一个个的独立元件，所以称为分立元件，由分立元件组成的电路称为分立元件电路。随着电子器件应用技术的更加完善，使得电子技术很快用于工业自动化、检测、计算等方面，也促成了计算机、通信等领域的发展。而且在解决实际问题中，逐步形成了自己的理论系统和分析方法，成为应用广泛的技术学科。

电子技术的惊人发展促进了其他科学技术的发展，反过来科学技术的发展又对电子器件提出了更新的要求。对分立元件的要求愈来愈高，分立元件电路愈来愈复杂，电路中元件数量也就愈来愈大，使得设备或系统变得庞大、笨重、焊接点增多，设备或系统的可靠性随之下降。

1959 年美国德州仪器公司把晶体管、电阻和电容等集成在一块硅片上，构成一个基本完整的单片式功能电路，第三代电子器件——集成电路从此诞生了。集成电路的发明使电子技术进入了微电子技术时代，是电子技术发展的一个新的飞跃。集成电路是将各种不同的电路元件以及它们之间的连线制作在一块很小的半导体芯片上，成为能完成一定功能的完整电路。由于集成电路不是一个个的分立元件，而是一个或多个完整的具有某种功能的电路，因此，集成电路与分立元件相比，不仅可靠性大大提高，而且体积更小、质量更轻、功耗更低。所以，集成电路一出现，很快被各个行业所采用，形成机-电一体化产品、光-电一体化产品，为电子设备和计算机向微型化和智能化发展开辟了广阔的道路，是近代科学技术发展的新的标志。

集成电路的发展经历了小规模、中规模、大规模和超大规模等不同阶段。第一块集成电路上只有四只晶体管，而目前的集成电路已经可以在一片硅片上集成几千万只，甚至上亿只晶体管。

目前，集成电路仍在高速发展。系统级芯片已经能将整个系统集成在单个芯片上，完成系统的功能。系统级芯片的出现，使集成电路逐步向集成系统的方向发展。

随着电子器件的发展，电子技术的应用已从最初的通信系统发展到自动控制系统、电子测量和电子计量仪表系统、电力系统，广播、电视、录音、录像，无一不与电子技术有关，现代教育和教学工作中，电子技术也已经成为一种重要的辅助工具。如今电子技术使这个时代到处充满电子气息。

0.2 电子技术及相关概念

1. 电子技术

电子技术是研究电子器件、电子电路及应用技术的一门科学技术，是发展迅速的学科之一。

电子器件的作用是实现信号的产生、放大、调制、探测、储存及运算等，常见的有真空管、晶体管和集成电路。

电子电路是组成电子设备的基本单元，由电阻、电容、电感等元件和电子器件构成，完成某种特定功能。

2. 模拟信号与数字信号

在人们周围存在着电、声、光、磁、力等各种形式的信号，电子技术所处理的对象是载有信息的电信号，这些信号按其特点可分为两大类，即模拟信号和数字信号。

模拟信号是指幅值随时间连续变化的信号，如图 1(a)所示的正弦波，是一种常用来分析电路特性的模拟信号的波形，其特点是在一定动态范围内可任意取值。常用十进制数表示。

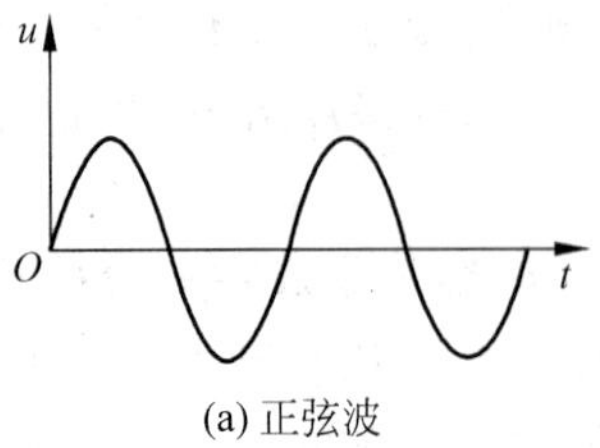

(a) 正弦波

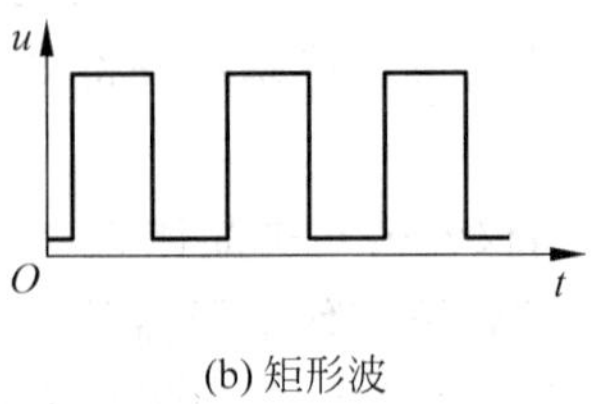

(b) 矩形波

图 1　典型的信号波形

数字信号的时间变量是离散的，幅值是跃变的，如图1(b)所示的矩形波，其特点是在一定时间内可取的值是有限的，常用二进制数表示。

同一物理量，既可以用模拟信号表示，也可以用数字信号表示。例如，传统的录音磁带是以模拟形式记录声音信息，而CD光盘则是以数字形式记录声音信息。

3. 数字电路与模拟电路

由于模拟信号与数字信号的特点不同，处理这两种信号的方法和电路也不相同。电子电路一般分为模拟电路和数字电路两大类。

模拟电路处理的信号是模拟信号，研究的重点是信号在处理过程中的波形变化及器件和电路对信号波形的影响。模拟电路按其所处理的信号的频率可分为低频电路、高频电路和微波电路，也可以按电路中电子器件的工作状态分为线性电子电路和非线性电子电路。还可按电路功能分为信号产生电路、信号放大电路、信号运算与处理电路及电源电路等。模拟电路主要采用电路分析的方法，具体有图解分析法和微变等效电路分析法。

数字电路处理的信号是数字信号，重点研究电路输入和输出之间的逻辑关系，具体电路有组合逻辑电路和时序逻辑电路。电路中电子器件经常工作在时通时断的开关状态，分析时常采用逻辑代数、真值表、卡诺图和状态转换图等方法。

0.3 本课程的性质、任务与重点

1. 本课程的性质和任务

本课程是高等学校在电子技术方面入门的技术基础课。它的任务是使学生获得电子技术方面的基本理论、基本知识和基本技能，培养学生分析问题和解决问题的能力，为以后深入学习电子技术某些领域内容以及电子技术在专业中的应用打好基础。

基本理论主要是指电子电路的基本分析方法；基本知识是指基本的电子器件和电子电路的性能以及主要的应用；基本技能是指电子测试技术、电子电路的分析计算能力和识图能力。

2. 课程内容的重点

电子器件学习的重点在于了解其外部特性和如何用于电路之中，不深入讨论器件内部微观的物理过程及生产工艺。

电子电路无论其复杂程度如何，它们都是由各种基本电子电路所组成，并在一定的组合原则下协调地工作。因此，学习的重点应放在最基本的电路结构、工作原理、分析方法、组合规律以及典型应用等方面。在学习中，对待器件、电路、应用三者的关系是：器件、电路、应用结合，器件为电路所用，以电路为主。

0.4 本课程的特点和学习方法

本课程与基础理论课程（大学物理、电路等）相比，更接近工程实际。因此，在学习时要更加注重物理概念，并注意采用工程观点。同时，它又是一门实践性很强的课程，所以应重视实验技术。

本课程内容比较庞杂，并且技术术语多、基本概念多、电路种类多。各种器件的工作原理、电路的组成及分析方法与其他先修课程相比不但多，而且复杂。同时，课程的难点都集中在前几章，初学者都会有“入门难”的感觉。此外，在模拟电子电路中几乎都是交、直流共存于同一电路之中，既有直流通路又有交流通路，它们既互相联系又有区别，这就带来了分析上的复杂性。

要解决“入门难”的问题，必须要搞清楚一般术语的定义，并且要牢记，对一些基本电路的结构和特性要熟记。注重对基本概念的理解，只有基本概念清楚，才能正确地理解和运用基本原理、基本分析方法。

电子电路中包含的电子器件是非线性的，所以精确的分析和计算非常困难。同时，电子电路的分析和设计往往与工程背景有直接关系，会遇到很多实际问题，难以做出精确的分析和计算。为此，往往有条件地忽略一些次要的因素，这样既能使复杂的问题得到简化，又能满足实际工作中的计算要求，这就是工程估算法。工程估算的目的不是为了获得精确的结果，而是通过简单的分析估算以获得清晰的、定性的概念和结论。利用这些概念和结论进一步指导电路和系统的设计，在实验中迅速判断电路出现故障的原因，并通过改变某些元器件的参数使电路和系统的指标达到设计要求。

实验在电子技术基础课程中占有相当重要的地位。仅有书本知识，而缺乏实践，是不能把电子技术真正学到手的。只有通过实验调试才能理解许多基本概念，学习到许多实际知识，并且只有掌握了实验技能，才能使理论与实践紧密结合。对培养学生发现问题、解决问题的能力来说，实验教学是一个很好的途径，可以实现在理论学习中难以达到的效果，所以初学者必须十分重视实验。

第 1 章

半导体二极管及其基本电路

电子电路的核心器件是半导体器件，半导体器件由半导体材料制成。本章首先介绍半导体的基础知识，然后重点讨论最基本的半导体器件——二极管的物理结构、工作原理、特性曲线、主要参数以及二极管的基本电路与分析方法。

1.1 半导体的基础知识

导电性能介于导体和绝缘体之间的物质称为半导体。

物质的导电性能取决于原子结构。导体一般为低价元素，原子中最外层轨道上的电子(价电子)数目较少，极易挣脱原子核的束缚成为自由电子。当受到外电场的作用时，这些自由电子产生定向运动形成电流，呈现较好的导电性能。绝缘体一般为高价元素，最外层电子数目接近 8 个，受原子核的束缚力很强，极不容易摆脱原子核的束缚成为自由电子，因而导电性能极差。半导体器件中使用最多的是锗半导体材料和硅半导体材料，它们都是四价元素，原子中最外层轨道上有四个电子，其简化原子结构模型如图 1.1 所示。最外层电子既不像导体那样极易挣脱原子核的束缚，成为自由电子，又不像绝缘体那样被原子核束缚很紧，因而导电性能介于两者之间。

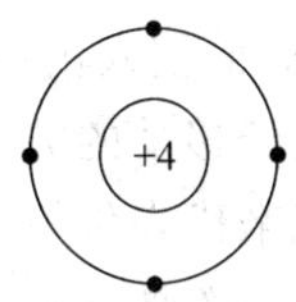

图 1.1 四价元素简化原子结构

1.1.1 本征半导体

用半导体材料制作半导体器件时，半导体要高度提纯使之制成晶体，这种纯净的、具有晶体结构的半导体称为本征半导体。

在本征半导体的晶体结构中，原子按一定的规则整齐地排列，由于原子间的距离很近，价电子不仅受到所属原子核的吸引，还受到相邻原子核的吸引。这样，每一个原子的每一个价电子都与相邻原子的一个价电子组成一个电子对，为两相邻原子所共有，构成所谓共价键结构，如图 1.2 所示。

共价键结构使原子最外层因具有 8 个电子而处于较为稳定的状态。但共价键对电子的约束毕竟不像绝缘体中那样紧，当温度升高或受到光照射时，共价键中的少数价电子因获得能量而挣脱共价键束缚成为自由电子。这种现象称为激发,如图 1.3 所示。价电子在挣脱共价键束缚成为自由电子之后,在共价键中留下一个空位子,称之为空穴。每形成一个自由电子,就留下一个空穴。所以,在本征半导体中,自由电子和空穴总是相伴而生、成对出现、数目相等。原子是中性的,而自由电子带负电,因此,空穴显现出带正电。

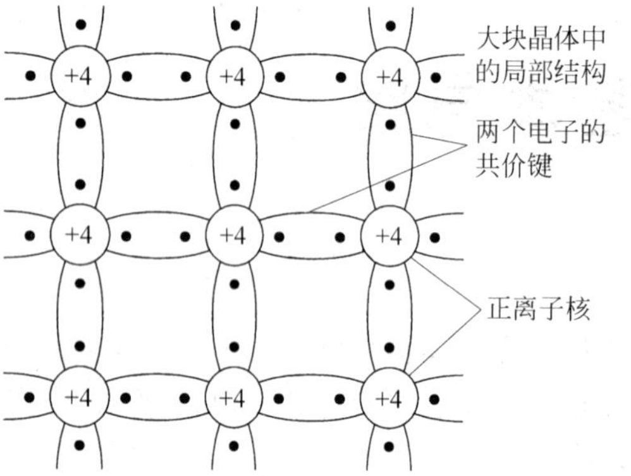

图 1.2 硅晶体共价键结构

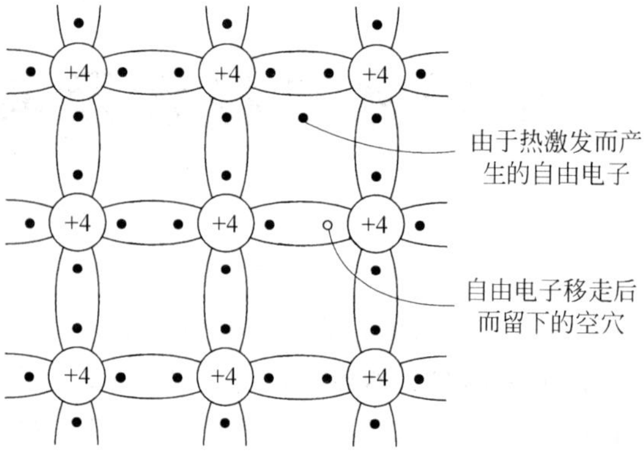

图 1.3 热激发产生自由电子-空穴对

在外电场力的作用下,一方面自由电子作定向运动形成电子电流;另一方面空穴出现后,会吸引相邻原子中的价电子来填补空穴,同时出现另一个空穴,如图 1.4 所示,图中用圆圈表示空穴。如果图中在 x_1 处出现一个空穴,x_2 处的价电子便可以填补到这个空穴,从而使空穴由 x_1 移到 x_2。如果接着 x_3 处的价电子又填补到 x_2 处的空穴,这样空穴又由 x_2 移到了 x_3。在这个过程中,价电子由 $x_3 \to x_2 \to x_1$,但仍处于束缚状态,而空穴由 $x_1 \to x_2 \to x_3$。就是说空穴的移动方向和价电子移动的方向是相反的,因而可用空穴移动产生的电流来代表价电子移动产生的电流,在这里可把空穴看成是一个带正电的粒子,它所带的电量与电子相等,符号相反。因此,在半导体中同时存在着自由电子和空穴两种载流子参加导电,这是半导体导电方式的最主要的特点,也是半导体和导体在导电原理上的明显区别。

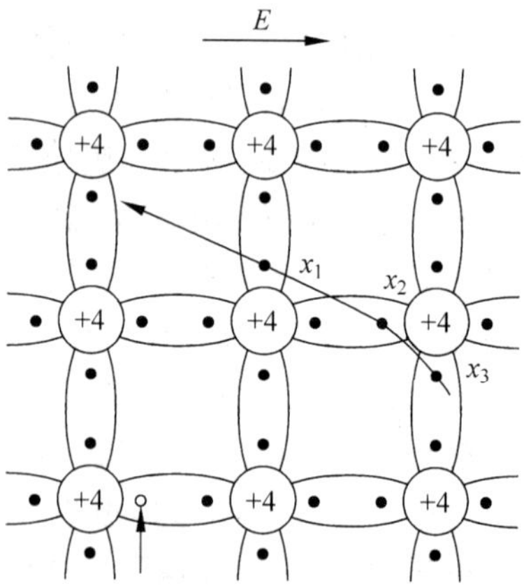

图 1.4 电子和空穴的移动

在本征半导体中,一方面由于热激发,自由电子-空穴对不断产生;另一方面,自由电子在运动过程中又会不断地与空穴重新结合而使自由电子-空穴对消失,这一相反的过程称为复合。在一定温度下,自由电子-空穴对的产生和复合达到动态平衡,即半导体载流子的浓度维持一定的水平。理论证明,本征半导体的载流子浓度随着温度的升高近似地按指数规律增加。因此,温度对半导体的导电性能影响很大。

1.1.2 杂质半导体

在本征半导体中,由于热激发而产生的自由电子和空穴的数目是很少的,所以其导电性能很差。但是,如果在本征半导体中掺微量的杂质(某种元素)就可使半导体的自由电子或空穴的数目大量增加，因而导电性能大大增加。半导体因所掺的杂质不同，可分为N型半导体和P型半导体。

1. N型半导体

如果在硅（或锗）晶体中掺微量的五价元素磷（或砷、锑等），由于其数目很少，故整个晶体结构基本不变，只是某些位置上的硅原子被磷原子取代。磷原子的五个价电子中有四个与相邻的硅原子形成共价键结构，多出的一个价电子受原子核束缚很小，在室温下就可激发成为自由电子，磷原子也因此变成带正电荷的离子。磷原子由于可以提供自由电子而称为施主离子，如图1.5所示。掺入一个磷原子就会产生一个自由电子，故掺杂后半导体的导电能力将大大增加。这种杂质半导体中自由电子的浓度远远大于空穴的浓度，故自由电子称为多数载流子，简称多子；空穴是少数载流子，简称少子。这种半导体称为N型半导体。

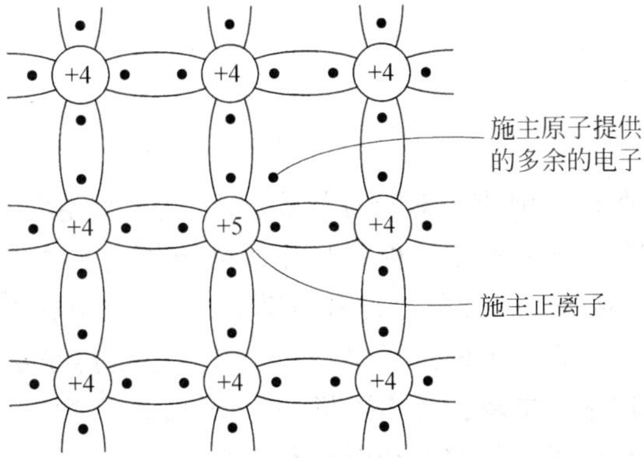

图1.5　N型半导体结构示意图

2. P型半导体

如果在硅（或锗）中掺微量的三价元素硼（或铝、铟等），每一个硼原子与相邻硅原子组成三对共价键，同时形成一个空穴。在室温下这些空穴可以吸引邻近原子的价电子来填充，使硼原子变成带负电荷的离子，而硼原子因能吸引价电子被称为受主原子，如图1.6所示。这种杂质半导体中由于空穴为多数载流子，自由电子为少数载流子，故称之为P型半导体。

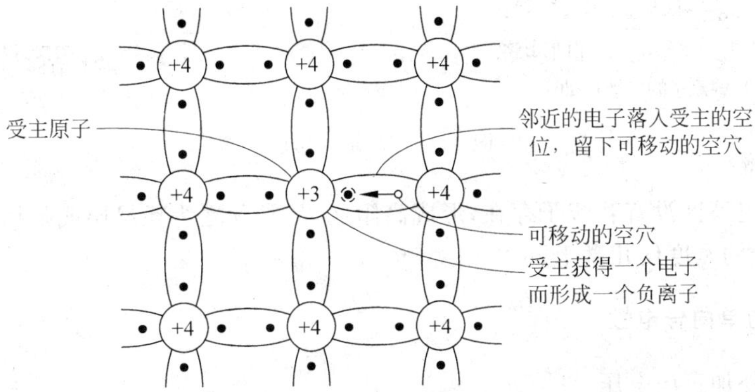

图1.6　P型半导体结构示意图

不论是 N 型半导体还是 P 型半导体，由于原子核内、外的正、负电荷数目相同，就整体而言为电中性。多子的浓度取决于掺杂浓度，它对杂质半导体的导电性能产生直接的影响。少子的数目虽然很少，但它们对温度非常敏感，将对半导体的性能产生十分重要的影响。

综上所述，半导体具有以下特点：

(1) 半导体中存在着两种载流子——自由电子和空穴。因此，半导体的导电原理明显有别于导体。

(2) 在本征半导体中掺微量杂质可以控制半导体的导电能力和参加导电的主要载流子的类型。

(3) 环境的改变对半导体导电性能有很大的影响。例如，当温度增加或受到光照时，半导体导电能力都有所增加。半导体热敏器件和光敏器件都是利用这一特性制造的。

了解半导体的这些特性，对理解半导体器件的工作原理及正确认识和使用它们将很有帮助。

1.1.3 PN 结

如果在一块晶体的两边分别掺入不同的杂质(自由电子和空穴)，使之分别形成 P 型半导体和 N 型半导体，如图 1.7(a)所示。由于交界面两侧载流子浓度差别很大，故多数载流子将向对方区域扩散，形成多数载流子的扩散运动。这样，在交界面的 P 型半导体和 N 型半导体的两侧分别形成一个带负电的离子层和一个带正电的离子层，从而在交界面上形成一个空间电荷区。由此产生的电场称为内电场，其方向由 N 区指向 P 区，如图 1.7(b)所示。内电场的存在阻挡多数载流子的扩散运动而有利于少数载流子向对方区域漂移，形成少数载流子的漂移运动。刚开始时，扩散运动占优势，漂移运动很弱，随着扩散运动的进行，空间电荷区加宽，内电场加强，阻碍扩散运动的作用增强，同时漂移运动也随着内电场的增强而增强，最后，扩散运动和漂移运动达到动态平衡，形成稳定的空间电荷区，即 PN 结。PN 结是构成基本半导体器件的基础。

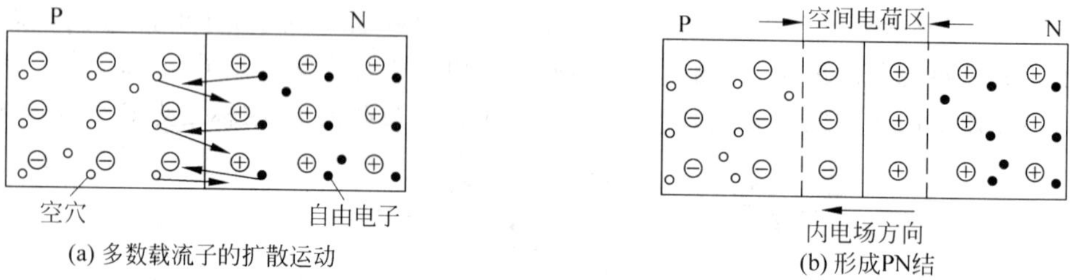

图 1.7 PN 结的形成

由于空间电荷区没有载流子存在，形成高阻区，故常称之为耗尽层或阻挡层。一般情况下，空间电荷区的宽度仅几微米。

1. PN 结的单向导电性

1) PN 结外加正向电压

当电源的正极接 P 区、负极接 N 区时，称 PN 结处于正向偏置(外加正向电压)，如图 1.8(a)

所示。外加正向电压产生的电场称之为外电场，其方向与内电场相反，内电场被削弱，空间电荷区变窄，有利于扩散运动而不利于漂移运动，因而扩散运动占优势。大量的多数载流子通过PN结形成较大的正向电流，PN结处于导通状态。导通时PN结呈现的电阻很小，此电阻称为正向电阻。

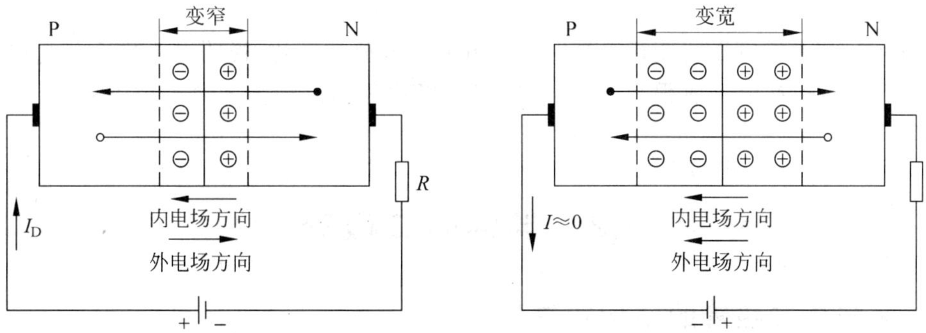

(a) 加正向电压时PN结导通 (b) 外加反向电压时PN结截止

图 1.8 PN 结的单向导电性

2) PN结外加反向电压

若电源的正极接N区、负极接P区，这时PN结处于反向偏置(外加反向电压)，如图1.8(b)所示。由于PN结承受反向电压时，外电场的方向与内电场一致，空间电荷区变宽，内电场被加强，因而漂移运动占优势，形成反向电流。但由于少数载流子浓度很低，且在一定温度下浓度不变，所以反向电流不仅很小，而且即使增加外加电压的幅度时，其电流的大小也保持不变，故称为反向饱和电流。此时PN结处于反向截止状态，PN结呈现的电阻很大，称为反向电阻，高达几百千欧以上。

综上所述，PN结加正向电压，处于导通状态；PN结加反向电压，处于截止状态，即PN结具有单向导电性。PN结的单向导电性可以用PN结伏安特性理论方程来描述，即

$$i_D = I_S(e^{\frac{u_D}{U_T}} - 1) \tag{1.1a}$$

式中，I_S为反向饱和电流的大小；$U_T = KT/q$称为温度电压当量，其中K为玻耳兹曼常数，T为热力学温度，q为电子的电量。当温度为300K(室温)时，$U_T \approx 26\text{mV}$，i_D和u_D是PN结的电流和电压，方向为正向电流和电压的方向。

当PN结两端加正向电压，u_D比U_T大几倍时，式(1.1a)中的u_D/U_T远大于1，其中的1可以忽略。这样，PN结的电流i_D与电压u_D成指数关系，即

$$i_D \approx I_S e^{\frac{u_D}{U_T}} \tag{1.1b}$$

当PN结加反向电压时，u_D为负值。若$|u_D|$比U_T大几倍时，指数项趋近于零，因此$i_D = -I_S$。可见，反向饱和电流是个常数I_S，不随外加反向电压的大小而变动。

2. PN结的击穿

当加在PN结的反向电压超过某一数值(U_{BR})时，反向电流会急剧增加，这种现象称为反向击穿。PN结的反向击穿通常可分为雪崩击穿和齐纳击穿两种情况。

不论是哪种情况的反向电击穿，只要PN结不因电流过大产生过热而烧毁，反向电击

穿与反向截止两种状态都是可逆的。即当反向电压数值降到击穿电压以下时，PN结可以恢复到反向截止的状态。稳压二极管正是利用PN结反向击穿特性来实现稳压作用的。

3. PN结的电容效应

加在PN结上的电压的变化可影响空间电荷区电荷的变化，说明PN结具有电容效应。PN结的结电容的数值一般很小，故只有在工作频率很高的情况下才考虑PN结的结电容作用。

1.2 半导体二极管

1.2.1 半导体二极管的结构和符号

在PN结的两端接上电极引线并用管壳密封就构成半导体二极管。从P型半导体引出的电极称为阳极；从N型半导体引出的电极称为阴极。其符号如图1.9(d)所示。二极管具有单向导电性，其符号中箭头所示的方向就是正向电流的方向。

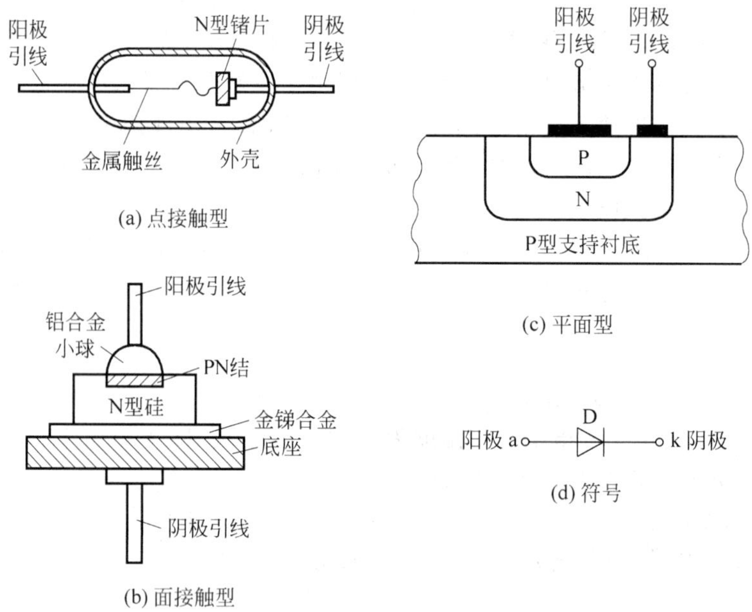

图1.9 半导体二极管的符号和结构

根据内部结构的不同，二极管可分为以下三种类型：

(1) 点接触型二极管：如图1.9(a)所示，由于PN结面积很小，只能通过较小的电流(几十毫安以下)，但它结电容小，适用于高频(几百兆赫兹)电路。故多用于高频信号检波、混频以及小电流整流电路中。

(2) 面接触型二极管：如图1.9(b)所示，由于PN结面积大，所以允许通过较大的电流(几百毫安甚至几安)，但由于结电容大，只能用于低频整流电路中。

(3) 平面型二极管：如图 1.9(c)所示，PN 结面积小的平面二极管常用在脉冲电路中作为开关管用，结面积较大的平面二极管常用于大功率整流电路中。

1.2.2 伏安特性

伏安特性是指二极管阳极与阴极之间的电压 U 与流过二极管电流 I 的关系曲线。图 1.10是硅二极管和锗二极管的实测伏安特性曲线，其特点如下。

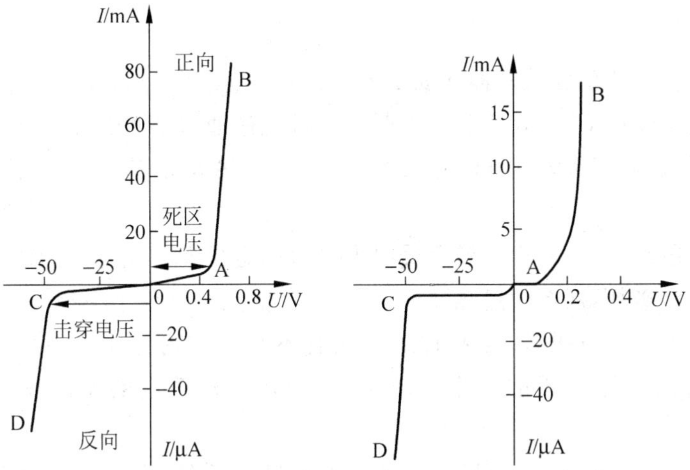

(a) 硅二极管　　(b) 锗二极管

图 1.10　二极管伏安特性

1. 正向特性

当二极管外加的正向电压很低时，由于外电场还不足以克服内电场对多数载流子扩散运动的阻碍作用，因而正向电流仍约为零，这一区域称为死区。当正向电压增加到某一数值时，内电场被削弱，正向电流增长很快，二极管进入导通状态，该电压值称之为导通电压，也叫做门坎电压，用 U_{on} 表示。硅二极管的导通电压约为 0.5V，锗二极管的导通电压约为 0.1V。二极管正常工作时，阳极与阴极间的电压硅管一般为 0.6～0.8V，锗管为 0.2～0.3V。通常认为当二极管正向电压小于 U_{on} 时，二极管截止，当二极管正向电压大于 U_{on} 时，二极管导通。

2. 反向特性

当二极管外加反向电压时，PN 结承受反向偏置，电流很小，且反向电压在较大范围内变化时反向电流值基本不变，称为反向饱和电流，此时，二极管处于截止状态。小功率硅管的反向饱和电流约在 0.1μA 以下，锗管通常在几十 μA。当反向电压增加到某一数值时(一般为几十伏，高的可达数千伏)，二极管被击穿，此时，二极管处于击穿状态。普通二极管往往因击穿过热而烧毁。

由二极管的伏安特性可知，普通二极管一般工作在导通状态和截止状态。

3. 温度特性

二极管的特性对温度十分敏感，温度升高时，正向特性曲线向左移，反向特性曲线向下移。一般规律是：在同一电流下，温度每升高1℃，正向压降减少2～2.5mV；温度每升高10℃，反向饱和电流约增加一倍。

1.2.3 主要参数

二极管的特性除用伏安特性曲线表示外，还用一些参数表示，其主要参数如下。

(1) 最大整流电流 I_{Fm}：指二极管长期工作时允许通过的最大正向平均电流。它主要取决于PN结的结面积大小，当流过二极管的正向平均电流超过此值时，会使PN结烧坏。

(2) 反向击穿电压 U_{BR}：指二极管反向击穿时的电压值。击穿时，反向电流剧增，二极管的单向导电性被破坏，甚至因过热而烧坏。

(3) 最高反向工作电压 U_{Rm}：指保证二极管不被反向击穿所给出的最高反向工作电压。通常约为反向击穿电压的一半。使用时，加在二极管上的实际反向电压不能超过此值。

(4) 最大反向工作电流 I_{Rm}：指在二极管上加最高反向工作电压时的反向电流。此值愈小，单向导电性能愈好。当温度升高时，反向电流增加，单向导电性能变坏，故二极管在高温条件使用时要特别注意。

(5) 最高工作频率 f_M：指保证二极管具有良好单向导电性能的最高频率。它主要由PN结的结电容大小决定。结面积小的二极管最高工作频率较高。

值得注意的是，由于制造工艺的限制，各类半导体器件参数的分散性较大，手册上给出的参数往往是一个范围。而且，半导体器件对温度反应敏感，因此，具体使用时要注意温度改变时对相应参数产生的影响。

(6) 二极管的直流电阻 R_D：工作在伏安特性曲线上的某一点 Q 称为工作点 Q。工作点 Q 的直流电压与流过二极管的电流之比称为二极管的直流电阻 R_D，即

$$R_D = \frac{U_D}{I_D} \tag{1.2}$$

(7) 二极管的交流(动态)电阻 r_D：二极管端电压在某一确定值(工作点Q)附近的微小变化与流过二极管电流产生的微小变化之比称为二极管的交流(动态)电阻 r_D，即

$$r_D = \frac{\Delta U_D}{\Delta I_D} \tag{1.3}$$

r_D 的数值可以通过PN结的伏安特性理论方程式 $i_D = I_S(e^{\frac{u_D}{U_T}} - 1)$ 导出。在工作点Q取 i_D 对 u_D 微分

$$\frac{di_D}{du_D} = \frac{d}{du_D}\left[I_S(e^{\frac{u_D}{U_T}} - 1)\right] = \frac{I_S}{U_T}e^{\frac{u_D}{U_T}} \approx \frac{i_D}{U_T} = \frac{I_{DQ}}{U_T}$$

由此得出

$$r_D = \frac{du_D}{di_D} = \frac{U_T}{I_{DQ}} = \frac{26\text{mV}}{I_{DQ}} \quad (T = 300\text{K}) \tag{1.4}$$

二极管直流电阻 R_D 和动态电阻 r_D 的大小与二极管的工作点有关。对同一工作点而言，直流电阻 R_D 大于动态电阻 r_D，对不同工作点而言，工作点愈高，R_D 和 r_D 愈低。

表 1.1 列出了几种二极管的主要参数。

表 1.1　半导体二极管的主要参数

(1) 2AP1～2AP7 检波二极管(点接触型锗管，在电子设备中作检波和小电流整流用)

参数 型号	最大整流电流	最高反向工作电压(峰值)	反向击穿电压(反向电流为400μA)	正向电流(正向电压为1V)	反向电流(反向电压分别为10V,100V)	最高工作频率	极间电容
	mA	V	V	mA	μA	MHz	pF
2AP1	16	20	⩾40	⩾2.5	⩽250	150	⩽1
2AP7	12	100	⩾150	⩾5.0	⩽250	150	⩽1

(2) 2CZ52～2CZ57 系列整流二极管(用于电子设备的整流电路中)

参数 型号	最大整流电流	最高反向工作电压(峰值)	最高反向工作电压下的反向电流(125℃)	正向压降(平均值)(25℃)	最高工作频率
	A	V	μA	V	kHz
2CZ52	0.1	25,50,100,200,300,400,500,600,700,800,900,1000,1200,1400,1600,1800,2000,2200,2400,2600,2800,3000	1000	⩽0.8	3
2CZ54	0.5		1000	⩽0.8	3
ZCZ57	5		1000	⩽0.8	3

1.3　二极管基本电路及分析方法

二极管的应用范围很广，其基本电路有限幅电路、开关电路等。由于二极管是一种非线性器件，分析电路时常采用模型分析法。

1.3.1　二极管伏安特性的建模

1. 理想模型

理想二极管具有的特点是：加正向电压时二极管导通，其两极之间视为短路，相当于开关合上；加反向电压时二极管截止，其两极之间视为开路，相当于开关断开。理想二极管的模型如图 1.11 所示。图中虚线表示实际二极管的伏安特性。

2. 恒压模型

恒压模型如图 1.12 所示，其基本原理是，当二极管导通时，其工作电压恒定，不随工作电流而变化，典型导通电压值 U_D 为 0.7V(硅管、锗管 U_D 为 0.3V)。当工作电压小于该值二极管截止，其两极之间视为开路。图中虚线表示实际二极管的伏安特性。

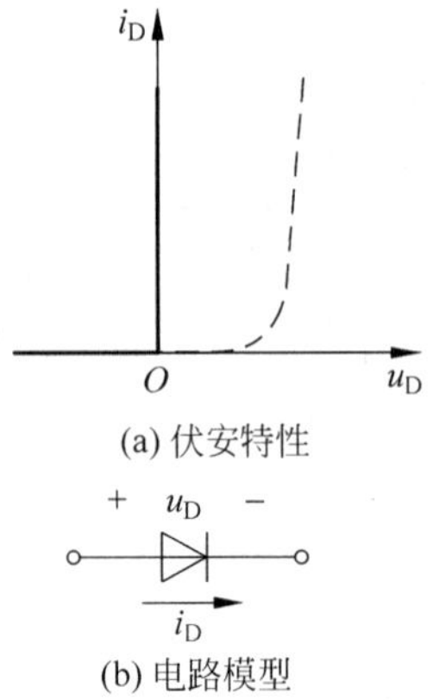

(a) 伏安特性

(b) 电路模型

图 1.11　理想模型

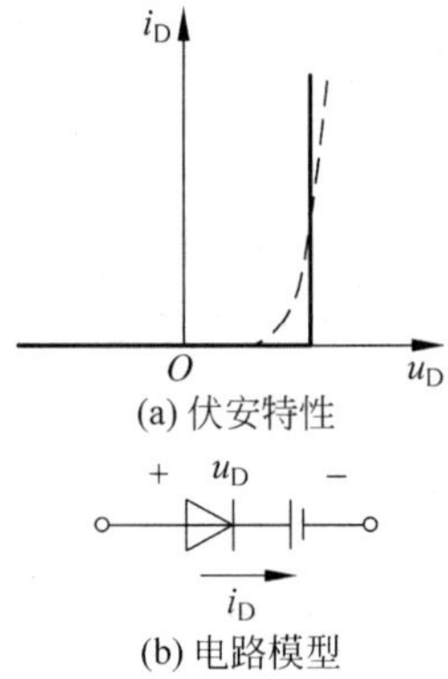

(a) 伏安特性

(b) 电路模型

图 1.12　恒压模型

分析二极管电路的关键是判断二极管的导通或截止。导通时，用理想模型分析，$U_D=0$；用恒压模型分析，$U_D=0.7V$ 或 $U_D=0.3V$。截止时，两种模型均视为开路。

1.3.2　限幅电路

图 1.13(a)所示电路为一种限幅电路，其作用就是将输出电压的幅度限制在一定的范围内。在分析这类电路时，一般采用理想模型。求解时不妨先将二极管断开，分别求出它们两极的电压，当满足导通条件时，将二极管两极短接，否则二极管阳极和阴极间视为开路。当电路输入电压 u_i 为正弦信号时，如图 1.13 所示，电路工作原理如下。

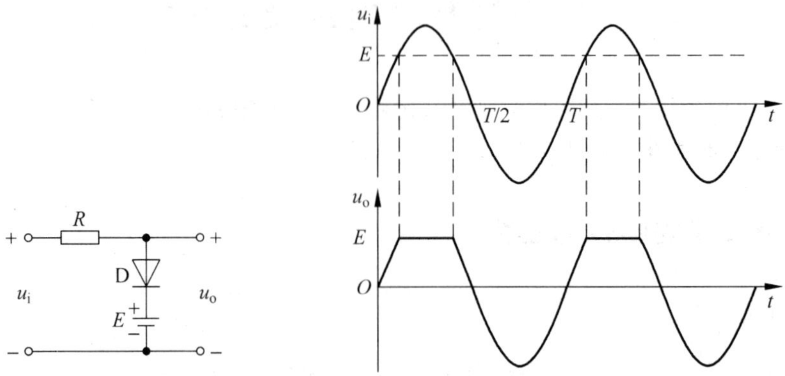

(a) 电路　　(b) 波形

图 1.13　二极管限幅电路

(1) 在 u_i 正半周期间，$u_D = u_i - E$，设 $0 \leqslant E \leqslant U_{im}$，当 $u_i < E$，则 $u_D < 0$，二极管 D 因反向偏置而截止，视为开路，$u_o = u_i$，当 $u_i > E$，则 $u_D > 0$，D 管因正向偏置而导通，视为短路，$u_o = E$。

(2) 在 u_i 负半周期间，D 管因始终承受反向电压而截止，$u_o = u_i$，输入电压 u_i 和输出电压 u_o 的波形如图 1.13(b)所示。

由图可知，此电路输出电压值的正半周限制在 E 之内，超过此值的部分被削去，故称为限幅电路。

例 1.1 电路如图 1.14(a)所示，已知 $u_i = 5\sin\omega t$，设 D_1 和 D_2 为理想二极管，试画出 u_o 波形。

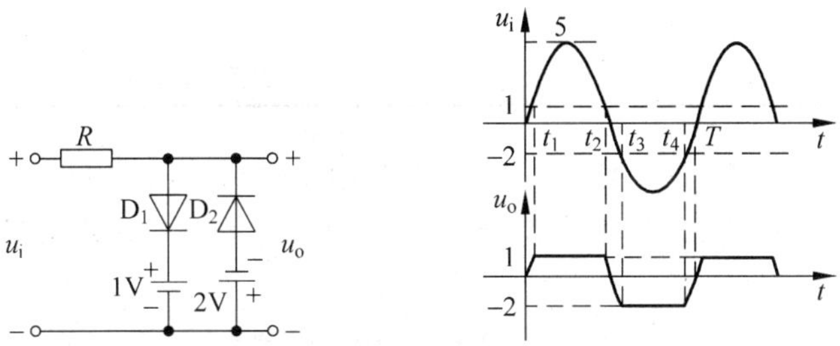

(a) 电路 (b) 波形

图 1.14 例 1.1 的电路

解 由电路可知，$u_{D1} = u_i - 1$，$u_{D2} = -u_i - 2$，当 $u_i > 1$，D_1 正向偏置，D_2 反向偏置，当 $u_i < -2$，D_1 反向偏置，D_2 正向偏置，当 $-2 < u_i < 1$，D_1、D_2 均为反向偏置。所以有

(1) 在 $0 \sim t_1$ 期间，$0 < u_i < 1$，D_1、D_2 因反向偏置而均截止，此时 $u_o = u_i$；

(2) 在 $t_1 \sim t_2$ 期间，$u_i > 1$，D_1 因正向偏置而导通，因此，$u_o = 1\text{V}$；

(3) 在 $t_2 \sim t_3$ 期间，因 $-2 < u_i < 1$，D_1 因反向偏置重新截止，$u_o = u_i$；

(4) 在 $t_3 \sim t_4$ 期间，$u_i < -2$，D_2 因正向偏置而导通，$u_o = -2\text{V}$；

(5) 在 $t_4 \sim T$ 期间，$-2 < u_i < 0$，D_2 因反向偏置重新截止，$u_o = u_i$。T 为输入信号 u_i 的周期，$\omega = 2\pi/T$。

输出电压 u_o 的波形如图 1.14(b)所示。由图可知，此电路输出电压的值限制在 $-2 \sim 1\text{V}$ 之内，超过部分被削去，电路称为双向限幅电路。

1.3.3 开关电路

在数字电路中，常利用二极管单向导电性的开关作用，组成各种开关电路，实现相应的逻辑功能。分析这类电路的原则仍然是判断电路中的二极管是导通还是截止。现举例说明。

例 1.2 电路如图 1.15 所示，当 U_A 和 U_B 为 0V 或 5V 时，求 U_A 和 U_B 在不同的组合方式下，输出电位 U_Y 的值，设 D_A、D_B 均为理想二极管。

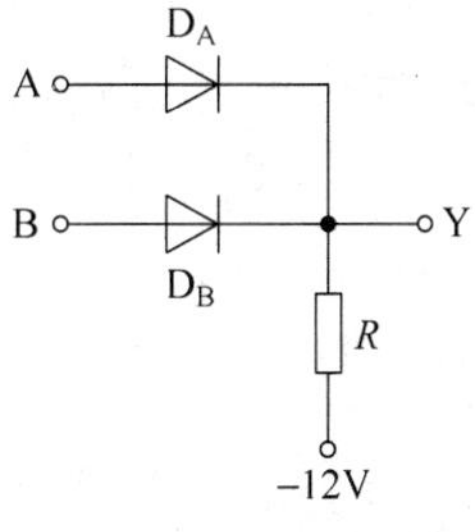

图 1.15 例 1.2 的电路

解 (1) $U_A = 0\text{V}$，$U_B = 5\text{V}$，由电路可知，D_A 的正向偏置电压为 12V，D_B 的正向偏置电压为 17V，此时出现两个二极管同时正向

偏置。在这种情况下，正向偏置电压大的二极管首先导通，即 D_B 导通，输出电位 U_Y 钳制在5V，而 D_A 因 D_B 导通处于反向偏置，因而 D_A 截止。

(2) 依此类推，U_A 和 U_B 在不同的组合下，输出电位 U_Y 的值列入表 1.2 中。

表 1.2 U_A 和 U_B 在不同的组合方式下的二极管状态及输出电位 U_Y

输入		二极管状态		输出
U_A	U_B	D_A	D_B	U_Y
0V	0V	导通	导通	0
0V	5V	截止	导通	5V
5V	0V	导通	截止	5V
5V	5V	导通	导通	5V

由表 1.2 可知，只要 U_A、U_B 中有一个为 5V，则输出为 5V，若 U_A、U_B 全为 0V，则输出为 0V。若将 5V 视为逻辑 1，0V 视为逻辑 0，这种输入与输出的逻辑关系称为或逻辑。

1.4 稳压二极管

1.4.1 稳压二极管的伏安特性及工作状态

稳压二极管是一种用特殊工艺制造的面接触型半导体硅二极管，简称稳压管。图 1.16(a)是稳压管的符号，图 1.16(b)是稳压管的伏安特性曲线。稳压管的正向伏安特性与普通的硅二极管完全相同，其反向伏安特性与普通二极管相比有两个差别：一是反向击穿电压较低，只要采取适当措施限制通过管子的电流，就能保证管子不因过热而烧毁，当反向电压取消后，仍能使管子恢复原有的结构，故反向击穿是可逆的；另一差别是稳压管的反向伏安特性很陡，这样，在反向击穿电压下，当流过管子的电流在较大范围内变化时，管子两端的电压变化很小，因而具有稳压作用。稳压管就是利用这一特性工作的。

由稳压管的伏安特性可知，稳压管可工作在导通、截止和反向击穿三种状态。

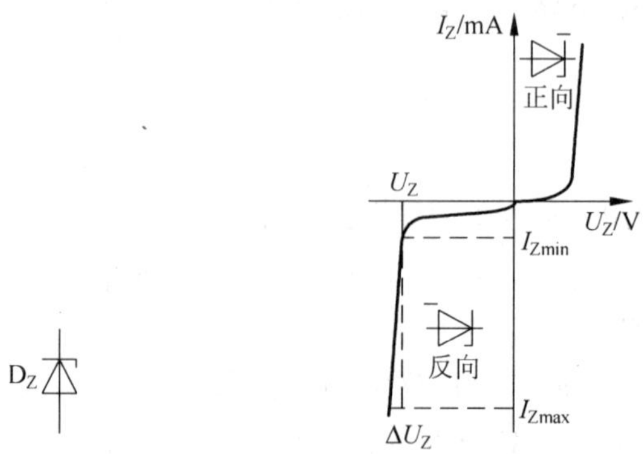

(a) 符号　　(b) 伏安特性曲线

图 1.16 稳压管的符号和伏安特性曲线

例 1.3　电路如图 1.17 所示，设稳压二极管 D_{Z1} 和 D_{Z2} 的稳定工作电压分别为 5V 和 10V，试求出电路的输出电压 U_o，判断稳压二极管所处的工作状态。已知稳压二极管正向电压为 0.7V。

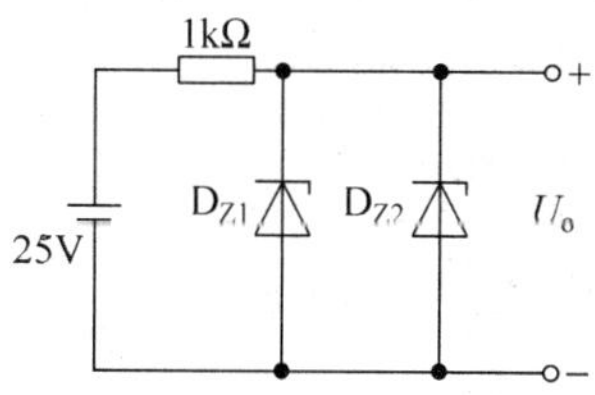

图 1.17　例 1.3 电路

解　由图 1.17 电路得知，当稳压二极管 D_{Z1} 和 D_{Z2} 断开时，D_{Z1} 和 D_{Z2} 同时加有 25V 反向电压。由于 D_{Z1} 反向击穿电压比 D_{Z2} 小，D_{Z1} 先被击穿，使输出电压 U_o 稳定在 5V，因而 D_{Z1} 处于击穿状态，D_{Z2} 处于截止状态。

1.4.2　稳压管的主要参数

1. 稳定电压 U_Z

稳定电压指稳压管正常工作时管子两端的电压，也就是它的反向击穿电压。由于制造工艺的原因，同一型号管子的稳定电压分散性也大，如 2CW18 管的稳定电压在 10～12V 之间。但对每一个管子而言，对应于一定的工作电流，就有一个确定的稳定电压值。

2. 稳定电流 I_Z

稳定电流指工作电压等于稳定电压时的工作电流。它仅为一个参考数值，具体的稳定电流值由具体情况而定。对于每一个稳压管而言均规定有最大稳定电流 I_{Zmax} 和最小稳定电流 I_{Zmin}，设计稳压电路时必须选择合适的限流电阻，使得流过稳压管的电流在这两者之间，以保证稳压管能够正常工作。

3. 动态电阻 r_Z

动态电阻指稳压管的两端电压变化量与流过稳压管电流变化量的比值，即 $r_Z=\dfrac{\Delta U_Z}{\Delta I_Z}$。由以上定义可知，稳压管的反向伏安特性曲线愈陡，则动态电阻值愈小，稳压特性愈好。r_Z 通常为几欧至几十欧。同一管子的 r_Z 随工作电流的增加而减小。

4. 额定功率 P_Z

由于稳压管的两端电压值为 U_Z，而管子中要流过一定电流，因此要消耗一定的功率，管子因此发热。P_Z 取决于稳压管允许的温升。

5. 温度系数 α

温度系数指当温度每升高 1℃时稳压管稳定电压的相对变化量。稳压管的稳定电压在低于 4V(齐纳击穿)时具有负温度系数；高于 7V(雪崩击穿)时具有正温度系数；而在 4～7V 之间则有两种可能且数值很小。

表 1.3 列出了几种稳压管的参数。

表 1.3 稳压管的典型参数

型 号	稳定电压 U_Z/V	稳定电流 I_Z/mA	最大稳定电流 I_{ZM}/mA	耗散功率 P_M/W	动态电阻 r_Z/Ω	温度系数 α%/℃
2CW11	3.2～4.5	10	55	0.25	<70	−0.05～+0.03
2CW15	7～8.5	5		0.25	≤10	+0.01～+0.08
2DW7A*	5.8～6.6	10	30	0.20	≤25	0.05

* 2DW7 为具有温度补偿的稳压管

1.5 特殊二极管

1.5.1 发光二极管

发光二极管是一种由砷化镓、磷化镓等材料制成的二极管。由于它的掺杂浓度比普通二极管高很多，且 PN 结的结面又很宽，这样，当二极管承受正向电压而导通时，会有大量的自由电子与空穴复合，复合时把多余的能量以光的形式释放出来。

发光二极管除了单个 PN 结封装以外，还可以将多个 PN 结按分段的方式封装成数码管，在数字电路中作显示器件使用。发光二极管的符号如图 1.18 所示。

1.5.2 变容二极管

前已讨论，PN 结具有电容效应。当 PN 结反向电压增加时，电容减小；反向电压减小时，电容增大。利用特殊工艺，可生产出电容效应显著的二极管，称之为变容二极管，其符号如图 1.19 所示。变容二极管常用于高频电路中。

1.5.3 光电二极管

利用 PN 结的反向电流对光反应敏感这一特性，可制成光电二极管。光电二极管的特点是它的反向电流的大小与光的照度成正比。在自动检测系统中，光电二极管可用于光的测量，是将光信号转换为电信号的常用器件，其符号如图 1.20 所示。

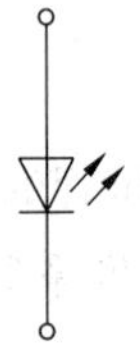

图 1.18 发光二极管的符号

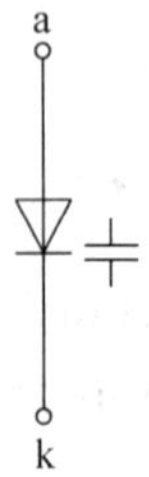

图 1.19 变容二极管的符号

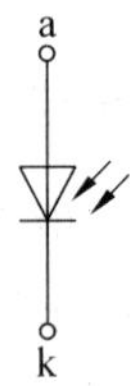

图 1.20 光电二极管的符号

小　结

(1) PN 结是构成半导体二极管和其他有源器件的重要环节，它是由 P 型半导体和 N 型半导体相结合而成。对纯净的半导体(如硅材料)掺入三价杂质元素或五价杂质元素，便可制成 P 型或 N 型半导体。空穴导电是半导体不同于金属导电的重要特点。

(2) PN 结中的 P 型半导体与 N 型半导体的交界处形成一个空间电荷区，常称之为耗尽层或阻挡层。当 PN 结外加正向电压(正向偏置)时，耗尽层变窄，有电流流过；而当外加反向电压(反向偏置)时，耗尽层变宽，没有电流流过或电流极小，这就是半导体二极管的单向导电性。

(3) PN 结的性能常用伏安特性来描述，伏安特性的理论表达式为 $i_D=I_S(e^{\frac{u_D}{U_T}}-1)$。当 $u_D>0$，且 $u_D\gg U_T$，有 $i_D=I_S e^{\frac{u_D}{U_T}}$，当 $u_D<0$，且 $|u_D|\gg U_T$，有 $i_D=-I_S$。

(4) 二极管的主要参数有最大整流电流、最高反向工作电压、反向击穿电压和最高工作频率。二极管的正常工作状态有正向导通和反向截止状态。

(5) 稳压二极管是一种用特殊工艺制造的面接触型半导体硅二极管，利用它在反向击穿状态下的恒压特性，常用它来构成简单的稳压电路，因此，稳压二极管常工作在反向击穿状态，也可工作在正向导通和反向截止状态。它的正向压降与普通二极管相近。

(6) 二极管电路的分析，主要采用模型分析法。分析二极管电路的关键是判断二极管的导通或截止。导通时，用理想模型分析，$U_D=0$；用恒压模型分析，$U_D=0.7\text{V}$ 或 $U_D=0.3\text{V}$，截止时，两种模型均视为开路。

习　题

1.1　本征半导体是________，其载流子是________和________；载流子的浓度________。

1.2　漂移电流是________在________作用下形成的。

1.3　二极管最主要的电特征是________，与此有关的两个主要参数是________和________。

1.4　正误判断：

1. P 型半导体可以通过在本征半导体中掺入五价磷元素而得到。(　　)
2. N 型半导体可以通过在本征半导体中掺入三价硼元素而得到。(　　)
3. 在 N 型半导体中，掺入高浓度的三价元素，可以改变为 P 型半导体。(　　)
4. 漂移电流是在内电场作用下形成的。(　　)
5. 半导体中的价电子易于脱离原子核的束缚而在晶体中运动。(　　)
6. 半导体中的空穴的移动是借助于邻近价电子与空穴复合而移动的。(　　)
7. 施主杂质成为离子后是正离子。(　　)
8. 受主杂质成为离子后是负离子。(　　)
9. 因 PN 结具有内电场，所以，当把 PN 结两端短路时就有电流流过短路线。(　　)

10. 二极管的伏安特性方程式除了可以描述正向特性和反向特性外，还可以描述二极管的击穿特性。（　　）

1.5　在室温附近，温度升高，杂质半导体中________的浓度明显增加；而当增加杂质半导体的杂质时，________的浓度明显增加。

1.6　PN 结未加外部电压时，扩散电流________漂移电流；当外加电压使 PN 结的 P 区电位高于 N 区电位，称为 PN 结________；加正向电压时，扩散电流________漂移电流，其耗尽层________；加反向电压时，扩散电流________漂移电流，其耗尽层________。

1.7　稳压管是利用二极管________的特征，而制造的特殊二极管。它常工作在________。描述稳压管的主要参数有四种，它们分别是________、________、________和________。

1.8　电路如题图 1.8(a)、(b)所示，设二极管正向电压降为 0.7V，试计算 U_X 和 U_Y 的值。

1.9　画出题图 1.9 中各电路的 u_o 波形，设 $u_i=10\sin\omega t$(V)，且二极管为理想二极管。

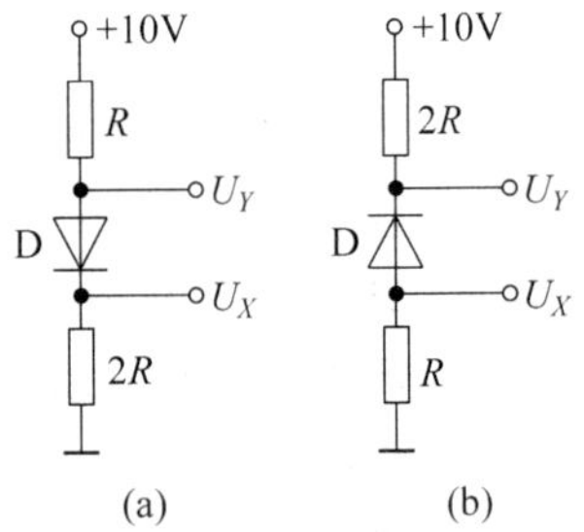

题图　1.8

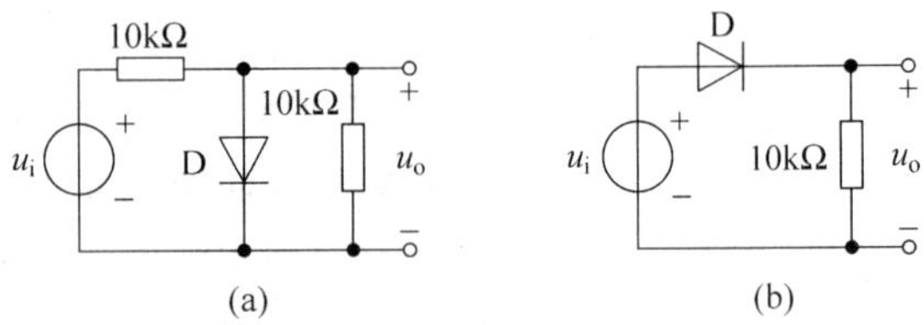

题图　1.9

1.10　画出题图 1.10 中各电路的 u_o 波形，设 $u_i=5\sin\omega t$(V)，且二极管为理想二极管。

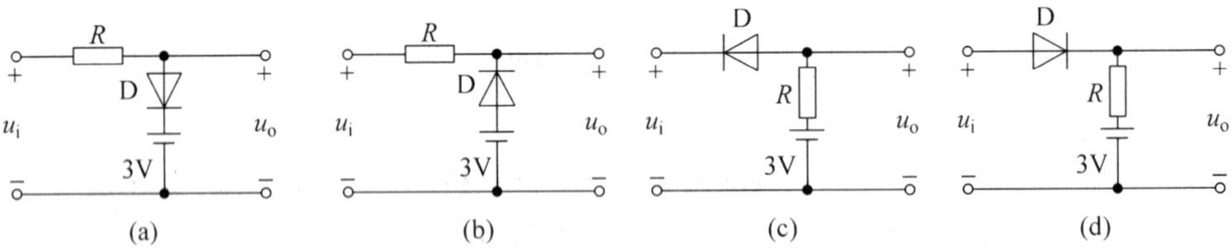

题图　1.10

1.11　题图 1.11 中二极管均为理想二极管，试判断它们是否导通，并求出电压 U_o。

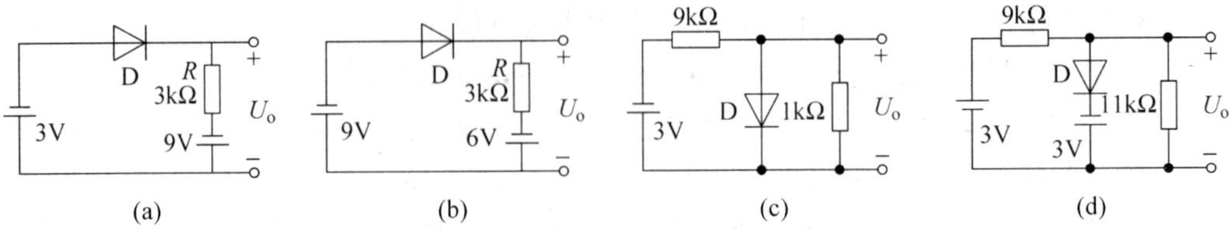

题图　1.11

1.12　判断题图 1.12 中二极管是否导通，并求出 A、O 两端电压。设所有的二极管均为理想二极管。

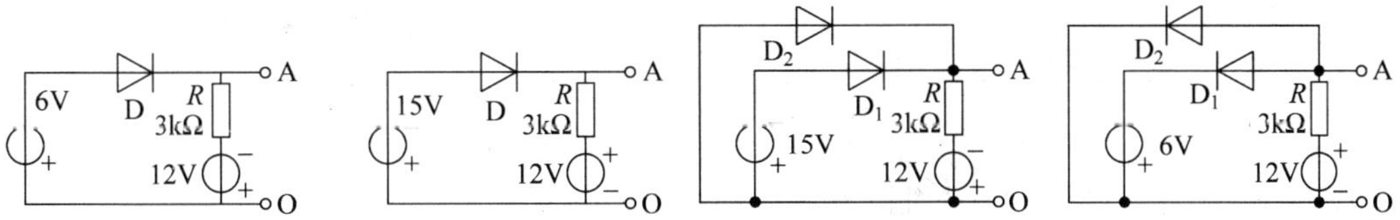

(a)　(b)　(c)　(d)

题图　1.12

1.13　判断题图 1.13 中二极管的工作状态(正向导通,反向截止),并求出 A、B 两端电压。设所有的二极管均为理想二极管。

1.14　题图 1.14 中稳压管 D_{Z1} 和 D_{Z2} 的稳定工作电压分别为 10V 和 15V,正向压降均为 0.6V。

1. 判断各管的工作状态(正向导通,反向截止,反向击穿);
2. 试求 A、B 二点间的电压 U_{AB}。

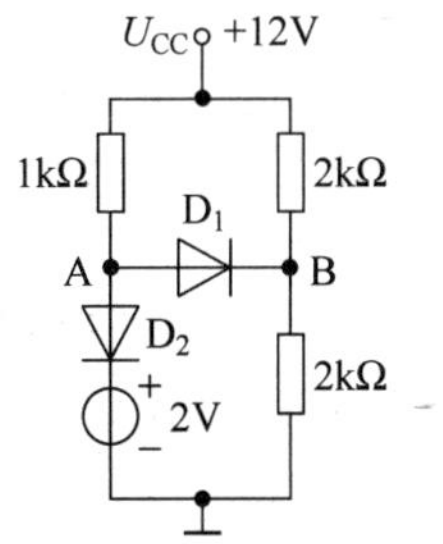

题图　1.13

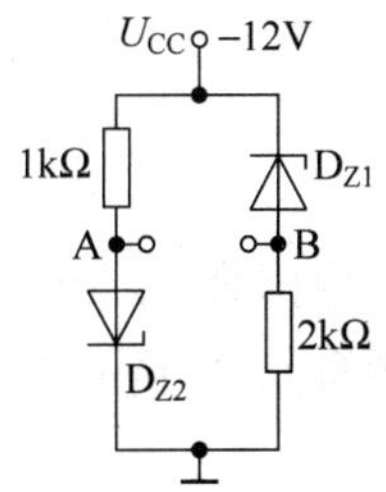

题图　1.14

1.15　设题图 1.15 中稳压二极管 D_{Z1}、D_{Z2} 具有理想的特性,试判断它们是否导通。

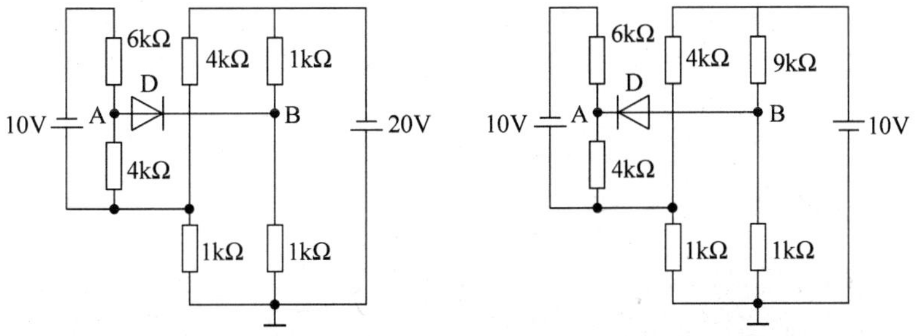

(a)　(b)

题图　1.15

1.16　在题图 1.16 电路中,D_{Z1} 和 D_{Z2} 为稳压二极管,其稳定工作电压分别为 6V 和 7V,且具有理想的特性。判断稳压二极管所处的工作状态,求出电压 U_o。

1.17　电路如题图 1.17 所示,设稳压二极管 D_{Z1} 和 D_{Z2} 的稳定工作电压分别为 5V 和 10V,试求出电路的输出电压 U_o,判断稳压二极管所处的工作状态。已知稳压二极管正向电压为 0.7V。

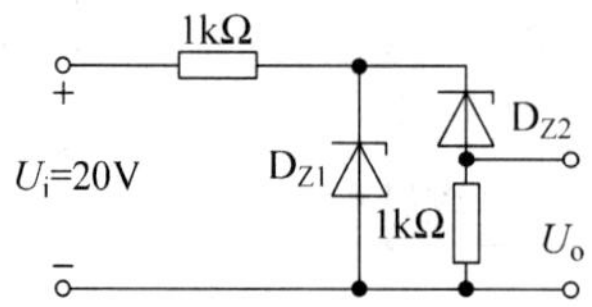

题图 1.16

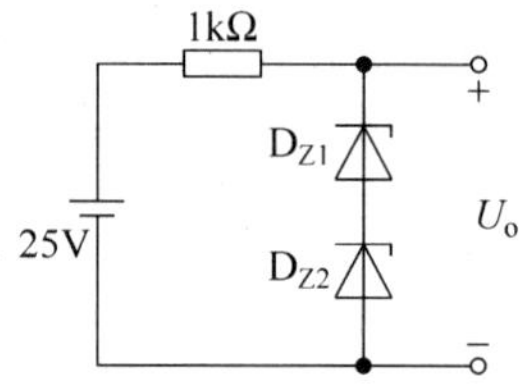

题图 1.17

1.18 选择正确答案填空：在题图 1.18 所示电路中，稳压管 D_{Z1}、D_{Z2}具有理想的特性，其稳定工作电压分别为 6V 和 7V，则负载电阻 R_L 上的电压 U_O = ________。（A. 6V；B. 7V；C. 5V；D. 1V）

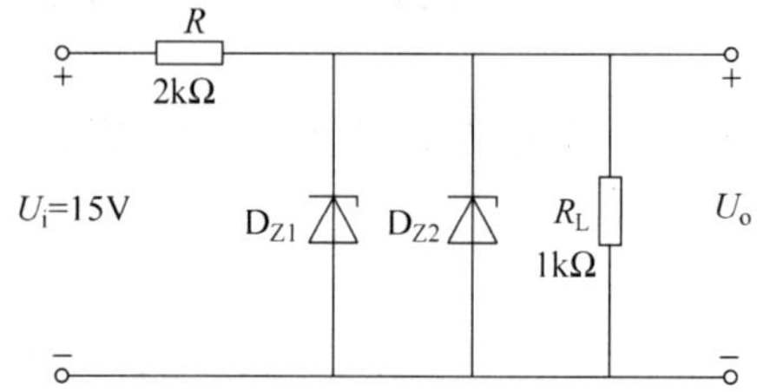

题图 1.18

1.19 有两个稳压管 D_{Z1} 和 D_{Z2}，其稳定电压分别为 U_{Z1} = 5.5V 和 U_{Z2} = 8.5V，正向压降都是 0.5V，能否得到 0.5V、3V、6V、9V 和 14V 几种稳定电压，说明理由。

第2章

晶体管及其基本放大电路

晶体管是组成各种放大电路的核心器件。本章首先讨论晶体管的结构、分类、工作原理、特性曲线及主要参数，然后以图解法和微变等效电路法作为放大电路的基本分析方法，着重分析各类放大电路的工作原理及技术指标。

2.1 晶 体 管

2.1.1 基本结构

晶体管的种类很多，按照功率的大小分有小功率管、大功率管等；按照半导体材料分有硅管和锗管。但从总体上讲，它们都是具有两个PN结、三个电极的半导体器件，因而又称半导体三极管，常见的晶体管外形如图2.1所示。

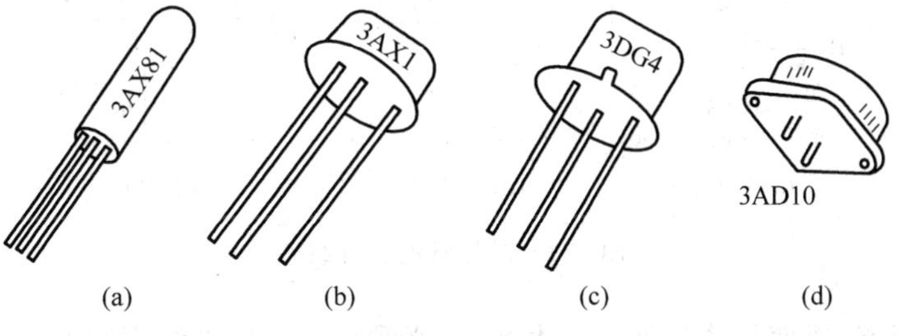

图2.1 几种晶体管的外形

根据PN结组合的方式，晶体管可分为两种，即NPN型和PNP型。

图2.2(a)是NPN型晶体管的结构示意图，它是在硅(或锗)晶体上制成两个N区和一个P区，中间的P区很薄(几微米至几十微米)且掺杂很少，称为基区。两个N区中一个掺杂浓度高，称为发射区，另一个N区掺杂较少、与基区形成的PN结面积大，称为集电区。由这三个区引出的电极分别称为基极B、发射极E和集电极C。发射区与基区之间形成的PN结称为发射结，集电区与基区间的PN结称为集电结。NPN型晶体管的符号如图2.2(b)所示。

图2.2(c)、(d)是PNP型晶体管的结构示意图及符号，PNP型晶体管和NPN型晶体管的结构特点、工作原理基本相同。

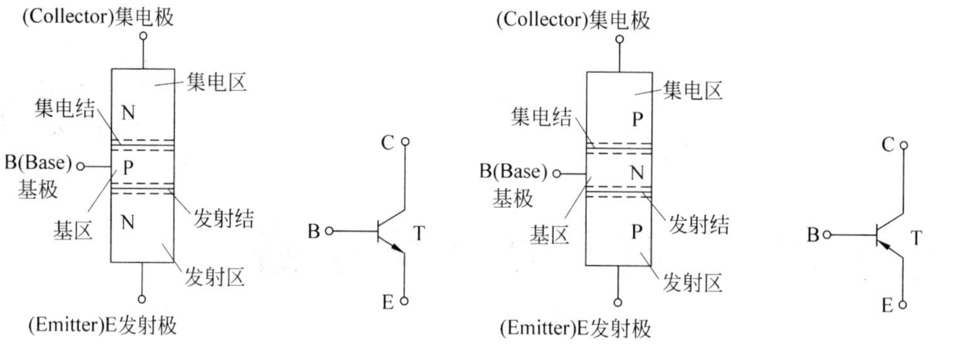

(a) NPN管结构示意图 (b) NPN管符号 (c) PNP管结构示意图 (d) PNP管符号

图 2.2 晶体管

2.1.2 晶体管的电流放大作用

晶体管具有电流放大作用和开关作用，故晶体管在电子线路中主要用作放大元件或开关元件。下面以 NPN 型晶体管为例来说明它的电流放大作用，至于其开关作用将在讨论晶体管工作区时再介绍。

晶体管作为放大元件使用时将构成两个回路，其中一个为输入回路，另一个为输出回路，故三个电极中必有一个电极作为两个回路的公共端，从而形成三种不同的组态，即共发射极、共集电极和共基极，如图 2.3 所示。

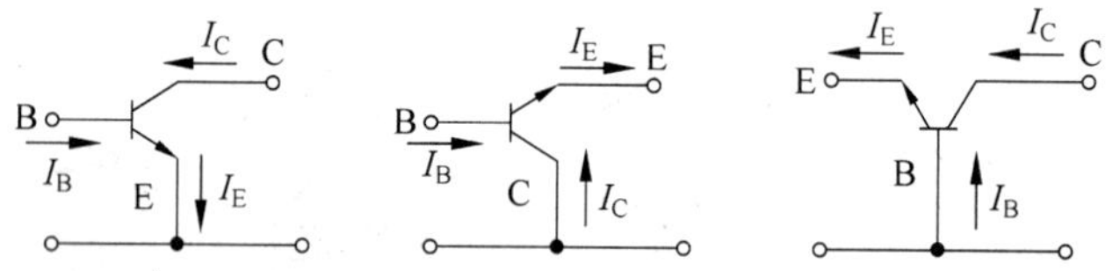

(a) 共发射极 (b) 共集电极 (c) 共基极

图 2.3 晶体管的三种组态

不论什么组态，要使晶体管处于放大状态，必须由它的内部结构和外部条件来保证。

晶体管的内部结构具有以下三个特点：

(1) 发射区掺杂多，多数载流子浓度远大于基区多数载流子的浓度。

(2) 基区做得很薄，而且掺杂少。

(3) 集电区面积大，保证尽可能收集到发射区发射到基区并扩散到集电结附近的多数载流子。

晶体管的外部条件应满足共发射结处正向偏置、集电结反向偏置。

在满足上述条件下，以图 2.4 所示的 NPN 管共发射极放大电路为例，分析电路的放大过程。

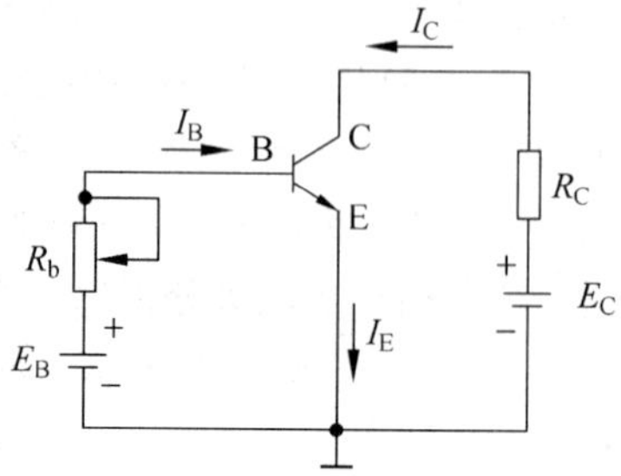

图 2.4 共发射极放大电路

1. 载流子运动情况

晶体管的载流子运动情况可分为以下几步进行。

(1) 发射区向基区发射自由电子

由于发射结处正向偏置，发射区的多数载流子自由电子不断地通过 PN 结到达基区，与此同时，基区的多数载流子空穴也会通过发射结到达发射区，两种载流子方向相反，形成电流的方向相同，称之为发射极电流 I_E。由于基区的空穴浓度远低于发射区自由电子浓度，可以认为发射极电流主要是由发射区的多数载流子自由电子形成的。

(2) 自由电子在基区的扩散和复合运动

由发射区进入基区的自由电子从发射结附近继续向自由电子浓度少的集电结方向扩散，在扩散途中，自由电子不断地与基区的多数载流子空穴复合而消失。同时，接于基极的电源 E_B 的正极不断补充基区中被复合掉的空穴，从而形成了基极电流 I_B。由于基区很薄且空穴浓度很低，所以从发射区到达基区的自由电子中只有少部分被复合掉，而绝大部分的自由电子均能扩散到集电结的边缘。

(3) 集电区收集自由电子

由于集电结处于反向偏置，所以，基区中扩散到集电结边缘的自由电子在电场力的作用下很容易地通过集电结到达集电区，形成较大的集电极电流 I_C。同样地，集电区的少数载流子空穴也在反向电压的作用下漂移到基区形成 I_C 的一部分，称为反向饱和电流 I_{CBO}，但由于数量很少，对放大没有贡献，且受温度影响很大，易使管子工作不稳定，所以在应用时，应选择 I_{CBO} 小的管子。

从晶体管载流子的运动情况看，参与导电的载流子有两种极性，即带正电的空穴和带负电的自由电子，因而晶体管属双极型半导体器件。晶体管载流子的运动情况与电流的形成如图 2.5 所示。

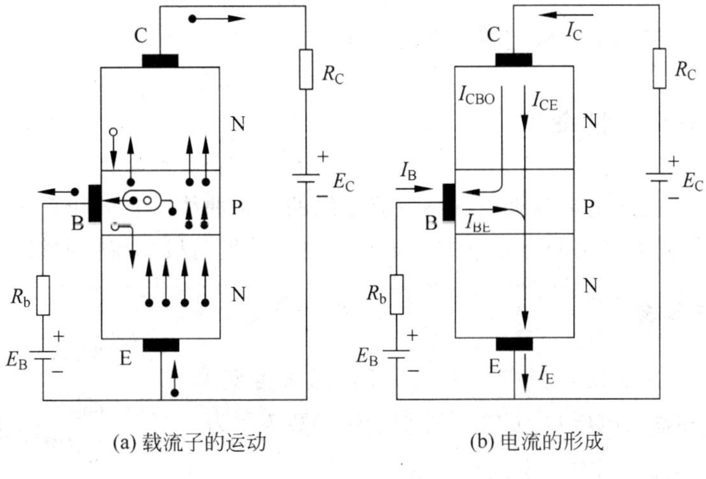

图 2.5　载流子的运动与电流的形成

2. 电流的分配与放大作用

由于发射结就是 PN 结，与 PN 结伏安特性表达式(1.1)相似，发射极总电流与发射结

的电压 U_{BE} 成指数关系，即

$$I_E = I_{ES}(e^{\frac{U_{BE}}{U_T}} - 1) \tag{2.1}$$

式中，I_{ES} 为发射结反向饱和电流，与发射区和基区的掺杂浓度、温度及发射结面积有关；U_T 称为温度电压当量。

由上述载流子的运动情况的分析可知，集电结收集的电子流是发射结发射的总电流的一部分，其数值小于但接近于发射极电流，常用一系数 $\bar{\alpha}$ 与发射极电流的乘积来表示，即

$$I_C = \bar{\alpha} I_E \tag{2.2}$$

$\bar{\alpha}$ 称为共基极连接时的电流放大系数，其数值小于但接近于 1。根据图 2.5 所示的电路，应用基尔霍夫（或克希荷夫）电流定律（简称 KCL），晶体管各极的电流关系为

$$I_E = I_C + I_B \tag{2.3}$$

因此，基极电流可以表示为发射极电流的一部分，即

$$I_B = (1 - \bar{\alpha}) I_E \tag{2.4}$$

由此推出集电极电流与基极电流的关系，即

$$\frac{I_C}{I_B} = \frac{\bar{\alpha} I_E}{(1-\bar{\alpha}) I_E} = \frac{\bar{\alpha}}{1-\bar{\alpha}} = \bar{\beta} \tag{2.5}$$

$\bar{\beta}$ 称为共发射极连接时的电流放大系数。

对于已经制成的晶体管而言，I_C 和 I_B 的比值基本上是一定的。因此，在调节 B、E 之间电压 U_{BE} 使得基极电流 I_B 变化时，集电极电流 I_C 也将随之变化，它们的变化量分别用 ΔI_B 和 ΔI_C 表示。ΔI_C 与 ΔI_B 的比值称为共发射极交流电流放大系数，用 β 表示，即

$$\beta = \frac{\Delta I_C}{\Delta I_B}$$

当 I_B 微小的变化会引起 I_C 较大的变化，这就是晶体管的电流放大作用，晶体管的 β 值通常为几十到几百，由此可知，晶体管是一种电流控制元件，所谓电流放大作用，就是用基极电流的微小变化去控制集电极电流较大的变化。

2.1.3 晶体管的特性曲线

晶体管的特性曲线是指各极电压与电流之间的关系曲线。它们能直接反映晶体管的性能，同时也是分析放大电路的重要依据。本节仅讨论共发射极的特性曲线。

1. 输入特性曲线

共射极输入特性曲线是指以输出电压 U_{CE} 为参考变量时，输入电流 I_B 和输入电压 U_{BE} 的关系曲线。用函数表示为

$$I_B = f(U_{BE}) \mid U_{CE=常数}$$

图 2.6 是硅晶体管的输入特性曲线。下面分两种情况分别加以讨论。

(1) 当 $U_{CE}=0$ 时，晶体管的发射极和集电极间短路，I_B 实际上为两个并联 PN 结的正向电流之和。

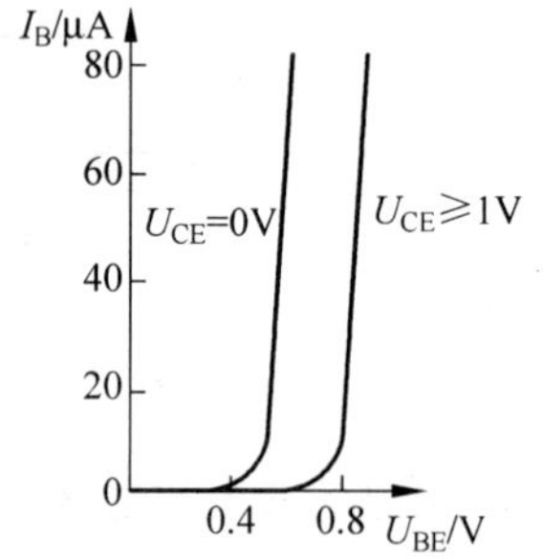

图 2.6 硅晶体管的输入特性

（2）当 $U_{CE}>0$ 时，随 U_{CE} 的增加，集电结上的电压由正向偏置逐渐向反向偏置过渡，这不仅可增加吸引基区载流子的能力，而且反向电压增加可加宽集电结空间电荷区，减小基区有效宽度，使载流子在基区复合的机会减少，故而在相同的 U_{BE} 作用下 I_B 减少，输入特性曲线右移。在 $U_{CE}\geqslant 1V$ 以后，由于集电结已反向偏置，I_B 受 U_{BE} 的影响减小，只要 U_{BE} 不变，I_B 下降不明显，故而可用一条曲线表示。

与二极管伏安特性一样，晶体管的输入特性曲线也存在死区，且其死区电压分别等于硅二极管和锗二极管的死区电压。正常工作时，硅晶体管的发射结电压为 0.6～0.7V，锗晶体管为 0.2～0.3V。

2. 输出特性曲线

共发射极输出特性曲线是指以输入电流 I_B 为参考变量时，输出电流 I_C 和输出电压 U_{CE} 的关系曲线。用函数表示为

$$I_C = f(U_{CE}) \mid I_{B=常数}$$

图 2.7 所示为 3DG6 型晶体管对应于不同基极电流的输出特性曲线，从特性曲线可以看出，曲线的起始部分（即 U_{CE} 较小时）很陡。当 U_{CE} 由零开始略有增加时，由于集电结收集载流子的能力大大增强，I_C 增加很快，但当 U_{CE} 增加到一定数值（约 1V）后，集电结反向电场已足够强，能将从发射区扩散到基区的载流子绝大部分吸引到集电区，致使当 U_{CE} 继续增加时，I_C 不再明显地增加，曲线趋于平坦。

当 I_B 增大时，相应的 I_C 也增加，曲线上移，形状相似。

通常将晶体管的输出特性曲线分成三个工作区域：放大区、饱和区和截止区。下面分别讨论。

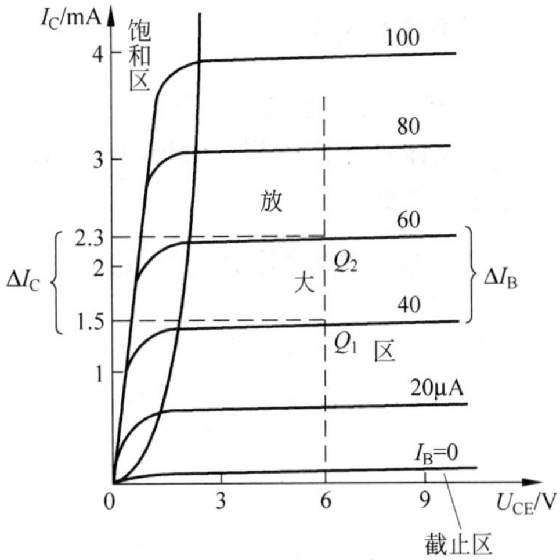

图 2.7　3DG6 的输出特性曲线

1）放大区

当发射结处于正向偏置、集电结处于反向偏置时，晶体管工作在放大区（又称线性区）。它对应于图 2.7 中曲线的平坦部分。此时基极电流 I_B 的微小变化能引起集电极电流 I_C 的较大变化，晶体管具有电流放大作用，其关系为 $I_C=\bar{\beta} I_B$。由于此时晶体管的输出电流 I_C 受控于 I_B，故处于放大状态下晶体管的输出端可以等效为一个电流控制的电流源。

当保持 I_B 不变时，较大的 ΔU_{CE} 引起的 ΔI_C 很小，其动态电阻 $r_{ce}=\Delta U_{CE}/\Delta I_C$ 很大，故在实际应用中常利用这一特性将晶体管作为有源负载用于放大电路之中，以增加电压放大倍数或动态范围。

2）饱和区

当 I_B 不断增加、I_C 随之增加而使 U_{CE} 减小到小于 U_{BE} 时，集电结也将处于正向偏置状态，其内电场减弱，不利于收集从发射区到达基区的载流子。因此 $I_C=\beta I_B$ 的关系不再成立，I_C 不再随 I_B 增加而增加。此时晶体管工作在饱和区，对应图 2.7 中曲线靠近纵轴的区

域。深度饱和时U_{CE}很小(硅管约为0.3V,锗管约为0.1V),此时晶体管集电极C和发射极E之间相当于开关合上。

3) 截止区

习惯上将对应于$I_B=0$曲线以下的区域称为截止区。但实际上此时的I_E并不完全等于0,严格地说晶体管并未截止。为保证晶体管可靠地截止,常使晶体管的集电结和发射结均处于反向偏置状态。此时$I_B=0$,$I_E=0$,C与E之间没有电流流过,相当于开关断开。

从以上分析可知,晶体管工作在饱和区或截止区时,相当于开关合上或打开,这就是晶体管的开关作用。在数字电路中,可通过控制基极电位的极性或基极电流的大小使晶体管作为可控开关使用。

2.1.4 主要参数

晶体管的性能还可以用参数表示,它是选择管子的主要依据。晶体管的主要参数如下。

1. 电流放大系数

1) 共发射极电流放大系数

当晶体管连接成共发射极放大电路,放大电路输出电流与输入电流之比称为共发射极电流放大系数。

(1) 共发射极直流放大系数$\bar{\beta}$

$$\bar{\beta}=\frac{I_C}{I_B}$$

(2) 共发射极交流放大系数β

$$\beta=\frac{\Delta I_C}{\Delta I_B}$$

显然$\bar{\beta}$与β定义不同,$\bar{\beta}$反映静态时的电流放大特性,β反映动态时的电流放大特性。在线性区内两者数值相近,故在一般估算中,可认为$\bar{\beta}\approx\beta$。

由于制造工艺的分散性,即使同一型号的管子β也有差异。β值太小电流放大作用差,β值太大管子性能不稳定,一般放大器采用β值为30～80的晶体管为宜。

2) 共基极电流放大系数

当晶体管接成共基极放大电路,输出回路电流与输入回路电流之比称为共基极电流放大系数。

(1) 共基极直流放大系数$\bar{\alpha}$

$$\bar{\alpha}=\frac{I_C}{I_E}$$

$\bar{\alpha}$愈接近于1,则电流传输效率愈高。通常$\bar{\alpha}$可达0.98～0.99。

(2) 共基极交流放大系数α

$$\alpha=\frac{\Delta I_C}{\Delta I_B}$$

同样,在一般情况下,可认为$\bar{\alpha}\approx\alpha$。

由以上定义可知

$$\beta=\frac{I_C}{I_B}=\frac{I_C}{I_E-I_C}=\frac{\frac{I_C}{I_E}}{1-\frac{I_C}{I_E}}=\frac{\alpha}{1-\alpha}$$

2. 极间反向电流

1）集-基反向饱和电流 I_{CBO}

I_{CBO}为发射极开路时，集电极与基极间的反向饱和电流，I_{CBO}的测量电路如图 2.8 所示。小功率硅管 I_{CBO}在 1μA 以下，锗管 I_{CBO}约为 10μA。

2）穿透电流 I_{CEO}

I_{CEO}为基极开路时从集电极穿过基极到达发射极的电流，I_{CEO}的测量电路如图 2.9 所示。由图可知，此时集电结反向偏置。集电区的少数载流子空穴漂移到基区，数量为 I_{CBO}，发射区的多数载流子自由电子也扩散到基区。由于基极开路，因此集电区的空穴漂移到基区后，只能与从发射区注入到基区的自由电子复合。而从发射区扩散到基区的自由电子被复合掉的部分刚好是 I_{CBO}，其余大部分的自由电子（βI_{CBO}）则通过集电结到达集电区。集电极电流是由从集电区进入基区的空穴电流 I_{CBO}和从基区进入集电区的电流 βI_{CBO}共同组成。

$$I_{CEO}=I_{CBO}+\beta I_{CBO}=(1+\beta)I_{CBO}$$

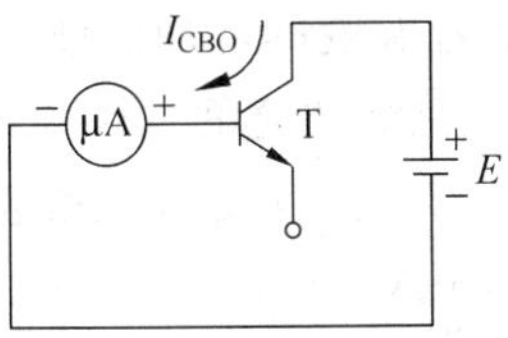

图 2.8　I_{CBO}的测量电路

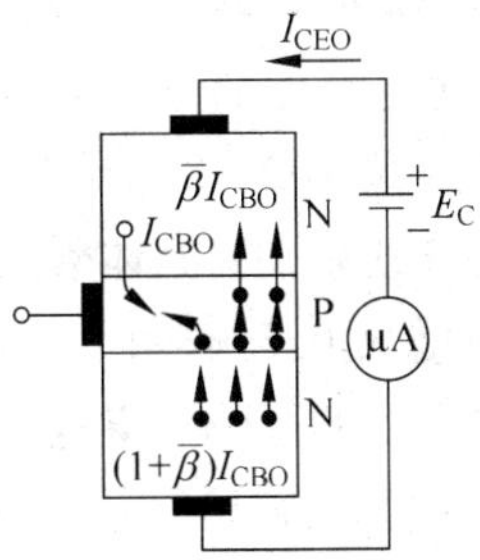

图 2.9　穿透电流 I_{CEO}

I_{CEO}和 I_{CBO}都是衡量晶体管质量的重要参数，小功率锗管的 I_{CEO}约在几十微安至几百微安，硅管在几微安以下，它们都随着温度的增加而增加。因此，选用管子时，希望这两种电流尽量小一些，以减小温度对管子性能的影响。硅管由于此性能优于锗管而更多地被选用。

由前面的讨论可知，I_{CEO}就是当 $I_B=0$ 时的集电极电流 I_C，当 $I_B\neq0$ 时，I_C 与 I_B 的关系应该是

$$I_C=\beta I_B+I_{CEO}$$

通常 I_{CEO}很小，可略去，故 $I_C\approx\beta I_B$。

3. 极限参数

1）集电极最大允许功耗 P_{CM}

指允许在集电极上消耗功率的最大值。超过此值时会使集电结发热，温度升高甚至烧毁。当管子的 P_{CM}已确定时，由 $P_{CM}=I_CU_{CE}$可知，P_{CM}曲线为一双曲线，如图 2.10 所示。在选择 P_{CM}较大的管子时必须注意满足其散热条件。

2）集电极最大允许电流 I_{CM}

当集电极电流超过一定值时，管子的 β 值将明显下降。I_{CM} 就是指管子 β 值下降到正常值 2/3 时的集电极电流。当 $I_C>I_{CM}$ 时，管子不一定损坏。

3）反向击穿电压

（1）$U_{(BR)EBO}$：指集电极开路时，发射极与基极之间的反向击穿电压。这是发射结允许的最高反向电压。超过此值时，发射结将会被击穿。

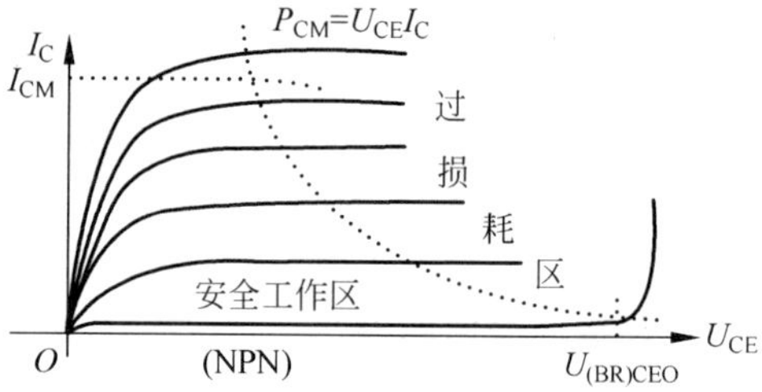

图 2.10　晶体管的安全工作区

（2）$U_{(BR)CBO}$：指发射极开路时，集电极与基极之间的反向击穿电压。这是集电结允许的最高反向电压。一般管子的 $U_{(BR)CBO}$ 约为几十伏。

（3）$U_{(BR)CEO}$：指基极开路时，集电极与发射极之间的反向击穿电压。

在晶体管输出特性曲线上，由 I_{CM}、P_{CM} 和 $U_{(BR)CEO}$ 所包围的区域称为安全工作区。如图 2.10 所示。

2.1.5　温度对晶体管特性的影响

温度对晶体管特性的影响是不容忽视的问题。其影响通常体现在以下三个方面。

（1）温度对 U_{BE} 的影响：当温度升高时，晶体管输入特性将左移。这样，在 I_B 相同时 U_{BE} 将减小，U_{BE} 随着温度的变化规律与二极管的正向电压随着温度的变化规律相同，即温度每升高 1℃，U_{BE} 减小 2～2.5mV。

（2）温度对 β 的影响：晶体管的电流放大系数 β 随着温度的增加而增大，其规律是温度每增加 1℃，β 值增大 0.5%～1%。β 的增加使得输出特性曲线之间的距离增大。

（3）温度对 I_{CBO} 的影响：集电极反向饱和电流 I_{CBO} 和二极管反向饱和电流一样，对温度反应敏感，即温度每升高 10℃，I_{CBO} 增加一倍。I_{CEO} 的变化规律与 I_{CBO} 基本相同，I_{CEO} 的增加使得输出特性曲线上移。

温度在以上三方面的影响集中反映在晶体管集电极电流 I_C 上，它们都使得 I_C 随着温度的升高而增大。如何补偿 I_C 的温度特性是在以后章节中要讨论的课题之一。

表 2.1 给出了部分典型晶体管的参数。

表 2.1　部分典型晶体管参数

参数/型号	直流参数			交流参数		极限参数			备注
	$I_{CBO}/\mu A$	$I_{CEO}/\mu A$	β	f_T	C_{ob}/pF	I_{CM}	BU_{CEO}/V	P_{CM}	
3AX31B 3AX81C	≤10 ≤30	≤750 ≤1000	50～150 30～250	$f_\beta\geq$8kHz $f_\beta\geq$10kHz		125mA 200mA	≥18 10	125mW 200mW	PNP 合金型锗管，用于低频放大以及甲类和乙类功率放大电路
3AG6E 3AG11	≤10 ≤10		30～250	≥100MHz ≥30MHz	≤3 ≤15	10mA 10mA	≥10 10	50mW 30mW	PNP 合金扩散型锗管，用于高频放大及振荡电路

续表

型号＼参数	直流参数			交流参数		极限参数			备注
	$I_{CBO}/\mu A$	$I_{CEO}/\mu A$	β	f_T	C_{ob}/pF	I_{CM}	BU_{CEO}/V	P_{CM}	
3AD6A 3AD18C	≤400 ≤1000	≤2500	≥12 ≥15	f_β≥2kHz f_β≥100kHz		2A 15A	18 60	10W	PNP合金扩散型锗管，用于低频功率放大
3DG6C 3DG12C	≤0.01 ≤1	≤0.01 ≤10	20～200 20～200	≥250MHz ≥300MHz	≤3 ≤15	20mA 300mA	20 30	100mW 700mW	NPN外延平面型硅管，用于中频放大、高频放大及振荡电路
3DD1C 3DD8B	<15 100	<50	>12 10～20	f_β≥200kHz		300mA 7.5A	≥15 60	1W 100W （加散热板）	NPN外延平面型硅管，用于低频功率放大
3DA14C 3DA28D	≤10 ≤200	≤50 ≤1000	≥20 ≥20	≥200MHz ≥50MHz	≤30 ≤40	1A 1.5A	45 90	5W （加散热板） 1W （不加散热板） 10W （加散热板）	NPN外延平面型硅管，用于高频功率放大、振荡等电路
3CG1E 3CG2C	≤0.5 ≤0.5	≤1 ≤1	35 >20	>80MHz >60MHz	≤10 <15	35mA 60mA	50 20	350mW 600mW	PNP平面型硅管，用于高频放大和振荡电路

2.2 共射极放大电路

在实际应用中，往往遇到一些微弱的信号，如收音机天线接收的无线电信号或从传感器得到的信号，它们通常只有毫伏甚至微伏的数量级，必须经过放大才能驱动扬声器或进行显示、记录和控制。

放大电路可分为交流放大和直流放大，前者用于放大交流信号，后者用于放大直流信号或变化缓慢的信号。为了了解放大器的工作原理，先讨论最基本的放大电路——共射极交流放大电路。

2.2.1 放大电路的组成

图 2.11 所示为共射极交流基本放大电路，图中 T 为 NPN 型晶体管，是整个电路的核心器件。放大电路的组成原则如下。

(1) 为保证放大器工作在放大区，T 的发射结必须正向偏置，集电结反向偏置。图中 E_B 保证发射结正向偏置，通过 R_b（一般为几十千欧至几百千欧）提供一个合适的基极偏置电流 I_B。图中 E_C 保证集电结反向偏置，通过 R_c（一般为几千欧至几十千欧）将集电极电流的变化转换为电压的变化。

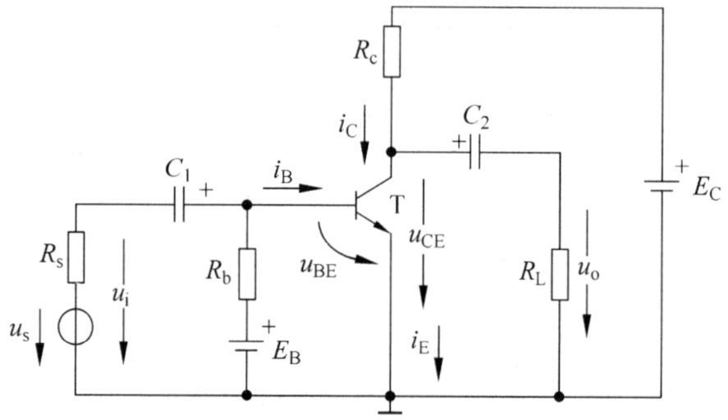

图 2.11 共射极基本放大电路

(2) 保证交流信号的输入和输出。图中 C_1、C_2 为耦合电容,其作用是利用电容的"隔直通交"性使交流信号顺利传送至负载,同时使放大器与外电路之间无直流联系。

判断一个放大电路是否有放大能力可按上述原则进行。

2.2.2 共射极基本放大电路的工作原理

信号源 R_s 和 u_s 进入放大器后,其交流电压 u_i 通过 C_1 加到 T 的发射极,引起基极电流 i_B 的相应变化,从而使集电极电流 i_C 随之变化。i_C 的变化在 R_c 上产生压降,使集电极电压 u_{CE} 随之变化,u_{CE} 中的变化量通过 C_2 传送的输出端成为输出电压 u_o。如果电路参数选择恰当,则 u_o 幅度比 u_i 的幅度大得多。

由上述过程可知:所谓放大,表面上是信号幅度的增大,但是,放大的实质是能量的转换,即由一个能量较小的输入信号控制直流电源,使之转换成交流能量输出,驱动负载。放大的作用是针对变化量而言的。

在实际中通常 $E_B=E_C$,即使用一个电源,在电路的画法中,电路中的电源以电位的形式出现,因而图 2.11 所示的电路可简化为图 2.12 所示的电路。

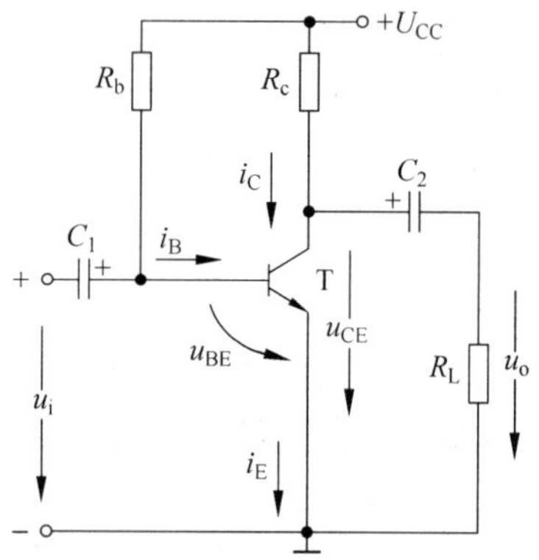

图 2.12 共射极基本放大电路的简化

2.2.3 直流通路和交流通路

在整个放大过程中,电路中既存在直流信号,又有交流信号的作用。所以在分析、计算具体放大电路之前,应分清放大电路的交、直流通路。共射极基本放大电路的交、直流通路如图 2.13 所示。

画直流通路时,电路只有电源引起的直流信号,没有交流输入信号($u_i=0$),原电路中的电容视为开路,信号源去掉。直流通路用于进行直流(静态)分析,计算放大电路的静态工作点,即基极直流电流 I_B,集电极直流电流 I_C,集电极与发射极之间的直流电压 U_{CE}。

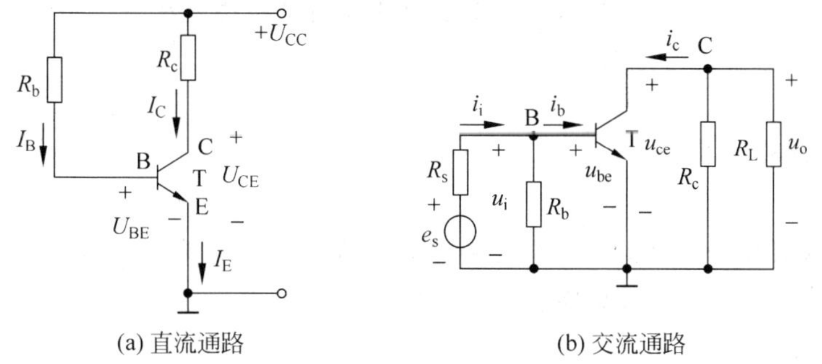

图 2.13　共射极基本放大电路的交、直流通路

画交流通路时，电路只考虑交流输入信号。当交流输入信号的频率较高时，原电路中的电容视为短路，忽略电源的内阻，电源对地短路。交流通路用于进行交流(动态)分析，计算放大电路的电压放大倍数、输入电阻和输出电阻三项性能指标。

2.2.4　放大电路的基本性能指标

(1) 电压放大倍数(电压增益)$\dot{A}_u$：是衡量放大电路电压放大能力的指标。其定义为放大电路输出电压与输入电压之比，即

$$\dot{A}_u = \frac{\dot{U}_o}{\dot{U}_i} \tag{2.6}$$

(2) 当考虑信号源的内阻时，源电压放大倍数定义为放大电路输出电压与信号源电压之比，即

$$\dot{A}_{us} = \frac{\dot{U}_o}{\dot{U}_s} \tag{2.7}$$

(3) 输入电阻 r_i：放大器对信号源而言，相当于一个负载 r_i，r_i 的大小表明了放大器对信号源的影响程度。r_i 愈大放大器索取信号源的电流愈小。r_i 定义为放大电路输入端电压与电流之比，即

$$r_i = \frac{\dot{U}_i}{\dot{I}_i} \tag{2.8}$$

(4) 输出电阻 r_o：放大器对负载而言，相当于一个电压源，电压源的内阻就是 r_o，r_o 的大小表明了放大器所能带动负载的能力，r_o 愈小说明放大器带负载的能力愈强。计算 r_o 的方法是将放大器信号源 U_s 短路(保留 R_s)，断开放大器负载，从负载端看进去的等效电阻。

2.3　图解分析法

由于放大电路的核心器件晶体管是非线性元件，因而无法直接利用公式进行分析计算。分析放大电路常用的方法有图解分析法和微变等效电路分析法。图解分析法(简称图解法)

是通过作图对放大电路进行分析计算；微变等效电路分析法是在一定条件下先将晶体管非线性元件线性化，然后进行分析计算。

2.3.1 静态分析

当没有输入信号（$u_i=0$）时，放大电路的工作状态称为直流工作状态，简称静态。此时电路中各极直流电流和电压数值将表现在晶体管特性曲线上确切的一点，这一点称为静态工作点，简称 Q 点。

1. 近似估算 Q 点

在已知电流放大倍数 β 的条件下，根据放大电路的直流通路可以估算出 Q 点，具体步骤如下：

（1）画出放大电路的直流通路，以图 2.13(a)所示直流通路为例；

（2）计算基极直流电流 I_B，即

$$I_B=\frac{U_{CC}-U_{BE}}{R_b} \tag{2.9}$$

在晶体管导通时，U_{BE}变化很小，可视为常数。一般对硅管而言，取 0.7V，锗管取 0.2V，这样，当电路中 U_{CC}和 R_b 一旦确定，I_B 随之确定，所以这种电路称为固定偏置放大电路，I_B 称为偏置电流，R_b 称为偏置电阻。

（3）计算集电极直流电流 I_C，即

$$I_C=\beta I_B \tag{2.10}$$

（4）计算集电极与发射极之间的直流电压 U_{CE}，即

$$U_{CE}=U_{CC}-I_CR_c \tag{2.11}$$

2. 用图解法确定 Q 点

由于晶体管为非线性器件，利用晶体管的特性曲线，直接用作图的方法确定 Q 点。对于图 2.14 所示电路，确定 Q 点的具体步骤如下。

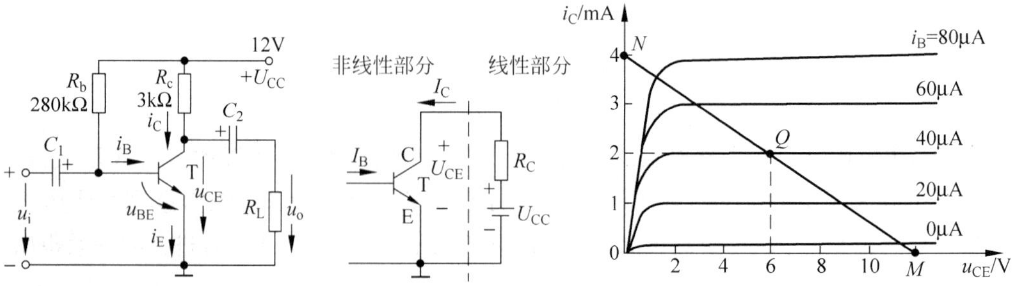

(a) 电路图　(b) 线性和非线性部分　(c) 图解分析

图 2.14 图解法确定 Q 点

1）将放大电路直流通路的输出回路分成线性和非线性两个部分

线性部分有 R_c 和 U_{CC}的串联电路，非线性部分只有晶体管 T，如图 2.14(b)所示。

2）作出非线性部分的伏安特性曲线

由于电路的基极电流可以由输入回路确定，即 $I_B=(U_{CC}-U_{BE})/R_b=(12-0.7)/280\approx 0.04\text{mA}=40\mu\text{A}$，因此 u_{CE} 与 i_C 的关系就是 T 对应于 $i_B=I_B=40\mu\text{A}$ 的一条输出特性曲线，即

$$i_C = f(u_{CE}) \mid I_B = 40\mu\text{A} \tag{2.12}$$

3）作出线性部分的伏安特性曲线

线性部分的伏安特性为

$$u_{CE} = U_{CC} - i_C R_c \quad \text{或} \quad i_C = -\frac{1}{R_c}u_{CE} + \frac{U_{CC}}{R_c} \tag{2.13}$$

式(2.13)是一条直线，它与横轴和纵轴的交点分别为

$$M(U_{CC},0) = M(12\text{V},0)$$

$$N(0,U_{CC}/R_c) = N(0,4\text{mA})$$

其斜率为 $-1/R_c$，由于 R_c 是静态时放大电路的负载，所以直线 MN 称为直流负载线，如图 2.14(c)所示。

4）由线性和非线性部分伏安特性曲线的交点确定 Q 点

对于同一回路来说，只有一个 i_C 和 u_{CE}，i_C 和 u_{CE} 应同时满足式(2.12)和式(2.13)，所以线性和非线性部分伏安特性曲线的交点 Q 就是静态工作点，Q 点对应的电流和电压值就是放大电路在静态时的工作电流和电压。由图 2.14(c)可读出：$I_B=40\mu\text{A}$，$I_C=2\text{mA}$，$U_{CE}=6\text{V}$。

3. 电路参数对静态工作点的影响

静态工作点的位置对电路的放大性能起着十分重要作用，这一点在放大电路后续的讨论中，将得到进一步的证实，而静态工作点与电路参数有关。下面将分析电路参数 R_b、R_c 和 U_{CC} 对静态工作点的影响，为调试电路给出理论指导。

1）R_b 对静态工作点的影响

当 R_c 和 U_{CC} 固定不变，只有 R_b 变化时，仅对静态工作点 I_{BQ} 有影响，而对负载线无影响。若 R_b 增大，I_{BQ} 减小，工作点沿直流负载线下移；若 R_b 减小，I_{BQ} 增大，则工作点将沿直流负载线上移，如图 2.15(a)所示。

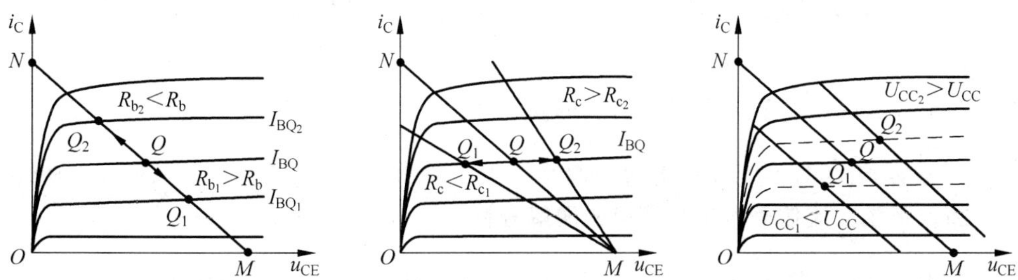

(a) R_b 变化对静态工作点的影响　(b) R_c 变化对静态工作点的影响　(c) U_{CC} 变化对静态工作点的影响

图 2.15　电路参数对静态工作点的影响

2）R_c 对静态工作点的影响

当 R_c 变化时，仅改变直流负载线的 N 点，即仅改变直流负载线的斜率。

R_c 减小，N 点上升，直流负载线变陡，工作点沿 $i_B=I_{BQ}$ 这一条特性曲线右移；R_c 增大，

N 点下降，直流负载线变平坦，工作点沿 $i_B = I_{BQ}$ 这一条特性曲线向左移。如图 2.15(b) 所示。

3) U_{CC} 对静态工作点的影响

当 U_{CC} 变化时，不仅改变直流负载线的 N 点，同时也改变直流负载线的 M 点，即直流负载线平行移动。同时，由于 $I_B \approx U_{CC}/R_b$，当 U_{CC} 变化时，I_B 改变，对应的输出非线性特性曲线亦发生变化。U_{CC} 上升，I_{BQ} 增大，对应的输出非线性特性曲线上移，直流负载线向右平行移动，Q 点向右上方移动；U_{CC} 下降，I_{BQ} 减小，对应的输出非线性特性曲线下移，直流负载线向左平行移动，Q 点向左下方移动。如图 2.15(c) 所示。

2.3.2 动态分析

静态工作点确定后，在此基础上就可对放大电路进行动态分析。

当放大电路加入输入信号 u_i 后，电路引入了交流信号，其工作状态将来回变动，所以将 $u_i \neq 0$ 时电路的工作状态称为动态，在此状态下，对电路的分析称为动态分析。此时，电路的负载应按交流通路来考虑，由图 2.13(b) 得知，交流负载 $R_L' = R_c // R_L$，电路工作状态的移动不再沿直流负载线，而是沿交流负载线移动。因此，分析交流信号的放大情况，必须先画出交流负载线。

1. 交流负载线

交流负载线具有两个特点：

(1) 交流负载线必定通过 Q 点。因为当 u_i 为 0 的瞬间，电路的工作状态与静态相同。

(2) 交流负载线的斜率由 $-1/R_L'$ 表示。

按照上述特点，可以作出交流负载线，即过 Q 点作一条斜率为 $-1/R_L'$ 的直线，就是交流负载线。

具体做法是：先作一条 $\Delta U/\Delta I = R_L'$ 的辅助线，然后过 Q 点作一条平行于辅助线的直线，即为交流负载线，如图 2.16 所示。从图中可以看出，交流负载线还可用过 $Q(U_{CEQ}, I_{CQ})$ 和 $M'(U_{CC}', 0)$ 两点的直线得到。其中 $U_{CC}' = U_{CEQ} + I_{CQ} R_L'$。

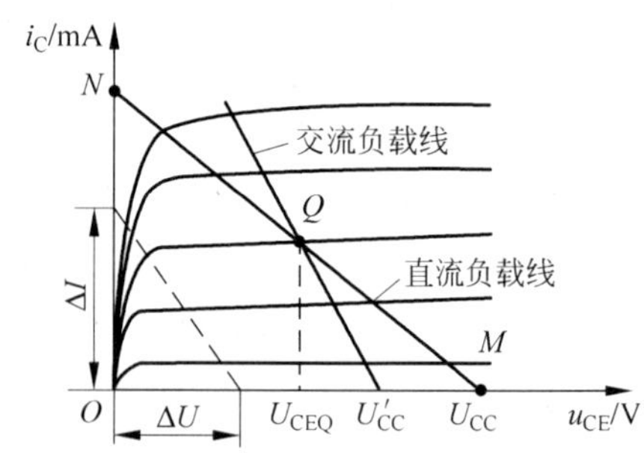

图 2.16 交流负载线

2. 加入正弦交流信号时工作情况的图解分析

为了便于分析，设 $u_i = 0.02\sin\omega t$(V)，已知 Q 点，I_B、I_C、U_{CE}，根据输入电压 u_i，通过图解确定输出电压 u_o，从而得出 u_o 与 u_i 的相位关系和动态范围。图解步骤如下：

1) 根据 u_i 在输入特性上求 i_B

当 u_i 加到放大器的输入端后，晶体管基极与发射极之间的电压 u_{BE} 在直流电压 U_{BE} 的基础上叠加了一个交流量 $u_i(u_{be})$，如图 2.17 中的曲线①所示。根据 u_{BE} 的变化规律，在输入曲线上得到 i_B 的波形，从而得知 i_B 在 20～60μA 之间变动，如图 2.17 中的曲线②所示。

2）根据 i_B 在输出特性上求 i_C 和 u_{CE}

当放大电路加入 u_i 后，引起工作点的移动，若放大器接入负载 R_L，随着 i_B 的变动，工作点沿交流负载线移动，而不再沿直流负载线移动，假设交流负载线如图 2.17 所示。对应于 $i_B=20\mu A$ 和 $i_B=60\mu A$ 的两条输出特性曲线与交流负载线交于 Q' 和 Q'' 两点，直线段 $Q'Q''$ 就是放大电路工作点的移动轨迹，通常称为动态工作范围。

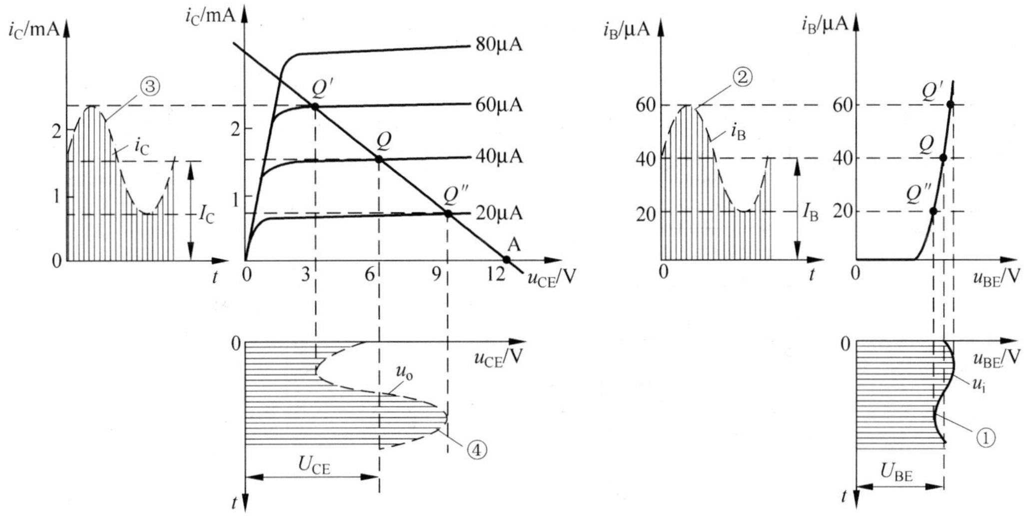

图 2.17　有输入信号时放大电路的图解分析

在 u_i 变化的正半周内，如图 2.17 中的曲线①所示，i_B 由静态值 $I_B=40\mu A$ 变化到最大值 $60\mu A$，放大电路工作点由 Q 移动到 Q'，相应地 i_C 由静态值 I_C 变化到最大值，而 u_{CE} 由静态值 U_{CE} 变化到最小值，随后 i_B 由 $60\mu A$ 减小到 $40\mu A$，放大电路工作点回到 Q 点，相应地 i_C 和 u_{CE} 也回到静态值。在 u_i 的负半周，其变化规律与正半周相反，工作点由 Q 移动到 Q''，再由 Q'' 回到 Q 点。这样，在平面上可以得到 i_B、i_C 和 u_{CE} 的波形，如图 2.17 中的曲线②、③、④所示，u_{CE} 中的交流量 u_{ce} 的波形就是输出电压 u_o 的波形。

综上所述，可以得出以下结论：

(1) 没有输入信号电压时，放大电路处于静态，晶体管各极电流和电压恒定，加入输入信号电压后，放大电路处于动态，各极电流和电压在原静态值上叠加一个交流量，但它们的方向始终没变，数值为

$$\left.\begin{aligned} i_B &= I_B + i_b \\ i_C &= I_C + i_c \\ u_C &= U_{CE} + u_{ce} \end{aligned}\right\} \tag{2.14}$$

(2) 交流输出电压 u_o 的幅度远比输入信号电压 u_i 的幅度大，而且同为正弦波电压，体现了电压放大作用。

(3) u_o 与 u_i 频率相同，相位相反，这是共射极放大电路的特征，因此共射极放大器又称为反相电压放大器。

2.3.3 非线性失真

作为放大器，应使输出电压尽可能地大，但它也受到晶体管非线性的限制。由于输入信号过大和工作点选择不当，都能引起输出电压失真，这种由于晶体管非线性引起的失真称为非线性失真。

利用图解法可以在特性曲线上清楚地观察到波形的失真情况。

图 2.18 显示了当工作点设置过低，如 Q_1 点，在 u_i 负半周，工作状态进入截止区，因而引起 i_B、i_C 和 u_o 的失真，这种失真称为截止失真，截止失真时输出电压 u_o 的波形出现顶部失真。为了消除截止失真，应减小 R_b，使 I_B 增加，Q 点上移。

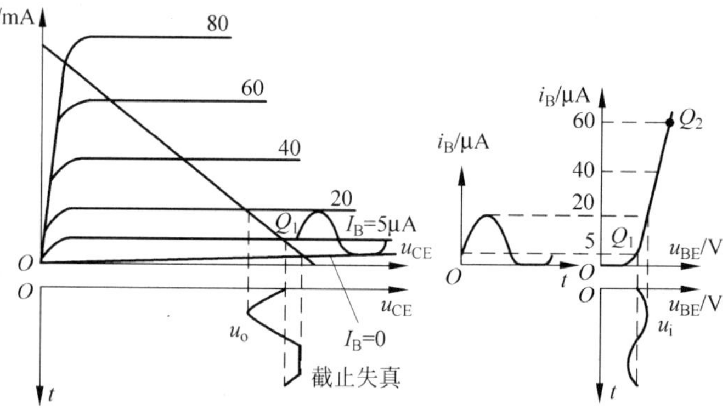

图 2.18 截止失真

如果工作点设置过高，如图 2.19 中的 Q_2 点所示，在 u_i 正半周，工作状态进入饱和区，i_C 不再随 i_B 的增大而继续增大，因而引起 i_C 和 u_o 的失真，称为饱和失真，u_o 的波形出现底部失真。为了消除饱和失真，可增大 R_b，使 I_B 减小，Q 点下移。

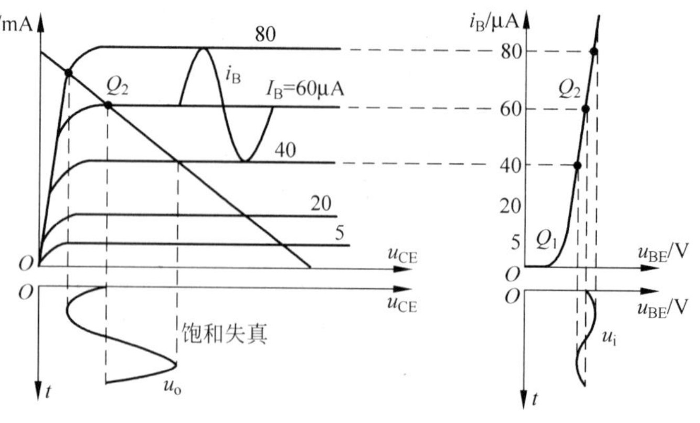

图 2.19 饱和失真

由上述分析可知，为使 Q 点在最大动态工作范围内，输出电压不产生失真，Q 点一般选择在交流负载线的中点。

用图解法进行动态分析，既能直观地显示输入电压与输出电流、电压的关系，又能形象地反映由工作点不适合所引起的非线性失真。但是它对交流特性的分析，有时十分麻烦，甚至无能为力。所以图解法主要用于分析信号的非线性和大信号工作的状态。至于交流特性的分析多采用微变等效电路分析法。

2.4　微变等效电路分析法

微变等效电路分析法的基本思想是：当晶体管 Q 点选择合适，且输入信号变化微小时（微变），可以认为晶体管电流和电压变化量之间关系近似为线性关系，即在很小的范围内，输入特性和输出特性均可近似看作一段直线，使得晶体管可以建立一个小信号的线性模型，这就是微变等效电路。利用微变等效电路，可以将含非线性元件的放大电路转化为人们熟悉的线性电路，然后，可以用已学过的电路分析方法求解电路。

2.4.1　晶体管微变等效电路

晶体管在共射极接法时，可表示为图 2.20(a)所示的双口网络。图中输入回路 U_{BE} 与 I_B 之间的关系由图 2.20(b)所示晶体管的输入特性来决定。虽然输入特性曲线是非线性的，但当晶体管 Q 点选择合适，且输入信号变化微小时（微变），可以认为在 Q 点附近的一段曲线近似为直线，有

$$r_{be}=\left.\frac{\Delta U_{BE}}{\Delta I_B}\right|_{U_{CE}=\text{常数}}=\text{常数} \tag{2.15}$$

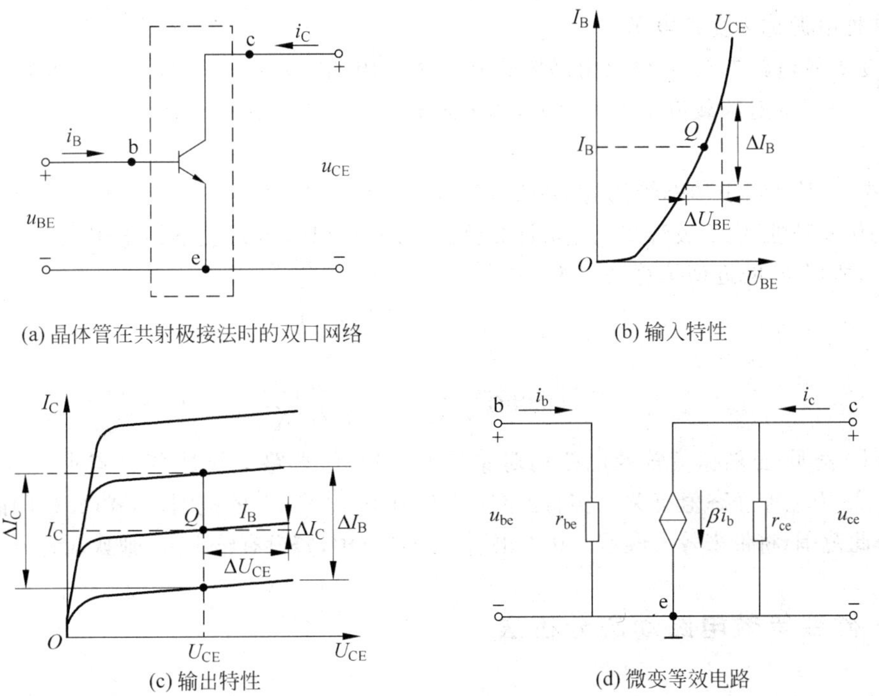

(a) 晶体管在共射极接法时的双口网络　　(b) 输入特性

(c) 输出特性　　(d) 微变等效电路

图 2.20　晶体管微变等效电路的求解过程

r_{be}称为晶体管的输入电阻，单位为 Ω。当微小信号增量电压 ΔU_{BE}、电流 ΔI_B 没有超过特性曲线的线性范围时，可以用交流分量电压 u_{be}、电流 i_b 来代替，式(2.15)可以写成

$$r_{be}=\left.\frac{u_{be}}{i_b}\right|_{U_{CE}} \tag{2.16}$$

这样，晶体管的输入端可以用一个电阻 r_{be}来等效式，如图 2.20(d)左边的输入等效电路所示。

从图 2.20(a)所示的晶体管输出回路看，U_{CE}与 I_C 之间的关系由图 2.20(c)所示的晶体管输出特性曲线来决定。当晶体管工作在线性放大区时，输出特性曲线中 I_C 基本上平行于横轴，体现了恒流性，故输出端可以用一个电流源来等效，然而 I_C 的大小受 I_B 的控制，即 $\Delta I_C=\beta\Delta I_B$。在小信号下 ΔI_C 和 ΔI_B 可以用交流分量 i_b 和 i_c 来代替，即

$$\beta=\left.\frac{\Delta I_C}{\Delta I_B}\right|_{U_{CE}}=\left.\frac{i_c}{i_b}\right|_{U_{CE}} \tag{2.17}$$

所以电流源的电流参数为 βi_b，电流源的内阻为 r_{ce}，如图 2.20(d)所示。r_{ce}可以由输出特性曲线放大区的变化量 ΔU_{CE}与 ΔI_C 之比表示。同理，在小信号下有

$$r_{ce}=\left.\frac{\Delta U_{CE}}{\Delta I_C}\right|_{I_B}=\left.\frac{u_{ce}}{i_c}\right|_{I_B=常数} \tag{2.18}$$

在实际应用，r_{ce}相对负载电阻 $R_c(R_L)$较大，对低频放大电路的影响很小，在分析低频放大电路时可以忽略，这在工程计算中不会带来显著误差。由此得到简化后的微变等效电路，如图 2.21 所示。

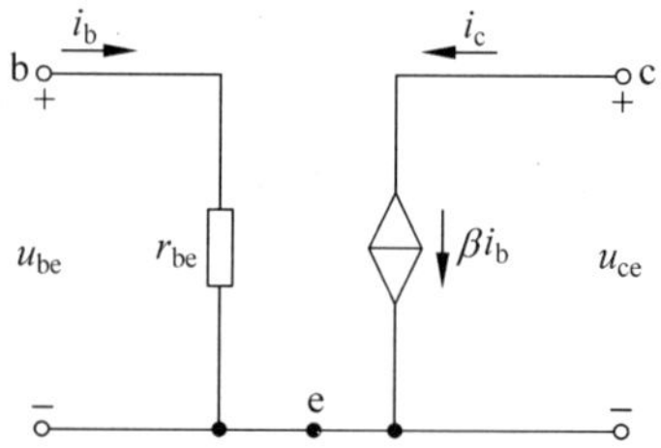

图 2.21　简化后的微变等效电路

值得注意的是，微变等效电路中的电源不是独立电源，它的数值和方向都受到电路中对应参数 i_b 的控制，当 i_b 的数值或方向发生改变，电源的数值或方向也随之发生改变，这种电源称为受控电源。

微变等效电路参数 r_{be}可以由晶体管基区体电阻 r_b、发射结结电阻 $r_{b'e}$和发射区体电阻 r_e 组成。由于发射区载流子浓度很大，体电阻 r_e 很小，可忽略不计，因此，r_{be}可表示为

$$r_{be}=r_b+(1+\beta)r_{b'e} \tag{2.19a}$$

式中 r_b 对低频小功率管约为 300Ω，$(1+\beta)r_{b'e}$为 $r_{b'e}$折算到基极回路的等效电阻。根据 PN 结的伏安特性，由二极管交流电阻计算公式(1.3)可以得出常温下结电阻 $r_{b'e}=26(\mathrm{mV})/I_E(\mathrm{mA})$，所以 r_{be}的近似估算公式为

$$\begin{aligned}r_{be}&=r_b+(1+\beta)\frac{26(\mathrm{mV})}{I_E(\mathrm{mA})}\\&=300\Omega+(1+\beta)\frac{26(\mathrm{mV})}{I_E(\mathrm{mA})}\end{aligned} \tag{2.19b}$$

式(2.19b)表明，虽然微变等效电路的对象是变化量，但电路参数是在 Q 点求出的，所以它们与 I_B、I_C、U_{CE}等静态值有关。实验表明，当 I_E 在 0.1～5mA 的范围内，式(2.19b)的误差较小，超出此范围，将带来较大误差。在本书后面的计算中，若没有给出 r_b，则默认为 $r_b=300\Omega$。

2.4.2　微变等效电路动态分析法

动态分析研究的对象是变化量，将放大电路交流通路中的晶体管用微变等效电路取代就能得到整个放大电路的微变等效电路，由于输入信号是正弦电压，所以在等效电路中电

流、电压采用相量表示。

动态分析的目标是求出放大电路的三个基本性能指标：电压放大倍数$\dot{A}_u$、输入电阻r_i和输出电阻r_o。现以图2.22所示的电路为例，利用微变等效电路进行动态分析，具体步骤如下。

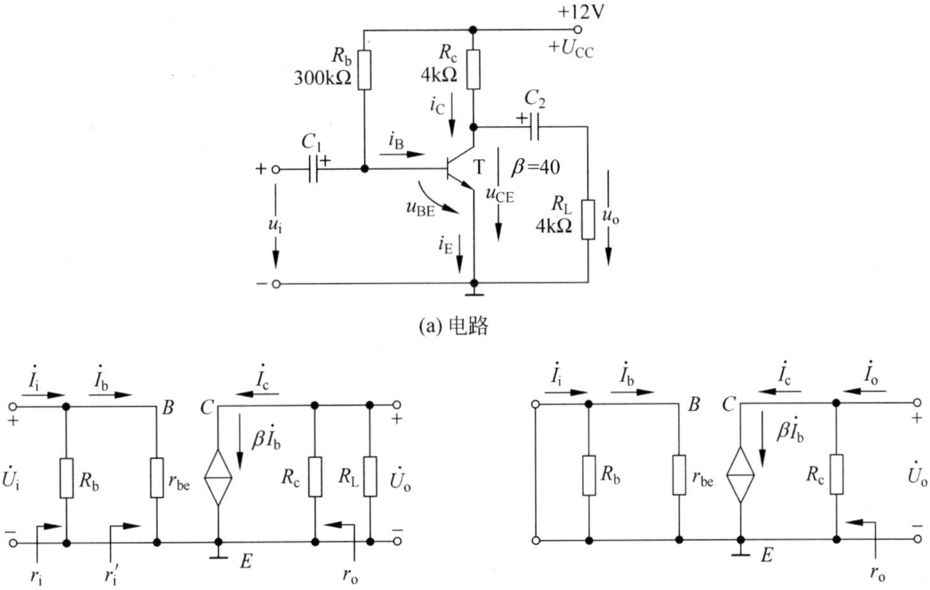

(a) 电路

(b) 微变等效电路

(c) 输出电阻计算电路

图2.22　共射极放大电路

(1) 确定Q点并计算r_{be}。由图2.22(a)可计算出Q点，计算过程如下：

$$I_B=\frac{U_{CC}-U_{BE}}{R_b}\approx\frac{U_{CC}}{R_b}=\frac{12\text{V}}{300\text{k}\Omega}=40\mu\text{A}$$

$$I_C=\beta I_B=40\times40\mu\text{A}=1.6\text{mA}\approx I_E$$

$$U_{CE}=U_{CC}-I_CR_c=12\text{V}-1.6\text{mA}\times4\text{k}\Omega=5.6\text{V}$$

由Q点计算出

$$r_{be}=300\Omega+(1+\beta)\frac{26(\text{mV})}{I_E(\text{mA})}$$

$$=300\Omega+(1+40)\frac{26(\text{mV})}{1.6(\text{mA})}\approx866\Omega=0.866\text{k}\Omega$$

(2) 画出放大电路的微变等效电路，如图2.22(b)所示。

(3) 计算$\dot{A}_u$

由微变等效电路输出和输入回路，根据基尔霍夫(或克希荷夫)电压定律(简称KVL)，可知

$$\dot{U}_o=-\dot{I}_cR_L'\quad R_L'=R_c\,/\!/\,R_L$$

$$\dot{U}_i=\dot{I}_br_{be}$$

根据$\dot{A}_u$的定义，有

$$\dot{A}_u=\frac{\dot{U}_o}{\dot{U}_i}=\frac{-\dot{I}_c R'_L}{\dot{I}_b r_{be}}=\frac{-\beta\dot{I}_b R'_L}{\dot{I}_b r_{be}}=-\beta\frac{R'_L}{r_{be}}=-\beta\frac{R'_L}{r'_i} \tag{2.20}$$

$$r'_i=\frac{\dot{U}_i}{\dot{I}_b}=r_{be}$$

式中负号表示输出电压与输入电压反相，r'_i是晶体管输入端对地电阻，一般情况下，负载$R'_L \gg r_{be}$，所以共射极放大电路的电压放大倍数数值大于1，等于电流放大系数β乘以负载R'_L与晶体管输入端对地电阻r'_i之比。将已知数据代入公式(2.20)，即可求出$\dot{A}_u$

$$\dot{A}_u=-40\times\frac{2}{0.866}\approx-92$$

(4) 计算r_i

由定义可知

$$r_i=\frac{\dot{U}_i}{\dot{I}_i}=R_b\,/\!/\,r'=R_b\,/\!/\,r_{be} \tag{2.21}$$

通常$R_b \gg r_{be}$，所以

$$r_i \approx r_{be} \tag{2.22}$$

将已知数据代入式(2.21)，得

$$r_i=R_b\,/\!/\,r_{be}=300\,/\!/\,0.866\approx 0.866(\text{k}\Omega)$$

(5) 计算r_o

根据定义，将$\dot{U}_i=0$(短路)，$R_L\to\infty$(开路)，在输出端加一电压$\dot{U}_o$，得到电流$\dot{I}_o$，计算电路如图2.22(c)所示。因$\dot{U}_i=0$时，$\dot{I}_b=0$，$\beta\dot{I}_b=0$，所以

$$r_o=\frac{\dot{U}_o}{\dot{I}_o}=R_c \tag{2.23}$$

代入已知数据，得

$$r_o=R_c=4\text{k}\Omega$$

以上是对共射极放大电路的动态分析，其主要特点是：输出电压与输入电压相位相反，电压放大倍数数值大于1，输入电阻较小，输出电阻较大。因此，共射极放大电路又称为反相电压放大器，此外，共射极电压放大电路还有输入电阻较小，输出电阻较大的特点。

一般来说，在不失真的前提下，希望电压放大倍数尽可能大，以满足放大要求。对输入电阻而言，为了减小信号源的负担，避免因信号源内阻较大，信号衰减过多，希望输入电阻高些为好，在放大电路作为输入级时，尤其应予以考虑。当放大电路作为输出级时，为提高带负载的能力，希望输出电阻小些为好。在分析、设计放大电路时，必须全面考虑放大电路的各项指标，根据具体情况，灵活掌握。

微变等效电路分析法主要用于对放大电路动态特性的分析，它不仅适宜共射极放大电路的动态分析，也适合于其他放大电路的动态分析，特别是比较复杂的放大电路的动态分析。但是它的应用必须满足一定的条件，即输入信号幅度较小或晶体管基本工作在线性范围，计算时所用的参数β和r_{be}都应是工作点Q上的参数。当输入信号幅度较大，晶体管的工作点延伸到特性曲线的非线性范围，就需要采用图解分析法。特别是要求分析放大电路

输出电压的最大幅度是多少，或要求合理安排电路工作点和参数以便得到最大的动态范围等，采用图解法比较方便。此外，用图解法还可定出静态工作点。

图解分析法和微变等效电路分析法是分析放大电路的两种基本方法。掌握了这两种方法，就为今后分析各种具体的放大电路打下了基础。

2.5　放大电路静态工作点的稳定问题

静态工作点 Q 不稳定的因素很多，如电源电压的波动、电路参数的变化等，但主要原因是晶体管参数 I_{CBO}、U_{BE}、β 随温度的变化。前面曾讨论的放大电路是固定偏置放大电路，偏置电流 I_B 是“固定”的，当环境温度变化引起管子参数变化时，电路的 Q 点会发生移动，甚至移动到不适合的位置，使放大电路无法正常工作，为此必须设计出能自动调节 Q 点位置的偏置电路，以使 Q 点能稳定在适合的位置。

由前面温度对晶体管特性影响的分析得知，晶体管参数 I_{CBO}、U_{BE}、β 随温度变化对 Q 点的影响，最终反映在 Q 点电流 I_C 随温度的升高而增大，即 I_C 的漂移。如果在温度变化时，能设法使电路自动调节 I_C，维持 I_C 基本恒定，就可解决静态工作点的稳定问题。图 2.23 所示的电路是实现这一设想的电路，称为射极偏置电路。它是交流放大电路最常用的一种基本电路。

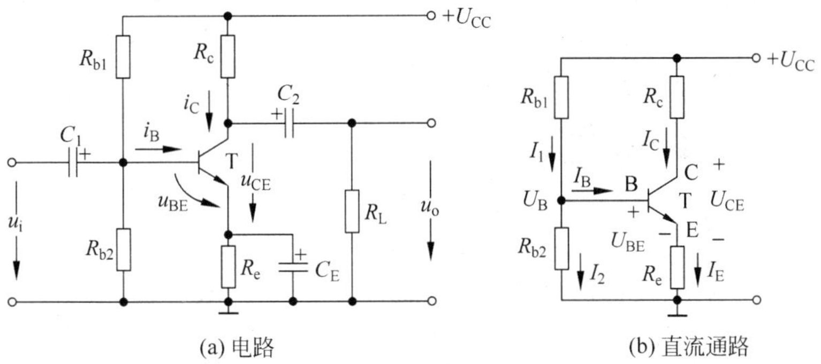

图 2.23　射极偏置电路

2.5.1　稳定原理

为了克服集电极 I_C 的漂移，图 2.23 中将 $I_C(I_E)$ 的变化转换成电压降 $U_E(I_ER_e)$ 的变化，并将其馈送到输入回路控制 U_{BE}，改变基极电流 I_B 的大小，可以补偿 I_C 的变化，从而使 I_C 基本恒定。这就是反馈控制的原理。为此，电路要保证以下两点：

(1) 保证基极电位 U_B 恒定，与 I_B 无关。

由图 2.23(b)直流通路可知 $I_1=I_2+I_B$，如果满足条件

$$I_1 \gg I_B \tag{2.24}$$

就可以认为 $I_1 \approx I_2$，R_{b2} 上的端电压可近似看成由 R_{b1} 和 R_{b2} 组成分压器上的电压，即

$$U_B \approx \frac{R_{b2}}{R_{b1}+R_{b2}}U_{CC} \tag{2.25}$$

式(2.25)说明 U_B 与晶体管参数无关,不随温度的变化而改变,因此,基极电位 U_B 是恒定的。

(2) 保证发射极电流 I_E 恒定,使 U_E 不受 U_{BE} 的影响。

由于

$$I_E = \frac{U_E}{R_e} = \frac{U_B - U_{BE}}{R_e}$$

要使 I_E 恒定,U_E 不受 U_{BE} 的影响,应满足条件

$$U_B \gg U_{BE} \tag{2.26}$$

则

$$I_E \approx \frac{U_B}{R_e} \tag{2.27}$$

具备上述两个条件,就可以认为电路的工作点与晶体管的参数无关,达到稳定工作点的目的。

实际情况下,在图 2.23 中,为使工作点 Q 稳定,I_1 愈大于 I_B 以及 U_B 愈大于 U_{BE} 愈好,但为兼顾其他指标,对于硅管,一般可选取

$$\begin{aligned} I_1 &= (5 \sim 10)I_B \\ U_B &= (3 \sim 5)U_{BE}(\text{硅管}) \\ U_B &= (1 \sim 3)U_{BE}(\text{锗管}) \end{aligned} \tag{2.28}$$

稳定工作点的过程表示如下:

$$T\uparrow \rightarrow I_C\uparrow \rightarrow I_E\uparrow \rightarrow I_ER_E\uparrow \rightarrow U_{BE}\downarrow \rightarrow I_B\downarrow \rightarrow I_C\downarrow$$

射极偏置电路静态工作点 Q 的估算公式如下:

$$\begin{aligned} U_B &= \frac{R_{b2}}{R_{b1}+R_{b2}}U_{CC} \\ I_C &\approx I_E = \frac{U_B - U_{BE}}{R_e} \approx \frac{U_B}{R_e} \\ U_{CE} &= U_{CC} - I_CR_c - I_ER_e \approx U_{CC} - I_C(R_c + R_e) \\ I_B &= \frac{I_C}{\beta} \end{aligned} \tag{2.29}$$

2.5.2 动态分析

图 2.23 所示的微变等效电路如图 2.24 所示。

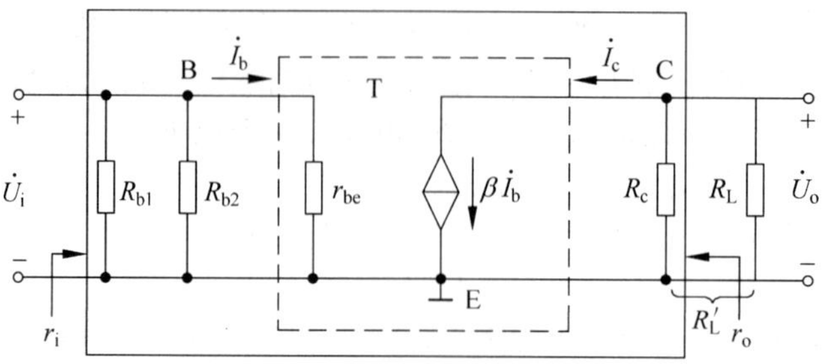

图 2.24 射极偏置电路的微变等效电路

(1) 求电压放大倍数$\dot{A}_u=\dfrac{\dot{U}_o}{\dot{U}_i}$

由图 2.24 输出回路有$\dot{U}_o=-\dot{I}_c R'_L$，其中 $R'_L=R_c // R_L$。又因图 2.24 中输入回路的$\dot{U}_i=\dot{I}_b r_{be}$，所以

$$\dot{A}_u=\frac{-\beta R'_L}{r_{be}}$$

(2) 求输入电阻 r_i

根据图 2.24 的输入回路得

$$r_i=R_{b1} // R_{b2} // r_{be}$$

(3) 求输出电阻 r_o

根据图 2.24 的输出回路得

$$r_o=R_c$$

若对图 2.23(a)所示电路作一点改动，去掉 C_E，则对应的直流通路没有改变，因而静态工作点没有变化，而相应的微变等效电路发生了变化，如图 2.25 所示。

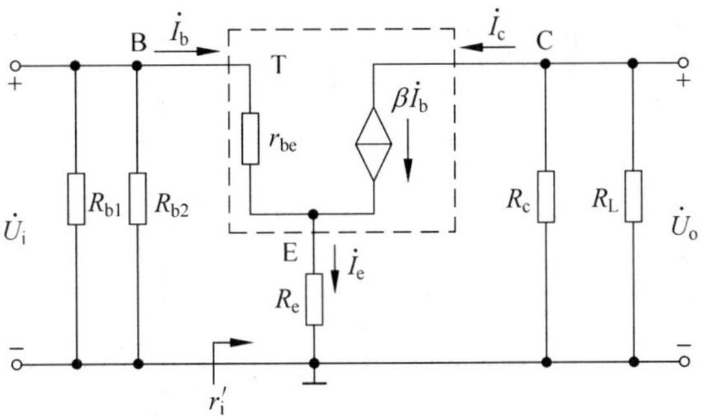

图 2.25　去掉 C_E 后的微变等效电路

首先讨论电压放大倍数，由图 2.25 微变等效电路的输出端和输入端可得

$$\dot{U}_o=-\dot{I}_c R'_L=-\beta R'_L\dot{I}_b$$

$$\begin{aligned}\dot{U}_i&=\dot{I}_b r_{be}+\dot{I}_e R_e\\&=\dot{I}_b[r_{be}+(1+\beta)R_e]\\&=r'_i\dot{I}_b\end{aligned}$$

上式中，$(1+\beta)R_e$ 可以看成 R_e 等效到$\dot{I}_b$ 支路的电阻，$r'_i=r_{be}+(1+\beta)R_e$ 是晶体管输入端对地电阻，因此，电压放大倍数为

$$\dot{A}_u=\frac{\dot{U}_o}{\dot{U}_i}=\frac{-\beta R'_L}{r'_i}=\frac{-\beta(R_c // R_L)}{r_{be}+(1+\beta)R_e}\tag{2.30}$$

式(2.30)表明，在接入 R_e 而又未并联 C_E 的情况下，虽然静态工作点也能得到稳定，但是损失了电压放大倍数。所以，C_E 的作用是消除 R_e 对交流分量的影响，使电压放大倍数不致下降，因而 C_E 被称为射极旁路电容。

比较式(2.20)和式(2.30),虽然它们所对应的电路不同,表达式的最终结果也不同,但是它们的相同形式为

$$\dot{A}_u = \frac{-\beta R'_L}{r'_i} \tag{2.31}$$

可作为共射极电路电压放大倍数的计算公式,式中 r'_i是晶体管输入端对地电阻,R'_L是放大电路的负载。

下面讨论输入电阻,由图 2.25 所示的微变等效电路的输入回路得

$$r_i = R_{b1} \,/\!/\, R_{b2} \,/\!/\, r'_i = R_{b1} \,/\!/\, R_{b2} \,/\!/\, [r_{be} + (1+\beta) R_e] \tag{2.32}$$

式(2.32)表明,未并 C_E 时,由于晶体管输入端对地电阻由 r_{be}增大为 $r_{be}+(1+\beta) R_e$,因而放大电路的输入电阻也随之增大。

再来讨论输出电阻。根据定义,将$\dot{U}_i=0$(短路),$R_L\to\infty$(开路),在输出端加一电压$\dot{U}_o$,得到电流$\dot{I}_o$,计算电路如图 2.26 所示。因$\dot{U}_i=0$ 时,$\dot{I}_b=0$,$\beta\dot{I}_b=0$,显然

$$r_o = \frac{\dot{U}_o}{\dot{I}_o} = R_c \tag{2.33}$$

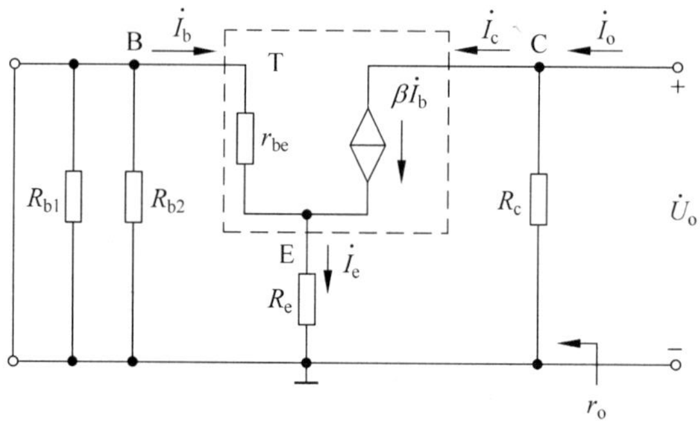

图 2.26 射极偏置放大电路输出电阻的计算电路

例 2.1 在图 2.27(a)所示的射极偏置电路中,已知晶体管的参数 $\beta=40$,$r_b=300\Omega$,$U_{BE}=0.6V$,电路其他参数如图所示。

(1) 求电路的静态工作点。

(2) 电路的电压放大倍数$\dot{A}_u$、源电压放大倍数$\dot{A}_{us}$和输入、输出电阻 r_i、r_o。

解 (1) 由式(2.29)估算静态工作点

$$U_B = \frac{R_{b2}}{R_{b1}+R_{b2}}U_{CC} = \frac{10}{20+10}\times 12 = 4(V)$$

$$I_C \approx I_E = \frac{U_B - U_{BE}}{R_e} = \frac{4-0.6}{2} = 1.7(mA)$$

$$U_{CE} \approx U_{CC} - I_C(R_c + R_e) = 12 - 1.7\times 4 = 5.2(V)$$

$$I_B = \frac{I_C}{\beta} = \frac{1.7}{40} = 0.0425(mA)$$

$$r_{be} = r_b + (1+\beta)\frac{26mV}{I_E(mA)} = 300 + (1+40)\times\frac{26mV}{1.7mA} \approx 927(\Omega)$$

(2) 作出图 2.27(a)的微变等效电路,如图 2.27(b)所示,并由该图计算出下列参数:

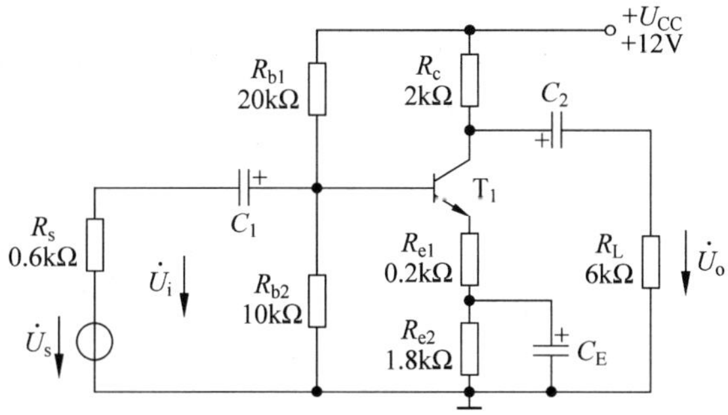

(a)

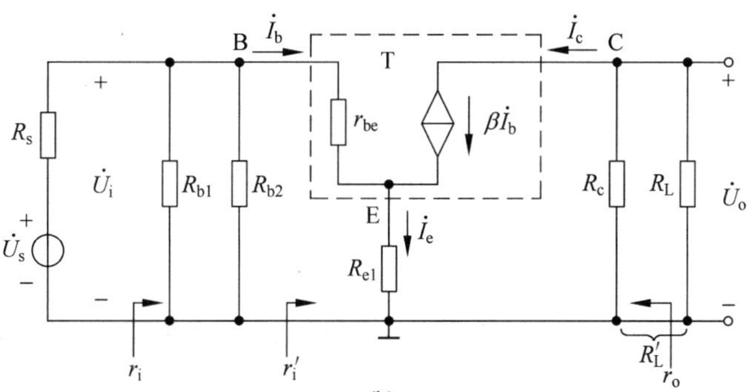

(b)

图 2.27　例 2.1 用图

$$r_i' = r_{be} + (1+\beta) R_{e1}$$

$$r_i = R_{b1} // R_{b2} // r_i' = R_{b1} // R_{b2} // [r_{be} + (1+\beta) R_{e1}]$$

$$= (10 // 20) \times 10^3 // [927 + (1+40) \times 0.2 \times 10^3] \approx 3.85(\text{k}\Omega)$$

$$r_o = R_c = 2(\text{k}\Omega)$$

$$R_L' = R_c // R_L = 2 // 6 = 1.5(\text{k}\Omega)$$

$$\dot{A}_u = \frac{\dot{U}_o}{\dot{U}_i} = \frac{-\beta R_L'}{r_i'} = \frac{-\beta R_L'}{r_{be} + (1+\beta)R_{e1}} = -\frac{40 \times 1.5 \times 10^3}{(0.927 + 41 \times 0.2) \times 10^3} = -6.57$$

因为

$$\dot{A}_{us} = \frac{\dot{U}_o}{\dot{U}_s} = \frac{\dot{U}_o}{\dot{U}_i} \times \frac{\dot{U}_i}{\dot{U}_s}$$

所以

$$\dot{A}_{us} = \dot{A}_u \frac{r_i}{R_s + r_i} = -6.57 \times \frac{3.85 \times 10^3}{(0.6 + 3.85) \times 10^3} = -5.68$$

由计算结果可知，当考虑信号源内阻 R_s 时，R_s 将使电路的电压放大倍数下降，而电路的输入电阻愈大，电压放大倍数受 R_s 的影响愈小。

2.6　共集电极放大电路

图 2.28(a)表示为共集电极放大电路的原理，图 2.28(b)是它的交流通路。由交流通路可见，晶体管的集电极接地，输入电压 u_i 加在基极和集电极，输出电压取自发射极和集电

极，集电极是输入与输出的公共端，因而得名为共集电极放大电路。从原理图可见，输出信号 u_o 是从发射极送出，所以共集电极电路又称为射极输出器。

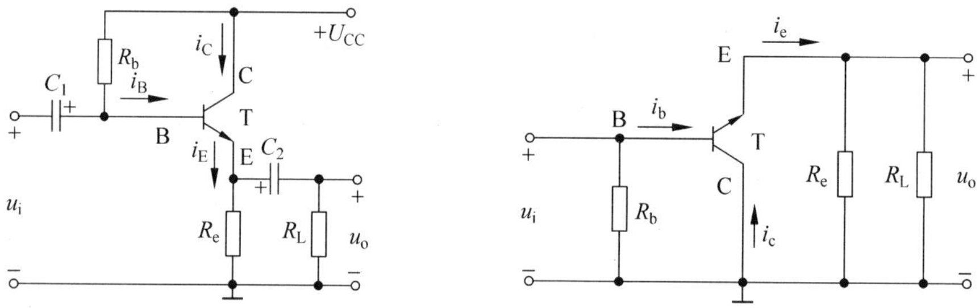

(a) 原理　　　　(b) 交流通路

图 2.28　共集电极放大电路

2.6.1　静态分析

根据图 2.28(a)，在基极回路中，按照基尔霍夫电压定律可得

$$U_{CC} = R_b I_B + U_{BE} + R_e I_E$$
$$= R_b I_B + U_{BE} + (1+\beta) R_e I_B$$
$$I_B = \frac{U_{CC} - U_{BE}}{R_b + (1+\beta) R_e} \tag{2.34}$$

根据晶体管的电流放大特性和放大电路的输出回路，可计算出

$$I_C = \beta I_B$$
$$U_{CE} = U_{CC} - R_e I_E \tag{2.35}$$

2.6.2　动态分析

图 2.28(a)所示的微变等效电路由图 2.29 表示。

1. 电压放大倍数

由微变等效电路图 2.29 输入回路，根据 KVL，可得

$$\dot{U}_i = \dot{I}_b r_{be} + \dot{I}_e R'_L$$
$$= \dot{I}_b [r_{be} + (1+\beta) R'_L]$$
$$= r'_i \dot{I}_b$$
$$\dot{U}_o = \dot{I}_e R'_L$$
$$= (1+\beta) \dot{I}_b R'_L$$

上面式中 $R'_L = R_e /\!/ R_L$，$r'_i = r_{be} + (1+\beta) R'_L$ 是晶体管基极对地电阻。由电压放大倍数定义得

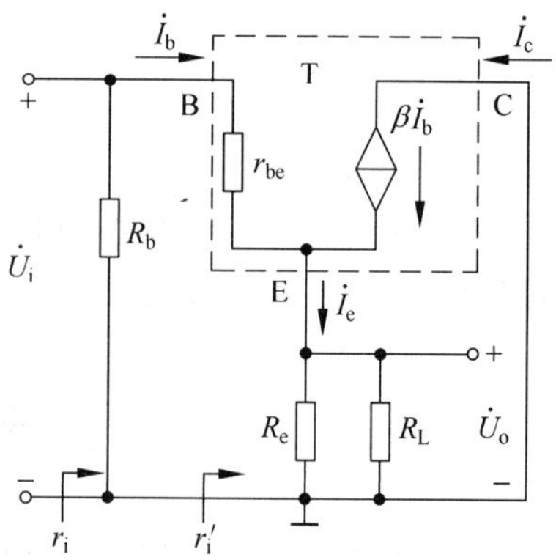

图 2.29　共集电极放大电路的微变等效电路

$$\dot{A}_u=\frac{\dot{U}_o}{\dot{U}_i}=\frac{(1+\beta)R'_L}{r_{be}+(1+\beta)R'_L}\approx\frac{\beta R'_L}{r_{be}+\beta R'_L}\approx 1 \tag{2.36}$$

通常 $\beta\gg1$，$\beta R'_L\gg r_{be}$，所以射极输出器的电压放大倍数近似于1而略小于1。由于电压放大倍数接近于1，说明输出电压与输入电压近似相等且同相，因而射极输出器常称为射极跟随器，常作为放大器的中间级或缓冲级，用来隔离它的前后两级，避免两者之间的相互影响。

2. 输入电阻

由微变等效电路图2.29可知

$$r_i=R_b\ /\!/\ r'_i=R_b\ /\!/\ [r_{be}+(1+\beta)R'_L] \tag{2.37}$$

考虑到 $\beta\gg1$，$\beta R'_L\gg r_{be}$，因此

$$r_i=R_b\ /\!/\ \beta R'_L \tag{2.38}$$

与共发射极电路的输入电阻相比，射极跟随器的输入电阻较大，可减小放大电路对信号源（或前级）所取的信号电流。因此它又常作为放大器的输入级。

3. 输出电阻

根据定义，将$\dot{U}_i=0$（短路），$R_L\to\infty$（开路），在输出端加一电压$\dot{U}_o$，得到电流$\dot{I}_o$，计算电路如图2.30所示。图中，虽然$\dot{U}_i$仍为零，但$\dot{I}_b$不为零，有

$$\dot{I}_b=\frac{\dot{U}_o}{r_{be}},\quad \dot{I}_e=(1+\beta)\dot{I}_b,\quad \dot{I}'_o=\frac{\dot{U}_o}{R_e},$$

所以

$$\dot{I}_o=\dot{I}_e+\dot{I}'_o=(1+\beta)\frac{\dot{U}_o}{r_{be}}+\frac{\dot{U}_o}{R_e}=\dot{U}_o\left(\frac{1}{\frac{r_{be}}{1+\beta}}+\frac{1}{R_e}\right)$$

由此可求出输出电阻

$$r_o=\frac{\dot{U}_o}{\dot{I}_o}=\frac{r_{be}}{1+\beta}\ /\!/\ R_e \tag{2.39}$$

式中$\frac{r_{be}}{1+\beta}$是$\dot{I}_b$支路的电阻r_{be}折合到输出回路的等效电阻。通常有 $\beta\gg1$ 及 $R_e\gg\frac{r_{be}}{1+\beta}$，所以

$$r_o\approx\frac{r_{be}}{1+\beta}\approx\frac{r_{be}}{\beta} \tag{2.40}$$

从式(2.40)可以看出，射极跟随器的输出电阻很小，说明带负载的能力较强，还可用来作为放大器的输出级。

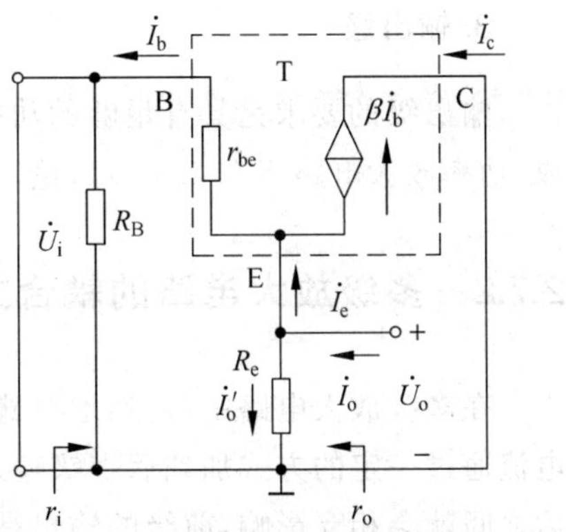

图2.30　射极跟随器输出电阻的计算电路

综上分析说明，共集电极放大电路的特点是：电压放大倍数小于1而接近于1，输出电压与输入电压同相，输入电阻高，输出电阻低。虽然电压跟

随器的电压放大倍数小于 1,但是它的输入电阻高,可减小放大电路对信号源(或前级)所取的信号电流。同时,它的输出电阻低,可减小负载变动对电压放大倍数的影响。

2.7 多级放大电路

单级放大电路的放大倍数一般为几十至几百,然而,在实际中需要放大的信号源非常微弱,这就要求有更高放大倍数的放大电路,为此,将多个基本放大电路连接起来,构成多级放大电路。

2.7.1 多级放大电路的组成

多级放大电路一般由输入级、中间级和输出级组成,如图 2.31 所示。各组成部分的一般要求如下。

图 2.31 多级放大电路的组成

1. 输入级

输入级的要求与信号源的性质有关,当信号源是电压源时,要求输入级具有足够高的输入阻抗,可使实际加到输入级的输入电压增大;当信号源是电流源时,为了充分利用信号电流,要求输入级的输入阻抗足够低。

2. 中间级

中间级的主要任务是电压放大,要求具有足够大的电压放大倍数,中间级决定着整个电路的放大倍数,其自身就可能由多级放大电路构成。

3. 输出级

输出级的要求是具有足够的功率输出去推动负载,为此,输出级往往由功率放大电路构成,功率放大电路将在 2.8 节讨论。

2.7.2 多级放大电路的耦合方式

在多级放大电路中,自然地会遇到级与级之间的相互连接问题。前一级的输出电压或电流通过一定的方式加到后一级输入端,称为耦合。耦合电路使前后两级电路联系起来,前后之间就会相互影响,前级的输出是后级的信号源,而后一级的输入电阻是前级的负载。

多级放大电路的耦合方式有阻容耦合、直接耦合和变压器耦合三种。无论采用哪一种耦合方式都应满足下列要求：

① 保证各级静态工作点的正常设置；

② 前一级的输出交流信号能通畅地送到后级；

③ 信号在耦合电路中的传递不能产生失真，信号损失要小。只有按照不同的需要，合理选择级间的耦合方式，才能保证多级放大电路的正常而有效地工作。

1. 阻容耦合

阻容耦合就是前一级的输出信号通过电容 C 和电阻 R 传送到下一级，而电阻 R 往往就是后一级的输入电阻，如图 2.32 所示。这种方式的特点是利用电容隔直通交的作用，将前后级的直流隔开，确保前后级的静态工作点各自独立，互不影响，这为放大电路的分析、设计和调试带来很大方便。而且只要电容选得足够大，就能使前一级的交流信号在一定的频率范围内几乎不衰减地传递到下一级。但是，阻容耦合方式不适合于传递缓慢变化的信号，因为电容的容抗很大使信号衰减过多；其次大容量的电容在集成电路中难以制造，使得阻容耦合在线性集成电路中无法实现。所以这种方式目前广泛地应用于分立元件组成的交流放大电路。前面所讨论的放大电路都是阻容耦合放大电路。

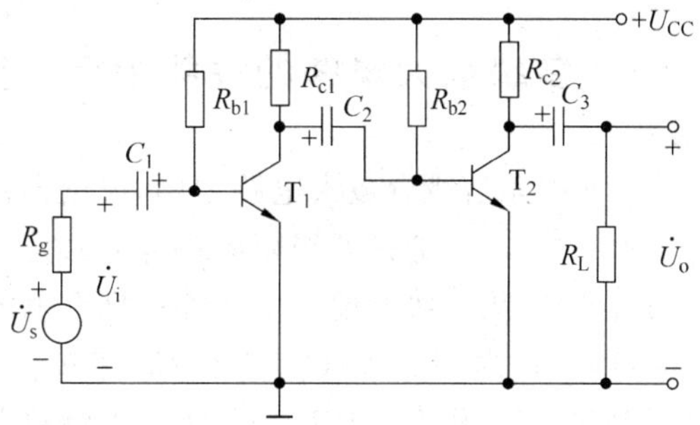

图 2.32　阻容耦合电路

2. 变压器耦合

在变压器耦合方式中，前级输出信号通过变压器传送到下级，如图 2.33 所示。其特点是由于变压器初级、次级互相绝缘，没有电的联系，因而前后级的静态工作点互不影响，并且前一级的交流信号在一定的频率范围内，通过变压器可以顺利地传递到下一级，此外，由于变压器具有阻抗变换的能力，因此，对下一级可以输出较大的功率。但是变压器的体积大、重量大、频率特性较差，在放大电路中应用较少。

3. 直接耦合

为了避免电容给缓慢变化信号带来的不良影响，去掉电容，级与级之间直接连接，就构成直接耦合方式，如图 2.34 所示。由于放大电路中无电抗元件，使得其具有很好的频率特性，既可满足放大交流信号，又可满足放大缓慢变化的信号或直流信号。然而由于直接耦合会使得各级静态工作点相互影响，必须采取适当措施，才能使各级均有较理想的静态工作点。如图 2.34 中后级加入一电阻 R_{e2}，可提高后级发射极电位，保证前一级有适合的 U_{CE} 值。另外，在直接耦合的多级放大电路中，由于某种原因使得某级的静态工作点稍有偏移时，此级所产生的输出电压的微弱变化将会作为后面各级的输入信号加以放大。这样，即使输入端短路 $u_i=0$，输出电压也会偏离原静态工作点的值缓慢地、不规则地变化，这种现象称为零点漂移。零点漂移的存在不仅影响电路信号的真实性，严重时甚至会使放大电路无法正常工作。解决零点漂移的问题将在后面第 6 章讨论。

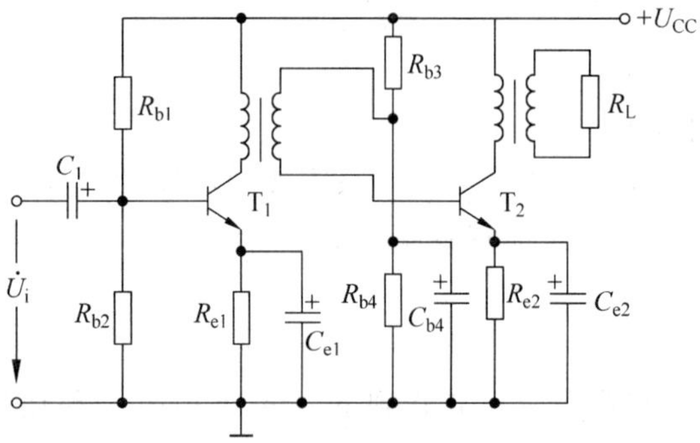

图 2.33　变压器耦合电路

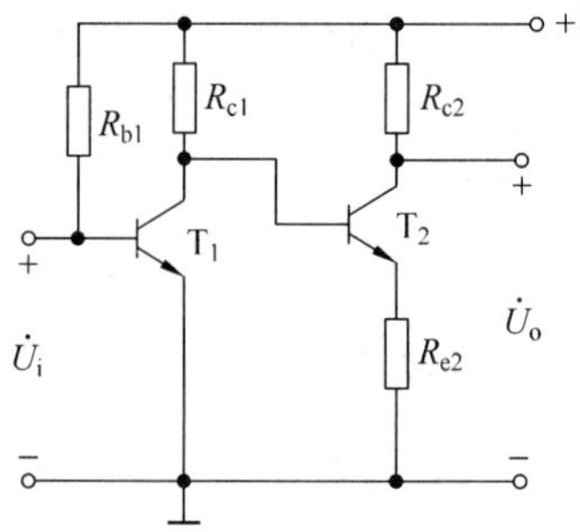

图 2.34　直接耦合电路

2.7.3　多级放大电路的性能指标计算

下面以阻容耦合放大电路为例，讨论多级放大电路的性能指标。

图 2.35 表示的是两级阻容耦合的共发射极放大电路，信号源经耦合电容 C_1 加到第一级的输入端，第一级的输出电压经过耦合电容 C_2 传送到第二级，第二级的输出电压经过耦合电容 C_3 传送到负载，C_1、C_2 和 C_3 都起着“隔直通交”的作用，使各级静态工作点互不影响，各级静态工作点的计算与单级放大电路的计算相同。而放大电路的动态指标则需要通过微变等效电路来计算，图 2.36 是图 2.35 的微变等效电路。在图中，第一级输入电阻 r_{i1} 是整个放大电路总的输入电阻 r_i，第一级的输出电压$\dot{U}_{o1}$是第二级的输入电压$\dot{U}_{i2}$；而第二级的输入电阻 r_{i2} 是第一级的负载，第二级的输出电阻 r_{o2} 是整个放大电路总的输出电阻 r_o，第二级的输出电压就是放大电路总的输出电压$\dot{U}_o$。

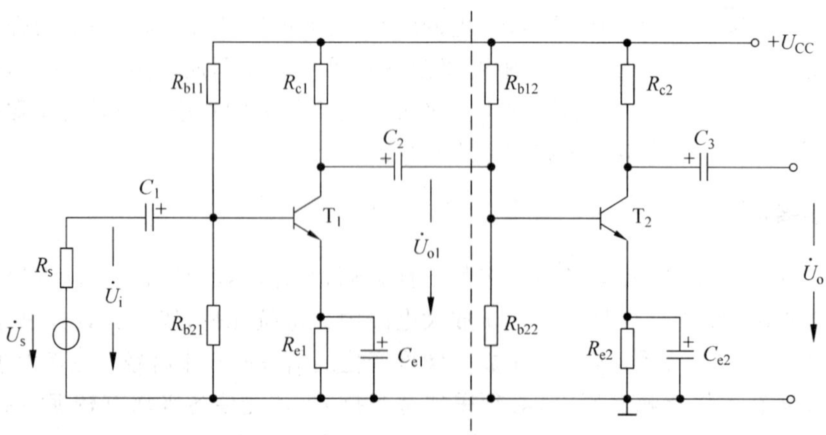

图 2.35　两级阻容耦合的放大电路

1. 电压放大倍数

根据定义，第一级电压放大倍数为

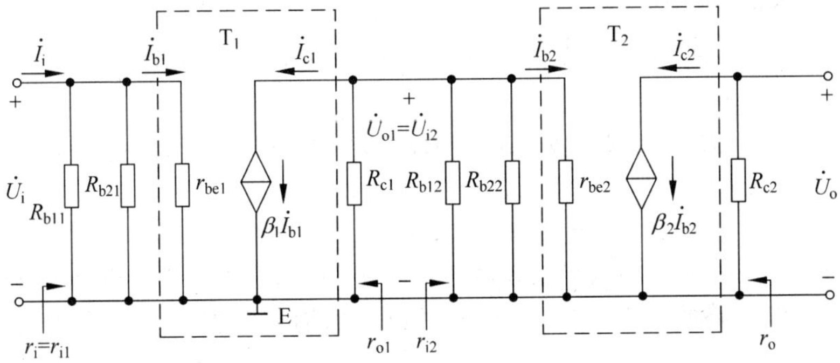

图 2.36　图 2.35 的微变等效电路

$$\dot{A}_{u1}=\frac{\dot{U}_{o1}}{\dot{U}_i}$$

第一级电压放大倍数为

$$\dot{A}_{u2}=\frac{\dot{U}_o}{\dot{U}_{i2}}=\frac{\dot{U}_o}{\dot{U}_{o1}}$$

则总的电压放大倍数为

$$\dot{A}_u=\frac{\dot{U}_o}{\dot{U}_i}=\frac{\dot{U}_{o1}}{\dot{U}_i}\frac{\dot{U}_o}{\dot{U}_{o1}}=\dot{A}_{u1}\dot{A}_{u2}$$

由此可以推广到 n 级放大电路，其电压放大倍数为

$$\dot{A}_u=\dot{A}_{u1}\dot{A}_{u2}\cdots\dot{A}_{un} \tag{2.41}$$

2. 输入电阻

$$r_i=r_{i1} \tag{2.42}$$

3. 输出电阻

$$r_o=r_{o2}(\text{或 } r_{on}) \tag{2.43}$$

例 2.2　已知图 2.35 所示电路的参数：$U_{CC}=12\text{V}$，$R_{b11}=91\text{k}\Omega$，$R_{b21}=33\text{k}\Omega$，$R_{c1}=5.6\text{k}\Omega$，$R_{e1}=2.2\text{k}\Omega$，$R_{b12}=92\text{k}\Omega$，$R_{b22}=43\text{k}\Omega$，$R_{c2}=2.5\text{k}\Omega$，$R_{e2}=2.7\text{k}\Omega$，$\beta_1=\beta_2=50$，$r_{be1}=1.4\text{k}\Omega$，$r_{be2}=1.3\text{k}\Omega$，试计算电路的电压放大倍数、输入电阻和输出电阻。

解　从图 2.36 所示的微变等效电路得知，第二级电路的输入电阻为

$$r_{i2}=R_{b12}\ /\!/\ R_{b22}\ /\!/\ r_{be2}=92\text{k}\Omega\ /\!/\ 43\text{k}\Omega\ /\!/\ 1.3\text{k}\Omega\approx1.24\text{k}\Omega$$

因 r_{i2} 又是第一级电路的负载，则第一级电路的总负载为

$$R'_{L1}=R_{c1}\ /\!/\ r_{i2}=5.6\ /\!/\ 1.24=1(\text{k}\Omega)$$

根据共发射极放大电路的电压放大倍数计算公式，两级电压放大倍数分别为

$$\dot{A}_{u1}=-\beta_1\frac{R'_{L1}}{r_{be1}}=-50\times\frac{1}{1.4}=-35.7$$

$$\dot{A}_{u2}=-\beta_2\frac{R_{c2}}{r_{be2}}=-50\times\frac{2.5}{1.3}=-96$$

两级总的电压放大倍数为

$$\dot{A}_u = \dot{A}_{u1}\dot{A}_{u2} = (-35.7)\times(-96) = 3427$$

输入电阻为

$$r_i = r_{i1} = R_{b11} /\!/ R_{b21} /\!/ r_{be1} = 91\text{k}\Omega /\!/ 33\text{k}\Omega /\!/ 1.4\text{k}\Omega \approx 1.32\text{k}\Omega$$

输出电阻为

$$r_o = r_{o2} = R_{c2} = 2.5\text{k}\Omega$$

例 2.3 在图 2.37 所示的两级阻容耦合放大电路中,已知电路所标参数和 β_1、β_2、r_{be1}、r_{be2},试计算(1)各级电路的输入电阻 r_{i1}、r_{i2} 和总电路的输入电阻 r_i;(2)各级电路的输出电阻 r_{o1}、r_{o2} 和总电路的输出电阻 r_o;(3)各级电路的电压放大倍数$\dot{A}_{u1}$、$\dot{A}_{u2}$ 和总电路的电压放大倍数$\dot{A}_u$、$\dot{A}_{us}$。

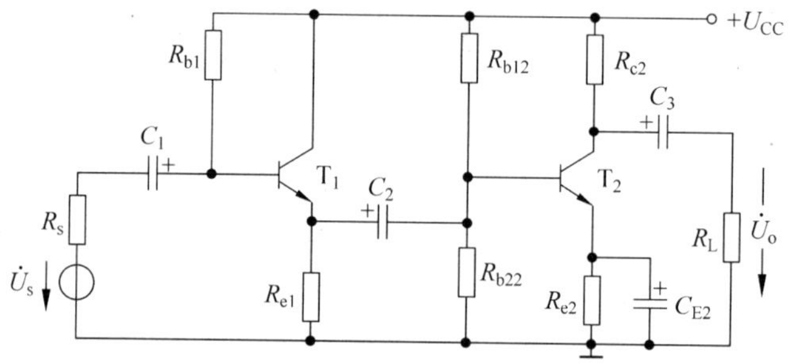

图 2.37 例 2.3 用图

解 在图 2.37 所示的放大电路中,第一级为射极跟随器,第二级为射极偏置电路,首先画出图 2.37 所示的微变等效电路,如图 2.38 所示,然后根据微变等效电路计算动态指标。

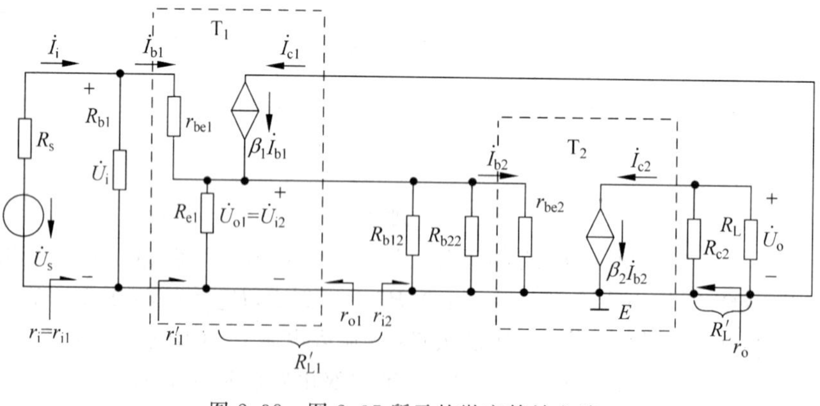

图 2.38 图 2.37 所示的微变等效电路

(1) 由图 2.38 可知,第二级的输入电阻 r_{i2} 就是射极偏置电路的输入电阻,故有

$$r_{i2} = R_{b12} /\!/ R_{b22} /\!/ r_{be2}$$

因 r_{i2} 作为第一级的负载,所以第一级的总负载为

$$R'_{L1} = r_{i2} /\!/ R_{e1}$$

由于第一级为射极跟随器,发射极作为输出端,发射极的电阻亦是总负载电阻 R'_{L1},它将直接影响输入电阻,因而电路总的输入电阻为

$$
\begin{aligned}
r_i = r_{i1} &= R_{b1} \mathbin{/\!/} r'_{i1} = R_{b1} \mathbin{/\!/} [r_{be1} + (1+\beta) R'_{L1}] \\
&= R_{b1} \mathbin{/\!/} [r_{be1} + (1+\beta)(r_{i2} \mathbin{/\!/} R_{e1})] \\
&= R_{b1} \mathbin{/\!/} [r_{be1} + (1+\beta)(R_{e1} \mathbin{/\!/} R_{b12} \mathbin{/\!/} R_{b22} \mathbin{/\!/} r_{be2})]
\end{aligned}
$$

(2) 第一级的输出电阻 r_{o1} 就是射极跟随器的输出电阻，当 $U_S=0$ 时，电流 I_{b1} 流过的等效电阻为($R_s//R_{b1}+r_{be1}\approx R_s+r_{be1}$)，由射极跟随器输出电阻的计算公式得

$$
r_{o1} = \frac{R_s + r_{be1}}{1+\beta_1} \mathbin{/\!/} R_{e1}
$$

而第二级射极偏置电路中含有 C_{E2}，其输出电阻 r_{o2} 就是共射极放大电路的输出电阻，所以有

$$
r_o = r_{o2} = R_{c2}
$$

(3) 由射极跟随器和共射极放大电路的电压放大倍数计算公式得

$$
\dot{A}_{u1} = \frac{\dot{U}_{o1}}{\dot{U}_i} = \frac{(1+\beta_1)R'_{L1}}{r_{be1} + (1+\beta_1)R'_{L1}} \approx 1
$$

$$
\dot{A}_{u2} = -\beta_2 \frac{R'_L}{r_{be2}}
$$

上式中

$$
R'_L = R_{c2} \mathbin{/\!/} R_L
$$

总电路的电压放大倍数为

$$
\dot{A}_u = \dot{A}_{u1}\dot{A}_{u2} \approx -\beta_2 \frac{R'_L}{r_{be2}}
$$

$$
\dot{A}_{us} = \frac{r_i}{R_s + r_i}\dot{A}_u = -\frac{r_i}{R_s + r_i}\frac{R'_L}{r_{be2}}\beta_2
$$

比较例 2.2 和例 2.3 的计算结果可知，当射极跟随器作为多级放大电路的输入级时，第二级的输入电阻会影响输入级输入电阻，即放大电路总的输入电阻。这是因为射极跟随器的输入、输出电阻都与发射极端电阻有关。由于射极跟随器在多级放大电路中既可作为输入级又可作为中间级或输出级，因此在多级放大电路的计算中，应特别注意，避免出错。

2.8 功率放大电路

2.8.1 功率放大电路的特点

就本质而言，功率放大电路和电压放大电路并没有什么区别。但它们要完成的任务不同，因而对它们的要求也不同。电压放大电路通常是在小信号下工作，主要任务是在信号不失真的条件下输出足够大的电压。要求电压放大倍数 A_u 足够大；输入电阻 r_i 大，以便从前级得到足够大的电压；输出电阻 r_o 小，以便将更多的电压传给下一级。功率放大器则不同，它要求输出足够大的功率 P_o，从这个基点出发，对功率放大电路需要考虑以下几个问题。

1. 输出功率问题

为了获得尽可能大的输出功率，要求功放管的电压和电流都有足够大的输出幅度，因此，管子往往在接近极限参数状态下工作。

2. 效率问题

放大器实质上是一个能量转换装置。由于输出功率大,因此,直流电源供给的功率和线路本身(包括功放管)所消耗的功率也大,效率就成为一个重要的指标。所谓效率,就是负载得到的有用信号功率和电源供给的直流功率的比值。效率越高,线路消耗的无用功率和直流电源所供给的直流功率就越小。

3. 非线性失真问题

功率放大器在大信号下工作,难免产生非线性失真。而且输出功率越大,失真往往越严重,这就使得输出功率与非线性失真成为一对矛盾。在测量系统和电声设备中,非线性失真要尽量小一些。

4. 散热和保护问题

由于流过功放管的电流较大,有相当大的功率消耗在管子上。因此,功放管在工作时一般要加散热片。另外,功放管往往在极限状态下工作,因而损坏的可能性也大,在电路中要采取一些保护措施。

5. 分析方法

由于功放管是在大信号下工作,一般只能采用图解分析法。

2.8.2 功率放大电路的工作方式

要提高功率放大电路的效率,首先要了解放大电路的工作方式。根据晶体管静态工作点的位置不同,放大电路可分为以下几种工作方式。

1. 甲类放大方式

所谓甲类放大方式是指电路静态工作点设置在负载线的中点上,在输入信号的正、负半周,晶体管都在工作,管子的导通角为 360°,输出波形好,失真小,但静态管子功耗大,效率低。如图 2.39(a)所示。从图中可以看出,管子的静态功耗等于静态工作点 Q 与两坐标轴间所围矩形的面积,为了提高管子效率,可降低静态工作点,减小矩形面积。

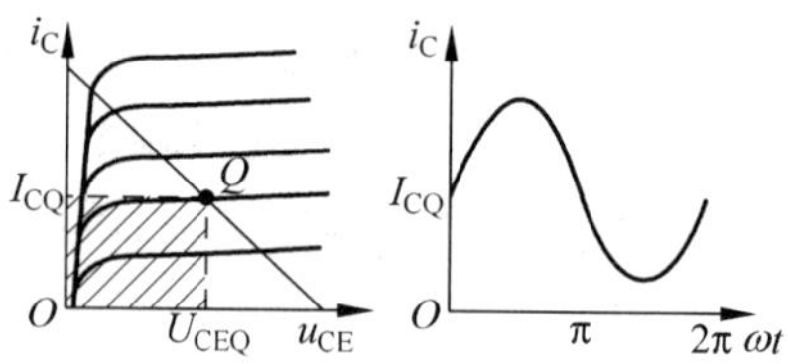

(a) 甲类放大

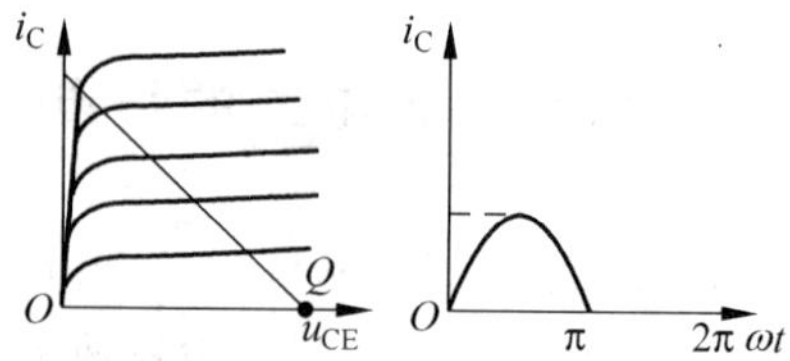

(b) 乙类放大

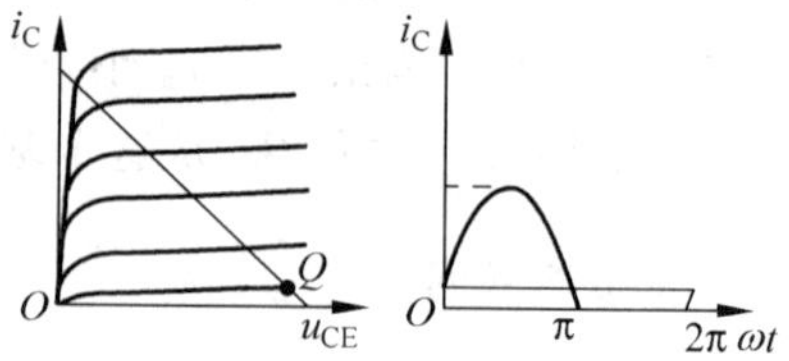

(c) 甲乙类放大

图 2.39 放大电路的工作方式

2. 乙类放大方式

图 2.39(b)所示的是乙类放大方式,电路静态工作点在负载线的最低点,由于静态时电流为零,无功耗,效率最高。但此时放大电路只在输入信号的正半

周工作，负半周时晶体管截止，管子的导通角为 180°，输出波形出现严重的失真，不能直接使用。但工作在此类方式的电路效率很高，值得引起注意。

3. 甲乙类放大方式

当电路的静态工作点略高于乙类时，称为甲乙类放大方式，如图 2.39(c)所示。此时静态电流很小，静态消耗约为零，效率也很高。晶体管的导通时间大于半个周期，管子的导通角大于 180°，此时电路输出波形虽然失真严重，不能直接使用。但合理的设计电路结构，使两只管子轮流工作便可得到很好的效果。

2.8.3 互补对称功率放大电路

互补对称功率放大电路种类很多，本节只介绍其中的两种，即乙类互补对称功率放大电路和甲乙类互补对称功率放大电路。

1. 乙类互补对称电路

乙类互补对称电路如图 2.40 所示。图中 T_1 和 T_2 分别为 NPN 型和 PNP 型晶体管，它们的参数完全对称、均工作在乙类放大方式，由正、负对称的两个电源供电。

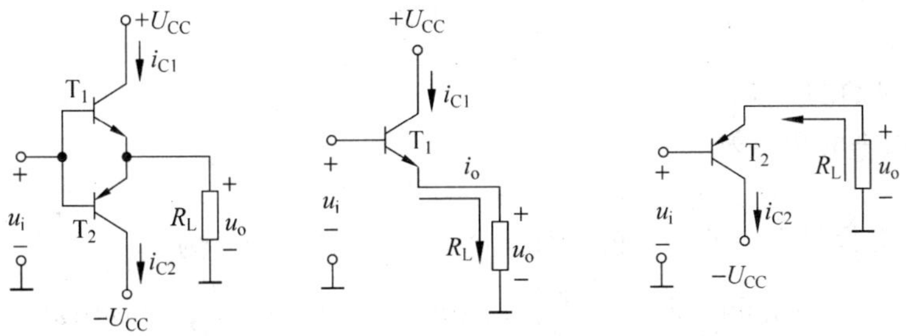

(a) 互补对称电路　(b) 正半周等效电路　(c) 负半周等效电路

图 2.40 乙类互补对称电路

静态时，基极回路没有偏流，两管截止，由于两管参数对称、两电源电压对称，所以输出电压为 0。

在输入信号的正半周，T_1 管因发射结承受正向电压而导通，T_2 管因发射结承受反向电压而截止，等效电路如图 2.40(b)所示，电流 $i_c(=i_L)$从上至下流过负载电阻 R_L，输出电压 $u_o>0$。

在输入信号的负半周，T_1 截止，T_2 导通，等效电路如图 2.40(c)所示，电流 $i_c(=i_L)$从下至上流过负载电阻 R_L，$u_o<0$，在输入信号的一个周期中，两个晶体管轮流导通，在负载电阻 R_L 上合成一个完整的波形。

互补对称电路图解法分析如图 2.41 所示，由图解分析可计算出主要指标。

1) 输出功率 P_o

图中，静态工作点为 $U_{CE}=U_{CC}$，负载电阻为 R_L，用 U_o 和 I_o 分别表示输出电压和输出电流的有效值，则输出的平均功率为

$$P_o = U_o I_o = \frac{U_{om} I_{om}}{2} = \frac{U_{om}^2}{2R_L} \tag{2.44}$$

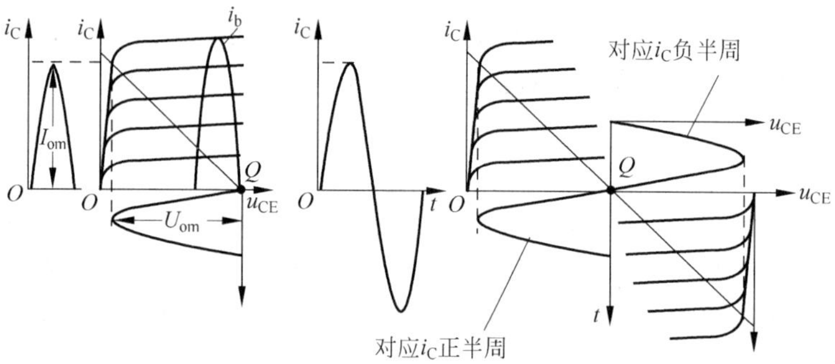

图 2.41　互补对称电路的图解法分析

当输入信号足够大，最大的输出电压和输出电流幅值分别为

$$U_{om}=U_{CC}-U_{CES}$$

$$I_{om}=\frac{U_{CC}-U_{CES}}{R_L}$$

式中 U_{CES}为晶体管饱和导通时的管压降，此时电路可能输出的最大平均功率为

$$P_{om}=\frac{U_{om}I_{om}}{2}=\frac{(U_{CC}-U_{CES})^2}{2R_L} \tag{2.45}$$

如果略去晶体管的饱和压降，则为

$$P_{om}\approx\frac{U_{CC}^2}{2R_L} \tag{2.46}$$

2）电源提供的功率 P_E

每个电源提供的功率为

$$P_{E1}=P_{E2}=U_{CC}I_{C(AV)}$$

式中 $I_{C(AV)}$为电源提供电流的平均值。每一个电源提供的 $I_{C(AV)}$为

$$I_{C(AV)}=\frac{1}{2\pi}\int_0^{\pi}I_{Cm}\sin\omega t\,\mathrm{d}\omega t=\frac{1}{2\pi}\int_0^{\pi}I_{om}\sin\omega t\,\mathrm{d}\omega t=\frac{1}{2\pi}\int_0^{\pi}\frac{U_{om}}{R_L}\sin\omega t\,\mathrm{d}\omega t=\frac{U_{om}}{\pi R_L}$$

两个电源提供的总功率为

$$P_E=2U_{CC}I_{C(AV)}=\frac{2U_{CC}U_{om}}{\pi R_L} \tag{2.47}$$

3）能量转换效率 η

电源提供的直流功率转换成有用的交流信号功率的效率为

$$\eta=\frac{P_o}{P_E}=\frac{U_{om}^2}{2R_L}\Big/\frac{2U_{CC}U_{om}}{\pi R_L}=\frac{\pi U_{om}}{4U_{CC}} \tag{2.48}$$

由式(2.48)可知，效率与输出电压的大小 U_{om}有关。当信号足够大时，$U_{om}\approx U_{CC}$，此时电路效率达最大值 η_{max}。

$$\eta_{max}=\frac{\pi}{4}=78.5\% \tag{2.49}$$

4）管子耗散功率 P_T

电源提供的功率除了有用的输出功率外，剩下的则消耗在两个晶体管上，管子耗散功率 P_T 为

$$P_T=P_E-P_o=\frac{2U_{CC}U_{om}}{\pi R_L}-\frac{U_{om}^2}{2R_L} \tag{2.50}$$

由式(2.50)可知，管耗 P_T 与 U_{om} 有关，但并不是 U_{om} 愈大，P_T 愈大。令

$$\frac{dP_T}{dU_{om}} = \frac{1}{R_L}\left(\frac{2U_{CC}}{\pi} - U_{om}\right) = 0$$

可求得在 $U_{om}=2U_{CC}/\pi$ 时，管子功耗达极大值 P_{Tm}，将 $U_{om}=2U_{CC}/\pi$ 代入式(2.50)得此时两管总功耗为

$$P_{Tm} = \frac{2U_{CC}^2}{\pi^2 R_L} \approx 0.4P_{om}$$

每个管子的功耗为

$$P_{Tm1} = P_{Tm2} \approx 0.2P_{om} \tag{2.51}$$

根据式(2.51)选择晶体管的极限参数 P_{CM}。

5) 管子耐压指标 $U_{(BR)CEO}$

静态时，管子的集-射极间的电压等于电源电压 U_{CC}，有信号输入时，截止管的集-射极间的电压 u_{CE} 等于电源电压 U_{CC}(或 U_{EE})与导通管输出电压最大值 U_{cm} 之和。当 $U_{cm}=U_{CC}$ 时，截止管的集-射极间的电压 u_{CE} 等于 $2U_{CC}$。所以，管子的耐压指标为

$$U_{(BR)CEO} > 2U_{CC} \tag{2.52}$$

式(2.52)为选管的耐压根据。

例 2.4 电路如图 2.40 所示。$U_{CC}=20V$，$R_L=8\Omega$，输入正弦信号。(1)设 $U_{CES}\approx 0$，求 P_{om} 和 η_m。(2)当 $u_i=10\sin\omega t$ V 时，求 P_o 和 η。

解 (1) 由式(2.46)和式(2.49)得

$$P_{om} \approx \frac{U_{CC}^2}{2R_L} = \frac{20^2}{2\times 8} = 25(W)$$

$$\eta_m = \frac{\pi}{4} = 78.5\%$$

(2) 由于每个管子导通时为共集电极电路，所以 $A_u\approx 1$，$u_o=u_i=10\sin\omega t$ V，$U_{om}=10V$，由式(2.44)和式(2.48)得

$$P_o = \frac{U_{om}^2}{2R_L} = \frac{10^2}{2\times 8} = 6.25(W)$$

$$\eta = \frac{P_o}{P_E} = \frac{\pi}{4}\frac{U_{om}}{U_{CC}} = \frac{3.14\times 10}{4\times 20} = 39.27\%$$

2. 甲乙类互补对称电路

乙类互补对称功率放大器由于管子工作在乙类放大方式，当输入信号小于晶体管的死区电压时，管子处于截止状态，输出电压和输入电压之间不存在线性关系，产生失真，由于这种失真出现在输入电压过零处(两管交接班时)故称为交越失真。如图 2.42 所示。

为减小和克服交越失真，通常为两管设置很低的静态工作点，使它们在静态时处于微导通状态，即电路处于甲乙类放大方式。

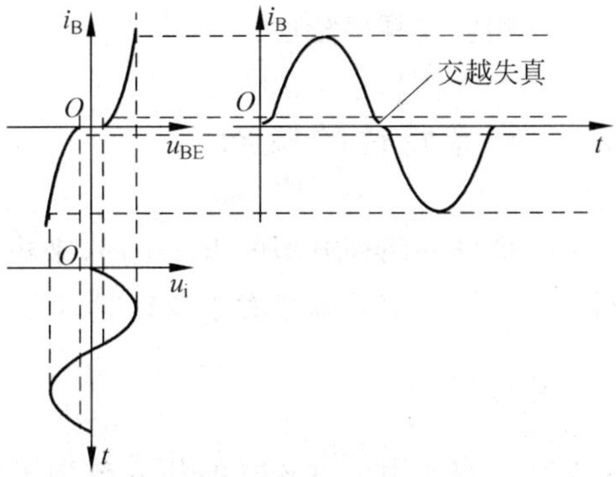

图 2.42　乙类互补推挽功放的交越失真现象

甲乙类互补对称功率放大电路如图 2.43(a)所示，由 D_1、D_2 给 T_1、T_2 提供偏压，使之微导通。

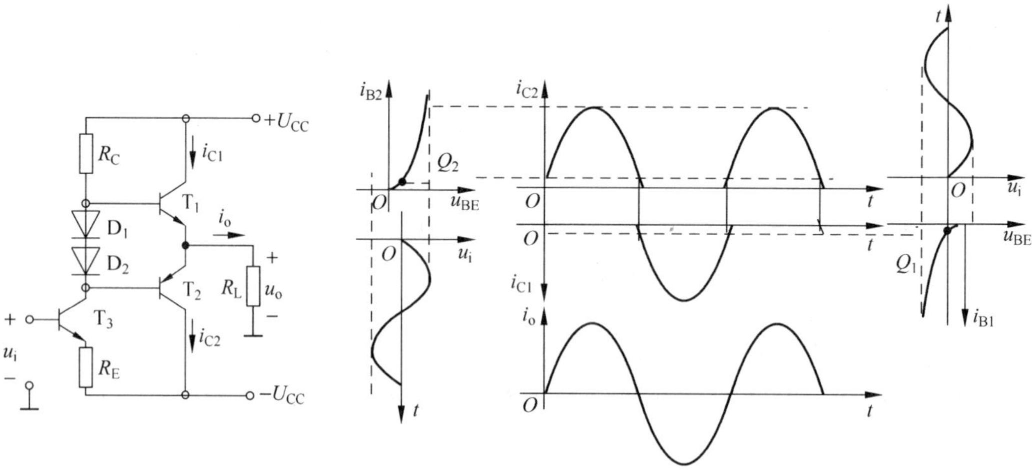

(a) 电路　　(b) 输出波形

图 2.43　甲乙类互补对称功率放大电路

静态时，两管均有很小电流 I_{C1}、I_{C2} 流过，由于参数对称，$I_{C1}=I_{C2}$，输出电流

$$I_O = I_{C1} - I_{C2} = 0, u_o = 0$$

有输入信号时，T_1、T_2 管的电流导通时间均略大于半个周期，而输出电流仍为二者之差。$i_O=i_{c1}-i_{c2}$，使输出波形接近正弦波，从而克服了交越失真。各极电流和输出电流波形如图 2.43(b)所示。

2.9　放大电路的频率特性

在电子电路中所遇到的信号往往不是单一频率的正弦信号，而是各种不同频率分量组成的复合信号。由于晶体管本身具有电容效应，以及放大电路中存在电抗元件(如耦合电容 C_1、C_2 和旁路电容 C_E)，因此，对于不同频率分量，电抗元件的电抗和相位移均不同。所以，放大电路的电压放大倍数 A_u 和相角 φ 成为频率的函数。人们把这种函数关系称为放大电路的频率响应或频率特性。

2.9.1　频率特性的概念

人们借助一两种典型的 RC 电路，来模拟共射极放大电路的高频特性和低频特性，定性分析一下当输入信号频率发生变化时，放大电路的电压放大倍数和相角应怎样变化。

1. 中频区

各种电容作用可以忽略的频率范围通常称为中频区。在中频区内，电压放大倍数 A_u 基本上不随频率而变化，保持一常数，此时的放大倍数称为中频区放大倍数 A_{um}。由于电容不考虑，所以也无附加相移，因此输出电压和输入电压相位相反，即电压放大倍数的相位角 $\varphi=180°$。本章所进行的动态分析都是在放大电路的中频区。

2. 高频区

在放大电路的高频区，影响频率特性的主要因素是管子的极间电容和接线电容等，它们在电路中与其他支路是并联的，因此这些电容对高频特性的影响可用图2.44所示的 RC 低通电路来模拟。当频率上升时，容抗 $1/\omega C$ 减小，致使容抗上的分压减小，放大电路的输出电压减小，从而使放大倍数下降。同时将在输出电压与输入电压间产生附加的滞后相移。通常定义，当放大倍数下降到中频区放大倍数的0.707倍，即 $A_u=\frac{1}{\sqrt{2}}A_{um}$ 时的频率称为上限频率 f_h。

3. 低频区

在放大电路的低频区内，极间电容和接线电容随着频率的降低容抗增大，由图2.44可知，$1/\omega C\gg R$，可视为开路，因此不影响放大电路的输出电压和放大倍数。而耦合电容和射极旁路电容对放大电路的影响，可用图2.45所示的 RC 高通电路来模拟。高频时，$1/\omega C\ll R$，可视为短路，耦合电容和射极旁路电容对放大电路的输出电压不起作用，因此不影响放大电路的电压放大倍数。低频时，容抗增大，致使容抗上的分压加大，放大电路的输出电压减小，从而使放大倍数降低。同时也会在输出电压与输入电压间产生附加的超前相移。同样可以定义，当放大倍数下降到中频区放大倍数的0.707倍，即 $A_u=\frac{1}{\sqrt{2}}A_{um}$ 时的频率称为下限频率 f_l。

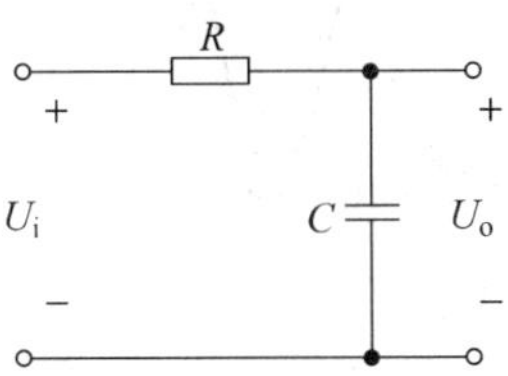

图2.44　RC 低通电路

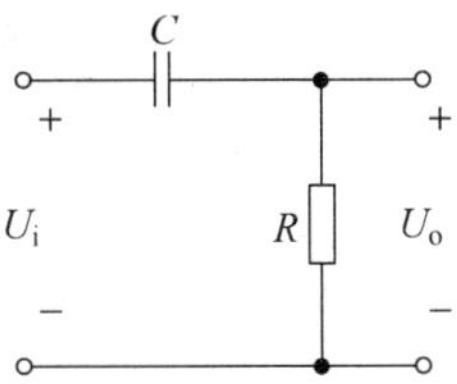

图2.45　RC 高通电路

综上所述，共发射极放大电路的电压放大倍数将是一个复数，即

$$\dot{A}_u=A_u\angle\varphi$$

其中幅度 A_u 和相角 φ 都是频率 f 的函数，分别称为放大电路的幅频特性和相频特性，可用图2.46(a)、(b)表示。当放大倍数下降到中频区放大倍数的0.707倍的频率通称为截止频率，在低频段的截止频率称为下限频率，在高频段的截止频率称为上限频率，人们将上、下限频率之差称为通频带 f_{bw}，即

$$f_{bw}=f_h-f_l \tag{2.53}$$

通频带的宽度，表征放大电路对不同频率的输入信号的响应能力，它是放大电路的重要技术指标之一。

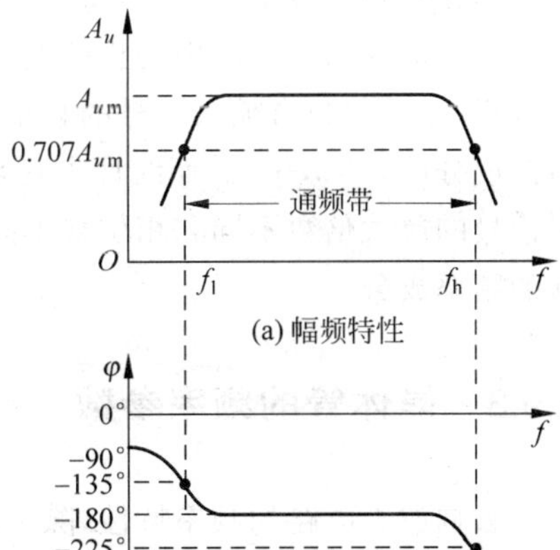

(a) 幅频特性

(b) 相频特性

图2.46　共发射极放大电路的频率特性

2.9.2 线性失真

理论上许多非正弦信号的频率范围都延伸到无穷大，而放大电路的通频带不会是无穷大，并且相频特性也不能保持常数。例如，图 2.47(a)中输入信号由基波和二次谐波组成，如果受到放大电路带宽的限制，基波放大倍数较大，而二次谐波放大倍数较小，于是输出电压波形产生了失真，这种由于放大电路对不同频率成分的放大倍数不同，而使放大后的输出波形产生的失真称为幅频失真。同样，由于放大电路对不同频率成分的相位移不同，而使放大后的输出波形产生的失真称为相频失真，如图 2.47(b)所示。无论是幅频失真还是相频失真，都是由电抗元件引起的，电抗元件是线性元件，故这种失真称为线性失真。

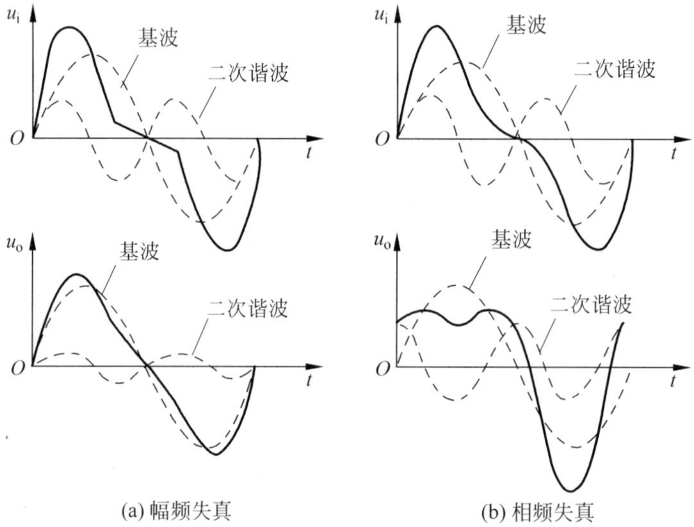

图 2.47　幅频失真和相频失真

线性失真与非线性失真有本质上的不同。非线性失真是由非线性器件晶体管产生的，当工作在截止区或饱和区时，将产生截止失真或饱和失真，它的输出波形中将产生新的频率成分。如输入为单一频率的正弦波，当产生非线性失真时，输出为非正弦波。根据傅里叶级数分析，它不仅包含输入信号的频率成分(称为基波 ω)，而且还产生新的频率信号，即产生谐波成分($2\omega,3\omega,\cdots$)。而线性失真是由线性器件产生的，它的失真是由于放大器对不同频率信号的放大倍数不同和相位移不同，从而使输出信号与输入信号不同，但这绝不是产生了新的频率成分。

2.9.3 晶体管的频率参数

影响放大电路的频率特性，除了外电路的耦合电容和旁路电容外，还有晶体管内部的极间电容或频率参数的影响。前者主要影响低频特性，后者主要影响高频特性。影响高频特性的频率参数有共射极截止频率 f_β、特征频率 f_T 和共基极截止频率 f_α 等。下面分别作简要介绍。

1. 共射极截止频率 f_β

通常认为，中频时晶体管共发射极放大电路的电流放大系数 β 是常数。实际上是，当频率升高时，由于管子内部的电容效应，其放大作用下降。所以电流放大系数是频率的函数，可表示如下：

$$\dot{\beta}=\frac{\beta_0}{1+\mathrm{j}\dfrac{f}{f_\beta}}$$

$$=|\dot{\beta}|\angle\varphi_\beta \tag{2.54}$$

式中，β_0 是晶体管中频时的共发射极电流放大系数；j 是复平面坐标虚部的 1 个单位，即 $\mathrm{j}=\sqrt{-1}$，$|\dot{\beta}|$ 和 φ_β 分别是模和相角，即

$$|\dot{\beta}|=\frac{\beta_0}{\sqrt{1+\left(\dfrac{f}{f_\beta}\right)^2}} \tag{2.55}$$

$$\varphi_\beta=-\arctan\frac{f}{f_\beta} \tag{2.56}$$

根据式(2.55)可以画出 $\dot{\beta}$ 的幅频特性，如图 2.48 所示。

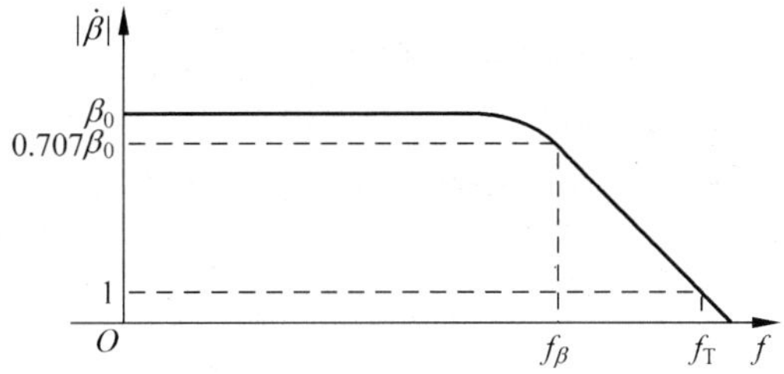

图 2.48　$\dot{\beta}$ 的幅频特性

将 $|\dot{\beta}|$ 值下降到 β_0 的 0.707 倍时的频率 f_β 定义为 β 的截止频率。由公式(2.55)也可计算出，当 $f=f_\beta$ 时，$|\dot{\beta}|=\frac{1}{\sqrt{2}}\beta_0\approx 0.707\beta_0$。

2. 特征频率 f_T

将 $|\dot{\beta}|$ 值降为 1 时的频率 f_T 定义为晶体管的特征频率。将 $f=f_\mathrm{T}$ 和 $|\dot{\beta}|=1$ 代入式(2.55)，则得

$$1=\frac{\beta_0}{\sqrt{1+\left(\dfrac{f_\mathrm{T}}{f_\beta}\right)^2}}$$

通常 $f_\mathrm{T}/f_\beta\gg 1$，所以上式可简化为

$$f_\mathrm{T}\approx\beta_0 f_\beta \tag{2.57}$$

式(2.57)表示了 f_T 与 f_β 的关系。特征频率 f_T 是晶体管的重要参数，常在手册中给出。f_T 的典型数据在 100～1000MHz 之间。

3. 共基极截止频率 f_α

由前所述 α 与 β 的关系得

$$\dot{\alpha}=\frac{\dot{\beta}}{1+\dot{\beta}} \tag{2.58}$$

显然，当频率升高，考虑晶体管的电容效应，$\dot{\alpha}$ 也是频率的函数，表示为

$$\dot{\alpha}=\frac{\alpha_0}{1+\mathrm{j}\dfrac{f}{f_\alpha}} \tag{2.59}$$

将式(2.54)代入式(2.58)

$$\dot{\alpha}=\frac{\dfrac{\beta_0}{1+\mathrm{j}\dfrac{f}{f_\beta}}}{1+\dfrac{\beta_0}{1+\mathrm{j}\dfrac{f}{f_\beta}}}=\frac{\dfrac{\beta_0}{1+\beta_0}}{1+\mathrm{j}\dfrac{f}{(1+\beta_0)f_\beta}} \tag{2.60}$$

比较式(2.59)和式(2.60)，可看出 f_α 与 f_β 的关系为

$$f_\alpha=(1+\beta_0)f_\beta \tag{2.61}$$

换句话说，共基极截止频率是共发射极截止频率的$(1+\beta_0)$倍。由此说明，共基极放大电路的频率特性要比共发射极放大电路的频率特性好得多。

比较式(2.57)和式(2.61)，上述三个频率参数的关系为

$$f_\alpha>f_{\mathrm{T}}>f_\beta \tag{2.62}$$

小　　结

(1) 晶体管是由两个 PN 结组成的三端有源器件，分 NPN 和 PNP 两种类型，它的三个端分别称为发射极 e、基极 b 和集电极 c。根据材料的不同又可分为硅晶体管和锗晶体管。

(2) 描述晶体管性能的有输入特性和输出特性，其中输出特性用得较多，人们均称之为伏-安特性，从输出特性上可以看出，用改变基极电流的方法可以控制集电极电流，因而晶体管是一种电流控制器件。

(3) 晶体管的电流放大系数是它的主要参数，按电路组态的不同有共射极电流放大系数 β 和共基极电流放大系数 α 之分。晶体管的极限参数是保证器件安全运行的重要依据，如集电极最大允许电流 I_{CM}、集电极最大允许功率损耗 P_{CM} 和反向击穿电压等，使用时应当予以注意。

(4) 放大电路的分析方法有图解法和微变等效电路法(小信号模型)。前者承认电子器件的非线性，以放大器的动态特性为基础，直观地反映了放大器在交变信号作用下的动态过程和运动规律。而后者则是将非线特性的局部线性化，应用线性网络理论来分析放大器的动态性能。

(5) 放大电路工作点不稳定的原因，主要是由于温度的影响。常用的稳定工作点的电

路有射极偏置电路等，它是利用反馈原理来实现的。

(6) 在多级放大电路的分析中，对于阻容耦合，各级静态工作点是独立的，互不影响，因此，各级静态工作点可单独计算。而各级间的输入电阻和输出电阻将分别影响前级的负载和后级的输入电阻，因此，计算多级放大电路的总增益时，应注意各级间的相互影响。

(7) 功率放大器的实质与电压放大器相同，都是利用晶体管的电流放大作用，达到小功率控制大功率、小电压控制大电压的目的。

(8) 甲乙类互补对称功率放大器利用两个处于甲乙类工作方式的晶体管，分别在正、负半周轮流工作，既可得到较高的工作效率，又可避免交越失真，是一种较好的功率放大电路。

(9) 将放大电路的电压放大倍数 A_u 和相角 φ 作为频率的函数，这种函数关系称为放大电路的频率响应或频率特性。

(10) 影响高频区频率特性的主要因素是管子的极间电容和接线电容等；影响低频区频率特性的主要因素是耦合电容和旁路电容。因此放大电路的频率特性一般只有在中频区是平坦的，而在低频区或高频区，其频率特性则是衰减的。

(11) 当放大倍数下降到中频区放大倍数的 0.707 倍的频率称为截止频率，截止频率在低频段称为下限频率，在高频段称为上限频率，上限频率与下限频率的差值称为通频带，频率特性与通频带是放大电路的重要指标之一。

(12) 晶体管的频率参数用来描述管子对不同频率信号的放大能力。常用的频率参数有共发射极截止频率 f_β、特征频率 f_T 和共基极截止频率 f_α。

(13) 由线性电抗元件引起的失真称为线性失真。线性失真与非线性失真本质上的不同在于前者绝不产生新的频率成分。

习　　题

2.1 双极型晶体管从结构上可以分成________和________两种类型，它们工作时有________和________两种载流子参与导电。晶体管用来放大时，应使发射结处于________，集电结处于________。

2.2 晶体管起开关作用时，应使晶体管工作在________区和________区。________区的偏置为________和________；________区的偏置为________和________。

2.3 在晶体管放大电路中，测得三个晶体管的各极电位如题图 2.3 所示。试判断各晶体管的类型(是 PNP 管或 NPN 管，是硅管或锗管)，并区分 e、b、c 三个电极。

(a) ________，________，① ________，② ________，③ ________；

(b) ________，________，① ________，② ________，③ ________；

(c) ________，________，① ________，② ________，③ ________；

2.4 在某放大电路中，晶体管三个电极的电流如题图 2.4 所示。已测出 $I_1=-1.2\text{mA}$，$I_2=-0.03\text{mA}$，$I_3=1.23\text{mA}$。由此可知：

1. 电极 1 是________极，电极 2 是________极，电极 3 是________极。

2. 晶体管电流放大系数 β 约为________。

3. 晶体管的类型是________型(PNP 或 NPN)。

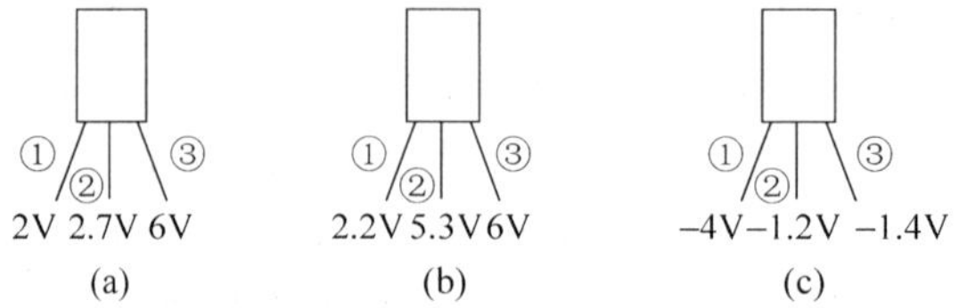

题图 2.3

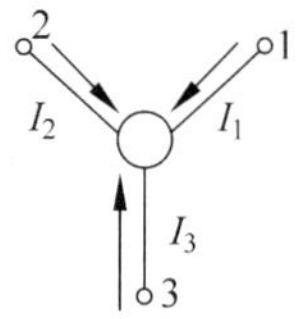

题图 2.4

2.5 判断题图 2.5 中各晶体管的工作状态(饱和,放大,截止)。设所有的二极管和晶体管均为硅管。

2.6 对题图 2.6,判断下列说法是否正确,并在相应的括号内画√或×。

1. 电路 $U_{BE}=0.7V$,U_{CE}不为零也不等于 12V,晶体管处于放大状态(　　)。

2. 电路 $U_B=0$,晶体管截止,因此 $U_C=U_E=0$(　　)。

3. 电路 $U_B=0$,晶体管截止,$U_E=0$,$U_C=12V$(　　)。

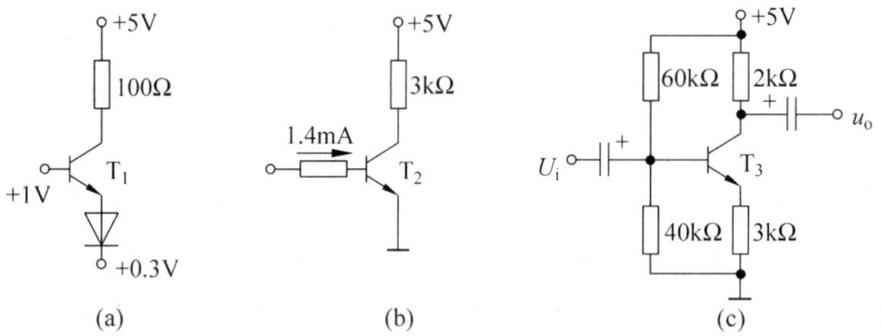

题图 2.5

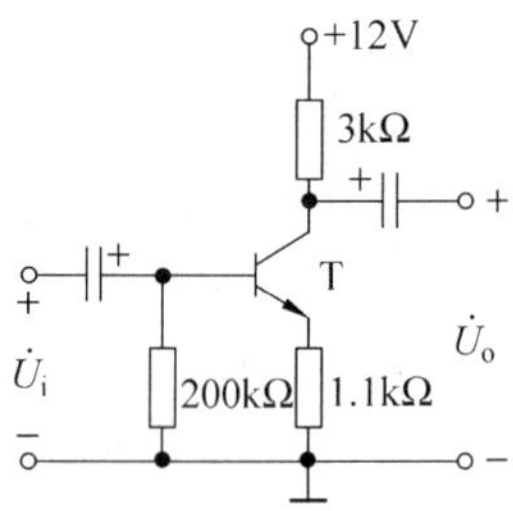

题图 2.6

2.7 为验证基本共射极放大电路电压放大倍数与静态工作点的关系,在线性放大条件下对同一种电路测出四组数据。试指出其中错误的一组。(　　)

(a) $I_C=0.5mA$,$U_i=10mV$,$U_0=0.37V$

(b) $I_C=1.0mA$,$U_i=10mV$,$U_0=0.62V$

(c) $I_C=1.5mA$,$U_i=10mV$,$U_0=0.96V$

(d) $I_C=2.0mA$,$U_i=10mV$,$U_0=0.45V$

2.8 试分析题图 2.8 所示各电路对正弦交流信号有无放大作用,并简述理由(设各电容的容抗可忽略)。

2.9 晶体管的输出特性如题图 2.9 所示。求该器件的 β 值。若连接成图示的电路,其基极端上接 $U_{BB}=3.2V$ 与电阻 $R_b=20k\Omega$ 相串联,而 $U_{CC}=6V$,$R_c=200\Omega$,求电路中的 I_B、I_C 和 U_{CE}的值,设 $U_{BE}=0.7V$。

2.10 题图 2.10 画出了某共射极放大电路中晶体管的输出特性及交、直流负载线,试求:(1)电源电压 U_{CC},静态电流 I_B、I_C 和管压降 U_{CE}的值;(2)电阻 R_b、R_c 的值;(3)输出电压的最大不失真幅度;(4)要使该电路能不失真地放大,基极正弦电流的最大幅值是多少?

2.11 电路如题图 2.11 所示,已知 $\beta=100$,$r_b=200\Omega$,忽略 U_{BE}。(1)估算晶体管的电路的 Q 点;(2)画出微变等效电路;(3)求该电路的电压放大倍数,输入电阻、输出电阻;(4)若u_o中的交流成分出现题图 2.11(b)所示的失真现象,问是截止失真还是饱和失真?为消除此失真,应调整电路中的哪个元件?如何调整?

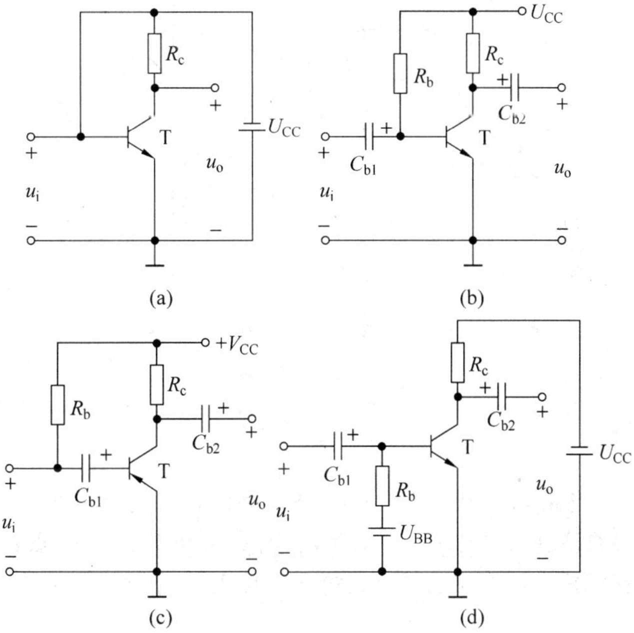

题图 2.8

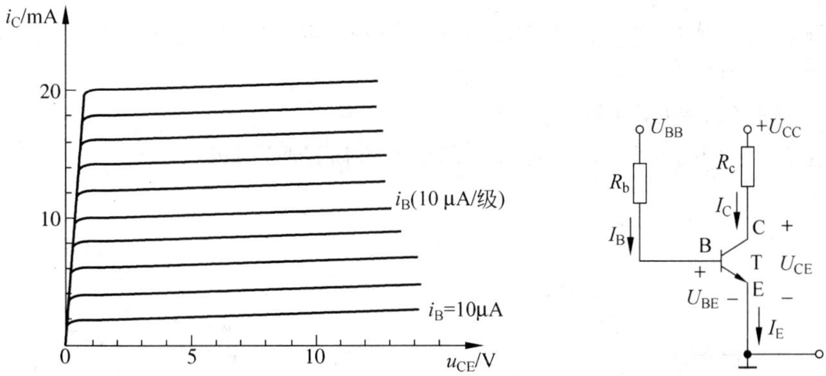

题图 2.9

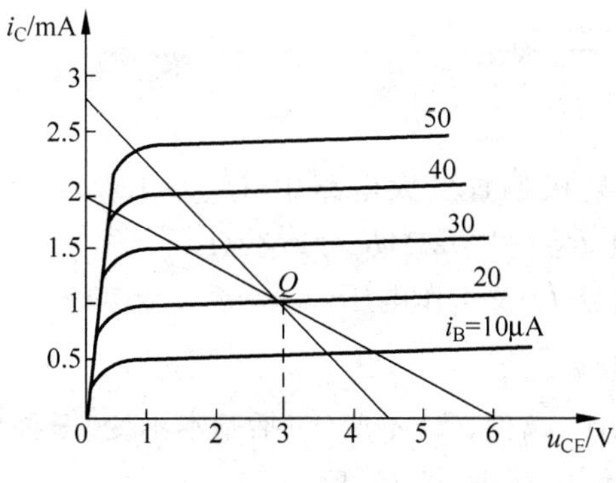

题图 2.10

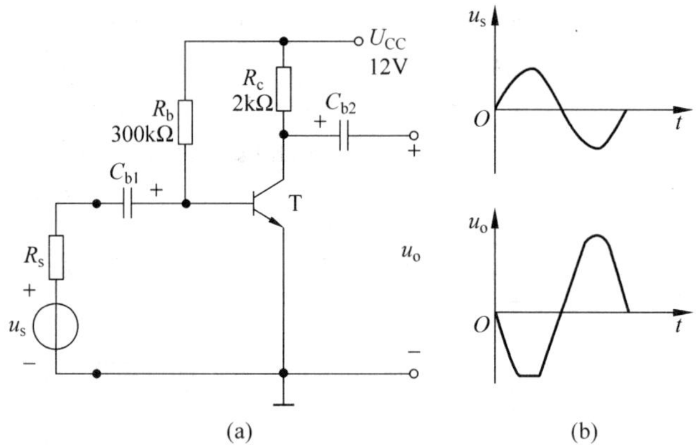

题图 2.11

2.12 单管放大电路如题图 2.12 所示，已知晶体管的电流放大系数 $\beta=50$，$r_b=200\Omega$，$R_b=300\text{k}\Omega$，$R_c=4\text{k}\Omega$，$R_s=500\Omega$，$U_{CC}=12\text{V}$，忽略 U_{BE}。(1)估算 Q 点；(2)画出微变等效电路；(3)估算晶体管的输入电阻 r_{be}；(4)如输出端接入 4kΩ 的电阻负载，计算电压放大倍数 $\dot{A}_u$、$\dot{A}_{us}$。

2.13 放大电路如题图 2.13 所示，其中 $U_{CC}=12\text{V}$，$R_L=R_c=3\text{k}\Omega$，$\beta=50$，忽略 U_{BE}。

(1) 若 $R_b=600\text{k}\Omega$，问这时的 $U_{CE}=$？

(2) 在以上情况下，若逐渐加大输入正弦信号的电压幅度，问输出电压波形将首先顶部失真还是底部失真？

(3) 若要求 $U_{CE}=6\text{V}$，问这时的 $R_b=$？

(4) 在 $U_{CE}=6\text{V}$ 后，加入 $U_i=5\text{mV}$ 的信号电压，问这时的 $U_o=$？

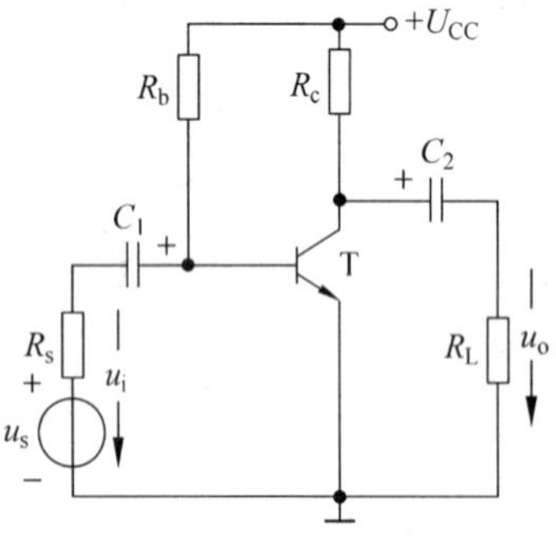

题图 2.12

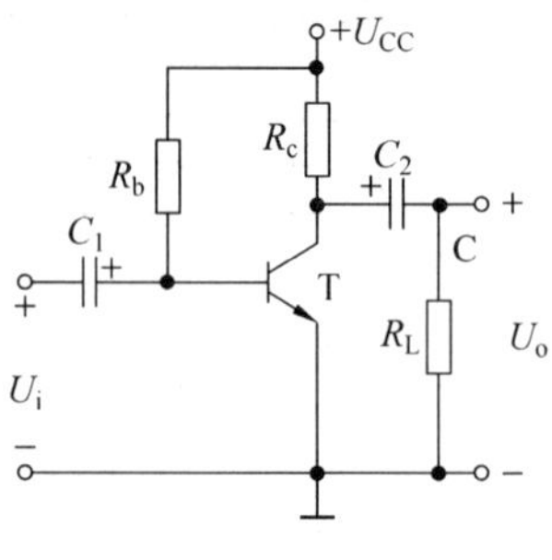

题图 2.13

2.14 在题图 2.14 射极偏置放大电路中，$U_{CC}=12\text{V}$，$R_L=10\text{k}\Omega$，$R_c=5.1\text{k}\Omega$，$U_{BE}=0.7\text{V}$，$\beta=100$，$R_{b1}=27\text{k}\Omega$，$R_{b2}=100\text{k}\Omega$，$R_e=2.3\text{k}\Omega$。

(1) 计算静态工作电流 I_C 及工作电压 U_{CE}。

(2) 计算 r_{be}、$\dot{A}_u$、r_i 及 r_o。

(3) 试选择 A. 增大、B. 减少、C. 不变(包括基本不变)三种情形之一填空。

① 要使静态工作电流 I_C 减少，则 R_{b2} 应________。

② R_{b2} 在适当范围内增大，则电压放大倍数________，输入电阻________，输出电

阻________。

③ R_e 在适当范围内增大，则电压放大倍数________，输入电阻________，输出电阻________。

④ 从输出端开路到接上 R_L，静态工作点将________，交流输出电压幅度要________。

⑤ U_{CC}减少时，直流负载线的斜率________。

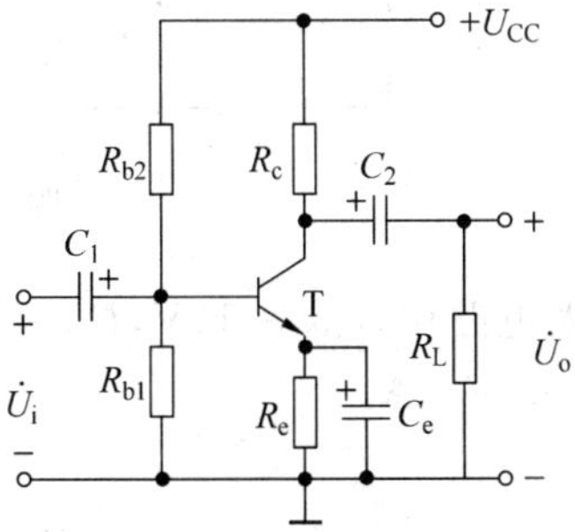

题图　2.14

2.15　如题图 2.15 所示，在放大电路中，$U_{CC}=12V$，$R_L=R_c=6k\Omega$，$U_{BE}=0.6V$，$\beta=50$，$R_{b1}=15k\Omega$，$R_{b2}=45k\Omega$，$R_{e2}=200\Omega$，$R_{e1}=2.2k\Omega$。

(1) 计算静态工作点和 r_{be}；

(2) 计算$\dot{A}_u$、r_i 及 r_o；

(3) 设输入信号源具有 $R_s=1k\Omega$ 的内阻，信号电压 $U_i=10mV$，计算输出电压 U_o。

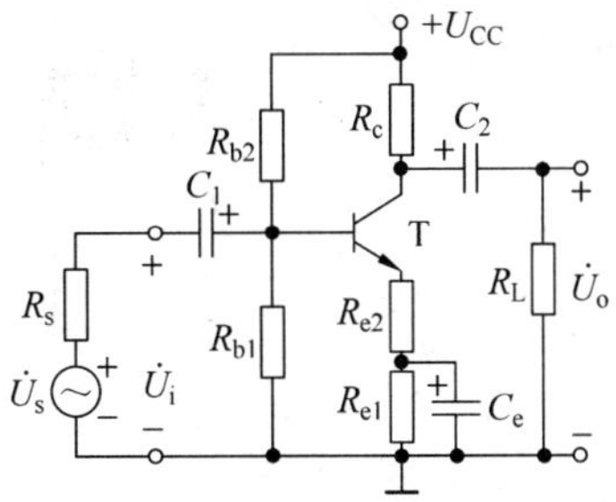

题图　2.15

2.16　在电压跟随器电路题图 2.16 中，$U_{CC}=12V$，$R_L=3k\Omega$，$U_{BE}=0.7V$，$\beta=50$，$R_b=510k\Omega$，$R_e=10k\Omega$，$r_{be}=2k\Omega$。

(1) 计算静态工作点 I_B、I_C、U_{CE}；

(2) 画出微变等效电路；

(3) 计算$\dot{A}_u$、r_i 及 r_o。

2.17　在题图 2.17 所示的两级阻容耦合放大电路中，已知 $\beta_1=\beta_2=100$，$r_{be1}=5.32k\Omega$，$r_{be2}=6.2k\Omega$，$U_{CC}=12V$，$R_L=3.6k\Omega$，$R_{C2}=12k\Omega$，$R_{b1}=1.5M\Omega$，$R_{b12}=91k\Omega$，$R_{b22}=30k\Omega$，$R_{e1}=7.5k\Omega$，$R_{e2}=5.1k\Omega$，$R_s=20k\Omega$。试计算：(1)电路的输入电阻 r_i 和输出电阻 r_o；(2)电路的电压放大倍数$\dot{A}_u$、$\dot{A}_{us}$。

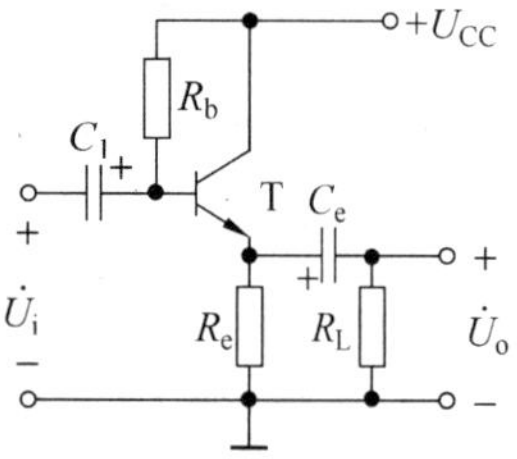

题图 2.16

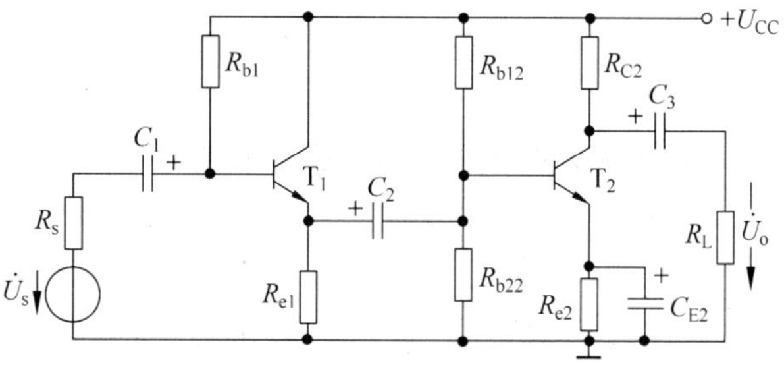

题图 2.17

2.18 在题图 2.18 两级放大电路中，$U_{CC}=12V$，$R_{b1}=R_{b2}=500k\Omega$，$U_{BE}=0.7V$，$\beta_1=\beta_2=29$，$R_{c1}=R_{c2}=3k\Omega$，$I_{c1}=I_{c2}=0.65mA$。

(1) 求 r_{be1} 和 r_{be2}；

(2) 求总电压放大倍数 $\dot{A}_u$。

2.19 在题图 2.19 两级放大电路中，设 β_1、β_2、r_{be1}、r_{be2} 及各电阻均为已知。

(1) 画出微变等效电路；

(2) 写出总电压放大倍数 $\dot{A}_u$ 表达式；

(3) 写出 r_i 及 r_o 表达式。

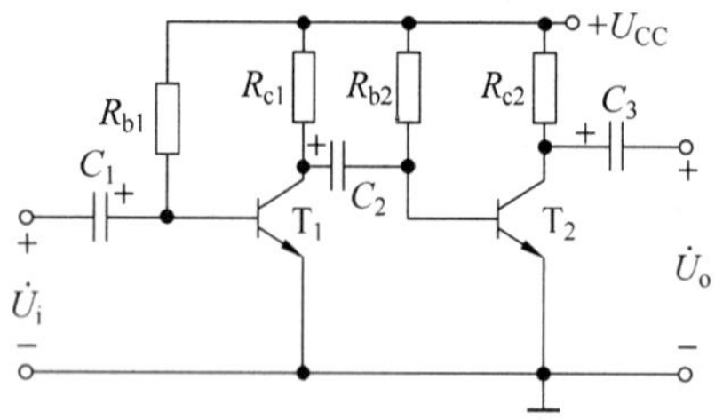

题图 2.18

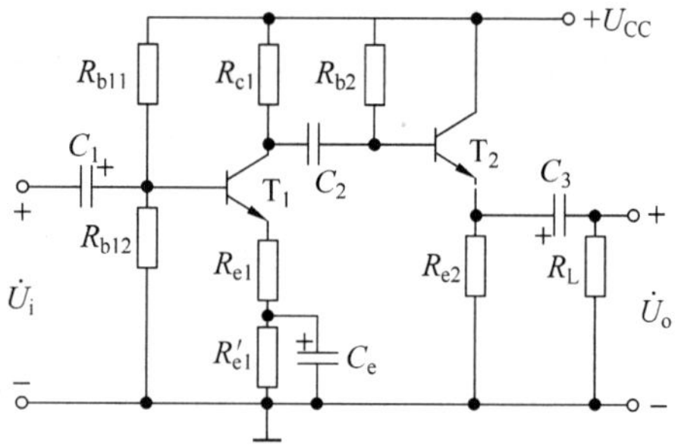

题图 2.19

2.20 填空题

(1) 功率放大电路的主要作用是____________________________。

(2) 甲类、乙类、甲乙类放大电路可以依据放大管的导通角(θ)大小来区分，其中甲类 $\theta=$________，乙类 θ________，甲乙类 θ________。

(3) 乙类互补对称功放电路的________较高，这种电路特有的失真现象称为________，为消除之，常采用________类互补对称功放。

2.21 题图 2.21 电路中，已知电源电压为 ±12V，$R_L=8\Omega$，静态时输出电压 $u_o=0$，设管子饱和压降 $U_{CES}=0$，试问：

(1) 二极管 D_1 和 D_2 的作用是什么？

(2) 求电路的最大输出功率 P_{om}；

(3) 求晶体管最大管耗 P_{Tm}；

(4) 当输入电压为 $u_i=6\sin\omega t$ 时，求负载得到的功率和电源的转换效率。

2.22　电路如题图 2.22 所示，已知$\pm U_{CC}=\pm 15V$，负载电阻$R_L=8\Omega$，晶体管的各极限参数均满足电路要求。试计算：

(1) 设晶体管 T_1、T_2 的饱和压降$|U_{CES}|$均为 1V，求电路的输出功率 P_{om}和效率 η；

(2) 求此时每只晶体管的管耗。

2.23　填空题

(1) 幅度失真和相位失真统称为________失真，它属于________失真，在出现这类失真时，若 u_i 为正弦波，则 u_o 的波形为________，若 u_i 为非正弦波，则 u_o 与 u_i 的频率成分________，但不同频率成分的幅度________变化。

(2) 饱和失真、截止失真都属于________失真，在出现这类失真时，若 u_i 为正弦波，u_o 为________波，则 u_o 与 u_i 的频率成分________。

(3) 电路的频率响应，是指对于不同频率的输入信号，其放大倍数的变化情况。高频时放大倍数下降的主要原因是由于________的影响；低频时放大倍数下降的主要原因是由于________的影响。

(4) 当输入信号频率为 f_l 或 f_h 时，放大倍数的幅值约下降为中频时的________。此时与中频时相比，放大倍数的附加相移约为________。

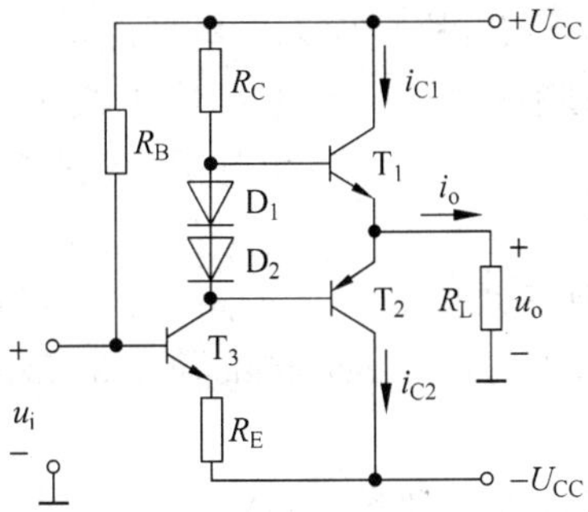

题图　2.21

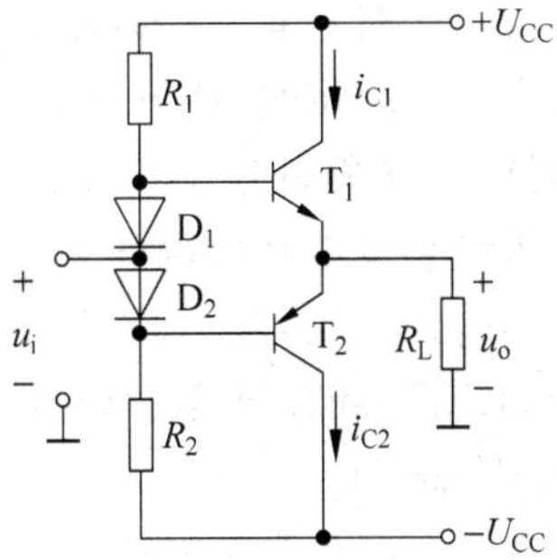

题图　2.22

第3章 场效应管及基本放大电路

由于双极型晶体管工作在放大状态时，必须保证发射结正向导通，故输入端始终存在输入电流。改变输入电流就可改变输出电流，所以晶体管是电流控制器件，需要信号源提供一定的电流才能工作，故其输入电阻较低，通常仅为 $10^2 \sim 10^4\,\Omega$。

场效应管是一种利用电场效应来控制其导电能力的一种半导体器件，属于电压控制器件。它不吸收信号源电流，不消耗信号源功率，因此，场效应管的输入电阻可高达 $10^8 \sim 10^{15}\,\Omega$。由于场效应管工作时只有一种载流子(多数载流子)参加导电，故常称为单极型晶体管。场效应管不仅有输入阻抗高、耗电省、寿命长等特点，而且还有体积小、质量轻、噪声低、热稳定性好、抗辐射能力强和制造工艺简单等优点，因而大大地扩展了它的应用范围，特别是在大规模和超大规模集成电路中得到了广泛的应用。

根据结构的不同，场效应管可分为两大类：结型场效应管(junction type field effect transistor，JFET)和金属-氧化物-半导体场效应管(metal-oxide-semiconductor type field effect transistor，MOSFET)。

本章首先介绍各类场效应管的结构、工作原理、特性曲线及参数，然后介绍场效应管放大电路。

3.1 结型场效应管

3.1.1 结构

结型场效应管(简称 JFET)有两种结构形式。图 3.1(a)是一种结型场效应管的结构示意图。它是在一块 N 型半导体材料的两侧进行高浓度扩散形成两个 P 区(记作 P^+)构成两个 PN 结，将这两个 P 区连在一起引出一个电极，称为栅极(g)，在 N 型半导体的两端各引出一个电极，分别称为源极(s)和漏极(d)，中间的 N 区为电流流通的路径，称为导电沟道。这种结构的管子称为 N 沟道结型场效应管，其符号如图 3.1(b)所示。图中箭头所示方向为 PN 结的方向。

如在 P 型半导体材料两侧各制作一个高浓度的 N 区，便可形成一个 P 沟道结型场效应管，其结构和符号如图 3.2 所示。

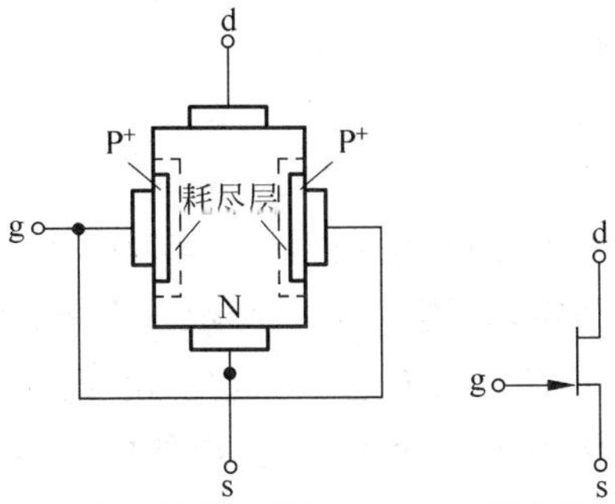

(a) 结构示意图　(b) 符号

图 3.1　N 沟道结型场效应管

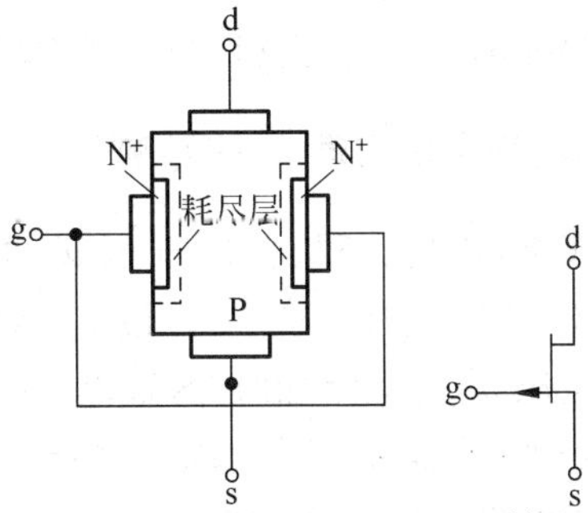

(a) 结构示意图　(b) 符号

图 3.2　P 沟道结型场效应管

3.1.2　工作原理

下面以 N 沟道结型场效应管为例讨论其工作原理。

当 N 沟道结型场效应管处在放大状态时，在栅、源极之间加反向电压 U_{GS}，栅极电流 $I_G \approx 0$，场效应管呈现高达 $10^7\Omega$ 以上的输入电阻。而在漏、源极之间加正向电压 U_{DS}，使 N 沟道中的多数载流子（自由电子）在电场作用下由源极向漏极运动，形成电流 I_D。I_D 的大小受 U_{GS} 的控制。因此，讨论结型场效应管的工作原理就是讨论 U_{GS} 对 I_D 的控制作用和 U_{DS} 对 I_D 的影响。

1. U_{GS} 对导电沟道 I_D 的控制作用

为讨论方便起见，先令 $U_{DS}=0$，U_{GS} 也为 0，即为原始状态，如图 3.3(a)所示。

当 U_{GS} 从 0 向负值增加时，两 PN 结耗尽层加宽，向 N 沟道中扩展，使得导电沟道变窄、沟道电阻变大，如图 3.3(b)所示。当 U_{GS} 增加到等于夹断电压 U_P 时，两 PN 结的耗尽层将合拢，沟道全部被夹断。此时，漏极与源极间的电阻趋向无穷大，如图 3.3(c)所示。

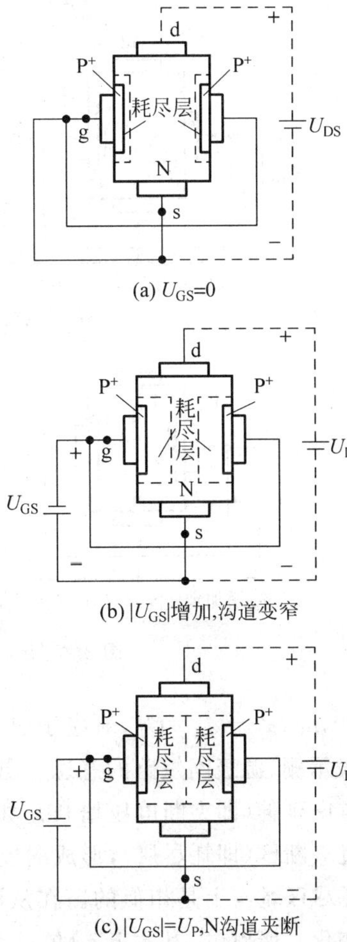

图 3.3　$U_{DS}=0$ 时，U_{GS} 对导电沟道的控制作用

由以上分析可知，改变栅、源电压 U_{GS}，就可改变沟道的电阻值的大小。如在漏、源极之间加正向电压 U_{DS}，使 N 沟道中的多数载流子（自由电子）在电场作用下由源极向漏极运动，形成从漏极流向源极的电流（称漏极电流）I_D。则改变栅、源电压 U_{GS} 就可改变漏极电流 I_D，当 $|U_{GS}|$ 增加时，沟道电阻增加，I_D 减小；反之，I_D 增大。从而实现了利用栅、源电压 U_{GS} 产生的电场来控制导

电沟道电流的目的。这就是结型场效应管的工作原理。

2. U_{DS}对导电沟道 I_D 的影响

事实上，当栅、源极负向电压 u_{GS}的数值小于 U_P 某值时，增加漏、源极之间正向电压 u_{DS}，漏极电流 i_D 将随之改变。设 u_{DS}为零时，i_D 显然为零，如图 3.4(a)所示。当漏、源极之间正向电压 u_{DS}逐渐增加时，沟道电场强度加大，漏极电流 i_D 迅速加大，但是，由于漏极电流 i_D 沿沟道产生的电压使得沟道上各点与栅极间的电压不再是相等的，漏极处的电压最大，随着电位的降低在源极处的电压最小。这使得沟道两侧的耗尽层沿着从源极到漏极的方向逐渐变宽，而在漏极附近导电沟道最窄，导电沟道呈楔形，如图 3.4(b)所示。所以从这方面来说，增加 u_{DS}，又产生了阻碍漏极电流 i_D 提高的因素。但在 u_{DS}较小时，导电沟道靠近漏端区域仍较宽，这时阻碍的因素是次要的，故 i_D 随 u_{DS}升高几乎成正比地随着 u_{DS}增大。由于 u_{GS}保持不变，u_{DS}增大，使 $|u_{GD}|$ 随之增大，当 u_{DS}增大到使 $|u_{GD}|$ 等于 $|U_P|$ 时，在漏极附近两侧的耗尽层开始合拢于 A 点，如图 3.4(c)所示，这种情况称为预夹断，此时有

$$u_{GD} = u_{GS} - u_{DS} \tag{3.1}$$

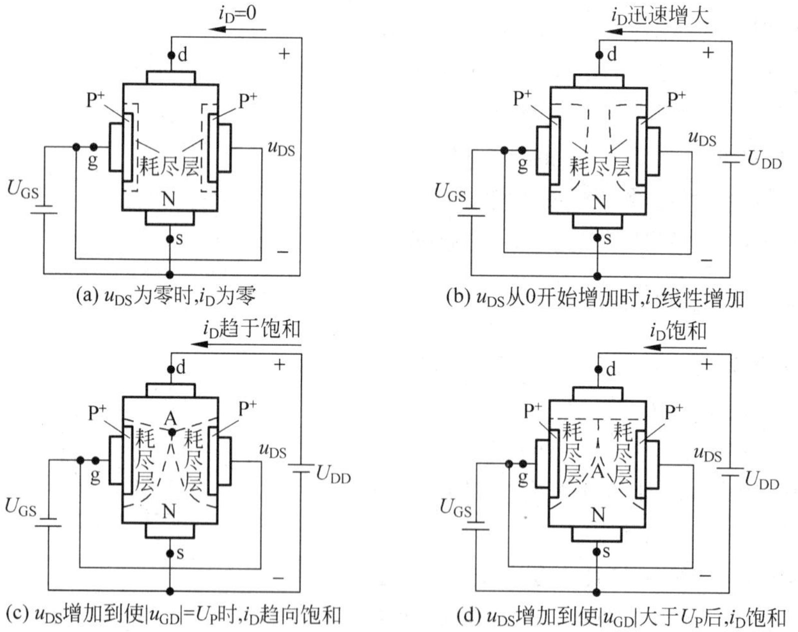

(a) u_{DS}为零时，i_D为零

(b) u_{DS}从0开始增加时，i_D线性增加

(c) u_{DS}增加到使$|u_{GD}|=U_P$时，i_D趋向饱和

(d) u_{DS}增加到使$|u_{GD}|$大于U_P后，i_D饱和

图 3.4 u_{GS}一定时，u_{DS}对导电沟道的影响

若 $u_{GS}=0$，$u_{GD}=-u_{DS}=U_P$，对应于图 3.5(a)，i_D 达到了饱和漏极电流 I_{DSS}，I_{DSS}下标中的第二个 S 表示栅、源极间短路的意思。当 u_{DS}再继续增加时，耗尽区的合拢点 A 将从漏极开始向源极方向延伸(即夹断电压增长)，如图 3.3(d)所示。但由于夹断处场强也增大，仍能将电子拉过夹断区(即耗尽层)，形成漏极电流，这和 NPN 型晶体管在集电结反偏时仍能把电子拉过耗尽区基本上是相似的。在从源极到夹断处的沟道上，沟道内电场基本上不随 u_{DS}改变而变化。所以，i_D 基本上不随 u_{DS}增加而上升，漏极电流趋于饱和。值得注意的是，u_{DS}不能无限制地增加，否则会使夹断区的耗尽层击穿。

如果栅、源电压愈负，则耗尽层愈宽，沟道电阻就愈大，相应的 i_D 就愈小。因此，改变栅、源电压 u_{GS} 可得一族曲线，如图 3.5(b)所示。由于每个管子的 U_P 为一定值，因此，从式(3.1)可知，预夹断点随 u_{GS} 改变而变化，它在输出特性曲线上的轨迹如图 3.5(b)中左边虚线所示。

综合上述分析，对结型场效应管可得下述结论：

(1) 栅、源之间的 PN 结是反向偏置的，因此，其 $i_G \approx 0$，输入电阻很高。

(2) i_D 受 u_{GS} 控制，是电压控制电流器件。

(3) 预夹断前，i_D 与 u_{DS} 呈近似线性关系；预夹断后，i_D 趋于饱和。

P 沟道结型场效应管的工作原理与 N 沟道相对应。用于放大时，使用电源电压极性与 N 沟道结型场效应管的正好相反。

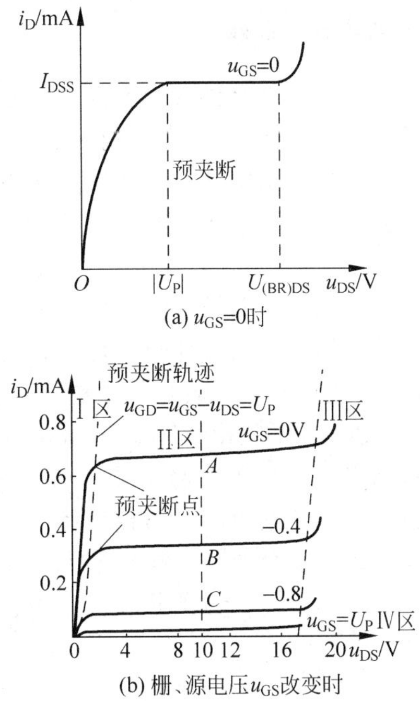

(a) $u_{GS}=0$时

(b) 栅、源电压u_{GS}改变时

图 3.5　N 沟道结型场效应管的输出特性

3.1.3　特性曲线

结型场效应管的特性曲线包括输出特性曲线和转移特性曲线两种。

1. 输出特性曲线

输出特性曲线是以 u_{GS} 为参量时，漏极电流 i_D 与漏、源电压 u_{DS} 之间的关系曲线。即

$$i_D = f(u_{DS})\big|_{u_{GS}=\text{常数}}$$

图 3.5(b)表示了 N 沟道结型场效应管的输出特性曲线，它可分为以下四个区域：

(1) 可变电阻区Ⅰ(非饱和区)：指图中预夹断轨迹线左边的部分，它反映了 u_{DS} 较小时管子处在预夹断前的 u_{DS} 与漏极电流 i_D 间的关系。该区的特点是当 u_{DS} 增加时，i_D 随 u_{DS} 线性增加，但 u_{GS} 不同时，i_D 增加的斜率不同。在此区域内，场效应管的漏、源极之间可以看作是一个由栅、源电压 u_{GS} 控制的可变电阻 r_{DS}。

(2) 恒流区Ⅱ(饱和区)：指图中近似水平部分的区域。表示管子在预夹断后 u_{DS} 与 i_D 的关系，该区的特点是 i_D 的大小受 u_{GS} 的控制而与 u_{DS} 的大小基本无关。场效应管在作放大器使用时一般工作在此区域，所以该区也称为线性放大区。

(3) 击穿区Ⅲ：指图中的最右部分，当 u_{DS} 升高到一定程度时，致使反向偏置的 PN 结发生雪崩击穿，i_D 将突然增大，因此Ⅲ区称为击穿区。进入雪崩击穿后，管子不能正常工作，甚至很快烧毁。所以，场效应管不允许工作在这个区域。由于 u_{DS} 愈负时，达到雪崩击穿所需的 $U_{(BR)DS}$ 的电压愈小，故对应于 u_{GS} 愈负的特性曲线击穿愈早。其击穿电压用 $U_{(BR)DS}$ 表示，在图 3.5(a)中，当 $u_{GS}=0$ 时，其击穿电压用 $U_{(BR)DS}$ 表示。

(4) 夹断区Ⅳ(截止区)：当$|u_{GS}|>|U_P|$时，沟道被夹断，$i_D \approx 0$，此区域称为夹断区或截止区，它对应于靠近横轴的部分。此区的特点是场效应管的漏、源极之间可看作开关断开。

2. 转移特性曲线

电流控制器件晶体管的工作性能是通过它的输入和输出特性及一些参数来反映的。场效应管是电压控制器件，由于栅极输入端基本上没有电流，故讨论它的输入特性是没有意义的。它除了用输出特性及一些参数来描述其性能外，还可以用转移特性来描述其性能。在一定的漏、源电压 u_{DS} 下，栅、源电压 u_{GS} 与漏极电流 i_D 的关系曲线称为转移特性，即

$$i_D = f(u_{GS})\,|_{u_{DS}=\text{常数}}$$

它反映栅极电压对漏极电流的控制作用。

转移特性和输出特性同样是反映场效应管工作时，u_{DS}、u_{GS} 和 i_D 三者之间的关系的，所以它们之间是可以相互转化的。转移特性曲线可直接从输出特性上用作图法求出。例如，在图 3.6 右边所示的输出特性中，作 $u_{DS}=U_{DS1}$ 的一条垂直线，此垂直线与各条输出特性曲线的交点分别为 1、2、3 和 4，将 1、2、3 和 4 各点相应的 i_D 及 u_{GS} 值画在 i_D-u_{GS} 的直角坐标系中，就可得到图 3.6 左边所示的转移特性曲线 $i_{D1}=f(u_{GS})\,|_{u_{DS}=U_{DS1}}$。不同的 u_{DS} 所对应的转移特性曲线是不重合的，u_{DS} 越小，曲线的斜率越小，如图 3.6 中 $U_{DS1}>U_{DS2}$，显然，转移特性曲线 $i_{D1}=f(u_{GS})\,|_{u_{DS}=U_{DS1}}$ 的斜率大于转移特性曲线 $i_{D2}=f(u_{GS})\,|_{u_{DS}=U_{DS2}}$ 的斜率。

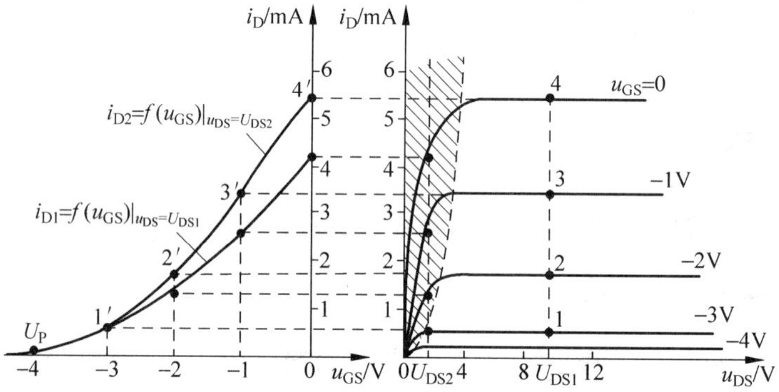

图 3.6 N 沟道结型场效应管转移特性曲线

由于在饱和区内，不同 u_{DS} 的转移特性是很接近的，这是因为在饱和区 i_D 几乎不随 u_{GS} 而改变。因此可用一条转移特性曲线来表示恒流区中的转移特性，使分析得到简化。实验表明，在 $U_P \leqslant u_{DS} \leqslant 0$ 范围内，即在饱和区内，i_D 随 u_{GS} 的增加(负数减少)近似按平方规律上升，因而有

$$i_D = I_{DSS}\left(1-\frac{u_{GS}}{U_P}\right)^2 \quad (U_P \leqslant u_{GS} \leqslant 0) \tag{3.2}$$

式中 I_{DSS} 为 $u_{GS}=0$、u_{DS} 增加到使场效应管产生预夹断时的饱和漏极电流。这样，只要给出 I_{DSS} 和 U_P 就可以把转移特性曲线中的其他点近似计算出来。

3.1.4 主要参数

1. 夹断电压 U_P

指 u_{DS} 为某一确定值，使 i_D 降至某一微小电流时，栅、源之间所需加的电压 $|u_{GS}|$。

2. 饱和漏极电流 I_{DSS}

指在 $u_{GS}=0$ 的条件下，场效应管进入预夹断点时的漏极电流，它也是结型场效应管能

够输出的最大电流。

3. 最大漏、源电压 $U_{(BR)DS}$

指管子发生雪崩击穿、i_D 急剧上升时的 u_{DS} 值。由于加到 PN 结上的反向电压与 u_{GS} 有关，故 $|u_{GS}|$ 值愈大，$U_{(BR)DS}$ 愈小。

4. 最大栅、源电压 $U_{(BR)GS}$

指使栅、源极之间的 PN 结反向击穿、栅极电流急剧上升的栅、源电压值。

5. 最大耗散功率 P_{DM}

指管子工作时允许的最大耗散功率，它等于 u_{DS} 和 i_D 的乘积，即 $P_{DM}=u_{DS}i_D$。当耗散功率超过此值时，会使管子温度过高而损坏。

6. 直流输入电阻 R_{GS}

指漏、源极间短路，在栅、源极之间加上一定电压时栅、源间的直流电阻。

7. 低频互导 g_m

指 u_{DS} 为某一确定值时，漏极电流的微小变化量与引起它变化的栅、源电压的微小变化量之比，即转移特性曲线的斜率

$$g_m=\left.\frac{\partial i_D}{\partial u_{GS}}\right|_{u_{DS}=\text{常数}} \tag{3.3}$$

g_m 体现栅、源电压对漏极电流的控制能力，是表征场效应管放大能力的一个重要参数，单位为 mS 或 μS。g_m 一般在十分之几 mS 至几 mS 的范围内，特殊的可达 100mS，甚至更高。值得注意的是，互导随管子的工作点不同而改变，它是场效应管小信号建模的重要参数之一。漏、源电压 u_{DS} 愈高，互导 g_m 愈大。

如果手头没有场效应管的特性曲线，则可利用式(3.2)和式(3.3)近似估算 g_m 值，即

$$g_m=\frac{\mathrm{d}\left[I_{DSS}\left(1-\dfrac{u_{GS}}{U_P}\right)^2\right]}{\mathrm{d}u_{GS}}=-\frac{2I_{DSS}\left(1-\dfrac{u_{GS}}{U_P}\right)}{U_P}\quad(\text{当 } U_P\leqslant u_{GS}\leqslant 0 \text{ 时}) \tag{3.4}$$

8. 输出电阻 r_d

在 u_{GS} 等于常数时，漏、源电压的微变量和引起这个变化的漏极电流的微变量之比就是输出电阻 r_d，即

$$r_d=\left.\frac{\partial u_{DS}}{\partial i_D}\right|_{u_{GS}=\text{常数}} \tag{3.5}$$

输出电阻 r_d 说明了 u_{DS} 对 i_D 的影响，是输出特性曲线某一点上切线斜率的倒数。在饱和区(即线性放大区)，i_D 随 u_{DS} 改变很小，因此 r_d 的数值很大，一般在几十千欧到几百千欧之间。

除了以上参数外，场效应管还有噪声系数、高频参数、极间电容等其他参数。场效应管的噪声系数很小，可达 1.5dB 以下。表 3.1 列出了几种典型的 N 沟道结型场效应管的主要参数。

表 3.1 场效应管主要参数

参数名称	零栅压漏极电流	夹断电压或开启电压	共源小信号低频互导	极间电容		低频噪声	最大漏、栅电压	最大漏、源电压	最大栅、源电压	最大耗散功率	储藏温度	最大漏、源电流	备注
参数符号	I_{DSS}	U_P 或 U_T	g_m	C_{gs}	C_{gd}	F	U_{DG}	U_{DS}	U_{GS}	P_{DM}	T_S	I_{DM}	
单位	mA	V	mS	pF	pF	dB	V	V	V	mW	℃	mA	
CS4868 (2N4868)	1～3	−1～−3	1～3	<25	<5	<1	40	40	−40	300	−55～175		JFET,用作低噪声音频和亚音频放大
CS4393 (2N4393)	5～30	−0.3～−3		<14	<3.5		40	40	−40	380～1800	−65～200	30	N沟道JFET,作模拟开关、斩波用
CS146 (3DJ9)	18	−7	3～9	<2.8	<0.9		20	20	20	100	−55～+175		N沟道JFET,在400MHz以下的高输入阻抗电路中作高频放大用
DZ302	50～250	−5	>30			$V_n<2nV/\sqrt{Hz}$	20	20	20	200	−55～+175		N沟道JFET,弱信号低噪声前置放大和视频信号处理
CS187 (3N187)	5～30	−0.5～−4	>7	4～8.5	<0.03	4.5		20	±6.5～12	330	−65～+175	50	N沟道耗尽型双栅MOS管,用作高放、中放和混频用
CS430 (U430) CS431(U431)	12～60	−1～−6	10	<5	<2.5	$10nV/\sqrt{Hz}$		25	25	一边300 两边500	−65～+200		硅N沟道JFET配对管,用于差放和平衡混频用
3C01		−2～−6	0.5～3				20	15	20	100	−55～+175	15	P沟道增强型MOS管
CX591	20～120	−5	>20			<2.2	6	8	6	50	−55～+175	20～120	砷化镓微波低噪声FET,用作低噪声放大、振荡和混频等
CX621	>35	<−15	>20				8	8	8	500	−55～+175	>35	砷化镓微波FET,用作前置放大、振荡和混频

3.2 金属-氧化物-半导体场效应管

结型场效应管的输入电阻虽然一般可达 $10^6 \sim 10^9\,\Omega$，但由于这个电阻从本质上来说是PN结的反向电阻，PN结反向偏置时总会有一些反向电流存在，这就限制了输入电阻的进一步提高，在有些要求更高的场合仍不能满足要求。而金属-氧化物-半导体场效应管（简称MOS场效应管）是利用半导体表面的电场效应进行工作的。由于它的栅极处于不导电（绝缘）状态，因而具有更高的输入电阻（可达 $10^{15}\,\Omega$），也由此得名为绝缘栅场效应管。

MOS场效应管也可分为N沟道和P沟道两类，每一类又分为增强型和耗尽型两种。由于P沟道和N沟道MOS场效应管的工作原理相似，所以下面以N沟道为主先讨论增强型MOS场效应管的工作原理及伏安特性，然后指出耗尽型场效应管的特点。

3.2.1 N沟道增强型MOS场效应管

所谓增强型就是指 $u_{GS}=0$ 时，没有导电沟道，即 $i_D=0$。

1. 基本结构

N沟道增强型MOS场效应管的结构如图3.7(a)所示。它是以一块掺杂浓度较低、电阻率较高的P型硅片作衬底(B)，利用扩散的方法在其表面形成两个高掺杂的 N^+ 区，并引出两个铝电极，分别称为源极(s)和漏极(d)，然后在P型硅表面上生长一层很薄的二氧化硅绝缘层，最后在漏、源极之间的绝缘层上再制造一个铝电极，称之为栅极(g)。N沟道增强型MOS场效应管的符号如图3.7(b)所示，箭头方向表示由P(衬底)指向N(沟道)。对于P沟道MOS场效应管，其箭头方向与上述相反，如图3.7(c)所示。

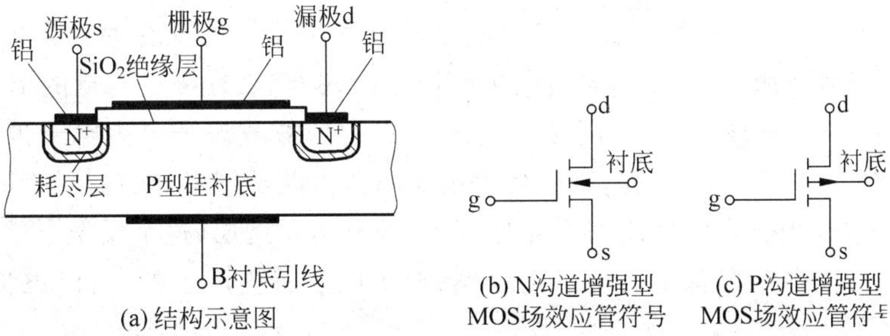

图3.7　N沟道增强型MOS场效应管

2. 工作原理

结型场效应管是通过改变PN结反向电压 u_{GS}，来控制PN结的阻挡层的宽窄，从而改变导电沟道的宽度，达到控制漏极电流 i_D 的目的。而MOS场效应管则是利用栅、源电压的大小，来改变半导体表面感生电荷的多少，从而控制漏极电流的大小。

场效应管工作时，通常将其衬底与源极连在一起，在漏极与源极之间接入适当大小的漏、源正向电压 u_{DS}。对于N沟道增强型MOS场效应管而言，所接电源极性如图3.8所示。由于N^+型漏区与N^+型源区之间被P型衬底隔开，其间形成两个背靠背的PN结，当 $u_{GS}=0$ 时，不管 u_{DS}的极性如何，其中总有一个PN结反向偏置，此时漏、源之间的电阻很大，没有形成导电沟道，所以 $i_D\approx 0$。如图3.8(a)所示。

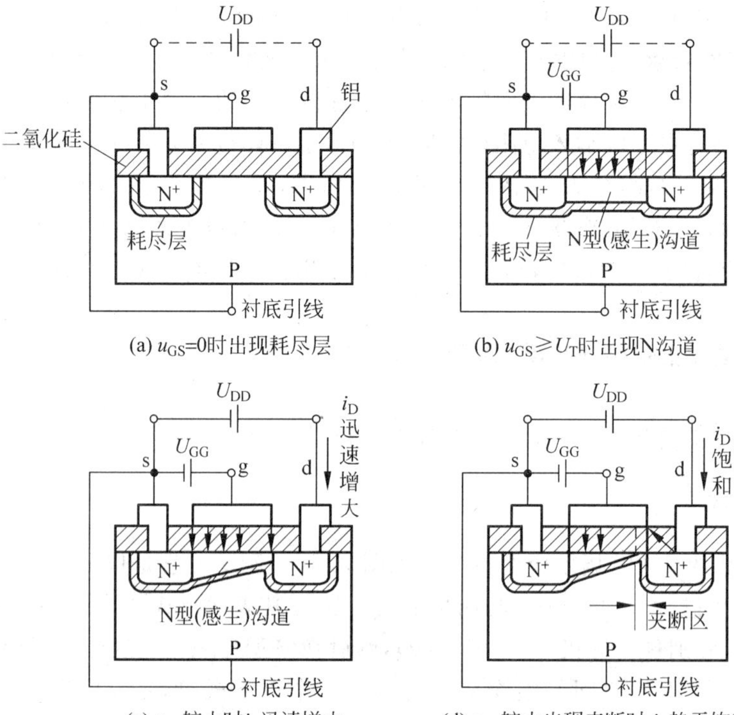

(a) u_{GS}=0时出现耗尽层

(b) $u_{GS}\geqslant U_T$时出现N沟道

(c) u_{DS}较小时i_D迅速增大

(d) u_{DS}较大出现夹断时，i_D趋于饱和

图3.8 N沟道增强型MOS场效应管工作原理示意图

当 $u_{DS}=0$、u_{GS}大于0时，则栅极和衬底之间由于绝缘层的存在而产生电场效应，u_{GS}增加，则电场作用力增加，它将吸引自由电子而排斥空穴，在靠近栅极附近的P型衬底中留下带负电的受主离子，形成耗尽层，同时P型衬底中的少数载流子自由电子被吸引到衬底表面。当 u_{GS}增大到一定值(U_T)时，吸引到表面层的自由电子较多，在耗尽层和绝缘层之间形成一个N型薄层，由于它的性质与P型区相反，故称为反型层，这个反型层就是沟通源区和漏区的导电沟道，称为N沟道。由于它是栅、源正电压感应产生的，所以也称感生沟道，如图3.8(b)所示。

一旦出现了感生沟道，原来被P型衬底隔开的两个N^+型区(源区和漏区)就被感生沟道连在一起了，此时场效应管处于导通状态。在一定漏、源电压 u_{DS}作用下，使管子由截止变为导通的临界栅、源电压 u_{GS}称为开启电压 U_T。这种 $u_{GS}=0$ 时漏极与源极间无导电沟道，只有当 u_{GS}增加到一定值时才能形成导电沟道的场效应管称为增强型场效应管。图3.7所示的增强型MOS场效应管符号中的断开线是增强型场效应管的标志特点。

当 $u_{GS}\geqslant U_T$，外加的 u_{DS}较小时，漏极电流 i_D 将随 u_{DS}上升迅速增大，由于沟道存在电位梯度，因此沟道厚度是不均匀的，靠近源端厚，靠近漏端薄。如图3.8(c)所示。当 u_{DS}增加到使 $u_{GD}=U_T$ 时，沟道在漏极处附近出现预夹断，如图3.8(d)所示。随 u_{DS}继续增加，夹断区增长，但沟道电流基本保持不变。这种情况与结型场效应管相似，不再赘述。

3. 特性曲线与电流方程

N 沟道增强型 MOS 场效应管的输出特性曲线和转移特性曲线如图 3.9(a)、(b)所示。输出特性曲线也可分为可变电阻区Ⅰ、恒流区Ⅱ、夹断区Ⅲ和截止区Ⅳ。图 3.9(b)中只画出了管子工作在恒流区时对应的转移特性曲线。在恒流区内电流方程为

$$i_D = I_{D0}\left(\frac{U_{GS}}{U_T} - 1\right)^2$$

式中 I_{D0} 为 $u_{GS}=2U_T$ 时的 i_D 值。

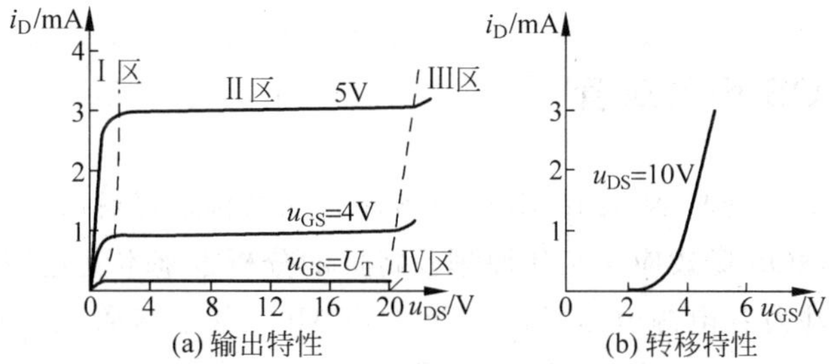

图 3.9 N 沟道增强型 MOS 场效应管的特性曲线

3.2.2 N 沟道耗尽型 MOS 场效应管

如果在制造管子时，在二氧化硅绝缘层里掺入大量的正离子，即使不外加栅、源电压，在这些正离子的作用下，P 型衬底表面已经出现反型层，形成导电沟道，只要外加漏、源电压就有漏极电流流过。这种在 $u_{GS}=0$ 时漏、源之间已存在导电沟道的 MOS 场效应管称为耗尽型 MOS 场效应管。N 沟道耗尽型 MOS 场效应管的结构示意图和符号如图 3.10 所示。

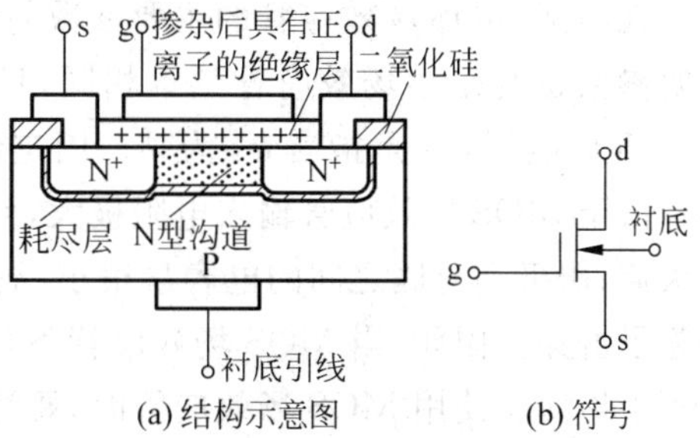

图 3.10 N 沟道耗尽型 MOS 场效应管

当 $u_{GS}>0$ 时，导电沟道增宽，i_D 增大；反之，当 $u_{GS}<0$ 时，导电沟道变窄，i_D 减小。当 u_{GS}负向增加到某一数值时，导电沟道消失，i_D 趋向于零，管子截止，此时的栅、源电压 u_{GS}称为夹断电压，仍用 U_P 表示。这是与结型场效应管相类似的，所以称它为耗尽型。所不同的是，N 沟道结型场效应管，当 $u_{GS}>0$ 时，将使 PN 结处于正向偏置而产生较大的栅流，破坏了它对漏极电流 i_D 的控制作用。但是 N 沟道耗尽型 MOS 场效应管在 $u_{GS}>0$ 时，由于绝缘层的存在，并不会产生 PN 结的正向电流，而是在沟道中感应出更多的负电荷，在 u_{DS}作用下，i_D 将具有更大的数值。

这种在一定范围内 u_{GS}的正、负值均可控制 i_D 的大小的特性是耗尽型 MOS 场效应管的一个重要特点。N 沟道耗尽型 MOS 场效应管的特性曲线如图 3.11(a)、(b)所示。

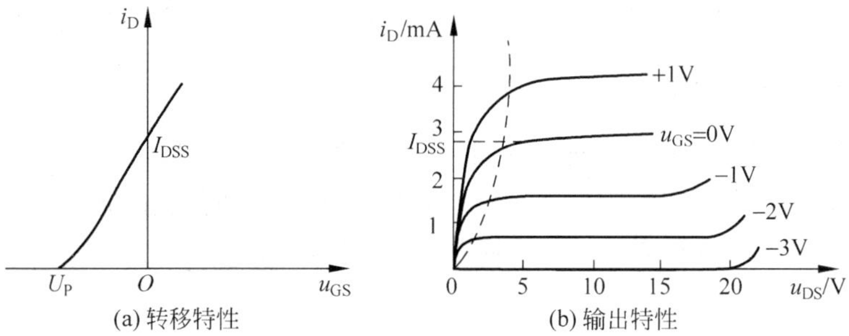

图 3.11 N 沟道耗尽型 MOS 场效应管的特性曲线

3.2.3 P 沟道 MOS 场效应管

P 沟道 MOS 场效应管与 N 沟道 MOS 场效应管的结构正好对偶，N 型衬底、P 型沟道，所以上面对 N 沟道 MOS 场效应管工作原理及特性的分析也基本上适用于 P 沟道 MOS 场效应管，只是使用时注意各电源电压极性与 N 沟道 MOS 场效应管正好相反。增强型 P 沟道 MOS 场效应管的开启电压 U_T 为负值，耗尽型 MOS 场效应管制作时在绝缘层中掺入负离子，其夹断电压 U_P 也为负值。

3.2.4 MOS 场效应管的主要参数

耗尽型 MOS 场效应管的主要参数与结型场效应管完全相同，增强型 MOS 场效应管的主要参数也与结型场效应管基本相同，只是没有夹断电压这一参数，取代它的是开启电压 U_T。开启电压 U_T 是指当 u_{DS} 为某一固定值时能产生 i_D 所需的最小 $|u_{GS}|$ 值。

由于 MOS 场效应管输入电阻极大，使得栅极的感应电荷不易泄放，加上二氧化硅绝缘层极薄，栅极和衬底之间的电容量很小，故栅极上只要有极小的感应电荷就极易产生高压，使管子击穿。因此，当 MOS 场效应管不使用时，应使其三个电极短路，以免外电场作用而使管子损坏。使用 MOS 场效应管时，要注意在栅、源之间保持直流通路，不要使栅极悬空。另外，MOS 场效应管的衬底和源极通常是接在一起的，即使分开，也应保证衬底和源极之间的 PN 结反向偏置，以使管子正常工作。

3.3 场效应管的特点

场效应管具有放大作用，可以组成各种放大电路，它与双极型晶体管相比，具有如下几个特点：

（1）场效应管是一种电压控制器件，它通过 u_{GS} 来控制 i_D。而双极型晶体管是电流控制器件，通过 I_B 来控制 I_C。

（2）场效应管输入端几乎没有电流，所以其直流输入电阻和交流输入电阻都非常高。而双极型晶体管，发射结始终处于正向偏置，总是存在输入电流，故输入电阻较小。

(3) 由于场效应管是利用多数载流子导电的，因此，与双极型晶体管相比，具有噪声小、受辐射的影响小、热稳定性较好等特性。特别是存在零温度系数工作点，即在不同温度下，同一场效应管的转移特性曲线有几条交于一点，若放大电路中场效应管的栅极电压选在该点，则当温度改变时 i_D 的值不变，该点称为零温度系数工作点。

(4) 由于场效应管的结构对称，有时漏极和源极可以互换使用，而各项指标基本上不受影响，因此应用比较方便、灵活。对于有的绝缘栅场效应管，制造时源极已和衬底连在一起，则漏极和源极不能互换。

(5) 场效应管的制造工艺简单，有利于大规模集成。特别是 MOS 电路，硅片上每个 MOS 场效应管所占面积是晶体管的 5%，因此集成度更高，目前，大规模和超大规模集成电路主要由 MOS 电路构成。

(6) 由于 MOS 场效应管的输入电阻高，因此，由外界静电感应所产生的电荷不易泄漏。为此，在存放时应将各电极引线短接。焊接时，要注意将电烙铁外壳接上可靠地线，或者在焊接时，将电烙铁与电源暂时脱离。

(7) 场效应管的互导较小，当组成放大电路时，在相同的负载电阻时，电压放大倍数比双极型晶体管低。

为便于比较和记忆，将各种场效应管的符号和特性曲线列于表 3.2 中。

表 3.2　各种场效应管的特性比较

结构种类	工作方式	符号	电压极性		转移特性	输出特性
			U_P 或 U_T	U_{DS}	$i_D=f(u_{GS})$	$i_D=f(u_{DS})$
N 沟道 MOS 场效应管	耗尽型	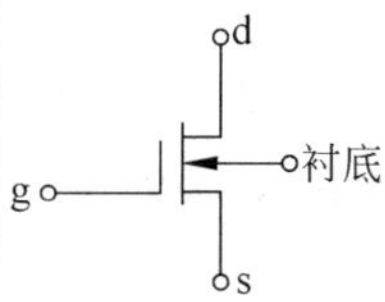	(−)	(+)	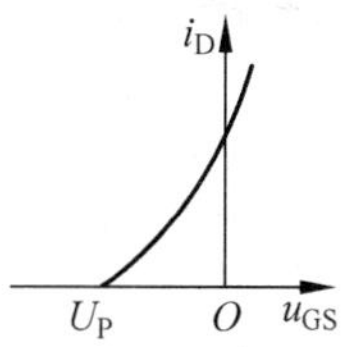	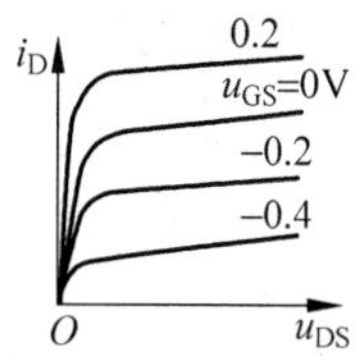
	增强型	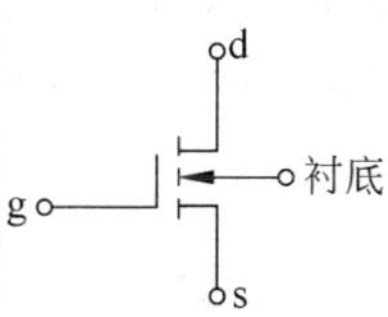	(+)	(+)	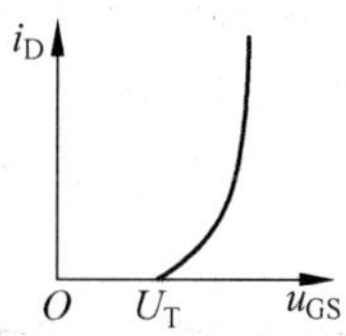	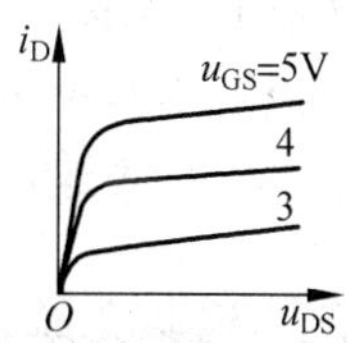
P 沟道 MOS 场效应管	耗尽型	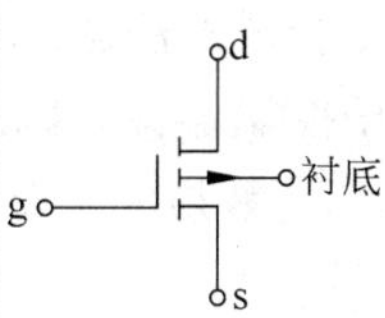	(+)	(−)	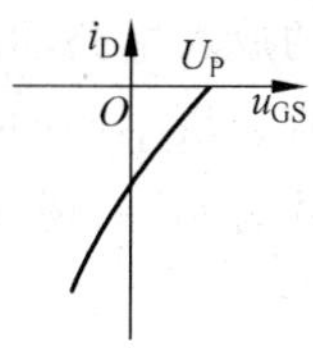	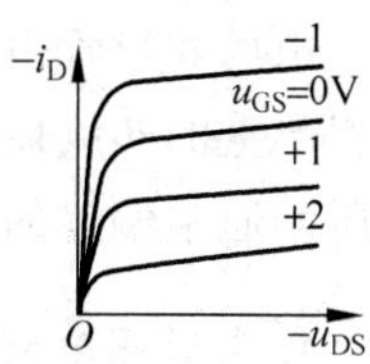

续表

结构种类	工作方式	符号	电压极性		转移特性 $i_D=f(u_{GS})$	输出特性 $i_D=f(u_{DS})$
			U_P 或 U_T	U_{DS}		
P 沟道 MOS 场效应管	增强型	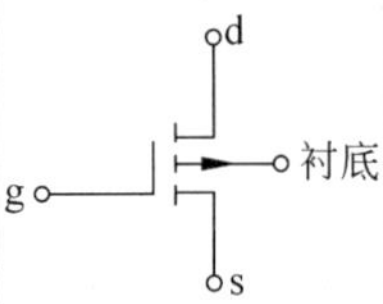	(－)	(－)	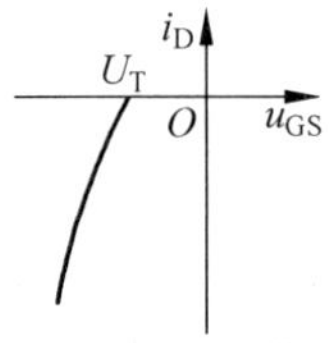	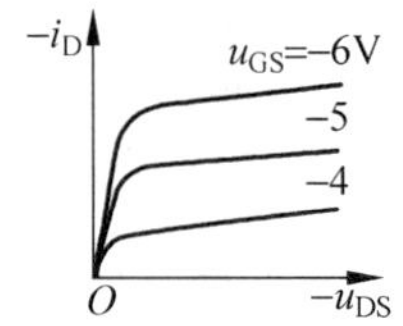
P 沟道 JFET	耗尽型	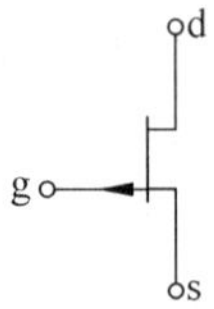	(＋)	(－)	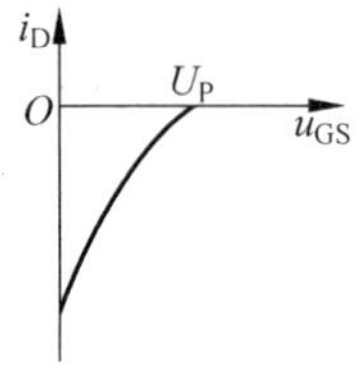	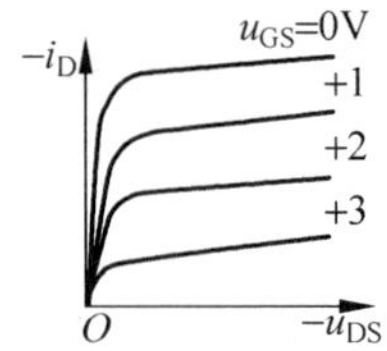
N 沟道 JFET	耗尽型	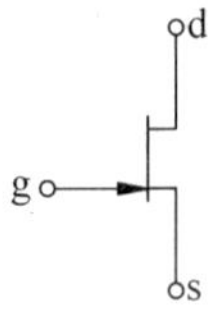	(－)	(＋)	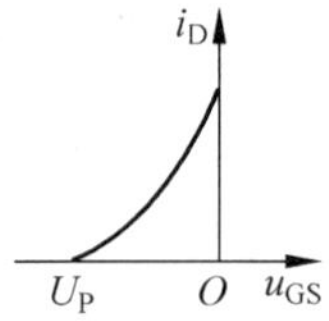	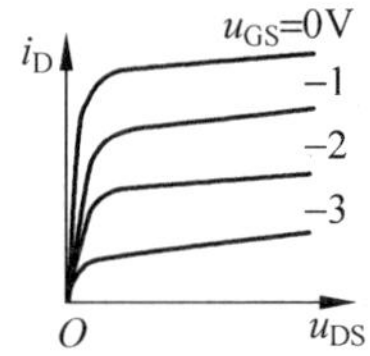

注：i_D 的假定正向为流进漏极。

3.4 场效应管放大电路

场效应管与双极型晶体管都具有放大作用，都存在着三个极，其对应关系为：栅极 g 对应基极 b；源极 s 对应发射极 e；漏极 d 对应集电极 c，所以可组成相应的场效应管放大电路。但由于两种放大器件各自的特点不同，故不能将双极型晶体管放大电路的晶体管，简单地用场效应管取代，组成场效应管放大电路。

3.4.1 场效应管的直流偏置电路

由场效应管组成的放大电路和晶体管一样，要建立合适的静态工作点 Q，避免输出波形产生严重的非线性失真。所不同的是，场效应管是电压控制器件，因此它需要有合适的栅极电压。通常偏置的形式有两种，现以 N 沟道耗尽型结型场效应管为例说明如下。

1. 自偏压电路

图 3.12(a)所示为自偏压电路，它适用于结型场效应管或耗尽型场效应管。它和晶体管的射极偏置电路相似，通常在漏极接入漏极电阻 R_d。考虑到结型场效应管只能工作在

$U_{GS}<0$ 的区域，而 $I_G\approx0$，R_g 上没有压降，栅极的直流电位与“地”电位相等，所以源极是经电阻 R 接地，依靠漏极电流 I_D 在 R 上的电压降，使电路自行提供栅极偏压，即

$$U_{GS}=-I_DR \tag{3.6}$$

由此得名自偏压电路。显然，式(3.6)为一直线方程，称为自偏压电路的偏置线方程。为减少 R 对放大倍数的影响，在 R 两端同样也并联一个足够大的旁路电容 C，称为源极旁路电容。

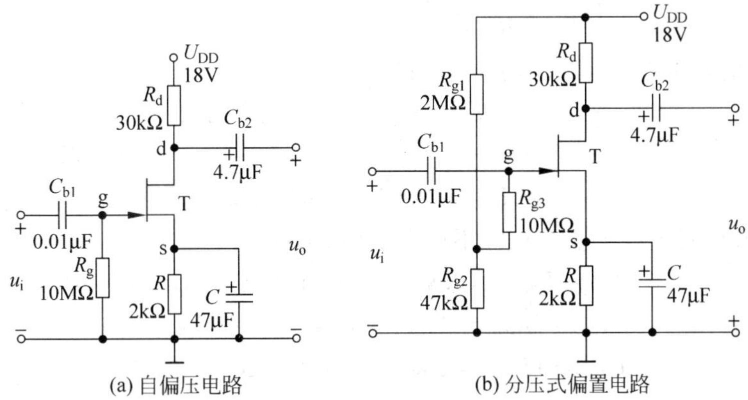

图 3.12　场效应管的直流偏置电路

2. 分压式偏置电路

虽然自偏压电路比较简单，但当静态工作点决定后，U_{GS}和 I_D 也就确定了，因而 R 可选择的范围很小。分压式偏置电路是在图 3.12(a)的基础上，加接分压电阻后构成的，如图 3.12(b)所示。为了不使分压电阻 R_{g1}、R_{g2} 对放大电路的输入电阻影响太大，故通过 R_{g3} 与栅极相连，供给栅极电压 $U_G=R_{g2}U_{DD}/(R_{g1}+R_{g2})$，同时漏极电流在源极电阻 R 上也产生压降 $U_S=I_DR$，因此，静态时加在场效应管上的栅、源电压为

$$U_{GS}=U_G-U_S=\frac{R_{g2}}{R_{g1}+R_{g2}}U_{DD}-I_DR=-\left(I_DR-\frac{R_{g2}}{R_{g1}+R_{g2}}U_{DD}\right) \tag{3.7}$$

同样，式(3.7)也是一直线方程，称为分压式偏置电路的偏置线方程。这种偏压电路的另一特点是适用于增强型管子的电路。

3.4.2　静态分析

对场效应管放大电路的静态分析一般可采用图解法和公式计算法。图解法的原理和晶体管相似。下面讨论用公式进行计算以确定 Q 点。

场效应管的 I_D 和 U_{GS}的关系可用转移特性近似计算公式(3.2)近似表示，即

$$I_D=I_{DSS}\left(1-\frac{U_{GS}}{U_P}\right)^2\quad(U_P\leqslant U_{GS}\leqslant0) \tag{3.8}$$

式中，I_{DSS}为饱和漏极电流；U_P 为夹断电压，可由手册查出。

联立求解转移特性近似计算公式和偏置线方程即可得到图 3.12(a)、(b)电路的静态值

I_D 和 U_{GS}。为使工作点受温度的影响达到最小,应尽量将栅偏压设置在零温度系数附近。

例 3.1 电路参数如图 3.12(b)所示,$R_{g1}=2M\Omega$,$R_{g2}=47k\Omega$,$R_d=30k\Omega$,$R=2k\Omega$,$U_{DD}=18V$,场效应管的 $U_P=-1V$,$I_{DSS}=0.5mA$,试确定 Q 点。

解 根据式(3.8)和式(3.7)有

$$\begin{cases} I_D = 0.5\times\left(1+\dfrac{U_{GS}}{1}\right)^2(\text{mA}) \\ U_{GS} = \dfrac{47\times 18}{2000+47} - 2I_D = 0.4-2I_D(\text{V}) \end{cases}$$

将上式中 U_{GS} 的表达式代入 I_D 的表达式,得

$$I_D = 0.5\times(1+0.4-2I_D)^2(\text{mA})$$

解得

$$I_D = (0.95\pm 0.64)\text{mA}$$

因 $I_{DSS}=0.5mA$,而 $-1\leqslant U_{GS}\leqslant 0$,$I_D$ 不应大于 1mA,所以

$$I_D = I_{DQ} = (0.95-0.64)\text{mA} = 0.31\text{mA}$$

$$U_{GS} = U_{GSQ} = 0.4-2I_D = -0.22\text{V}$$

$$U_{DS} = U_{DSQ} = U_{DD} - I_{DQ}(R_d+R) = 8.1\text{V}$$

3.4.3 场效应管的微变等效电路

如果输入信号很小,场效应管工作在线性放大区(即输出特性中的恒流区)时,和晶体管一样,可用微变等效电路来分析。

由于场效应管输入端不取电流,输入电阻极大,故输入端可视为开路。场效应管漏电流 i_D 仅是栅、源电压 u_{GS} 和漏、源电压 u_{DS} 的函数,即

$$i_D = f(u_{GS}, u_{DS})$$

其微分方程

$$\mathrm{d}i_D = \left.\frac{\partial i_D}{\partial u_{GS}}\right|_{U_{DS}} \mathrm{d}u_{GS} + \left.\frac{\partial i_D}{\partial u_{DS}}\right|_{U_{GS}} \mathrm{d}u_{DS} \tag{3.9}$$

由式(3.3)低频互导 g_m 的定义和式(3.5)场效应管输出电阻 r_d 的定义得知

$$g_m = \left.\frac{\partial i_D}{\partial u_{GS}}\right|_{U_{DS}} \tag{3.10}$$

$$\frac{1}{r_d} = \left.\frac{\partial i_D}{\partial u_{DS}}\right|_{U_{GS}} \tag{3.11}$$

若用 i_d、u_{gs}、u_{ds} 分别表示其变化部分,则式(3.9)可写为

$$i_d = g_m u_{gs} + \frac{1}{r_d}u_{ds} \tag{3.12}$$

根据式(3.12),如果用 $g_m\dot{U}_{gs}$ 表示电压 $\dot{U}_{gs}$ 控制的电流源,用 r_d 表示电流源电阻,则和晶体管相似,作为双口有源器件的场效应管,图 3.13(a)也可导出其微变等效电路,如图 3.13(b)所示。图中 r_d 通常在几百千欧的数量级,一般比负载电阻大很多,故在放大电路的微变等效电路可以认为 r_d 开路。因此,微变等效电路 3.13(b)可化简为图 3.13(c)所示。图中 g_m 的数值可从特性曲线上求出,也可通过式(3.4)求得,即

$$g_m = -\frac{2I_{DSS}\left(1-\frac{U_{GS}}{U_P}\right)}{U_P} \tag{3.13}$$

虽然 g_m 是动态参数，但由式(3.13)得知，它的大小与静态工作点有关。

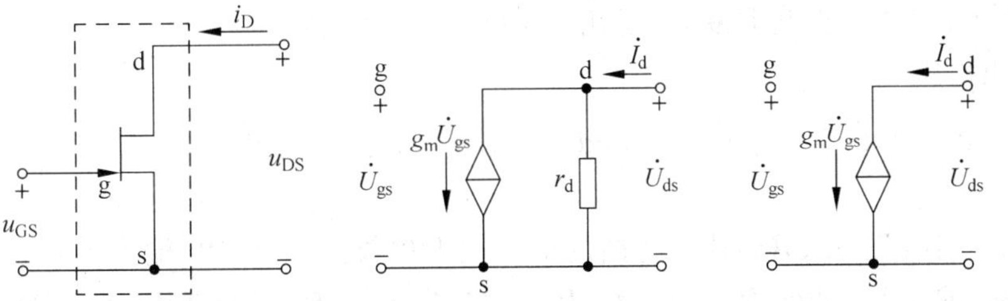

(a) 场效应管在共源极接法时的双口网络　(b) 中、低频微变等效电路　(c) 简化的微变等效电路

图 3.13　场效应管的微变等效电路

3.4.4　动态分析

动态分析主要应用微变等效电路进行分析，分析步骤和晶体管电路相同。

1. 共源极放大电路

下面对图 3.14(a)所示电路进行动态分析，其放大电路的微变等效电路如图 3.14(b)所示。

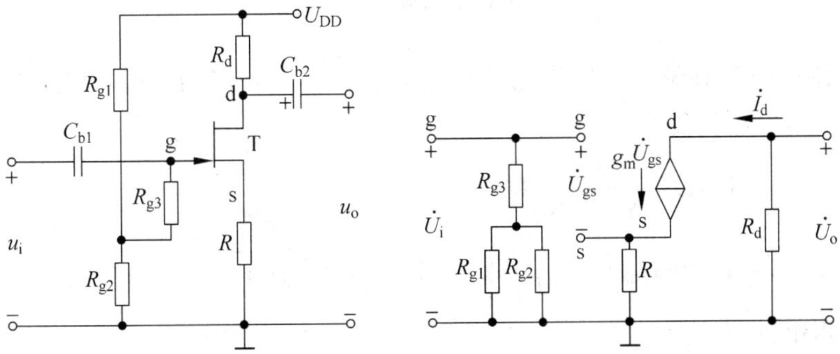

(a) 电路　(b) 微变等效电路

图 3.14　共源极电路及其微变等效电路

1）电压放大倍数

对微变等效电路的输入和输出回路应用 KVL，分别得出

$$\dot{U}_i = \dot{U}_{gs} + g_m\dot{U}_{gs}R = (1+g_mR)\dot{U}_{gs}$$

$$\dot{U}_o = -g_m\dot{U}_{gs}R_d$$

所以

$$\dot{A}_{um} = \frac{\dot{U}_o}{\dot{U}_i} = -\frac{g_mR_d}{1+g_mR} \tag{3.14}$$

2）输入电阻 r_i

由输入回路得

$$r_i = R_{g3} + R_{g1} \mathbin{/\!/} R_{g2} \tag{3.15}$$

由于 R_{g1}、R_{g2} 主要用来确定静态工作点，所以，输入电阻主要由 R_{g3} 确定。一般 R_{g3} 阻值都较高，常为几百千欧至几兆欧，甚至几十兆欧。

3）输出电阻 r_o

将输入端短路，$\dot{U}_i=0$，有 $\dot{U}_{gs}=0$，则 $\dot{U}_o=R_d\dot{I}_o$，故输出电阻为

$$r_o = R_d \tag{3.16}$$

例 3.2 计算图 3.15(a)所示电路的电压放大倍数、输入电阻、输出电阻。电路参数及管子参数为：$R_{g1}=150\text{k}\Omega$，$R_{g2}=50\text{k}\Omega$，$R_{g3}=1\text{M}\Omega$，$R_d=R=10\text{k}\Omega$，$R_L=1\text{M}\Omega$，$U_{DD}=20\text{V}$，$U_P=-5\text{V}$，$I_{DSS}=1\text{mA}$。

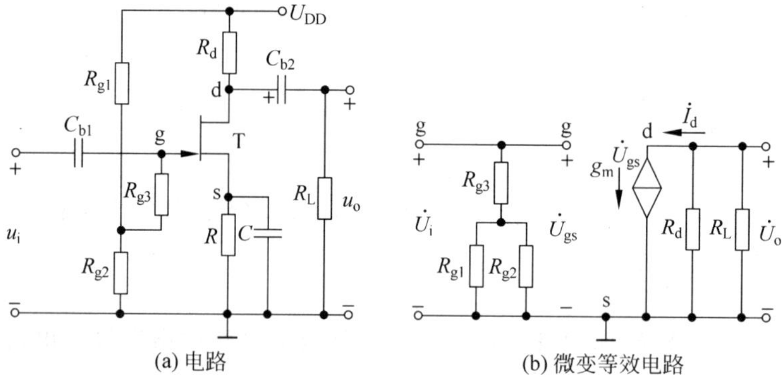

图 3.15 例 3.2 用图

解 因题目中没有给 g_m，所以先要确定静态工作点，计算出 g_m，才能进行动态计算。由式(3.7)和式(3.8)可得

$$\begin{cases} U_{GS} = \dfrac{R_{g2}}{R_{g1}+R_{g2}}U_{DD} - I_D R = \dfrac{50}{150+50}\times 20 - 10I_D \\ I_D = I_{DSS}\left(1-\dfrac{U_{GS}}{U_P}\right)^2 = 1\times\left(1+\dfrac{U_{GS}}{5}\right) \end{cases}$$

求解上述方程组得

$$\begin{cases} U_{GS} = -1.1\text{V} \\ I_D = 0.61\text{mA} \end{cases}$$

根据式(3.13)计算出

$$g_m = -\frac{2I_{DSS}\left(1-\dfrac{U_{GS}}{U_P}\right)}{U_P} = \frac{2\times1\times\left(1+\dfrac{1.1}{5}\right)}{5} = 0.312$$

然后对图 3.15(a)所示电路进行动态分析，作出电路微变等效电路，如图 3.15(b)所示。根据图 3.15(b)有

$$\dot{U}_o = -g_m\dot{U}_{gs}(R_d \mathbin{/\!/} R_L) = -g_m\dot{U}_i R'_L$$

所以电压放大倍数为

$$\dot{A}_{um}=\frac{\dot{U}_o}{\dot{U}_i}=-g_m R'_L=-0.312\times\frac{10\times 1000}{10+1000}\approx -3.12$$

由图 3.15(b)所示的输入、输出回路有

$$r_i=R_{g3}+R_{g1}\ /\!/\ R_{g2}=1000+\frac{50\times 150}{50+150}=1038\approx 1.038(\mathrm{M\Omega})$$

$$r_o=R_d=10\mathrm{k\Omega}$$

2. 共漏极放大器(源极输出器)

典型的共漏极电路——源极输出器，如图 3.16(a)所示，图 3.16(b)表示的是微变等效电路。

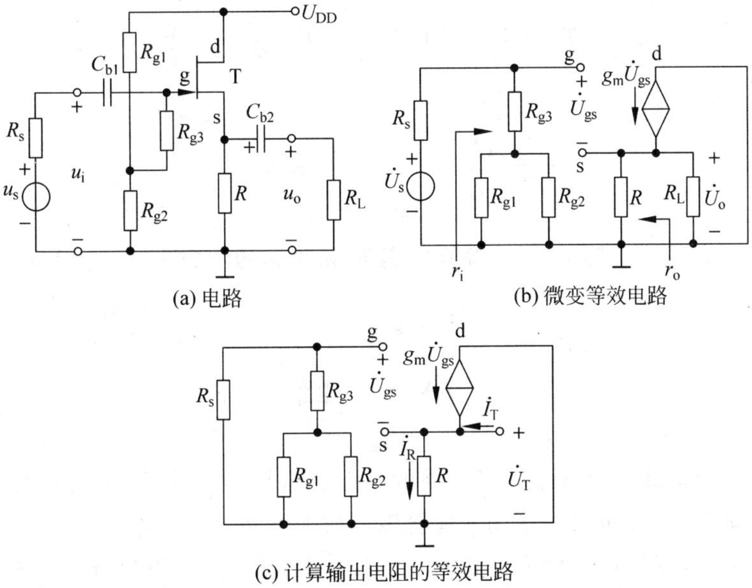

图 3.16　共漏极电路及其微变等效电路

1）电压放大倍数

由图 3.16(b)得

$$\dot{U}_i=\dot{U}_{gs}+g_m\dot{U}_{gs}(R\ /\!/\ R_L)=(1+g_m R'_L)\dot{U}_{gs}$$

$$\dot{U}_o=g_m\dot{U}_{gs}R'_L$$

上式中 $R'_L=R/\!/R_L$，所以

$$\dot{A}_{um}=\frac{\dot{U}_o}{\dot{U}_i}=\frac{g_m R'_L}{1+g_m R'_L} \tag{3.17}$$

当 $g_m(R/\!/R_L)\gg 1$ 时，$\dot{A}_{um}\approx 1$，共漏极电路属电压跟随器。与射极输出器的 $\dot{A}_u$ 式(2.36)相比，可知场效应管的 g_m 相当于晶体管的 $(1+\beta)/r_{be}\approx\beta/r_{be}$。

2）输入电阻 r_i

由输入回路得

$$r_i = R_{g3} + R_{g1} \mathbin{/\mkern-6mu/} R_{g2} \tag{3.18}$$

3）输出电阻 r_o

根据定义令$\dot{U}_s=0$，保留其内阻 R_s，将 R_L 开路，在输出端加一测试电压$\dot{U}_T$，得一电流$\dot{I}_T$，由此可画出求共漏极电路输出电阻 r_o 的电路，如图 3.16(c)所示。由图有

$$\dot{I}_T = \dot{I}_R - g_m \dot{U}_{gs} = \frac{\dot{U}_T}{R} - g_m \dot{U}_{gs}$$

而$\dot{U}_s=0$，输入回路电流为零，所以有

$$\dot{U}_{gs} = -\dot{U}_T$$

于是

$$\dot{I}_T = \frac{\dot{U}_T}{R} + g_m \dot{U}_T = \dot{U}_T\left(\frac{1}{R} + g_m\right)$$

因此

$$r_o = \frac{\dot{U}_T}{\dot{I}_T} = \frac{1}{\dfrac{1}{R} + g_m} = R \mathbin{/\mkern-6mu/} \frac{1}{g_m} \tag{3.19}$$

可见共漏极电路的输出电阻 r_o 等于源极电阻 R 和跨导的倒数 $1/g_m$ 相并联，因而输出电阻 r_o 较小。

小　结

（1）场效应管是除双极型晶体管之外的另一种常用半导体器件，具有与晶体管十分相似的输出特性曲线，因此也可以用场效应管组成放大电路。与晶体管相比，二者不同之处在于：晶体管是电流控制器件，有两种载流子参与导电，属于双极型器件；而场效应管属于单极型器件，只依靠一种载流子参与导电，是电压控制器件，即用栅极电压 U_{GS}去控制输出电流 I_D，其电压控制作用表现为 $I_D=g_mU_{GS}$。

（2）虽然场效应管和晶体管这两种器件的控制原理有所不同，但通过类比可以发现，将晶体管的三个极 b、e、c 与场效应管的三个极 g、s、d 相对应，就能得到形式极为相似的场效应管放大电路。

（3）场效应管放大电路的分析方法仍然是图解法（亦可用公式计算）和微变等效电路分析法。

（4）在场效应管放大电路中，U_{DS}的极性决定于沟道性质，N（沟道）为正，P（沟道）为负；为了建立合适的偏置电压 U_{GS}，不同类型的场效应管对偏置电压的极性有不同要求：结型场效应管的 U_{GS}与 U_{DS}的极性相反，增强型 MOS 场效应管 U_{GS}与 U_{DS}的极性相同，耗尽型 MOS 场效应管 U_{GS}的极性可正、可负、可为零。

（5）静态分析有图解法和计算法两种。计算法是利用转移特性的近似公式 $I_D=I_{DSS}\left(1-\frac{U_{GS}}{U_P}\right)^2$与偏置线方程 $U_{GS}=f(I_D)$联立求解，即可得静态值。

（6）动态分析是利用微变等效电路进行分析，分析方法与晶体管放大电路相同。

习　题

3.1　场效应管称为单极型管，因为________；半导体性晶体管称为双极型管，因为________。

3.2　半导体晶体管属于________器件，其输入电阻________；场效应管属于________器件，其输入电阻________。

3.3　双极型晶体管(BJT)和场效应管(MOSFET)比较，有下述说法，请在正确的说法后面画"√"，错误的说法后面画"×"。

(1) BJT有两种载流子参与导电，MOSFET只有一种。

(2) BJT属电压控制型器件，MOSFET属电流控制型器件。

(3) BJT的功耗大于MOSFET的功耗。

(4) BJT的热稳定性好于MOSFET的热稳定性。

(5) 两者在开关过程中都需要时间，在同样电流下，BJT的开关速度快于MOSFET。

3.4　题图3.4所示符号各表示哪种沟道的结型场效应管？其箭头方向代表什么？

3.5　由题图3.5所示输出特性曲线，你能分别判断它们各代表何种器件吗？如是结型场效应管，请说明它属于何种沟道？

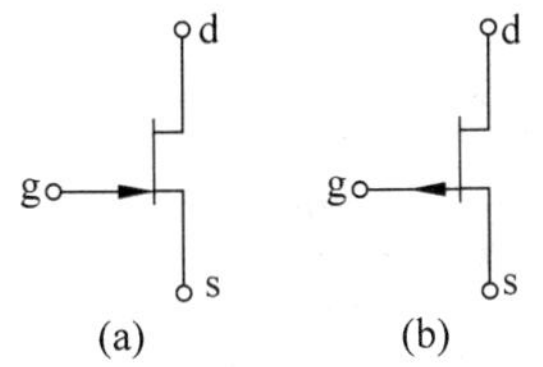

题图　3.4

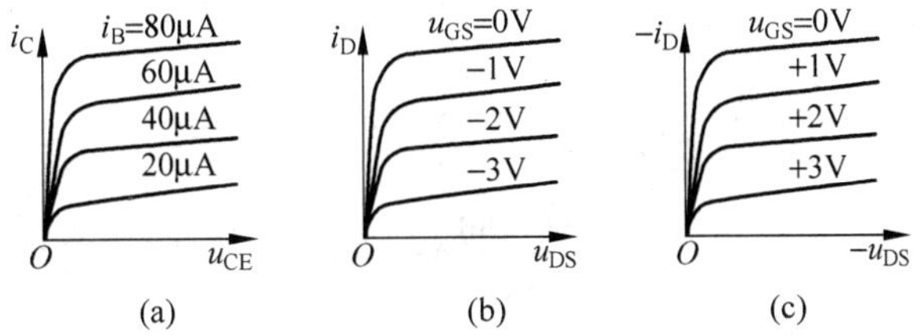

题图　3.5

3.6　场效应管的输出特性曲线和转移特性曲线如题图3.6所示，试标出管子的类型(N沟道还是P沟道，增强型还是耗尽型，结型还是绝缘栅型)。

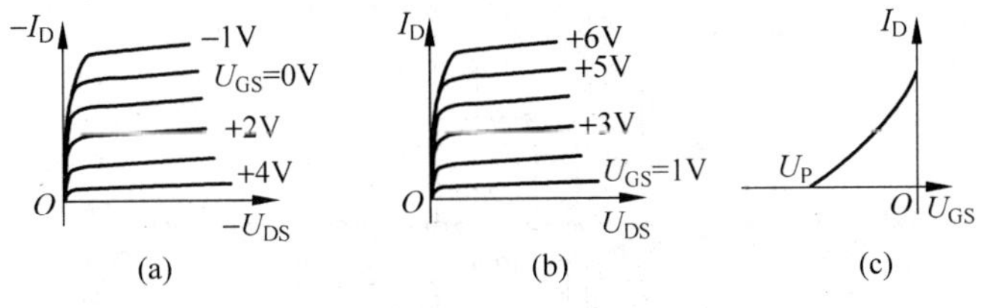

题图　3.6

3.7　一个MOS场效应管的转移特性如题图3.7所示(其中漏极电流 i_D 的方向是它的实际方向)。试问：(1)该管是耗尽型还是增强型？(2)是N沟道还是P沟道场效应管？(3)从这个转移特性上可求出该场效应管的夹断电压 U_P 还是开启电压 U_T？其值等于多少？

3.8　四个场效应管的转移特性分别如题图3.8(a)、(b)、(c)、(d)所示，其中漏极电流 i_D 的方向是它的实际方向。试问它们各是哪种类型的场效应管？

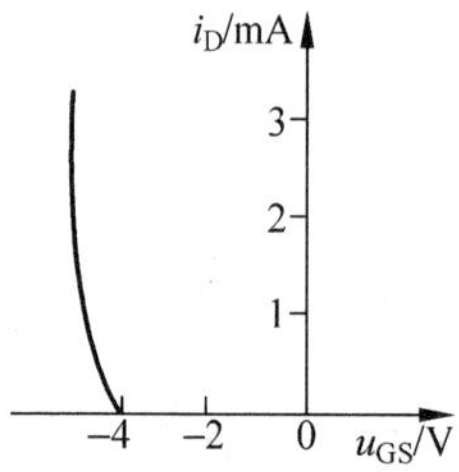

题图 3.7

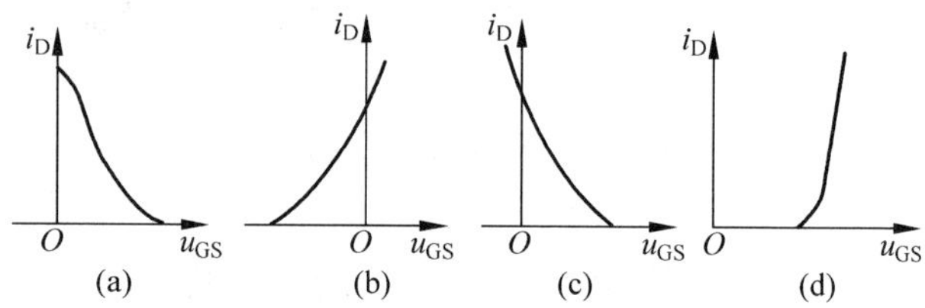

题图 3.8

3.9 已知电路形式如题图 3.9 所示，电路参数为 $R_g=5\text{M}\Omega$，$R_d=25\text{k}\Omega$，$R=1.5\text{k}\Omega$，$U_{DD}=15\text{V}$，管子参数 $U_P=-1\text{V}$。试计算静态工作点。

3.10 已知电路参数如题图 3.10 所示，场效应管工作点上的互导 $g_m=1\text{ms}$，设 $r_d\gg R_d$。(1)画出电路的微变等效电路；(2)求电压放大倍数$\dot{A}_{um}$；(3)求放大器的输入电阻 r_i。

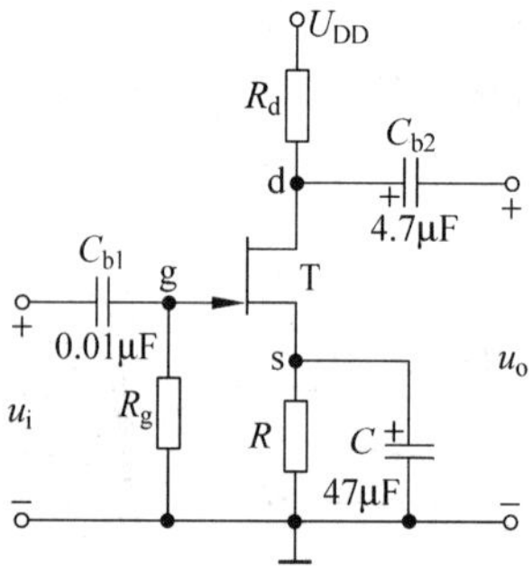

题图 3.9

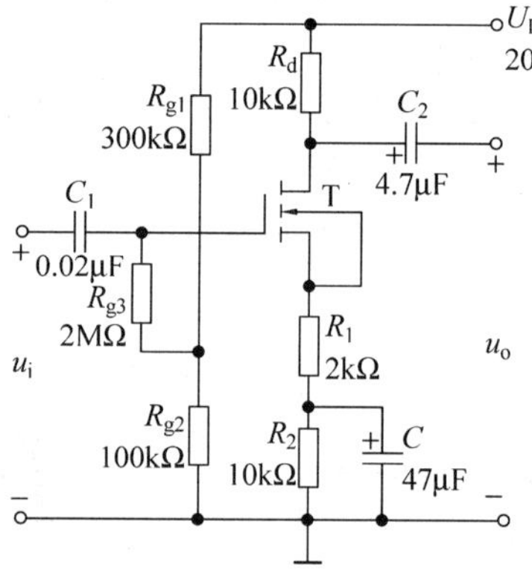

题图 3.10

3.11 源极输出器电路如题图 3.11 所示。已知结型场效应管工作点上的互导 $g_m=0.9\text{ms}$，其他参数如图中所示。求电压放大倍数$\dot{A}_{um}$、输入电阻 r_i 和输出电阻 r_o。

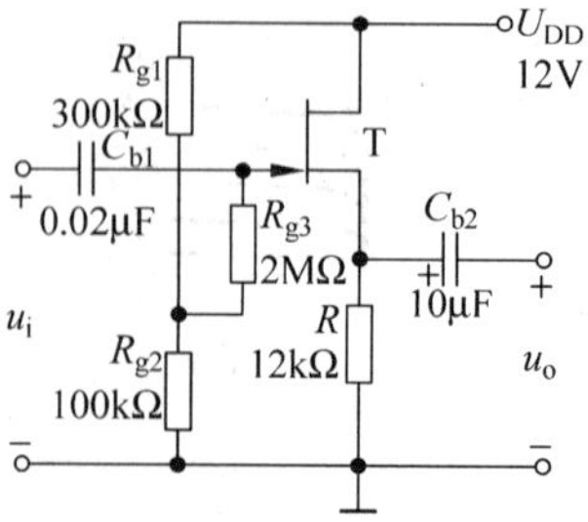

题图 3.11

第4章

反馈放大电路

在电子电路里，反馈现象是普遍存在的。当放大电路中引入负反馈，可以改善电路的性能，如在第2章射极偏置放大电路中，利用负反馈的原理可以稳定放大电路的工作点。此外，还可以增加放大倍数的稳定性、减少非线性失真、抑制噪声、扩展频带以及控制输入和输出阻抗等。在某些振荡电路中，有意地引入正反馈以构成自激振荡的条件。所以，反馈有正、负极性之分。

本章着重讨论反馈的概念、分类及类型的判别，然后分析负反馈对放大电路的作用。

4.1 反馈的基本概念与分类

4.1.1 反馈的定义

所谓反馈，就是在电子系统中把输出回路电量(电压或电流)的一部分或全部，通过一定的方式馈送到放大电路的输入端的过程，可用图4.1所示的方框图表示。

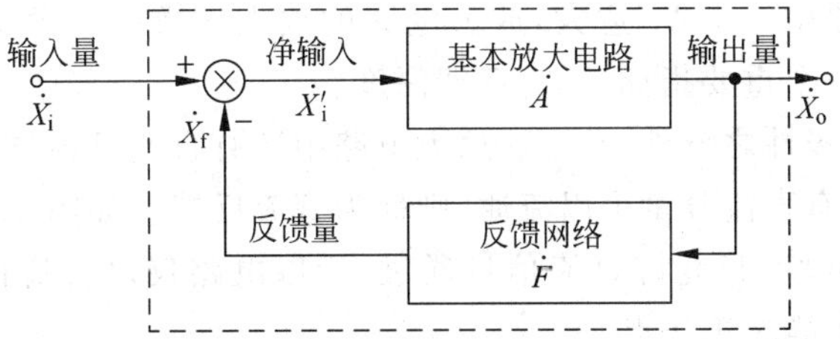

图4.1 反馈放大电路的方框图

图中，虚线内为反馈放大电路；上面一个方框表示基本放大电路；下面的方框表示能够把输出信号送回到输入端的电路，称为反馈网络；符号⊗表示信号叠加；箭头表示信号传输的方向；$\dot{X}_i$ 称为输入信号，由信号源或前一级输出信号构成；$\dot{X}_o$ 称为输出信号，也是反馈网络的输入信号；$\dot{X}_f$ 称为反馈信号，是反馈网络送回到输入端的信号；$\dot{X}_i'$称为净输入信号，是输入信号$\dot{X}_i$ 与反馈信号$\dot{X}_f$ 叠加后进入基本放大电路的输入信号；符号+和−表示$\dot{X}_i$ 和$\dot{X}_f$ 参与叠加时的规定正方向，即$\dot{X}_i'=\dot{X}_i-\dot{X}_f$。引入反馈后，按照信号的传输方向，基本放大电路和反馈网络构成一个闭合环路，所以有时把引入了反馈的放大电路叫闭环放大电路或闭环系统，而将未引入反馈的放大电路叫开环放大电路或开环系统。在闭环系统中，通常把输出信号的一部分取出的过程称作“取样”；把$\dot{X}_i$与$\dot{X}_f$的叠加过程叫作“比较”。由图4.1可以看出：构成一个反馈放大电路主要有三部分，即开环放大电路、反馈网络和比较环节，其基本关系为

开环放大倍数
$$\dot{A}=\frac{\dot{X}_o}{\dot{X}_i'} \tag{4.1}$$

反馈系数
$$\dot{F}=\frac{\dot{X}_f}{\dot{X}_o} \tag{4.2}$$

闭环放大倍数
$$\dot{A}_f=\frac{\dot{X}_o}{\dot{X}_i}=\frac{\dot{X}_o}{\dot{X}_i'+\dot{X}_f}=\frac{\dot{A}}{1+\dot{F}\dot{A}} \tag{4.3}$$

式(4.3)是反馈放大电路的基本方程式，是分析反馈问题的基础。

由式(4.3)可以看出，放大电路引入反馈后，其放大倍数改变了。引入反馈后的放大倍数$|\dot{A}_f|$的大小与$|1+\dot{A}\dot{F}|$这一因数有关，$|1+\dot{A}\dot{F}|$的取值范围决定了反馈的极性。

(1) 若$|1+\dot{A}\dot{F}|>1$，则$|\dot{A}_f|<|\dot{A}|$，即引入反馈后，放大倍数减小了，换句话说满足净输入信号绝对值小于输入信号绝对值的条件，即

$$|\dot{X}_i'|<|\dot{X}_i| \tag{4.4}$$

这种反馈称为负反馈，负反馈能改善放大器的多项性能，广泛用于各类放大电路中。

(2) 若$|1+\dot{A}\dot{F}|<1$，则$|\dot{A}_f|>|\dot{A}|$，即有反馈后，放大倍数增加了，换句话说进入放大电路的净输入信号$|\dot{X}_i'|$增加了，这种反馈称为正反馈。正反馈虽然可以提高放大倍数，但容易使放大电路的性能不稳定，在放大电路中比较少用，一般用于振荡电路中。

在负反馈放大电路中，$1+\dot{A}\dot{F}$愈大，放大电路的放大倍数减小愈多，因此，$1+\dot{A}\dot{F}$的值是衡量负反馈程度的一个重要指标，称为反馈深度。

反馈除了有正、负极性之分外，在交流放大电路中还有直流反馈与交流反馈之分。

若反馈网络内，只有直流分量可以流通，则称为直流反馈。如图4.2(a)所示，由于反馈网络输入端有电容C并联，只允许直流信号通过，所以电路仅对直流信号起反馈作用。直流负反馈主要用于稳定静态工作点。

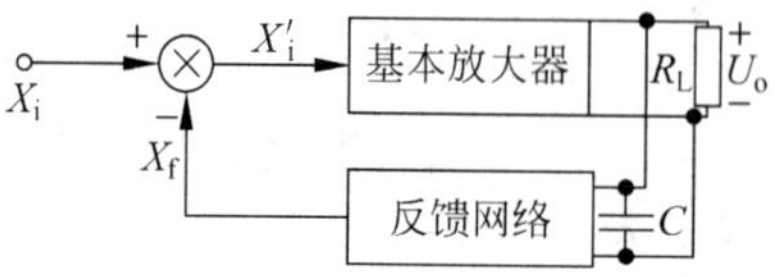

(a) 直流反馈

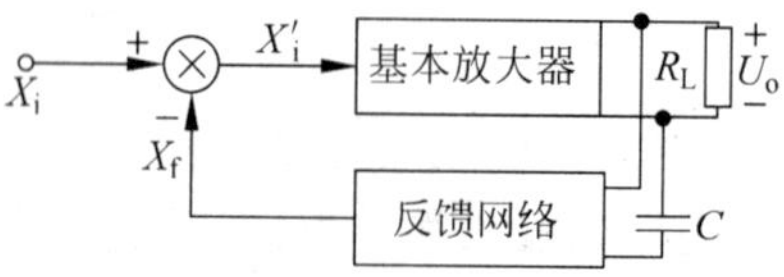

(b) 交流反馈

图4.2 直流反馈和交流反馈方框图

若反馈网络内，只有交流分量可以流通，则称为交流反馈。如图4.2(b)所示，由于反馈网络输入端串联一电容C，只允许交流信号通过，所以电路仅对交流信号起反馈作用。交流

负反馈主要用来改善放大器的性能；交流正反馈主要用来产生振荡。

若反馈网络内，直流分量和交流分量均可以流通，则放大电路既存在直流反馈，又存在交流反馈。

综上所述，电路中是否存在反馈关键在于电路是否存在反馈网络（或反馈元件），由反馈定义可知，若放大电路存在某一网络（或元件）满足既与放大电路的输出回路相连，又和放大电路的输入回路相接，且能将输出信号的变化反向传送到输入的三个条件，则该网络（或元件）必定是反馈网络（或元件），电路存在反馈。“相连”、“相接”和“反向传送”三个条件可以作为判断电路存在反馈的方法。

4.1.2　反馈类型及其判定

由于放大电路输出信号有电压信号和电流信号两种，因而进入反馈网络的取样信号也有两种，按取样信号划分，反馈可分为电压反馈和电流反馈。同样，输入信号$\dot{X}_i$与反馈信号$\dot{X}_f$的叠加可以是电压形式，或者是电流形式，按信号叠加的形式，反馈又可分为串联反馈和并联反馈。下面分别讨论这四种反馈类型的定义与判定方法。

1. 电压反馈与电流反馈

1）电压反馈

从电路的输出端来看，若反馈信号$\dot{X}_f$与输出电压信号$\dot{U}_o$成比例，称为电压反馈。如图4.3所示，反馈信号$\dot{X}_f$是经R_1、R_2组成的分压器由输出电压$\dot{U}_o$取样得来，反馈信号$\dot{X}_f$是$\dot{U}_o$的一部分。电压反馈时，对交变信号而言，基本放大器、反馈网络、负载三者在取样端是并联连接。

2）电流反馈

从电路的输出端来看，若反馈信号$\dot{X}_f$与输出信号电流$\dot{I}_o$成比例，称为电流反馈。如图4.4所示，反馈信号$\dot{X}_f$是经R_f、R组成的分流器由输出电流$\dot{I}_o$取样得来，反馈信号$\dot{X}_f$是$\dot{I}_o$的一部分。电流反馈时，对交变信号而言，基本放大器、负载与反馈网络三者在取样端是串联连接。

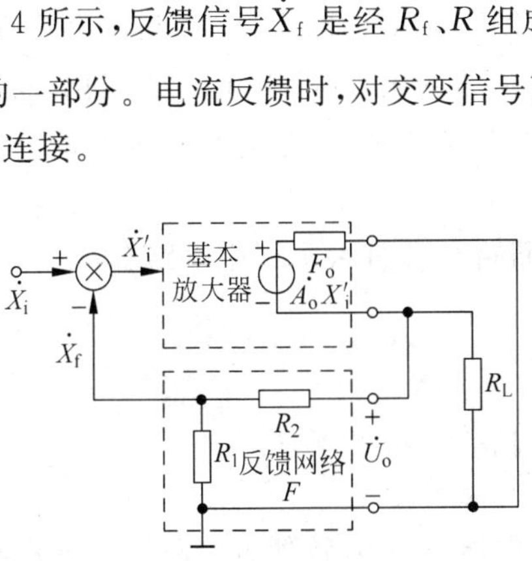

图4.3　电压反馈方框图

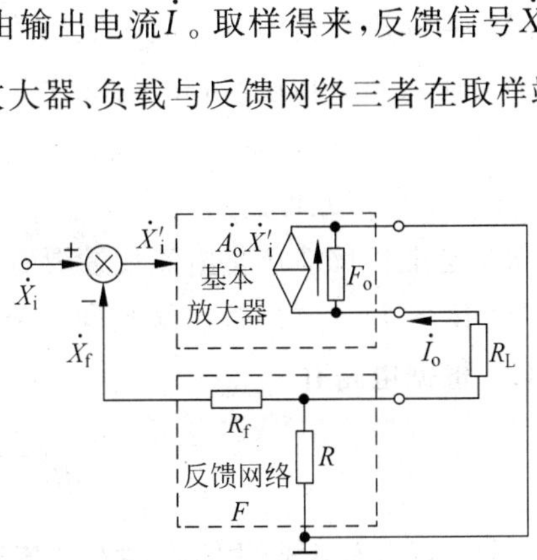

图4.4　电流反馈方框图

3）电压反馈和电流反馈的判定

在确定有反馈的情况下，对放大器输出端而言，不是电压反馈，就必定是电流反馈，所以只要判定是否是电压反馈或者判定是否是电流反馈即可。通常判定是否是电压反馈较容易。

判定方法1——输出短路法。将反馈放大器的输出端对交流短路，若反馈信号随之消失，则为电压反馈，否则为电流反馈。因为输出端对交流短路后，输出交变电压为零，若反馈信号随之消失，则说明反馈信号正比于输出电压，故为电压反馈；若反馈信号依然存在，则说明反馈信号与输出电压不构成正比，故不是电压反馈，而是电流反馈。

判定方法2——电路结构判定法。在交流通路中，若放大器的输出端和反馈网络的取样端处在同一放大电路的同一个电极上，则为电压反馈；否则是电流反馈。这是因为电压反馈时，基本放大器、反馈网络、负载三者对交变信号在取样端并联。

判定方法3——负载开路法。将反馈放大器的负载开路，若反馈信号随之消失，则为电流反馈。因为负载开路后，输出电流为零，若反馈信号随之消失，则说明反馈信号正比于输出电流，故为电流反馈。

例 4.1 试判断图 4.5 中的电路是电压反馈还是电流反馈。

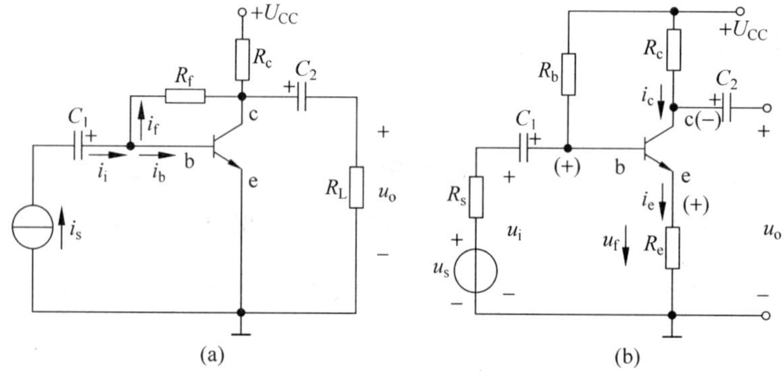

图 4.5 例 4.1 用图

解 判断反馈类型首先应确定反馈电路或元件，图 4.5(a)中的 R_f，一端与输出端相接，另一端与输入回路相连，当 u_c 电位发生变化，将引起 i_f 的变化，从而引起 i_b 的变化，满足反馈网络的三个条件，因而 R_f 是反馈元件。同理，图 4.5(b)中的 R_e 满足反馈网络的三个条件，因而也是反馈元件。

判断是电压反馈还是电流反馈要看电路的输出回路。对图 4.5(a)中电路有：

（1）R_f 与放大器的输出端是同一个电极；

（2）根据电路有

$$i_f = \frac{u_{be} - u_o}{R_f} \approx -\frac{u_o}{R_f} \quad （因\ u_{be} \ll u_o）$$

（3）将反馈放大器的输出端对交流短路，则输出电压 $u_o=0$，致使 $i_f=\frac{u_o}{R_f}=0$，即由输出引起的反馈信号消失了。以上三点都说明，反馈信号 i_f 正比于输出电压 u_o，因而图 4.5(a)引入电压反馈。

对图 4.5(b)中电路有：

(1) R_e 与放大器的输出端不是同一个电极；

(2) 由电路可知

$$u_f = i_e R_e \approx i_c R_e$$

(3) 若将放大器负载 R_c 开路($R_c=\infty$)，则输出电流 $i_c=0$，致使 $u_f=0$，即由输出引起的反馈信号消失了。显然上述三点亦说明，反馈信号 u_f 正比于输出电流 i_c，因而图 4.5(b)引入电流反馈。

2. 串联反馈和并联反馈

1) 串联反馈

对交流信号而言，信号源、基本放大器、反馈网络三者在比较端是串联连接，则称为串联反馈，如图 4.6 所示。在串联反馈电路中，反馈信号和原始输入信号以电压的形式进行叠加，产生净输入电压信号，即$\dot{U}_i'=\dot{U}_i-\dot{U}_f$。

2) 并联反馈

对交流信号而言，信号源、基本放大器、反馈网络三者在比较端是并联连接，则称为并联反馈，如图 4.7 所示。在并联反馈中，反馈信号和原始输入信号，以电流的形式进行叠加，产生净输入电流信号。即$\dot{I}_i'=\dot{I}_i-\dot{I}_f$。

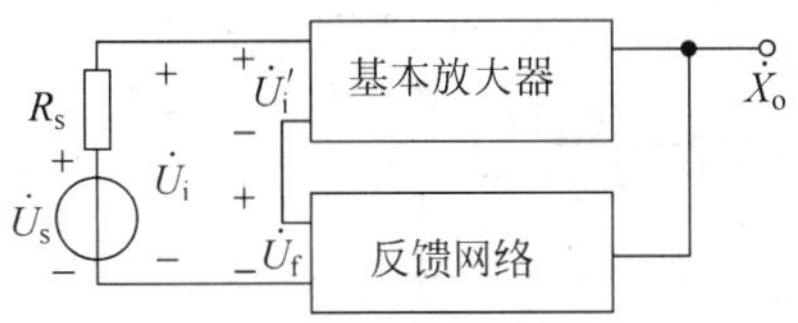

图 4.6　串联反馈

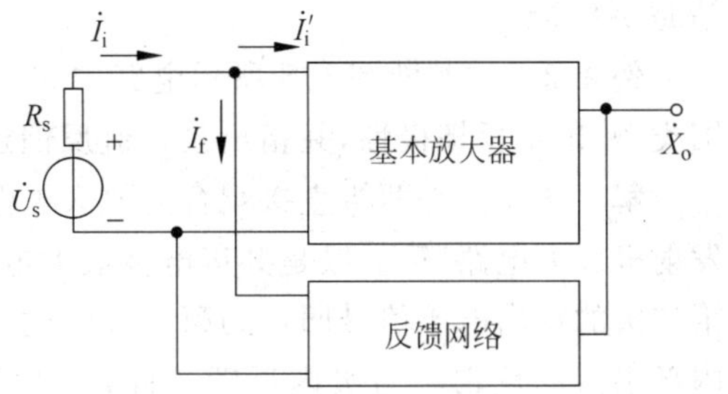

图 4.7　并联反馈

值得注意的是，串联反馈要求信号源趋近于恒压源，若信号源是恒流源，则串联反馈无效。因为，若信号源为恒流源，则恒流源的端电压$\dot{U}_i$ 将随反馈信号电压$\dot{U}_f$ 的变化而改变，而放大电路的净输入信号电压$\dot{U}_i'=\dot{U}_i-\dot{U}_f$ 不随反馈信号电压变化，因而反馈失效。同理，并联反馈要求信号源趋近于恒流源，若信号源是恒压源，则并联反馈无效。因为信号源为恒压源时，反馈信号电流$\dot{I}_f$ 的变化将引起恒压源上电流$\dot{I}_i$ 的变化，而放大电路的净输入信号电流$\dot{I}_i'=\dot{I}_i-\dot{I}_f$ 基本不变，从而使反馈失去作用。

3) 串联反馈和并联反馈的判定方法

对于交变分量而言，若反馈网络在放大器的输入端产生节点，则是并联反馈，反之，则是串联反馈。按此方法对图 4.5 进行分析，因为图 4.5(a)中的 R_f 在放大器输入端有节点产生，此时有 $i_b=i_i-i_f$，即反馈信号和原始输入信号以电流的形式进行叠加，所以图 4.5(a)所示是并联电压反馈。而图 4.5(b)中的 R_f 在放大器输入端没有节点产生，此时有 $u_{be}=u_i-u_f$，即反馈信号和原始输入信号以电压的形式进行叠加，所以图 4.5(a)所示是串联电流反馈。

3. 反馈极性的判定方法

判定反馈极性的关键在于确定净输入信号的变化极性，即净输入信号是否增减。因此反馈极性的判定多用瞬时变化极性法(简称瞬时极性法)，其步骤如下：

(1) 首先在基本放大器输入端设定一个递增的输入信号，对并联反馈，设定一个电流信号；对串联反馈，设定一个电压信号。

(2) 在上述设定下，沿着输入→基本放大器→输出→反馈网络→输入的路径，推演出反馈信号的变化极性。对晶体管而言，判断极性时，发射极 e 与基极 b 的极性变化相同，集电极 c 与基极 b 的极性变化相反，即可根据“射同集反”的原则判断晶体管的极性。

(3) 判定在反馈信号的影响下，净输入信号的变化极性。若净输入信号增加，不满足式(4.4)的条件，则为正反馈；若净输入信号减小，满足式(4.4)的条件，则为负反馈。

现在用瞬时极性法对图 4.5(b)所示的反馈极性进行判断。设想在放大电路的输入端接入一个变化的信号电压 u_s，由它引起电路各节点的电位极性如图中的(+)号和(−)号所示。显然，由于输入信号 u_s 接在晶体管输入端 b，因此 $u_o(u_c)$ 与 $u_s(u_i)$ 极性相反。由于 u_o 经反馈网络而产生的反馈电压 $u_f(u_e)$ 与 u_o 也极性相反，也就是与 u_i 同极性，u_f 抵消了 u_i 的一部分，致使晶体管两输入端之间的净输入电压 $u_{be}=u_i-u_f$，比无反馈时减小了，电路的输出电压 u_o 亦减小，整个放大电路的电压放大倍数将降低，因此，这时所引入的反馈是负反馈。

例 4.2 试判断图 4.8 所示电路中 R_f 和 C_f 引入的反馈类型，确定反馈极性，并指出是直流反馈还是交流反馈。

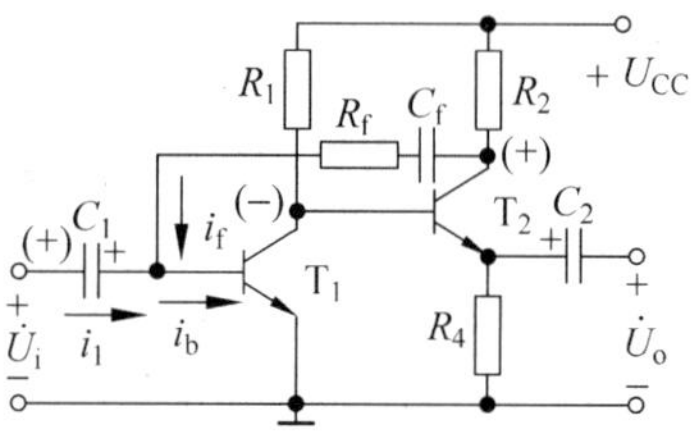

图 4.8 例 4.2 用图

解 图 4.8 是两级直接耦合的放大电路，第一级是共发射极放大电路，第二级是共集电极放大电路，其中 R_4 将第二级的输出电压信号回送到第二级的输入，这种同一级内部引入的反馈称为级内反馈；而 R_f 和 C_f 是将第二级的输出信号回送到第一级的输入，这种级与级之间引入的反馈称为级间反馈。

(1) 交、直流反馈的判断：由于 R_f 和 C_f 串联连接，只允许交流信号通过，因而是交流反馈。

(2) 反馈类型的判断：由放大电路的输入端看，反馈网络在输入端有节点产生，因而是并联反馈；从放大电路的输出端看，放大器的输出端和反馈网络的取样端不在同一个电极上，或将反馈放大器的输出端对交流短路，而 $i_f\neq0$，因而是电流反馈。

(3) 反馈极性的判断：仍然采用瞬时极性法判断反馈的极性。设在电路的输入端外加一信号电流 i_i，其瞬时流向如图中的箭头所示，由此而引起电路中电流 i_b 的流向亦如图中的箭头所示。必须注意到，因 i_i 在第一级晶体管输入端产生的电位极性为正(+)，因而引起第一级晶体管输出端(即第二级输入端)的电位极性为(−)，由此产生第二级集电极的电位极性为正(+)，致使反馈网络电流 i_f 的流向亦如图中的箭头所示。显然，流进放大电路输入端的净输入电流 $i_b=i_i+i_f$，与未接反馈网络时的情况相比，i_b 增加，电流放大倍数增大，可见引入的是正反馈。

4.1.3　负反馈放大器的四种基本组态

按照取样方式和比较方式的不同，在负反馈放大器中可以构成四种反馈组态，即：串联电压负反馈；并联电流负反馈；并联电压负反馈；串联电流负反馈。前面已讨论过的图 4.5(a)所示电路就是一个电压并联负反馈放大电路的例子，而前面已讨论过的图 4.5(b)所示电路就是串联电流负反馈放大电路的例子。下面通过具体的电路介绍其他反馈组态。

1. 串联电压负反馈

图 4.9 所示的电路是两级阻容耦合共发射极放大电路，级间反馈网络是由电阻 R_f 和 R_{e1} 组成的分压器。用瞬时极性法判断反馈的极性。假设输入端加一变化的信号电压 u_i，由它引起各级放大电路输出端的电位极性如图中(＋)和(－)号所示。由于 u_o 经反馈网络而产生的反馈电压 u_f 与 u_o 同极性，于是有净输入电压 $u_i'=u_{be}=u_i-u_f$，因此反馈网络引入的反馈是负反馈。同时，由于 u_f 和 u_i' 在输入回路中彼此串联，即反馈网络在输入端没有节点产生，所以是串联反馈。再从电路的输出端来看，反馈网络的取样端和放大器的输出端在同一个电极上，反馈电压 u_f 是经 R_f 和 R_{e1} 组成的分压器由输出电压 u_o 取样得来，反馈电压 u_f 是 u_o 的一部分，即反馈电压与输出电压成比例，故是电压反馈。总之，图 4.9 所示电路是串联电压负反馈电路。

电压负反馈的重要特点是能维持电路的输出电压恒定，因为无论反馈信号以何种方式引回到输入端，实际上都是利用输出电压 u_o 本身通过反馈网络对放大电路起自动调整作用，这就是电压负反馈的实质。例如，当 u_i 一定时，若由于某种原因使输出电压 u_o 下降，则电路将进行如下的自动调整过程：

$$u_o\downarrow\ \rightarrow u_f\downarrow\ \rightarrow u_i'\uparrow\ \rightarrow u_o\uparrow$$

可见，反馈的结果抑制了 u_o 的下降，从而使 u_o 维持基本恒定。

例 4.3　由三只硅晶体管 T_1、T_2 和 T_3 所组成的反馈放大电路如图 4.10 所示，试分析该电路所存在的反馈，并判断其反馈组态。

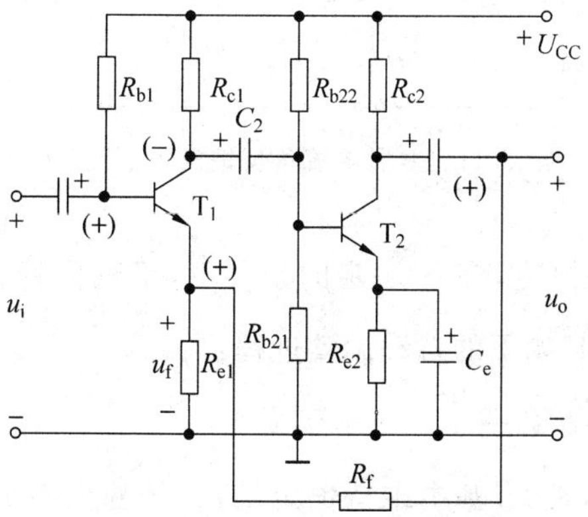

图 4.9　串联电压负反馈电路

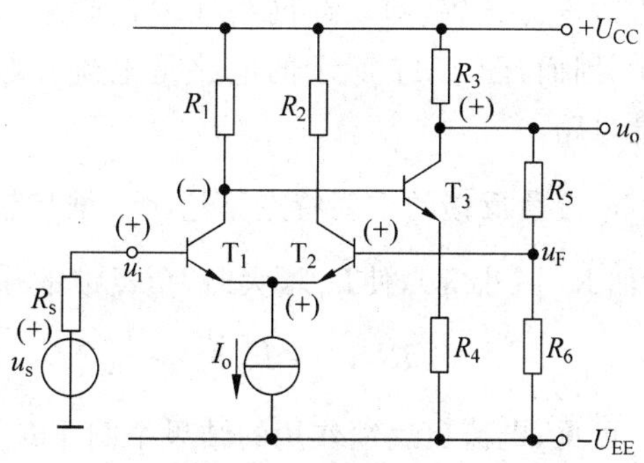

图 4.10　例 4.3 用图

解 (1) 电路分析：图 4.10 所示为两级直接耦合放大电路。第一级为带恒流源 I_0 的差动式放大电路(第 5 章将详细讨论)，它既作为电路的输入级，又作为引入反馈的比较环节，其中 T_1、T_2 的参数完全相同，$R_1=R_2$。第二级由 T_3 组成共发射极放大电路，直接从 T_1 的集电极输入，而由自身的集电极输出。由 R_5、R_6 组成的分压器就是反馈网络[$(R_5+R_6)\gg R_3$]，从它们的抽头端连接到 T_2 的基极输入端。

(2) 反馈组态的判断：采用瞬时极性法，在电路的输入端加一瞬时变化极性如图中的 u_s 上端的(+)号所示，则由它所引起的电路各节点的电位的瞬时极性亦如图中(+)、(−)号所标示，可见，T_1 和 T_2 公共发射端的极性与 T_1 输入端的极性相同，反馈信号 u_F 削弱了输入信号 u_i，使电路的电压放大倍数下降，故该电路所引入的是负反馈。从输入回路看，反馈信号 u_F 通过 T_1 和 T_2 公共发射端与 u_i 在输入回路中彼此串联，应属串联反馈。从输出回路看，反馈信号 u_F 通过 R_5 和 R_6 组成的分压器取至输出电压 u_o，应属电压反馈。所以图 4.10 所示电路的反馈组态为串联电压负反馈。

2. 并联电流负反馈

图 4.11 表示的是两级直接阻容耦合的电流并联负反馈放大电路，两级均是共发射极放大电路，通过 R_f、R_{e2} 组成的分流器(即反馈网络)将输出电流一部分送回输入端。仍然采用瞬时极性法判断反馈的极性。设在电路的输入端外加一信号电流 $\dot{I}_i$，其瞬时流向如图中的箭头所示，由此而引起电路中各支路的电流流向和节点电位瞬时极性如图中的箭头和(+)、(−)号所示。因 $\dot{I}_i$ 在输出端引起的电位瞬时极性为正，造成 T_2 发射极电位为负极，致使反馈电流 $\dot{I}_f$ 的流向由 b_1 指向 e_2，显然，流进放大电路输入端的电流 $\dot{I}_{b1}=\dot{I}_i-\dot{I}_f$，与未接反馈网络时的情况相比，净输入电流 $\dot{I}_{b1}$ 减小，可见该电路引入了负反馈。又因反馈信号 $\dot{I}_f$ 是从 T_2 发射极电流 $\dot{I}_{e2}$ 取样，而 $\dot{I}_{e2}\approx\dot{I}_{c2}$，输出电流 $\dot{I}_o=-\dot{I}_{c2}$，所以反馈信号 $\dot{I}_f$ 正比于输出电流 $\dot{I}_o$，同时，反馈电流 $\dot{I}_f$ 与输入电流 $\dot{I}_i$ 是以并联的方式进行比较，即反馈网络在输入端有节点产生，因而，图 4.11 所示的电路是电流并联负反馈电路。

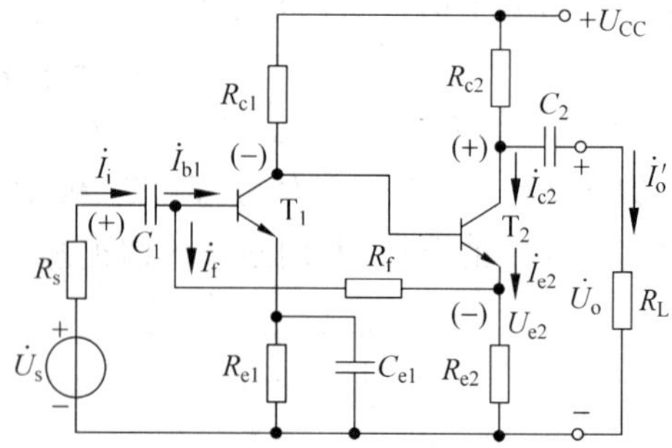

图 4.11 并联电流负反馈放大电路

电流负反馈的重要特点是趋向于维持输出电流恒定，在 $\dot{I}_i$ 一定的条件下，不论何种原因(如 R_L 减小等)，使 $\dot{I}_{c2}$ 增大时，负反馈的作用将引起如下的自动调整过程：

$$R_L\downarrow\rightarrow\dot{I}_{c2}\uparrow\rightarrow\dot{I}_{e2}\uparrow\rightarrow\dot{I}_f\uparrow\rightarrow\dot{I}_{b1}\downarrow\rightarrow\dot{I}_{c1}\downarrow\rightarrow\dot{I}_{c2}\downarrow$$

可见，电流负反馈作用的结果牵制了 $\dot{I}_{c2}$ 的增大，使 $\dot{I}_{c2}$ 基本维持恒定，若信号源内阻 R_s 的值愈大，反馈效果愈好。

4.2 负反馈对放大电路性能的改善

由表达式(4.3)$\dot{A}_f=\dot{A}/(1+\dot{F}\dot{A})$得知，引入负反馈后，放大倍数的绝对值 A_f 是未加负反馈时放大倍数绝对值 A 的 $1/(1+AF)$倍，负反馈虽然使放大电路的放大倍数下降，但能从多方面改善放大电路的性能，现分述如下。

1. 提高放大倍数的恒定性

由于多种原因，如环境温度的变化、器件的老化和更换以及负载的波动等，都能使电路元件参数和放大器件的特性参数发生变化，因而导致放大电路放大倍数的改变。引入负反馈后，像在前面分析四种类型的负反馈电路那样，当输入信号一定时，电压负反馈能使输出电压基本维持恒定，电流负反馈能使输出电流基本维持恒定，总的来说，就是能维持放大倍数恒定。从数学表达式来看，当反馈很深，即$(1+\dot{F}\dot{A})\gg 1$时，式(4.3)将简化为

$$\dot{A}_f=\frac{\dot{X}_o}{\dot{X}_i}=\frac{\dot{A}}{1+\dot{F}\dot{A}}\approx\frac{1}{\dot{F}} \tag{4.5}$$

这就是说，引入深度负反馈后，放大电路放大倍数只决定于反馈网络，而与基本放大电路几乎无关。反馈网络一般是由一些性能比较稳定的无源线性元件(如 R、C 等)所组成，因此引入负反馈后放大倍数是比较恒定的。

在一般情况下，为了从数量上表示放大倍数的恒定程度，常用有、无反馈两种情况下放大倍数绝对值的相对变化之比来评定。在不考虑相位的情况下，式(4.3)可写成

$$A_f=\frac{A}{1+FA} \tag{4.6}$$

对式(4.6)中 A 取导数得

$$\frac{dA_f}{dA}=\frac{(1+FA)-AF}{(1+FA)^2}=\frac{1}{(1+FA)^2}$$

或

$$dA_f=\frac{1}{(1+FA)^2}\cdot dA$$

再用式(4.6)相除，得

$$\frac{dA_f}{A_f}=\frac{1}{1+FA}\cdot\frac{dA}{A} \tag{4.7}$$

式(4.7)表明，引入负反馈后，放大倍数的相对变化是未加负反馈时放大倍数相对变化的$1/(1+AF)$倍，即引入负反馈后，放大倍数的恒定性提高了$(1+AF)$倍。

值得注意的是，不同组态的负反馈电路，所恒定的放大倍数也不一样。具体地说，串联电压负反馈恒定电压放大倍数，串联电流负反馈恒定互导放大倍数，并联电压负反馈恒定互阻放大倍数；并联电流负反馈恒定电流放大倍数。至于其他放大倍数是否稳定，要根据具体电路作具体分析。

例 4.4 某串联电压负反馈放大电路，如开环电压放大倍数 A_u 变化 20%时，要求闭环电压放大倍数 A_{uf}的变化不超过 1%，设 $A_{uf}=100$，求开环放大倍数 A_u 及反馈系数 F_u。

解 因开环电压放大倍数 A_u 变化 20%，即$\frac{dA}{A}=20\%$，闭环电压放大倍数 A_{uf}的变化不超过 1%，即$\frac{dA_f}{A_f}=1\%$，由式(4.7)可得

$$1+F_uA_u=\frac{dA}{A}\bigg/\frac{dA_f}{A_f}=20$$

这就是说，开环放大倍数 A_u 是闭环放大倍数 A_{uf}的 20 倍，因而

$$A_u=20A_{uf}=2000$$

$$F_u=\frac{20-1}{A_u}\approx 0.01$$

2. 展宽通频带

频率响应是放大电路的重要特性之一，而通频带是它的重要技术指标。在某些场合下，往往要求有较宽的通频带，引入负反馈是展宽通频带的有效措施之一。

3. 对输入电阻的影响

负反馈对输入电阻的影响，只取决于反馈网络与基本放大电路输入端的连接方式，而与取样方式无关。

1) 串联负反馈使输入电阻提高

图 4.12 表示的是串联负反馈的方框图，图中，由于反馈$\dot{U}_f$ 与开环输入电压$\dot{U}_i'$在输入回路中彼此串联，且极性相同，其结果导致闭环输入电压$\dot{U}_i$ 大于开环输入电压$\dot{U}_i'$，因而闭环输入电阻为

$$r_{if}=\frac{\dot{U}_i}{\dot{I}_i}=\frac{\dot{U}_i'+\dot{U}_f}{\dot{I}_i}=\frac{\dot{U}_i'+\dot{F}\dot{A}\dot{U}_i'}{\dot{I}_i}=(1+\dot{F}\dot{A})\frac{\dot{U}_i'}{\dot{I}_i}=(1+\dot{F}\dot{A})r_i \tag{4.8}$$

式中 r_i 是开环输入电阻，可见，引入串联负反馈后，输入电阻提高了$(1+\dot{F}\dot{A})$倍，反馈愈深，r_{if}增加愈甚。

2) 并联负反馈使输入电阻降低

并联负反馈方框图如图 4.13 所示，图中开环输入电阻为

$$r_i=\frac{\dot{U}_i}{\dot{I}_i'}$$

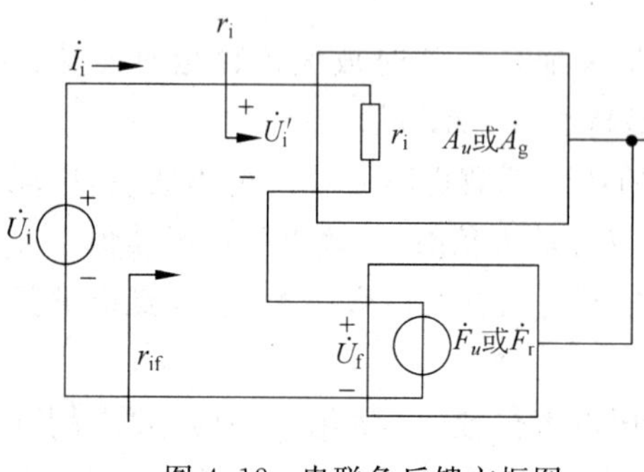

图 4.12 串联负反馈方框图

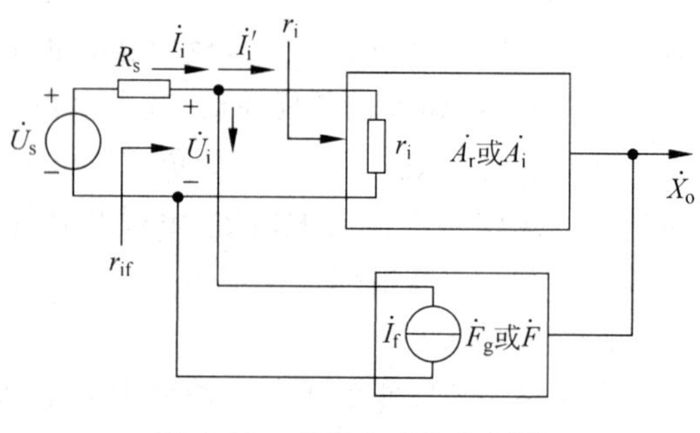

图 4.13 并联负反馈方框图

而闭环输入电阻为

$$r_{if}=\frac{\dot{U}_i}{\dot{I}_i}=\frac{\dot{U}_i}{\dot{I}'_i+\dot{I}_f}=\frac{\dot{U}_i}{\dot{I}'_i+\dot{F}\dot{A}\dot{I}'_i}=\frac{1}{1+\dot{F}\dot{A}}\frac{\dot{U}_i}{\dot{I}'_i}=\frac{1}{1+\dot{F}\dot{A}}r_i \tag{4.9}$$

显然，引入并联负反馈后，输入电阻减小为开环输入电阻的$\frac{1}{1+\dot{F}\dot{A}}$。

4. 对输出电阻的影响

在反馈电路中，不论输入端的连接方式如何，其输出电阻只取决于放大电路输出端的取样对象。由 4.1.3 节的讨论得知，电压负反馈的重要特点是维持放大电路输出电压的恒定，由于放大电路的输出端对负载而言，相当于电压信号源，若输出电压恒定，意味着输出电阻要小，显然，这时输出电阻比无反馈时的输出电阻要小。对于电流负反馈，其重要特点是维持放大电路输出电流的恒定，而放大电路的输出端可等效为电流信号源，输出电阻愈大，则输出电流愈恒定，这意味着输出电阻比无反馈时的输出电阻要大。

5. 减少非线性失真

在多级放大电路的最后几级，输入信号的幅度较大。在动态过程中，放大器可能工作到晶体管或场效应管特性曲线的非线性部分，因而使输出波形产生非线性失真。引入负反馈后，可使这种非线性失真减小，现用图解说明。

图 4.14(a)表示原放大电路产生了非线性失真。输入为正、负对称的正弦波，输出是正半周大、负半周小的失真波形。引入负反馈后，输出端的失真波形反馈到输入端，并与输入波形叠加。由于净输入信号是输入信号与反馈信号的差值，因此净输入信号成为正半周小、负半周大的波形。此波形经放大后，使得其输出端正、负半周波形之间的差异减小，从而减小了放大电路输出波形的非线性失真，如图 4.14(b)所示。

应当注意的是，负反馈减少非线性失真所指的是反馈环内的失真。如果输入波形本身就是失真的，这时即使引入负反馈，也是无济于事的。

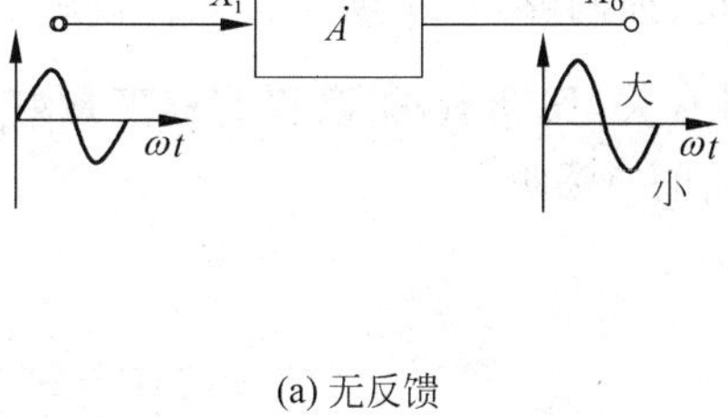

(a) 无反馈

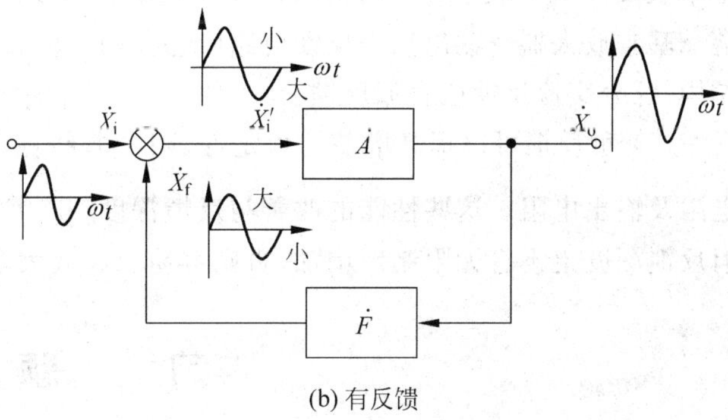

(b) 有反馈

图 4.14　负反馈减少非线性失真

6. 抑制反馈环内噪声

对放大电路来说，噪声或干扰是有害的。例如，一台扩音机的功率输出级常有交流噪声，来源于电源的50Hz的干扰。放大电路噪声性能的好坏，可用输出端信噪比$\frac{S}{N}$来评价。信噪比$\frac{S}{N}$定义为输出端信号电压$\dot{U}_{so}$与噪声电压$\dot{U}_{no}$之比，信噪比大，说明输出端有用信号分量容易从噪声或干扰分量中分辨出来，电路抑制噪声能力强；信噪比小，说明噪声或干扰的大小可以和有用信号相比较，放大电路的输出端有用信号将被淹没。引入负反馈能提高电路的信噪比。

综上分析，可以得到这样的结论：负反馈之所以能够改善放大电路多方面的性能，归根结底是由于将电路构成闭环系统，即将电路的输出量回送到输入端与输入量进行比较，从而随时对输出量进行调整。前面研究过的增益恒定性的提高、非线性失真的减少、抑制噪声、扩展频带以及对输入电阻和输出电阻的影响，均可用自动调整作用来解释。反馈愈深，即$|(1+\dot{F}\dot{A})|$的值愈大时，这种调整作用愈强，对放大电路性能的改善愈为有益。但是，这些都是以牺牲增益为代价的，$|(1+\dot{F}\dot{A})|$的值愈大，增益下降愈多。

小　结

(1) 在放大电路中，把输出回路的电压或电流馈送到输入回路的过程称为反馈。

(2) 本章所采用的讨论思路是从反馈的基本概念入手，应用瞬时极性法判断其反馈极性并根据放大电路的输入回路和输出回路确定四种类型的反馈组态；由此抽象出反馈放大电路的理想模型——单向传输的方框图，并导出其闭环增益的一般表达式$\dot{A}_f=\frac{\dot{A}}{1+\dot{F}\dot{A}}$。

(3) 判断有无反馈的方法是：看输出回路是否有信号反向传送到输入回路，若有表明有反馈，反之无反馈。

(4) 判断反馈类型的原则是：从输出端判断是电压反馈或电流反馈；从输入回路判断是串联反馈或并联反馈；用瞬时极性法判断正负反馈，判断时应注意所遵循的路线是输入端→基本放大器→输出端→反馈电路(或元件)→输入端；根据反馈电路中电容元件所起的作用，区分交流反馈或直流反馈。

(5) 负反馈可以提高增益的恒定性、减少非线性失真、抑制噪声、扩展频带和控制输入电阻及输出电阻。这些性能的改善与反馈深度$|1+\dot{F}\dot{A}|$有关，反馈愈深，改善的程度愈好。但反馈深度也不宜无限制地增加，否则容易引起放大电路的自激振荡。

习　题

4.1　为使反馈效果好，对信号源内阻R_s和负载电阻R_L有何要求？

4.2　为稳定输出电流，应引入________反馈；为稳定输出电压，应引入________反馈；为稳定静态工作点，应引入________反馈；为了展宽放大电路频带，应引入________反馈。

4.3　为提高放大电路输入电阻，应引入________反馈；为降低放大电路的输出电阻，应引入________反馈。

4.4　能提高放大倍数的是________反馈；能稳定放大电路的放大倍数的是________反馈。

4.5　电路如题图 4.5 所示，试判断电路引入了什么性质的反馈（包括正、负、电流、电压、串联、并联）。

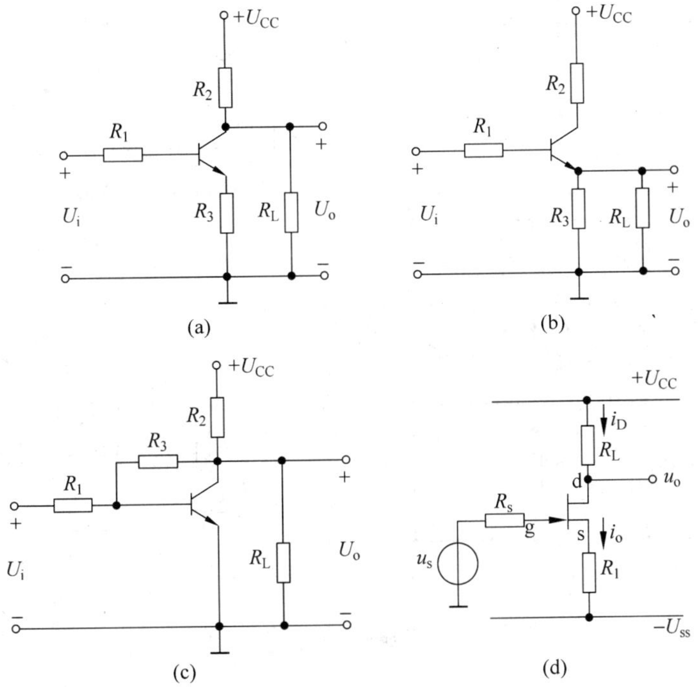

题图　4.5

4.6　在题图 4.6 所示的各电路中，哪些元件组成了级间反馈通路？它们所引入的反馈是正反馈还是负反馈？是直流反馈还是交流反馈（设各电路中电容的容抗对交流信号均可忽略）？试判断它们反馈的组态。

4.7　对以下要求分别填入：(a)串联电压负反馈，(b)并联电压负反馈，(c)串联电流负反馈，(d)并联电流负反馈。

(1) 要求输入电阻 r_i 大，输出电流稳定，应选用________。

(2) 某传感器产生的是电压信号（几乎不能提供电流），经放大后要求输出电压与信号电压成正比，该放大电路应选用________。

(3) 希望获得一个电流控制的电流源，应选用________。

(4) 要得到一个由电流控制的电压源，应选用________。

(5) 需要一个阻抗变换电路，要求 r_i 大，r_o 小，应选用________。

(6) 需要一个输入电阻 r_i 小，输出电阻 r_o 大的阻抗变换电路，应选用________。

4.8　串联电压负反馈稳定________放大倍数；串联电流负反馈稳定________放大倍数；并联电压负反馈稳定________放大倍数；并联电流负反馈稳定________放大倍数。

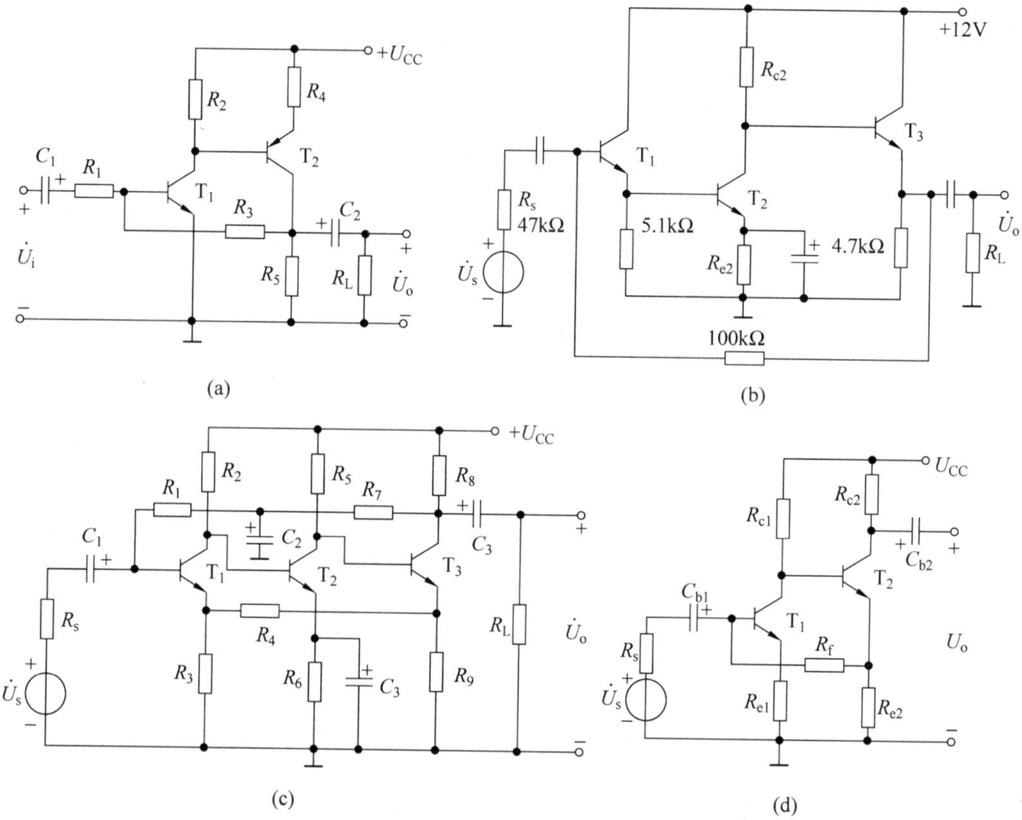

题图 4.6

4.9 一放大电路的开环电压增益为 $A_u=10^4$，当它接成负反馈放大电路时，其闭环电压增益为 $A_{uf}=50$，若 A_u 变化 10%，问 A_{uf} 变化多少？

4.10 电路如题图 4.10 所示。(1)指出由 R_f 引入的是什么类型的反馈；(2)若要求既提高该电路的输入电阻又降低输出电阻，图中的连线应作哪些变动？

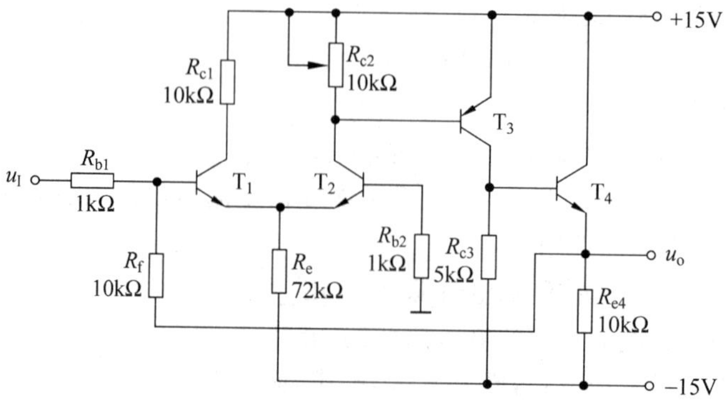

题图 4.10

4.11 在题图 4.11 所示电路中，为实现下述性能要求，反馈应如何引入？

(1) 通过 R_{c3} 的信号电流，基本上不随 R_{c3} 的变化而改变；

(2) 输出端接上负载后，输出电压 U_o 基本上不随 R_L 的改变而变化；

(3) 向信号源索取的电流小。

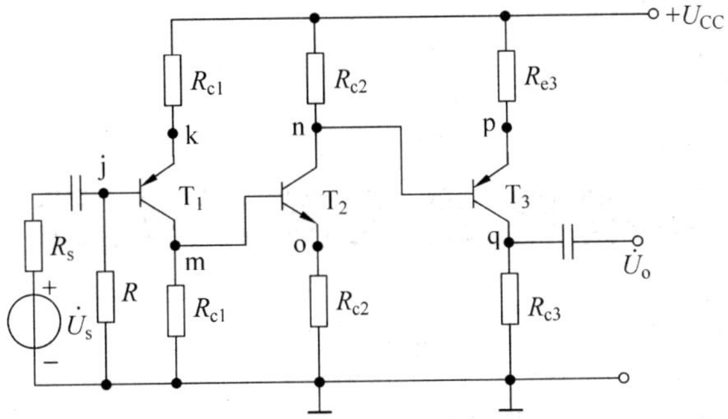

题图　4.11

4.12　题图 4.12 所示电路中，满足下列要求，试问 j、k、m、n 四点哪两点应连起来？

(1) 稳定输出电压；

(2) 提高输入电阻。

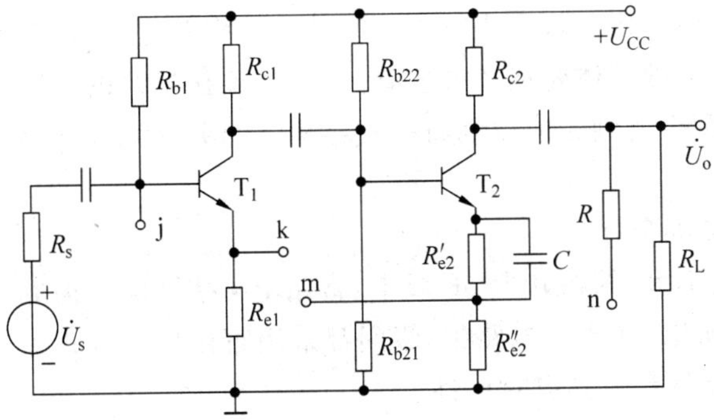

题图　4.12

第 5 章

集成电路运算放大器及其应用

在半导体制造工艺的基础上，把整个电路中的元器件制作在一块硅基片上，构成特定功能的电子电路，称为集成电路。集成电路按其特点来分，有数字集成电路和模拟集成电路。模拟集成电路按其功能可分为运算放大器、集成稳压电路、集成功率放大器、模拟锁相环、模数和数模转换器以及其他种类的集成电路，也可将几个集成电路和一些元件组合成具有一定功能的模块电路。

模拟集成电路一般是用一块厚为 0.2～0.25mm 的 P 型硅片制成基片，基片上可以做出包含有数十个或更多的晶体管或场效应管、电阻和连接导线的电路。它的体积小，而性能却很好，其外形一般用金属圆壳或双列直插式结构。与分立元件电路相比，模拟集成电路有以下几方面的特点。

1）级间采用直接耦合方式

电路中的电容量不大，约在几十 pF 以下，常用 PN 结结电容构成，误差较大。至于电感的制造就更困难了，所以，在集成电路中，级间都采用直接耦合方式。

2）电路结构与元件参数具有对称性

电路中各元件是在同一硅片上，又是通过相同的工艺过程制造出来的，同一片内的元件参数绝对值有同向的偏差，温度均匀性好，容易制成两个特性相同的管子或两个阻值相等的电阻。

3）用有源器件代替无源器件

电路中的电阻元件是由硅半导体的体电阻构成，电阻值的范围一般为几十欧到几十千欧左右，阻值范围不大。此外，电阻值的精度不易控制，误差可达 10%～20%，所以在集成电路中，高阻值的电阻多用晶体管或场效应管等有源器件组成的恒流源电路来代替，其特点是动态电阻比静态电阻大。

4）采用复合管结构的电路

由于复合管的电流放大系数和复合管电路的输入阻抗都比单管大得多，而制作又不增加多少困难，因而在集成电路中多采用复合管电路。

5）电路大都采用晶体管的发射结构成二极管，用作温度补偿元件或电位移动电路

在模拟集成电路中，集成运算放大器（简称集成运放）是应用极为广泛的一种器件，是一种高放大倍数的多级直接耦合的放大电路，其电压放大倍数可高达 10^7。本章首先讨论集成运放的基本单元电路和基本组成，然后介绍集成运算放大器的基本应用。

5.1　差动放大电路

集成运放多采用直接耦合多级放大，从第2章对直接耦合方式的讨论，可以知道直接耦合会给放大电路带来零点漂移(简称零漂)，就是说当放大电路的输入端短路时，输出端还有缓慢变化的电压产生，即输出电压偏离原来的起始点而上下漂动。

对直接耦合多级放大电路而言，如果不采取措施，当第一级放大电路的Q点由于某种原因(如温度变化)而稍有偏移时，第一级的输出电压将发生微小的变化，这种缓慢的微小变化就会逐级被放大，致使放大电路的输出端产生较大的漂移电压，放大倍数愈高，漂移电压愈大。当漂移电压的大小可以和有效信号电压相比时，就无法分辨是有效信号电压还是漂移电压，严重时漂移电压甚至把有效信号电压淹没了，使放大电路无法正常工作。为了解决零漂，人们采取了多种措施，其中最有效的措施之一是采用差动放大电路，因而差动放大电路成为集成运放的基本单元电路。

5.1.1　基本差动放大电路

图5.1所示是一个基本差动放大电路，又称为长尾式差动放大电路。它由两个特性相同的晶体管T_1、T_2组成对称电路，电路参数也对称，即$R_{s1}=R_{s2}=R_s$，$R_{c1}=R_{c2}=R_c$等。电路中有两个电源$+U_{CC}$和$-U_{EE}$。两管的发射极连接在一起并接R_e。这个电路有两个输入端和两个输出端，称双端输入、双端输出电路。下面通过分析电路的工作原理，介绍其抑制零点漂移的作用及电路的主要技术指标。

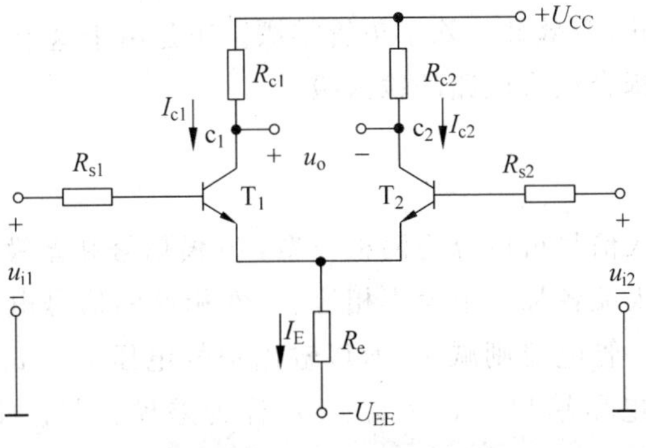

图5.1　基本差动放大电路

1. 静态分析

当没有输入信号电压，即$u_{i1}=u_{i2}=0$时，由于电路和参数完全对称，$R_{s1}=R_{s2}=R_s$，$R_{c1}=R_{c2}=R_c$，$U_{BE1}=U_{BE2}=U_{BE}$，$\beta_1=\beta_2=\beta$，因而电路有$I_{C1}=I_{C2}=I_C$，$I_{B1}=I_{B2}=I_B$，$I_{E1}=I_{E2}=\frac{1}{2}I_E$，$U_{C1}=U_{C2}=U_C$，对输入电路应用KVL，有

$$I_{B1}R_s+U_{BE1}+2I_{E1}R_e=U_{EE}$$

因为 $I_{B1}=\frac{I_{E1}}{1+\beta}$，所以

$$I_{E1}=\frac{U_{EE}-U_{BE}}{2R_e+\frac{R_s}{1+\beta}}$$

通常有 $2R_e\gg\frac{R_s}{1+\beta}$，$\beta\gg1$，故有

$$I_{C1}=I_{C2}\approx I_{E1}\approx\frac{U_{EE}-U_{BE}}{2R_e} \tag{5.1}$$

$$I_{B1}=I_{B2}=\frac{1}{\beta}I_C \tag{5.2}$$

$$U_E=I_ER_e-U_{EE}\approx 2I_CR_e-U_{EE} \tag{5.3}$$

$$U_C=U_{CC}-R_cI_C \tag{5.4}$$

$$u_o=U_{C1}-U_{C2}=0$$

由以上分析可知，输入信号电压（$u_{i1}=u_{i2}=0$）为零时，输出信号电压 u_o 也为零。如果温度上升使两管的电流均增加，则集电极的电位 U_{C1}、U_{C2} 均下降。由于两管处于同一环境温度，因此两管电流的变化量和电压的变化量都相等，即 $\Delta I_{C1}=\Delta I_{C2}$，$\Delta U_{C1}=\Delta U_{C2}$，其输出电压仍然为零。这说明，尽管每一管子的静态工作点均随温度而变化，但 c_1、c_2 两端之间的输出电压却不随温度而变化，且始终为零，故有效地消除了零漂。从以上过程可知，电路的对称是差动放大电路消除零漂的最有效的措施之一。另外，在 T_1 与 T_2 的发射极公共支路接入了电阻 R_e，当温度上升使两管的电流均增加的同时，射极公共端电位也随之增加，即 $\Delta U_e=(\Delta I_{e1}+\Delta I_{e2})R_e=2\Delta I_{e1}R_e=2\Delta I_{e2}R_e$，此时，相当于在每一个管子的发射极支路中，各自接入一个 $2R_e$ 电阻。由于 $2R_e$ 引入的串联电流负反馈能恒定每一个管子的输出电流，使输出电压不随温度而变化，有效地消除了单管零漂。正是由于这个缘故，使得差动放大电路特别适用于作多级直接耦合放大电路的输入级。

2. 动态分析

差动放大电路的输入信号可以分为两种类型：共模信号和差模信号。

当在电路的两个输入端各加一个大小相等、极性相反的信号电压，即 $u_{i1}=-u_{i2}=u_{id}/2$ 时，一管电流将增加，另一管电流则减小，所以输出信号电压 $u_o=u_{C1}-u_{C2}\neq0$，即在两管集电极输出端有差模信号电压输出。$u_{id}=u_{i1}-u_{i2}$ 称为差模信号。上述输入方式称为差模输入。

当在电路的两个输入端各加一个大小和极性相同的信号电压，即 $u_{i1}=u_{i2}=u_{ic}$，此时的输入信号称为共模信号，其输入方式称为共模输入。在共模信号的作用下，电路中两个管子的电流将同量增加，集电极的电位将同量降低，所以从两管集电极输出的共模电压为零，即 $u_o=u_{C1}-u_{C2}=0$。由以上分析可以看出共模信号的作用与温度影响相似，所以常常用对共模信号的抑制能力来反映电路对零漂的抑制能力，当然，共模电压放大倍数也反映了电路抑制零漂的能力。

当在电路的两个输入端各加一个任意的信号电压 u_{i1} 和 u_{i2}，这两个输入信号可以分解为差模信号和共模信号，即

$$u_{id} = u_{i1} - u_{i2} \tag{5.5}$$

$$u_{ic} = \frac{1}{2}(u_{i1} + u_{i2}) \tag{5.6}$$

就是说,差模信号是两个输入信号之差,而共模信号则是二者的算术平均值。当用共模和差模信号表示任意两个输入电压时,有

$$u_{i1} = u_{ic} + \frac{1}{2}u_{id} \tag{5.7}$$

$$u_{i2} = u_{ic} - \frac{1}{2}u_{id} \tag{5.8}$$

在差模信号和共模信号同时存在的情况下,对于线性放大电路来说,可利用叠加原理来求出总的输出电压,即

$$u_o = A_{ud}u_{id} + A_{uc}u_{ic} \tag{5.9}$$

式中 $A_{ud}=u_{od}/u_{id}$ 为差模电压放大倍数;$A_{uc}=u_{oc}/u_{ic}$ 为共模电压放大倍数。由式(5.9)可知,如果有两种情况的输入信号,一种情况是 $u_{i1}=+50\mu V$,$u_{i2}=-50\mu V$;而另一种情况是 $u'_{i1}=1050\mu V$,$u'_{i2}=950\mu V$;那么尽管两种情况下的差模信号 $u_{id}=100\mu V$ 是相同的,但其共模信号却不一致,前者 $u_{ic}=0$,后者 $u'_{ic}=1000\mu V$。因而差动放大电路的输出电压是不相同的。下面讨论主要的技术指标。

1) 共模电压放大倍数

(1) 双端输出的共模电压放大倍数

当图5.1所示电路的两个输入端接入共模输入电压,即 $u_{i1}=u_{i2}=u_{ic}$ 时,因两管的电流或是同时增加,或是同时减小,且两管电流的变化量相同,因此有 $u_e=i_eR_e=2i_{e1}R_e$,即对每管而言,相当于射极接了 $2R_e$ 的电阻,其信号通路如图5.2所示。当从两管集电极输出时,若电路完全对称,其输出电压为 $u_{oc}=u_{C1}-u_{C2}=0$,其双端输出的共模电压放大倍数为

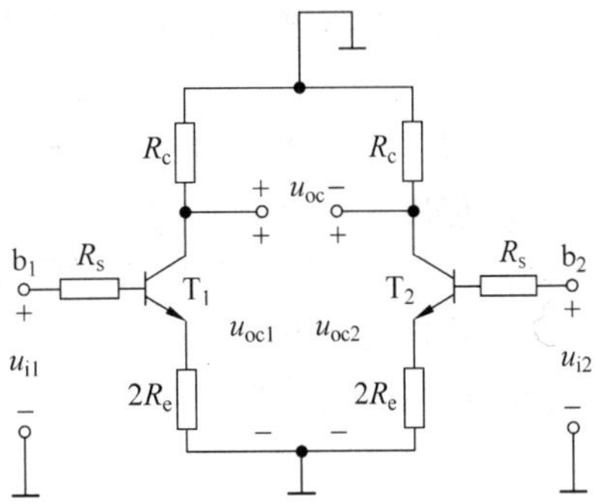

图5.2 共模输入信号时的信号通路

$$A_{uc} = \frac{u_{oc}}{u_{ic}} = \frac{u_{c1} - u_{c2}}{u_{ic}} = 0 \tag{5.10}$$

实际上,电路是不可能作到完全对称的,但即使这样,这种电路抑制共模信号的能力还是很强的。如前所述,共模信号就是漂移信号或者是伴随输入信号一起加入的干扰信号(对两边输入相同的干扰信号),因此,共模电压放大倍数越小,说明放大电路的性能越好。

(2) 单端输出共模电压放大倍数

单端输出共模电压放大倍数是指两个集电极任意一端对地的共模输出电压与共模输入信号之比,即

$$A_{uc1} = \frac{u_{oc1}}{u_{ic}} = A_{uc2} = \frac{u_{oc2}}{u_{ic}} = -\frac{\beta R_c}{R_s + r_{be} + (1+\beta)2R_e} \tag{5.11a}$$

式(5.11a)说明,单端输出的共模电压放大倍数是共模信号通路中单边放大电路的电压放大倍数。一般情况下,$(1+\beta)2R_e \gg (r_{be}+R_s)$,$\beta \gg 1$,式(5.11a)可化简为

$$A_{uc1} \approx -\frac{R_c}{2R_e} \tag{5.11b}$$

由图 5.2 和式(5.11)可以看出，R_e 越大，i_e 的恒流性能越好，A_{uc1} 越小，说明它抑制共模信号的能力越强。

2）差模电压放大倍数

(1) 双端输入、双端输出的差模电压放大倍数

在图 5.1 所示的电路中，若输入为差模方式，即 $u_{i1}=-u_{i2}=u_{id}/2$，则因一管的电流增加，另一管的电流减小，在电路完全对称的条件下，I_{C1} 的增加量等于 I_{C2} 的减少量，所以流过 R_e 的电流 I_E 不变，$u_e=0$，换句话说，差模信号对 R_e 不起作用，R_e 在差模信号下可视为短路，故差模输入信号时的信号通路如图 5.3 所示。当从两管集电极作双端输出时，其差模电压放大倍数与单边放大电路的电压放大倍数相同，即

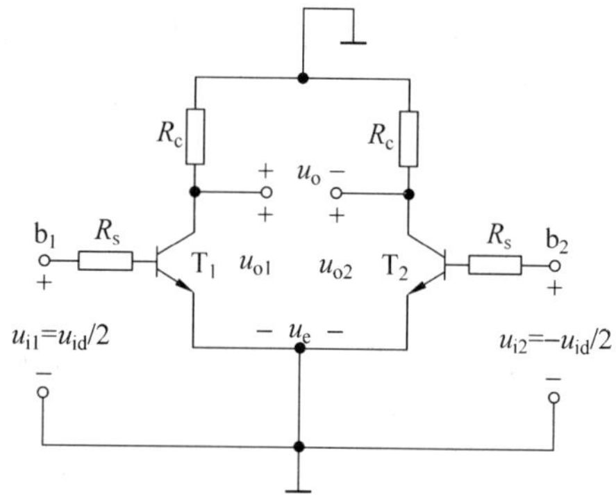

图 5.3 双端输入差模信号时的信号通路

$$A_{ud}=\frac{u_o}{u_{id}}=\frac{u_{o1}-u_{o2}}{u_{id}}=\frac{2u_{o1}}{2u_{i1}}=-\frac{\beta R_c}{R_s+r_{be}} \tag{5.12}$$

由式(5.12)可算出图 5.3 的输出电压为

$$u_o=u_{id}A_{ud}=(u_{i1}-u_{i2})A_{ud} \tag{5.13}$$

从式(5.13)可知，在电路完全对称、双端输入、双端输出的情况下，$u_o\propto(u_{i1}-u_{i2})$ 即输出电压只正比于差模信号电压，这正是差动放大电路名称的由来。图 5.3 所示电路的电压放大倍数与单边电路的电压放大倍数相等。可见，差动放大电路是用成倍的元器件以换取抑制零点漂移的能力。

需要指出的是：当集电极 c_1、c_2 两点间接入负载电阻 R_L 时，电路的电压放大倍数为

$$A_{ud}=-\frac{\beta R'_L}{R_s+r_{be}} \tag{5.14}$$

式中 $R'_L=R_c /\!/ \frac{1}{2}R_L$。这是因为输入差模信号时，$c_1$ 和 c_2 点的电位向相反的方向变化，一边增量为正，另一边增量为负，并且大小相等，可见负载电阻 R_L 的中点是信号地电位，所以在差动输入的半边等效电路中，负载电阻是$\frac{1}{2}R_L$。

(2) 双端输入、单端输出的差模电压放大倍数

若输出电压取自图 5.3 其中一管的集电极(u_{o1} 或 u_{o2})，则称为单端输出，此时由于只取出一管的集电极电压变化量，如 u_{o1}，而 $u_{o1}=u_o/2$，与 u_o 同相位，所以这时的电压放大倍数 A_{ud1} 只有双端输出时的一半，即

$$A_{ud1}=\frac{u_{o1}}{u_{id}}=\frac{1}{2}A_{ud}=-\frac{1}{2}\frac{\beta R_c}{R_s+r_{be}} \tag{5.15}$$

若从集电极 c_1 或 c_2 点与地之间接入负载电阻 R_L 时，式(5.15)中的 R_c 改为 $R'_L=R_c/\!/R_L$。

如果从 T_2 管的集电极取输出电压 u_{o2}，因 u_{o2} 与 u_o 相位相反，所以这时的电压放大倍数 $A_{ud2}=-A_{ud1}$，即

$$A_{ud2}=\frac{u_{o2}}{u_{id}}=-A_{ud1}=\frac{1}{2}\frac{\beta R_c}{R_s+r_{be}} \tag{5.16}$$

双端输入、单端输出的这种接法常用于将双端输入信号转换为单端输出信号，集成运放的中间级有时就采用这样的接法。

(3) 单端输入的差模电压放大倍数

在实际系统中，有时要求放大电路的输入电路有一端接地，另一端接输入信号。这时可在图5.1所示的电路中，令 $u_{i1}=u_{id}$，$u_{i2}=0$，就可实现。这种输入方式称为单端输入(或不对称输入)。按式(5.5)、式(5.6)，可得

$$u_{id}=u_{i1}-u_{i2}=u_{i1}$$

$$u_{ic}=\frac{1}{2}(u_{i1}+u_{i2})=\frac{1}{2}u_{i1}$$

若电路完全对称，忽略电路对共模信号的放大作用，由式(5.7)、式(5.8)，可得

$$u_{i1}=u_{ic}+\frac{1}{2}u_{id}\approx\frac{1}{2}u_{id}$$

$$u_{i2}=u_{ic}-\frac{1}{2}u_{id}\approx-\frac{1}{2}u_{id}$$

单端输入就可等效为双端输入情况。但是，实际电路中不可能作到完全对称，图5.4表示单端输入时的信号通路。若 R_e 的阻值很大，满足 $R_e\gg r_{b'e}$(发射结电阻)的条件，这样就可认为 R_e 支路对信号通路相当于开路，输入信号电压 u_{id} 近似地均分在两管的输入回路上，如图中所示。将图5.4与图5.3作一比较可知，两电路中作用于be结上的信号分量基本上是一致的。

由以上分析得知，当电路对称性好、R_e 对信号通路的阻值很大，单端输入时电路的工作状态与双端输入时近似一致。因此，电路由双端输出时，其差模电压放大倍数与式(5.14)近似一致；而由单端输出时则与式(5.15)或(5.16)近似一致；其他指标也与双端输入电路相同。

综上所述，差动放大电路的差模电压放大倍数仅与输出形式有关，只要是双端输出，其差模电压放大倍数与单管基本放大电路相同；如为单端输出，它的差模电压放大倍数是单管基本放大电路电压放大倍数的一半，而输入电阻都是相同的。

例5.1　在图5.5所示的差动放大电路中，$U_{CC}=6V$，$U_{EE}=6V$，$R_c=5.1k\Omega$，$R_b=10k\Omega$，$R_e=5.1k\Omega$，晶体管的参数 $\beta=50$，$U_{BE}=0.7V$，输入电压 $u_{i1}=1mV$，$u_{i2}=3mV$，$R_L=10k\Omega$。

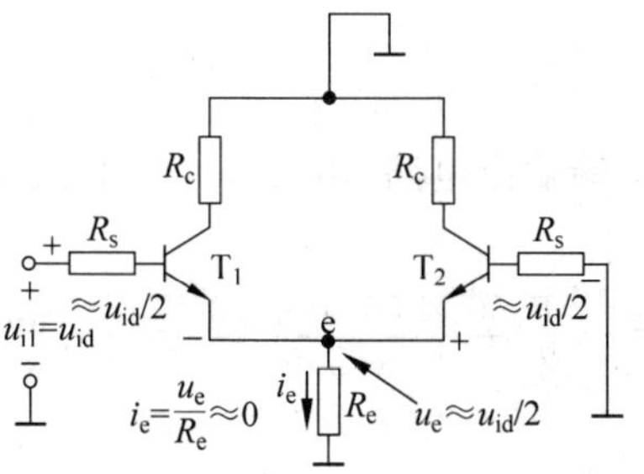

图5.4　单端输入差动放大电路的信号通路

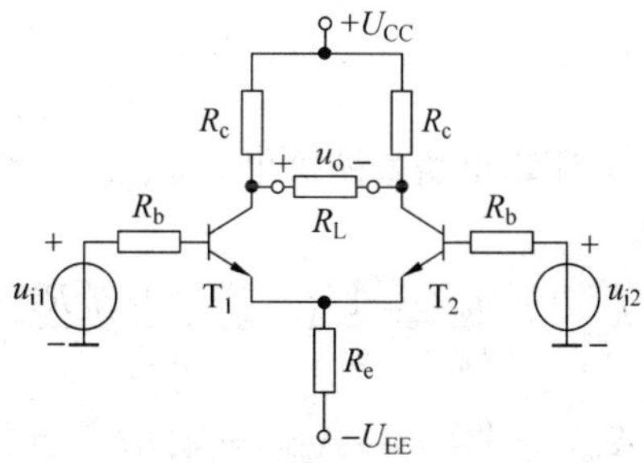

图5.5　例5.1图

(1) 求放大电路的静态值 I_B、I_C 及各点的电位 U_E、U_C、U_B。

(2) 把输入电压 u_{i1}、u_{i2} 分解为共模分量 u_{ic1}、u_{ic2} 和差模分量 u_{id1}、u_{id2}，它们的值分别为多少？

(3) 单端共模输出 u_{oc1}、u_{oc2} 分别为多少？

(4) 单端差模输出 u_{od1}、u_{od2} 分别为多少？

(5) 单端总输出 u_{o1}、u_{o2} 各为多少?

(6) 双端共模输出 u_{oc} 和双端差模输出 u_{od} 的幅值分别为多少?

解 (1) 静态工作点($u_{i1}=u_{i2}=0$)。由式(5.1)~(5.4)得

$$I_C \approx \frac{U_{EE}-U_{BE}}{2R_e}=\frac{6-0.7}{2\times 5.1}\approx 0.5(\text{mA})$$

$$I_B=\frac{1}{\beta}I_C=10\mu\text{A}$$

$$U_{C1}=U_{C2}=U_{CC}-R_cI_C=6-0.5\times 5.1\approx 3.45(\text{V})$$

$$U_E=I_ER_e-U_{EE}\approx 2I_CR_e-U_{EE}=2\times 0.5\times 5.1-6=-0.9(\text{V})$$

所以

$$U_B=U_E+U_{BE}=-0.2(\text{V})$$

(2) u_{i1}、u_{i2} 分解为共模分量和差模分量的大小分别为

$$u_{ic1}=u_{ic2}=u_{ic}=\frac{1}{2}\times(u_{i1}+u_{i2})=\frac{1}{2}\times(1+3)=2(\text{mV})$$

$$u_{id1}=-u_{id2}=\frac{1}{2}u_{id}=\frac{1}{2}\times(u_{i1}-u_{i2})=\frac{1}{2}\times(1-3)=-1(\text{mV})$$

(3) 计算单端共模输出 u_{oc1}、u_{oc2}。对共模输入信号,有 $u_{oc1}=u_{oc2}$,所以 R_L 中没有共模信号电流,可视为开路,因而共模信号通路与图 5.2 所示相同,按式(5.11)计算单端输出的共模电压放大倍数

$$A_{uc1}=\frac{u_{oc1}}{u_{ic}}=A_{uc2}=\frac{u_{oc2}}{u_{ic}}=-\frac{\beta R_c}{R_b+r_{be}+(1+\beta)2R_e}$$

式中

$$r_{be}=300+(1+\beta)\times\frac{26\text{mV}}{\frac{I_E}{2}}\approx 300+51\times\frac{26\text{mV}}{0.5}=2.95\text{k}\Omega$$

所以

$$A_{uc1}=A_{uc2}=-\frac{50\times 5.1}{10+2.95+51\times 2\times 5.1}=-0.48$$

故得

$$u_{oc1}=u_{oc2}=u_{ic1}A_{uc1}=-0.48\times 2\approx -1(\text{mV})$$

(4) 计算单端差模输出 u_{od1}、u_{od2}。按双端输入、单端输出电路,由式(5.15)和式(5.16)计算得

$$A_{ud1}=\frac{u_{o1}}{u_{id}}=\frac{1}{2}A_{ud}=-\frac{1}{2}\frac{\beta[R_c\,/\!/\,(R_L/2)]}{R_b+r_{be}}=-\frac{1}{2}\frac{50\times(5.1\,/\!/\,5)}{10+2.95}=-4.87$$

$$A_{ud2}=\frac{u_{o2}}{u_{id}}=-A_{ud1}=4.87$$

所以

$$u_{od1}=A_{ud1}u_{id}=A_{ud1}(u_{i1}-u_{i2})=-4.87\times(-2)=9.74(\text{mV})$$

$$u_{od2}=A_{ud2}u_{id}=A_{ud2}(u_{i1}-u_{i2})=4.87\times(-2)=-9.74(\text{mV})$$

(5) 单端总输出 u_{o1} 和 u_{o2} 分别为

$$u_{o1}=u_{oc1}+u_{od1}=8.74\text{mV}$$

$$u_{o2}=u_{oc2}+u_{od2}=-10.74\text{mV}$$

(6) 双端共模输出和双端差模输出分别为

$$u_{oc} = u_{oc1} - u_{oc2} \approx 0$$

$$u_{od} = u_{od1} - u_{od2} = 19.48(\text{mV})$$

3) 共模抑制比 K_{CMR}

为了说明差动放大电路抑制共模信号的能力，常用共模抑制比作为一项技术指标来衡量，其定义为放大电路差模信号的电压放大倍数 A_{ud} 与共模信号的电压放大倍数 A_{uc} 之比的绝对值，即

$$K_{CMR} = \left|\frac{A_{ud}}{A_{uc}}\right| \tag{5.17a}$$

差模电压放大倍数越大，共模电压放大倍数越小，则共模抑制能力越强，放大电路的性能越优良，因此希望 K_{CMR} 值越大越好。共模抑制比有时也用分贝(dB)数来表示：

$$K_{CMR} = 20\lg\left|\frac{A_{ud}}{A_{uc}}\right| \text{dB} \tag{5.17b}$$

共模抑制能力是指差动电路在共模干扰下，正常放大差模信号的能力。当不同电路的 A_{ud} 相同时，A_{uc} 可以表明差动电路的共模抑制能力，但是，当电路的 A_{ud} 不同时，其共模抑制能力就无法用 A_{uc} 的大小来比较。例如，放大器 A 的 $A_{uc}=A_{ud}=5$；放大器 B 的 $A_{uc}=10$，$A_{ud}=100$。当 $u_{ic}\geqslant u_{id}$ 时，放大器 A 的共模输出大于差模输出，差模信号无法分离出来，此时放大器 A 已不能正常放大差模信号。但是，对于放大器 B，只要 u_{ic} 不超过 $10u_{id}$，其共模输出就小于差模输出，差模信号可以很容易地分离出来，实现对差模信号的正常放大。虽然放大器 A 的 A_{uc} 小于放大器 B 的 A_{uc}，但是放大器 A 的共模抑制比 $K_{CMRA}=5/5=1$ 小于放大器 B 的共模抑制比 $K_{CMRA}=100/10=10$，因而，对共模信号抑制能力放大器 A 却不如放大器 B。可见只有用 K_{CMR} 才能确切地表明差动电路的共模抑制能力。

4) 输入电阻

差动放大器的输入电阻分为差模输入电阻 r_{id} 和共模输入电阻 r_{ic}。

r_{id} 是差动放大器对差模信号源呈现的等效电阻，在数值上等于差模输入电压 u_{id} 与差模输入电流 i_{id} 之比。即

$$r_{id} = \frac{u_{id}}{i_{id}} \tag{5.18}$$

对图 5.3 所示的差模信号通路，无论是双端输入还是单端输入($u_{i2}=0$)，都有

$$u_{id} = u_{i1} - u_{i2} = i_{b1}(R_s + r_{be}) - i_{b2}(R_s + r_{be})$$

而差模信号作用下

$$i_{id} = i_{b1} = -i_{b2}$$

所以

$$r_{id} = \frac{u_{id}}{i_{id}} = 2\times\frac{u_{id}/2}{i_{b1}} = 2(R_s + r_{be}) \tag{5.19}$$

式(5.19)说明，在差动放大电路对称的条件下，无论是双端输入还是单端输入，差模输入电阻 r_{id} 是其单边差模信号通路输入电阻的 2 倍，即为两单边差模输入电阻的串联阻值。

r_{ic} 是差动放大器对共模信号源呈现的等效电阻，在数值上等于共模输入电压 u_{ic} 与共模输入电流 i_{ic} 之比。按图 5.2 所示的共模信号通路，$u_{ic}=u_{i1}=u_{i2}=i_{b1}(R_s+r_{be})+(1+\beta)(i_{b1}+i_{b2})R_e$，而共模信号作用下，$i_{b1}=i_{b2}$，$i_{ic}=i_{b1}+i_{b2}$，所以

$$r_{ic} = \frac{u_{ic}}{i_{ic}} = \frac{u_{i1}}{2i_{b1}} = \frac{1}{2}[R_s + r_{be} + (1+\beta)2R_e] \tag{5.20}$$

式(5.20)表明,在差动放大电路对称的条件下,共模输入电阻 r_{ic} 是其单边共模信号通路输入电阻的$\frac{1}{2}$倍,即为两单边共模输入电阻的并联阻值。

5)差模输出电阻

差模输出电阻 r_o 是在差模信号作用下从 R_L 两端向放大器看去的等效电阻。因为差动放大电路由两边对称的共射极电路组成,可用共射极电路来分析,所以差模双端输出和单端输出的电阻分别为

$$r_o = 2R_c \tag{5.21}$$

$$r_o = R_c \tag{5.22}$$

例 5.2 电路如图 5.6 所示,已知晶体管 T_1 和 T_2 的电流放大系数均为 $\beta=50$,$U_{BE}=0.6V$,$r_b=200\Omega$。

(1) 估算晶体管 T_1 和 T_2 的静态参数 I_{C1}、I_{C2}、U_{C1}、U_{C2};

(2) 分别画出差模和共模输入信号下的半边信号通路;

(3) 求差模电压放大倍数 $A_{ud2}=\frac{u_o}{u_{i1}-u_{i2}}$,共模电压放大倍数 A_{uc2} 及共模抑制比 K_{CMR};

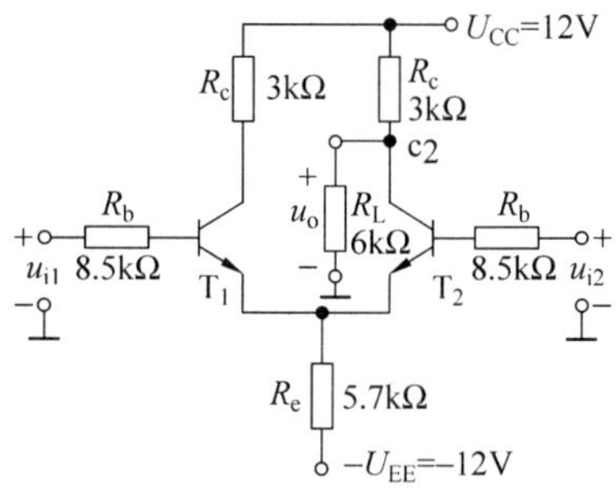

图 5.6 例 5.2 用图

(4) 若 $u_{i1}=0.1V$,$u_{i2}=0.1\sin\omega t(V)$,认为电路的共模抑制比为无穷大,写出输出电压 u_o 的表达式(包括静态电压)。

解 (1) 静态工作点($u_{i1}=u_{i2}=0$),忽略晶体管的基极电流,则 $U_{B1}=U_{B2}\approx 0$,$U_E=-U_{BE}=-0.6V$

$$I_{C1}=I_{C2}\approx\frac{1}{2}I_E=\frac{U_{EE}-U_{BE}}{2R_e}=\frac{12-0.6}{2\times 5.7}=1(\text{mA})$$

$$U_{C1}=U_{CC}-I_{C1}R_c=9V$$

对于 U_{C2},显然有

$$\frac{U_{C2}}{R_L}+I_{C2}=\frac{U_{CC}-U_{C2}}{R_c}$$

所以

$$U_{C2}=\frac{R_L}{R_c+R_L}U_{CC}-I_{C2}\times(R_c\ /\!/\ R_L)=6V$$

(2) 等效电路如图 5.7 所示。

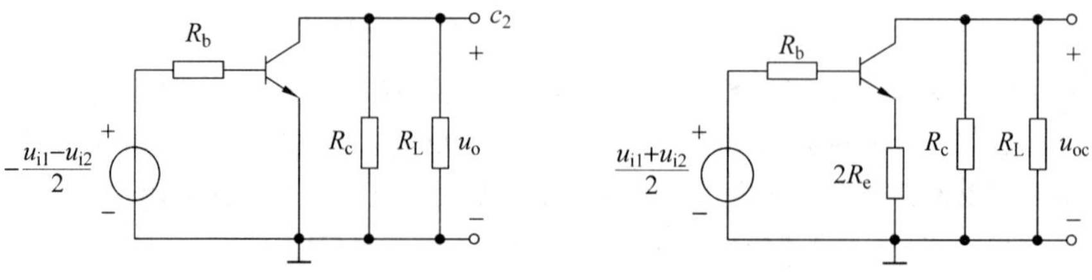

(a) 差模半边等效电路

(b) 共模半边等效电路

图 5.7 差模和共模半边等效电路

(3) 由静态参数可计算出

$$r_{be}=r_b+(1+\beta)\times\frac{26\text{mV}}{\frac{I_E}{2}}\approx 200+50\times 26=1500(\Omega)$$

所以,电压放大倍数为

$$A_{ud2}=\frac{u_o}{u_{i1}-u_{i2}}=\frac{1}{2}\frac{u_o}{-\frac{u_{i1}-u_{i2}}{2}}=\frac{1}{2}\frac{\beta[R_c\ /\!/\ (R_L)]}{R_b+r_{be}}=5$$

$$A_{uc2}=\frac{u_{oc}}{\frac{u_{i1}+u_{i2}}{2}}=-\frac{\beta[R_c\ /\!/\ (R_L)]}{R_b+r_{be}+2(1+\beta)R_e}=-0.17$$

共模抑制比为

$$K_{CMR}=\left|\frac{A_{ud2}}{A_{uc2}}\right|\approx 30$$

(4) 输出电压表达式

$$u_o=U_{C2}+u_{o2}=U_{C2}+(u_{i1}-u_{i2})A_{ud2}=6.5-0.5\sin\omega t(\text{V})$$

5.1.2 恒流源差动放大电路

长尾式差动放大电路,由于接入 R_e 提高了共模信号的抑制能力,且 R_e 愈大,抑制能力愈强。若 R_e 增大,则 R_e 上的直流压降增大,为了保证管子工常工作,必须提高 U_{EE} 值,这是不合算的。为此希望有这样一种器件:交流电阻 r 大,而直流电阻 R 小。恒流源即有此特性。将长尾式差动放大电路中 R_e 用由晶体管 T_3 组成的恒流源代替,即得恒流源差动放大电路,如图 5.8(a)所示。

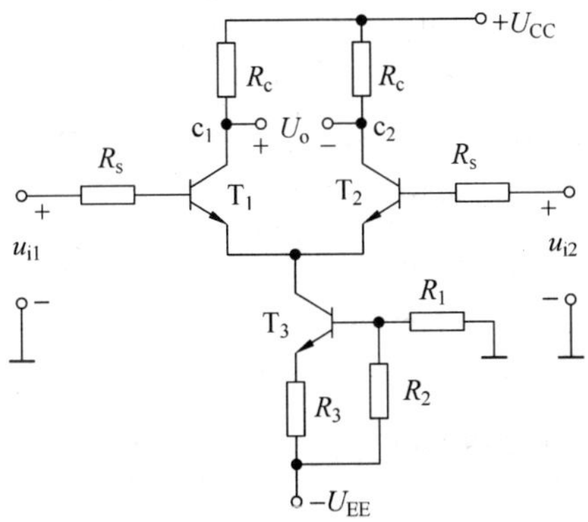

(a) 电路

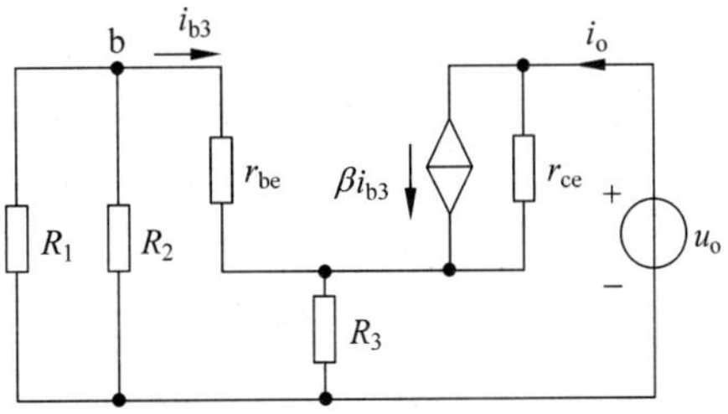

(b) 恒流源交流电阻计算电路

图 5.8 恒流源差动放大电路

恒流源电路的等效电阻就是 T_3 构成的放大电路的输出电阻,计算方法与放大电路输出电阻的计算方法相同,其等效电路如图 5.8(b)所示,按输入短路,输出加电源 u_o,求出 i_o,则恒流源等效电阻为

$$r_{o3}=\frac{u_o}{i_o}$$

5.2 复合管电路

为了获得集成运放的高放大倍数，除了采用电流源作有源负载外，还可以利用多个晶体管组成复合管，以得到较大的电流放大系数。

1. 复合管的组成形式

一般复合管由两个晶体管组成，两个晶体管的类型可以相同，也可以不同。但是，组成后的复合管应满足复合起来的管子都处于导通状态的条件，即满足发射结正向偏置、集电结反向偏置。复合管的类型与第一个晶体管的类型相同。常见的几种连接形式的复合管如图 5.9 所示。

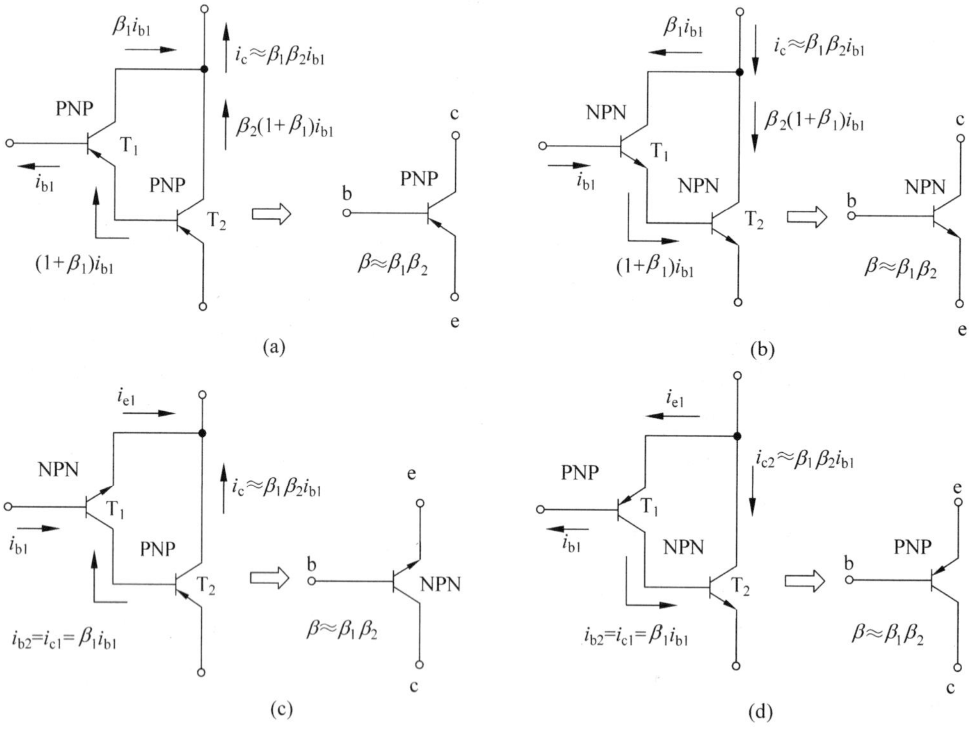

图 5.9 复合管的组成形式

2. 复合管的主要参数

复合管的主要参数是等效电流放大系数 β 和等效输入电阻 r_{be}。

由图 5.9 所示的四种接法的复合管中各极电流的关系可以推出：复合管的等效电流放大系数是两管电流放大系数的乘积，即 $\beta \approx \beta_1\beta_2$。

在图 5.9(a)、(b)所示的两种接法的复合管中，T_1 管是共集电极组态，而 r_{be2} 是 T_1 管的射极电阻，所以复合管等效输入电阻为 $r_{be}=r_{be1}+(1+\beta)r_{be2}$。而图 5.9(c)、(d)所示的两种接法的复合管中，$r_{be}=r_{be1}$。

复合管因其等效电流放大系数很高，而等效输入电阻亦可很高，特别是它容易集成，因而在集成电路中得到广泛采用。复合管又称为达林顿管(Darlinton)。

5.3　集成运算放大器

5.3.1　集成运算放大器组成

集成运算放大器是一种高放大倍数、高输入电阻、低输出电阻的多级直接耦合放大电路，它的类型很多，电路也不尽相同，但结构具有共同之处，图 5.10 表示集成运放的内部电路组成原理框图。图中输入级毫无例外地采用了由晶体管或场效应管组成的差动放大电路，利用它的对称特性可以提高整个电路的共模抑制比和其他方面的性能，它的两个输入端构成整个电路的反相输入端和同相输入端。电压放大级的主要作用是提高电压放大倍数，它可由一级或多级有源负载的复合管放大电路组成。输出级的主要作用是提高电路的输出功率和效率，多采用甲乙互补对称功率放大电路。偏置电路的任务是为各级放大电路提供合适的静态工作电流。

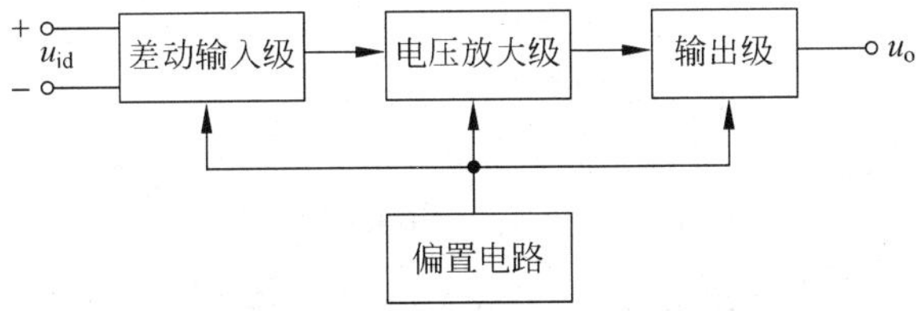

图 5.10　集成运算放大器内部电路原理框图

通用型 741 型集成运算放大器是模拟集成电路的典型例子，其原理电路如图 5.11 所示，图中各引出端所标数字为组件的管脚编号。741 型集成运放由 24 个晶体管、10 个电阻和一个电容所组成，内部包含四个基本组成部分，即偏置电路、输入级、电压放大级和输出级。它有 8 个引出端，其中 2 端为反相输入端，3 端为同相输入端；6 端为输出端，7 端和 4 端分别接正、负电源，1 端与 5 端之间接调零电位器。

运算放大器的代表符号如图 5.12 所示，其中反相输入端用“－”号表示，同相输入端用“＋”表示，输出端用“＋”表示。利用瞬时极性法分析图 5.11 可知：当输入信号电压从反相输入端 2 输入时($u_{i3}=0$)，如 u_{i2} 的瞬时变化极性为(＋)时，各级输出端的瞬时电位极性为 U_{E2}(＋)→U_{C4}(＋)→U_{C16}(－)→U_{B20}(－)→u_o(－)，则输出信号电压 u_o 与 u_{i2} 反相；同理，当输入信号电压从同相端 3 输入($u_{i2}=0$)时，可以检验，输出电压 u_o 与 u_{i3} 同相。

5.3.2　集成电路运算放大器的主要参数

集成电路运算放大器的主要参数反映了集成运放的性能特点，是正确地挑选和使用集成运放的依据，现分别介绍如下。

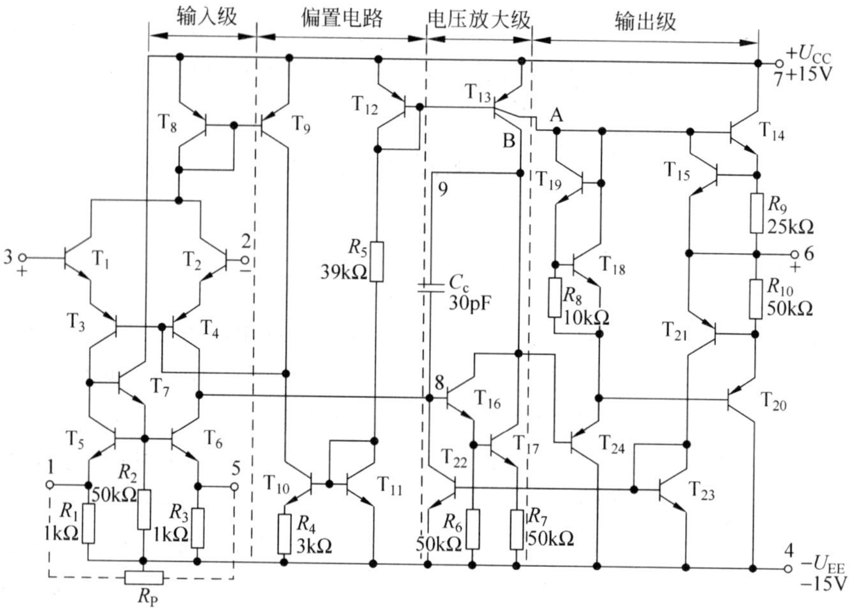

图 5.11　741 型集成运算放大器

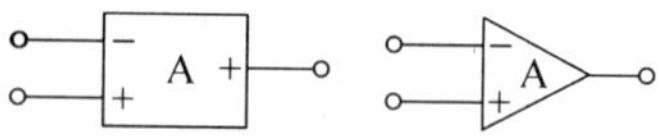

(a) 国内符号　　(b) 国际符号

图 5.12　运算放大器的代表符号

1. 开环差模电压放大倍数 A_{od}

这是指集成运放工作在线性区,接入规定的负载,无负反馈情况下的直流差模电压放大倍数。A_{od}与输出电压U_o的大小有关。通常是在规定的输出电压幅度(如$U_o=\pm10\text{V}$)测得的值。A_{od}又是频率的函数,频率高于某一数值后,A_{od}的数值开始下降。图 5.13 表示 741 型运放A_{od}的频率响应,低频时$A_{od}=2\times10^5$,$20\lg A_{od}=106\text{dB}$。

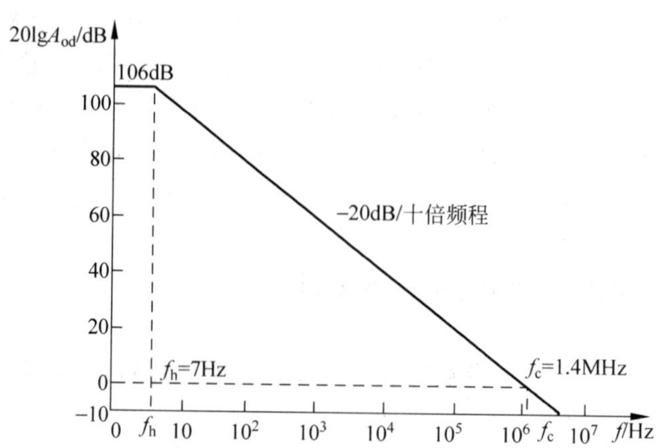

图 5.13　741 型运放 A_{od} 的频率响应

2. 最大输出电压 U_{op-p}

最大输出电压是指在额定的电压下，集成运放的最大不失真输出电压的峰-峰值。如果 741 型运放电源电压为 ±15V 时的最大输出电压为 ±10V，按 $A_{od}=10^5$ 计算，输出为 ±10V 时，输入差模电压 U_{id} 的峰-峰值为 ±0.1mV。输入信号超过 ±0.1mV 时，输出恒为 ±10V，不再随 U_{id} 变化，此时集成运放进入非线性工作状态。用集成运放的传输特性曲线表示上述关系，如图 5.14 所示。

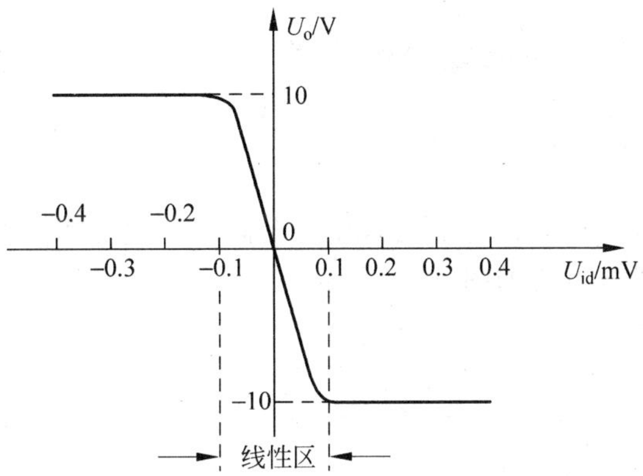

图 5.14 集成运放的传输特性

3. 最大差模输入电压 $U_{id\,max}$

所指的是集成运放的反相和同相输入端所能承受的最大电压值。超过这个电压值，运放输入级某一侧的晶体管将出现发射结的反向击穿，而使运放的性能显著恶化，甚至可能造成永久性损坏。利用平面工艺制成的 NPN 管约为 ±5V 左右，而横向晶体管可达 ±30V 以上。

4. 最大共模输入电压 $U_{ic\,max}$

这是指运放所能承受的最大共模输入电压。超过 $U_{ic\,max}$ 值，它的共模抑制比将显著下降。高质量的运放可达 ±13V。

5. 输入失调电压 U_{IO}

该电压是指为了使输出电压为零而在输入端加的补偿电压（去掉外接调零电位器），它的大小反映了电路的不对称程度和调零的难易。对集成运放，要求输入信号为零时，输出也为零，但实际中往往输出不为零，将此电压折合到集成运放的输入端的电压，常称为输入失调电压 U_{IO}。其值在 1～10mV 范围，要求愈小愈好。

6. 输入偏置电流 I_{IB}

晶体管集成运放的两个输入端是差动放大电路管子的基极，因此两个输入端总需要一定的输入。输入偏置电流是指集成运放输出电压为零时，两个输入端静态电流的平均值。

7. 输入失调电流 I_{IO}

输入失调电流 I_{IO}是指在晶体管集成电路运放中，当输出电压为零时流入放大器两输入端的静态基极电流之差。

除上述参数外，还有共模抑制比 K_{CMR}、差模输入电阻 r_{id}、共模输入电阻 r_{ic}、输出电阻 r_o、电源参数（电源电压范围 $U_{CC}+U_{EE}$、电源电流 I_{oc}）和功耗 P_{co}（指运放有输入信号和接上负载时，运放允许耗散的最大功率）等，这些参数的含义在前面已经介绍过，这里不再赘述。

5.3.3 集成运算放大器的低频等效电路

1. 简化低频等效电路

在分析各种放大电路时，往往将集成运算放大器作为一个功能器件处理。在低频信号下，集成运算放大器的等效电路如图 5.15 所示。

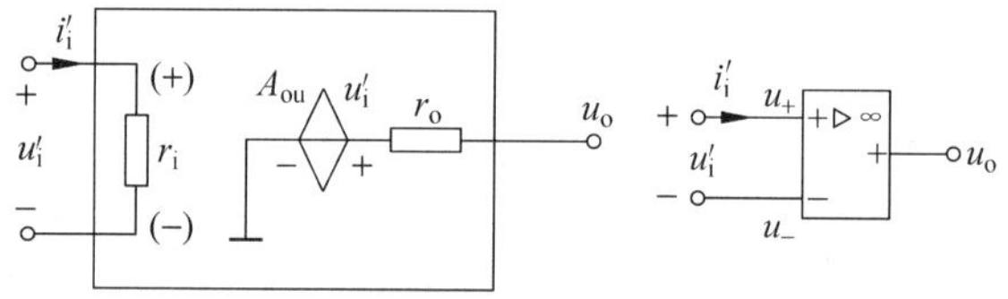

(a) 简化低频等效电路 (b) 符号

图 5.15 简化低频等效电路

2. 集成运算放大器的理想模型

在分析讨论由集成运算放大器组成的各种电路时，通常将实际的集成运算放大器理想化处理，构成集成运算放大器的理想模型。其特点是：

(1) 开环电压放大倍数为无穷大 $A_u \to \infty$；

(2) 输入电阻为无穷大 $r_i \to \infty$；

(3) 输出电阻为零 $r_o = 0$；

(4) 共模抑制比为无穷大 $K_{CMR} \to \infty$；

(5) 开环带宽为无穷大 BW$\to \infty$；

(6) 失调电压和失调电流为零 $U_{IO}=0$，$I_{IO}=0$；

(7) 没有温漂。

由于实际集成运算放大器的参数和理想模型的特点很接近，进行理想化处理后产生的误差很小，在允许范围之内。所以在以后的章节中，均将集成运算放大器的参数理想化处理。只有在讨论运算误差时，才提及实际参数。

5.4 集成电路运算放大器的应用

集成运放在应用时可分为线性电路和非线性电路。在线性电路中，输出信号处在集成运算放大器的线性工作范围内，整个放大器处于线性放大状态；而在非线性电路中，集成运算放大器工作在开关状态，输出信号仅有两种可能：高电位或低电位。

集成运算放大器工作在线性放大状态时，根据运算放大器理想模型的特点，可得出以下两个重要结论：

(1) 由于运放的输出电压幅值有限，如果其开环电压放大倍数为无穷大时，则输入端所需的净输入电压(即同相输入端与反相输入端的电位差)约为零，$u_i'=u_+-u_-\approx 0$；两输入端的电位相等，同相输入端和反相输入端好像短接了一样，但又不是真正的短路，这一概念称之为“虚短”，即

$$u_+\approx u_-$$

(2) 由于运放的净输入电压约等于零，而输入电阻又为无穷大，故输入端取用的净输入电流 i_i'约为零，输入端好像断开了一样，但又不是真正的断开，这一概念称之为“虚断”，即

$$i'_i\approx 0$$

“虚短”和“虚断”的概念是分析集成运算放大器线性应用的理论根据。由于集成运算放大器的开环电压放大倍数很大，当集成运算放大器工作在线性放大状态时，必须引入负反馈电路。

5.4.1 比例运算电路

对输入信号实现比例运算的电路称为比例运算电路。根据输入信号加在不同的输入端，比例运算电路可分为反相比例运算电路和同相比例运算电路。

1. 反相比例运算电路

反相比例运算电路如图 5.16 所示。电压 u_i 通过 R_1 从反相输入端输入，同相输入端通过 R_2 接地。输出端通过反馈电阻 R_f 接入反相输入端，构成电压并联负反馈。

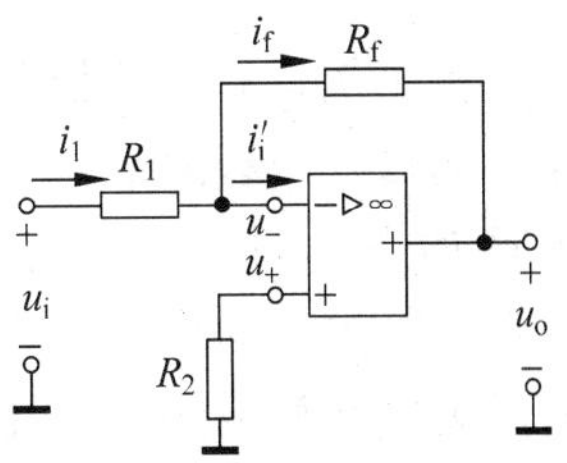

图 5.16 反相比例运算电路

因“虚断”，$i_i'=0$，同相输入端接地使得 $u_+=0$。因“虚短”，$u_-\approx u_+=0$，即反相输入端的电位约为零，但并没有真正接地，故将反相输入端称之为“虚地”。“虚地”这一概念是分析所有反相输入运算放大电路的基础。

下面具体讨论输出电压与输入电压的关系。根据“虚断”的概念，有

$$i_i'=i_1-i_f\approx 0 \quad i_1=i_f$$

由电路结构可知，

$$i_1=\frac{u_i-u_-}{R_1}=\frac{u_i}{R_1}$$

$$i_f=\frac{u_--u_o}{R_f}=-\frac{u_o}{R_f}$$

$$\frac{u_i}{R_1}=-\frac{u_o}{R_f}$$

反相比例运算电路输出电压与输入电压的关系为

$$u_o=-\frac{R_f}{R_1}u_i$$

电路的闭环电压放大倍数为

$$A_{uf}=\frac{u_o}{u_i}=-\frac{R_f}{R_1} \tag{5.23}$$

式中负号表示输出电压与输入电压相位相反。

反相比例运算电路可以进行 $y=ax$ 的运算，运算式中的系数 $a<0$。当 $R_1=R_f$ 时，$u_o=-u_i$，此电路称为反相器。

由于集成运放的开环放大倍数非常大，只要引入负反馈，反馈深度 $1+AF\gg1$，均是深度负反馈。通过判断，此电路引入的是深度电压并联负反馈。由前面的分析可知，反相输入运算电路的闭环输入电阻为

$$r_{if}=\frac{u_i}{i_i}=R_1$$

输出电阻为 $r_o=0$。

实际的集成运放的参数与理想集成运放的参数是有差别的。所以，集成运算放大电路的运算精度与集成运放的自身参数有很大关系。当 A_u 和 r_i 越大时，运算精度越高。这是因为 A_u 越大，公式 $u_-=u_+$ 引起的误差越小；r_i 越大，公式 $i_i'=0$ 引起的误差越小，而基于这两个公式推导出的其他运算式越精确的缘故。当然，由式(5.23)还可以看出，反相比例运算电路的闭环电压放大倍数 A_{uf} 仅与外接电阻 R_1 与 R_f 有关，所以，外接电阻元件的阻值的精确度和稳定性也直接影响到电压放大倍数的运算精度和稳定性，必须加以考虑。

图 5.16 中 R_2 为平衡电阻，为保证集成运算放大器第一级差动放大电路中结构的对称性，在选择参数时应使 $R_2=R_1/\!/R_f$。

2. 同相比例运算电路

同相比例运算电路如图 5.17 所示。电压 u_i 通过 R_2 从同相输入端输入，反相输入端通过 R_1 接地。输出端仍然通过反馈电阻 R_f 接入反相输入端，构成负反馈。

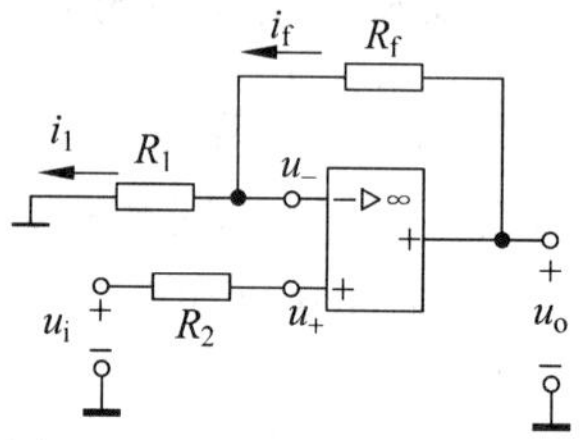

图 5.17 同相比例运算电路

根据“虚短”的概念可知，从同相输入端输入信号时，实际上是对集成运放输入一对接近共模的输入信号，

$$u_-=u_+$$

$$i_1=\frac{u_-}{R_1}=\frac{u_+}{R_1}$$

$$i_f=\frac{u_o-u_-}{R_f}=\frac{u_o-u_+}{R_f}$$

由“虚断”的概念，

$$i_1=i_f$$

$$\frac{u_+}{R_1}=\frac{u_o-u_+}{R_f}$$

整理得输出电压与同相输入端电位的关系为

$$u_o=u_+\left(1+\frac{R_f}{R_1}\right) \tag{5.24}$$

式(5.24)表明了输出电压 u_o 与同相输入端电位 u_+ 之间有一个固定的关系。因此，准确地确定 u_+，是确定同相输入运算电路输出电压 u_o 的关键。

在图 5.17 所示电路中，$u_+ = u_i$。因此，同相比例运算放大电路的闭环电压放大倍数为

$$A_{uf} = \frac{u_o}{u_i} = 1 + \frac{R_f}{R_1} \tag{5.25}$$

由式(5.25)可知，同相比例运算放大电路的电压放大倍数不小于 1，而且输出电压与输入电压同相。

同相比例运算电路可以进行 $y = ax$ 的运算，且运算式中的系数 $a \geqslant 1$。当 $R_1 \to \infty$ 或 $R_f = 0$ 时，$A_{uf} = 1$，此电路称为跟随器。其性能和用途与前面所介绍的分立元件组成的射极跟随器完全相同。

同相输入运算电路属于深度电压串联负反馈。故同相输入运算电路的闭环输入电阻为

$$r_{if} = \frac{u_i}{i_i} \to \infty$$

输出电阻为 $r_o = 0$。

同相输入运算电路的运算精度除了考虑影响反相输入运算电路的所有因素外，由于同相输入运放相当于输入一对接近共模的输入信号，对集成运放的共模抑制比 K_{CMR} 的要求较高，这一特点限制了同相输入运算电路的使用场合。因此，同相输入运算电路的应用没有反相输入运算电路广泛。

图 5.17 中 R_2 为平衡电阻，$R_2 = R_1 /\!/ R_f$，作用与反相输入运算电路相同。

5.4.2 加法运算电路

1. 反相加法运算电路

在反相比例运算电路的基础上，增加一条(或几条)输入支路共接于反相输入端，便组成了反相加法运算电路。图 5.18 所示为具有三个输入支路的反相加法运算电路。

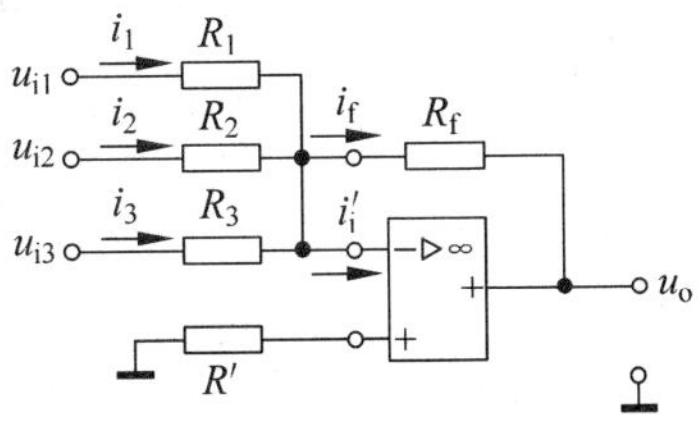

图 5.18　反相加法运算电路

由“虚地”的概念，$u_- \approx 0$，

$$i_1 = \frac{u_{i1}}{R_1} \quad i_2 = \frac{u_{i2}}{R_2} \quad i_3 = \frac{u_{i3}}{R_3} \quad i_f = -\frac{u_o}{R_f}$$

由“虚断”的概念，$i_i' \approx 0$，

$$i_1 + i_2 + i_3 = i_f$$

故

$$\frac{u_{i1}}{R_1} + \frac{u_{i2}}{R_2} + \frac{u_{i3}}{R_3} = -\frac{u_o}{R_f}$$

整理得

$$u_o = -\left(\frac{R_f}{R_1}u_{i1} + \frac{R_f}{R_2}u_{i2} + \frac{R_f}{R_3}u_{i3}\right) \tag{5.26}$$

当 $R_1 = R_2 = R_3 = R$ 时，

$$u_o = -\frac{R_f}{R}(u_{i1} + u_{i2} + u_{i3})$$

图中平衡电阻 $R' = R_1 /\!/ R_2 /\!/ R_3 /\!/ R_f$。

影响反相加法运算电路运算精度的因素与反相比例运算电路的相同。反相加法运算电路参数调整比较方便，改变某一输入支路的比例系数时，对其他支路的比例关系没有影响。

因此，这类加法运算电路应用比较广泛。

例 5.3 在图 5.18 所示电路中，已知 $R_f=100\text{k}\Omega$，$R_1=20\text{k}\Omega$，$R_2=40\text{k}\Omega$，$R_3=50\text{k}\Omega$，写出输出电压 u_o 与各输入电压的关系表达式。

解

$$\begin{aligned}u_o&=-\left(\frac{R_f}{R_1}u_{i1}+\frac{R_f}{R_2}u_{i2}+\frac{R_f}{R_3}u_{i3}\right)\\&=-\left(\frac{100\text{k}\Omega}{20\text{k}\Omega}u_{i1}+\frac{100\text{k}\Omega}{40\text{k}\Omega}u_{i2}+\frac{100\text{k}\Omega}{50\text{k}\Omega}u_{i3}\right)\\&=-(5u_{i1}+2.5u_{i2}+2u_{i3})\end{aligned}$$

反相加法运算电路可以进行 $y=a_1x_1+a_2x_2+a_3x_3$ 的运算。但是，运算式中的系数 a 均为负值，当要求算式中各系数均大于零时，在反相加法运算电路后面还需加入一级反相器。

2. 同相加法运算电路

在同相比例运算电路的基础上，增加一条(或几条)输入支路共接于同相输入端，便组成了如图 5.19 所示的同相加法运算电路。

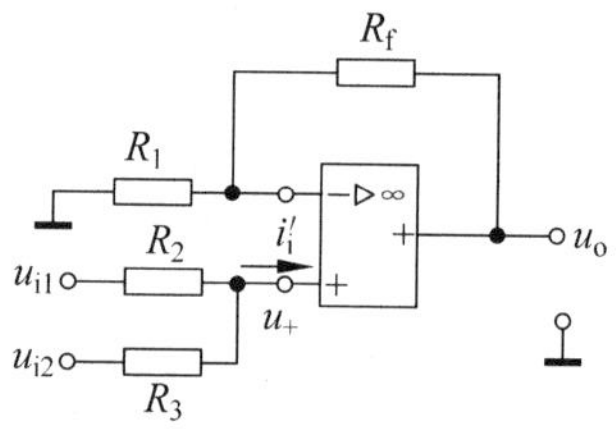

图 5.19 同相加法运算电路

由同相比例运算电路的推导过程[式(5.22)]已知，

$$u_o=u_+\left(1+\frac{R_f}{R_1}\right)$$

在图 5.19 所示电路中，由于 $i_i'\approx 0$，R_2 与 R_3 串联，同相输入端的电位为

$$\begin{aligned}u_+&=u_{i1}+(u_{i2}-u_{i1})\frac{R_2}{R_2+R_3}\\&=\frac{R_3}{R_2+R_3}u_{i1}+\frac{R_2}{R_2+R_3}u_{i2}\\&=k_1u_{i1}+k_2u_{i2}\end{aligned}$$

式中，

$$k_1=\frac{R_3}{R_2+R_3}\quad k_2=\frac{R_2}{R_2+R_3}$$

这样，

$$u_o=\left(1+\frac{R_f}{R_1}\right)(k_1u_{i1}+k_2u_{i2})\tag{5.27}$$

同相加法运算电路可以进行 $y=a_1x_1+a_2x_2$ 的运算，式中系数均为正值。当要求实现各系数均大于零的加法运算时，此电路结构比反相输入加法运算电路简单。但从式(5.27)中可以看出，系数 k_1、k_2 均要由电路中所有的电阻值共同决定，在取用电阻值时会相互影响和牵制，不太方便。因此，同相加法运算电路的应用不及反相加法运算电路广泛。

另外，同相输入运算放大电路因存在着共模输入电压，在输入信号时，应注意小于集成运放的共模输入范围，以保证电路能够正常工作。

5.4.3 减法运算电路

集成运算放大电路采用双端输入方式便可实现减法运算。在图 5.20 中，输入信号 u_{i1} 和 u_{i2} 分别从反相输入端和同相输入端输入，输出端仍然通过反馈电阻 R_f 接入反相输入端，构成负反馈。

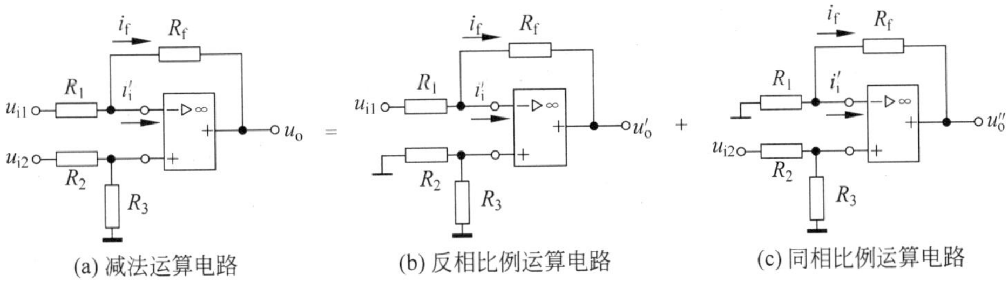

图 5.20　减法运算电路

由于电路引入深度的负反馈，其闭环电压放大倍数仅与反馈环节有关，输出与输入为线性关系。因此，输出电压 u_o 与输入电压 u_i 的关系可以利用叠加原理求得。

当输入电压 u_{i1} 单独作用时，电路如图 5.20(b)所示，为反相比例运算电路。可得

$$u_o' = -\frac{R_f}{R_1}u_{i1}$$

当输入电压 u_{i2} 单独作用时，电路如图 5.20(c)所示，为同相比例运算电路。可得

$$u_+'' = \frac{R_3}{R_2+R_3}u_{i2}$$

$$u_o'' = \left(1+\frac{R_f}{R_1}\right)\left(\frac{R_3}{R_2+R_3}\right)u_{i2}$$

根据叠加原理

$$u_o = \left(1+\frac{R_f}{R_1}\right)\left(\frac{R_3}{R_2+R_3}\right)u_{i2} - \frac{R_f}{R_1}u_{i1} \tag{5.28}$$

如选择

$$\frac{R_f}{R_1} = \frac{R_3}{R_2}$$

得

$$u_o = \frac{R_f}{R_1}(u_{i2}-u_{i1})$$

当 $R_f = R_1$ 时，$u_o = u_{i2} - u_{i1}$。

双端输入电路可以进行 $y = a_1x_1 - a_2x_2$ 的运算，故又称减法运算电路。双端输入运算放大电路常作为比较放大器用。其输出电压的大小正比于两输入电压的差值，其极性也由输入电压的差值决定。当 $u_{i2} > u_{i1}$ 时，输出电压极性为正；反之，输出电压极性为负。比较放大器在自动控制中得到广泛应用。

双端输入运算放大电路同样存在共模输入电压，所以，影响其运算精度的因素与同相输入运算放大电路完全相同。同样，输入信号应注意小于集成运放的共模输入范围，以保证电路能够正常工作。

例 5.4　试计算如图 5.21 所示运算放大电路输出电压 U_o 的数值。

解　运算放大电路与分立元件组成的放大电路一样，也可由几级组成，前一级的输出是后一级的输入，依此类推。本例中 A_1 为反相加法运算电路，A_2 为同相比例运算电路，A_1 和 A_2 的输出分别输入到 A_3 的反相输入端和同相输入端，故 A_3 为双端输入减法运算电路。

A_1 的输出电压 U_{o1} 为

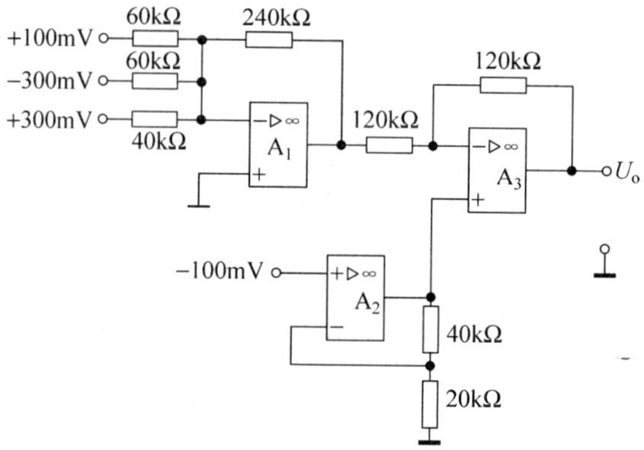

图 5.21 例 5.4 用图

$$\begin{aligned}U_{o1} &=-\left(\frac{R_f}{R_1}u_{i1}+\frac{R_f}{R_2}u_{i2}+\frac{R_f}{R_3}u_{i3}\right)\\&=-\left[\frac{240\text{k}\Omega}{60\text{k}\Omega}\times 100\text{mV}+\frac{240\text{k}\Omega}{60\text{k}\Omega}\times(-300\text{mV})+\frac{240\text{k}\Omega}{40\text{k}\Omega}\times 300\text{mV}\right]\\&=-(400\text{mV}-1200\text{mV}+1800\text{mV})=-1000\text{mV}\end{aligned}$$

A_2 的输出电压 U_{o2} 为

$$U_{o2}=\left(1+\frac{40\text{k}\Omega}{20\text{k}\Omega}\right)\times(-100\text{mV})=-300\text{mV}$$

A_3 的输出电压 U_o 为

$$\begin{aligned}U_o&=-\frac{120\text{k}\Omega}{120\text{k}\Omega}\times(-1000\text{mV})+\left(1+\frac{120\text{k}\Omega}{120\text{k}\Omega}\right)\times(-300\text{mV})\\&=1000\text{mV}-600\text{mV}=400\text{mV}\end{aligned}$$

5.4.4 积分电路与微分电路

1. 积分电路

积分电路如图 5.22 所示。从图中可以看出，积分电路的结构与反相输入运算电路相同，只是用电容器 C_f 代替了反馈电阻 R_f，由于积分电路也是反相输入运算电路，故“虚地”的概念仍然成立，$u_-=0$。同时，由“虚断”的概念，$i_i'=0$，$i_1=i_f$。

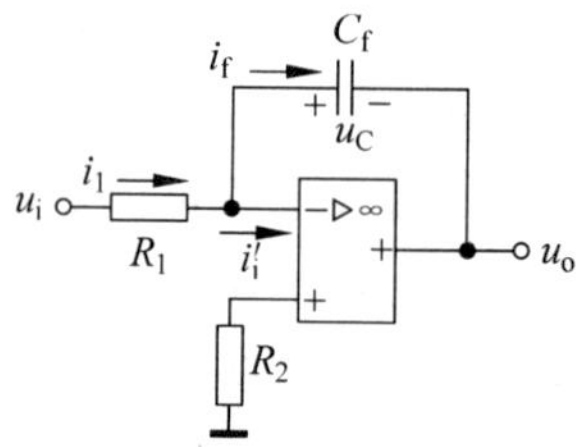

图 5.22 积分电路

图中，

$$i_1=\frac{u_i}{R_1}=i_f$$

$$u_c=u_--u_o=-u_o$$

$$i_f=C_f\frac{du_c}{dt}=-C_f\frac{du_o}{dt}$$

$$u_o=-\frac{1}{C_f}\int i_f dt=-\frac{1}{C_f}\int i_1 dt=-\frac{1}{R_1C_f}\int u_i dt \tag{5.29}$$

由式(5.29)可知，输出电压 u_o 与输入电压 u_i 为积分关系，故称为积分电路。

例 5.5 在图 5.22 中，如已知 $C_f=1\mu\text{F}$，$R_1=R_2=100\text{k}\Omega$，试写出输出电压的表达式。

当输入电压为一直流电压 U_i 时，输出电压的表达式又如何？

解

$$\frac{1}{R_1C_f}=\frac{1}{100\times10^3\times1\times10^{-6}}=10$$

得

$$u_o=-10\int u_i\mathrm{d}t$$

当输入电压为直流电压 U_i 时，输出电压是时间的一次函数，$u_o=-10U_it$，在 $u_o<U_{om}$ 时，$u_o=-10U_it$。当 $u_o=U_{om}$时，u_o 不再增加。其输出电压的波形如图 5.23 所示。

图 5.22 所示的电路在作积分运算时，由于集成运放输入失调电压和失调电流、输入偏置电流、温漂以及电容器漏电等的影响，常出现积分误差。故应选择以上有关参数性能较好的集成运放和漏电较小的电容器，以减小积分误差。

当输入信号是一系列方波时，可采用如图 5.24 所示的电路。利用 R_f 引入的直流负反馈来抑制前述的各种原因引起的积分漂移现象。但积分常数 R_fC 应远远大于方波周期 T 的一半。以减小由 R_f 自身造成的积分误差。

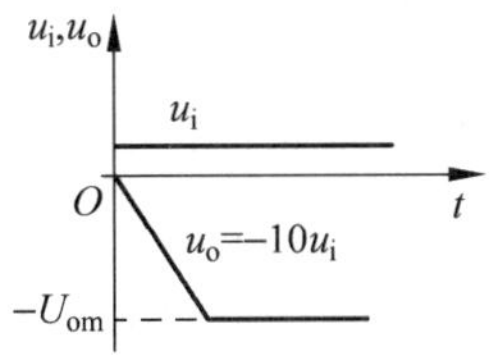

图 5.23　例 5.5 用图

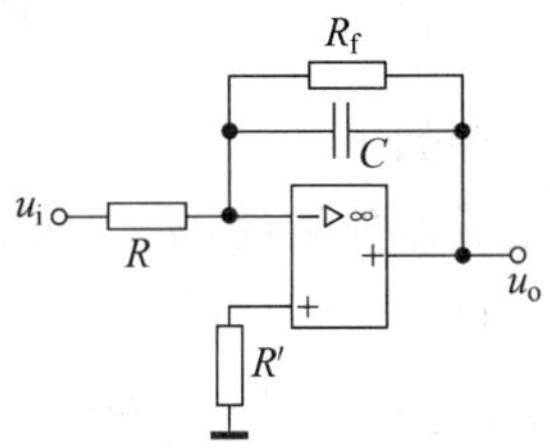

图 5.24　改进后的积分电路

2. 微分电路

将积分电路中的电阻 R 与电容器 C 位置对调，便构成了微分电路。如图 5.25 所示。

图中，$u_-=u_+=0$，$i_1=i_f$。

其中，

$$i_1=C\frac{\mathrm{d}u_c}{\mathrm{d}t}=C\frac{\mathrm{d}u_i}{\mathrm{d}t}\quad i_f=-\frac{u_o}{R_f}$$

则

$$C\frac{\mathrm{d}u_i}{\mathrm{d}t}=-\frac{u_o}{R_f}$$

$$u_o=-R_fC\frac{\mathrm{d}u_i}{\mathrm{d}t}\tag{5.30}$$

即输出电压 u_o 与输入电压 u_i 为微分关系，故称为微分电路。

当输入信号为一系列方波时，微分电路可将方波变成尖顶波。输出信号波形如图 5.26 所示。

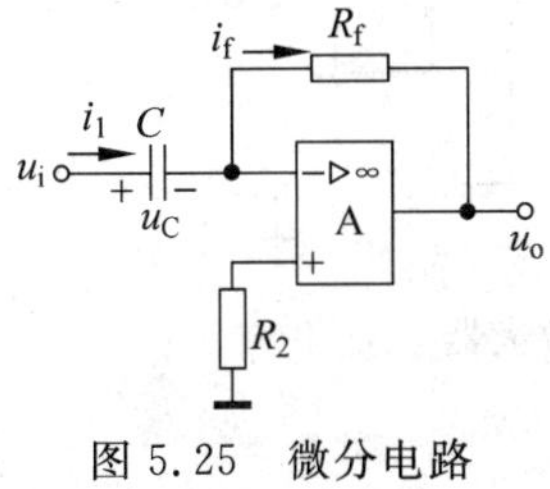

图 5.25　微分电路

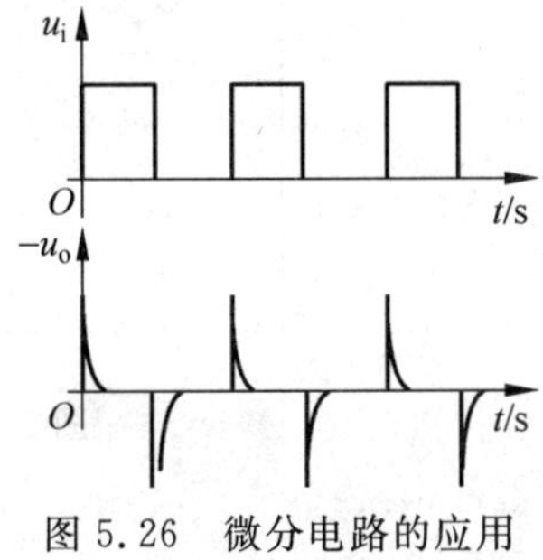

图 5.26　微分电路的应用

5.4.5 测量放大器

测量放大器是用途很广、精度很高的放大器，常用的测量放大器如图 5.27 所示。

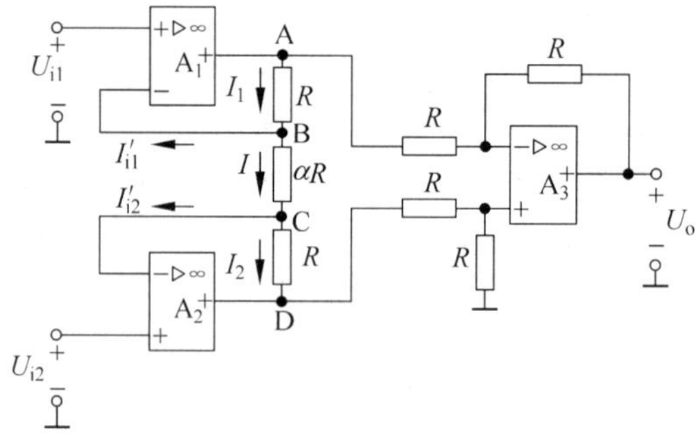

图 5.27 测量放大器

电路工作原理如下：

根据理想集成运放结论：$u_- = u_+$，$i'_i = 0$ 可知，对于 A_1、A_2 而言，

$$U_B = U_{i1} \quad U_C = U_{i2}$$

$$I_1 = I_2 = I = \frac{U_B - U_C}{\alpha R} = \frac{U_{i1} - U_{i2}}{\alpha R}$$

$$U_{AD} = I(R + \alpha R + R) = \frac{U_{i1} - U_{i2}}{\alpha R}(2R + \alpha R) = (U_{i1} - U_{i2})\left(1 + \frac{2}{\alpha}\right)$$

A_3 为双端输入运算放大器，当四个电阻均为 R 时

$$U_o = \frac{R_f}{R_1}(U_D - U_A) = U_D - U_A = -U_{AD} = \left(1 + \frac{2}{\alpha}\right)(U_{i2} - U_{i1}) \tag{5.31}$$

测量放大器有以下几个特点：

(1) 当输入电压 U_{i1}、U_{i2} 不变时，调节 α 便可调整输出电压 U_o。

(2) 此电路具有非常高的输入电阻，对被测量的影响很小。

(3) 当电路其他参数一定时，输出电压正比于 U_{i1} 与 U_{i2} 的差值。

在测量放大器前面接入一个电桥可构成电桥放大器，如图 5.28 所示。

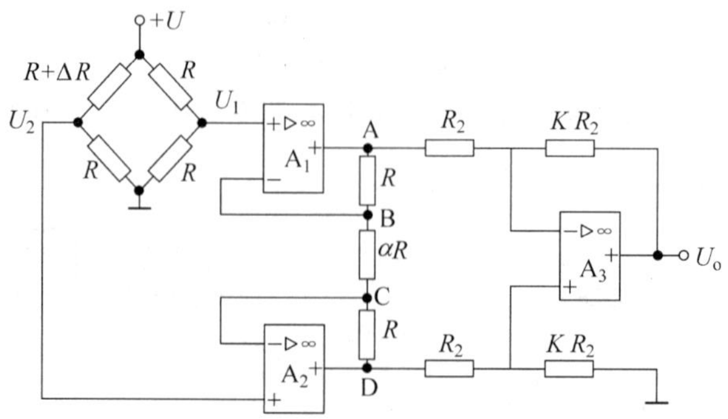

图 5.28 带电桥的测量放大器

在非电测量中，非电量通过传感装置变成电阻（或阻抗），用这个电阻（或阻抗）构成电桥，此电桥与测量放大器一起组成电桥放大器，便很容易实现电阻或阻抗到输出电压的线性转变。在非电量的测量过程中，非电量的变化通过传感装置转换成电阻（或阻抗）的变化（ΔR 或 ΔZ），使电桥失去平衡，而这一变化反映到输出电压（$\Delta U=U_2-U_1$）上，再通过测量放大器放大后以确定非电量的变化情况。

整个电路的工作原理如下：

由前述可知

$$U_o=\frac{R_f}{R_1}(U_D-U_A)=K\left(1+\frac{2}{\alpha}\right)(U_2-U_1)$$

式中 K 为电阻 R_f 与 R_1 的比值。

根据“虚断”的概念，集成运放的净输入电流为零。故

$$U_1=U\frac{R}{R+R}=\frac{1}{2}U$$

$$U_2=U\frac{R}{R+\Delta R+R}=U\frac{R}{2R+\Delta R}$$

所以

$$U_2-U_1=U\left(\frac{R}{2R+\Delta R}-\frac{1}{2}\right)=-\frac{U}{4}\left(\frac{\delta}{1+\dfrac{\delta}{2}}\right)$$

式中 $\delta=\dfrac{\Delta R}{R}$。

输出电压为

$$U_o=\frac{-K}{4}\left(1+\frac{2}{\alpha}\right)\frac{\delta}{1+\dfrac{\delta}{2}}U \tag{5.32}$$

当式(5.22)中 K、α、U 为常数时，U_o 仅取决于 δ，若 $\delta\ll 1$，则

$$U_o=\frac{-K}{4}\left(1+\frac{2}{\alpha}\right)U\delta \tag{5.33}$$

所以在电桥趋于平衡时 $U_o\propto\delta$。

值得注意的是，不仅输出电压的大小正比于 δ 值，而且输出电压的极性也取决于 δ 值，由式(5.33)可知，当 $\delta>0$ 时，$U_o<0$；当 $\delta<0$ 时，$U_o>0$。电桥放大电路在非电测量中应用很广。

5.4.6 电压比较器

电压比较器是用来判断输入电压和基准电压之间数值大小的电路。通常由集成运算放大器组成。

在前面讨论的运算放大电路中，集成运放工作在线性放大状态，运算放大电路处于深度负反馈中，其输出电压与输入电压成正比。作为电压比较器时，集成运放工作在开环状态。由于其自身的电压放大倍数很大，只要有微小的净输入电压就足以使集成运放处于饱和工作状态，所以它的输出只有两种可能：当 $u_+>u_-$ 时，输出高电位 U_{OH}，其极性为正，数值接

近正电源电压值；当 $u_{+}<u_{-}$ 时，输出低电位 U_{OL}，其极性为负，数值接近负电源电压值。工作时，电压比较器的一个输入端输入基准电压 U_B，另一端则输入要与基准电压进行比较的电压 u_i。

电压比较器广泛应用于数字仪表、模/数转换、自动检测、自动控制、波形变换等方面。

1. 单门限电压比较器

1）过零电压比较器

过零电压比较器的电路如图 5.29(a)所示。同相输入端接地，反相输入端输入信号 u_i。此时 $u_{+}=U_B=0$，$u_{-}=u_i$。当输入电压 $u_i<0$ 时，输出正饱和电压，$u_o=U_{OH}\approx+U_{CC}$，当 $u_i>0$ 时，输出负饱和电压，$u_o=U_{OL}\approx-U_{CC}$。设输入电压 $u_i=U_m\sin\omega t$，可得输出波形在 u_i 过零点时发生变化。从图 5.29(b)所示的波形中可以看出，电压比较器将输入的连续变化量（模拟量）变成跃变的矩形波（数字量）输出。所以它往往作为联系模拟电路与数字电路的桥梁。

从电压比较器的工作原理还可以看出，输出电压的大小仅与输入电压的大小有关，而与输入电压的波形无关。若以输入电压为横坐标、输出电压为纵坐标，可画出输出电压随输入电压变化的关系曲线，称之为传输特性。图 5.29 所示的过零电压比较器的传输特性如图 5.30 所示。传输特性实质性地反映了电压比较器的特性，是分析这类电路的依据。

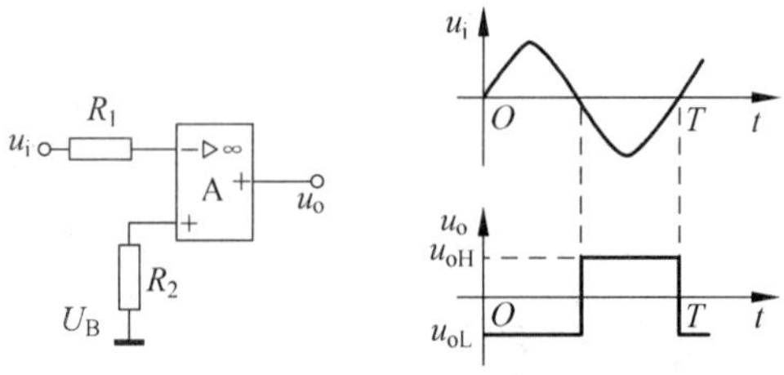

(a) 电路　(b) 输入输出电压波形

图 5.29　过零电压比较器

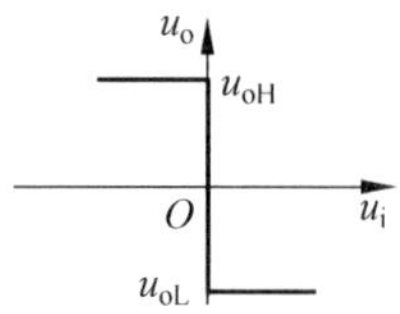

图 5.30　电压传输特性

为了使比较器的输出电压稳定，同时可改变稳定的输出电压值，常在比较器的输出连接一个双向稳压管 D_Z，如图 5.31(a)所示。

2）非零电压比较器

将放大器的一个输入端接入一个非零的基准电压 U_B，使电路的输出电压在 U_B 处翻转发生变化，就构成非零电压比较器，如图 5.31(a)所示。由于输出端采用双向稳压管 D_Z，所以输出电压固定在 $\pm U_Z$ 上。当 $u_i>U_B$ 时，$u_o=U_{OL}=-(U_D+U_Z)$，当 $u_i<U_B$ 时，$u_o=U_{OH}=U_D+U_Z$，其传输特性如图 5.31(b)所示。

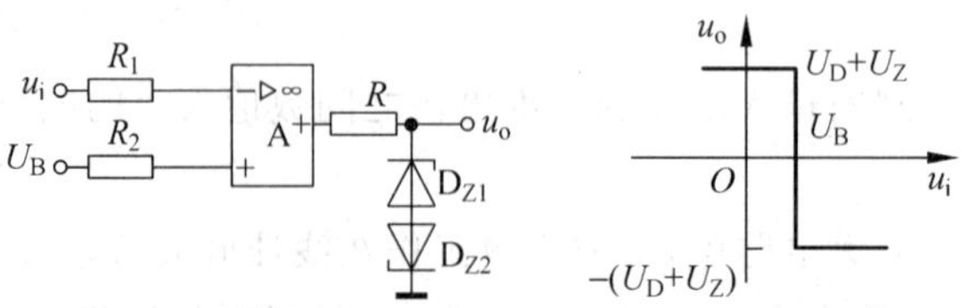

(a) 电路　(b) 电压传输特性

图 5.31　非零电压比较器

前述的电压比较器均为同相输入端接基准电压 U_B，反相输入端接输入电压 u_i，当 $u_i > U_B$ 时输出低电位，$u_i < U_B$ 时输出高电位。要想改变输出电压的极性，即希望 $u_i > U_B$ 时输出高电位，当 $u_i < U_B$ 时输出低电位，只需将 u_i 与 U_B 的输入端对调即可。

单门限电压比较器具有结构简单、灵敏度高等优点，但这类比较器的抗干扰能力差。如果比较器的输入电压在基准电压 U_B 附近受到干扰时，将使比较器产生误动作，如图 5.32 所示。这是因为此类比较器只设置了一个比较门限，不管电压增加还是减小经过此门限时，电路都要产生动作。为了克服这一缺点，实际应用中常采用多门限电压比较器。最常用的是迟滞比较器。

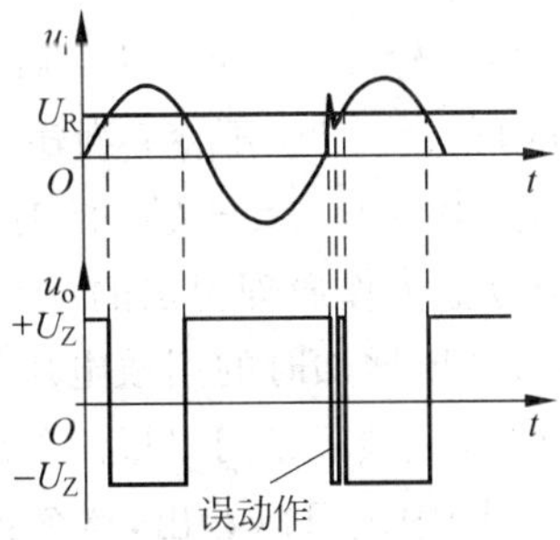

图 5.32 单门限比较器易产生误动作

2. 迟滞比较器

单门限比较器抗干扰能力差的原因是在单一的门限值上双向敏感。如电路设置两个门限值，使输入电压增加时的门限值与输入电压减小时的门限值不同，电路只对某一个方向变化的电压敏感，将双向敏感改为单向敏感，便可提高电路的抗干扰能力。

迟滞比较器在结构上引入了正反馈，使集成运放不可能工作在线性放大区。这样不仅加快了输出电压的变化过程，而且还给电路提供了两个不同极性的参考电压，使电路在参考电压上单向敏感，产生回环。

1）反相输入迟滞比较器

待比较的输入电压从反相输入端输入的迟滞比较器电路如图 5.33 所示。由电路结构可得参考电压 U_B 为

$$U_B = u_o \frac{R_2}{R_2 + R_3}$$

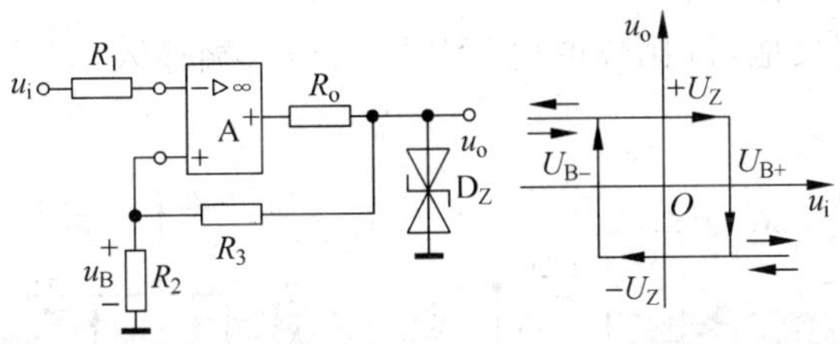

(a) 电路　　(b) 电压传输特性

图 5.33 反相输入迟滞比较器

式中 $u_o = \pm U_Z$，与前面的电路相比，参考电压 U_B 是变化的。设输入电压 u_i 很小，电路输出高电位 $U_{OH} = +U_Z$，此时参考电位 U_{B+} 为

$$U_{B+} = +U_Z \frac{R_2}{R_2 + R_3}$$

输入电压 u_i 增加时，只要小于参考电压 U_{B+}，输出电压 u_o 保持 $U_{OH} = +U_Z$ 不变；当输入电压增加到大于参考电压 U_{B+} 时，输出电压由高电位 U_{OH} 跃变到低电位 $U_{OL} = -U_Z$，此时

参考电压也跃变为

$$U_{B-}=-U_Z\frac{R_2}{R_2+R_3}$$

当电路输出 $U_{OL}=-U_Z$ 后，如输入电压 u_i 减小时，只要大于参考电压 U_{B-}，输出电压 u_o 保持 $U_{OL}=-U_Z$ 不变；当输入电压减小到小于参考电压 U_{B-} 时，输出电压由低电位 U_{OL} 跃变到高电位 $U_{OH}=+U_Z$，此时参考电压也跃变为 U_{B+}。以后的过程周而复始。

由以上工作原理得出的电压传输特性如图 5.33(b)所示。从特性曲线中可清楚地看出，输入电压增加时的门限电压值 U_{B+} 和输入电压减小时的门限电压值 U_{B-} 不同。电路出现干扰时，只要不大于 $2U_B$，电路输出不会发生变化，从而使抗干扰的能力大大增加。从图 5.33(b)中还可以看出，整个传输特性曲线犹如一个磁滞回线，故迟滞比较器又称滞回比较器。

例 5.6 在图 5.33 所示迟滞比较器中，已知 $R_2=10\text{k}\Omega$，$R_3=20\text{k}\Omega$，$U_Z=\pm 9\text{V}$，试确定其电压传输特性的各点的数值。

解 由比较器的工作原理可知，当 $u_-=u_+=u_B$ 时输出电压发生变化。图中

$$u_B=\frac{R_2}{R_2+R_3}u_o=\pm\frac{R_2}{R_2+R_3}U_Z$$

$$=\pm\frac{10}{10+20}\times 9=\pm 3(\text{V})$$

得 $U_{B+}=3\text{V}$，$U_{B-}=-3\text{V}$。

设开始时输入电压很低，比较器反相输入端电位小于同相输入端电位，此时电路输出高电位 9V；当输入电压增加到使 $u_i=u_->U_{B+}=3\text{V}$ 时，比较器反相输入端电位大于同相输入端电位，电路输出低电位 −9V。输入电压再增加，输出电压不变。只有当输入电压减小到使 $u_i=u_-<U_{B-}=-3\text{V}$ 时，电路的输出电压才转变为高电位 +9V。所以，电压传输特性仍如图 5.33(b)所示。其对应的各点数值为：$U_{B+}=3\text{V}$，$U_{B-}=-3\text{V}$，$U_{oH}=+U_Z=+9\text{V}$，$U_{OL}=-U_Z=-9\text{V}$。

2）同相输入迟滞比较器

如果将反相输入端接地，待比较的电压从同相输入端输入，则构成同相输入迟滞比较器。如图 5.34 所示。

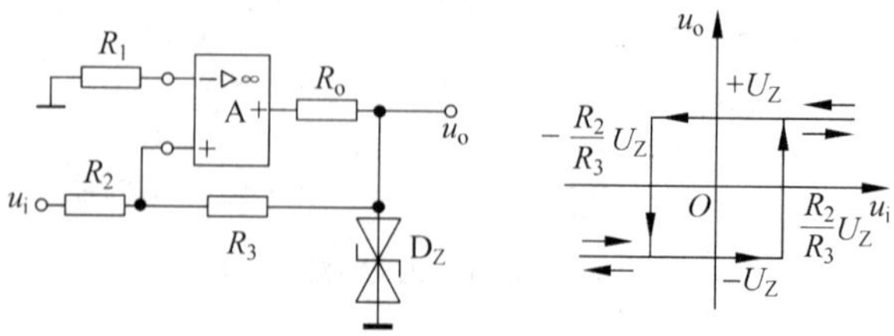

(a) 电路　　(b) 电压传输特性

图 5.34 同相输入迟滞比较器

图 5.34 中，反相输入端的电位 $u_-=0$。根据叠加原理，同相输入端的电位 u_+ 可由 u_i 和 u_o 单独作用时的 u_+ 叠加后求得

$$u_+ = \frac{R_3}{R_2+R_3}u_i + \frac{R_2}{R_2+R_3}u_o = \frac{R_3}{R_2+R_3}u_i \pm \frac{R_2}{R_2+R_3}U_Z$$

当 $u_+ = u_- = 0$ 时，电路输出发生变化。此时对应的输入电压值即为门限值

$$u_i = \mp \frac{R_2}{R_3}U_Z$$

即当输入电压增加时，只要 $u_i < \frac{R_2}{R_3}U_Z$，$u_+ < u_- = 0$，$u_o = -U_Z$，只有当 $u_i > \frac{R_2}{R_3}U_Z$ 时，输出电压跃变为 $u_o = U_Z$；当输入电压减小时，只要 $u_i > -\frac{R_2}{R_3}U_Z$，$u_+ > u_- = 0$，$u_o = +U_Z$，只有当 $u_i < -\frac{R_2}{R_3}U_Z$ 时，输出电压跃变为 $u_o = -U_Z$。电压传输特性如图 5.34(b)所示。

如果将反相输入迟滞比较器或同相输入迟滞比较器电路中的电阻 R_2 由接地改为接入一个参考电压 U_B，如图 5.35 所示。电路的电压传输特性将不是以纵轴对称，而是将沿横轴左右移动。但工作原理仍然是在同相输入端的电位与反相输入端的电位相等时电路输出电压产生翻转。下面举一例加以讨论。

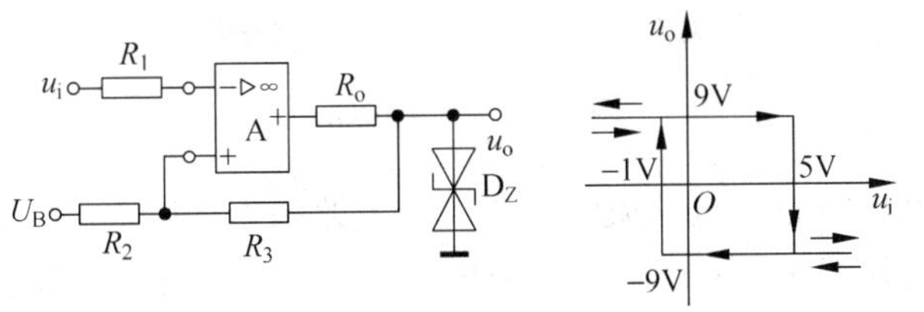

(a) 电路　　(b) 电压传输特性

图 5.35　例 5.7 用图

例 5.7　在图 5.35 所示迟滞比较器中，已知 $R_2=10\text{k}\Omega$，$R_3=20\text{k}\Omega$，$U_B=3\text{V}$，$U_Z=\pm 9\text{V}$，试画出其电压传输特性。

解　由比较器的工作原理可知，当 $u_- = u_+$ 时输出电压发生变化。应用叠加原理，同样可求出图中的 u_+ 为

$$u_+ = \frac{R_3}{R_2+R_3}U_B + \frac{R_2}{R_2+R_3}u_o = \frac{R_3}{R_2+R_3}U_B \pm \frac{R_2}{R_2+R_3}U_Z$$

$$= \frac{20}{10+20}\times 3 \pm \frac{10}{10+20}\times 9 = (2\pm 3)(\text{V})$$

得 $U_{+H}=5\text{V}$，$U_{+L}=-1\text{V}$。

设开始时输入电压很低，比较器反相输入端电位小于同相输入端电位，电路输出高电位 9V；当输入电压增加到使 $u_i = u_- > U_{+H} = 5\text{V}$ 时，比较器反相输入端电位大于同相输入端电位，电路输出低电位 −9V。输入电压再增加，输出电压不变。只有当输入电压减小到使 $u_i = u_- < U_{+L} = -1\text{V}$ 时，电路的输出电压才转变为高电位 +9V。电压传输特性如图 5.35(b)所示。

比较例 5.6 和例 5.7 可知，例 5.7 的电压传输特性为例 5.6 的电压传输特性向右平移了一段距离所得。此段距离 ΔU 为

$$\Delta U = \frac{R_3}{R_2+R_3}U_B = \frac{20}{10+20}\times 3 = 2(\text{V})$$

前面讨论到迟滞比较器可以提高抗干扰能力。但是，随着抗干扰能力的提高又带来反应能力降低的问题，如果输入信号的变化范围在 $2U_B$ 之内，输出信号将不会发生变化，因此电路灵敏度降低。所以，抗干扰能力与灵敏度之间是有矛盾的。实际使用时要注意这个问题。

3. 窗口比较器

前述的比较器在输入信号单方向变化时，输出信号仅发生一次跃变，如果需要在单方向变化时输出发生两次跃变时，则需要采用窗口比较器。常见的窗口比较器如图 5.36(a) 所示。

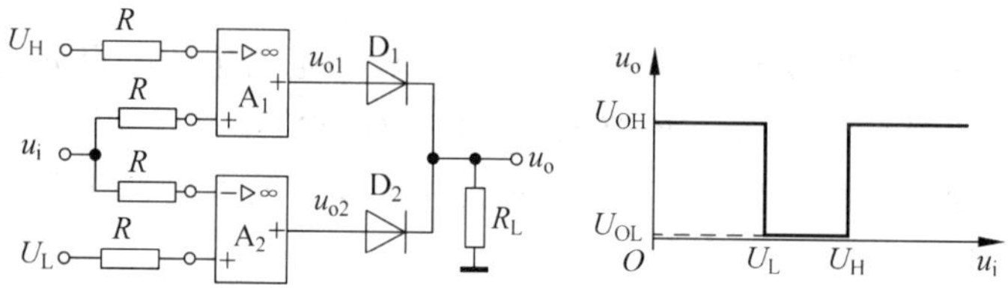

(a) 电路　　(b) 电压传输特性

图 5.36　窗口比较器

图中设高门限电压为 U_H，低门限电压为 U_L，电路的工作原理如下：

当 $u_i<U_L$ 时，比较器 A_1 的 $u_+<u_-$，输出电压 u_{o1} 为低电位，二极管 D_1 截止，而比较器 A_2 的 $u_+>u_-$，输出电压 u_{o2} 为高电位，二极管 D_2 导通，输出电压 u_o 为高电位 U_{oH}。

当 $u_i>U_H$ 时，比较器 A_2 的 $u_+<u_-$，输出电压 u_{o2} 为低电位，二极管 D_2 截止，而比较器 A_1 的 $u_+>u_-$，输出电压 u_{o1} 为高电位，二极管 D_1 导通，输出电压 u_o 为高电位 U_{oH}。

当 $U_L<u_i<U_H$ 时，比较器 A_1 和比较器 A_2 的 u_+ 均低于 u_-，输出电压 u_{o1} 和 u_{o2} 均为低电位，二极管 D_1 和 D_2 均截止，输出电压 u_o 为低电位 U_{OL}。其电压传输特性如图 5.36(b) 所示。

从电压传输特性可以看出，窗口比较器实质上是由两个不同输入方式的、门限值不同的单门限电压比较器并联组成。输入信号同时进入两个比较器，利用二极管的单向导电作用，使得电路仅输出同相输入电压比较器中的 $u_i>U_H$ 的部分和反相输入电压比较器中的 $u_i<U_L$ 的部分。而在 $U_L<u_i<U_H$ 的部分将形成窗口。所以，窗口比较器要能形成窗口，必须保证同相输入电压比较器中的基准电压 U_H 大于反相输入电压比较器中基准电压 U_L。否则输出电压将无"窗口"可言，输出一直为高电位。这是在使用或设计窗口比较器所必须注意的。

当要求在 $U_L<u_i<U_H$ 时输出高电位，而在输入其他电压时输出低电位时，可将 U_L 与 U_H 的输入端对调，并将两个二极管的两个电极对调即可。当然，在图 5.36(a) 所示电路的输出端后面接入一个反相器也能达到此目的。

小　　结

(1) 集成电路运算放大器的特点是，具有高电压放大倍数、直接耦合、多级放大。它一般由输入级、中间级、输出级和偏置电路四部分组成。为了抑制温漂和提高共模抑制比，常采用差动放大电路作输入极；由有源负载的复合管组成电压放大级；甲乙互补对称功率放大电路常用作输出级。

（2）差动放大电路是集成电路运算放大器的重要组成单元，它既能放大直流信号，又能放大交流信号；它对差模信号具有很强的放大能力，而对共模信号却具有很强的抑制能力。

（3）基本差动放大电路（或称为长尾式差动放大电路）是靠以下两方面来抑制零漂：一是利用了电路的对称性，采用双端输出方式，使两个管子的零漂电压在输出端相互抵消；二是射极接了大电阻 R_e，也就是引进了电流负反馈，从单管着手，稳定静态工作点。

（4）差动放大电路有两个输入端 u_{i1} 和 u_{i2}，两个输入信号的差值称为差模输入信号 $u_{id}=u_{i1}-u_{i2}$；两个输入信号的算术平均值称为共模输入信号 $u_{ic}=(u_{i1}+u_{i2})/2$。任意两个输入信号 u_{i1} 和 u_{i2} 都可用差模信号和共模信号表示，即 $u_{i1}=u_{ic}+u_{id}/2$，$u_{i2}=u_{ic}-u_{id}/2$。当 $u_{i1}=-u_{i2}=u_{id}/2$ 称为差模输入方式；$u_{i1}=u_{i2}=u_{ic}$ 称为共模输入方式。

（5）差动放大电路的静态分析方法与第2章基本放大电路的分析方法在本质上是一样的，不过要注意以下两点（以长尾式差放为例）：

① 静态时 T_1、T_2 的输入端应接地。

② R_e 应折合到射极支路，其值为 $2R_e$。

（6）在差动放大电路的动态分析中，由于差放电路完全对称，故整个差放电路的放大倍数与半边电路的电压放大倍数完全相同，因此分析时只进行半边电路的分析即可。

（7）集成运算放大器线性应用时的两个重要概念：（1）“虚短”，$u_+\approx u_-$；（2）“虚断”，$i_i'\approx 0$。

（8）集成运算放大器的基本运算放大电路可分为比例运算、加法运算、减法运算、积分与微分运算。其中比例运算和加法运算又可分为反相输入电路和同相输入电路两种类型。

（9）反相输入运算放大电路的分析要点为掌握好“虚地”的概念，它是“虚短”的概念在反相输入时的具体体现。

（10）同相输入运算放大电路的输出电压与同相输入端的电位有一个固定的关系，所以，准确求出同相输入端的电位是求解同相输入运算放大电路的关键。

（11）对于不同的运算放大电路，应弄清它的电路结构并掌握它的输出与输入的关系。

（12）测量放大器特点是高输入电阻，这样可减小对被测量的影响。此外，测量放大器还应具有高共模抑制比、零点漂移小等特点，以便在有用信号微弱、共模干扰大的场合能较好地工作。

（13）电压比较器是集成运算放大器工作于非线性状态下的应用。由于输入通常为模拟量，输出为数字量，所以，电压比较器往往是联系模拟电路和数字电路的桥梁。由于集成运放工作在开环状态，其自身的电压放大倍数很大，只要有微小的净输入电压就足以使集成运放处于饱和工作状态，所以它的输出只有两种可能：当 $u_+>u_-$ 时，输出高电位 U_{OH}，其极性为正，数值接近正电源电压值；当 $u_+<u_-$ 时，输出低电位 U_{OL}，其极性为负，数值接近负电源电压值。

（14）电压比较器分为单门限比较器和多门限比较器两类。单门限比较器结构简单、方便，但抗干扰能力差。多门限比较器具有抗干扰能力强、翻转速度快等优点。

习　题

5.1　直接耦合放大电路产生零点漂移的主要原因是________。

5.2　相同的条件下，阻容耦合放大电路的零点漂移比直接耦合放大电路________，这是由于________。

5.3　差动放大电路在结构上有什么特点________。

A. 两个晶体管的参数对称相等、基极回路和集电极回路的电阻值相等、共用一个发射极电阻；

B. 两个晶体管的 $\beta_1=\beta_2$、基极回路和集电极回路的电阻值相等、共用一个发射极电阻；

C. 两个晶体管的参数对称相等、共用一个发射极电阻。

5.4　在长尾式差动放大电路中，R_e 的主要作用是________。

5.5　双端输出时，理想的差动放大电路的共模输出等于________；共模抑制比等于________。

5.6　单端输入差动放大电路，输入信号的极性与同侧晶体管集电极信号的极性________；与另外一侧晶体管集电极信号的极性________。

5.7　若在差动放大器的一个输入端加上信号 $u_{i1}=4\text{mV}$，而在另一输入端加入信号 u_{i2}。当 u_{i2} 分别为

（1）$u_{i2}=4\text{mV}$

（2）$u_{i2}=-4\text{mV}$

（3）$u_{i2}=-6\text{mV}$

（4）$u_{i2}=6\text{mV}$

时，分别求出上述四种情况的差模信号 u_{id} 和共模信号 u_{ic} 的数值。

5.8　题图5.8所示电路是一个单端输入-单端输出差动放大电路。已知 $\beta=50$，$U_{BE}=0.7\text{V}$，$r_b=300\Omega$，求电压放大倍数。

5.9　某差动放大电路如题图5.9所示，设两管的 $\beta=50$，$r_b=300\Omega$，$U_{BE}=0.7\text{V}$，R_P 的影响可以忽略不计，试估算：

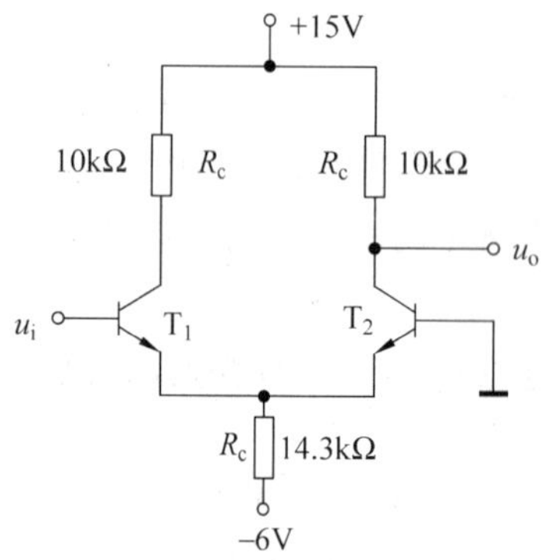

题图　5.8

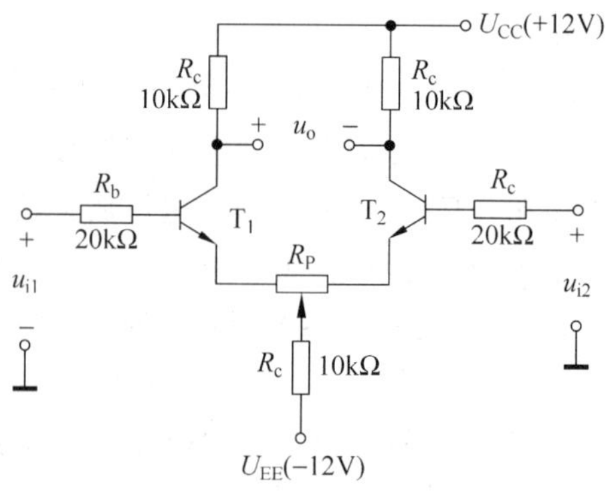

题图　5.9

(1) T_1、T_2 的静态工作点；

(2) 差模电压放大倍数。

5.10 电路如题图 5.10 所示，$R_{e1}=R_{e2}=100\Omega$，$\beta=100$，$U_{BE}=0.6V$，求

(1) 静态工作点(I_{B1}、I_{C1}、U_{CE1})；

(2) 若 $u_{i1}=0.1V$，$u_{i2}=-0.1V$，求输出电压 u_o 的值；

(3) 当 c_1、c_2 间接入负载电阻 $R_L=5.6k\Omega$ 时，求 u_o 的值；

(4) 求电路的差模输入电阻 R_{id}、共模输入电阻 R_{ic} 和输出电阻 R_o。

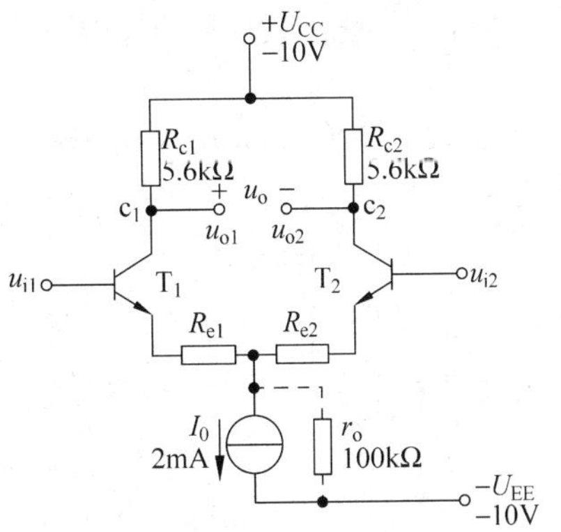

题图 5.10

5.11 把两个晶体管按一定方式组合起来构成复合管。组成复合管的条件是使复合起来的管子都处于________状态，即满足发射结________、集电结________，各电极的电流能合理地流动。复合管的类型由第________个晶体管决定。

5.12 运算放大电路如题图 5.12 所示，写出输出电压 u_o 的表达式。

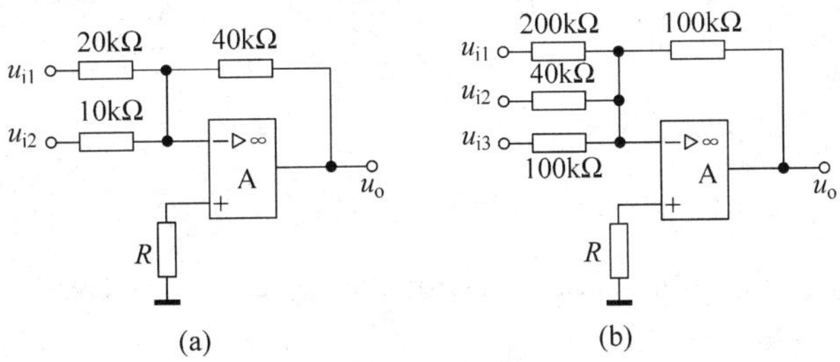

题图 5.12

5.13 运算放大电路如题图 5.13 所示，写出输出电压 u_o 的表达式。

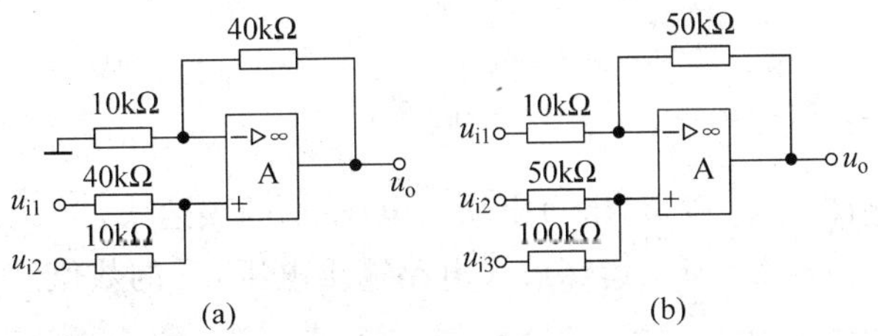

题图 5.13

5.14 试用一个集成运算放大器及电阻元件组成运算放大电路以完成以下运算，并绘出运算放大电路原理图。设 $R_F=100k\Omega$。

(1) $u_o=-2u_{i1}-5u_{i2}$

(2) $u_o=3u_{i1}+4u_{i2}$

(3) $u_o=4(u_{i1}-u_{i2})$

5.15 题图 5.15 所示运算放大电路中，电压放大倍数由开关 S 控制。试证明：当开关 S 闭合时，$A_u=\dfrac{U_o}{U_i}=-1$；当开关 S 打开时，$A_u=\dfrac{U_o}{U_i}=1$。

5.16 试证明题图 5.16 所示的电流运算放大电路中的输出电流 $I_o = -I_i \dfrac{R_F + R_o}{R_o}$。

5.17 试求题图 5.17 电路电压放大倍数 $A_u = \dfrac{U_o}{U_i}$ 的表达式。

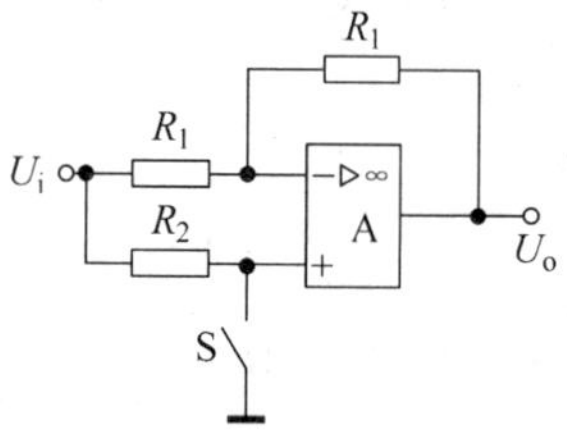

题图 5.15

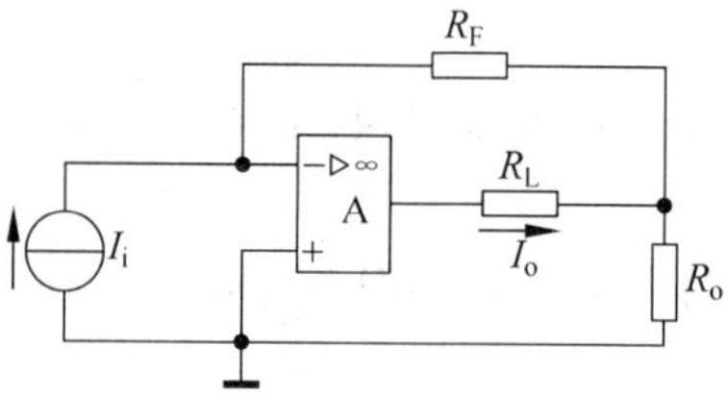

题图 5.16

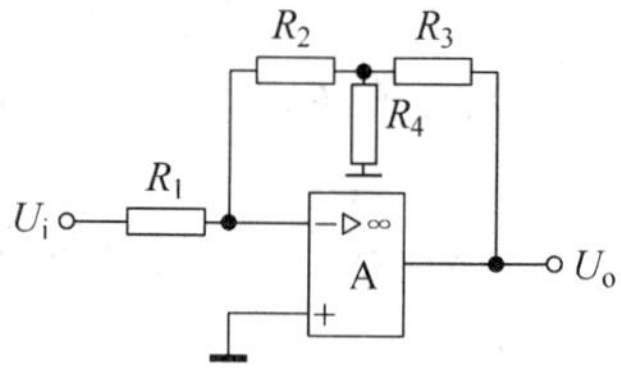

题图 5.17

5.18 电路如题图 5.18 所示，试写出输出电压 u_o 的表达式。

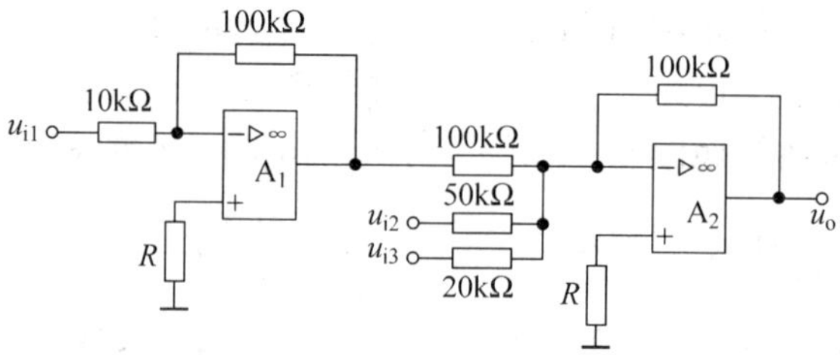

题图 5.18

5.19 电路如题图 5.19 所示，试写出输出电压 u_o 的表达式。

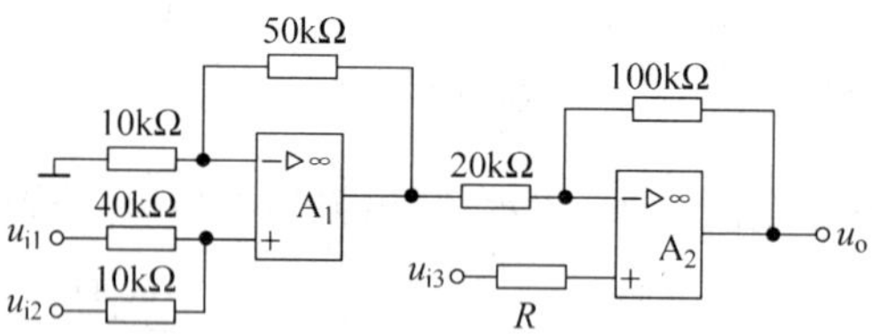

题图 5.19

5.20 电路如题图 5.20 所示，试写出输出电压 u_o 的表达式。

5.21 试计算题图 5.21 所示运算放大电路输出电压 U_o 的数值。

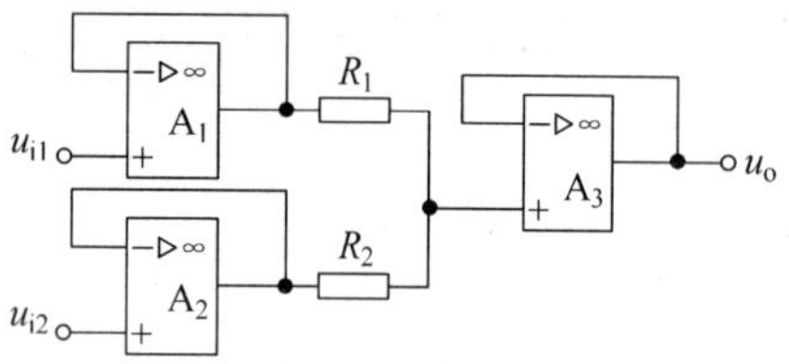

题图 5.20

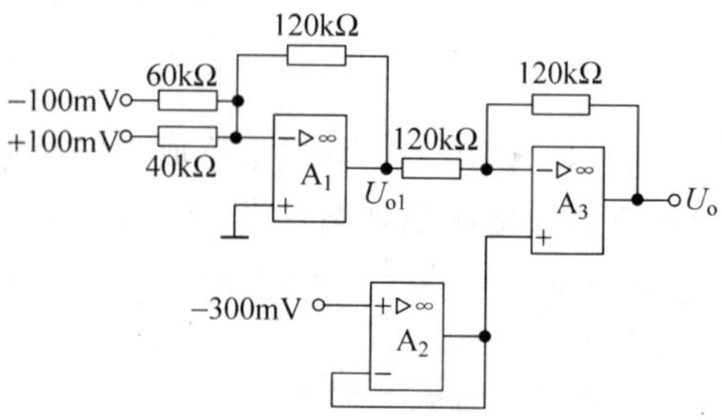

题图 5.21

5.22 试计算题图 5.22 所示运算放大电路输出电压 U_{o1} 及 U_{o2} 的数值。

5.23 由理想运放构成的电路如题图 5.23 所示，电路输入为差模信号，求：(1) A_1 和 A_2 的电压放大倍数；(2) 当 $R_1=R_2=R, R_3=R_4$ 时，该电路的差模电压放大倍数。提示：因输入为差模信号，所以电阻 R_1、R_2 和 R_P 支路的中点为交流的零电位点。

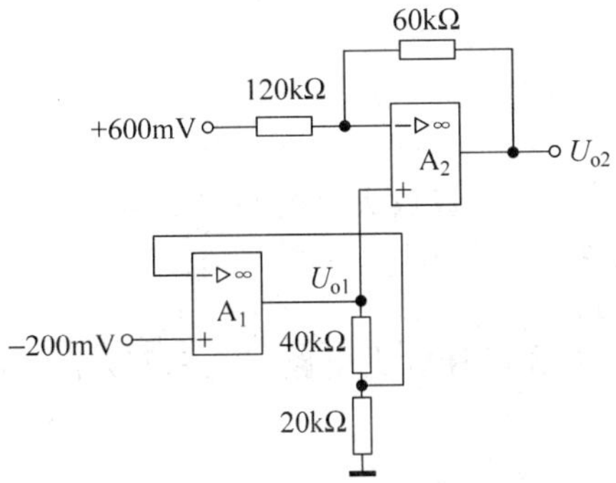

题图 5.22

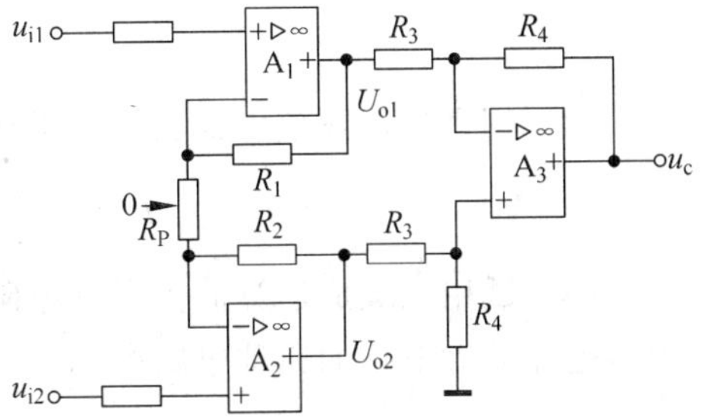

题图 5.23

5.24 有一个由理想运放构成的电路如题图 5.24 所示。输入信号 $U_{i1}=1V, U_{i2}=3V$，求：(1) A_1 和 A_2 的输出电压；(2) 当 $R_1=R_2=R, R_3=R_4$ 时，求 A_3 的输出电压和电路的差模电压放大倍数。

5.25 某运算放大电路如题图 5.25 所示，其输入电压 $u_{i1}=1V, u_{i2}=-1V$，试写出输出电压 u_o 表达式。

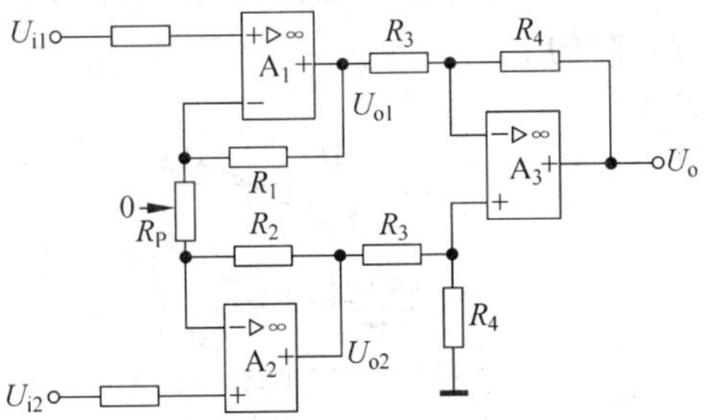

题图 5.24

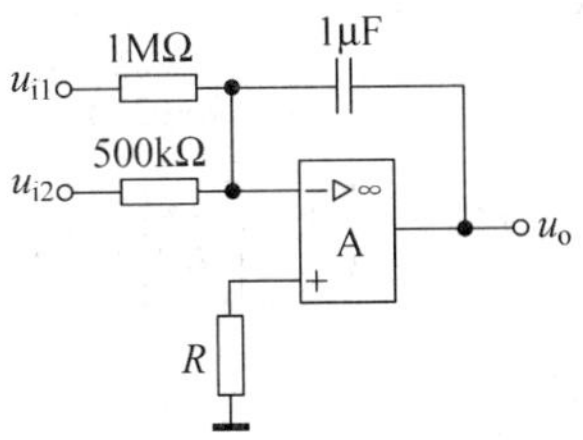

题图 5.25

5.26 有一积分器，电路与输入电压波形如题图 5.26 所示。电容器上的初始电压为 0V，$R=10k\Omega, C=0.1\mu F$，试画出输出电压 u_o 波形。

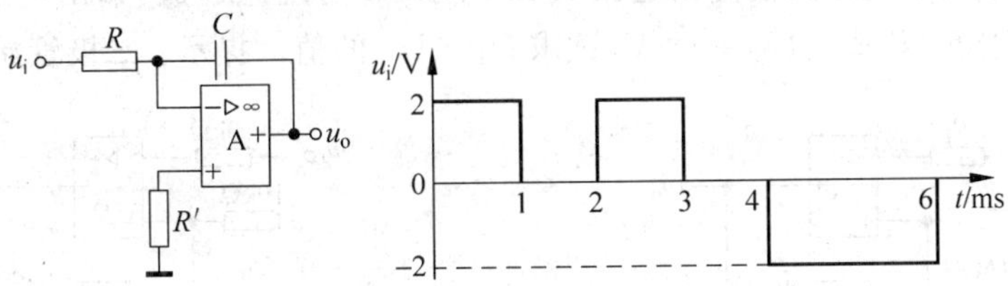

题图 5.26

5.27 某运算放大电路与输入电压波形如题图 5.27 所示，试画出输出电压 u_o 的波形，设电容器上的初始电压为 0V。

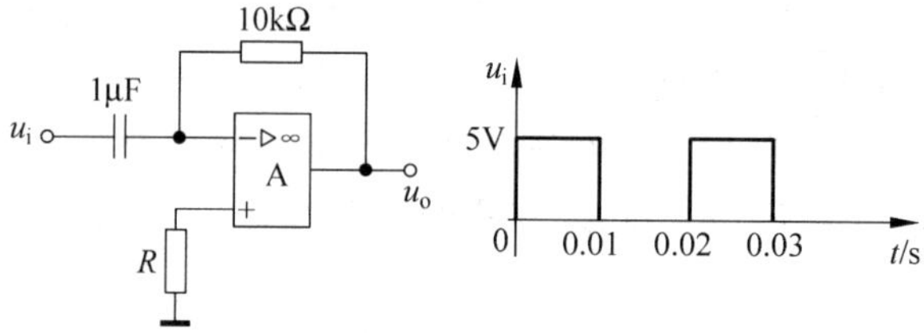

题图 5.27

5.28 用理想运算放大器实现如下运算关系。使用的运算放大器的数量尽可能少。

$$u_o = 2u_{i1} + 3u_{i2} - 5\int_0^t u_{i3}\,dt$$

5.29 试用一级成运算放大器及电阻、电容元件组成运算放大电路，以完成以下运算，并画出运算放大电路的原理电路图。

(1) $u_o = -50\int_0^t u(t)\,dt$，设 $C=1\mu F$，且 $u_c(t)|_{t=0}=0V$

(2) $u_o = -10\int_0^t u_1(t)\,dt - \int_0^t u_2(t)\,dt$，设 $C=1\mu F$，且 $u_c(t)|_{t=0}=0V$

5.30 设 A 为理想运放，试写出如题图 5.30 所示的电压放大倍数的表达式 $\dot{A}_u(j\omega)=\dfrac{\dot{U}_O(j\omega)}{\dot{U}_I(j\omega)}$。

5.31 在题图 5.31 中，D_{Z1} 和 D_{Z2} 的 $U_{Z1}=10V$，$U_{Z2}=4V$，正向导通时为 0.7V，$U_B=-4V$，$R_1=2k\Omega$，$R_2=1k\Omega$，求 $u_i=-8V$ 和 $-2V$ 时的 u_o。

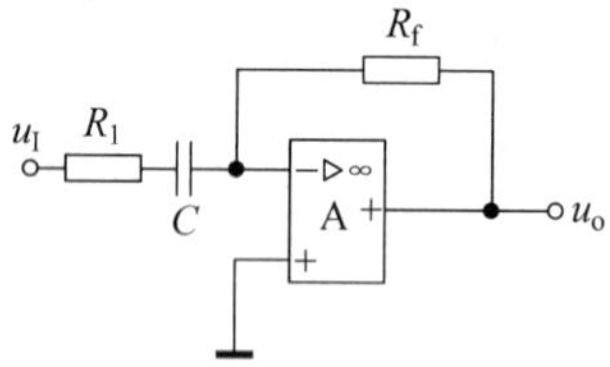

题图 5.30

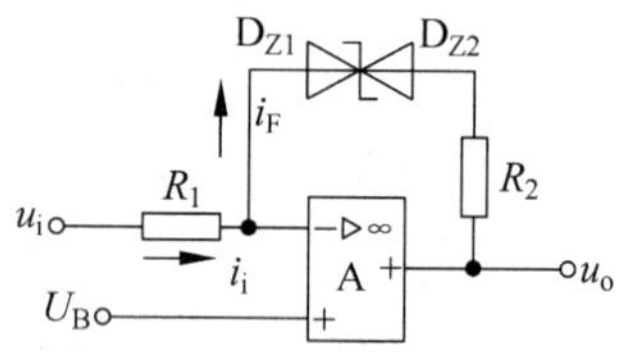

题图 5.31

5.32 在题图 5.32 所示电路中，A 为理想运放，输出电压的两个极限值为 $\pm U_{om}$，且 $U_{om}>U_B=5V$。D 为理想二极管，求输入电压的高、低门限电压值 U_H、U_L。

5.33 已知反相迟滞比较器如题图 5.33 所示，A 为理想运放，输出电压的两个极限值为 ±5V，D 为理想二极管。$U_B=-8V$，试求 U_H-U_L 的值。提示：二极管始终导通。

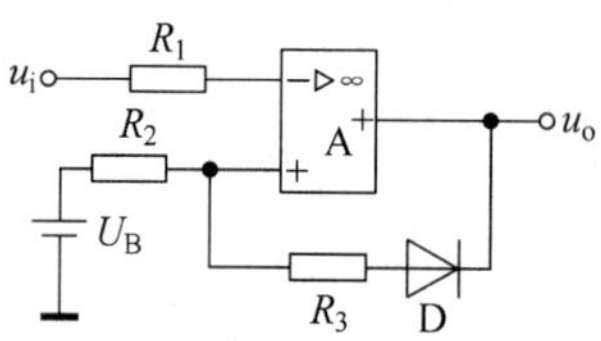

题图 5.32

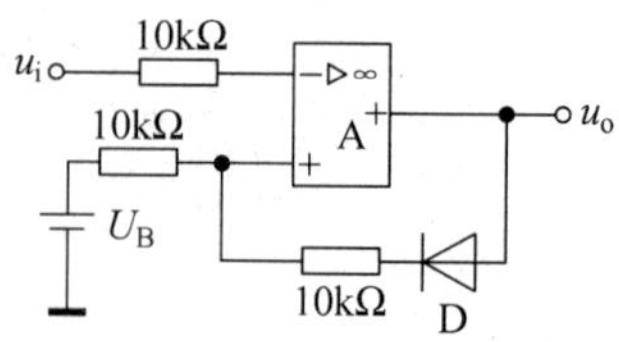

题图 5.33

5.34 已知反相迟滞比较器如题图 5.34(a)所示，A 为理想运放，输出电压的两个极限值为±5V，D 为理想二极管，输入电压 u_i 的波形如题图 5.34(b)所示，试画出相应的输出 u_o 波形。

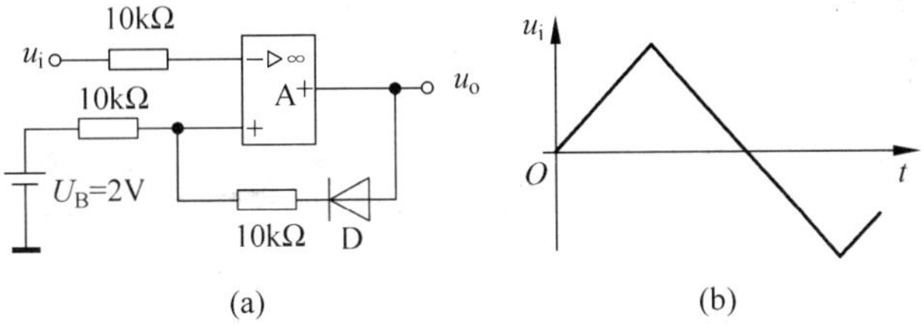

题图 5.34

5.35 画出题图 5.35 所示电路的电压传输特性，并标出有关的电压值。设 A 为理想运放，电源电压为±15V，u_i 的幅值足够大。

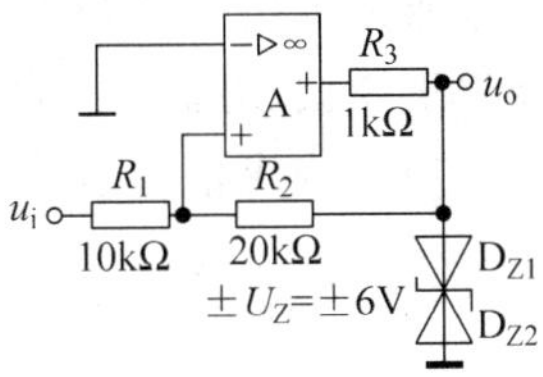

题图 5.35

第 6 章

信号产生电路

从能量的观点看，信号发生电路是将直流电变成各种不同波形的周期信号输出的电路，在电子电路中应用很广。产生周期信号的基本条件是引入足够强的正反馈，使之能产生自激振荡。利用集成放大电路或晶体管放大电路和正反馈电路相配合，就可以组成各种不同的信号发生器。信号发生器类型分为正弦波、方波、三角波、锯齿波等。

本章首先介绍自激振荡的基本原理和构成信号发生器的基本环节，然后介绍各类信号发生器的工作原理。

6.1 正弦波信号发生器

尽管信号发生器的电路结构和输出信号的类型有所不同，但是它们首要具备的基本条件是能够产生自激振荡。

6.1.1 自激振荡的基本原理

1. 振荡的平衡条件

图 6.1 所示为产生自激振荡的方框图。输入信号$\dot{X}_a$通过放大通路$\dot{A}$后输出$\dot{X}_o$，再通过反馈通路$\dot{F}$反馈到输入端，整个电路构成一个闭合回路，信号按箭头所示方向传递。

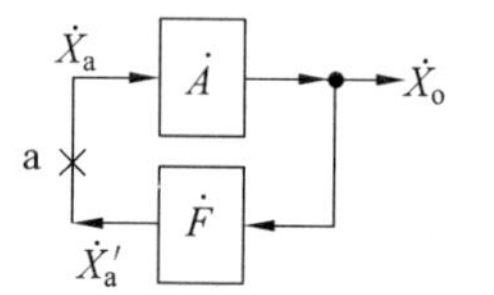

图 6.1 自激振荡方框图

在放大器输入端取断点 a，从 a 点输入信号$\dot{X}_a$，通过放大通路和反馈通路后，有一反馈信号送回到点 a，设此信号为$\dot{X}_a'$，显然

$$\dot{X}_a' = \dot{X}_o \dot{F} = \dot{X}_a \dot{A} \dot{F}$$

其中$\dot{A}=\dfrac{\dot{X}_o}{\dot{X}_a}$，$\dot{F}=\dfrac{\dot{X}_a'}{\dot{X}_o}$。

当$\dot{X}_a'=\dot{X}_a$时，则可将输入信号$\dot{X}_a$去掉，将断点接上，即用$\dot{X}_a'$替代$\dot{X}_a$，电路仍保持输出

$\dot{X}_a$不变。在这种情况下，构成一个无信号输入而有信号输出的电路，完成由放大器变为振荡器的过渡。此时

$$\dot{A}\dot{F} = AF\angle\phi = 1$$

这就是振荡器维持振荡的条件。它具体包含以下两方面的内容。

(1) 相位平衡条件：电路必须引入正反馈，以保证反馈信号与原输入信号相位相同。即

$$\phi = \phi_A + \phi_F = 2n\pi \quad (n = 0, \pm 1, \pm 2, \cdots)$$

(2) 幅度平衡条件：应使$|\dot{A}\dot{F}| = 1$，以保证反馈信号的大小与原输入信号相等。即$X'_a = X_a$。

2. 自激振荡与稳幅

实际上，振荡器并不存在前面所假设的初始输入信号$\dot{X}_a$，它最初的输入信号是振荡器合上电源的瞬间在其内部产生的一个微小的电冲击。由于振荡器是一个闭合的回路，在其内部任何地方产生的电冲击都可以反映到放大器的输入端，这就是上述的最初输入信号$\dot{X}_a$。由于此信号非常微弱，如果电路仅满足维持振荡的条件，则电路无法保持正常输出。因此，在振荡初期，必须保证每次反馈到输入端的信号$\dot{X}'_a$都要大于前一次的输入信号$\dot{X}_a$，这样放大器的输出信号才会逐渐增加，整个电路才会自行振荡起来，这个过程称为自激振荡。所以，振荡器能产生自激振荡的条件是$\dot{A}\dot{F} > 1$。

当输出幅值增加到一定数值时，放大器将从线性放大区进入非线性放大区，此时放大倍数$|\dot{A}|$下降，$|\dot{A}\dot{F}|$逐渐由大于1降到等于1，使得输出信号稳定在一个幅度上。这个过程称为稳幅。为避免放大器进入非线性放大区，振荡器通常还应有稳幅环节。

3. 正弦振荡器的组成

综上所述，正弦振荡器一般应包括以下几个基本环节：

(1) 放大电路：完成信号放大功能。其中包括保证放大器正常放大的负反馈电路；

(2) 反馈网络：这里特指构成振荡的正反馈电路；

(3) 选频网络：要输出单一频率的正弦波信号，必须要选择满足相位平衡条件的频率为振荡器的振荡频率。选频网络通常与反馈网络为一体；

(4) 稳幅环节：在输出信号变化或温度变化时，使放大器放大倍数或反馈网络反馈系数变化，以保证输出信号稳定。

在判断正弦振荡器能否正常工作时，除了看其组成是否包含以上几个环节外，还要注意放大器的静态工作点是否合适，最好具体判断是否引入了正反馈，有时还要考虑是否满足幅度平衡条件。

正弦振荡器由选频环节分成 RC 正弦振荡器和 LC 正弦振荡器两大类。下面分别介绍。

6.1.2 RC 正弦振荡器

RC 正弦振荡器用于产生低频正弦信号。由于选频环节的不同，RC 正弦振荡器又分为文氏电桥振荡器、移相式振荡器、双 T 网络振荡器等。本文仅介绍文氏电桥正弦振荡器。

文氏电桥正弦振荡器是一种常见的 RC 正弦振荡器。在介绍其工作原理之前，先说明文氏电桥的选频特性。

1. 文氏电桥的选频特性

文氏电桥电路如图 6.2 所示。其中 Z_1 和 Z_2 分别称为电桥的两臂，两臂中的电阻 R 和电容 C 分别相等，其中

$$Z_1 = R + \frac{1}{j\omega C} = \frac{1 + j\omega RC}{j\omega C}$$

$$Z_2 = \frac{R \cdot 1/j\omega C}{R + 1/j\omega C} = \frac{R}{1 + j\omega RC}$$

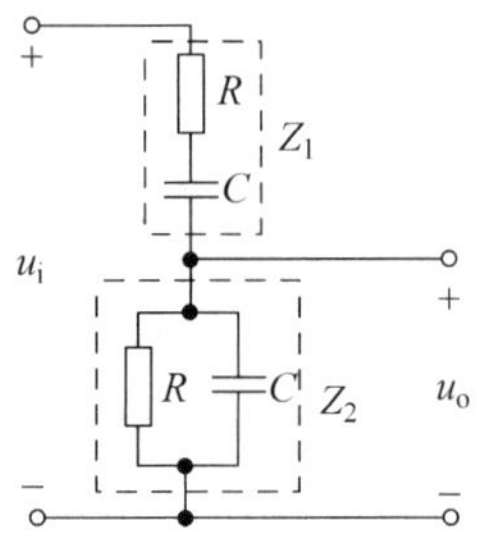

图 6.2　文氏电桥电路

输入电压加在 Z_1 和 Z_2 的串联电路上，输出电压从 Z_2 两端引出，输出电压与输入电压的比值为

$$\dot{F} = \frac{\dot{U}_o}{\dot{U}_i} = \frac{Z_2}{Z_1 + Z_2} = \frac{1}{3 + j(\omega RC - 1/\omega RC)} = \frac{1}{3 + j\left(\frac{\omega}{\omega_0} - \frac{\omega_0}{\omega}\right)}$$

$$= \frac{1}{\sqrt{3^2 + \left(\frac{\omega}{\omega_0} - \frac{\omega_0}{\omega}\right)^2}} \angle -\arctan\frac{\left(\frac{\omega}{\omega_0} - \frac{\omega_0}{\omega}\right)}{3} = F\angle\phi \tag{6.1}$$

式中 $\omega_0 = \frac{1}{RC}$。

由式(6.1)可知，当输入电压大小一定时，$\dot{F}$ 的数值 F 和幅角 ϕ 均为角频率 ω 的函数，当 $\omega = \omega_0$ 即 $f = 1/2\pi RC$ 时，F 达最大值 1/3，且 $\phi = 0$，输出电压与输入电压同相。

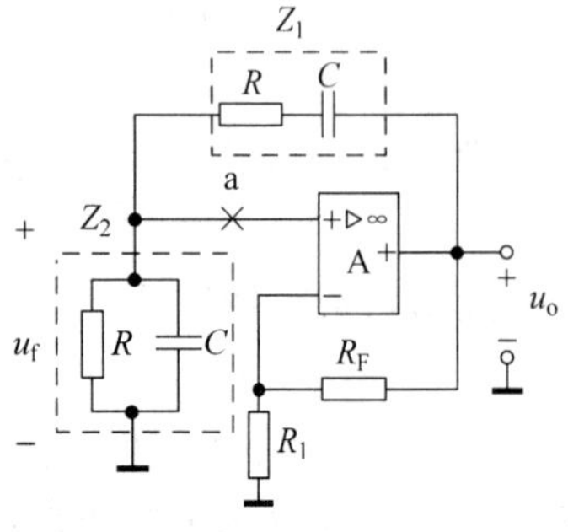

图 6.3　文氏电桥正弦波振荡器

2. 文氏电桥正弦振荡器的组成

由集成运放组成的文氏电桥正弦振荡器电路如图 6.3 所示。这里放大环节是集成运放，其中电阻 R_1 和 R_F 组成负反馈电路以保证运放工作在线性放大区；文氏电桥除了完成选频任务外，由于其输出信号送到运放的同相输入端，故两臂 Z_1 和 Z_2 还对频率为 f_0 的谐波信号构成正反馈电路。

3. 工作原理

仍然将 a 点选在引入正反馈的同相输入端。如前所述，电源合闸后产生的最初电压信号 u_i 由此引入，电路的电压放大倍数为 $A = 1 + R_F/R_1$。放大后的输出电压中只有 $\omega = \omega_0$

($f=f_0$)的输出电压 u_o 才会使反馈到同相输入端的信号 u_f 满足振荡的相位平衡条件，且反馈系数达最大值 $F=1/3$，只要运放的放大倍数 $A>3$，就可以满足振荡的幅度平衡条件，产生 $f=f_0$ 的正弦波自激振荡。其余频率的谐波因不能构成正反馈和反馈量太小而受到抑制，电路起振后输出频率为 f_0 的正弦电压。

电阻 R_1、R_F 的参数由维持振荡的条件决定。

$$\dot{A}\dot{F}=\left(1+\frac{R_F}{R_1}\right)\times\frac{1}{3}=\frac{1}{3}+\frac{R_F}{3R_1}=1$$

整理得

$$R_F=2R_1$$

所以，文氏电桥正弦振荡器的频率参数关系为

$$f_0=\frac{1}{2\pi RC} \qquad R_F=2R_1 \tag{6.2}$$

改变文氏电桥参数 R、C，即可改变振荡频率 f_0。为保证电路可靠起振，应使 R_F 略大于 $2R_1$。

4. 稳幅措施

在图 6.3 所示的电路中，为满足起振条件必须要求 $A>3$，即 $R_F>2R_1$。因此在运放的线性放大区内，电路不可能满足 $AF=1$ 的条件。只有当运算放大器进入非线性区时，放大倍数 A 下降，电路才可能满足幅度平衡条件。但此时输出信号将会产生非线性失真，影响输出信号波形；如果使 A 大于 3 的幅度减小，输出信号波形虽然较好，但自激振荡的可靠程度降低。为了保证既有较好的输出波形，又能可靠起振，常采用稳幅措施。

一般的稳幅电路通常在电路中采用非线性元件。利用在不同工作状态下非线性元件呈现的阻值不同这一特点，使电路由起振时的 $AF>1$ 降为维持振荡时的 $AF=1$，从而较好地解决自激振荡和维持振荡的矛盾。

图 6.4 给出的两种稳幅电路中，图 6.4(a)所示为二极管稳幅的文氏电桥振荡器。起振时，二极管 D_1 和 D_2 均工作在死区，相当于断路，电路设置到 $AF>1$；起振后，随着输出电压的幅值增大，不论输出的正弦交流电压在正半周还是在负半周，D_1 与 D_2 中总有一个处于正向导通状态，即反馈电路中总有一个正向电阻 r_d 与 R_F 并联，此时的放大倍数 $A=1+(R_F/\!/r_d)/R_1$；而且随着输出幅值的增加，二极管的工作点升高，正向电阻 r_d 减小，放大倍数 A 也随之下降，电路的 AF 下降，直到降到满足维持振荡的条件($AF=1$)为止。

这种电路的特点是：简单经济，但波形失真较大，仅适用于要求不高的场合。

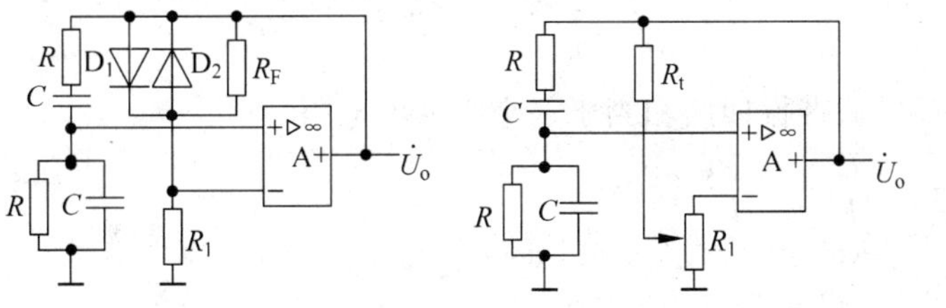

(a) 二极管稳幅的文氏电桥振荡器　(b) 热敏电阻稳幅的文氏电桥振荡器

图 6.4　带有稳幅电路的正弦振荡器

另一种稳幅电路如图 6.4(b)所示。图中 R_t 为负温度系数的热敏电阻,其阻值随着温度的增加而减小,起振时温度低,R_t 值较大,此时 $A=1+R_t/R_1>3$,电路产生自激振荡;输出电压幅值增加后,流过的电流增加,温度增加,R_t 值减小,负反馈增强。A 也随之下降,输出电压下降。由于热敏电阻的自动调节作用,可维持输出电压基本稳定。

这种电路的特点是:失真小,但 R_t 与环境温度有关,在其他电路参数一定的情况下,输出电压 U_o 随着环境温度的变化而变化。

文氏电桥 RC 正弦振荡器调节频率比较方便,常用于频率可调的音频振荡电路中。但是由于 RC 振荡器的振荡频率与 RC 的乘积成反比,当要求的振荡频率增加时,则要减小 R 和 C 的数值,使电路负载加重。因此由集成运放组成的 RC 正弦振荡器的振荡频率较低,一般不超过 1MHz。

6.1.3 LC 型正弦波信号发生器

LC 型正弦波信号发生器主要用于产生高频信号。由于集成运放的频带较窄,所以,LC 型正弦波振荡电路一般用分立元件组成。

根据采用的反馈环节不同,LC 正弦振荡器可分为变压器反馈式、电感三点式、电容三点式等不同类型。其共同特点是以 LC 并联谐振回路做选频网络。下面先介绍 LC 并联谐振。

1. LC 并联谐振回路

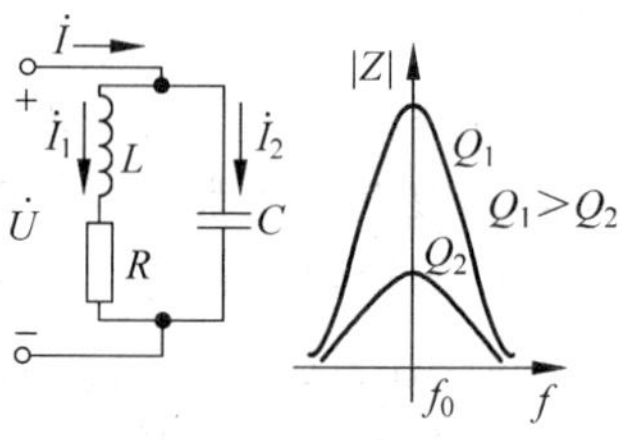

(a) 电路 (b) 频率特性

图 6.5 LC 并联谐振回路

LC 并联谐振回路如图 6.5 所示。图中,线路电流为

$$\dot{I}=\dot{U}Y=\dot{U}(Y_1+Y_2)$$
$$=\dot{U}\left[\frac{R}{R^2+(\omega L)^2}+\mathrm{j}\left(\omega C-\frac{\omega L}{R^2+(\omega L)^2}\right)\right]$$

谐振条件:

$$\omega_0 C=\frac{\omega_0 L}{R^2+(\omega_0 L)^2}$$

得

$$\omega_0=\sqrt{\frac{1}{LC}-\frac{R^2}{L^2}};\ f_0=\frac{1}{2\pi}\sqrt{\frac{1}{LC}-\frac{R^2}{L^2}}\approx\frac{1}{2\pi\sqrt{LC}}\quad(R\ll\omega_0 L)$$

当 $R\ll\omega_0 L$ 时,$\omega_0\approx\frac{1}{\sqrt{LC}}$,$f_0\approx\frac{1}{2\pi\sqrt{LC}}$

$$Z=\frac{R^2+X_L^2}{R}\approx\frac{(\omega_0 L)^2}{R}=\frac{L}{RC}$$

即谐振时,LC 并联谐振回路相当于一个很大的电阻。

总电流 $I=\frac{U}{Z}=\frac{U}{\frac{L}{RC}}=\frac{URC}{L}$ 很小。

电容上电流:$I_2=U\omega_0 C\approx I_1$

$$\frac{I_2}{I}=\frac{I_1}{I}=\frac{U\omega_0 C}{U\frac{RC}{L}}=\frac{\omega_0 L}{R}=Q$$

由前面的分析可知，并联谐振虽然总电流很小，但当 Q 值很高时，两条支路的电流 I_1、I_2 却很大，所以，并联谐振又成为电流谐振。Q 值越高，幅频特性越尖，选择性越好，如图 6.5(b) 所示。

2. 选频放大电路

将 LC 并联谐振电路代替放大电路的 R_C 即组成选频放大器，如图 6.6 所示。

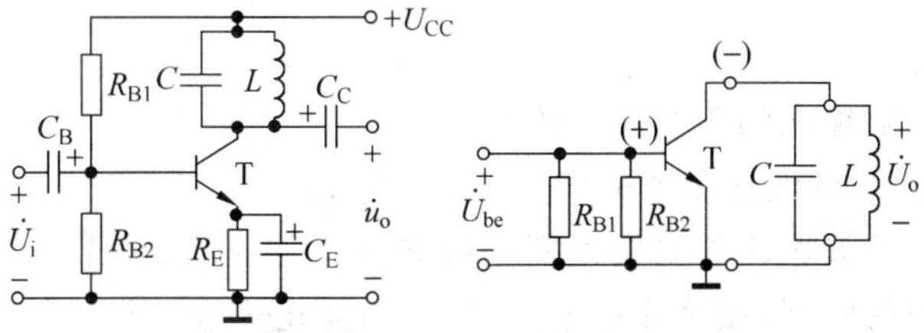

(a) 选频放大电路　　(b) 交流通路

图 6.6　选频放大电路

将图 6.6(a)所示电路中所有电感 L 视为短路，电容 C 视为开路，可得直流通路。从直流通路来看，电路有合适的静态工作点，在交流通路中，除了谐振电路中的电容 C 外，其余的电容仍视为短路，由于 LC 电路在 $f=f_0$ 时阻抗呈最大值而且为实数，所以，在此频率下，电压放大倍数 A_u 最大，且输出信号与输入信号反相。有可能同时满足振荡的相位平衡条件和幅度平衡条件，输出单一频率的正弦信号，故称为选频放大电路，它为 LC 振荡电路的基础。

3. 变压器反馈式 LC 正弦振荡器

1）电路结构

变压器反馈式 LC 正弦振荡器如图 6.7 所示。图中选频放大电路为前述的稳定静态工作点电路，承担选频和放大任务；电感 L_1 为变压器的初级，匝数为 N_1；反馈元件为变压器的次级 L_2，匝数为 N_2，故称变压器反馈式 LC 正弦振荡器。

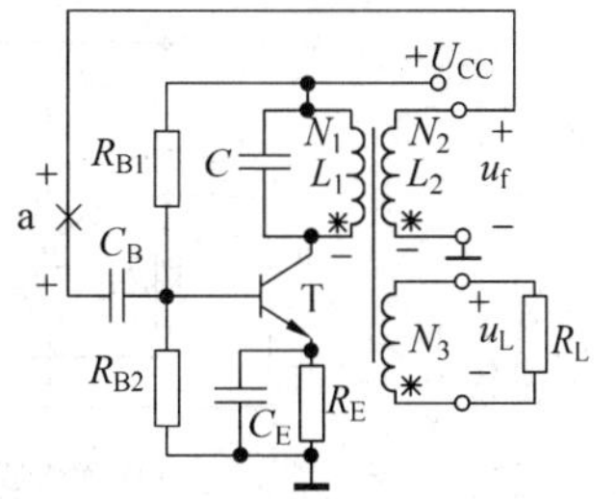

图 6.7　变压器反馈式 LC 振荡器

2）工作原理

首先要判断电路是否满足相位平衡条件。仍然依照自激振荡的方框图，将反馈线圈 L_2 与晶体管 T 的基极连接点选为 a 点，电源合闸时的电冲击不论出现在电路的哪一个环节均可传到 a 点，成为最初的输入信号 u_i，通过电路对 u_i 进行放大，其中电路只对 u_i 中包含 f_0 的谐波信号有最大的放大倍数 A_u，同时 L_1C 并联电路对 f_0 的谐波呈现电阻性。设此时 a 点 u_i 的极性为正，根据射同集反的原则可知，L_1 和 L_2 中带有“*”标记两同名端的极性均为负，而 L_2 的另一端，即反馈到与 a 连接的端点极性为正，与原假设的输入极性相同。L_2 的两端电压通过电容 C_B、C_E 加在晶体管的输入端上，整个电路对 f_0 谐波构成正反馈。其余谐波因 L_1C 并联电路呈现的阻抗较小，又不为电阻性，不满足振幅和相位平衡条件而受到抑制。因此 f_0 谐波输出电压幅度逐次增加，最后输出频率为 f_0 的正弦波电压信号。

随着输出电压幅度的增加，晶体管的动态范围逐渐增大，当增加到一定值时，电路进入非线性工作区，其电压放大倍数逐渐下降，最后由 $AF>1$ 降到 $AF=1$，输出电压稳定在某一幅值上。所以，电路具有自动稳幅特性。

选择 β 较大的晶体管或适当增加变压器次级线圈 L_2 的匝数 N_2，都可使 $AF>1$，达到易于起振的目的。

3）振荡频率

图 6.7 所示变压器反馈式 LC 振荡电路的振荡频率由谐振回路的参数决定，即

$$f_0=\frac{1}{2\pi\sqrt{L_1C}} \tag{6.3}$$

此频率即为振荡器输出的正弦波的频率。

4）变压器反馈式正弦波振荡器的特点

变压器反馈式正弦波振荡器只要线圈的同名端连接正确，调节 N_2 便很容易起振。但由于变压器分布参数的限制，振荡频率不是很高，约为几千至几兆赫兹。

4. 三点式 LC 正弦波振荡器

除变压器反馈式振荡器外，还有一种 LC 正弦振荡器。这种振荡器有三个引出端，分别与放大电路晶体管 T 的 b、c、e 三个电极相连接，所以称为三点式 LC 正弦振荡器。三点式 LC 正弦振荡器又分为电感三点式和电容三点式两类。下面分别介绍。

1）电感三点式 LC 正弦振荡器

电感三点式 LC 正弦振荡器如图 6.8 所示。图中选频放大电路为前述的稳定静态工作点电路，承担选频和放大任务；只是电感线圈有一个中心抽头，将它分成两部分：L_1 和 L_2，从交流通路中可以看到，L_2 的两端跨接在输入端，故 L_2 为反馈元件。

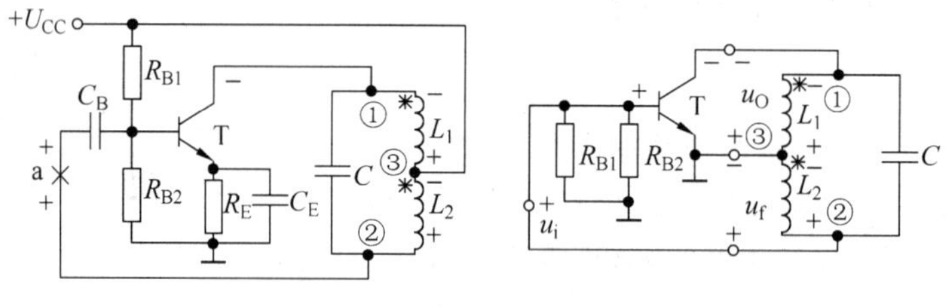

图 6.8　电感三点式 LC 正弦振荡器

首先还是要判断电路是否满足相位平衡条件。仍然将反馈线圈 L_2 与晶体管 T 的基极连接点选为 a 点，断开 a 点，设输入信号 u_i 极性为正，电路对 u_i 中 f_0 的谐波的信号呈现电阻性，根据“射同集反”的原则可知，L_1 和 L_2 的带有“ * ”标记同名端①、③的极性均为负，则 L_2 的另一端，即反馈到与 a 连接的端点②极性为正，与原假设的输入极性相同。L_2 的两端电压通过电容 C_B、C_E 加在晶体管的输入端，故满足相位平衡条件，引入的是正反馈。

电路的振荡频率为

$$f_0=\frac{1}{2\pi\sqrt{LC}}=\frac{1}{2\pi\sqrt{(L_1+L_2+2M)C}} \tag{6.4}$$

式(6.4)中的 M 是电感 L_1 与 L_2 之间的互感。电感三点式 LC 正弦振荡器的特点是容易起振，可以通过改变中心抽头的位置改善失真程度，但电路输出波形较差。

2）电容三点式 LC 正弦振荡器

电容三点式 LC 正弦振荡器如图 6.9 所示。图中选频放大电路承担选频和放大任务；只是并联谐振电路中的电容元件由两个电容 C_1 和 C_2 串联而成，从选频部分的交流通路中可以看出，C_2 的两端跨接在输入端，故 C_2 为反馈元件。

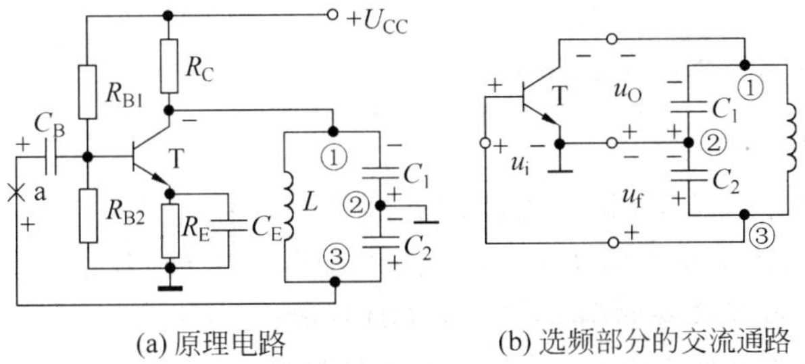

(a) 原理电路　(b) 选频部分的交流通路

图 6.9　电容三点式 LC 正弦振荡器

仍然将反馈电容 C_2 与晶体管 T 的基极连接点选为 a 点，断开 a 点，设输入信号 u_i 极性为正，电路对 u_i 中 f_0 的谐波的信号呈现电阻性，根据“射同集反”的原则可知，C_1 和 C_2 的上端①和②的极性均为负，则 C_2 的下端③，即反馈到与 a 连接的端点极性为正，与原输入的极性相同。C_2 的两端电压通过电容 C_B、C_E 加在晶体管的输入端，故满足相位平衡条件，引入的是正反馈。

电路的振荡频率为

$$f_0=\frac{1}{2\pi\sqrt{LC}}=\frac{1}{2\pi\sqrt{L\frac{C_1C_2}{C_1+C_2}}} \tag{6.5}$$

电容三点式 LC 正弦振荡器的特点是输出波形好，由于电容值可取得较小，因而振荡频率高，一般可达 100MHz 以上。但由于在改变电容的谐振频率的同时，也在改变反馈量的大小，即改变起振条件，在调频时比较容易停振。因此，为便于调频起见，通常在电感上串一个小可调电容，如图 6.10 所示。

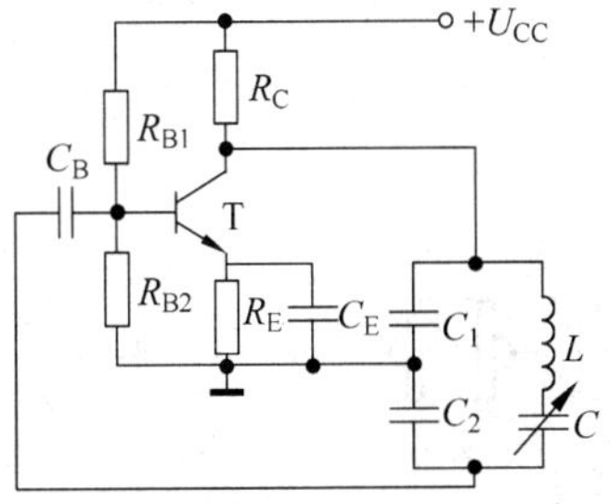

图 6.10　电容三点式改进型 LC 正弦振荡电路

电路的振荡频率为

$$f_0=\frac{1}{2\pi\sqrt{L\frac{1}{\frac{1}{C}+\frac{1}{C_1}+\frac{1}{C_2}}}} \tag{6.6}$$

当 $C\ll C_1$，$C\ll C_2$ 时，式(6.6)可近似为

$$f_0\approx\frac{1}{2\pi\sqrt{LC}} \tag{6.7}$$

此时，仅改变电容 C 就可基本达到改变谐振频率的目的，而在改变频率的过程中，反馈量的大小不变，从而克服了电容三点式振荡电路容易停振的缺点。

6.1.4 石英晶体振荡器

石英晶体振荡器是用石英晶体作为选频装置的一种振荡器。其优点是振荡频率十分稳定($\Delta f/f$ 可达 10^{-11})。

1. 石英晶体的基本特性与等效电路

1) 压电效应

石英晶体的化学分子式为 SiO_2,为各向异性的结晶体,从晶体按一定方向切下来的薄片称为晶片,在其表面涂上银并装上两金属片、引出两个电极,其余部分加以密封就构成实用的石英晶片。其结构及符号如图 6.11(a)、(b)所示。

若在石英晶片的两极加上电场,晶片会产生机械变形;若在石英晶片上施加机械压力,则在晶片相应方向上产生一定的电场,这种现象称为压电效应。一般情况下,不论是机械变形的振幅还是交变电场的振幅都很小。但每一块晶片都有自己的固有机械谐振频率 f_0,当外加交变电压频率为 f_0 时,机械振动的振幅急剧增加,而机械振动的振幅急剧增加又反过来产生很大的交变电场。这样,只要开始加一个频率为 f_0 的交变冲击电压,利用压电效应就可以在石英晶片两端得到一个振幅较大的交变电压并能维持在一定的幅度上,这种现象称为压电谐振。

2) 等效电路和谐振频率

石英晶片的压电谐振虽然是在机械能和电能之间转换,但从电的角度来看,可以用 RLC 串联谐振电路来模拟。其中 R 用来模拟机械振动时因摩擦产生的机械损耗;L、C 分别模拟晶片的惯性和弹性,石英晶片的等效电路如图 6.12(a)所示。图中的 C_0 为两金属电极间构成的静电电容。一般情况下,$C \ll C_0$。

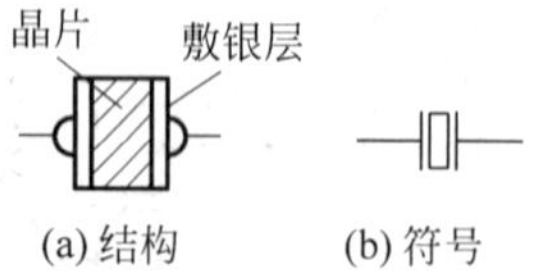

图 6.11 石英晶片的结构和符号

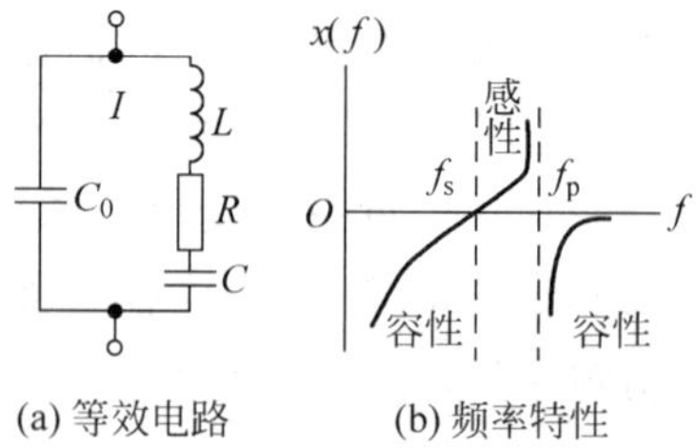

图 6.12 石英晶片的等效电路与频率特性

产生压电谐振时,从电的角度来看相当于产生了谐振,石英晶片相当于一个纯电阻,此时电路中的石英晶片就可用一个等效电阻来代替。由于晶片的等效电感 L 很大,而电容 C 和电阻 R 很小,品质因数 Q 很高,可达 $10^4 \sim 10^6$ 数量级,因此,用石英晶体组成的振荡电路具有很高的频率稳定度,可达 $10^{-9} \sim 10^{-11}$ 数量级。在对正弦振荡器输出频率的稳定性要求很高的场合,可利用石英晶片作选频元件。

忽略电阻 R 时,可得电抗 $\mathrm{j}X$ 的表达式为

$$\mathrm{j}X = \frac{\frac{1}{\mathrm{j}\omega C_0}\left(\mathrm{j}\omega L + \frac{1}{\mathrm{j}\omega C}\right)}{\frac{1}{\mathrm{j}\omega C_0} + \mathrm{j}\omega L + \frac{1}{\mathrm{j}\omega C}} = \frac{1 - \omega^2 LC}{\mathrm{j}\omega(C_0 + C - \omega^2 LCC_0)} \tag{6.8}$$

由式(6.8)可知,电路有两个振荡频率:当电路产生串联谐振时,阻抗达最小值,$X=0$,式(6.8)中分子为零,可得串联谐振频率为

$$f_s=\frac{1}{2\pi\sqrt{LC}} \tag{6.9}$$

当电路产生并联谐振时,阻抗达最大值,$X=\infty$,式(6.8)中分母为零,可得并联谐振频率为

$$f_p=\frac{1}{2\pi\sqrt{L\frac{C_0C}{C_0+C}}}=f_s\sqrt{1+\frac{C}{C_0}} \tag{6.10}$$

由于 $C\ll C_0$,因此 f_s 与 f_p 很接近。石英晶片的频率特性如图 6.12(b)所示。

通常石英晶体产品所给出的标称频率既不是 f_s 也不是 f_p,而是外接一小负载电容 C_s 时校正的振荡频率,利用电路理论公式可知,串入电容 C_s 后并不影响并联谐振频率,而新的串联谐振频率为

$$f_s'=\frac{1}{2\pi\sqrt{LC}}\sqrt{1+\frac{C}{C_0+C_s}}=f_s\sqrt{1+\frac{C}{C_0+C_s}} \tag{6.11}$$

比较式(6.10)和式(6.11)可知,当 $C_s\to 0$ 时,$f_s'=f_p$,当 $C_s\to\infty$ 时,$f_s'=f_s$。实用上,C_s 是一个微调电容,使 f_s' 可在 f_s 与 f_p 之间的一个狭小范围内变动。

2. 石英晶体振荡器

石英晶体振荡器的组成形式多种多样,但基本电路只有两类:并联型晶体振荡器和串联型晶体振荡器。下面分别举例。

1) 并联型石英晶体正弦波振荡器

并联型晶体正弦波振荡器的电路结构和交流通路分别如图 6.13(a)、(b)所示。可以看出,只要工作在频率 f_s 与 f_p 之间,使石英晶片呈现电感性,此电路就是电容三点式的正弦波振荡器。电路的振荡频率为

$$f_0=\frac{1}{2\pi\sqrt{L\frac{C(C_0+C')}{C+C_0+C'}}} \tag{6.12}$$

式中,C' 为 C_1 与 C_2 串联等效电容,$C'=\frac{C_1C_2}{C_1+C_2}$,由于 $C\ll(C_0+C')$,所以,f_0 虽大于 f_s,但 $f_0\approx f_s$,由于石英晶体的固有频率很稳定,所以,电路的输出频率也很稳定。

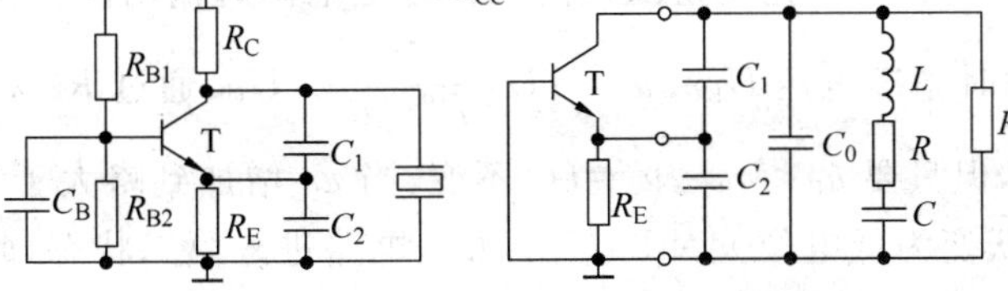

图 6.13　并联型石英晶体正弦波振荡器

2）串联型石英晶体正弦波振荡器

串联型石英晶体正弦波振荡器电路如图 6.14 所示。可以看出，在串联谐振频率 f_s 时，电抗 X 等于零，石英晶片可等效成数值很小的纯电阻 R_0，使电路不但满足相位平衡条件，而且正反馈系数最大。因此，只有频率为 f_s 的谐波信号同时满足相位平衡条件和振幅平衡条件，输出 $f_0=f_s$ 的正弦信号。

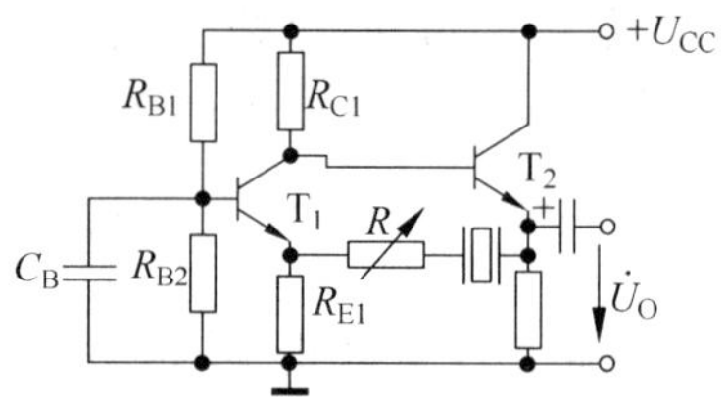

图 6.14 串联型石英晶体正弦波振荡器

6.2 非正弦波发生器

本节所涉及的非正弦波为方波、三角波、锯齿波等，这类波形发生器实质上工作在开关状态。所以，电路需包含以下两个环节：开关环节和延迟环节。本节所采用的开关环节为迟滞比较器，延迟环节则由积分电路完成。

6.2.1 方波发生器

1. 电路组成

方波发生器是由迟滞比较器和 RC 积分电路构成的闭合电路，如图 6.15(a)所示。两种电路的输出互为对方的输入，迟滞比较器的输出又是方波信号的输出端。而 RC 积分电路除了起负反馈作用外，还起着延迟作用。

2. 工作原理

图 6.15(a)中 R_1、R_2 构成正反馈以便形成自激振荡，R_2 两端的电压作为迟滞比较器的基准电压 U_B 输入到比较器的同相输入端，其值分别为

$$u_{B+}=U_{OH}\frac{R_2}{R_1+R_2}\quad 和 \quad u_{B-}=U_{OL}\frac{R_2}{R_1+R_2} \tag{6.13}$$

R_F 与 C 构成负反馈，C 两端电压 u_C 作为反相输入电压与基准电压值 U_B 比较。输出端串接 D_{Z1} 和 D_{Z2} 时可保证输出电压高电位为 $U_{OH}=U_Z+U_D\approx U_Z$，低电位为 $U_{OL}=-(U_Z+U_D)\approx -U_Z$。

合上电源时，由于电冲击使得迟滞比较器有信号输入，经正反馈后，电路输出的电压 u_o 是高电位 U_{OH} 还是低电位 U_{OL} 完全是随机的。设合上电源时输出高电位 $u_o=U_{OH}=U_Z$，电路处于第一状态，此时基准电压 $U_B=u_{B+}=U_Z\dfrac{R_2}{R_1+R_2}$。$U_{OH}$ 通过 R_F 对 C 充电，电容电压 u_C 按指数规律增加，但只要 $u_C<u_{B+}$，$u_o=U_Z$ 不变，当 u_C 增加到略大于 U_B 时，迟滞比较器的输出电压由 U_{OH} 跃变为低电位 $u_o=U_{OL}=-U_Z$，电路进入第二状态，此时基准电压 $U'_B=u_{B-}=-U_Z\dfrac{R_2}{R_1+R_2}$。电容 C 开始通过 R_F 放电，放电完毕后立即进行反向充电，当反向充电值时的电容电位 u_C 降到略低于 U'_B 时，电路立即进入第一状态。以后的过程周而复始，电路输出一系列方波。输出电压与电容充、放电的波形如图 6.15(b)所示。

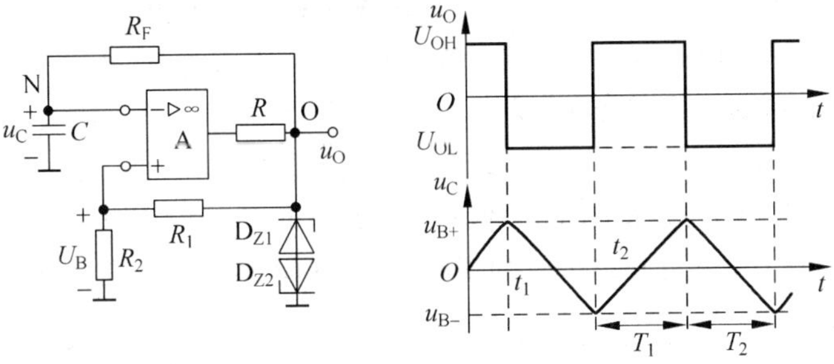

(a) 电路　　(b) 波形

图 6.15　方波发生器

3. 主要参数计算

从图 6.15(b)可以看出，方波发生器的振荡周期等于第一状态的维持时间与第二状态的维持时间之和，$T=T_1+T_2$。由暂态分析三要素法可知

$$u_C(t)=u_C(\infty)+[u_C(0_+)-u_C(\infty)]e^{-t/\tau} \tag{6.14}$$

式中 $u_C(\infty)$和 $u_C(0_+)$在不同状态下有不同的数值。如在第一状态，$u_C(\infty)=U_Z$，$u_C(0_+)=u_{B-}=-U_Z\dfrac{R_2}{R_1+R_2}$；如在第二状态，$u_C'(\infty)=-U_Z$，$u_C'(0_+)=U_Z\dfrac{R_2}{R_1+R_2}$。在图示电路中，充、放电时间常数均为 $\tau=R_FC$。

T_1 为电容 C 从 $-U_Z\dfrac{R_2}{R_1+R_2}$ 以指数规律上升到 $U_Z\dfrac{R_2}{R_1+R_2}$ 所需的时间，由式(6.14)推导出 T_1 的表达式，再代入三要素，得

$$T_1=\tau\ln\frac{u_C(\infty)-u_C(0_+)}{u_C(\infty)-u_C(T_1)}=R_FC\ln\frac{U_Z-\left(-U_Z\dfrac{R_2}{R_1+R_2}\right)}{U_Z-U_Z\dfrac{R_2}{R_1+R_2}}=R_FC\ln\left(1+\frac{2R_2}{R_1}\right)$$

T_2 为电容 C 从 $U_Z\dfrac{R_2}{R_1+R_2}$ 以指数规律下降到 $-U_Z\dfrac{R_2}{R_1+R_2}$ 所需的时间，同理得

$$T_2=R_FC\ln\left(1+\frac{2R_2}{R_1}\right)$$

$$T=T_1+T_2=2R_FC\ln\left(1+\frac{2R_2}{R_1}\right) \tag{6.15}$$

电路输出信号频率为

$$f=\frac{1}{2R_FC\ln(1+2R_2/R_1)} \tag{6.16}$$

常通过改变 R_F、C 或改变 R_2 与 R_1 的比值来调节输出信号频率。

图示电路输出方波的 $T_1=T_2$，但实际应用中有时也需要 $T_1\neq T_2$ 的方波，为此引入占空比的概念，通常将方波高电位的维持时间 T_1 与周期 T 之比定义为占空比 q，即

$$q=\frac{T_1}{T} \tag{6.17}$$

前述的方波发生器输出方波的占空比为 50%。如想获得占空比不同的矩形波，将电容器

C 的充、放电回路分开。通过改变充、放电的时间常数 τ，即可改变占空比。实现此目标的方案之一是，将图 6.16 所示网络接入图 6.15 中节点 O、N 间，代替电阻 R_F。当 u_o 为正时，D_1 导通而 D_2 截止，T_1 的维持时间由充电时间常数 $\tau_{充}=R_{F1}C$ 决定；当 u_o 为负时，D_1 截止而 D_2 导通，T_2 的维持时间由放电时间常数 $\tau_{放}=R_{F2}C$ 决定。选择不同的 R_{F1} 和 R_{F2} 数值即可改变周期 T 和占空比 q。若忽略二极管的正向电阻，此时的周期为 $T=T_1+T_2=(R_{F1}+R_{F2})C\ln\left(1+\frac{2R_2}{R_1}\right)$。

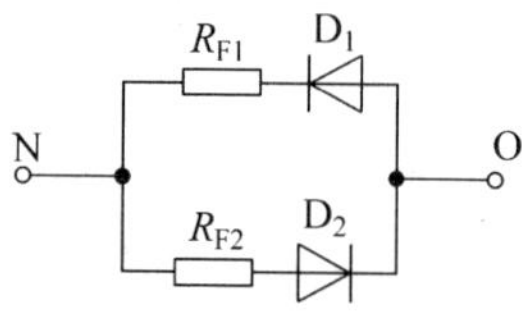

图 6.16 改变占空比采用的电路

6.2.2 三角波发生器

由上面的分析可知，方波发生器中 RC 积分电路的输出就是一个近似的三角波，只是三角波的线性较差。为此，将 RC 积分电路改为由集成运放组成的积分电路，便可得到线性很好的三角波。

1. 电路组成

常用的三角波发生器的电路和波形分别如图 6.17(a)、(b)所示。同相输入的迟滞比较器 A_1 和线性 RC 积分器 A_2 构成闭合电路。两种电路的输出互为对方的输入，线性 RC 积分器 A_2 的输出又是三角波信号的输出。

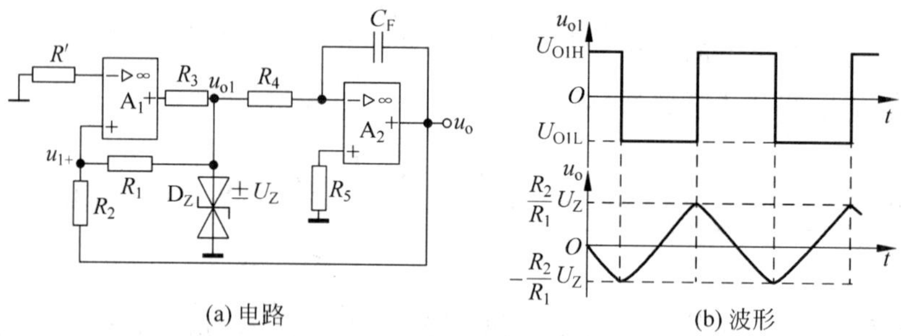

图 6.17 三角波发生器

与方波发生器相同，迟滞比较器 A_1 的输出 u_{o1} 只有两种可能：高电位为 $U_{O1H}=U_Z+U_D\approx U_Z$，低电位为 $U_{O1L}=-(U_Z+U_D)\approx -U_Z$。而此电路迟滞比较器的基准电压 U_B 为零，利用叠加原理可得 A_1 的同相输入端电位 u_{1+} 为

$$u_{1+}=u_{o1}\frac{R_2}{R_1+R_2}+u_o\frac{R_1}{R_1+R_2} \tag{6.18}$$

式(6.18)中前一项为设 $u_o=0$ 时，仅 u_{o1} 单独作用 u_{1+} 的电位，后一项为 $u_{o1}=0$ 时，u_o 单独作用 u_{1+} 的电位。

A_2 为线性 RC 积分器，由积分运算公式得

$$u_o=-\frac{1}{R_4C_F}\int u_{o1}\,dt \tag{6.19}$$

由式(6.19)可知，当 u_{o1} 为一常量时，u_o 的波形为一直线。

2. 工作原理

设开始工作时电容 C_F 尚未积累电荷且合上电源时 $u_{o1}=U_{O1H}=U_Z$，因为 C_F 上无电荷，所以 $u_o=0$（A_2 的反相输入端为虚地）。此时 $u_{1+}=U_{O1H}\frac{R_2}{R_1+R_2}$，由式(6.19)可知，输出电位 u_o 随时间以一直线下降。又由式(6.18)可知 u_{1+} 的电位也随着 u_o 下降而下降，当输出电压 $u_o=-\frac{R_2}{R_1}U_Z$ 时，$u_{1+}=0$，此时 A_1 输出 u_{o1} 由高电位 U_{O1H} 跃变为低电位 $U_{O1L}=-U_Z$；随着 u_{o1} 的跃变，u_{1+} 立即下降，而输出电压 u_o 则因积分函数限定以直线形式上升，u_{1+} 也随着 u_o 的上升而逐渐上升，当 $u_o=\frac{R_2}{R_1}U_Z$ 时，$u_{1+}=0$，u_{o1} 又从低电位 U_{O1L} 跃变到高电位 U_{O1H}；u_{1+} 又立即上升，输出电压 u_o 又将随直线下降，以后的过程周而复始，电路输出一系列三角波。整个过程中 u_{o1}、u_o 的波形如图 6.17(b)所示。

3. 主要参数计算

从工作原理分析可知，输出三角波的幅值

$$U_{om}=\pm\frac{R_2}{R_1}U_Z \tag{6.20}$$

式(6.20)表明，当稳压管的击穿电压 U_Z 确定后，改变 R_1 或 R_2 的数值即可改变输出三角波的幅值。从图 6.17(b)的波形可以看出，输出电压从 $-U_m$ 上升到 $+U_m$ 所需的时间为 $T/2$。

$$\frac{1}{R_4C_F}\int_{-T/4}^{T/4}u_{o1}\,dt=\frac{1}{R_4C_F}\int_{-T/4}^{T/4}U_Z\,dt=\frac{TU_Z}{2}\times\frac{1}{R_4C_F}=2U_{om}$$

得

$$T=4R_4C_F\frac{U_{om}}{U_Z}$$

将式(6.20)代入上式可得

$$T=\frac{4R_2R_4C_F}{R_1} \tag{6.21}$$

三角波频率为

$$f=\frac{1}{T}=\frac{R_1}{4R_2R_4C_F} \tag{6.22}$$

由式(6.20)和式(6.21)可知，改变 R_2 和 R_1 可改变输出电压幅值，而改变任一个电阻值和电容值均可改变周期和频率，通常先调节电阻 R_2 和 R_1 确定好输出电压的幅值后，再利用 R_4 和 C_F 调节周期和频率。

6.2.3 锯齿波发生器

锯齿波发生器常作为示波器的扫描信号装置。

图 6.18 所示锯齿波发生器的工作原理与三角波发生器完全相同，只是在 R_4 支路两端并联一条 R_4' 与 D 串联的支路。这样，当 u_{o1} 为低电位 $U_{OL}(-U_Z)$ 时，A_2 的积分常数与三角波完全相同（因为此时 u_o 电位上升，致使二极管 D 截止，R_4' 所在支路相当于开路），而当 u_{o1}

为高电位 $U_{OH}(+U_Z)$时，A_2 的积分常数急剧减小，输出电压下降速度增快，使得输出电压 u_o 从$\frac{R_2}{R_1}U_{OH}$下降到$-\frac{R_2}{R_1}U_{OL}$所需时间很短，这样，输出电压呈锯齿形。锯齿波发生器中 A_1 的输出波形 u_{o1} 和整个电路的输出波形 u_o 如图 6.18(b)所示。

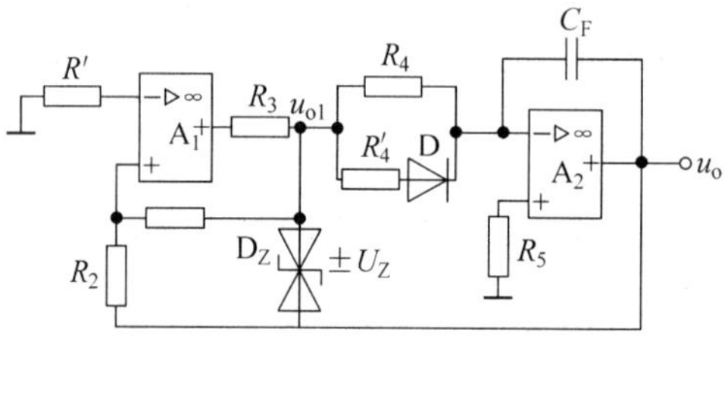

(a) 电路

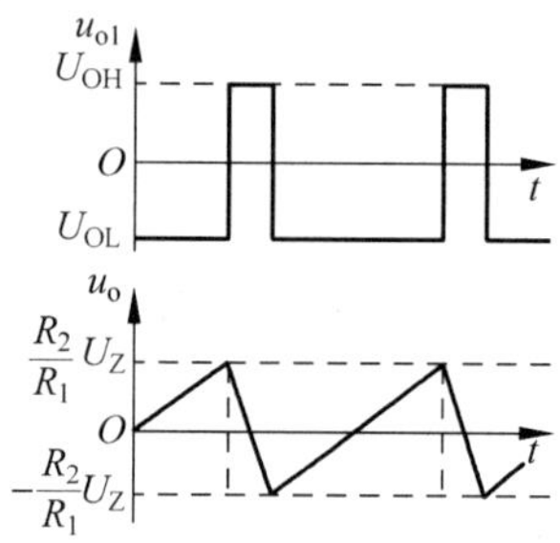

(b) 波形

图 6.18 锯齿波发生器

小 结

(1) 从能量的观点来看，各类信号发生器是将直流电转变成各种周期信号输出的电路。它与放大器最主要的区别是：放大器有输入信号才有输出信号，而信号发生器无输入信号就有信号输出。

(2) 振荡器维持振荡的条件为$\dot{A}\dot{F}=AF\angle\varphi=1$，它具体包含以下两方面的内容。

① 相位平衡条件：电路必须引入正反馈，以保证反馈信号与原输入信号相位相同。即

$$\varphi=\varphi_A+\varphi_F=2n\pi\quad(n=0,\pm1,\pm2,\cdots)$$

② 幅度平衡条件：应使$|\dot{A}\dot{F}|=1$，以保证反馈信号的大小与原输入信号相等。即 $X'_a=X_a$。

(3) 振荡器自激振荡的条件为$\dot{A}\dot{F}=AF\angle\varphi>1$。

(4) 正弦振荡器主要包括放大环节、正反馈环节、选频环节和稳幅环节四大部分。

(5) 确定振荡器能否正常工作小结：

① 检查几个基本环节是否齐全；

② 检查电路是否具有合适的静态工作点；

③ 检查是否满足相位平衡条件；

④ 检查是否满足幅度平衡条件。

(6) 石英晶体振荡器是用石英晶体作为选频装置的一种振荡器。其优点是振荡频率十分稳定。

(7) 各类非正弦信号发生器的结构主要包括由集成运放组成的迟滞比较器和由 RC 元件组成的积分电路。利用电容充、放电作用，改变迟滞比较器的输出状态，以输出一系列方波、三角波或锯齿波。

习　　题

6.1　产生正弦波振荡的条件是什么？

6.2　正弦波信号发生电路由哪几部分组成？各部分的作用是什么？

6.3　标出题图 6.3 各个电路中变压器的同名端，使电路满足正弦振荡的相位平衡条件。

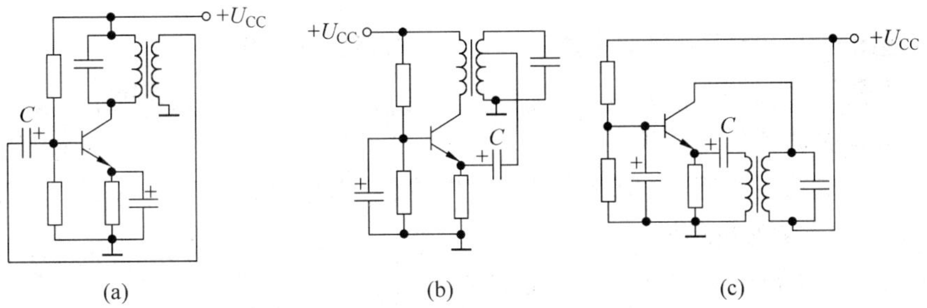

题图　6.3

6.4　用相位平衡条件，判断题图 6.4 中各电路是否可能产生振荡？（提示：图(a)、(b)中的 RC 移相环节可移相角度为 180°）

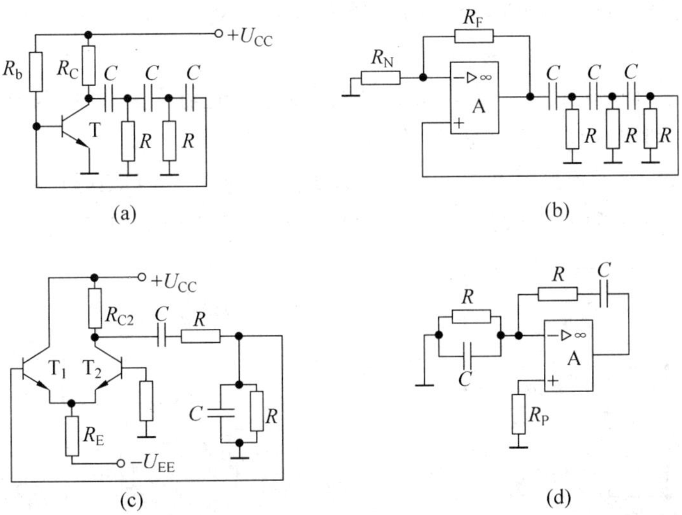

题图　6.4

6.5　在题图 6.5 中，标出集成运放 A 两个输入端的"＋"、"－"号。说明温敏电阻 R_t 的作用，并选择 R_t 的温度系数。

6.6　试对题图 6.6 所示振荡电路回答以下问题：

(1) 指出此振荡器的选频电路并写出振荡频率表达式。

(2) 为保证电路可靠起振，对各电阻取值有何要求？

(3) 如果要求振荡器频率可调，应采取什么措施？

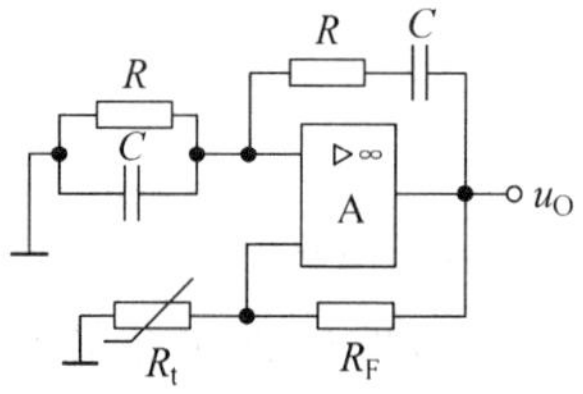

题图 6.5

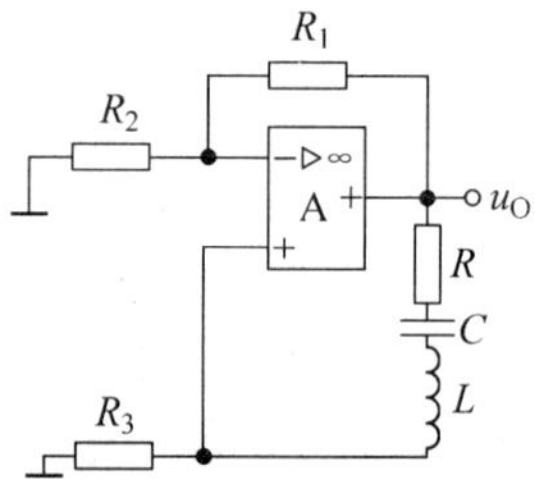

题图 6.6

6.7 题图 6.7 所示为由集成运放和 LC 并联谐振回路组成的振荡器，试求：

(1) 估算此振荡器的振荡频率。

(2) 为了使电路可靠起振，应调节 10kΩ 电位器，求出电位器滑动点以下电阻 R 的最小值。

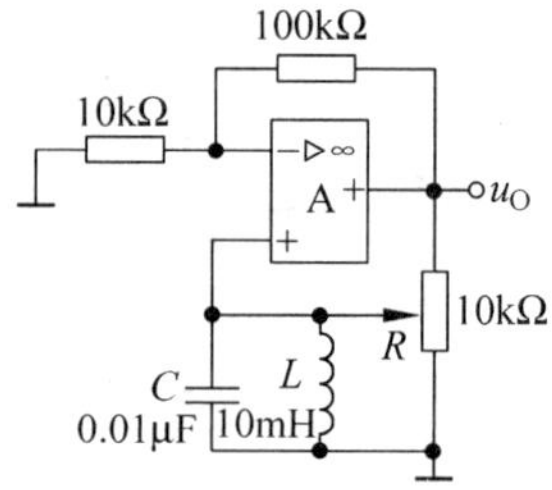

题图 6.7

6.8 某电路如题图 6.8 所示，集成运放 A 具有理想的特性，$R=16\text{k}\Omega$，$C=0.01\mu\text{F}$，$R_2=3\text{k}\Omega$，试回答：

(1) 该电路是什么名称？

(2) 由哪些元件组成选频网络？

(3) 振荡频率 f_0 为多少？

(4) 为满足起振的幅值条件，应如何选择 R_1 的大小？

6.9 选择题

(1) 电路如题图 6.9 所示。设运放是理想的器件，电阻 $R_1=10\text{k}\Omega$，为使该电路产生较好的正弦波振荡，则要求________。

A. $R_F=10\text{k}\Omega+4.7\text{k}\Omega$(可调)　　B. $R_F=47\text{k}\Omega+4.7\text{k}\Omega$(可调)

C. $R_F=18\text{k}\Omega+4.7\text{k}\Omega$(可调)　　D. $R_F=4.7\text{k}\Omega+4.7\text{k}\Omega$(可调)

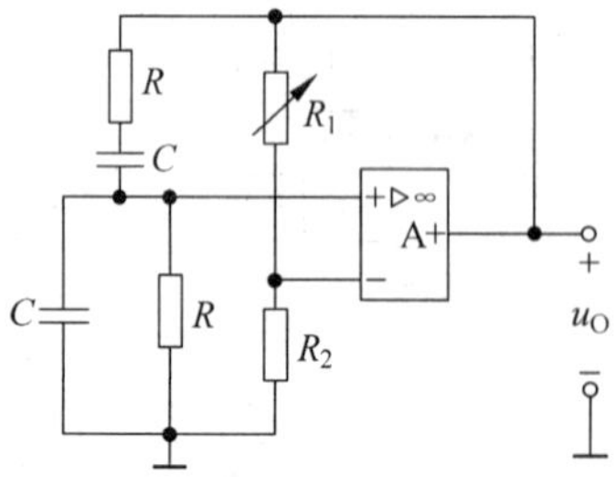

题图 6.8

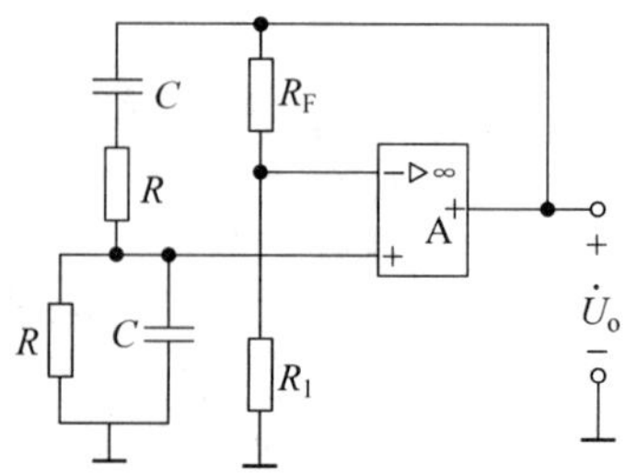

题图 6.9

(2) 电路如题图 6.9 所示。设运放是理想的器件，R_1 和 R_F 取值合适，$R=100\text{k}\Omega$，$C=0.01\mu\text{F}$，则振荡频率约为________。

A. 15.9Hz　　B. 159Hz　　C. 999Hz　　D. 99.9Hz

(3) 电路如题图 6.9 所示。设运放是理想的器件，R_1 和 R_F 所取值合适，$R=100\text{k}\Omega$，$C=0.01\mu\text{F}$，运放的最大输出电压为±10V。当 R_F 不慎断开时，其输出电压的波形为

A. 幅值为 10V 的正弦波　　B. 幅值为 20V 的正弦波

C. 幅值为 0V(停振) D. 近似为方波,其峰-峰值为 20V

(4) 正弦波振荡电路的起振条件是

A. $\varphi_A=\varphi_F$; $|\dot{A}\dot{F}|>1$ B. $\varphi_A+\varphi_F=2\pi$; $|\dot{A}\dot{F}|>1$

C. $\varphi_A+\varphi_F=2n\pi$; $|\dot{A}\dot{F}|=1$ D. $\varphi_A=-\varphi_F$; $|\dot{A}\dot{F}|=1$

6.10 填空题

(1) 根据石英晶体的阻抗频率特性曲线,当 $f=f_s$ 时,石英晶体呈________性;当 $f_s<f<f_p$ 时,英晶体呈________性;当 $f<f_s$ 或 $f>f_p$ 时,石英晶体呈________性。

(2) 在串联型石英晶体振荡电路中,晶体等效为________;而在并联型石英晶体振荡电路中,晶体等效为________。

(3) 自激振荡是指在没有输入信号时,电路中产生了________输出波形的现象。

(4) 一个实际的正弦波振荡电路绝大多数属于________电路,它主要由________、________、________组成。为了保证振荡幅值稳定且波形较好,常常还需要________环节。

(5) 正弦波振荡电路利用正反馈产生振荡,振荡条件是________,其中相位平衡条件是________,幅值平衡条件是________,为使振荡电路起振,其条件是________。

(6) 产生低频正弦波一般可用________振荡电路,产生高频正弦波可用________振荡电路,要求频率稳定性很高,则可用________振荡电路。

(7) 石英晶体振荡电路的振荡频率基本上取决于________。

6.11 试判断下面各种说法是否正确,用√或×表示在括号内。

(1) 放大电路与振荡电路的主要区别之一是:放大电路的输出信号与输入信号频率相同,而振荡电路一般不需要输入信号(压控振荡器例外)。( )

(2) 振荡电路只要满足相位平衡条件,则可产生自激振荡。( )

(3) 对于正弦波振荡电路而言,只要不满足相位平衡条件,即使放大电路的放大倍数很大,它也不可能产生正弦波振荡。( )

(4) 只要具有正反馈,电路就一定能产生振荡。( )

(5) 正弦波振荡电路自行起振的幅值条件是 $|\dot{A}\dot{F}|=1$。( )

(6) 正弦波振荡电路维持振荡的条件是 $|\dot{A}\dot{F}|=-1$。( )

(7) 在反馈电路中,只要安排有 LC 谐振电路,就一定能产生正弦波振荡。( )

第 7 章

直 流 电 源

在工农业生产和各类科学实验中，有许多使用直流电源的场合，如电车、蓄电池充电、电子线路及计算机系统等。对于大功率的直流设备，可使用直流发电机供电。而对于电子线路或计算机等小功率直流设备，通常采用各种半导体直流电源。

半导体直流电源是将电网提供的交流电通过变压、整流、滤波、稳压等环节变换成所需的直流电，其原理框图如图 7.1 所示。图中各环节的功能如下所述。

变压：将交流电源电压变成符合整流要求的电压值。

整流：利用二极管的单向导电性将交流电压变成脉动的直流电压。

滤波：滤去脉动直流电压中的高次谐波，使之成为平滑的直流电压。

稳压：在电网电压波动或负载变化时，保持输出稳定的直流电压。

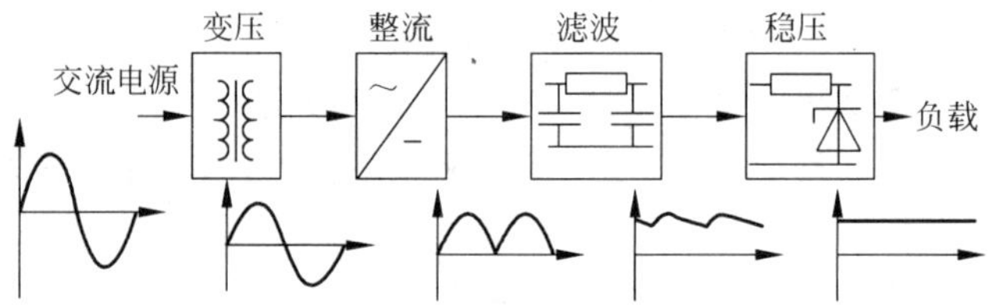

图 7.1　直流电源框图

7.1　单相整流电路

整流电路是利用二极管的单向导电性，将交流输入电压转换成单向脉动电压的电路。

7.1.1　单相半波整流电路

单相半波整流电路如图 7.1(a)所示。图中 T 为变压器，其作用是将交流电源电压变换为整流电路所需的交流电压。二极管 D 与直流负载电阻 R_L 串联接至副绕组两端。分析时将二极管看作理想二极管，正向导通时视为短路，截止时视为断路。

1. 电路工作原理

设变压器副边电压 u_2 波形如图 7.2(b)所示。

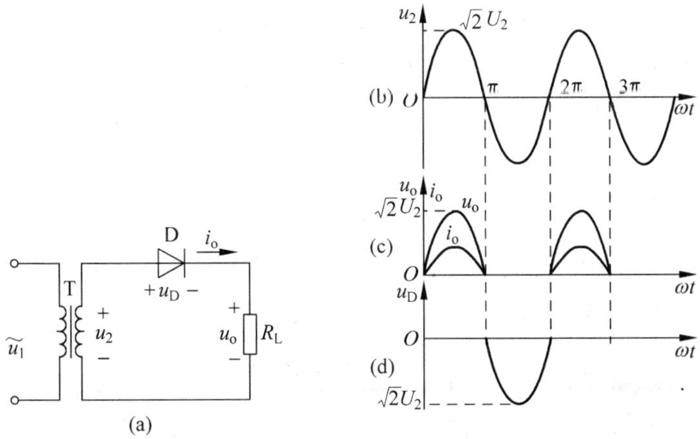

图 7.2　单相半波整流电路

副边电压正半周时：二极管 D 因承受正向电压而导通，电流 i_o 从上至下流过负载电阻 R_L，此时输出电压 u_o 等于变压器副边电压 u_2。副边电压负半周时：二极管 D 因承受反向电压而截止，没有电流流过 R_L，输出 u_o 为零。在一个周期中输出 u_o 的波形如图 7.2(c)所示。

由于输出电压极性始终上正下负，为脉动直流，且一个周期内只有半个周期有输出电压，故称半波整流电路。

2. 输出电压、电流平均值的计算

设 $u_2=\sqrt{2}U_2\sin\omega t\,\text{V}$，输出电压平均值 U_O 为

$$U_O=\frac{1}{2\pi}\int_0^{\pi}\sqrt{2}U_2\sin\omega t\,\mathrm{d}(\omega t)=\frac{\sqrt{2}U_2}{\pi}=0.45U_2$$

$$I_O=\frac{U_O}{R_L}=0.45\frac{U_2}{R_L}$$

3. 选管原则

一般根据流过二极管的平均电流 I_D 和二极管承受的最高反向峰值电压 U_{DRM} 来选择二极管的参数。

1）正向平均电流 I_{Fm}

由于单相半波整流电路中流过二极管的电流 I_D 就是输出电流 I_O，所以，

$$I_D=I_O=\frac{U_O}{R_L}=0.45\frac{U_2}{R_L}$$

2）最高反向电压 U_{Rm}

正半周时，二极管正向导通，相当于短路；负半周时，二极管反向截止，相当于断路。二极管承受反向电压，其波形如图 7.2(d)所示。由图可知

$$U_{DRM}=\sqrt{2}U_2$$

可根据 I_D 和 U_{DRM} 选择整流电路二极管的 I_{Fm}、U_{Rm} 等参数，为了保证二极管能可靠地工

作，在选管时，应留有一定的余量。

半波整流电路结构简单，使用元件少。但存在较大的缺点：输出直流电压低，波形脉动大，输出功率小，且工作时只利用了电源的半个周期，变压器利用率低。因此，只适合小功率整流且对整流性能指标要求不高的场合。

7.1.2 单相桥式整流电路

单相桥式整流电路如图 7.3(a)、(b)所示。四个整流二极管组成电桥形式，故称桥式整流电路。图 7.3(c)是它的简化画法。

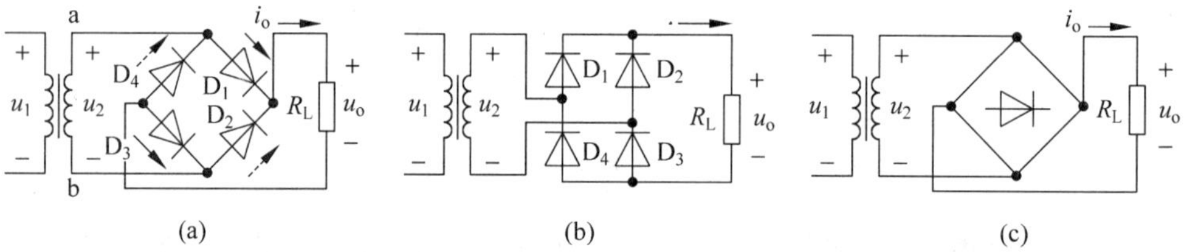

图 7.3　单相桥式整流电路

1. 电路工作原理

设变压器副边电压 u_2 波形如图 7.4(a)所示。

副边电压正半周时：电压极性为 a 正 b 负，D_1 和 D_3 因承受正向电压而导通，D_2 和 D_4 因承受反向电压而截止。电流 i_o 从 a 出发，经过 D_1 从上至下流过负载电阻 R_L，再经过 D_2 回到 b 点构成回路，其电流方向如图 7.3(a)中带箭头的实线所示。

副边电压负半周时：电压极性为 b 正 a 负，D_2 和 D_4 因承受正向电压而导通，D_1 和 D_3 因承受反向电压而截止。电流 i_o 从 b 出发，经过 D_2 从上至下流过负载电阻 R_L，再经过 D_4 回到 a 点构成回路，其电流方向如图 7.3(a)中带箭头的虚线所示。

负载电阻 R_L 上的电压和电流波形如图 7.4(b)所示。它们都是全波脉动直流波形。

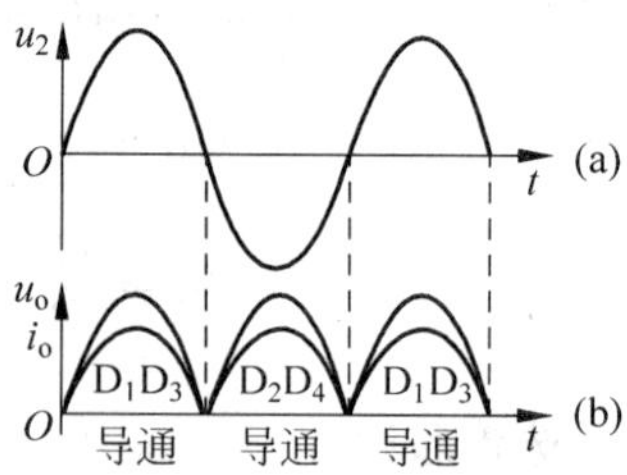

图 7.4　单相桥式整流电路波形

2. 输出电压、电流平均值的计算

设 $u_2=\sqrt{2}U_2\sin\omega t$ V，输出电压平均值 U_O 为

$$U_O=\frac{1}{\pi}\int_0^{\pi}\sqrt{2}U_2\sin\omega t\,d(\omega t)=\frac{2\sqrt{2}U_2}{\pi}=0.9U_2$$

$$I_O=\frac{U_O}{R_L}=0.9\frac{U_2}{R_L}$$

3. 选管原则

1) 正向平均电流 I_{Fm}

由于桥式整流电路中每个二极管的导通时间均为半周，因此，流过每一个二极管的正向

平均电流 I_D 均为输出平均电流 I_O 的一半，即

$$I_D = \frac{1}{2}I_O$$

2）最高反向电压 U_{Rm}

每个二极管承受的最高反向电压可以从图 7.5 求出。如正半周 D_1、D_2 导通，可视为短路，可以看出，此时 D_3、D_4 并联在变压器副边电源上，承受的最高反向电压就是变压器副边电压的最大值，即

$$U_{DRM} = \sqrt{2}U_2$$

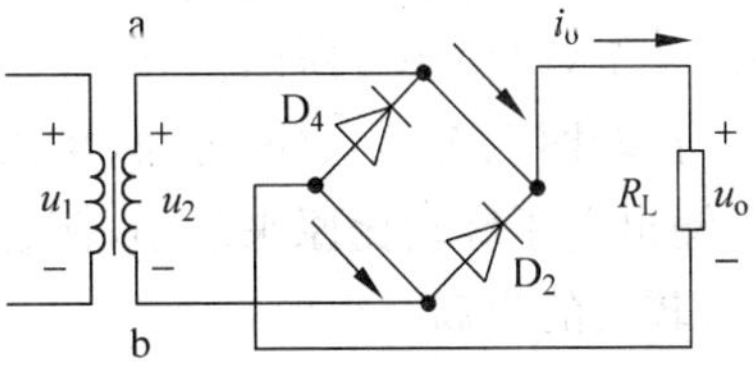

图 7.5 二极管承受反向电压示意图

可根据 I_D 和 U_{DRM} 选择整流电路二极管的 I_{Fm}、U_{Rm} 等参数，为了保证二极管能可靠地工作，在选管时，应留有一定的余量。

虽然单相桥式整流电路使用的整流元件较多，但它具有输出电压平均值高、输出功率大、对整流元件要求较低、变压器利用率高等一系列优点。因此，广泛应用在直流电源整流环节之中。然而，桥式整流电路的输出电压仍然存在较大的脉动，即在输出电压中，存在除直流以外的谐波成分。

7.2 滤波电路

滤波电路用于滤去整流输出电压中的谐波成分，它属于无源低通电路，一般由电抗元件组成。利用电容器两端的电压不能跃变和流过电感元件的电流不能跃变的原理，将它们分别与负载电阻并联和串联，组成 C 型滤波电路、L 型滤波电路和 π 型滤波电路等，以达到使输出电压脉动减小的目的。

7.2.1 电容滤波电路

1. 电路工作原理

图 7.6 所示为单相桥式整流带电容滤波电路。图 7.7 所示为变压器副边波形、输出波形和电容器充、放电电路。在没有加入滤波环节以前，整流电路的输出电压波形如图 7.7 (b)所示。设在 $u_2=0$ 时合上开关 S，接入电容 C，由整流电路的工作原理可知，在电源正半周时 D_1、D_2 导通，电源除通过 D_1、D_2 对负载 R_L 供电外，还对电容器 C 充电。其充电回路如图 7.7 (e)所示。当电源内阻为零时，充电时间常数 $\tau_{充}=[R_L // (R_{D1}+R_{D2})]C$，由于二极管正向导通时电阻约为零，$\tau_{充}\approx 0$，电容电压 u_C 随着电源电压 u_2 增加，直到等于副边电压最大值 U_{2m}。输出电压 u_o 波形对应于图 7.7 (c)中 Oa 段。

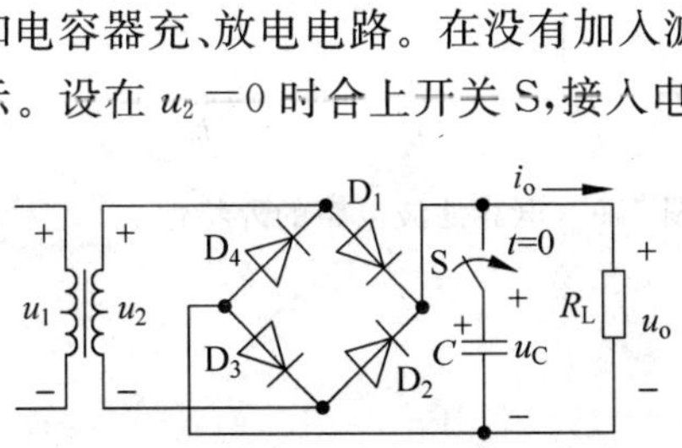

图 7.6 单相桥式整流带电容滤波电路

电源电压在经过最大值后开始下降，此时电容器两端的电压 u_c 大于电源电压 u_2，二极管 D_1、D_2 因承受反向电压而截止，切断了电容以及负载电阻与电源的联系，电路如图 7.7 (f)所示。电容 C 开始对负载 R_L 放电，其放电时间常数 $\tau_{放}=R_LC$，u_o 按指数规律下降，其波形对应于图 7.7(c)中 ab 段。当 u_2 进入负半周，且数值增加到大于 u_C 时，二极管 D_2、D_4 承

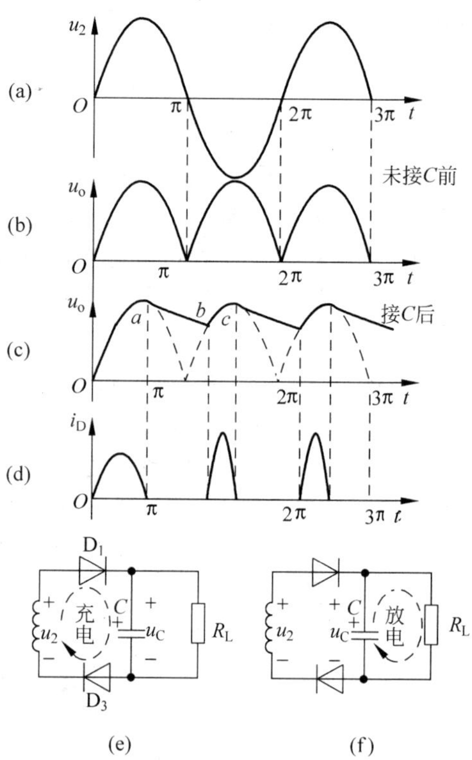

图 7.7 波形和充、放电电路

受正向电压导通，u_2 又在对 R_L 供电的同时对 C 充电，输出电压 u_o 波形对应于图 7.7 (c)中 bc 段。以后的过程周而复始。输出电压波形如图 7.7 (c)中实线所示。

比较图 7.7 (b)、(c)可知，接入电容器 C 以后，输出电压脉动比原来减小，而且电压的平均值有较大的提高。

从图中还得知，电容滤波效果直接与负载电阻 R_L 的阻值有关，R_L 的阻值越大，滤波效果越好。当 R_L 的阻值下降时，输出电压平均值下降，且脉动增加。R_L 阻值的变化对电容滤波的影响如图 7.8 所示。

电容滤波的输出电压 U_O 随输出电流 I_O 的变化曲线称为电容滤波的外特性。如图 7.9 所示。电容一定，输出电流 $I_O=0$(R_L 为无穷大)时，$U_O=U_{2m}$；随着 I_O(R_L 减小)增加，输出电压 U_O 下降。而输出电流 I_O 一定时，输出电压 U_O 随电容 C 的减小而减小。从图中可以看出，电容滤波电路外特性差。所以，电容滤波仅适用于小负载(负载电阻 R_L 的阻值较大)或负载基本不变的场合。

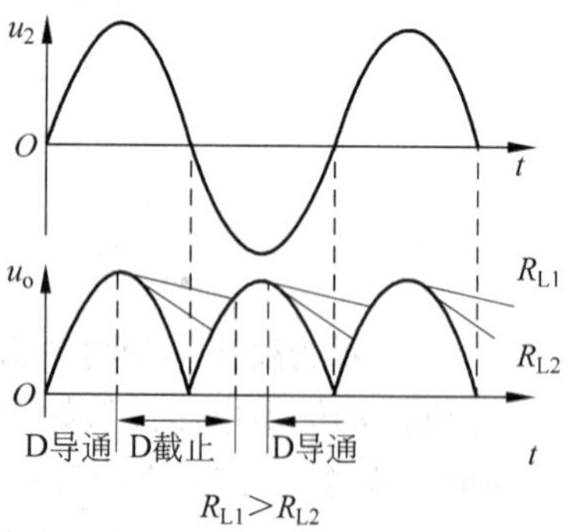

图 7.8 R_L 对电容滤波的影响

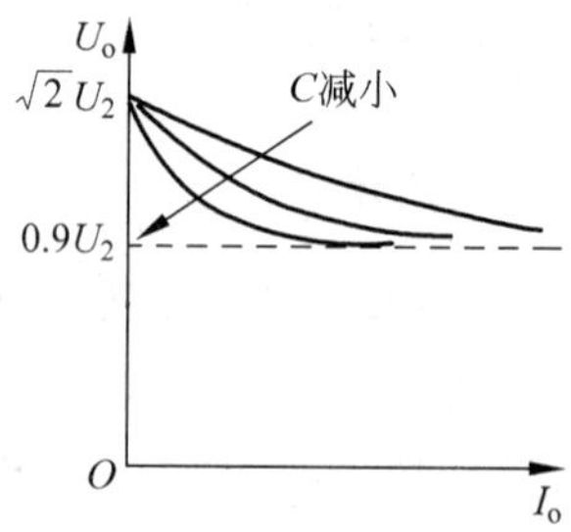

图 7.9 电容滤波电路的外特性

2. 参数选择

1) 电容器的选择

电容器滤波的输出电压取决于电容器的放电时间常数 $\tau_{放}=R_LC$。$\tau_{放}$ 愈大，输出电压脉动愈小，且电压平均值也愈高。为此，应选择容量较大的电容器做滤波电容。

为获得较好的滤波效果，在实际电路中，可参照式(7.1)选择电容器的容量，即

$$\tau_{放}=R_LC\geqslant(3\sim5)\frac{T}{2} \tag{7.1}$$

式中 T 为交流电源电压的周期。电容器的耐压值应大于$\sqrt{2}U_2$。

当电路的 $\tau_{放}$ 满足式(7.1)的条件时，输出电压平均值 U_O 与变压器副边电压有效值 U_2 的关系为

$$U_O = (1.1 \sim 1.4)U_2 \tag{7.2}$$

通常取系数 1.2。

2) 二极管的选择

在讨论滤波电路工作原理时，通常选择电源电压过零点时接入滤波电容器。但实际上开关合闸时间一般无法控制。如果合闸前电容器两端电压为零，而又正好在电源电压为最大值时合闸，则电路将产生很大的冲击电流(参看图 7.7(e))；另外，整流电路二极管的导通时间为半个周期，引入滤波后，二极管导通时间缩短，且 $\tau_{放}$ 越大，导通时间越短；而且 $\tau_{放}$ 越大输出电压又越高，故整流管在短暂的时间内流过的电流比没有滤波时大大增加(参看图 7.7(d))。综合考虑以上各方面因素，在选用二极管时，其电流参数应考虑较大的余量。

在实际电路中，可参照式(7.3)选择二极管，即

$$I_{Fm} \geqslant (2 \sim 3)\frac{1}{2}\frac{U_O}{R_L} \tag{7.3}$$

例 7.1 如图 7.6 所示单相桥式整流和电容滤波电路中，已知交流电压频率 $f=50\text{Hz}$，负载电阻 $R_L=300\Omega$，要求输出直流电压 $U_O=24\text{V}$，试求变压器副边电压有效值 U_2，选择整流二极管 D 及滤波电容器 C 的数值。

解 (1) 求变压器副边电压有效值

取 $U_O=1.2U_2$，变压器副边电压有效值为

$$U_2 = \frac{U_O}{1.2} = \frac{24}{1.2}\text{V} = 20\text{V}$$

(2) 选整流二极管

流过二极管的平均电流为

$$I_D = \frac{I_O}{2} = \frac{1}{2}\times\frac{U_O}{R_L} = \frac{1}{2}\times\frac{24\text{V}}{300\Omega} = 40\text{mA}$$

二极管的最高反向电压为

$$U_{DRM} = \sqrt{2}U_2 = 28.28\text{V}$$

由于采用的是电容滤波，所以二极管电流参数的容量 I_{Fm}应选大些，故选择 2CP11 作整流元件。其最大整流电流 I_{Fm}为 100mA，最高反向工作电压 U_{Rm}为 50V。

(3) 选滤波电容 C

根据式(7.1)取 $\tau=5T/2$，则

$$\tau_{放} = R_LC = 5\times\frac{T}{2} = 5\times 0.01\text{s} = 0.05\text{s}$$

$$C = \frac{0.05}{R_L} = \frac{0.05}{300}\text{F} \approx 166.7\mu\text{F}$$

选 $C=200\mu\text{F}$，耐压为 40V 的电容作滤波元件。

7.2.2 电感滤波电路

电感滤波电路如图 7.10 所示。它是利用流过电感线圈的电流不能突变的原理组成的。

因此，电感线圈必须与负载电阻串联。当电路中流过的电流增加时，电感将产生反电势以阻止电流的增加；而流过的电流减小时，反电势又阻止电流减小。所以，输出电流和电压的脉动减小，起到和电容滤波相同的效果。

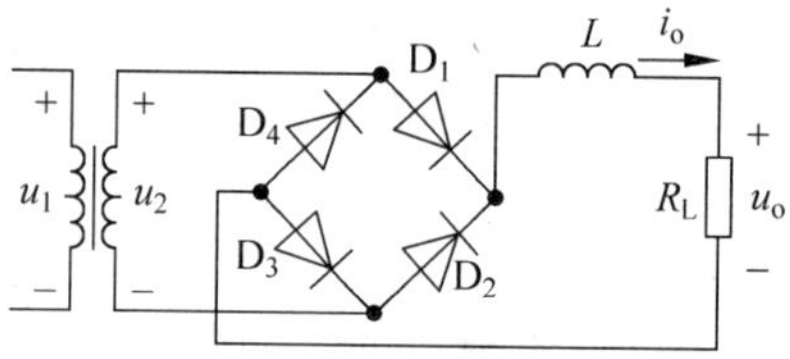

图 7.10 电感滤波电路

电感滤波也可以这样解释：经过整流后的脉动电压利用傅里叶级数可分解成直流分量与各次谐波分量的叠加。由于电感对直流分量相当于短路，因此，电压中的直流分量全部降在负载电阻 R_L 的两端，而电感对各次谐波分量均存在一定的感抗，而且随着谐波频率的增加，阻抗 $X_L=2\pi fL$ 也增加，交流电压在 X_L 上的压降增加。因此，在 R_L 上的压降减小。这样，串入电感 L 后使得负载电阻 R_L 两端直流分量的比例增加，各次谐波分量的比例减少，输出电压的脉动减小。

电感滤波电路具有良好的外特性，因此，在大功率滤波电路中常采用电感滤波电路。但为了增大电感量，往往要带铁心，使得电感滤波电路笨重、体积大，也容易产生电磁干扰，使用不太方便。一般只适用于低电压、大电流的场合。

7.3 稳压电路

经过整流和滤波后的直流电压，可对具有一般要求的直流电路供电。但在有些电子电路（如计算机）中，对直流电源输出电压的稳定性要求很高。此时需在滤波环节的后面还要加上一个稳压环节，以保证在交流电源电压波动或者在负载变化时，均能输出稳定的直流电压。

7.3.1 稳压电路的性能指标

稳压电路的主要性能指标是稳压系数、输出电阻和温度系数。

1. 稳压系数 S_r

稳压系数 S_r 是指在负载和环境温度不变时，稳压电路的输出电压相对变化率和输入电压的相对变化率之比，即

$$S_r = \left.\frac{\Delta U_O/U_O}{\Delta U_I/U_I}\right|_{\Delta I_O=0,\Delta T=0} \tag{7.4}$$

式中 U_I 为稳压电路的输入电压，即经过整流和滤波后的输出电压，与电网电压有一固定的比例关系。稳压系数反映了稳压电路在电网电压波动时对输出电压的影响程度。此值越小，说明电网电压波动对输出电压的影响越小，性能越好。

2. 稳压电路的输出电阻 r_o

稳压电路的输出电阻 r_o 是指在输入电压和环境温度不变时，稳压电路的输出电压的变化量和输出电流的变化量之比，即

$$r_o = \left.\frac{\Delta U_O}{\Delta I_O}\right|_{\Delta U_I=0,\Delta T=0} \tag{7.5}$$

它反映了稳压电路受负载电阻的影响程度。其值越小越好。

3. 温度系数 S_T

温度系数 S_T 是指在输入电压和负载电阻不变时，且在规定的温度范围内，单位温度变化所引起的输出电压的相对变化量，即

$$S_T = \left.\frac{1}{U_O}\frac{\Delta U_O}{\Delta T}\right|_{\Delta I_O=0,\Delta U_I=0} \tag{7.6}$$

它反映了稳压电路受温度的影响程度。其值越小越好。

此外，其他性能指标还有纹波电压等。

按照稳压元件与负载的连接方式，稳压电路可分为并联稳压和串联稳压两种。下面分别加以介绍。

7.3.2 并联稳压电路

并联稳压电路如图7.11所示。稳压电路由调节电阻 R 和稳压管 D_Z 组成，由于稳压管与负载电阻 R_L 并联，故称为并联稳压电路。

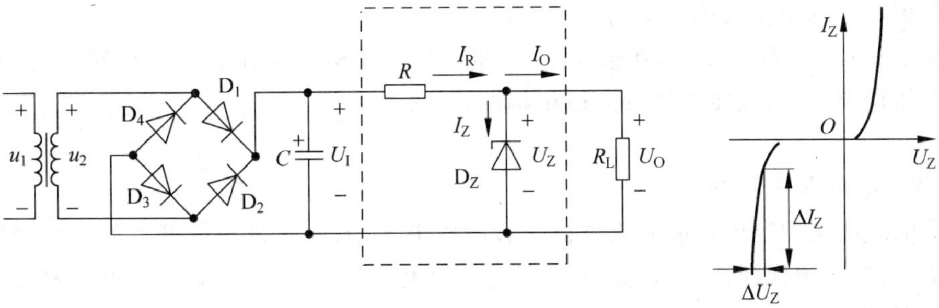

(a) 并联稳压电路　　(b) 稳压管伏安特性

图7.11 并联稳压电路

1. 电路工作原理

由图7.11(b)可以看出，当稳压管工作在反向击穿区时，流过稳压管的电流在较大范围内变化，稳压管两端的电压变化很小，所以，将稳压管与负载并联，就能使输出电压稳定。

设经过桥式整流和滤波后的电压为 U_I，稳压管两端的电压为 U_Z，它就等于输出电压 U_O。电路中各量将满足以下两个方程，即

$$U_O = U_Z = U_I - I_R R \tag{7.7}$$

$$I_R = I_Z + I_O \tag{7.8}$$

现在分别讨论由于电源电压波动和负载电阻变化时并联稳压电路的稳压过程。

1) 设负载电阻不变，U_I 增加

U_I 增加引起 U_O 即 U_Z 的增加，根据稳压管反向击穿特性，微小的 U_Z 变化将引起流过

稳压管的电流 I_Z 较大的变化，因而 I_Z 增加较大，使得流过调节电阻的电流 I_R 增加也较大，调节电阻 R 两端的电压降增加，因此，U_O（即 U_Z）下降，基本保持不变。

2）设输入电压不变，R_L 减小

R_L 减小时，负载分压能力降低，使得输出电压 U_O（即 U_Z）下降，这一变化将引起流过稳压管的电流下降较大，I_R 也随之下降，调节电阻 R 两端的电压降减小，U_O（即 U_Z）恢复到原来数值。

在实际使用时，可能以上两种因素会同时存在。不管怎样，并联稳压电路的稳压过程都是：不论何种原因引起输出电压变化时，都将引起稳压管中流过的电流发生较大的变化，使得流过调节电阻 R 的电流亦发生较大的变化，调节电阻将调节自身两端电压降，最终达到保持输出电压基本不变的目的。

2. 元件的选择

1）稳压管的选择和输入电压的确定

由于输出电压就是稳压管的击穿电压，即

$$U_Z = U_O \tag{7.9}$$

根据负载电阻的变化范围可以求出输出电流的变化范围。为了保持有较好的稳压特性，稳压管的电流变化范围应大于输出电流的变化范围。一般取

$$I_{Zmax} \geqslant (2 \sim 3) I_{Omax} \tag{7.10}$$

可根据以上两个参数选择适当的稳压管。

根据公式：$U_I = U_O + I_R R$，在选择 U_I 数量时应大于输出电压 U_O。为了保证在 R 上有一定的电压调节余量，以便有较好的稳压特性，可取

$$U_I = (2 \sim 3) U_O \tag{7.11}$$

2）调节电阻 R 的选择

调节电阻两端的电压是借助流过稳压管的电流 I_Z 的变化来加以调整的。为使稳压电路能正常工作，必须保证在输入电压和负载电阻变化时，稳压管中的电流变化不超过它的正常工作范围，即

$$I_{Zmin} < I_Z < I_{Zmax}$$

由于 $I_Z = I_R - I_O$，则 R 的选择应满足以下两个极端情况：

（1）当输入电压 U_I 最低而负载电阻 R_L 的阻值最小（即输出电流 $I_O = U_Z / R_L$ 达最大）时，要保证流过稳压管的电流 I_Z 不得小于稳压管工作电流的最小值 I_{Zmin}，即

$$\frac{U_{Imin} - U_Z}{R} - I_{Omax} > I_{Zmin}$$

即

$$R < \frac{U_{Imin} - U_Z}{I_{Zmin} + I_{Omax}}$$

（2）当输入电压 U_I 最高而负载电阻 R_L 的阻值最大（即输出电流 $I_O = U_Z / R_L$ 达最小）时，要保证流过稳压管的电流 I_Z 不得大于稳压管工作电流的最大值 I_{Zmax}，即

$$\frac{U_{Imax} - U_Z}{R} - I_{Omin} < I_{Zmax}$$

即

$$R > \frac{U_{\mathrm{Imax}} - U_Z}{I_{\mathrm{Zmax}} + I_{\mathrm{Omin}}}$$

由以上两式可得调节电阻 R 的取值范围为

$$\frac{U_{\mathrm{Imax}} - U_Z}{I_{\mathrm{Zmax}} + I_{\mathrm{Omin}}} < R < \frac{U_{\mathrm{Imin}} - U_Z}{I_{\mathrm{Zmin}} + I_{\mathrm{Omax}}} \tag{7.12}$$

电阻的额定功率为

$$P_R \geqslant (U_I - U_O)^2 / R$$

3. 稳压性能指标计算

将图 7.11(a)中的稳压管用其等效电阻代替，可得并联稳压电路的交流等效电路如图 7.12 所示。

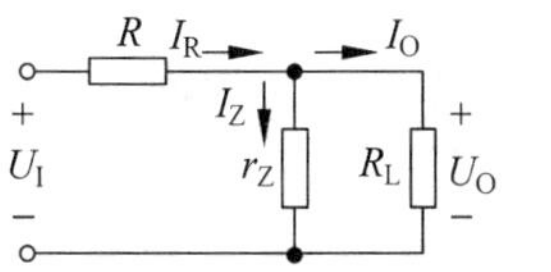

图 7.12　并联稳压电路的交流等效电路

1) 稳压系数 S_r

据式(7.4)，可用交流等效电路求出 $\Delta U_O / \Delta U_I$，即

$$\frac{\Delta U_O}{\Delta U_I} = \frac{r_Z /\!/ R_L}{R + r_Z /\!/ R_L} \approx \frac{r_Z}{R + r_Z} \quad (R_L \gg r_Z)$$

则

$$S_r = \frac{\Delta U_O}{\Delta U_I}\frac{U_I}{U_O} \approx \frac{r_Z}{R + r_Z}\frac{U_I}{U_O} \approx \frac{r_Z}{R}\frac{U_I}{U_O} \quad (R \gg r_Z) \tag{7.13}$$

由此可见，R 越大，r_Z 越小，电路的稳压系数越小。

2) 输出电阻 r_o

当断开负载电阻 R_L 后，从稳压电路的输出端看进去的无源二端网络的等效电阻即为稳压电路的输出电阻 r_o。由图 7-12 可知

$$r_o = r_Z /\!/ R \approx r_Z \tag{7.14}$$

一般采用 r_Z 较小的稳压管，稳压性能较好。

例 7.2　在图 7.11 所示的稳压电路中。已知输出电压为 10V，负载电流在 0～8mA 的范围内变化，输入电压在±10%内变动。

(1) 选择满足以上要求的稳压管和限流电阻；

(2) 按选定的稳压元件计算电路的稳压系数及输出电阻。

解　(1) 根据式(7.9)和式(7.10)得

$$U_Z = U_O = 10\mathrm{V}$$

$$I_{\mathrm{Zmax}} = 2.5 I_O = 20\mathrm{mA}$$

选择稳压管 2CW18。其参数为 $I_Z = 8\mathrm{mA}$，$I_{\mathrm{Zmax}} = 20\mathrm{mA}$，$r_Z = 15\Omega$，$P = 0.25\mathrm{W}$。

再根据公式(7.11)取

$$U_I = 2.5 U_O = 25\mathrm{V}$$

由已知条件

$$U_{\mathrm{Imin}} = (1 - 10\%) U_I = 90\% \times 25\mathrm{V} = 22.5\mathrm{V}$$

$$U_{\mathrm{Imax}} = (1 + 10\%) U_I = 110\% 25\mathrm{V} = 27.5\mathrm{V}$$

代入式(7.12)得

$$\frac{27.5\mathrm{V} - 10\mathrm{V}}{20\mathrm{mA}} < R < \frac{22.5\mathrm{V} - 10\mathrm{V}}{1\mathrm{mA} + 8\mathrm{mA}} \quad (\text{此例取 } I_{\mathrm{Zmin}} = 1\mathrm{mA})$$

得 $$875\Omega < R < 1.39\text{k}\Omega$$

取 $$R = 1.2\text{k}\Omega$$

调节电阻功率

$$P \geqslant \frac{(27.5\text{V} - 10\text{V})^2}{1.2\text{k}\Omega} = 255\text{W}$$

(2) 由式(7.13)和式(7.14)可知，

稳压系数

$$S_r = \frac{15}{1200 + 15} \times \frac{25}{10} \approx 0.31$$

电路输出电阻

$$r_o = r_Z \,/\!/\, R = 1200\Omega \,/\!/\, 15\Omega = 14.8\Omega$$

7.3.3 串联稳压电路

1. 串联稳压原理

串联稳压原理如图 7.13 所示。图中 R 为可变电阻。当 U_I 增加或负载电阻 R_L 增大时，可增加电阻 R 以保持输出电压不变；反之，当 U_I 减小或负载电阻 R_L 减小时，则可使电阻 R 值减小，也能达到同样目的。以这种原理进行稳压的电路称为串联稳压电路。

工作时，晶体管处在放大状态时，其集电极-发射极间的电压 U_{CE} 和集电极电流 I_C 均受基极电流 I_B 的控制。当 I_B 增加时，I_C 也增加，U_{CE} 下降，集电极-发射极间的等效电阻减小；反之，减小 I_B，则 I_C 减小，U_{CE} 增大，集电极-发射极间等效电阻增大。故晶体管具有可变电阻的特性。在串联稳压电路中，通常将它代替前述的可变电阻，称之为调节管。它是串联稳压的核心元件。

2. 串联稳压电路的工作原理

图 7.14 所示为一串联稳压电路。其中 T_1 为调整管，接成射极输出器形式。由于射极输出器具有电压串联负反馈作用，能够稳定输出电压 U_O。T_2 为放大管，组成比较放大器。其发射极的电位是 U_Z，它是由限流电阻 R_1 和稳压管 D_Z 构成的并联稳压电路提供的基准电压 U_R；而基极电位是电阻分压器的输出电压 U_f，由于此分压器与负载电阻并联，所以 U_f 正比于输出电压 U_O，故称之为采样电路。

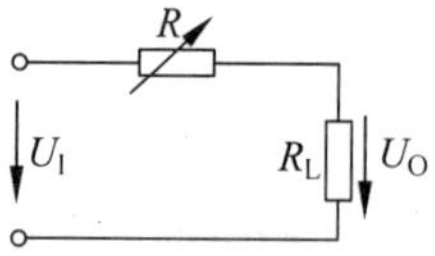

图 7.13 串联稳压原理

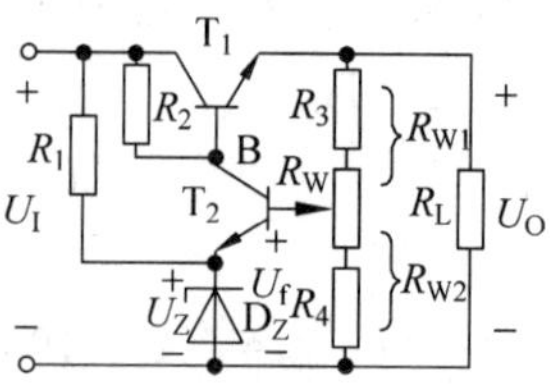

图 7.14 串联稳压电路

电路的稳压过程如下：如由于某种原因使得输出电压 U_O 增加时，采样电压 U_f 也将相应增加，U_f 与基准电压 U_Z 比较后，使得比较放大管 T_2 的输入电压 U_{BE2} 增加，T_2 管的基极电流增加，集电极电流增加，电阻 R_2 上压降增加，B 点电位下降。而 B 点电位下降使得调整管 T_1 的发射结上的电压 U_{BE1} 减小，I_{B1} 减小，I_{C1} 减小，U_{CE1} 增加。从而使输出电压 $U_O = U_I - U_{CE1}$ 下降，使得输出电压基本保持不变。反之，当某种原因使得输出电压 U_O 下降时，通过类似上述过程，也能使得输出电压 U_O 基本保持不变。

可见，输出电压 U_O 的微小变化，都可以通过放大后影响到调整环节，通过电路的负反馈作用，可以实现对输出电压 U_O 的调整。所以，串联稳压电路的稳压性能远远优于并联稳压电路。

比较放大环节可由单管放大电路组成，也可由差动放大电路或集成运放电路组成，常用的串联稳压电路有如图 7.15 所示的几种形式。串联稳压电路不论是什么形式，均包括以下四个基本环节。

(1) 基准电压：由稳压管和限流电阻组成，为电路提供一个稳定的电压。

(2) 采样电路：通常采用分压器将输出电压的一部分取出，它反映输出量的变化。

(3) 比较放大器：将采样电压与基准电压比较后加以放大。

(4) 调整管：将经过比较放大后的信号送入调整管，以调整管子的集电极-发射极间的电压，保证输出电压的稳定。

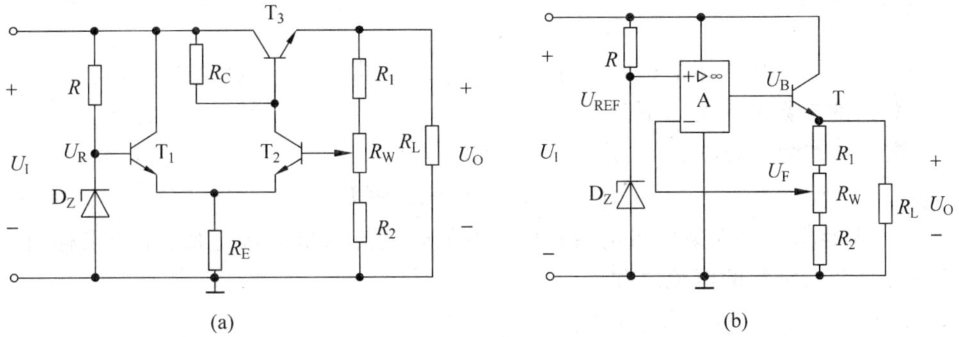

图 7.15 几种常用的串联稳压电路

串联型稳压电路除了上述的四个基本环节外，还可加入过载或短路保护环节，以便在稳压电路发生过载或负载短路时保护调整管。常用的限流保护电路如图 7.16 所示。

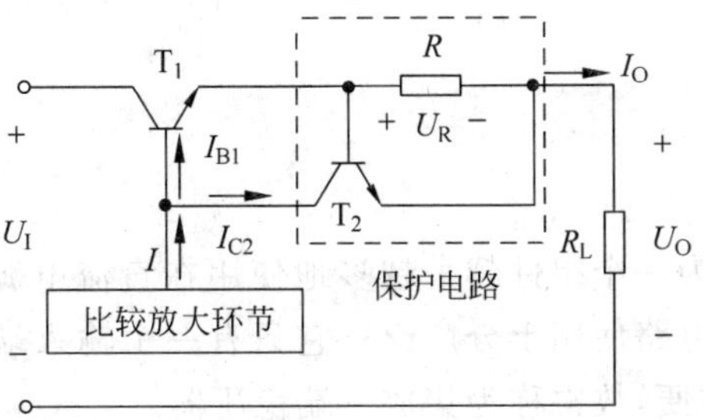

图 7.16 常用的限流保护电路

其电路的工作原理如下：在稳压电路正常工作时，输出电流在检测电阻 R 两端的压降 U_R 较小，不能使保护管 T_2 导通，保护管不影响电路的正常工作。当输出短路或负载电流过大时，R 两端的压降增加，保护管 T_2 导通，I_{C2} 的增加使得流过调整管的电流 I_{B1} 减小，从而限制了输出电流 I_O 的增加，达到了保护电路的目的。

3. 输出电压的调节范围

从图 7.14 可知，采样电压 $U_f = U_{RW2} = U_Z + U_{BE} \approx U_Z$

$$U_f = U_Z = \frac{R_{W2}}{R_{W1} + R_{W2}} U_O$$

故

$$U_O = \frac{R_{W1} + R_{W2}}{R_{W2}} U_f = \frac{R_{W1} + R_{W2}}{R_{W2}} U_Z$$

改变 R_{W1} 和 R_{W2} 的大小，即可改变输出电压 U_O 的大小。当电位器调至最下端时，输出电压最大；电位器调至最上端时，输出电压最小。它们分别是

$$U_{Omax} = \frac{R_3 + R_4 + R_W}{R_4} U_Z$$

$$U_{Omin} = \frac{R_3 + R_4 + R_W}{R_4 + R_W} U_Z$$

4. 调整管的选择

调整管是串联稳压电路的核心元件，为保证它能正常工作，一般应选择大功率管。在选择时应注意它的参数要满足以下几点。

（1）流过调整管中的电流 I_{CM} 应为

$$I_{CM} > I_{Cmax} = I_{Omax} + I$$

式中，I_{Cmax} 为调整管的最大集电极电流；I_{Omax} 为负载电流的最大额定值；I 为采样、比较放大和基准等环节所消耗的电流之和。

（2）调整管的击穿电压 $U_{(BR)CEO}$ 应为

$$U_{(BR)CEO} > U_{CEmax} = U_{Imax}$$

式中，U_{CEmax} 为调整管的最大集电极-发射极间电压；U_{Imax} 为输入电压的最大值，当电路输出端发生短路故障时，输入电压全部加在调整管上。

（3）调整管的最大集电极功耗 P_{CM} 应为

$$P_{CM} > P_{cmax} = U_{CEmax} I_{Cmax} = U_{Imax}(I_{Omax} + I)$$

7.3.4 集成稳压电路

目前集成稳压电路作为一个组件越来越多地使用在直流电源之中，其种类很多。其中三端固定电压式集成稳压电路使用十分广泛。它只有一个输入端、一个输出端和一个公共接地端，使用和安装十分方便，故常称为集成三端稳压器。

根据输出电压极性，集成三端稳压器分为 W78XX 系列（输出正电压）和 W79XX 系列（输出负电压）两种。型号后面的两位数字表示输出电压的标称值。如型号为 W7805、W7912 的稳压管，对应输出＋5V、－12V 的电压。其外形图对应的管脚含义分别如图 7.17(a)、(b) 所示。

集成三端稳压器的最大输出电流从 0.1～1.5A 分为三挡：W78XX(W79XX)的最大输出电流为 1～1.5A，W78MXX(W79MXX)的最大输出电流为 0.5A，W78LXX(W79LXX)的最大输出电流为 0.1A。使用时可根据实际需要选择相应的规格。

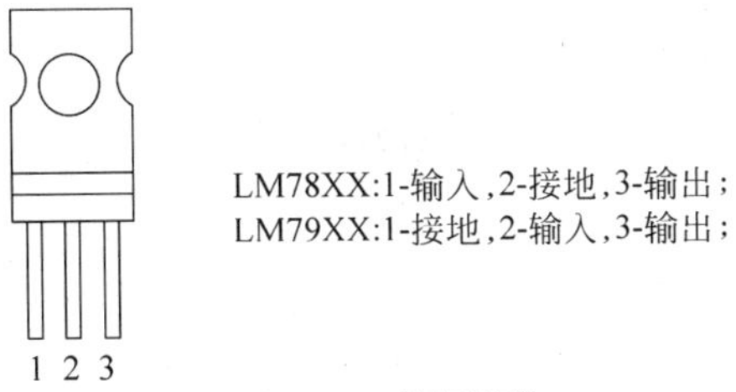

(a) 外形　(b) 管脚说明

图 7.17 集成三端稳压器外形及管脚说明

1. 基本应用举例

图 7.18 给出集成三端稳压器实际应用电路。图 7.18(a)所示为输出正电压电路，图 7.18(b)所示为可同时输出正、负两种电压的电源。一般在输入端和地之间接入一个 0.33μF 的电容以防止电路自激，在输出端和地之间接入一个 0.1μF 的电容，以减小输出电压的波动和改善负载的瞬态响应。

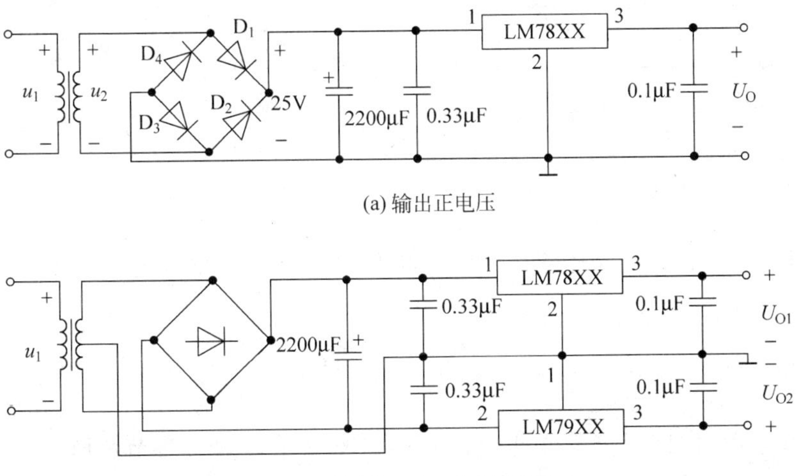

(a) 输出正电压

(b) 同时输出正、负两种电压

图 7.18 集成三端稳压器实际应用举例

2. 扩大输出电压的电路

当要求输出电压值高于集成三端稳压器输出电压的额定值时，可采用电压扩展电路。如图 7.19 所示。

图中由 LM78XX 稳压器的接地端 2 流出的电流是稳压器的静态工作电流 I_Q，其值很小，可视为零。故输出电压 U_O 为

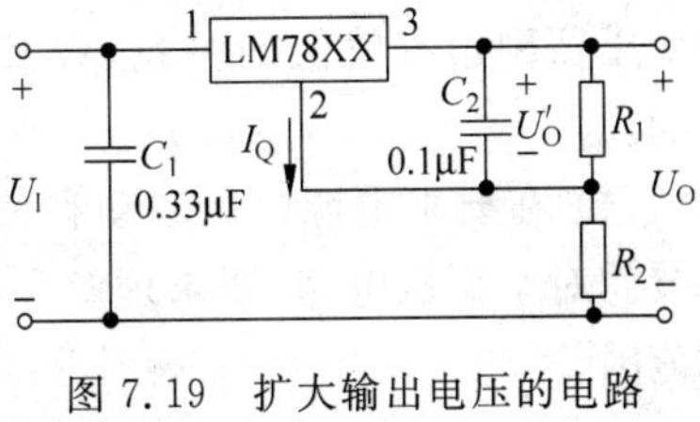

图 7.19 扩大输出电压的电路

$$U_O \approx \left(1+\frac{R_2}{R_1}\right)U'_O$$

可通过改变电阻 R_1 和 R_2 的阻值达到改变输出电压 U_O 的目的。

3. 稳流电路

当要求输出一个稳定电流值时，可采用稳流电路，如图 7.20 所示。

图中输出电流 I_O 为

$$I_O = I_Q + I'_O \approx I'_O$$

$$I'_O = \frac{U'_O}{R_1}$$

I_Q 越小，则输出电流 I_O 越稳定。可通过调节电阻 R_1 达到改变输出稳定电流 I_O 的目的。

4. 电流扩展电路

当所需的输出电流大于稳压器的标称电流时，可利用集成三端稳压器和晶体管组成电流扩展电路，如图 7.21 所示。

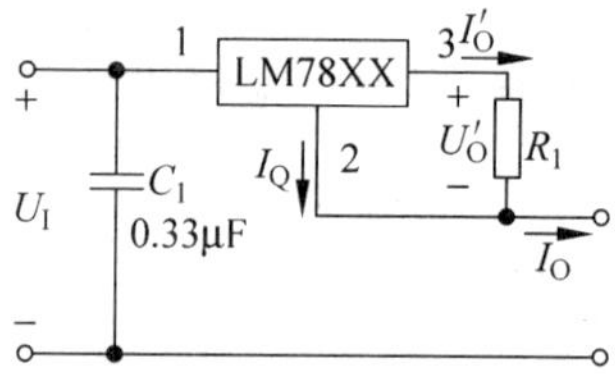

图 7.20 稳流电路

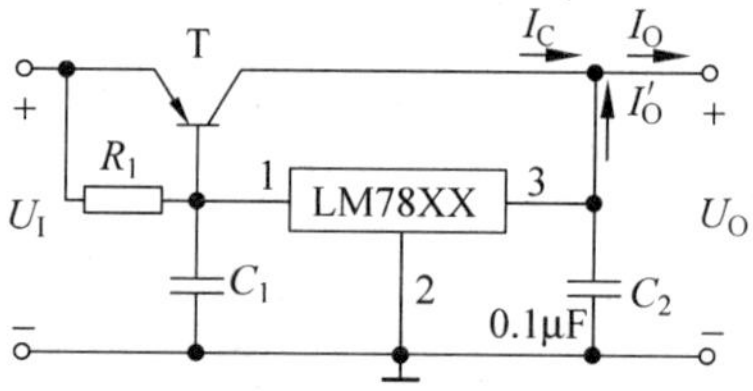

图 7.21 电流扩展电路

电路输出电流 I_O 为

$$I_O = I'_O + I_C$$

改变电阻 R_1 可以改变晶体管 T 的工作状态，即可改变输出电流的大小。

小　　结

(1) 直流电源由四个主要环节组成：变压器、整流环节、滤波环节和稳压环节。

(2) 利用二极管的单向导电性，可将交流电变成脉动的直流电，这一过程称为整流。常用的整流电路为桥式整流。桥式整流电路的输出电压、电流波形，输出电压平均值与变压器副边有效值的关系，以及二极管流过的平均电流、承受的最高反向电压是分析整流电路必须掌握的内容。

(3) 电容器滤波是减小波形脉动最简单的方法，电容滤波的工作原理，输出电压平均值与变压器副边有效值的关系，以及滤波电容承受的最高电压是分析电容滤波电路需要掌握的。

(4) 在要求电源电压波动和负载变化时输出电压基本不变时，在滤波环节后加入稳压环节。对于稳压电路，要求理解和掌握并联稳压环节的组成和工作原理，计算限流电阻的取值范围。

(5) 三端固定式的集成稳压电源具有体积小、质量轻、价格便宜、安装方便等特点，目前使用非常广泛。

(6) 可利用三端固定式的集成稳压电源来构建稳流电路。

习　　题

7.1　电路如题图 7.1 所示，已知 $u_2=10\sqrt{2}\sin\omega t\,\mathrm{V}$，试画出输出电压 u_o 的波形图并写出输出电压平均值 U_O 与变压器副边电压有效值 U_2 的关系；当负载电阻 $R=1\Omega$ 时，求输出电流的平均值 I_O。

7.2　在题图 7.2 所示电路中，已知 $U_1=220\mathrm{V}$，$N_1=4400$ 匝，$N_2=200$ 匝，试求 U_2 和 U_O。如 $R_L=20\Omega$，求 I_O（二极管视为理想二极管）。

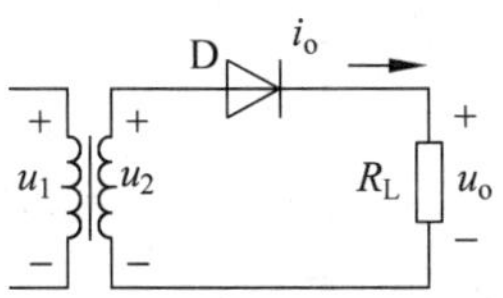

题图　7.1

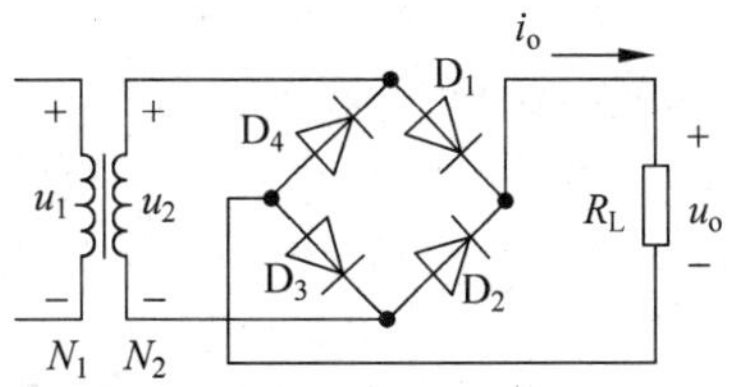

题图　7.2

7.3　在题图 7.2 所示电路中，当直流输出电压已知 $U_O=20\mathrm{V}$，$R_L=40\Omega$，试确定整流二极管的参数，并求出变压器副边电压和电流的有效值。

7.4　题图 7.4 所示单相半波整流电容滤波电路，试定性画出输入电压为 $u_i=U_m\sin\omega t\,\mathrm{V}$ 时输出电压 u_o 的波形，并求出当负载开路时输出电压的平均值 U_O 及二极管承受的最高反向工作电压 U_{DRm}。

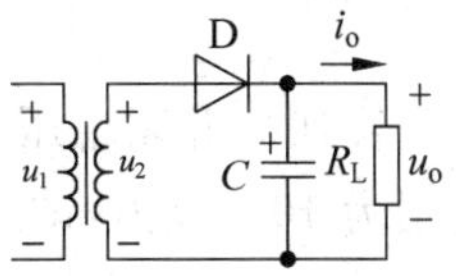

题图　7.4

7.5　已知一桥式整流电容滤波电路，其变压器原边接入 50Hz、220V 的交流电源，负载电阻 $R_L=50\Omega$，要求输出直流平均电压值为 24V 且脉动较小，

(1) 求出整流二极管的相应参数；

(2) 选择滤波电容器（电容量和耐压值）；

(3) 求变压器的变比。

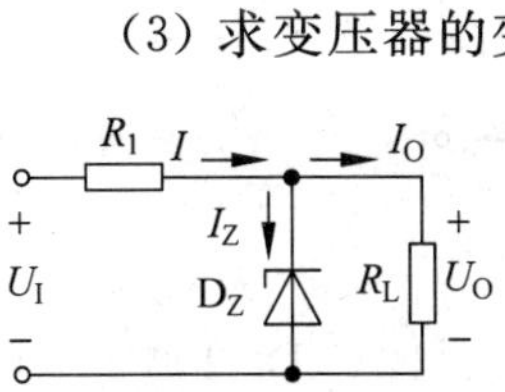

题图　7.6

7.6　稳压管参数为 $U_Z=10\mathrm{V}$，$I_{Zmax}=15\mathrm{mA}$，接入题图 7.6 所示的电路中。当 $U_i=25\mathrm{V}$，$R_L=10\mathrm{k}\Omega$，$R_1=7.5\mathrm{k}\Omega$ 时，判断流过稳压管的电流是否超过 I_{Zmax}？

7.7　求题图 7.7 中各电路的输出电压平均值 U_O。其中(b)图所示电路满足 $R_LC\geqslant(3\sim5)T/2$ 的条件（T 为交流电网电压的周期），对其 U_O 可作粗略估算（图中次级电压为有效值）。

7.8　试求题图 7.8 所示电路的输出电压 U_O。已知 $U_i=20\mathrm{V}$，$U_{Z1}=7\mathrm{V}$，$U_{Z2}=9\mathrm{V}$。

7.9　已知并联稳压电路的输入电压 $U_I=25\mathrm{V}$，输出电压 $U_O=10\mathrm{V}$，负载电阻在 $1\sim10\mathrm{k}\Omega$ 范围内变化，试选择稳压管，并计算限流电阻的阻值。

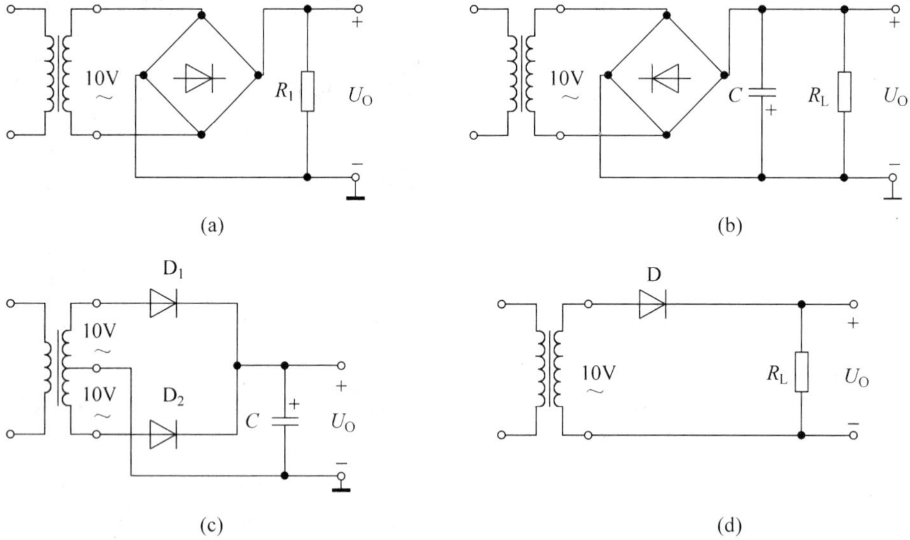

题图 7.7

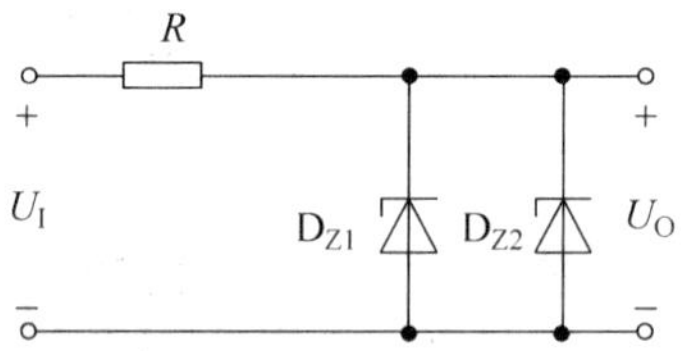

题图 7.8

7.10 并联稳压电路中，已知输出电压 $U_O=15V$，负载电阻 $R_L=5k\Omega$，输入电压的变动范围为 10%以内，试选择稳压管电路的元件（设 $U_I=2U_O$）。

7.11 分析题图 7.11 所示的电路，选择正确的答案填空。

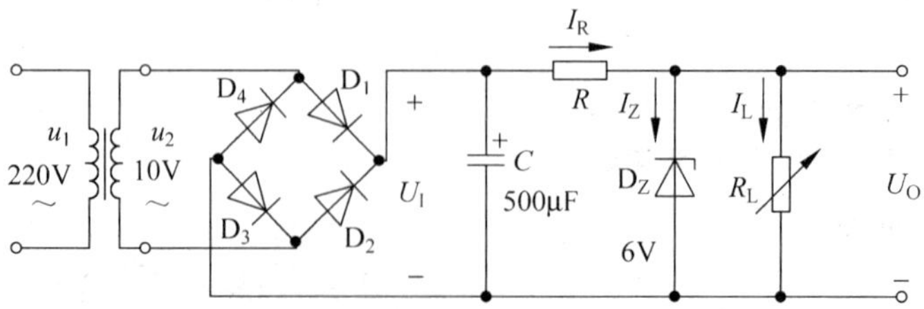

题图 7.11

(1) 设 U_2(有效值)$=10V$，则 $U_I=$________。(A. 4.5V，B. 9V，C. 12V，D. 14V)；

(2) 若电容 C 脱焊，则 $U_I=$________。(A. 4.5V，B. 9V，C. 12V，D. 14V)；

(3) 若二极管 D_2 接反，则________。(A. 变压器有半周被短路，会引起元器件损坏，B. 变为半波整流，C. 电容 C 将过压击穿，D. 稳压管将过流损坏)；

(4) 若二极管 D_2 脱焊，则________。(A. 变压器有半周被短路，会引起元器件损坏，B. 变为半波整流，C. 电容 C 将过压击穿，D. 稳压管将过流损坏)；

(5) 若电阻 R 短路,则________。(A. U_O 将升高,B. 变为半波整流,C. 电容 C 将击穿,D. 稳压管将损坏);

(6) 设电路正常工作,当电网电压波动而使 U_2 增大时(负载不变),则 I_R 将________,I_Z 将________。(A. 增大,B. 减小,C. 基本不变);

(7) 设电路正常工作,当负载电流 I_L 增大时(电网电压不变),则 I_R 将________,I_Z 将________。(A. 增大,B. 减小,C. 基本不变)。

7.12　题图 7.12 所示电路中的各个元器件应如何连接才能得到对地为±15V 的直流稳定电压。

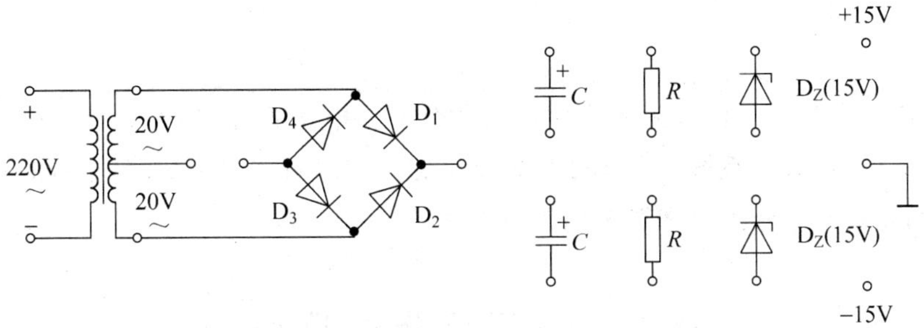

题图　7.12

第 8 章

数字逻辑电路基础知识

随着数字信号与系统的开发和应用，现在，众多的电子系统，如电子计算机、通信系统、自动控制系统、影视音响系统无一不使用数字电路。本章首先讨论数字电路的特点，然后讨论数制、码制及基本逻辑运算和逻辑门。

8.1 数字电路的特点

从模拟电路的讨论可知，模拟电路处理的信号是模拟信号，其时间变量是连续的，因而也称它为连续时间信号。数字电路处理的信号是数字信号，而数字信号的时间变量是离散的，这种信号也常称为离散时间信号。与模拟电路相比，数字电路具有以下特点：

(1) 数字信号常用二进制数来表示。每位数有两个数码，即 0 和 1。将实际中彼此联系又相互对立的两种状态，如电压的有和无、电平的高和低、开关的通和断、灯泡的灭和亮等抽象出来用 0 和 1 来表示，称为逻辑 0 和逻辑 1。而且在电路上，可用电子器件的开关特性来实现，由此形成数字信号，所以数字电路又可称为数字逻辑电路。

(2) 数字电路中，器件常工作在开关状态，即饱和或截止状态。而模拟电路器件经常工作在放大状态。

(3) 数字电路研究的对象是电路输入与输出的逻辑关系，即逻辑功能。而模拟电路研究的对象是电路对输入信号的放大和变换功能。

(4) 数字电路的基本单元电路是逻辑门和触发器。而模拟电路的基本单元是放大器。

(5) 数字电路的分析工具是逻辑代数，表达电路的功能主要用功能表、真值表、逻辑表达式和波形图。而模拟电路采用的分析方法是图解法和微变等效电路法。

(6) 数字信号常用矩形脉冲表示，其波形如图 8.1(a)所示。特征参数有：脉冲幅度 U_M，表示脉冲幅值；脉冲宽度 t_W，表示脉冲持续作用的时间；周期 T，表示周期性的脉冲信号前后两次出现的时间间隔；占空比 q，表示脉冲宽度 t_W 占整个周期 T 的百分数，即

$$q = \frac{t_W}{T} \times 100\%$$

在实际的数字系统中，脉冲波形并不是立即上升（正跳）或下降(负跳)的，如图 8.1(b)所示，因此脉冲波形特征参数又有了上升时间 t_r 和下降时间 t_f。t_r 定义为从脉冲幅度的

10%～90%所经历的时间。t_f 定义为从脉冲幅度的 90%～10%所经历的时间。脉冲宽度 t_W 则表示为一个脉冲波形上脉冲幅度为 50%的两个点所对应的两个时间点间隔的时间。

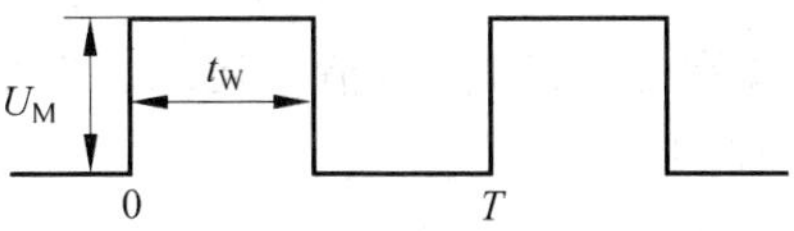

(a) 理想脉冲波形

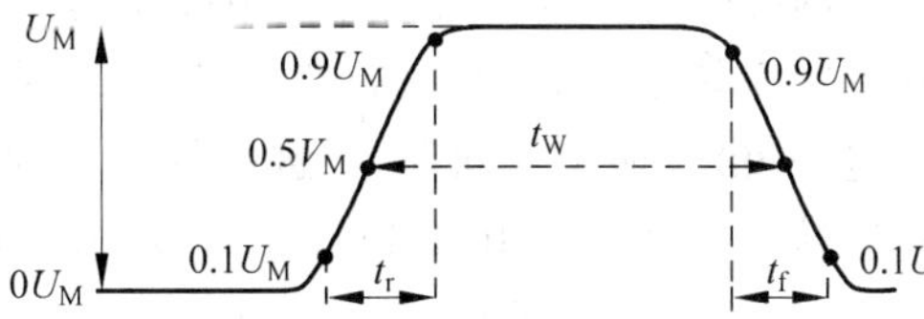

(b) 实际脉冲波形

图 8.1　矩形脉冲

8.2　数　　制

日常生活中，最常用的进位计数制（简称为进制）是十进制。而在数字系统中，多采用二进制数，有时也采用八进制数或十六进制数。为了总结归纳各种进制数的共同特点，首先总结归纳十进制数的特点。

8.2.1　十进制

十进制(decimal)数的特点：有 0,1,…,9，十个数码；“逢十进一”。一个数的大小决定于数码的位置，即数位。数码相同，所在的位置不同，则数的大小也不同。例如，十进制数 1995 可写成展开式：

$$1995=1\times10^3+9\times10^2+9\times10^1+5\times10^0$$

其中，10 称为基数，10^0、10^1、10^2、10^3 称为各位数的“权”。十进制数的个位的权为 1，十位的权为 10，百位的权为 100，…。任何一个十进制数 N_D 可表示为

$$\begin{aligned}N_D&=d_{n-1}\times10^{n-1}+d_{n-2}\times10^{n-2}+\cdots+d_1\times10^1+d_0\times10^0+\cdots+d_{-m}\times10^{-m}\\&=\sum_{i=-m}^{n-1}d_i\times10^i\end{aligned}$$

式中，d_i 为各位数的数码；10^i 为各位数的权，各位所对应的数值为 $d_i\times10^i$。

8.2.2　二进制

二进制(binary)数的特点：只有 0、1 两个数码，且“逢二进一”。任意一个二进制数 N_B 的展开式为

$$\begin{aligned}N_B&=b_{n-1}\times2^{n-1}+b_{n-2}\times2^{n-2}+\cdots+b_1\times2^1+b_0\times2^0+\cdots+b_{-m}\times2^{-m}\\&=\sum_{i=-m}^{n-1}b_i\times2^i\end{aligned}$$

其中，2 称为基数，2^i 为各位数的权，b_i 为各位数的数码。例如，一个二进制数 1101.101 可展开为

$$(1101.101)_B=1\times2^3+1\times2^2+0\times2^1+1\times2^0+1\times2^{-1}+0\times2^{-2}+1\times2^{-3}$$

从二进制数的特点中可以看到它具有的优点：第一，只有两个数码，只需反映两种状态的元件就可表示一位数。因此，构成二进制数电路的基本单元结构简单；第二，储存和传递可靠；第三，运算简便，所以在计算机中都使用二进制数。

在数字系统中，二进制数的加、减运算使用最多。大家知道，十进制数的加、减运算规则是逢十进一，借一还十。同理，二进制数的加、减运算规则是逢二进一，借一还二。例如，计算二进制数：1101＋1110 和 11101－10110，其计算过程如下：

被加数	1101	被减数	11101
加　数	+1110	减　数	−10110
和	11011	差	00111

8.2.3 十六进制

用二进制表示一个较大的数，位数太多，书写和阅读不方便，因此在计算机中还常常使用十六进制(hexadecimal)数。

十六进制数的特点：有 16 个数码：0～9，A～F；“逢十六进一”。一个十六进制数 N_H 可表示为

$$N_H = h_{n-1}\times 16^{n-1} + h_{n-2}\times 16^{n-2} + \cdots + h_1\times 16^1 + h_0\times 16^0 + h_{-1}\times 16^{-1} + \cdots + h_{-m}\times 16^{-m}$$
$$= \sum_{i=-m}^{n-1} h_i\times 16^i$$

其中，16 称为基数，16^i 为各位数的权，h_i 为 i 位数的数码。例如，一个十六进制数 DFC. 8 可展开为

$$(\text{DFC.}8)_H = D\times 16^2 + F\times 16^1 + C\times 16^0 + 8\times 16^{-1}$$
$$= 13\times 16^2 + 15\times 16^1 + 12\times 16^0 + 8\times 16^{-1}$$

上述表示方法可以推广到任意的 R 进制。在 R 进制中有 R 个数码，基数为 R，其各位数码的权是 R 的幂。因而一个 R 进制数可表示为

$$(N)_R = a_{n-1}\cdots a_0 a_{-1}\cdots a_{-m}$$
$$= a_{n-1}\times R^{n-1} + a_{n-2}\times R^{n-2} + \cdots + a_0\times R^0 + a_{-1}\times R^{-1} + \cdots + a_{-m}\times R^{-m}$$
$$= \sum_{i=-m}^{n-1} a_i\times R^i$$

8.2.4 不同进制数的表示符号

当在不同应用场合用不同进制表示同一个数，为了区别出不同进位制表示的数，常用下标或尾符予以区别。用 D、B、H 分别表示十、二、十六进制，例如：

$$(1995)_D = (7CB)_H$$
$$= (11111001011)_B$$

或

$$1995D = 7CBH$$
$$= 11111001011B$$

对于十进制数可以不写下标或尾符。

8.2.5　不同进制数之间的转换

1. 二、十六进制数转换成十进制数

按照人们已十分熟悉的十进制运算法则，将二进制数或十六进制数的每位数码乘以权再求和，即可得到相应的十进制数。例如：

$$\begin{aligned}(1011.1010)_B &= 1\times 2^3+1\times 2^1+1\times 2^0+1\times 2^{-1}+1\times 2^{-3}\\ &=(11.625)_D\\ (DFC.8)_H &= 13\times 16^2+15\times 16^1+12\times 16^0+8\times 16^{-1}\\ &=(3580.5)_D\end{aligned}$$

2. 二进制数与十六进制数之间的转换

因为 $2^4=16$，所以四位二进制数正好能表示一位十六进制数的 16 个数码。反过来一位十六进制数能表示四位二进制数。利用表 8.1 所给出的对照表，可以很方便地完成这种转换，例如：

$$(3AF.2)_H=\underbrace{0011}_{3}\underbrace{1010}_{A}\underbrace{1111}_{F}.\underbrace{0010}_{2}=(001110101111.0010)_B$$

$$(1111101.11)_B=\underbrace{0111}_{7}\underbrace{1101}_{D}.\underbrace{1100}_{C}=(7D.C)_H$$

因而当二进制数转换为十六进制数时，以小数点为界，整数部分自右向左每四位一份，不足前面补 0；小数部分从左向右每四位一份，不足后面补 0。表 8.1 所列为二、十、十六进制数的对照表，熟记它后可方便地进行不同数制之间的转换。

表 8.1　不同进位计数制对照表

十进制	二进制	十六进制	十进制	二进制	十六进制
0	0000	0	8	1000	8
1	0001	1	9	1001	9
2	0010	2	10	1010	A
3	0011	3	11	1011	B
4	0100	4	12	1100	C
5	0101	5	13	1101	D
6	0110	6	14	1110	E
7	0111	7	15	1111	F

从上面的转换可以看出：二进制数与十六进制数之间的转换简洁方便，这是十六进制的用途所在。

3. 十进制数转换成二、十六进制数

1）整数的转换

整数转换一般采用“除基取余”法。将十进制数不断除以将转换进制的基数，直至商为 0；每除一次取余数，依次从低位排向高位。最后由余数排列的数就是转换的结果。

例 8.1 将十进制数 39 转换成二进制数。

解 根据"除基取余"法，二进制数的基数为 2，所以用 2 除整数，直至商为 0，依次取余数，从低排向高。转换过程如下：

除数	整数	余数		
2	39	1	(b_0)	低位
2	19	1	(b_1)	↓
2	9	1	(b_2)	↓
2	4	0	(b_3)	↓
2	2	0	(b_4)	↓
2	1	1	(b_5)	高位
	0			

转换结果：$(39)_D=(100111)_B$

验证如下：$(100111)_B=1\times2^5+1\times2^2+1\times2^1+1\times2^0=32+4+2+1=39$

例 8.2 将十进制数 208 转换成十六进制数。

解 十六进制数的基数为 16，除基所得余数可为 0～F 中任一数码。转换过程如下：

16	208	余	0
16	13	余	13 即$(D)_H$
	0		

所以，$(208)_D=(D0)_H$

例 8.3 将十进制数 123456 转换成二进制数。

解 可先转换成十六进制数，再直接写出二进制数，这样，比多次除 2 取余法要快。

$$(123456)_D=(1E240)_H=(11110001001000000)_B$$

2）小数部分的转换

小数部分的转换可用"乘基取整"法。用将转换进制数的基数反复乘以十进制数的小数部分，直到小数部分为 0 或达到转换精度要求的位数，依次取积的整数，从最高小数位排到最低小数位。

例 8.4 将十进制小数 0.625 转换成二进制数。

解 用基数 2 乘以小数部分 取整

0.625		
× 2		
1.250	1 (b_{-1})	高位
× 2		↓
0.50	0 (b_{-2})	↓
× 2		↓
1.0	1 (b_{-3})	低位

转换结果：$(0.625)_D=(0.101)_B$

转换过程中可能发生小数部分永不为 0 的情况，可根据精度要求的位数决定转换后的小数位数。

例 8.5 将十进制小数 0.625 转换成十六进制数。

解 $16\times0.625=10.0$ 取整 为$(A)_H$

$$(0.625)_D=(0.A)_H$$

例 8.6　将十进制数 208.625 转换成二、十六进制数。

解　将整数部分与小数部分分别转换，利用例 8.2 和例 8.5 的结果得

$$(208.625)_D=(D0.A)_H$$

利用十六进制数与二进制数之间的转换方法可以得到

$$(D0.A)_H=(1101\ 0000.101)_B$$

8.3　码　　制

数字系统不仅用到数字，还要用到各种字母、符号和控制信号等。为了表示这些信息，常用一组特定的二进制数来表示所规定的字母、数字和符号，称为二进制代码，简称码制。建立这种二进制代码的过程称为编码。常用的二进制代码有自然二进制代码、二-十进制代码(BCD 码) 和 ASCII 码。

8.3.1　自然二进制代码

自然二进制代码是按二进制代码各位权值大小，以自然加权的方式来表示数值的大小。例如，数值 59 用自然二进制代码表示，可表示为 111011。

值得注意的是，这里的自然二进制代码虽然与二进制数的写法一样，但两者的概念不同，前者是代码，即用 111011 这个代码表示数值 59，而 111011 也是 59 的二进制数，是一种数制。

8.3.2　二-十进制代码

二-十进制代码(BCD 码)是用二进制编码来表示十进制数。因为一位十进制数有 0～9 十个数码，至少需要四位二进制编码才能表示一位十进制数。四位二进制数可以表示十六种不同的状态，用它来表示一位十进制数时就要丢掉六种状态。根据所用十种状态与一位十进制数码对应关系的不同，产生了各种二-十进制编码(即 BCD 码)，如表 8.2 所列。最常用的是 8421BCD 码(binary coded decimal，BCD)。

8421BCD 码是一种直观的编码，它用每四位二进制数码直接表示出一位十进制数码。

例如：$(0011\ 1000\ 0111)_{BCD}$，根据表 8.2 可立即得出十进制数为$(387)_D$。

但是 BCD 码转换成二进制数是不直接的，必须先把 BCD 码转换成十进制数，然后再把十进制数转换成二进制数。相反的转换也是如此。

例如：$(1000\ 0111\ 0110)_{BCD}=(876)_D$，$(876)_D=(1101101100)_B$。

$(1100)_B=(12)_D=(0001\ 0010)_{BCD}$

表 8.2　几种码表

十进制数	自然二进制代码	8421BCD	2421BCD	4221BCD	5421BCD
0	0000	0000	0000	0000	0000
1	0001	0001	0001	0001	0001
2	0010	0010	0010	0010	0010
3	0011	0011	0011	0011	0011

续表

十进制数	自然二进制代码	8421BCD	2421BCD	4221BCD	5421BCD
4	0100	0100	0100	0110	0100
5	0101	0101	0101	0111	1000
6	0110	0110	0110	1100	1001
7	0111	0111	0111	1101	1010
8	1000	1000	1110	1110	1011
9	1001	1001	1111	1111	1100

8.3.3 ASCII 码

目前在微型机中普遍采用 ASCII(American Standard Code for Information Interchange,美国标准信息交换)码。ASCII 码是一种用 7 位二进制数码表示数字、字母或符号的代码。它已成为计算机通用的标准代码,主要用于打印机、绘图仪等外设与计算机之间传递信息。

7 位 ASCII 码中由 3 位二进制代码组成 8 列(由 000～111 列),由 4 位二进制代码构成 16 行(由 0000～1111 行),见表 8.3。行为低 4 位,列为高 3 位。根据字母、数字所在的列位和行位,就可确定一个固定的 ASCII 码。

例如,字母 S 处于第 6 列、第 4 行,第 6 列的 3 位二进制代码为 101,第 4 行的 4 位二进制代码为 0011,所以字母 S 的 7 位 ASCII 码是 $b_6b_5b_4b_3b_2b_1b_0=1010011$。同理,当给定一个 7 位 ASCII 码,也可立即查出一个对应的数字、字母或符号。如 ASCII 码 $b_6b_5b_4b_3b_2b_1b_0=0101011$,查表为符号+。

表 8.3 ASCII 码

$b_3b_2b_1b_0$ \ $b_6b_5b_4$	000	001	010	011	100	101	110	111
0000	NUL	DLE	SP	0	@	P	、	p
0001	SOH	DC1	!	1	A	Q	a	q
0010	STX	DC2	”	2	B	R	b	r
0011	ETX	DC3	#	3	C	S	c	s
0100	EOT	DC4	$	4	D	T	d	t
0101	ENQ	NAK	%	5	E	U	e	u
0110	ACK	SYN	&	6	F	V	f	v
0111	BEL	EBT	‘	7	G	W	g	w
1000	BS	CAN	(	8	H	X	h	x
1001	HT	EM	)	9	I	Y	i	y
1010	LF	SUB	*	:	J	Z	j	z
1011	VT	ESC	+	“	K	[	k	{
1100	FF	FS	,	<	L	\	l	$\vert$
1101	CR	GS	—	=	M	]	m	}
1110	SO	RS	.	>	N	↑	n	～
1111	SI	US	/	?	O	—	o	DEL

8.4　基本逻辑运算及逻辑门

所谓逻辑，就是指事物的各种因果关系。在数字电路中，因果关系表现为电路的输入(原因或条件)与输出(结果)之间的关系，这些关系是通过逻辑运算电路来实现的，实现逻辑运算的电子电路称为逻辑门电路，简称逻辑门。分析和设计数字电路使用的数学工具是逻辑代数(又称布尔代数)。逻辑代数中的变量(逻辑变量)只有两个值，即 0 和 1，没有中间值。0 和 1 并不表示数量的大小，只表示对立的逻辑状态。逻辑运算可以用文字描述，也可以用逻辑表达式描述，还可以用表格描述(这种表格称为真值表)。在逻辑代数中有三种基本逻辑运算，即与、或、非逻辑运算。实现与、或、非三种逻辑运算的电子电路分别称为与门电路、或门电路、非门电路，简称为与门、或门、非门。

8.4.1　与逻辑运算及与门电路

1. 与逻辑运算

当决定一个事物的所有条件都成立，事件才发生，这种因果关系称为与逻辑关系。如图 8.2 所示的开关串联电路中只有开关 A、B 全接通，灯泡 F 才会亮，那么 F 与 A 和 B 之间的逻辑关系就是与逻辑。与逻辑关系简称为与运算，又称为逻辑乘，逻辑关系可用逻辑表达式表示，与逻辑的表达式为

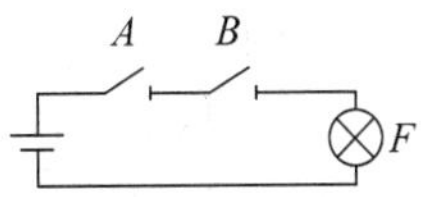

图 8.2　开关串联电路

$$F = A \cdot B \tag{8.1}$$

式中"·"为与逻辑的运算符号，与逻辑运算符号"·"在运算中可以省略，式(8.1)可写为

$$F = AB$$

A、B、F 都是逻辑变量，A 和 B 是输入逻辑变量或逻辑自变量，F 是输出逻辑变量或 A 和 B 的逻辑函数(有关逻辑函数和逻辑代数的概念将在第 9 章详细介绍)。逻辑变量只有两种状态，或状态为真，或状态为假，通常用 1 表示真，用 0 表示假，因此，逻辑变量称为二值逻辑变量。

作为逻辑取值的 1 和 0 并不表示数值的大小，而是表示完全对立的两个逻辑状态，可以是条件的有或无，事件的发生或不发生，灯的亮或灭，开关的通或断，电压的高或低等。这里须注意，逻辑取值的 0 和 1 不同于前述二进制数的 0 和 1。

与逻辑的运算规则：

$$\left.\begin{aligned} 0 \cdot 0 &= 0 \\ 0 \cdot 1 &= 0 \\ 1 \cdot 0 &= 0 \\ 1 \cdot 1 &= 1 \end{aligned}\right\} \tag{8.2}$$

将输入逻辑变量 A 和 B 取值的所有组合和对应输出逻辑变量 F 的取值列成一表格，如表 8.4 所示，这种表格称为真值表，是逻辑关系的一种表示形式。真值表能直观地反映输入

变量与输出变量之间的逻辑关系，由表 8.4 可知，与逻辑关系为：输入全 1，输出为 1；输入有 0，输出为 0。

表 8.4　与逻辑的真值表

A	B	$F=A\cdot B$
0	0	0
0	1	0
1	0	0
1	1	1

2. 与门电路

图 8.3(a)是由二极管构成的有两个输入端的数字电路。A 和 B 为输入，F 为输出。假设二极管是硅管，正向压降为 0.7V，输入高电平为 3V，低电平为 0V。下面来分析该电路如何实现与逻辑运算。输入 A 和 B 的高、低电平共有四种不同的组合，下面分别进行讨论。

(1) $U_A=U_B=0V$

在这种情况下，很显然，二极管 D_A 和 D_B 都处于正向偏置，D_A 和 D_B 均导通，由于二极管的正向压降为 0.7V，使 U_F 被钳制在 $U_F=U_A$(或 U_B)$+0.7V=0.7V$。

(2) $U_A=0V, U_B=3V$

$U_A=0V$，故 D_A 先导通。由于二极管钳位作用，$U_F=0.7V$。此时 D_B 反向偏置，处于截止状态。

(3) $U_A=3V, U_B=0V$

显然 D_B 先导通，$U_F=0.7V$。此时 D_A 反向偏置，处于截止状态。

(4) $U_A=U_B=3V$

在这种情况下，D_A 和 D_B 均导通，因二极管钳位作用，$U_F=U_A$(或 U_B)$+0.7V=3.7V$。

将上述输入与输出电平之间的对应关系列表如表 8.5 所示。假定高电平 3V 或 3.7V 代表逻辑取值 1，低电平 0V 或 0.7V 代表逻辑取值 0，则可以把表 8.5 输入与输出电平关系转换为输入与输出的逻辑关系，这个表就是表 8.4 所示的与逻辑真值表。由此可见，图 8.3 所示的电路满足与逻辑的要求：只有输入端都是 1，输出才是 1，否则输出就是 0，所以它是一种实现与逻辑运算的电路，即与门电路，简称与门，其逻辑表达式为 $F=A\cdot B$。与门是数字电路的基本单元之一，其逻辑符号如图 8.3(b)所示。

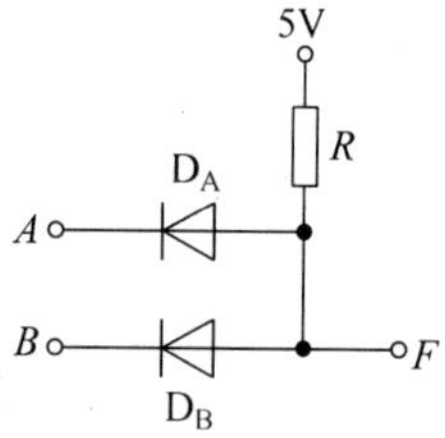

(a) 与门电路

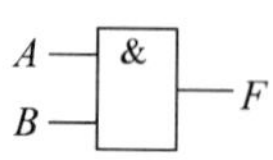

(b) 逻辑符号

图 8.3　与门电路及逻辑符号

表 8.5　与门电路输入-输出电平关系

输入/V		输出/V
U_A	U_B	U_F
0	0	0.7
0	3	0.7
3	0	0.7
3	3	3.7

8.4.2 或逻辑运算及或门电路

1. 或逻辑运算

或逻辑的因果关系可以这样描述：在决定一个事件的各个条件中，只要其中一个或者一个以上的条件成立，事件就会发生。如图 8.4 所示的开关并联电路，只要开关 A 或开关 B 有一个接通，灯 F 就会亮。那么 F 与 A 和 B 之间的逻辑关系就是或逻辑，或逻辑运算简称或运算，又称为逻辑加。或逻辑的表达式为

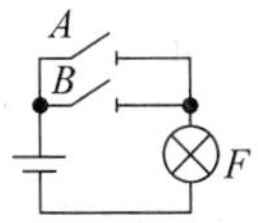

图 8.4 开关并联电路

$$F = A + B \tag{8.3}$$

式中"+"为或逻辑运算符号，或逻辑的真值表如表 8.6 所示，其逻辑关系为：输入全 0，输出为 0；输入有 1，输出为 1。其运算规则为

$$\left.\begin{aligned} 0+0&=0\\ 0+1&=1\\ 1+0&=1\\ 1+1&=1 \end{aligned}\right\} \tag{8.4}$$

表 8.6 逻辑或的真值表

A	B	$F=A+B$
0	0	0
0	1	1
1	0	1
1	1	1

2. 或门电路

图 8.5(a)是由二极管构成的有两个输入端的或门电路，图 8.5(b)是或门的逻辑符号。电路分析可分为两种情况。

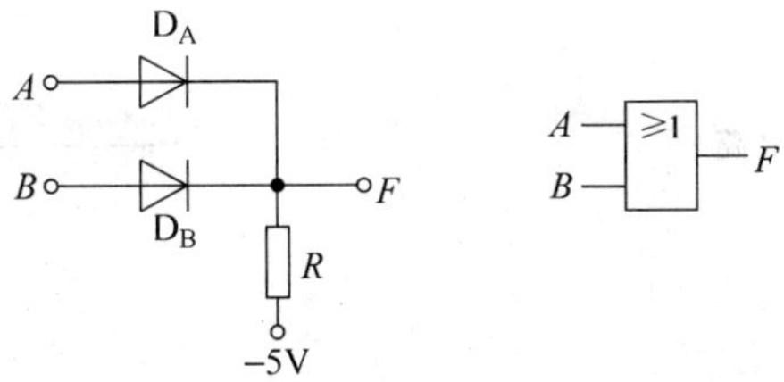

(a) 或门电路 (b) 逻辑符号

图 8.5 或门电路及逻辑符号

(1) $U_A = U_B = 0\text{V}$

显然，二极管 D_A 和 D_B 都导通，$U_F = U_A$（或 U_B）$-0.7\text{V} = -0.7\text{V}$。

(2) U_A、U_B 任意一个为 3V

例如，在 $U_A=3V$，D_A 先导通，因二极管钳位作用，$U_F=U_A-0.7V=2.3V$。此时，D_B 截止。如果将高电平 2.3V 和 3V 代表逻辑 1，低电平 −0.7V 和 0V 代表逻辑 0，那么，根据上述分析结果，可以得到表 8.7 所示逻辑真值表。通过真值表可以看出，只要输入有一个 1（即逻辑真），输出就为 1(即逻辑真)，否则，输出就为 0。由此可知，输入变量 A、B 与逻辑函数 F 之间的逻辑关系是或逻辑。因此，图 8.5 所示的电路是实现或逻辑运算的或门，其逻辑表达式为 $F=A+B$。

表 8.7 或门电路真值表

A	B	$F=A+B$
0	0	0
0	1	1
1	0	1
1	1	1

8.4.3 非逻辑运算及非门电路

1. 非逻辑运算

在图 8.6 所示电路中，开关 A 断开，灯 F 就会亮；反之，开关 A 接通，灯 F 就不亮，这样的因果关系称为非逻辑。非逻辑运算简称为非运算，又称为反相运算。非运算的逻辑表达式为

$$F=\overline{A} \tag{8.5}$$

式中变量字母上方的“－”为非逻辑运算符号。非逻辑的真值表如表 8.8 所示，其逻辑关系为：输入与输出反相。其运算规则为

$$\left.\begin{array}{l}\overline{0}=1\\ \overline{1}=0\end{array}\right\} \tag{8.6}$$

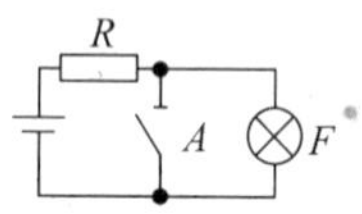

图 8.6 逻辑非电路

表 8.8 逻辑非的真值表

A	$F=\overline{A}$
0	1
1	0

2. 非门电路

图 8.7 给出了非门电路及其逻辑符号。电路只有一个输入，分两种情况讨论它的工作状态。

(1) $U_A=0V$

由于 $U_A=0V$，它与 −5V 分压后使三极管 T 的基极电平 $U_B<0$，所以，三极管处于截止状态，输出电压 U_F 将接近于 U_{CC}，即 $U_F\approx U_{CC}=3V$。

(2) $U_A = 3V$

由于 $U_A = 3V$，三极管 T 发射结正向偏置，T 通导并处于饱和状态（可以设计电路使基极电流大于临界饱和基极电流，在这种情况下，三极管为饱和状态），三极管 T 处于饱和状态时，$U_{CE} = 0.3V$，因此，$U_F = 0.3V$。假定用高电平 3V 代表逻辑 1，低电平 0V 和 0.3V 代表逻辑 0，根据上述分析结果，可得到表 8.9 所示的真值表。根据真值表可知，输入变量 A 与逻辑函数 F 之间是非逻辑的关系，其逻辑表达式为 $F = \overline{A}$。

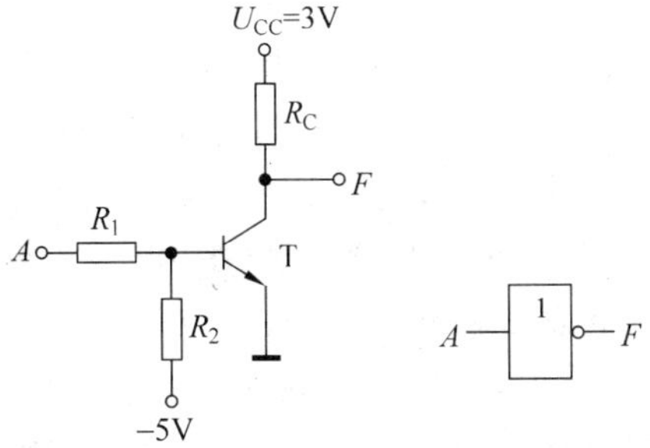

(a) 非门电路　　(b) 逻辑符号

图 8.7 非门电路及其逻辑符号

表 8.9 非门电路真值表

A	$F = \overline{A}$
0	1
1	0

8.4.4 复合逻辑门

在逻辑代数中，由基本的与、或、非逻辑运算可以实现多种复合逻辑运算关系，实现复合逻辑运算的逻辑门称为复合逻辑门。常用的复合逻辑门有与非门、或非门、异或门。表 8.10 列出了常用复合逻辑门的逻辑表达式，逻辑符号、真值表及逻辑关系。

表 8.10 常用复合逻辑门

逻辑门名称	逻辑门符号	表达式	真值表			逻辑关系
与非门	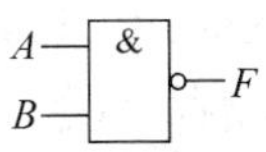	$F = \overline{AB}$	A	B	F	输入全 1 输出为 0 输入有 0 输出为 1
			0	0	1	
			0	1	1	
			1	0	1	
			1	1	0	
或非门	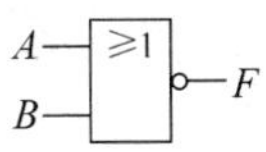	$F = \overline{A+B}$	A	B	F	输入全 0 输出为 1 输入有 1 输出为 0
			0	0	1	
			0	1	0	
			1	0	0	
			1	1	0	
异或门	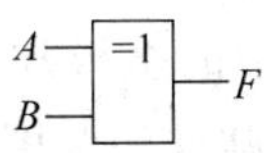	$F = A\overline{B} + \overline{A}B$ $= A \oplus B$	A	B	F	输入相同 输出为 0 输入相异 输出为 1
			0	0	0	
			0	1	1	
			1	0	1	
			1	1	0	

表中⊕为异或门的逻辑运算符号。

8.4.5 正逻辑和负逻辑

在数字电路中，通常用电路的高电平和低电平来分别代表逻辑 1 和逻辑 0，在这种规定下的逻辑关系称为正逻辑。反之，用低电平表示逻辑 1，用高电平表示逻辑 0，在这种规定下的逻辑关系称为负逻辑。人们将电平和逻辑取值之间对应关系给以规定称为逻辑规定。

对于一个数字电路，既可以采用正逻辑，也可以采用负逻辑。同一电路，如果采用不同的逻辑规定，那么电路所实现的逻辑运算是不同的。如图 8.3 所示的与门电路，按照正逻辑规定，如前述的分析表明，它是与门电路。如果按照负逻辑规定，则这个电路是或门电路，这是因为只要任意一个输入端的信号是低电平时（逻辑 1），输出也是低电平（逻辑 1），否则，输出是高电平（逻辑 0）。由此可见，正逻辑与门和负逻辑或门是互相对应的。同样的分析也可知道，正逻辑或门和负逻辑与门是互相对应的。表 8.11 和表 8.12 分别给出了几种基本逻辑门的正逻辑和负逻辑电平关系。在本书中，除在特殊情况下注明为负逻辑外，一律采用正逻辑。

表 8.11 逻辑门正逻辑电平关系

输入		输出			
X	Y	与门	或门	与非门	或非门
L	L	L	L	H	H
L	H	L	H	H	L
H	L	L	H	H	L
H	H	H	H	L	L

表 8.12 逻辑门负逻辑电平关系

输入		输出			
X	Y	与门	或门	与非门	或非门
L	L	L	L	H	H
L	H	H	L	L	H
H	L	H	L	L	H
H	H	H	H	L	L

8.5 TTL 数字集成逻辑门电路

TTL 是晶体管——晶体管逻辑（Transistor-Transistor Logic）电路的简称。在 TTL 门电路中，输入和输出部分的开关元件均采用晶体管（也称双极型晶体管），因此也得名 TTL 数字集成电路。TTL 电路在中、小规模集成电路方面应用广泛。TTL 电路的基本环节是与非门，本节先介绍 TTL 与非门的工作原理、特性和参数，然后介绍集电极开路与非门和三态门等。

8.5.1 基本 TTL 与非门工作原理

图 8.8 是 TTL 与非门的电路。它由输入级、中间级和输出级三部分组成。输入级由多发射极晶体管 T_1 和二极管 D_1 和 D_2 构成。多发射极晶体管中的基极和集电极是共用的，发射极是独立的。D_1 和 D_2 为输入端限幅二极管，限制输入负脉冲的幅度，起到保护多发射极晶体管的作用。中间级由 T_2 构成，其集电极和发射极产生相位相反的信号，分别驱动输出级的 T_3 和 T_4。输出级由 T_3、T_4 和 D_3，构成推拉式输出。

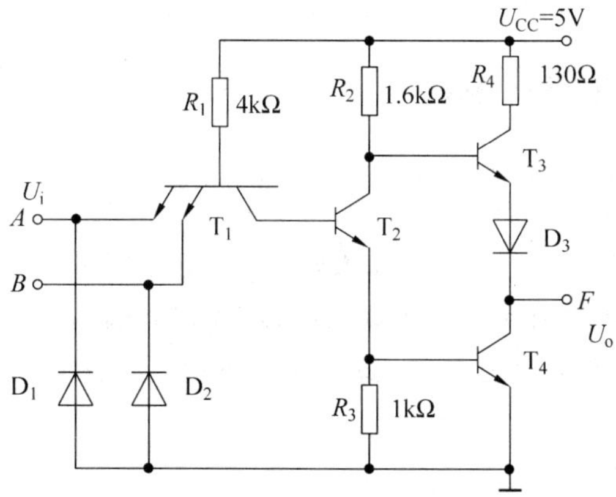

图 8.8　TTL 与非门 CT1000 电路

假定输入信号高电平为 3.6V，低电平为 0.3V，晶体管发射结导通时 $U_{BE}=0.7V$，晶体管饱和时 $U_{CE}=0.3V$，二极管导通时电压 $U_D=0.7V$。这里主要分析 TTL 与非门的逻辑关系，并估算电路有关各点的电平。

1. 输入有一个(或两个)为 0.3V

假定输入端 A 为 0.3V，那么 T_1 的 A 发射结导通，T_1 的基极电平 $U_{B1}=U_A+U_{BE1}=0.3V+0.7V=1.0V$。此时，$U_{B1}$ 作用于 T_1 的集电结和 T_2，T_4 的发射结上，U_{B1} 过低，不足以使 T_2 和 T_4 导通。因为要使 T_2 和 T_4 导通，至少需要 $U_{B1}=2.1V$。当 T_2 和 T_4 截止时，电源 U_{CC} 通过电阻 R_2 向 T_3 提供基极电流，使 T_3 和 D_3 导通，其电流流入负载。因为电阻 R_2 上的压降很小，可以忽略不计，输出电平为

$$U_O = U_{CC} - U_{BE3} - U_{D3} = 5 - 0.7 - 0.7 = 3.6(V)$$

实现了输入只要有一个低电平，输出为高电平的逻辑关系。

2. 输入端全为 3.6V

当输入端 A、B 都为高电平 3.6V 时，电源 U_{CC} 通过电阻 R_1 先使 T_2 和 T_4 导通，使 T_1 基极电平 $U_{B1}=3\times0.7V=2.1V$，多发射极管 T_1 的两个发射结处于截止状态，而集电结处于正向偏置的导通状态。这时 T_1 处于倒置运用，倒置运用时晶体管的电流放大倍数近似为 1。因此 $I_{B1}=I_{B2}$。只要合理选择 R_1、R_2 和 R_3，就可以使 T_2 和 T_4 处于饱和状态。由此，T_2 集电极电平 U_{C2} 为

$$U_{C2} = U_{CE2} + U_{BE4} = 0.3 + 0.7 = 1.0(V)$$

U_{C2} 为 1.0V，不足以使 T_3 和 D_3 导通，故 T_3 和 D_3 截止。因 T_4 处于饱和状态，故 $U_{CE4}=0.3V$，也即 $U_O=0.3V$。实现了输入全为高电平，输出为低电平的逻辑关系。

通过上述分析可知，当输入有一个或两个为 0.3V 时，输出为 3.6V；当输入全为 3.6V 时，输出为 0.3V。电路实现了与非门的逻辑关系。

8.5.2 TTL 与非门的技术参数

1. 电压传输特性

电压传输特性是指输出电压 U_O 随输入电压 U_I 变化的特性。如果将 TTL 与非门的某输入端电压由 0V 逐渐增加到 5V，其他输入端接 5V，测量输出端电压，可以得到一条电压变化的曲线，这就是电压传输特性曲线，如图 8.9 所示。特性曲线大致可分为 *AB*、*BC*、*CD* 和 *DE* 四段。

AB 段截止区

当输入电压 U_I<0.6V 时，T_1 导通 U_{B1} 小于 1.3V，T_2 和 T_4 处于截止状态，而 T_3 和 D_3 导通，U_O=3.6V。

BC 段线性区

这一段对应于输入电压为 0.6～1.3V 区间，U_{B2} 在 0.7～1.4V 之间，T_2 导通，而 T_4 仍然截止，T_2 工作于放大区，所以 U_{C2} 随着 U_I 的增加而减少，使得 U_O 也随之减少。

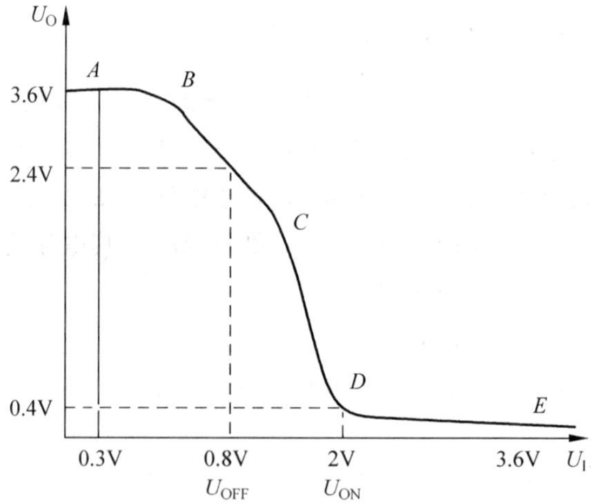

图 8.9 TTL 与非门电压传输特性曲线

CD 段转折区

当输入电压为 1.3～1.4V 时，U_{B2} 大于 1.4V，T_4 开始导通，U_{C2} 急剧下降，引起 T_3 和 D_3 截止，U_O 也急剧下降到低电平。这一段称为特性曲线转折区，其对应的输入电压称为与非门的阈值电压或门槛电压。

DE 段饱和区

当输入电压大于 1.4V 之后，虽然仍继续增加，可是由于 T_4 逐渐由导通进入饱和导通状态，输出电压基本不再下降，而维持在 0.3V。

2. 输入和输出高、低电平以及噪声容限

前面介绍逻辑门时，假定高电平 3.6V 代表逻辑 1，低电平 0.3V 代表逻辑 0，但是在实

际应用中，由于受到噪声干扰，信号的高、低电平要发生变化。为了保证逻辑门正确实现逻辑运算，规定了高、低电平偏离数值容许的范围。下面分别予以介绍。

输出高电平 U_{OH}：指逻辑门电路输出处于截止状态时的输出电平，其典型值是 3.6V，规定最小值 $U_{OH(min)}=2.4V$。

输出低电平 U_{OL}：指逻辑门电路输出处于导通状态时的输出电平，其典型值是 0.3V，规定最大值 $U_{OL(max)}=0.4V$。

输入高电平 U_{IH}：典型值是 3.6V，规定最小值为 2.0V。因为这个最小电平是保证门电路处于导通状态（输出低电平 $U_{OL}=0.4V$）的最小输入电平，因此称其为开门电平，用 U_{ON} 表示，如图 8.9 所示。

输入低电平 U_{IL}：典型值是 0.3V，规定最大值为 0.8V，因为这是保证门电路处于截止状态（输出高电平 $U_{OH}=2.4V$）的最大输入电平，故称其为关门电平，用 U_{OFF} 表示，如图 8.9 所示。

逻辑门的抗干扰能力用噪声容限来表示，门电路的噪声容限大，则其抗干扰能力强。噪声容限分为高电平噪声容限 U_{NH} 和低电平噪声容限 U_{NL}。

$$\begin{aligned} U_{NH} &= U_{OH(min)} - U_{ON} \\ &= 2.4V - 2.0V \\ &= 0.4V \\ U_{NL} &= U_{OFF} - U_{OL(max)} \\ &= 0.8V - 0.4V \\ &= 0.4V \end{aligned}$$

因此，TTL 门电路的抗干扰能力为 0.4V，也就是说，叠加在信号上的噪声电压不能大于 0.4V，否则，逻辑门电路将会发生逻辑错误。

3. 扇入与扇出系数

扇入系数 N_I 由 TTL 与非门输入端的个数确定，如一个三输入端的与非门，其扇入系数 $N_I=3$。

扇出系数用来衡量逻辑门的负载能力，它表示一个门电路能驱动同类门的最大数目。根据负载电流的流向，扇出系数分为两种情况。

1）灌电流负载

TTL 与非门输出为低电平时的等效电路如图 8.10(a)所示。负载电流是来自于下一级负载与非门的输入低电平电流 I_{IL}，方向是流入 T_4 的集电极，故称为灌电流负载。在正常情况下，T_4 的基极电流 I_{B4} 很大，因此 T_4 处于深度的饱和状态，输出为低电平。如果负载的个数增加，使电流 I_{IL} 增加，引起 U_O 升高，若达到某值后，T_4 将退出饱和状态进入放大状态，U_O 迅速上升，如图 8.10(b)所示。当 U_O 大于 $U_{OL(max)}$ 时，超出了规定的低电平值，逻辑关系被破坏，这是不允许的。因此，对负载的灌电流要予以限制，不得大于输出低电平电流的最大值 $I_{OL(max)}$。为了保证与非门的输出 U_{OL} 保持在 0.4V 之内，所能驱动同类门的个数为

$$N_{OL} = \frac{I_{OL(max)}}{I_{IL(max)}} \tag{8.7}$$

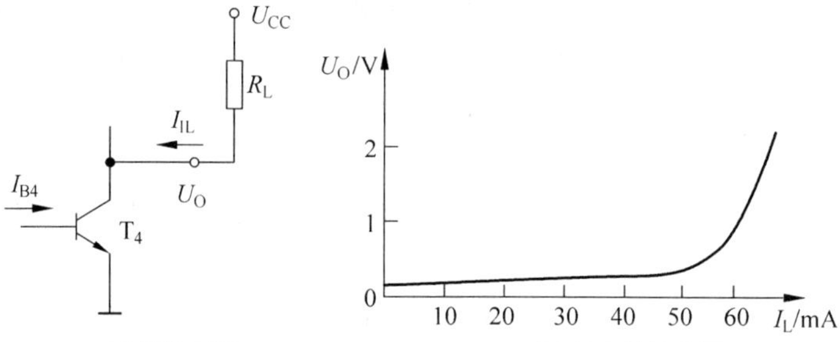

(a) 等效电路　　(b) 输出特性曲线

图 8.10　TTL 与非门输出低电平的输出特性

2）拉电流负载

TTL 与非门输出为高电平时的等效电路如图 8.11 (a)所示。负载电流方向是由输出端流向负载，故称为拉电流负载。在正常情况下，T_3 工作于放大区。但当负载的个数增加，使电流 I_{IL} 增加较大时，R_4 上压降较大，引起 U_{C3} 下降较大，使 T_3 进入饱和状态，射随器失去跟随作用，输出电压随负载电流增加而线性下降，如图 8.11 (b)所示。当输出电压下降超过 $U_{OH(min)}$ 时，则造成逻辑错误。因此，对拉电流也要限制，不得大于输出高电平电流的最大值 $I_{OH(max)}$。这样，当 TTL 与非门输出为高电平时，扇出系数为

$$N_{OH} = \frac{I_{OH(max)}}{I_{IH(max)}} \tag{8.8}$$

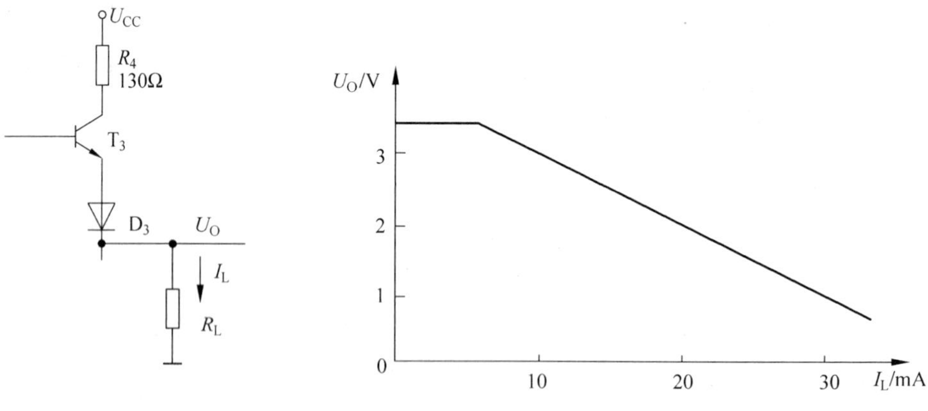

(a) 等效电路　　(b) 输出特性曲线

图 8.11　TTL 与非门输出高电平的输出特性

例 8.7　已查得 7410 与非门的参数为：$I_{OL(max)}=16\text{mA}$，$I_{IL(max)}=-1.6\text{mA}$，$I_{OH(max)}=0.4\text{mA}$，$I_{IH(max)}=0.04\text{mA}$，试计算带同类门的扇出系数。

解　根据公式(8.7)可计算低电平的输出时的扇出系数为

$$N_{OL} = \frac{16\text{mA}}{1.6\text{mA}} = 10$$

根据公式(8.8)可计算高电平的输出时的扇出系数为

$$N_{OH} = \frac{0.4\text{mA}}{0.04\text{mA}} = 10$$

可见此时 $N_{OL}=N_{OH}$。当 $N_{OL}\neq N_{OH}$时，工程上取较小的作为电路的扇出系数。

4. 平均传输延迟时间 t_{Pd}

在理想情况下，TTL与非门的输出会立即按逻辑关系响应输入信号的变化，但实际上，输出的变化总是滞后于输入的变化。图8.12给出一个与非门的输入、输出脉冲波形。从输入脉冲由低电平上升到高电平幅值50%的时刻起，到输出脉冲由高电平下降到低电平幅值的50%时止，这段时间间隔称为通导延时，用 t_{PHL} 表示。同样，从输入脉冲由高电平下降到低电平幅值的50%时刻起，到输出脉冲由低电平上升到高电平幅值的50%时止，这段时间间隔称为截止延时，用 t_{PLH} 表示。平均传输延迟时间是 t_{PHL} 和 t_{PLH} 的平均值，即

$$t_{Pd}=(t_{PHL}+t_{PLH})/2 \tag{8.9}$$

电路的 t_{Pd} 越小，说明它的工作速度越快。一般TTL系列与非门的平均传输延迟时间为几纳秒(ns)。

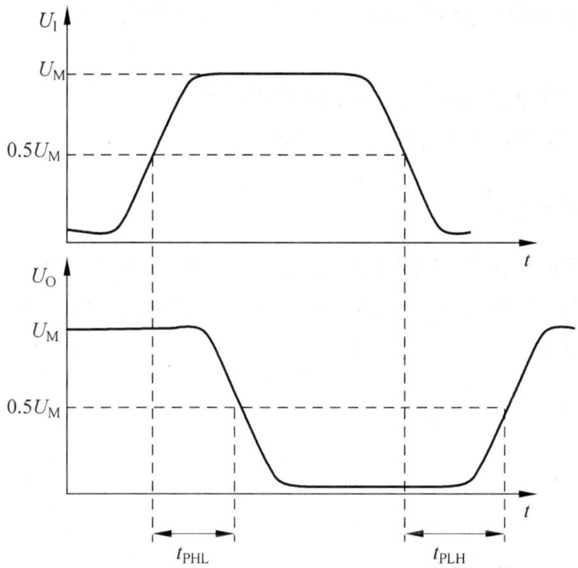

图8.12　传输延迟时间

5. 静态功耗

静态功耗是门电路的重要参数之一。它是指与非门空载时电源总电流 I_C 与电源电压 U_{CC} 的乘积。

8.5.3　TTL集电极开路门

图8.13(a)是一种集电极开路的与非门电路(简称OC门)，符号如图8.13(b)所示。与前面介绍的与非门相比，不同之处在于用外接电阻 R_C 代替了原来的 T_3、D_3 和 R_4 部分。

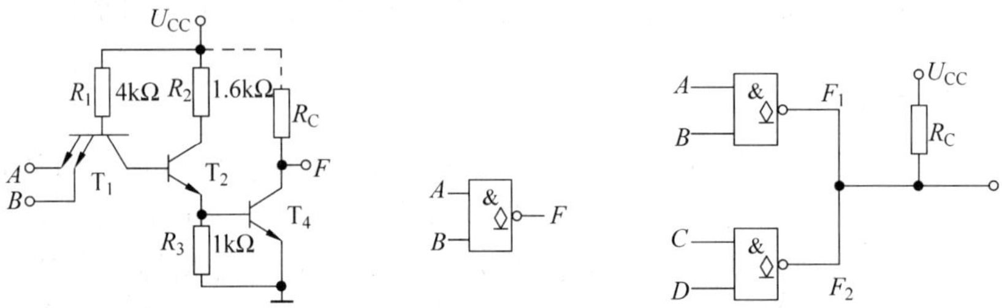

(a) 电路　　(b) 逻辑符号　　(c) 线与电路

图 8.13　集电极开路与非门

1. OC 门的线与功能

线与功能是 OC 门在应用中的主要特点。两个 OC 门实现线与的电路如图 8.13(c)所示。当两个门的输出 F_1 和 F_2 均为高电平时，其输出 F 为高电平。F_1 和 F_2 有一个为低电平时，F 为低电平，显然完成的是与运算 $F=F_1F_2$。这种不用与门而完成的与运算称为线与逻辑。

OC 门输出端相连可以完成线与功能，而前面介绍的与非门的输出端却不能连接在一起，输出端相连后将造成逻辑混乱和器件的损坏。

2. 外接电阻 R_C 的确定

OC 门在使用中必须加接外接电阻 R_C，连接到电源上，才能工作。R_C 称为上拉电阻，其数值按两种情况分析计算，如图 8.14 和图 8.15 所示，假定有 N 个 OC 门连接成线与逻辑，带 M 个 TTL 与非门负载。

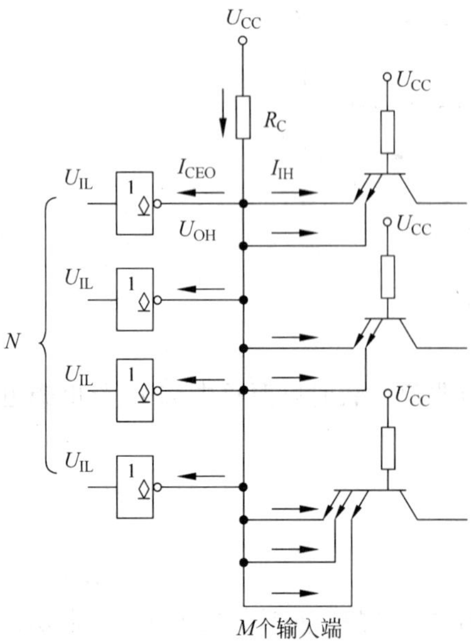

图 8.14　外接电阻 R_C 的确定方法一

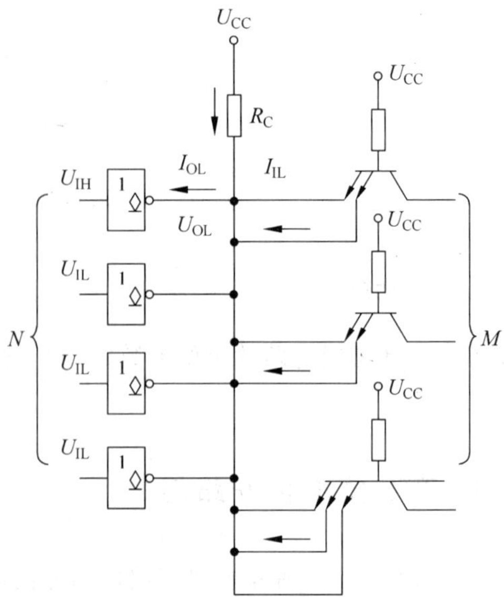

图 8.15　外接电阻 R_C 的确定方法二

当所有的 OC 门都处在截止状态时，输出 U_{OH} 为高电平，见图 8.14。为保证输出高电平不低于规定的值，R_C 不能选得太大，其最大值为

$$R_{Cmax}=\frac{U_{CC}-U_{OH(min)}}{NI_{CEO}+MI_{IH}} \tag{8.10}$$

式中，$U_{OH(min)}$ 为 OC 门输出高电平的最小值；I_{CEO} 为 OC 门输出管的截止漏电流；I_{IH} 为每一个负载门的输入高电平电流；M 为负载门的输入端数；N 是 OC 门个数；U_{CC} 是电源电压值。

当 OC 门中有一个处于导通状态时，输出为低电平 U_{OL}，见图 8.15。所有负载门的电流全部流入导通的门内，为使输出仍保持规定的低电平，在这种情况下，R_C 的最小值为

$$R_{Cmin}=\frac{U_{CC}-U_{OL(max)}}{I_{OL(max)}-MI_{IL}} \tag{8.11}$$

式中，$U_{OL(max)}$ 是 OC 门输出低电平的上限值；$I_{OL(max)}$ 是 OC 门输出低电平的最大灌入电流值；I_{IL} 是 TTL 负载门的输入低电平电流；U_{CC} 是电源电压值；M 是 TTL 负载门的个数。

实际使用时，R_C 值可在 R_{Cmax} 和 R_{Cmin} 之间选择。OC 门除能实现线与功能外，还可用于电平转移、驱动负载等。OC 门除有与非门外，还有与门、或门、或非门等。

8.5.4　三态门

三态与非门的电路结构如图 8.16(a)所示。图中 CS 为片选信号输入端(使能端)，A、B 为数据输入端。

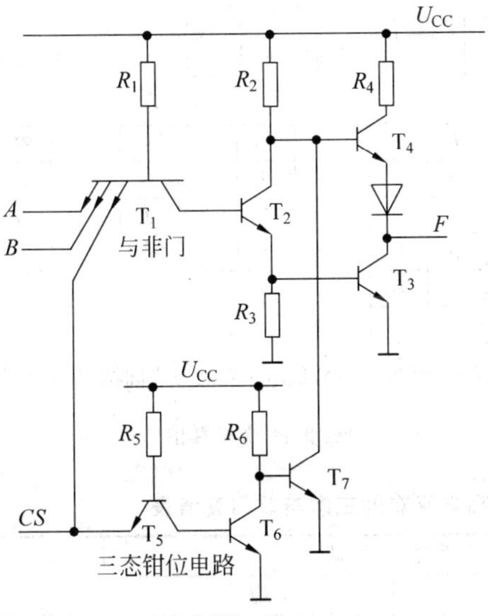

(a) 电路

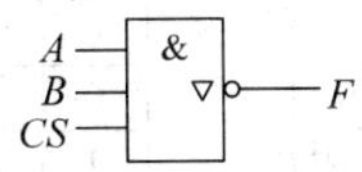

(b) 高电平有效三态门

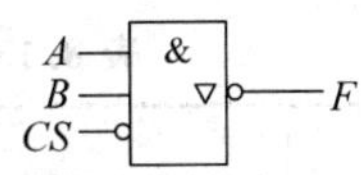

(c) 低电平有效三态门

图 8.16　三态门与非门

1. 工作原理

当 $CS=0$ 时，T_5 处于饱和导通，T_6 截止，T_7 导通，使 T_4 的基极钳制在低电平。同时由

于 $CS=0$，使 T_1 的发射结导通（不管 A、B 是什么逻辑电平），从而使 T_2 和 T_3 截止，这样，T_3 和 T_4 均截止。因此，输出端 F 上、下两个支路都不通，如同一悬浮的导线，称为“高阻”态。当 $CS=1$ 时，T_5 处于倒置放大状态，T_6 饱和，T_7 截止，其集电极相当于开路，电路处于正常的与非门工作状态，逻辑关系与与非门一样。这样，输出端有三种状态：高阻、高电平和低电平，三态门因此得名。当 $CS=1$ 时，电路处于逻辑门的正常工作状态，当 $CS=0$ 时，无论输入何种电平，输出均为高阻态，这样的三态门称为高电平有效三态门。如果反过来，$CS=0$ 时，电路处于逻辑门的正常工作状态，$CS=1$ 时，输出均为高阻态，这样的三态门称为低电平有效三态门。三态门与非门逻辑符号如图 8.16(b)、(c)所示。高电平有效三态与非门的真值表如表 8.13 所示。三态门除了有三态门与非门和三态门非门外，还有三态门与门、三态门或门等，常用三态门的逻辑符号和真值表如图 8.17 所示。

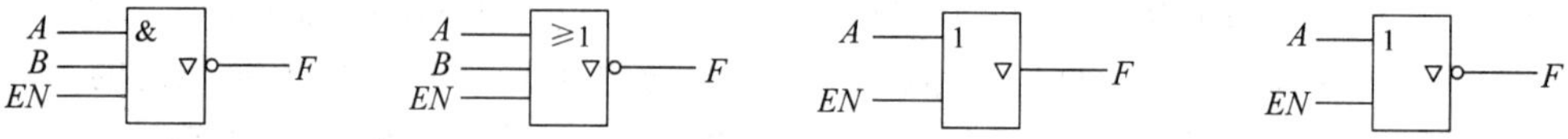

EN	A	B	F
1	0	0	1
1	0	1	1
1	1	0	1
1	1	1	0
0	×	×	高阻

(a) 高电平有效三态与非门

EN	A	B	F
1	0	0	1
1	0	1	0
1	1	0	0
1	1	1	0
0	×	×	高阻

(b) 高电平有效三态或非门

EN	A	F
1	0	0
1	1	1
0	×	高阻

(c) 高电平有效三态同相门

EN	A	F
1	0	1
1	1	0
0	×	高阻

(d) 高电平有效三态非门

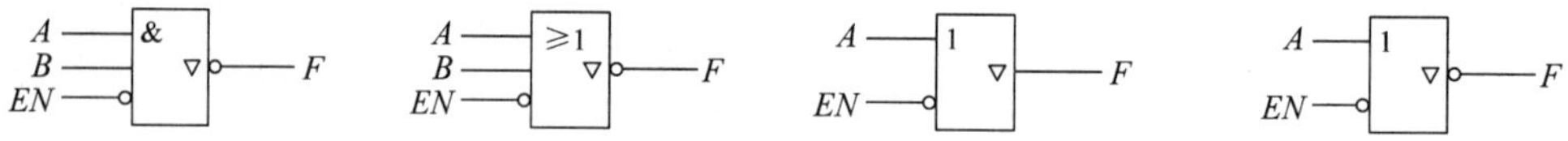

EN	A	B	F
0	0	0	1
0	0	1	1
0	1	0	1
0	1	1	0
1	×	×	高阻

(e) 低电平有效三态与非门

EN	A	B	F
0	0	0	1
0	0	1	0
0	1	0	0
0	1	1	0
1	×	×	高阻

(f) 低电平有效三态或非门

EN	A	F
0	0	0
0	1	1
1	×	高阻

(g) 低电平有效三态同相门

EN	A	F
0	0	1
0	1	0
1	×	高阻

(h) 低电平有效三态非门

图 8.17 常用三态门的逻辑符号和真值表

表 8.13 高电平有效三态与非门真值表

CS	数据输入端		输出端 F
	A	B	
1	0	0	1
	0	1	1
	1	0	1
	1	1	0
0	×	×	高阻

2. 应用

使用三态门可以构成传送数据总线。图 8.18 所示为由三态非门构成的单向总线。这个单向总线是分时传送的总线，每次只能传送 A_1、A_2、A_3 中的一个信号。当三个三态门中的某一个片选信号为 1 时，其输入端的数据传送到总线上(数据的非)。当三态门的片选信号都为 0 时，不传送信号，总线与各三态门呈断开状态(高阻)。

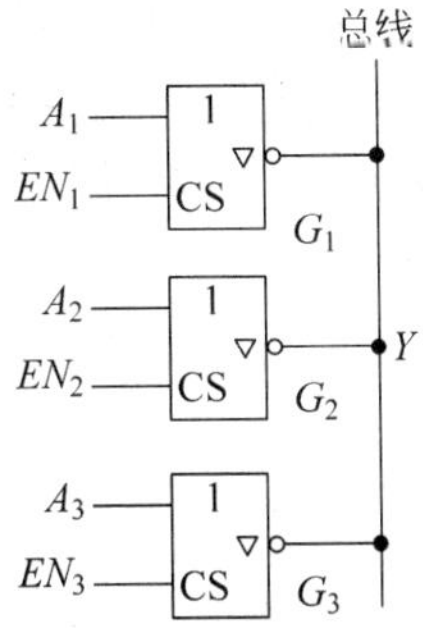

图 8.18　三态非门构成的单向总线

图 8.19 所示为三态非门构成的双向总线。该电路可以实现总线上三态门之间的数据分时双向传送，图中，D_1 可传送到总线上(为$\overline{D_1}$)，总线上的数据也可传送给 D_2，如图 8.20 所示的波形。在 0 至 t 的时间内，使能端的输入数据 EN 为高电平，G_1 门打开，输入数据 D_1 经非运算后传送到总线 Y 上，同时 G_2 门关闭，输出为高阻状态；在 t 时间后，使能端 EN 为低电平，G_2 门打开，总线 Y 上数据经非运算后传送到 D_2，而此时 G_1 门关闭，输出为高阻状态。

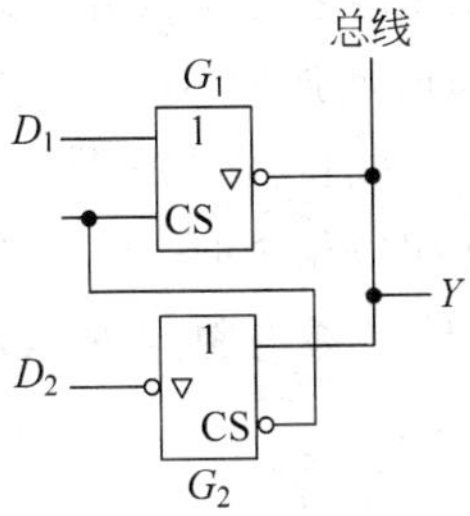

图 8.19　三态非门构成的双向总线

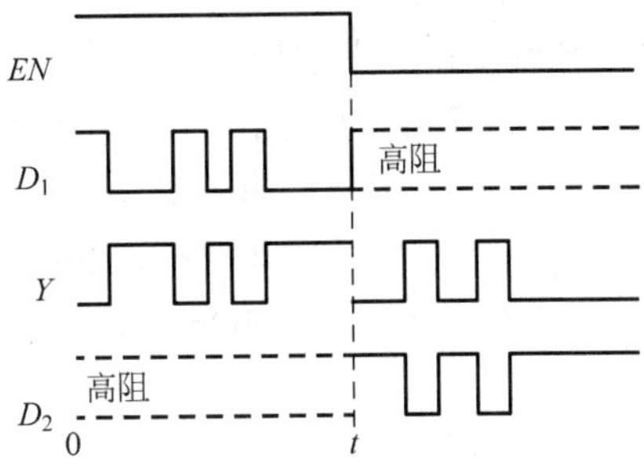

图 8.20　波形图

8.6　MOS 逻辑门电路

MOS 逻辑门电路是在 TTL 电路问世之后，开发出的第二种广泛应用的数字集成器件，从发展趋势看，由于制造工艺的改进，MOS 电路的性能也可能超越 TTL 而成为占主导地位的逻辑器件。用 MOS 场效应管作为开关元件的逻辑电路总称为 MOS 电路。由 N 沟道 MOS 管、P 沟道 MOS 管和 N、P 沟道 MOS 管两者结合，分别构成 NMOS 门电路、PMOS 门电路和 CMOS 门电路。

8.6.1　MOS 场效应管及其开关特性

MOS 场效应管(以下简称 MOS 管)按所用材料可分为 P 沟道和 N 沟道两大类，由于采用的工艺不同，又分成增强型和耗尽型两种。这样 MOS 管有四种类型：N 沟道增强型；N 沟道耗尽型；P 沟道增强型；P 沟道耗尽型。这里，仅介绍 N 沟道增强型和 P 沟道增强型两类 MOS 管及其开关运用特性。这两类 MOS 管的表示符号和转移特性曲线如图 8.21 所示。图中，D 表示漏极，G 表示栅极，S 表示源极，B 表示衬底，箭头向里表示 N 沟道，箭头向外表示 P 沟道。由转移特性曲线可见，N 沟道增强型 MOS 管的开启电压 U_T 为正值，而 P 沟道增强型 MOS 管的开启电压 U_T 为负值，并且当栅、源电压 U_{GS} 大于 U_T（N 沟道）或 U_{GS} 小于 U_T（P 沟道）比较多的情况下，漏、源电流 I_{DS} 比较大，也就是漏、源导通电阻 R_{on} 比较小。

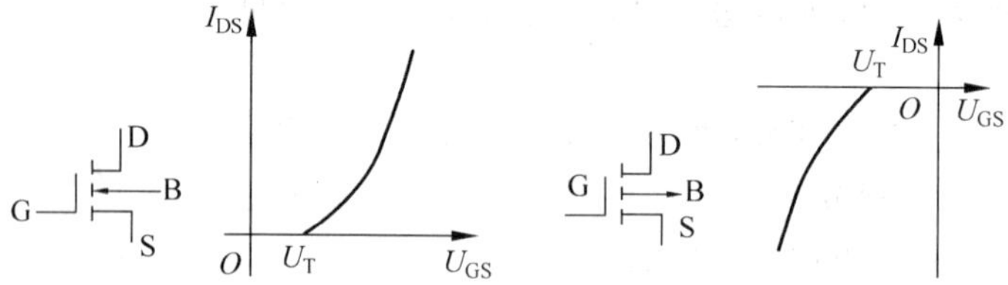

(a) N沟道增强型　　(b) P沟道增强型

图 8.21　增强型 MOS 管符号及转移特性曲线

在使用中，P 沟道 MOS 管采用负电源，P 沟道衬底接电路中最高电平；而 N 沟道 MOS 管接正电源，N 沟道衬底接电路中最低电平。

当 MOS 管工作在大信号条件下时，可以通过栅、源电压 U_{GS} 来控制其漏、源之间的导通或截止，使 MOS 管工作在开、关状态。如图 8.22 所示，N 沟道增强型 MOS 管开关电路中，如果 $U_{GS}<U_T$，则 MOS 管工作于截止区，漏、源之间相当于断开，输出端电平近似为电源电压，即 $U_{DS}\approx U_{DD}$。若 $U_{GS}>U_T$，则 MOS 管工作在导通区，漏、源之间导通电阻为 R_{on}，输出电平为

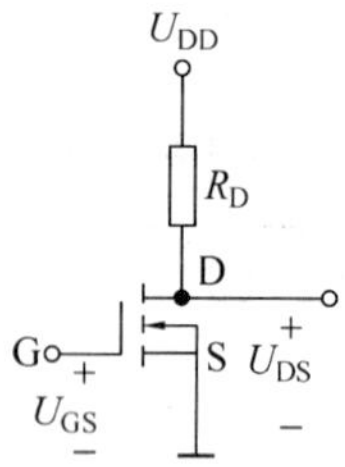

图 8.22　N 沟道增强型 MOS 管开关电路

$$U_{DS}=\frac{U_{DD}}{R_D+R_{on}}\cdot R_{on}$$

因为 R_{on} 比较小，只要选择 $R_D\gg R_{on}$，$U_{DS}\approx 0V$。

P 沟道增强型 MOS 管的开关运用，除采用负电源、U_{GS} 小于 U_T（为负值）外，分析方法与上述完全相同。

8.6.2　NMOS 逻辑电路

1. NMOS 非门

图 8.23(a)所示为 NMOS 非门逻辑电路，它含有两个 N 沟道场效应管，T_1 称为负载管，T_2 是开关管。由于 T_1 栅极始终接到 U_{DD}（$U_{DD}=5V$），所以 T_1 始终导通。当 $U_A=0V$ 时，T_2 截止，输出电压 $U_F=U_{DD}-U_T$，为高电平，U_T 为 N 沟道场效应管的开启电压。当 $U_A=5V$ 时，T_1、T_2 均导通，由图 8.23(b)表中数据可知，输出电压为

$$U_F=\frac{R_{on2}}{R_{on1}+R_{on2}}\cdot 5V\approx 0V$$

由此，可知电路实现非逻辑运算 $F=\overline{A}$。

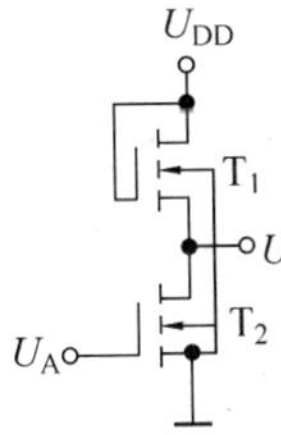

(a) 电路

U_A	0V(逻辑 0)
	5V(逻辑 1)
T_1	$R_{on1}=100\text{k}\Omega$
T_2	$R_{OFF}=10^{10}\text{ k}\Omega$
	$R_{on2}=1\text{k}\Omega$
U_F	$U_{DD}-U_T$(逻辑 1)
	0V(逻辑 0)

(b) 工作状态表

图 8.23　NMOS 非门

2. NMOS 与非门

图 8.24 所示为 NMOS 与非门逻辑电路。T_1 为负载管，T_2、T_3 为开关管，两管串联连接。

当两个输入 A、B 至少有一个为低电平时，T_2、T_3 至少有一个截止，串联回路断开，所以输出为高电平；当输入 A、B 全为高电平时，T_2、T_3 都导通，输出为低电平。因此该电路实现与非运算：

$$F=\overline{AB}$$

3. NMOS 或非门

图 8.25 所示为 NMOS 或非门逻辑电路。T_1 为负载管，T_2、T_3 为开关管，两管并联连接。

当输入 A、B 全为低电平时，T_2、T_3 都截止，输出 F 为高电平；当输入至少有一个为高电平时，T_2、T_3 至少有一个导通，输出为低电平。所以该电路实现或非运算，即

$$F=\overline{A+B}$$

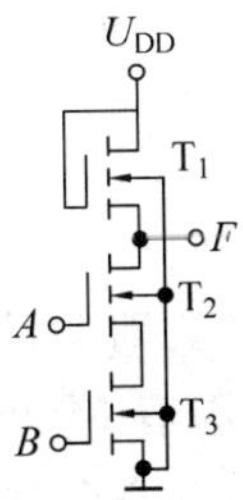

图 8.24　NMOS 与非门逻辑电路

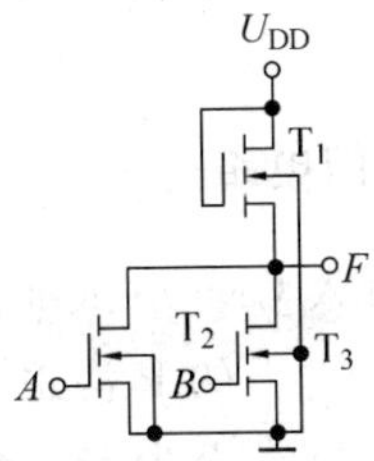

图 8.25　NMOS 或非门逻辑电路

8.6.3 CMOS 逻辑电路

1. CMOS 非门

图 8.26 是 CMOS 非门逻辑电路，是 CMOS 电路的基本单元。它由一个 P 沟道增强型

MOS 管 T_1 和一个 N 沟道增强型 MOS 管 T_2 构成，两管漏极相连作为输出端 F，两管栅极相连作为输入端 A。T_1 源极接正电源 U_{DD}，T_2 源极接地，U_{DD}大于 T_1、T_2 开启电压绝对值之和。

当输入 $U_A=0V$（低电平）时，T_1 管的栅、源极电压 $U_{GS1}=-U_{DD}$，故 T_1 导通，输出与 U_{DD}相连；而 $U_{GS2}=0V$，T_2 截止，输出与地断开，因此，输出电平 $U_F=U_{DD}$（高电平）。

当输入 $U_A=U_{DD}$（高电平）时，T_1 管的栅、源极电压 $U_{GS1}=0V$，T_1 截止，输出与 U_{DD}断开；而 $U_{GS2}=U_{DD}$，T_2 导通，输出与地相连，所以，输出为 0V（低电平）。因此，电路实现非运算，即

$$F=\overline{A}$$

2. CMOS 与非门电路

图 8.27 是两输入 CMOS 与非门电路。同非门电路相比，增加一个 P 沟道 MOS 管与原 P 沟道 MOS 管并接，增加一个 N 沟道 MOS 管与原 N 沟道 MOS 管串接。每个输入分别控制一对 P、N 沟道 MOS 管。

当输入 A、B 中至少有一个为低电平时，两个 P 沟道 MOS 管也至少有一个导通，而两个 N 沟道 MOS 管有一个截止，输出为高电平。只有当输入 A、B 都为高电平时，两个 P 沟道 MOS 管都截止，两个 N 沟道 MOS 管都导通，输出为低电平。所以电路实现与非运算，即

$$F=\overline{A\,B}$$

通过串接 N 沟道 MOS 管，并接 P 沟道 MOS 管，实现多于两输入的与非门。

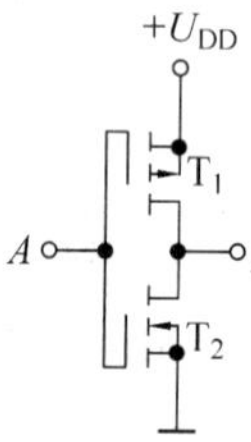

图 8.26　CMOS 非门逻辑电路

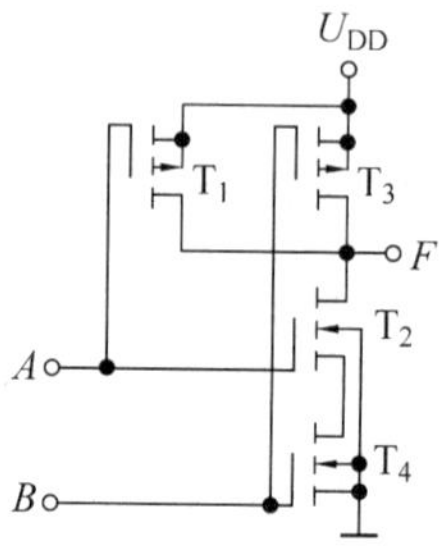

图 8.27　CMOS 与非门逻辑电路

3. CMOS 或非门电路

图 8.28 是两输入 CMOS 或非门电路。电路是在非门电路基础上，增加一个串联连接的 P 沟道 MOS 管，一个并联连接 N 沟道 MOS 管。当输入 A、B 至少有一个为高电平时，T_1 和 T_3 至少有一个截止，而 T_2 和 T_4 至少有一个导通，因此，输出为低电平。只有当输入 A、B 全为低电平时，T_1 和 T_3 导通，T_2 和 T_4 截止，输出为高电平。所以电路实现或非运算，即

$$F=\overline{A+B}$$

通过串接多个 P 沟道 MOS 管，并接多个 N 沟道 MOS 管，可实现多于两输入的或非门。

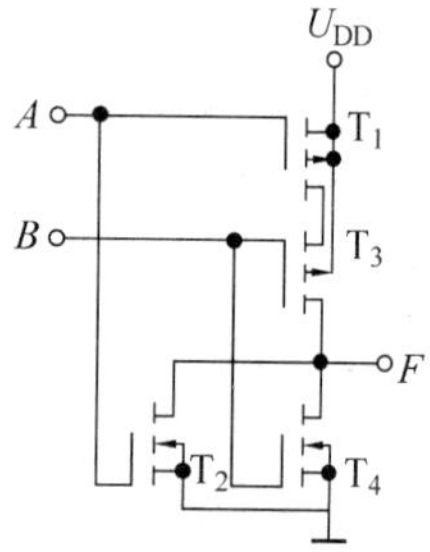

图 8.28　CMOS 或非门逻辑电路

CMOS 门电路的工作速度接近 TTL 电路，而它的功耗远比

TTL小,抗干扰能力远比TTL强,因此,几乎所有超大规模存储器件和可编程逻辑器件(简称PLD)都采用CMOS工艺制造。

8.7 数字集成电路使用中应注意的问题

1. 电源

一般要求电源电压稳定度在±5%之内。为防止干扰,要在电源和地之间接入滤波电容。

2. 输出端的连接

除特殊电路外,一般集成电路的输出端不允许直接与电源或地相接,输出端也不允许并接使用。

3. 不用输入端的处理

在使用中,有时要遇到多输入端的逻辑门中有的输入端不用的情况,可做如下处理。

1) 与门和与非门

(1) 通过电阻接正电源。

(2) 与使用端并接。

2) 或门和或非门

(1) 接地。

(2) 与使用端并接。

4. 负载使用

TTL电路的灌电流负载能力较强,当TTL门驱动较大负载时,应选用灌电流方式,而不宜采用拉电流方式。

5. CMOS电路的储电防护

因为CMOS电路为高输入阻抗器件,易感受静电高压,电路部件间绝缘层薄,因此在CMOS电路使用中尤其要注意静电保护问题。CMOS电路不用的输入端一定不能悬空。CMOS电路中应有输入保护钳位二极管,为防止其过流损坏,对于低内阻信号源,要加限流电阻。

6. CMOS电路与TTL电路的连接

在实际应用中,有时电路需要同时使用CMOS和TTL电路,由于两类电路的电平并不能完全兼容,因此存在相互连接的匹配问题。

CMOS和TTL电路之间连接必须满足两个条件:①电平匹配。驱动门输出高电平要大于负载门的输入高电平;驱动门输出低电平要小于负载门的输入低电平。②电流匹配。驱动门输出电流要大于负载门的输入电流。

1）CMOS 驱动 TTL

只要两者的电压参数兼容，一般情况下不需另加接口电路，仅按电流大小计算扇出系数即可。

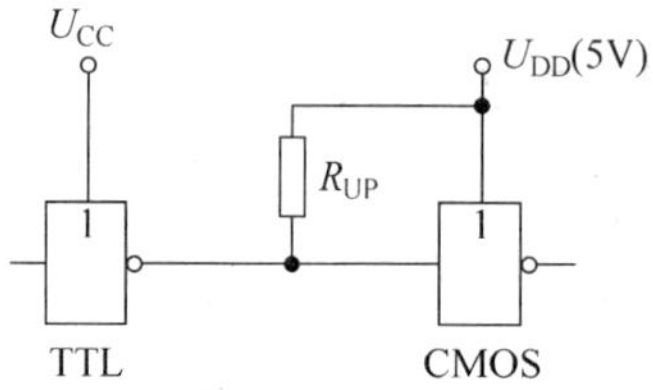

图 8.29　TTL 驱动 CMOS 电路

2）TTL 驱动 CMOS

因为 TTL 电路的 U_{OH} 小于 CMOS 电路的 U_{IH}，所以 TTL 一般不能直接驱动 CMOS 电路。可采用如图 8.29 所示电路，提高 TTL 电路的输出高电平。R_{UP} 为上拉电阻。如果 CMOS 电路 U_{DD} 高于 5V，则需要电平变换电路。

小　　结

（1）数字电路处理的信号是数字信号，数字信号在数值上和时间上均是离散的。

（2）数字信号常用二进制数来表示。在数字电路中，常用数字 1 和 0 表示电平的高和低。

（3）二进制数的加、减运算规则是逢二进一，借一还二。

（4）十六进制是二进制的简写，它是以 16 为基数的计数体制。一个数可以在十进制、二进制和十六进制之间相互转换。

（5）二进制数码常用来表示十进制数（BCD 码）或表示数字、字母或符号（ASCII 码）。

（6）分析和设计数字电路使用的数学工具是逻辑代数，在逻辑代数中有三个基本逻辑运算，即与、或、非逻辑运算，逻辑运算可以用文字、逻辑表达式和真值表描述。

（7）实现逻辑运算的电路称为逻辑门电路，组成门电路的关键器件是二极管、晶体管和场效应管。

（8）在逻辑体制中有正、负逻辑的规定，本书主要采用正逻辑。同样，一个逻辑门电路，利用正、负逻辑等效变换原则，可以达到灵活运用的目的。

（9）逻辑与非门电路的主要技术参数为输入和输出高、低电平，扇入、扇出系数，噪声容限，传输延迟时间及功耗等。

（10）TTL 逻辑门电路是当前应用较广泛的门电路之一，电路的基础是 NPN 型晶体管与非门。它可能工作在饱和、截止、放大和倒置放大等 4 种模式，取决于与非门的输入和输出的状态。TTL 与非门的特点是输出阻抗低，带负载能力强。无论输入级还是输出级均有利于提高开关速度。

（11）在 TTL 逻辑门电路中，为了实现线与的逻辑功能，可以采用集电极开路门和三态门来实现。利用三态门可以构成传送数据总线。

（12）MOS 逻辑门电路是目前应用较广泛的另一种逻辑门电路。与 TTL 门电路相比，它的优点是功耗低、扇出系数大（指带同类门负载）、噪声容限亦大，开关速度与 TTL 门接近，有取代 TTL 门的趋势。

（13）在逻辑门电路的实际应用中，有可能遇到不同类型门电路之间、门电路与负载之间的接口技术问题以及抗干扰问题。

习　题

8.1　将下列十进制数转换成十六进制数和二进制数：

100,127,255,1024,16.5,50.375

8.2　将下列二进制数转换成十六进制数和十进制数：

1011_B,10000000_B,100000000_B,11001.011_B

8.3　将下列十六进制数转换成二进制数和十进制数：

$AF3C_H$,$0F_H$,80_H,$3BD.8_H$

8.4　将下列各数转换成8421BCD码：

10111_B,521_D,$3F4_H$

8.5　根据ASCII码表，用ASCII码表示下列数字和字母：

(1) 5　　(2) A　　(3) %　　(4) DEL

8.6　计算下列各式：

(1) 1001_B+0111_B　　(2) 1101_B+1110_B　　(3) 1101_B-1010_B

8.7　填空题

(1) 数字电路中的最基本的逻辑运算有________,________,________。

(2) 作为逻辑取值的0和1，并不表示数值的大小，而是表示________的两个________。

(3) 逻辑真值表是表示数字电路________之间逻辑关系的表格。

(4) 数字电路中的逻辑状态是由________来表示的。用电路的高电平代表________，低电平代表________，这种逻辑规定称为正逻辑。

(5) 正逻辑的与门等效于负逻辑的________门。

(6) 常用的复合逻辑门有________,________,________。

8.8　单项选择题。选一个正确答案号填入题后的括号中。

(1) 在下述电路中，工作速度最高的门电路是(　　)，功耗最小的门电路是(　　)。

A. TTL　　B. CMOS

(2) 符合逻辑或运算规则的是(　　)。

A. 1×1　　B. 1+1=10　　C. 1+1=1

(3) 多个门的输出端可以无条件连接到一起的是(　)。

A. 三态门　　B. OC门　　C. TTL与非门

(4) 需要外接电源和负载电阻的门是(　　)。

A. TTL与非门　　B. 三态门　　C. OC门

(5) 可以用于总线连接的门电路是(　　)。

A. OC门　　B. 三态门　　C. TTL与非门

8.9　已知三输入与非门中输入A、B和输出F的波形如题图8.9所示，请在(1)～(5)波形中选定输入C的波形。

8.10　已知逻辑电路及A和B的输入波形如题图8.10所示，请在(1)～(4)波形中确定输出F的波形。如果$B=0$，输出F波形如何？

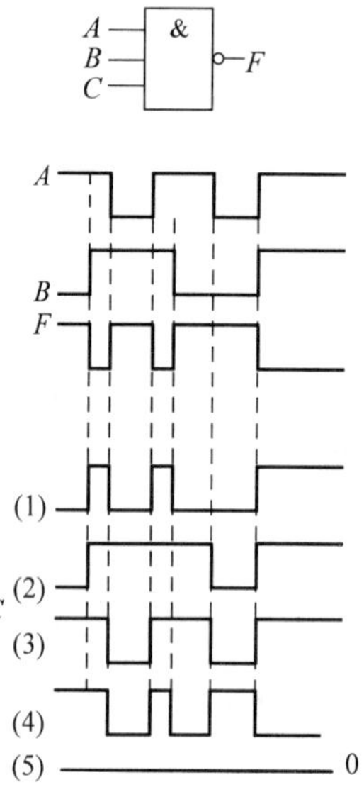

题图 8.9

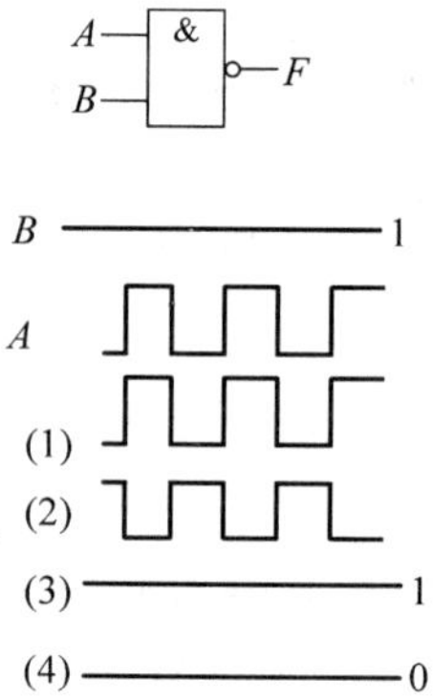

题图 8.10

8.11 在如题图 8.11 所示输入波形条件下，请分别画出二变量 A，B 与、或、与非、或非门的输出 F 波形。

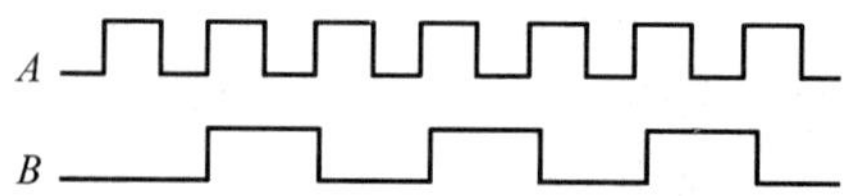

题图 8.11

8.12 逻辑门的输入端 A、B 和输出波形题图 8.12 所示，请分别写出逻辑门的表达式。

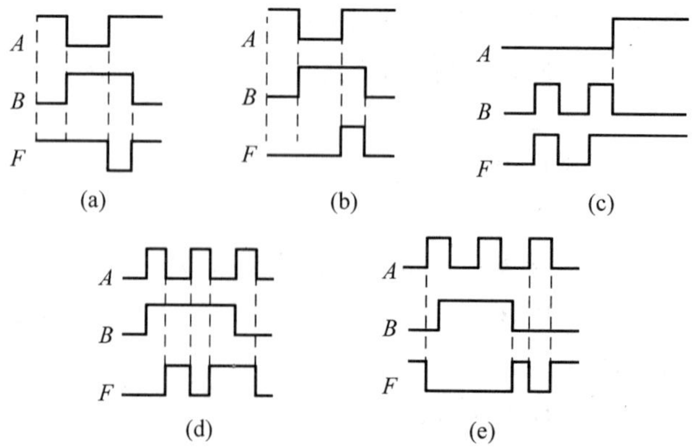

题图 8.12

8.13 OC 门电路连接成如题图 8.13 所示电路。试列出输入输出真值表，写出输出 F 逻辑表达式。

8.14 对应题图 8.14 所示的电路和波形，画出总线 MN 上的波形。

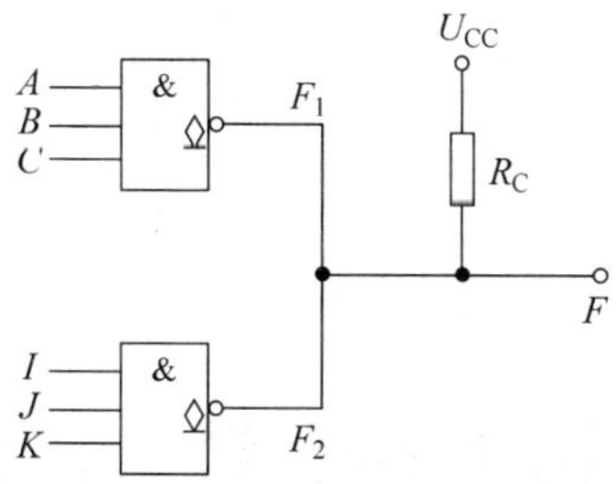

题图　8.13

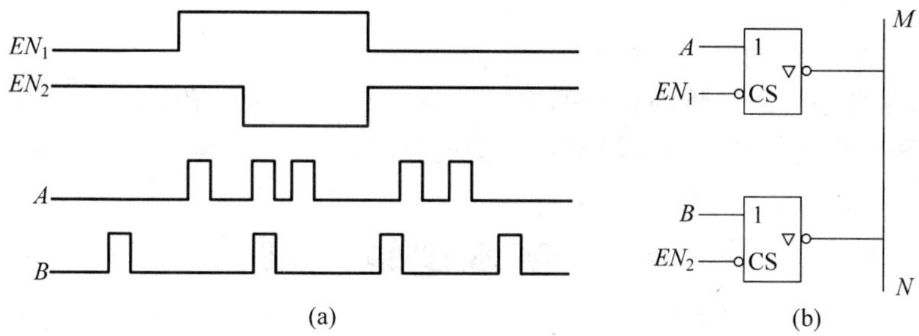

题图　8.14

8.15　已知逻辑电路及 A、B 和 E 的输入波形如题图 8.15 所示，画出 F_1 和 F_2 的波形。

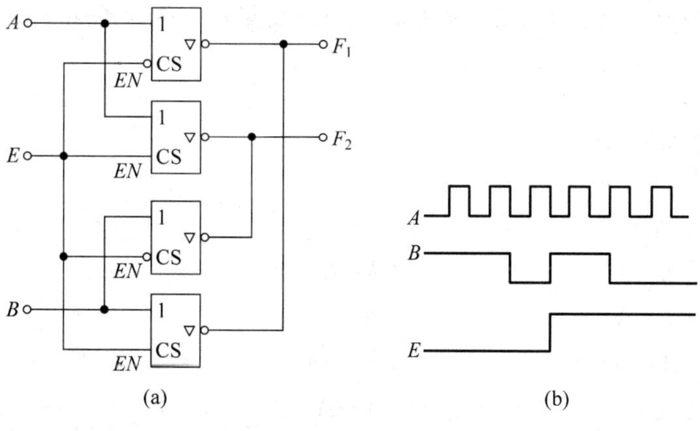

题图　8.15

第9章 逻辑代数与逻辑函数

逻辑代数是数字电路分析和设计的主要数学工具。本章介绍逻辑函数、逻辑代数的基本运算、逻辑函数化简及逻辑函数门电路的实现等内容。

9.1 基本逻辑运算

数字电路研究的是数字电路的输入与输出之间的因果关系，即逻辑关系。逻辑关系一般由逻辑函数来描述。逻辑函数是由逻辑变量 A、B、C、…和基本逻辑运算符号·(与)、+(或)、—(非)及括号、等号等构成的表达式来表示，如：

$$F = A\overline{B} + \overline{A}BC + A\overline{C}$$

式中 A、B、C 称为原变量；$\overline{A}$、$\overline{B}$、$\overline{C}$ 称为对应的反变量；F 称为逻辑函数($\overline{F}$ 称为逻辑反函数)。

9.1.1 基本运算公式

与(乘)	或(加)	非
$A \cdot 0=0$	$A+0=A$	
$A \cdot 1=A$	$A+1=1$	
$A \cdot A=A$	$A+A=A$	$\overline{\overline{A}}=A$
$A \cdot \overline{A}=0$	$A+\overline{A}=1$	

9.1.2 基本运算定律

交换律	$A \cdot B=B \cdot A$	$A+B=B+A$
结合律	$A \cdot (B \cdot C)=(A \cdot B) \cdot C$	$A+(B+C)=(A+B)+C$
分配律	$A \cdot (B+C)=AB+AC$	$A+B \cdot C=(A+B)(A+C)$
吸收律	$A(A+B)=A$	$A+AB=A$
	$A+\overline{A}B=A+B$	$(A+B)(A+C)=A+BC$
	$AB+\overline{A}C+BC=AB+\overline{A}C$	

反演律　$\overline{A \cdot B}=\overline{A}+\overline{B}$　　　　$\overline{A+B}=\overline{A} \cdot \overline{B}$

以上这些定律可以用基本公式或真值表进行证明。

例 9.1　利用基本公式证明 $AB+\overline{A}C+BC=AB+\overline{A}C$。

证　左边 $=AB+\overline{A}C+(A+\overline{A})BC$

$$=AB+\overline{A}C+ABC+\overline{A}BC$$

$$=AB(1+C)+\overline{A}C(1+B)$$

$$=AB+\overline{A}C=\text{右边}$$

例 9.2　利用真值表证明反演律(也称摩根定理)。

证　可将变量 A、B 的各种取值分别代入等式两边,其真值表如表 9.1 所示。从真值表可以看出,等式两边的逻辑值完全对应相等,所以定理成立。

表 9.1　证明摩根定理的真值表

A	B	$\overline{A}$	$\overline{B}$	$\overline{A+B}$	$\overline{A} \cdot \overline{B}$	$\overline{A \cdot B}$	$\overline{A}+\overline{B}$
0	0	1	1	$\overline{0+0}=1$	1	$\overline{0 \cdot 0}=1$	1
0	1	1	0	$\overline{0+1}=0$	0	$\overline{0 \cdot 1}=1$	1
1	0	0	1	$\overline{1+0}=0$	0	$\overline{1 \cdot 0}=1$	1
1	1	0	0	$\overline{1+1}=0$	0	$\overline{1 \cdot 1}=0$	0

上面所列出的运算定理反映了逻辑关系,而不是数量之间的关系,因而在逻辑运算时不能简单套用初等代数的运算规则。例如,在逻辑运算中不能套用初等代数的移项规则,这是由于逻辑代数中没有减法和除法的缘故。

9.1.3　基本运算规则

1. 运算顺序

在逻辑代数中,运算优先顺序为:先算括号,再是非运算,然后是与运算,最后是或运算。

2. 代入规则

在逻辑等式中,如果将等式两边出现某一变量的位置都代之以一个逻辑函数,则等式仍然成立。这就是代入规则。

例如,已知$\overline{A \cdot B}=\overline{A}+\overline{B}$。若用 $Z=A \cdot C$ 代替等式中的 A,根据代入规则,等式仍然成立,即

$$\overline{A \cdot B \cdot C}=\overline{A \cdot C}+\overline{B}=\overline{A}+\overline{B}+\overline{C}$$

摩根定律可以扩展对任意多个变量都成立。由此可见,代入规则可以扩展所有基本定律的应用范围。

3. 反演规则

已知函数 F 欲求其反函数 $\overline{F}$ 时,只要将 F 式中的 1 换成 0、0 换成 1、· 换成+、+换成·,原变量换成反变量,反变量换成原变量,所得到的表达式就是 $\overline{F}$ 表达式。这就是反演规则。利用反演规则能较容易地求出一个函数的反函数。

例如：求 $F=\overline{A}\,\overline{B}+CD+0$ 和 $L=A+\overline{B\overline{C}+\overline{D+\overline{E}}}$的反函数。根据反演规则可求得

$$\overline{F}=(A+B)\cdot(\overline{C}+\overline{D})\cdot 1=(A+B)(\overline{C}+\overline{D})$$

$$\overline{L}=\overline{A}\cdot\overline{(\overline{B}+C)\cdot\overline{\overline{D}\cdot E}}$$

运用反演规则时必须注意两点：保持原来的运算优先顺序；对于反变量以外的非号应保留不变。

4. 对偶规则

将逻辑函数 F 中所有的 1 换成 0、0 换成 1、$\cdot$ 换成 $+$、$+$ 换成 $\cdot$，变量保持不变，得到新函数 F'，F'称为 F 的对偶式。例如

$$F=A\cdot(B+\overline{C})\quad F'=A+B\cdot\overline{C}$$

变换时仍需注意保持原式中先与后或的顺序。

如果某个逻辑恒等式成立时，则其对偶式也成立，这就是对偶规则。

9.2 逻辑函数的变换和化简

9.2.1 逻辑函数变换和化简的意义

利用基本逻辑运算可以将同一个逻辑函数变换为不同的表达式，例如，$F=\overline{A}B+AC$ 可写为

$$F=\overline{A}B+AC+BC$$

或

$$F=\overline{\overline{\overline{A}B}\;\overline{AC}}$$

这样描述同一个逻辑函数有以上三个不同的表达式，若用逻辑门实现这三个表达式就有三种不同的门电路，如图 9.1 所示。

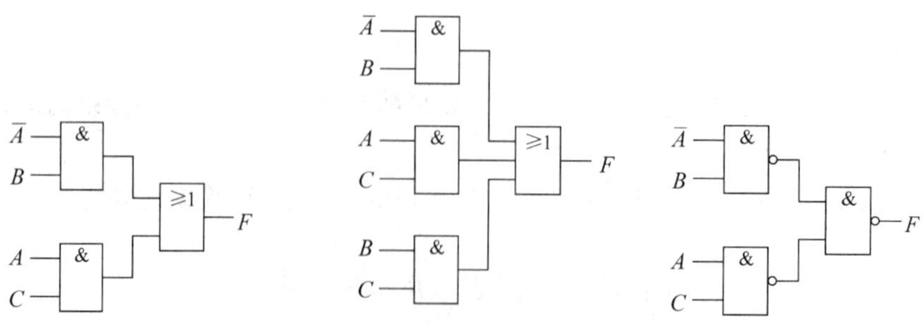

图 9.1 同一个函数三种不同的电路

由图 9.1 可知，表达式复杂，实现的电路就复杂，表达式运算的种类多，实现电路所需门电路的种类就多。实际应用中，电路越简单，可靠性越高，而成本越低。所以需要进行逻辑函数的变换和化简。

一个逻辑函数通常有以下五种类型的表达式：

与或表达式 $F=AC+\overline{C}D$

或与表达式 $=(A+\overline{C})(C+D)$

与非-与非表达式(即与非表达式) $=\overline{\overline{AC}\cdot\overline{\overline{C}D}}$

或非-或非表达式(即或非表达式) $=\overline{\overline{(A+\overline{C})}+\overline{(C+D)}}$

与或非表达式 $=\overline{\overline{A}C+\overline{C}\,\overline{D}}$

以上五个表达式是同一函数不同形式的最简表达式。与或表达式易于从真值表直接写出,而且只需运用一次摩根定律就可以从最简与或表达式变换为与非-与非表达式,从而可以用与非门电路来实现。因此,这里将着重讨论与或表达式的化简。

最简与或表达式有以下两个特点:

(1) 与项(即乘积项)的个数最少。

(2) 每个与项中变量的个数最少。

9.2.2 逻辑函数代数法化简

代数法化简逻辑函数是运用逻辑代数的基本定律和基本公式进行化简,常用的方法如下。

1. 吸收法

利用吸收律公式 $A+AB=A$,消去多余项。如

$$\begin{aligned} F &= A\overline{C}+A\overline{C}D(E+F) \\ &\quad (\text{应用公式 } A+AB=A) \\ &= A\overline{C} \end{aligned}$$

2. 并项法

利用公式 $A+\overline{A}=1$,将两项合并成一项,并消去一个变量。如

$$\begin{aligned} F &= AB\overline{C}+A\,\overline{B\overline{C}} \\ &\quad (\text{应用分配律}) \\ &= A(B\overline{C}+\overline{B\overline{C}}) \\ &\quad (\text{应用 } A+\overline{A}=1) \\ &= A\cdot 1 \\ &= A \end{aligned}$$

3. 消去因子法

利用公式 $A+\overline{A}B=A+B$,消去多余的因子,如

$$\begin{aligned} F &= AB+\overline{A}C+\overline{B}C \\ &\quad (\text{应用分配律}) \\ &= AB+(\overline{A}+\overline{B})C \\ &\quad (\text{应用反演律}) \\ &= AB+\overline{AB}C \\ &\quad (\text{应用吸收律}) \\ &= AB+C \end{aligned}$$

4. 配项消项

先利用公式 $A+\overline{A}=1$ 增加必要的乘积项，再用并项或吸收的办法使项数减少，如

$$F=AB+\overline{A}\,\overline{C}+B\overline{C}$$

（应用 $A+\overline{A}=1$ 和 $A\cdot 1=A$）

$$=AB+\overline{A}\,\overline{C}+(\overline{A}+A)B\overline{C}$$

（应用分配律）

$$=AB+\overline{A}\,\overline{C}+AB\overline{C}+\overline{A}B\overline{C}$$

（应用交换律）

$$=(AB+AB\overline{C})+(\overline{A}\,\overline{C}+\overline{A}\,\overline{C}B)$$

（应用吸收律）

$$=AB+\overline{A}\,\overline{C}$$

9.3 逻辑函数的卡诺图化简法

利用代数化简逻辑函数不但要求熟练掌握逻辑代数的基本公式，而且需要一些技巧，特别是较难掌握获得代数化简后的最简逻辑表达式的方法。下面介绍的卡诺图化简法能直接获得最简表达式，并且易于掌握。

9.3.1 最小项

n 个变量 $X_1, X_2, \cdots, X_n$ 的最小项是 n 个因子的乘积，每个变量都以它的原变量或反变量的形式在乘积项中出现，且仅出现一次。

举例来说，设 A、B、C 是 3 个逻辑变量，由这 3 个变量可以有 8 个乘积项，这些乘积项中各变量只出现一次，这 8 项即为最小项，每个最小项有 3 个因子。变量与最小项真值表如表 9.2 所示。

表 9.2 变量与最小项真值表

A	B	C	$\overline{A}\,\overline{B}\,\overline{C}$	$\overline{A}\,\overline{B}C$	$\overline{A}B\overline{C}$	$\overline{A}BC$	$A\overline{B}\,\overline{C}$	$A\overline{B}C$	$AB\overline{C}$	ABC
0	0	0	1	0	0	0	0	0	0	0
0	0	1	0	1	0	0	0	0	0	0
0	1	0	0	0	1	0	0	0	0	0
0	1	1	0	0	0	1	0	0	0	0
1	0	0	0	0	0	0	1	0	0	0
1	0	1	0	0	0	0	0	1	0	0
1	1	0	0	0	0	0	0	0	1	0
1	1	1	0	0	0	0	0	0	0	1

观察表 9.2 可得到最小项的性质如下。

性质 1 对于任意一个最小项，只有一组变量的取值使其值为 1，而在变量取其他各组值时这个最小项的取值都是 0。例如，$\overline{A}B\,\overline{C}$ 最小项为 1 的对应于变量组的取值是 010，除此

之外，其他变量组取值都使 $\overline{A}B\,\overline{C}=0$。

性质 2　对于变量的任一组取值，任意两个最小项之积为 0。

性质 3　对于变量的一组取值，全部最小项之和为 1。

通常用符号 m_i 表示最小项。下标 i 是该最小项值为 1 时对应的变量组取值的十进制等效值，如最小项 $\overline{A}B\,\overline{C}$ 记作 m_2，下标 2 对应最小项 $\overline{A}B\,\overline{C}=1$ 时变量组取值 010，而 010 相当于十进制的 2，因而下标 $i=2$。由此可见表 9.2 中从左到右的 8 个最小项的表示符号分别为 m_0、m_1、m_2、…、m_7。

9.3.2　逻辑函数的最小项表达式

由前面的讨论得知，对于某种逻辑关系，用真值表来表示是唯一的，用前面讨论的逻辑表达式来表示可以有多个表达式。如果用最小项之和组成的表达式来表示，也是唯一的。由最小项之和组成的表达式称为逻辑函数标准与或表达式，也称为最小项表达式。

1. 由真值表求最小项表达式

根据给定的真值表(见表 9.3)，利用最小项的性质 1，可以直接写出最小项表达式。由表 9.3 所示的 3 变量真值表，可以发现 F 为 1 的条件是：

$A=0,B=1,C=1$，即 $\overline{A}BC=1$；

$A=1,B=0,C=1$，即 $A\overline{B}C=1$；

$A=1,B=1,C=0$，即 $AB\overline{C}=1$；

$A=1,B=1,C=1$，即 $ABC=1$。

四个条件中满足一个 F 就是 1，所以 F 的表达式可以写成最小项之和的形式，即

$$F=\overline{A}BC+A\overline{B}C+AB\overline{C}+ABC=m_3+m_5+m_6+m_7$$

或写成

$$\begin{aligned}F(A,B,C)&=\sum m(3,5,6,7)\\&=\sum(3,5,6,7)\end{aligned}$$

表 9.3　逻辑函数真值表

A	B	C	F
0	0	0	0
0	0	1	0
0	1	0	0
0	1	1	1
1	0	0	0
1	0	1	1
1	1	0	1
1	1	1	1

2. 由一般表达式转换为最小项表达式

任何一个逻辑函数表达式都可以转换为最小项表达式。例如，将 $F(A,B,C)=AB+$

$\overline{A}C$ 转换为最小项表达式时，可利用逻辑运算关系$(A+\overline{A})=1$，将逻辑函数中的每一项转换成包含所有变量的项，即

$$\begin{aligned}F(A,B,C) &= AB+\overline{A}C = AB(C+\overline{C})+\overline{A}(B+\overline{B})C \\ &= ABC+AB\overline{C}+\overline{A}BC+\overline{A}\,\overline{B}C \\ &= m_7+m_6+m_3+m_1 \\ &= \sum(1,3,6,7)\end{aligned}$$

又如，要将 $F(A,B,C)=AB\overline{C}+A\overline{B\,\overline{C}}$转换为最小项表达式，虽然逻辑函数中的每一项都包含有3个变量，但 $A\overline{B\,\overline{C}}$项不是只由原变量和反变量组成的3个变量乘积项，因此逻辑函数表达式不是最小项表达式，化成最小项表达式的具体步骤如下。

(1) 利用摩根定理去掉非号，即

$$F(A,B,C)=AB\overline{C}+A\overline{B\overline{C}}=AB\overline{C}+A(\overline{B}+C)$$

(2) 利用分配律除去括号，即

$$F(A,B,C)=AB\overline{C}+A(\overline{B}+C)=AB\overline{C}+A\overline{B}+AC$$

(3) 利用公式$(B+\overline{B})=1$、$(C+\overline{C})=1$，将逻辑函数中的每一项转换成包含所有变量的项，即

$$\begin{aligned}F(A,B,C) &= AB\overline{C}+A\overline{B}(C+\overline{C})+AC(B+\overline{B}) \\ &= AB\overline{C}+A\overline{B}C+A\overline{B}\,\overline{C}+ABC \\ &= m_6+m_5+m_4+m_7 \\ &= \sum(4,5,6,7)\end{aligned}$$

9.3.3 卡诺图

卡诺图是真值表的图形表示。图9.2分别表示了二变量、三变量、四变量和五变量的卡诺图。

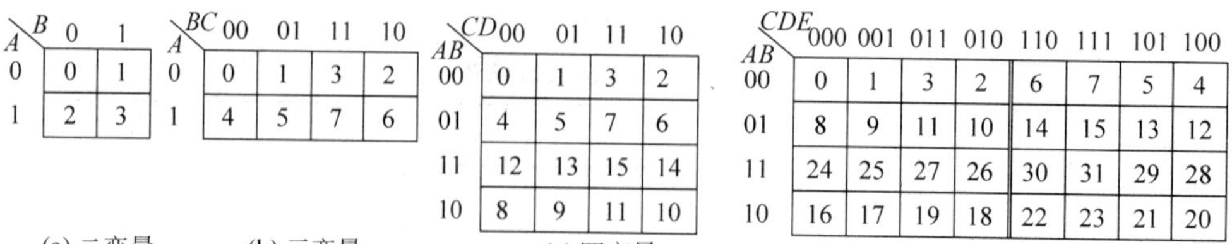

(a) 二变量　(b) 三变量　(c) 四变量　(d) 五变量

图 9.2　卡诺图

有关卡诺图的说明如下。

(1) 卡诺图中的每一个方格代表一个最小项，方格内的数字表示相应最小项的下标，最小项的逻辑取值填入相应方格；

(2) 卡诺图方格外为输入变量及其相应逻辑取值，变量取值的排序不能改变；

(3) 卡诺图中相邻的两个方格称为逻辑相邻项，相邻项中只有一个变量互为反变量，而其余变量完全相同。如图9.2(b)中4、5相邻方格，对应的最小项分别为 $A\overline{B}\,\overline{C}$、$A\overline{B}C$。除相邻的两个方格是相邻项外，卡诺图左右两侧、上下两侧相对的方格也是相邻项。在图9.2(c)

中，方格 4、6 为相邻项，方格 1、9 也为相邻项。

9.3.4　逻辑函数的卡诺图表示

由逻辑函数的真值表和表达式可以直接画出逻辑函数的卡诺图。

1. 由逻辑函数真值表直接画出的卡诺图

真值表的每一行输入变量对应一个最小项，输出变量的取值就是最小项的取值，对应卡诺图中的一个方格，将表 9.3 所列真值表每一行输入变量对应的输出取值填入卡诺图对应方格中，即可画出卡诺图如图 9.3 所示。

2. 由逻辑函数表达式画出的卡诺图

若函数表达式是最小项表达式，如 $F(A,B,C,D)=\sum m(0,1,3,5,10,11,12,15)$，可根据图 9.2 所示的四变量卡诺图的形式，将上述逻辑函数最小项表达式中的各项在卡诺图对应方格内填入 1，即在四变量卡诺图中，将与最小项 m_0、m_1、m_3、m_5、m_{10}、m_{11}、m_{12}、m_{15} 对应的格内填入 1。四变量卡诺图中其余的方格内均填入 0。最后得出如图 9.4 所示的 F 函数的卡诺图。

若函数表达式是非最小项表达式，可先转换成最小项表达式，再画出其卡诺图。例如，$G(A,B,C)=AB+BC+AC$。有

$$\begin{aligned} G(A,B,C) &= AB+BC+AC \\ &= AB(C+\overline{C})+BC(A+\overline{A})+AC(B+\overline{B}) \\ &= ABC+AB\overline{C}+A\overline{B}C+\overline{A}BC \\ &= m_7+m_6+m_5+m_3 \end{aligned}$$

A \ BC	00	01	11	10
0	0	0	1	0
1	0	1	1	1

图 9.3　真值表的卡诺图

AB \ CD	00	01	11	10
00	1	1	1	0
01	0	1	0	0
11	1	0	1	0
10	0	0	1	1

图 9.4　函数 F 的卡诺图

在对应的卡诺图 9.2(b)中最小项下标为 3、5、6、7 的方格内填入 1，其余的方格内均填入 0，得到如图 9.5 所示的卡诺图。

也可由非最小项表达式的函数表达式直接画出卡诺图。例如，$L(A,B,C)=A+BC$。与项 A 对应卡诺图 $A=1$ 一行下面四个方格，而与项 BC 对应卡诺图 $BC=11$ 一列两个方格，在这些方格中填 1，其余方格中填 0，即可得到函数 L 的卡诺图，如图 9.6 所示。

A \ BC	00	01	11	10
0	0	0	1	0
1	0	1	1	1

图 9.5　函数 G 的卡诺图

A \ BC	00	01	11	10
0	0	0	1	0
1	1	1	1	1

图 9.6　函数 L 的卡诺图

9.3.5 逻辑函数的卡诺图化简

1. 化简依据

卡诺图中任何两个为1的相邻方格的最小项可以合并为一个与项，并且消去一个变量，如 $F(A,B,C)=\sum m(6,7)=AB\overline{C}+ABC=AB$，被消去的变量在最小项中以互为反变量的形式出现，如此处的 C 变量；4 个为 1 的相邻方格的最小项可以合并成一个与项，并消去两个变量，如 $F(A,B,C)=\sum m(4,5,6,7)=A\overline{B}\,\overline{C}+A\overline{B}C+AB\overline{C}+ABC=A\overline{B}(\overline{C}+C)+AB(\overline{C}+C)=A(\overline{B}+B)=A$，由于 B、C 和 $\overline{B}$、$\overline{C}$ 均出现在最小项中，故被消去；8 个为 1 的相邻最小项可以合并成一个与项，并消去 3 个变量，如

$$
\begin{aligned}
F(A,B,C,D)=&\sum m(8,9,10,11,12,13,14,15)\\
&=A\overline{B}\,\overline{C}\,\overline{D}+A\overline{B}\,\overline{C}D+A\overline{B}C\overline{D}+A\overline{B}CD+AB\overline{C}\,\overline{D}+AB\overline{C}D+ABC\overline{D}+ABCD\\
&=A\overline{B}\,\overline{C}(\overline{D}+D)+A\overline{B}C(\overline{D}+D)+AB\overline{C}(\overline{D}+D)+ABC(\overline{D}+D)\\
&=A\overline{B}(\overline{C}+C)+AB(\overline{C}+C)\\
&=A(\overline{B}+B)\\
&=A
\end{aligned}
$$

由于 $\overline{B}$、B、$\overline{C}$、C、$\overline{D}$、D 均出现在最小项中，故被消去。

由此可见，卡诺图中 2^k 个为 1 的相邻最小项，可以合并成一个与项，并消去 k 个变量，$k=0,1,2,\cdots$。

2. 化简原则

(1) 将为 1 的相邻方格用线包围起来，包围圈内为 1 的方格越多越好，但应满足 2^k 个，包围圈的数目越少越好。

(2) 每个为 1 的方格可重复使用，每个包围圈内至少含有一个新的为 1 的方格，每个为 1 的方格都要圈起来。

(3) 将所有包围圈内的最小项合并成对应与项，然后相加，最后得到的逻辑函数就是最简与或表达式。

例 9.3 试用卡诺图化简函数 $F(A,B,C)=\overline{A}BC+A\,\overline{BC}+ABC+AB\overline{C}$

解 步骤 1：画出卡诺图如图 9.7 所示。

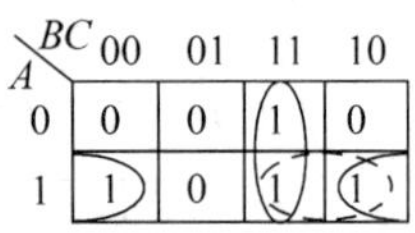

图 9.7 例 9.3 用卡诺图

步骤 2：圈出相邻为 1 的包围圈：共 2 个，每个含有 2 个方格，即圈出 m_3、m_7 和 m_4、m_6 两个包围圈。

步骤 3：合并圈出的相邻项并相加：2 个相邻最小项，可以消去 1 个变量，合并成一个与项，m_3 和 m_7 相邻最小项合并得到一个与项 BC，m_4 和 m_6 合并后得到一个与项 $A\overline{C}$，相加后得到最简表达式，即

$$F=BC+A\overline{C}$$

注意：画虚线的圈内，没有新的为 1 的方格，因此无效。

例 9.4 试用卡诺图化简函数 $F(A,B,C,D)=\sum m(0,1,2,4,5,6,8,9,12,13,14)$。

解　画出卡诺图，圈出相邻项，如图 9.8 所示。

卡诺图中，一组为 8 个相邻最小项，这 8 个最小项中只有变量 C 的取值为 0，其他变量取值均成对为 0 和 1，故可以消去 3 个变量合并成一个与项 $\overline{C}$，两组为四个相邻最小项，其中一组中的变量 B 和 C 的取值均成对为 0 和 1，故被消去，合并成 $\overline{A}\,\overline{D}$，而另一组按同样的原则消去 A 和 C，合并成 $B\overline{D}$，化简后的函数为

$$F=\overline{C}+\overline{A}\,\overline{D}+B\overline{D}$$

例 9.5　试用卡诺图化简函数 $F(A,B,C,D)=\overline{A}\,\overline{B}\,\overline{C}\,\overline{D}+\overline{A}\,\overline{B}C\overline{D}+A\overline{B}\,\overline{C}\,\overline{D}+\overline{A}B\overline{C}D+A\overline{B}C\overline{D}$。

解　画出卡诺图，圈出相邻项，如图 9.9 所示。

卡诺图中，四个角上的 1 可以圈在一起，形成与项 $\overline{B}\,\overline{D}$，独立的 1 直接形成与项 $\overline{A}B\overline{C}D$，化简后的函数为

$$F=\overline{B}\,\overline{D}+\overline{A}B\overline{C}D$$

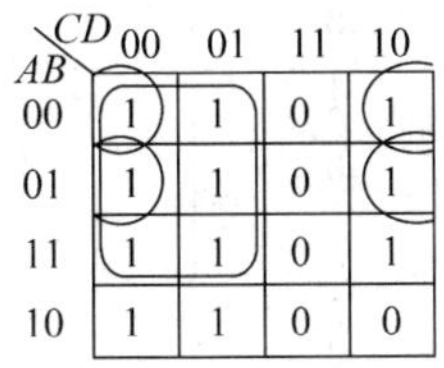

图 9.8　例 9.4 用卡诺图

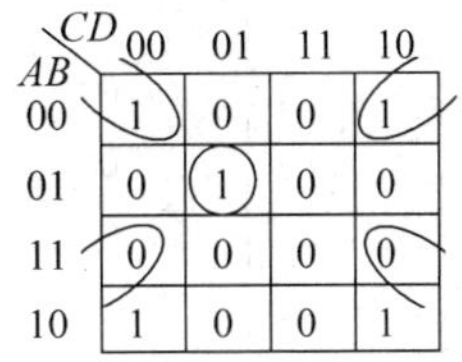

图 9.9　例 9.5 用卡诺图

利用卡诺图表示逻辑函数式时，如果卡诺图中各小方格被 1 占去了绝大部分，虽然可用包围 1 的方法进行化简，但由于要重复利用 1 项，往往显得零乱而易出错。这时采用包围 0 的方法化简更为简单。求出反函数 $\overline{F}$ 后，再对反函数求非，其结果相同，下面举例说明。

例 9.6　化简逻辑函数 $F(A,B,C,D)=\sum m(0\sim 3,5\sim 11,13\sim 15)$。

解　(1) 由 F 画出卡诺图，如图 9.10(a)所示。

(2) 用包围 1 的方法化简，如图 9.10(b)所示，得

$$F=\overline{B}+C+D$$

(3) 用包围 0 的方法化简，如图 9.10(c)所示，得

$$\overline{F}=B\overline{C}\,\overline{D}$$

$$F=\overline{\overline{F}}=\overline{B}+C+D$$

两种方法结果相同。

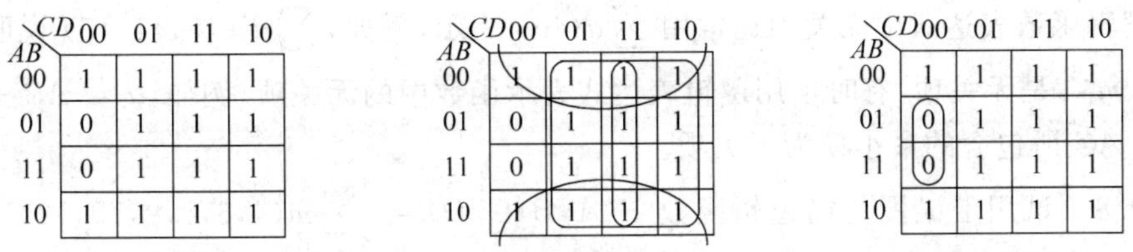

(a) 卡诺图　(b) 卡诺图圈1　(c) 卡诺图圈0

图 9.10　例 9.6 用卡诺图

实际中经常会遇到这样的问题，在变量的某些取值下，函数的值可以是任意的，或者函数的某些变量的取值根本不会出现，例如，8421BCD码中的1010～1111所对应的6个最小项，这些变量取值所对应的最小项称为无关项。在化简时，无关项的值可以为1，也可以为0。具体取什么值，可以根据使函数尽量得到简化而定。下面举一个利用无关项化简的例子。

例9.7 要求设计一个逻辑电路，能够判断用8421BCD码表示的1位十进制数是奇数还是偶数，当十进制数为奇数时电路输出为1，当十进制数为偶数时电路输出为0。

解 第一步，列出真值表。4位码 $ABCD$ 即为输入变量，当对应的十进制数为奇数时，函数值为1，反之为0，由此得到表9.4所示的真值表。注意，8421BCD码只有10个，表中4位二进制码的后6种组合是无关项，通常以×表示。

表9.4 例9.7真值表

对应十进制数	输入变量				输出
	A	B	C	D	F
0	0	0	0	0	0
1	0	0	0	1	1
2	0	0	1	0	0
3	0	0	1	1	1
4	0	1	0	0	0
5	0	1	0	1	1
6	0	1	1	0	0
7	0	1	1	1	1
8	1	0	0	0	0
9	1	0	0	1	1
无关项	1	0	1	0	×
	1	0	1	1	×
	1	1	0	0	×
	1	1	0	1	×
	1	1	1	0	×
	1	1	1	1	×

第二步，将真值表的内容填入4变量卡诺图，如图9.11所示。

第三步，画包围圈，此时应利用无关项，将 m_{13}、m_{15}、m_{11} 对应的方格视为1，可以得到最大的包围圈，由此写出 $F=D$。

若不利用无关项，$F=\overline{A}D+\overline{B}\,\overline{C}D$，结果复杂得多。

在逻辑函数表达式中无关项通常用 $\sum d(\cdots)$ 表示，例如，$\sum d\,(10,11,15)$ 说明最小项 m_{10}、m_{11}、m_{15}，是无关项。有时也用逻辑表达式表示函数中的无关项。例如，$d = AB + AC$，表示 $AB + AC$ 所包含的最小项为无关项。

例9.8 试用卡诺图化简逻辑函数 $F(A,B,C,D) = \sum m(4,6,8,9,10,12,13,14) + \sum d\,(0,2,5)$。

解 画出函数 F 的卡诺图如图9.12所示。将无关项 m_0 和 m_2 视为1，可使函数简化为 $F=\overline{D}+A\overline{C}$。

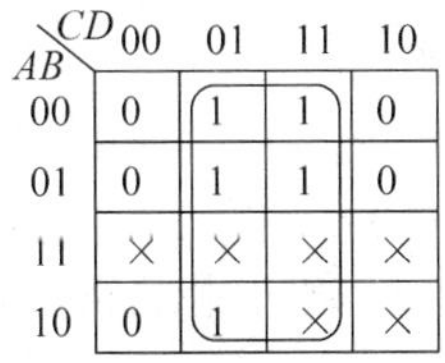

图 9.11　例 9.7 用卡诺图

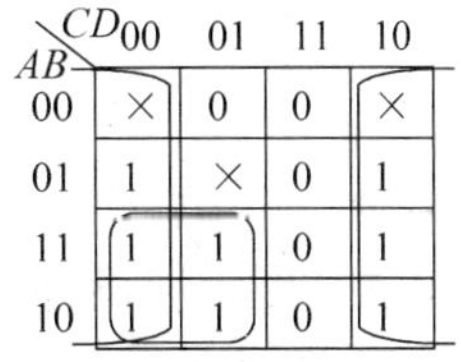

图 9.12　例 9.8 用卡诺图

9.4　逻辑函数门电路的实现

逻辑函数经过化简之后，得到了最简逻辑表达式，根据逻辑表达式，就可以采用适当的逻辑门来实现逻辑函数。逻辑函数的实现是通过逻辑电路图表现出来的。逻辑电路图是由逻辑符号以及其他电路符号构成的电路连接图。逻辑电路图是除真值表、逻辑表达式和卡诺图之外，表达逻辑函数的另一种方法。逻辑电路图更接近于逻辑电路设计的工程实际。

由于采用的逻辑门不同，实现逻辑函数的电路形式也不同。例如，逻辑函数 $F=AB+AC+BC$，可用 3 个与门和 1 个或门，连接成先“与”后“或”的逻辑电路，如图 9.13(a)所示。若将 F 函数变换成与非形式，即 $F=\overline{\overline{AB}\;\overline{AC}\;\overline{BC}}$，可用 4 个与非门组成的逻辑电路实现该函数，如图 9.13(b)所示。如果允许电路输入采用反变量，对逻辑函数 $F=\overline{AB+CD+B\overline{D}}=\overline{\overline{\overline{A}+\overline{B}}+\overline{\overline{C}+\overline{D}}+\overline{\overline{B}+D}}$，可用 4 个或非门实现；对逻辑函数 $F=\overline{\overline{A}\,\overline{C}+A\overline{B}}$，可用 2 个与门和 1 个或非门实现，逻辑电路如图 9.13(c)、(d)所示。在所有基本逻辑门中，与非门是工程实际中大量应用的逻辑门，单独使用与非门可以实现任何组合的逻辑函数。

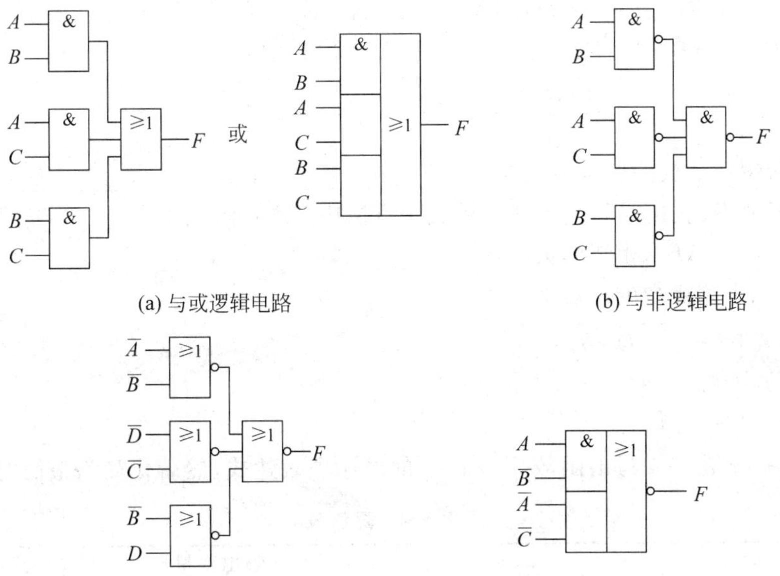

(a) 与或逻辑电路　(b) 与非逻辑电路

(c) 或非逻辑电路　(d) 与或非逻辑电路

图 9.13　逻辑电路

小　　结

（1）逻辑代数是分析和设计逻辑电路的工具，一个逻辑问题可用逻辑函数来描述。逻辑函数可用真值表、逻辑表达式、卡诺图和逻辑电路图表示。

（2）用真值表和最小项表达式表示的逻辑函数是唯一的。

（3）运用逻辑代数的基本运算可以对逻辑函数进行变换和化简。

（4）利用卡诺图可将逻辑函数化简为最简与或表达式。

习　　题

9.1　用代数法化简下列逻辑函数：

（1）$XY+X\overline{Y}$

（2）$(X+Y)(X+\overline{Y})$

（3）$XYZ+\overline{X}Y+XY\overline{Z}$

（4）$XZ+\overline{X}YZ$

（5）$\overline{X+Y}\cdot\overline{\overline{X}+\overline{Y}}$

（6）$Y(WZ+W\overline{Z})+XY$

（7）$ABC+\overline{A}\,\overline{B}C+\overline{A}BC+AB\overline{C}+\overline{A}\,\overline{B}\,\overline{C}$

（8）$BC+A\overline{C}+AB+BCD$

（9）$\overline{\overline{CD}+A}+A+AB+CD$

（10）$(A+C+D)(A+C+\overline{D})(A+\overline{C}+D)(A+\overline{B})$

（11）$A\overline{B}\,\overline{C}+A\overline{B}C+AB\overline{C}+ABC$

（12）$(A+B)\cdot C+\overline{A}C+AB+ABC+\overline{B}C$

9.2　填空题

（1）表示逻辑函数的四种方法是________，________，________，________。

（2）在真值表、表达式和逻辑图三种表示方法中，形式唯一的是________。

（3）与最小项 $AB\overline{C}$ 相邻的最小项有________，________，________。

9.3　写出下列函数的反函数：

（1）$F=A+\overline{B+\overline{C}+\overline{D+\overline{E}}}$

（2）$F=B[(C\overline{D}+A)+\overline{E}]$

（3）$F=A\overline{B}+\overline{C}\,\overline{D}$

9.4　根据题表 9.4 写出函数 T_1 和 T_2 的最小项表达式，然后化简为最简与或表达式。

题表 9.4　真值表

输入变量			输出变量	
A	B	C	T_1	T_2
0	0	0	1	0
0	0	1	1	0
0	1	0	1	0

续表

输入变量			输出变量	
A	B	C	T_1	T_2
0	1	1	0	0
1	0	0	0	0
1	0	1	0	1
1	1	0	0	1
1	1	1	0	1

9.5 把下列函数表示为最小项表达式。

(1) $F=C(\overline{A}+B)+\overline{B}C$

(2) $F=\overline{Y}Z+WX\overline{Y}+WX\overline{Z}+\overline{W}\,\overline{X}Z$

(3) $F=(\overline{A}+B)(\overline{B}+C)$

(4) $F(A,B,C)=1$

9.6 用卡诺图化简下列函数,并求出最简与或式。

(1) $F(X,Y,Z)=\sum(2,3,6,7)$

(2) $F(A,B,C,D)=\sum(7,13,14,15)$

(3) $F(A,B,C,D)=\sum(4,6,7,15)$

(4) $F(A,B,C,D)=\sum(2,3,12,13,14,15)$

9.7 用卡诺图化简下列函数,并求出最简与或式。

(1) $F=XY+\overline{X}\,\overline{Y}\,\overline{Z}+\overline{X}\,Y\overline{Z}$

(2) $F=\overline{A}B+B\overline{C}+\overline{B}\,\overline{C}$

(3) $F=\overline{A}\,\overline{B}+BC+\overline{A}B\overline{C}$

(4) $F=X\overline{Y}Z+XY\overline{Z}+\overline{X}YZ+XYZ$

(5) $F=D(\overline{A}+B)+\overline{B}(C+AD)$;

(6) $F=ABD+\overline{A}\,\overline{C}\,\overline{D}+\overline{A}\,B+\overline{A}\,C\overline{D}+A\overline{B}\,\overline{D}$

(7) $F=\overline{X}Z+\overline{W}X\overline{Y}+W(\overline{X}\,Y+X\overline{Y})$

9.8 给定逻辑函数 $F=XY+X\overline{Y}+\overline{Y}Z$,用

(1) 与或电路实现之;

(2) 与非电路实现之;

(3) 或非电路实现之。

9.9 用两个或非门实现下列函数,并画出逻辑图。

$F=\overline{A}\,\overline{B}\,\overline{C}+A\overline{B}\,D+\overline{A}\,\overline{B}\,C\overline{D}$,无关项 $d=ABC+A\,\overline{B}\,\overline{D}$

9.10 化简逻辑函数 F,用两级与非电路实现之,并画出逻辑图。

$F=\overline{B}\,D+\overline{B}\,C+ABCD, d=\overline{A}\,BD+A\,\overline{B}\,\overline{C}\,\overline{D}$。

9.11 用四个与非门实现下列函数,画出逻辑图(注:输入端只提供原变量)。

$F=\overline{W}XZ+\overline{W}YZ+\overline{X}Y\,\overline{Z}+WX\,\overline{Y}Z, d=WYZ$。

9.12 试用与非门实现下列多输出逻辑函数:

$$Y_1 = F_1(A,B,C,D) = \sum(0,2,3,6,7,8,14,15)$$

$$Y_2 = F_2(A,B,C,D) = \sum(2,3,10,11,14,15)$$

9.13 已知某电路的输入 A、B、C 及输出 F 的波形如题图 9.13 所示，试分析该电路的逻辑功能，并用与非门画出其等效的逻辑电路。

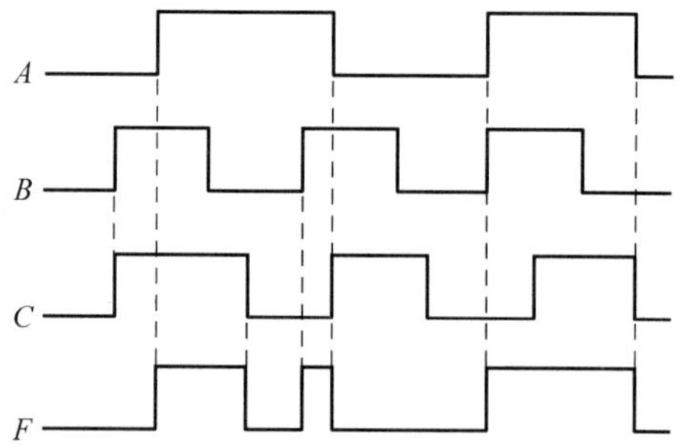

题图 9.13

9.14 已知某电路的输入 A、B、C 及输出 F 的波形如题图 9.14 所示，试分析该电路的逻辑功能，并用与非门画出其等效的逻辑电路。

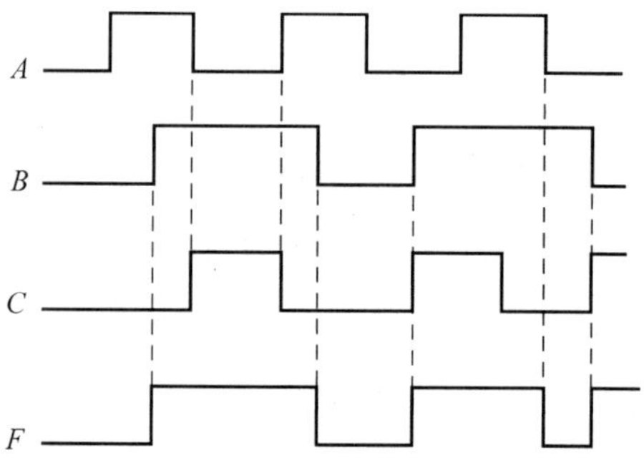

题图 9.14

9.15 已知某电路的输入 A、B、C 及输出 F 的波形如题图 9.15 所示，试分析该电路的逻辑功能：(1)用与非门画出其等效的逻辑电路，(2)用或非门画出其等效的逻辑电路。

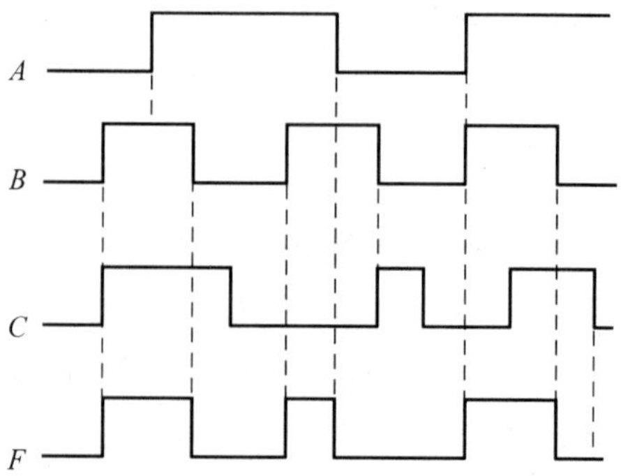

题图 9.15

9.16　已知某电路的输入 A、B、C 及输出 F 的波形如题图 9.16 所示，试分析该电路的逻辑功能，并用两输入的或非门画出其等效的逻辑电路。

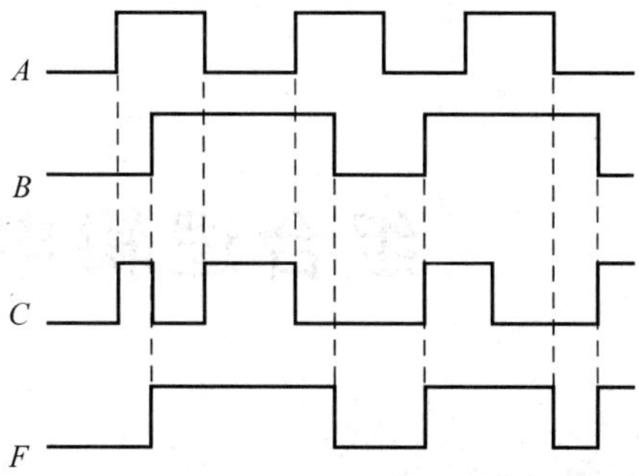

题图　9.16

第10章

组合逻辑电路

数字电路按逻辑功能和电路结构的不同特点可划分为组合逻辑电路与时序逻辑电路两大类。

本章首先介绍小规模集成电路(即逻辑门)组成的组合逻辑电路的分析和设计方法,然后介绍常用的中规模集成电路组成的组合逻辑电路,包括编码器、译码器、数据选择器、数据分配器、加法器。

10.1　组合逻辑电路的分析与设计

在任何时刻,输出状态只决定于同一时刻各输入状态的组合,而与先前状态无关的逻辑电路称为组合逻辑电路。图10.1是组合逻辑电路的一般框图,它可用如下的逻辑函数来描述,即

$$F_i = f_i(A_1, A_2, \cdots, A_n) \quad (i = 1, 2, \cdots, m)$$

式中 $A_1, A_2, \cdots, A_n$ 为输入变量。

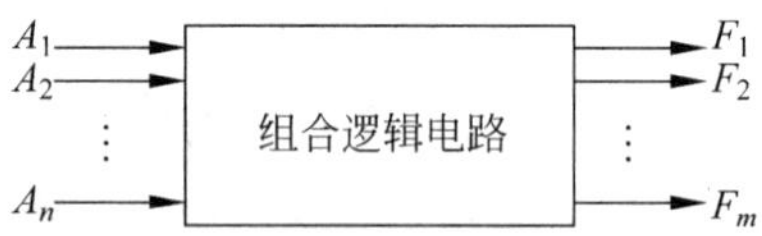

图10.1　组合逻辑电路的一般框图

组合逻辑电路的特点:

(1) 输出与输入之间没有反馈延迟通路;

(2) 电路中不含记忆元件。

10.1.1　组合逻辑电路的分析

组合逻辑电路分析的主要任务是根据给出的逻辑图确定逻辑功能。其一般步骤如下:

(1) 写出逻辑图输出端的逻辑表达式;

(2) 化简和变换逻辑表达式;

(3) 列出真值表;

(4) 根据真值表和逻辑表达式对逻辑电路进行分析，最后确定电路的逻辑功能。

下面举例说明组合逻辑电路的分析方法。

例 10.1　试分析如图 10.2 所示逻辑电路的逻辑功能，要求写出输出表达式，列出真值表，分析电路的逻辑功能。

解　(1) 从给出的逻辑图，由输入向输出，写出各级逻辑门的输出逻辑表达式：

$$T_1 = \overline{AB}$$

$$T_2 = \overline{A\,\overline{AB}}$$

$$T_3 = \overline{B\,\overline{AB}}$$

$$F = \overline{\overline{A\,\overline{AB}}\;\overline{B\,\overline{AB}}}$$

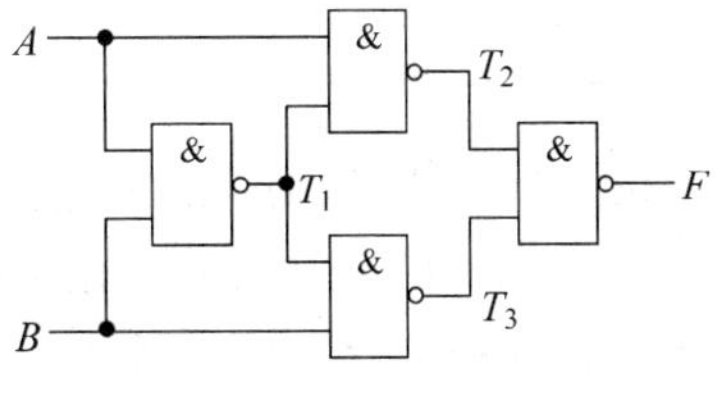

图 10.2　例 10.1 用逻辑电路

(2) 进行逻辑变换和化简

$$\begin{aligned} F &= \overline{\overline{A\,\overline{AB}}\;\overline{B\,\overline{AB}}} \\ &= A\,\overline{AB} + B\,\overline{AB} \\ &= A(\overline{A}+\overline{B}) + B(\overline{A}+\overline{B}) \\ &= A\overline{B} + \overline{A}B \end{aligned}$$

(3) 列出真值表如表 10.1 所示。

表 10.1　图 10.2 所示电路的真值表

A	B	F
0	0	0
0	1	1
1	0	1
1	1	0

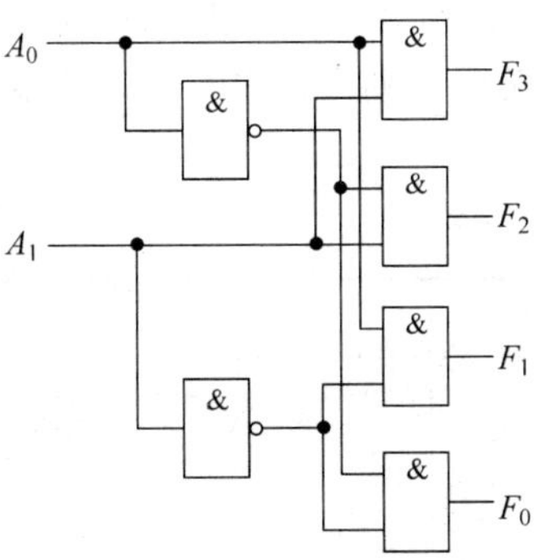

图 10.3　例 10.2 用逻辑电路

由表达式和真值表可知，图 10.2 所示逻辑电路实现的逻辑功能是异或运算。

例 10.2　分析图 10.3 所示逻辑电路的逻辑功能。

解　由图 10.3 可直接写出输出逻辑表达式：

$$F_0 = \overline{A}_1\overline{A}_0$$

$$F_1 = \overline{A}_1 A_0$$

$$F_0 = A_1\overline{A}_0$$

$$F_0 = A_1 A_0$$

再根据表达式列出真值表如表 10.2 所示。由表 10.2 可以看出 $A_1A_0=00$ 时，$F_0=1$，其他输出均为 0；$A_1A_0=01$ 时 $F_1=1$，其他输出均为 0；$A_1A_0=10$ 时，$F_1=1$，其他输出均为 0；$A_1A_0=11$ 时，$F_2=1$，其他输出均为 0。这种对于某一输入代码，有一个输出为 1，其余输出为 0 的逻辑电路，称为译码器。

表 10.2 图 10.3 所示电路的真值表

A	B	F_0	F_1	F_2	F_3
0	0	1	0	0	0
0	1	0	1	0	0
1	0	0	0	1	0
1	1	0	0	0	1

由上述两个例题的分析过程可知，组合逻辑电路分析的四个基本步骤可根据具体电路取舍，例 10.1 由逻辑变换和化简即可分析出逻辑功能，可不必列出真值表；而例 10.2 没有经历逻辑变换和化简的步骤。

10.1.2 组合逻辑电路的设计

组合逻辑电路设计的任务是根据给定的逻辑问题（命题），设计出能实现其逻辑功能的逻辑电路，最后画出实现逻辑功能的逻辑图。用逻辑门实现组合逻辑电路要求是使用的芯片最少，连线最少。组合逻辑电路的设计与分析过程相反，用小规模集成电路设计组合逻辑电路的一般步骤如下：

（1）分析设计任务，确定输入变量、输出变量，找到输出与输入之间的因果关系，列出真值表；

（2）由真值表写出逻辑表达式；

（3）化简变换逻辑表达式，从而画出逻辑图。

这样，原理性逻辑设计任务完成。实际设计工作还包括集成电路芯片的选择、工艺设计、安装、调试等内容。下面举例说明组合逻辑电路的设计方法。

例 10.3 试设计一个三人表决电路，多数人同意，提案通过，否则提案不通过。

解 （1）根据给定命题，设定参加表决提案的 3 人分别为 A、B、C，作为输入变量，并规定同意提案为 1，不同意为 0；设提案通过与否为 F，作为输出变量，规定通过为 1，不通过为 0。提案通过与否由参加表决的情况来决定，构成逻辑的因果关系。列出输出和输入关系的真值表如表 10.3 所示。

表 10.3 例 10.3 真值表

A	B	C	F
0	0	0	0
0	0	1	0
0	1	0	0
0	1	1	1
1	0	0	0
1	0	1	1
1	1	0	1
1	1	1	1

（2）由真值表写出输出逻辑表达式

$$F = \overline{A}BC + A\overline{B}C + AB\overline{C} + ABC$$

(3) 化简表达式，绘出逻辑图

可用卡诺图化简得最简与或表达式或与非表达式，即

$$F = BC + AC + AB$$

$$F = \overline{\overline{AB} \cdot \overline{AC} \cdot \overline{BC}}$$

画出的逻辑电路如图 10.4 所示。

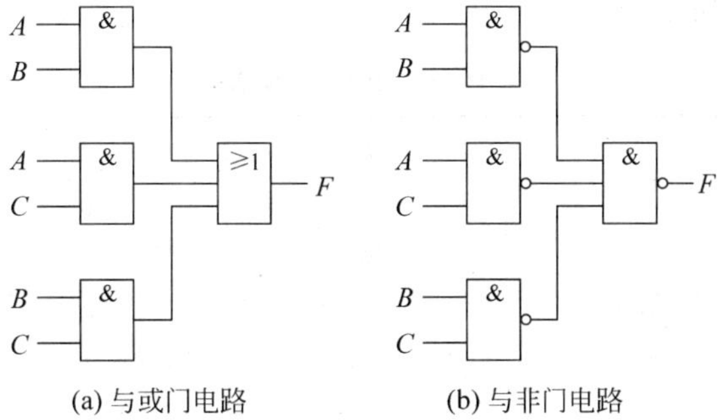

图 10.4　例 10.3 用逻辑电路

图 10.4(a)所示的逻辑电路是用一片内含四个 2 输入端的与门和一片 3 输入端或门的集成电路芯片组成，逻辑电路也可用一片内含四个 3 输入端的与非门集成电路芯片组成，如图 10.4(b)所示。原逻辑表达式虽然是最简形式，但它需一片四个 2 输入端的与门和一片 3 输入端的或门才能实现，器件数和种类都不能节省。由此可见，最简的逻辑表达式用一定规格的集成器件实现时，其电路结构不一定是最简单和最经济的。设计逻辑电路时应以集成器件为基本单元，而不应以单个门为单元，这是工程设计与原理设计的不同之处。

例 10.4　设计两个一位二进制数的数值比较器。

解　两个一位二进制数 A 和 B 比较，结果有三种情况，$A=B$($A=0$，$B=0$ 或 $A=1$，$B=1$)，$A>B$($A=1$，$B=0$)，$A<B$($A=0$，$B=1$)，其真值表如表 10.4 所示。

表 10.4　例 10.4 真值表

A	B	$L(A>B)$	$Q(A=B)$	$M(A<B)$
0	0	0	1	0
0	1	0	0	1
1	0	1	0	0
1	1	0	1	0

由真值表得输出函数表达式并进行化简变换，得

$$L = A\overline{B}$$

$$M = \overline{A}B$$

$$Q = AB + \overline{A}\,\overline{B} = \overline{\overline{AB} + \overline{A}B} = \overline{A\overline{B}} \cdot \overline{\overline{A}B}$$

逻辑电路如图 10.5 所示。

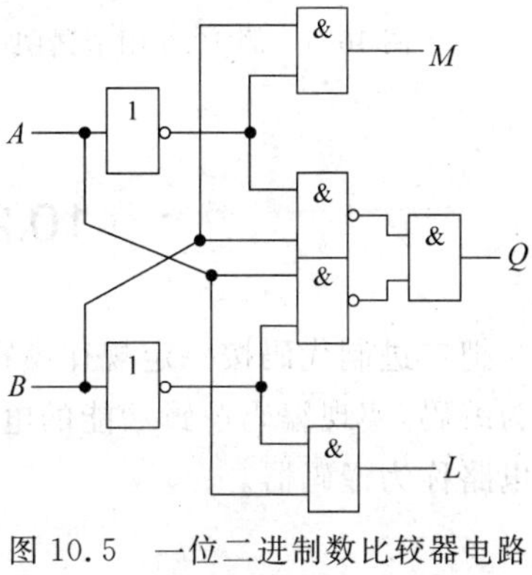

图 10.5　一位二进制数比较器电路

例 10.5　设计一个 8421BCD 码的检码电路，要求当输入量 $DCBA \leqslant 2$，或 $DCBA > 7$ 时，电路输出 F 为高电平，试用最少的 2 输入与非门设计该电路。

解　四个输入变量 $DCBA$ 作为 4 位二进制数码可

表示 16 种状态，而 8421BCD 码只需要前 10 种状态，后 6 种状态，可视为无关项，根据题意列出的真值表如表 10.5 所示。利用图 10.6 给出的卡诺图化简得到最简的与或表达式为

$$F=\overline{C}\,\overline{B}+\overline{C}\,\overline{A}$$

变换后得

$$F=\overline{C}(\overline{B}+\overline{A})=\overline{\overline{\overline{C}\,BA}}$$

其逻辑电路如图 10.7 所示。

表 10.5　例 10.5 真值表

D	C	B	A	F
0	0	0	0	1
0	0	0	1	1
0	0	1	0	1
0	0	1	1	0
0	1	0	0	0
0	1	0	1	0
0	1	1	0	0
0	1	1	1	0
1	0	0	0	1
1	0	0	1	1
1	0	1	0	×
1	0	1	1	×
1	1	0	0	×
1	1	0	1	×
1	1	1	0	×
1	1	1	1	×

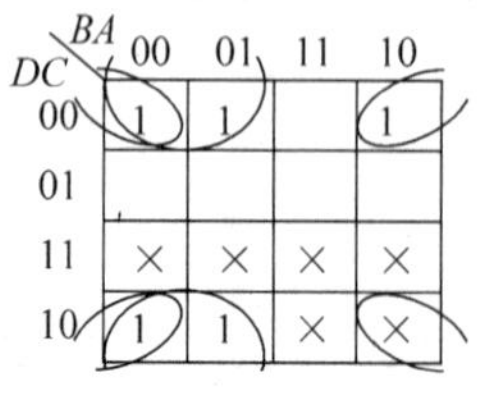

图 10.6　例 10.5 用卡诺图

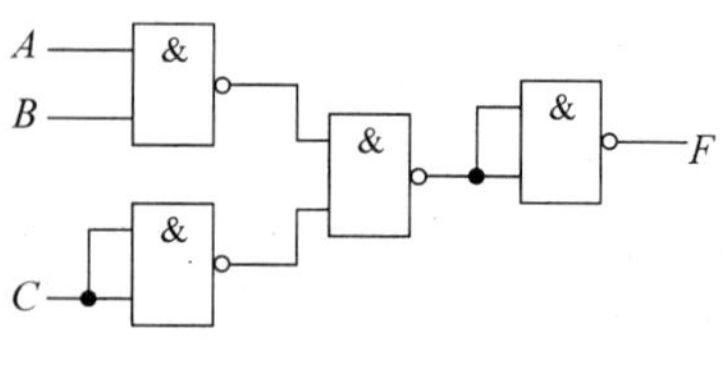

图 10.7　例 10.5 用逻辑电路

10.2　编码器与译码器

把二进制代码按一定规律编排，使每组代码具有特定含义（如代表某个数和控制信号）称为编码，实现编码逻辑功能的电路称为编码器。译码是编码的逆过程，实现译码的逻辑功能电路称为译码器。

10.2.1　编码器

编码器的特点是：有若干个输入，在某一时刻只允许有一个输入信号被转换为二进制代码。例如，8 线-3 线编码器，有 8 个输入，3 位二进制代码输出；10 线-4 线编码器，有 10 个输入，4 位二进制代码输出。

1. 4 线-2 线编码器

4 线-2 线编码器有 4 个输入，2 位二进制代码输出，其功能如表 10.6 所示。观察表 10.6 可知，在 4 个输入信号中，只有一个信号与其他信号不同，该信号为 1 称高电平输入有效，假如该信号为 0 称低电平输入有效。由表 10.6 所列功能表得到如下逻辑表达式：

$$Y_1 = \overline{I}_0\overline{I}_1 I_2\overline{I}_3 + \overline{I}_0\overline{I}_1\overline{I}_2 I_3$$

$$Y_0 = \overline{I}_0 I_1\overline{I}_2\overline{I}_3 + \overline{I}_0\overline{I}_1\overline{I}_2 I_3$$

表 10.6　4 线-2 线编码器功能表

输入				输出	
I_0	I_1	I_2	I_3	Y_1	Y_0
1	0	0	0	0	0
0	1	0	0	0	1
0	0	1	0	1	0
0	0	0	1	1	1

根据逻辑表达式画出逻辑电路图如图 10.8 所示。该逻辑电路可以实现 4 线-2 线编码器的逻辑功能，即当 $I_0 \sim I_3$ 中某一个输入 1，输出 $Y_1 Y_0$ 即为相对应的代码。例如，I_1 为 1 时，Y_1Y_0 为 01；I_3 为 1 时，Y_1Y_0 为 11，输出代码按有效输入端下标所对应的二进制数输出，这种情况称为输出高电平有效。这里还有一个值得注意的问题，在逻辑图中，当 I_0 为 1，$I_1 \sim I_3$ 都为 0 和 $I_0 \sim I_3$ 均为 0 时，Y_1Y_0 都是 0，前者输出有效，而后者输出无效，这两种情况在实际中是必须加以区别的。

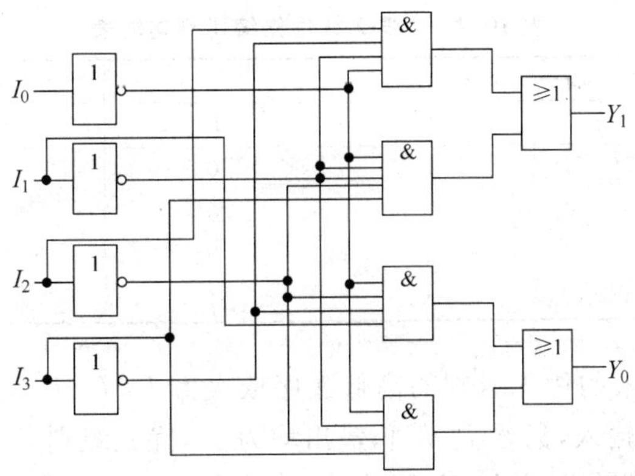

图 10.8　4 线-2 线编码器逻辑电路

改进后的电路如图 10.9 所示。电路中增加一个输出信号 GS，称为控制使能标志。输入信号中只要存在有效电平，则 $GS=1$，代表有信号输入，输出代码为有效，只有 $I_0 \sim I_3$ 均为 0 时，$GS=0$，代表无信号输入，此时的输出代码 00 为无效代码。

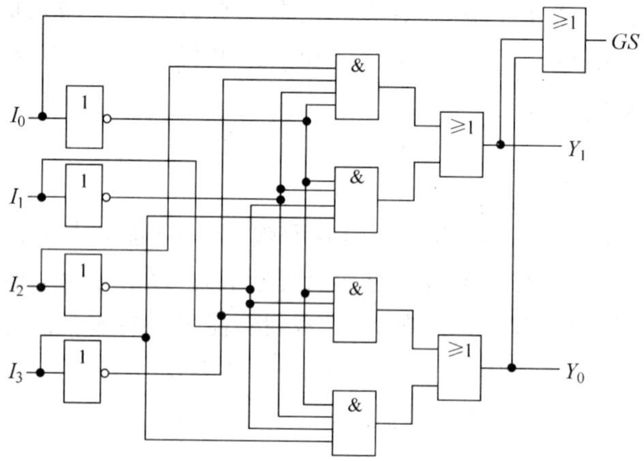

图 10.9　4 线-2 线编码器改进逻辑电路

2. 优先编码器

上面讨论的编码器对输入信号有一定的要求，即任何时刻输入有效信号不能超过 1 个。当同一时刻出现多个有效的输入信号时，会引起输出混乱。在数字系统中，特别是在计算机系统中，常常要控制几个工作对象，如计算机主机要控制打印机、磁盘驱动器、输入键盘等。当某个部件需要实行操作时，必须先发送一个信号给主机(称为服务请求)，经主机识别后再发出允许操作信号(服务响应)，并按事先编好的程序工作。这里会有几个部件同时发出服务请求的可能，而在同一时刻只能给其中一个部件发出允许操作信号。因此，必须根据轻重缓急，规定好这些控制对象允许操作的先后次序，即优先级别。识别这类请求信号的优先级别并进行编码的逻辑部件称为优先编码器。4 线-2 线优先编码器的功能表如表 10.7 所示。

表 10.7　4 线-2 线优先编码器功能表

输入				输出	
I_0	I_1	I_2	I_3	Y_1	Y_0
1	0	0	0	0	0
×	1	0	0	0	1
×	×	1	0	1	0
×	×	×	1	1	1

表 10.7 中，4 个输入的优先级别的高低次序依次为 I_3、I_2、I_1、I_0。对于 I_3，无论其他 3 个输入是否为有效电平输入，只要 I_3 为 1，输出均为 11，优先级别最高。对于 I_0，只有当 I_3、I_2、I_1 均为 0，即均无有效电平输入，且 I_0 为 1 时，输出为 00。由表 10.7 可以得出该优先编码器的逻辑表达式为

$$Y_1 = I_2\overline{I}_3 + I_3$$

$$Y_0 = I_1\bar{I}_2\bar{I}_3 + I_3$$

由于这里包括了无关项，逻辑表达式比前面介绍的非优先编码器简单些。

10.2.2　译码器

译码是编码的逆过程。译码是将含有特定含义的二进制代码变换为相应的输出控制信号或者另一种形式的代码。实现译码的电路称为译码器。

译码器可分为两种形式，一种是将一系列二进制代码转换成与之一一对应的有效信号。这种译码器可称为唯一地址译码器，它常用于计算机中对存储器单元地址的译码，即将每一个地址代码转换成一个有效信号，从而选中对应的单元。另一种是将代码转换成另一种代码，所以也称为代码转换器。

1. 二进制译码器

图 10.10(a)所示为常用的集成译码器 74138 的逻辑电路，其引脚如图 10.10(b)所示，逻辑符号如图 10.10(c)所示，它的功能表如表 10.8 所示。由图可知，该译码器有 3 个输入 A、B、C，它们共有 8 种状态的组合，由二进制代码表示，即可译出对应的 8 个输出信号 Y_0～Y_7，输出信号为低电平有效，该译码器称为 3 线-8 线译码器；译码器设置了 G_1、G_{2A}和 G_{2B}三个使能输入端，由功能表可知，当 G_1 为 1，且 G_{2A}和 G_{2B}均为 0 时，译码器处于工作状态，其输

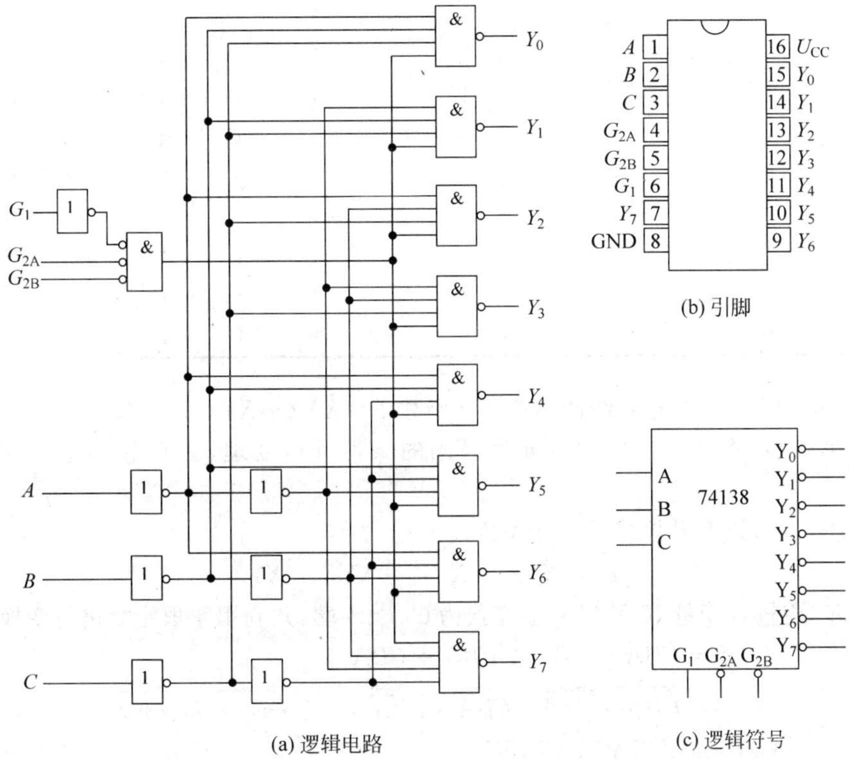

图 10.10　常用的集成译码器 74138

出表达式为

$$\overline{Y}_0 = \overline{C}\,\overline{B}\,\overline{A}$$

$$Y_0 = \overline{\overline{C}\,\overline{B}\,\overline{A}} = \overline{m}_0$$

$$Y_1 = \overline{\overline{C}\,\overline{B}A} = \overline{m}_1$$

$$Y_2 = \overline{\overline{C}B\overline{A}} = \overline{m}_2$$

$$Y_3 = \overline{\overline{C}BA} = \overline{m}_3$$

$$Y_4 = \overline{C\overline{B}\,\overline{A}} = \overline{m}_4$$

$$Y_5 = \overline{C\overline{B}A} = \overline{m}_5$$

$$Y_6 = \overline{CB\overline{A}} = \overline{m}_6$$

$$Y_7 = \overline{CBA} = \overline{m}_7$$

显然，一个 3 线-8 线译码器能产生三变量函数的全部最小项，利用这一点能够方便地实现三变量逻辑函数。

表 10.8　8 线-3 线译码器功能表

输入						输出							
G_1	G_{2A}	G_{2B}	C	B	A	Y_0	Y_1	Y_2	Y_3	Y_4	Y_5	Y_6	Y_7
×	1	×	×	×	×	1	1	1	1	1	1	1	1
×	×	1	×	×	×	1	1	1	1	1	1	1	1
0	×	×	×	×	×	1	1	1	1	1	1	1	1
1	0	0	0	0	0	0	1	1	1	1	1	1	1
1	0	0	0	0	1	1	0	1	1	1	1	1	1
1	0	0	0	1	0	1	1	0	1	1	1	1	1
1	0	0	0	1	1	1	1	1	0	1	1	1	1
1	0	0	1	0	0	1	1	1	1	0	1	1	1
1	0	0	1	0	1	1	1	1	1	1	0	1	1
1	0	0	1	1	0	1	1	1	1	1	1	0	1
1	0	0	1	1	1	1	1	1	1	1	1	1	0

例 10.6　用一个 3 线-8 线译码器实现函数 $F=XYZ+\overline{X}Y+XY\overline{Z}$。

解　第一步，将 3 个使能端按允许译码的条件进行处理，即 G 接高电平，G_{2A} 和 G_{2B} 接地；

第二步，将函数 F 转换成最小项表达式

$$F = \overline{X}Y\overline{Z} + \overline{X}YZ + XY\overline{Z} + XYZ$$

第三步，将输入变量 X、Y、Z 对应变换为 C、B、A 端，并利用摩根定律进行变换，可得到

$$\begin{aligned} F &= \overline{C}B\overline{A} + \overline{C}BA + CB\overline{A} + CBA \\ &= \overline{\overline{\overline{C}B\overline{A}} \cdot \overline{\overline{C}BA} \cdot \overline{CB\overline{A}} \cdot \overline{CBA}} = \overline{\overline{m}_2 \cdot \overline{m}_3 \cdot \overline{m}_6 \cdot \overline{m}_7} \\ &= \overline{Y_2 \cdot Y_3 \cdot Y_6 \cdot Y_7} \end{aligned}$$

第四步，将 3 线-8 线译码器输出端 Y_2、Y_3、Y_6、Y_7 接入一个与非门，输入端 C、B、A 分别接入输入信号 X、Y、Z，即可实现题目所指定的组合逻辑函数，如图 10.11 所示。

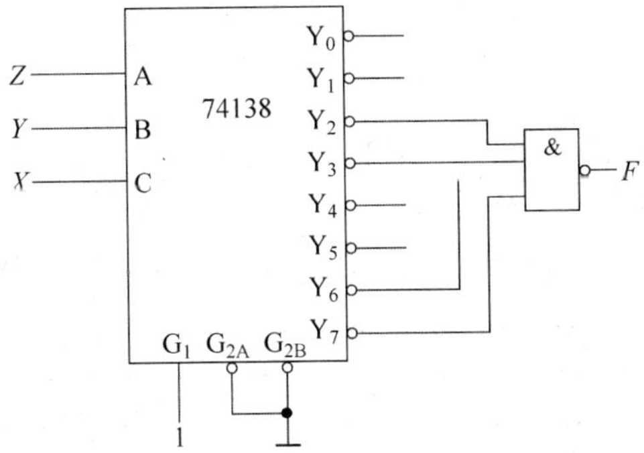

图 10.11　例 10.6 用逻辑电路

例 10.7　用 74138 译码器实现一位减法器。

解　一位减法器能进行被减数 A_i 与减数 B_i 和低位来的借位信号 C_i 相减,并根据求差结果 D_i 给出该位的借位信号 C_{i+1}。设计过程如下:

(1) 根据减法器的功能,列出真值表,如表 10.9 所示。

(2) 根据真值表写出最小项表达式并进行转换

$$D_i = \overline{A}_i\overline{B}_iC_i + \overline{A}_iB_i\overline{C}_i + A_i\overline{B}_i\overline{C}_i + A_iB_iC_i$$

$$= \overline{\overline{\overline{A}_i\,\overline{B}_iC_i} \cdot \overline{\overline{A}_iB_i\,\overline{C}_i} \cdot \overline{A_i\,\overline{B}_i\,\overline{C}_i} \cdot \overline{A_iB_iC_i}}$$

$$= \overline{\overline{Y_1} \cdot \overline{Y_2} \cdot \overline{Y_4} \cdot \overline{Y_7}}$$

$$C_{i+1} = \overline{A}_i\overline{B}_iC_i + \overline{A}_iB_i\overline{C}_i + \overline{A}_iB_iC_i + A_iB_iC_i$$

$$= \overline{\overline{Y_1} \cdot \overline{Y_2} \cdot \overline{Y_3} \cdot \overline{Y_7}}$$

(3) 画出一位减法器的逻辑电路如图 10.12 所示。

表 10.9　例 10.7 真值表

A_i	B_i	C_i	D_i	C_{i+1}
0	0	0	0	0
0	0	1	1	1
0	1	0	1	1
0	1	1	0	1
1	0	0	1	0
1	0	1	0	0
1	1	0	0	0
1	1	1	1	1

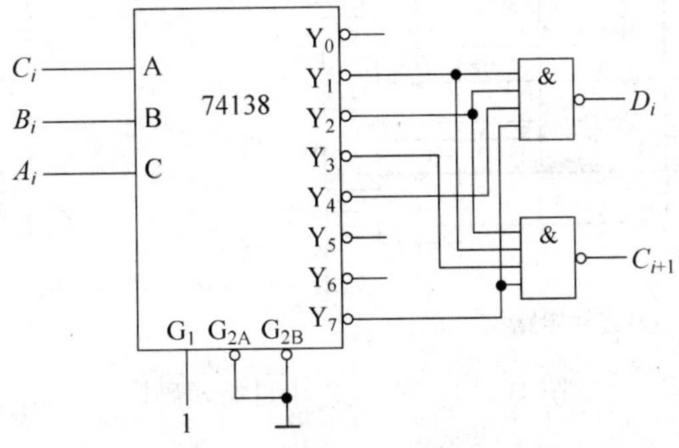

图 10.12　例 10.7 用逻辑电路

2. 二-十进制译码器

二-十进制译码器的功能是将8421BCD码0000～1001转换为对应0～9十进制代码的输出信号。这种译码器应有4个输入端,10个输出端。图10.13是7442二-十进制译码器的逻辑电路和引脚排列,它的功能表如表10.10所示。其输出为低电平有效。

表10.10 7442二-十进制译码器功能表

输入				输出									
A_3	A_2	A_1	A_0	Y_0	Y_1	Y_2	Y_3	Y_4	Y_5	Y_6	Y_7	Y_8	Y_9
0	0	0	0	0	1	1	1	1	1	1	1	1	1
0	0	0	1	1	0	1	1	1	1	1	1	1	1
0	0	1	0	1	1	0	1	1	1	1	1	1	1
0	0	1	1	1	1	1	0	1	1	1	1	1	1
0	1	0	0	1	1	1	1	0	1	1	1	1	1
0	1	0	1	1	1	1	1	1	0	1	1	1	1
0	1	1	0	1	1	1	1	1	1	0	1	1	1
0	1	1	1	1	1	1	1	1	1	1	0	1	1
1	0	0	0	1	1	1	1	1	1	1	1	0	1
1	0	0	1	1	1	1	1	1	1	1	1	1	0

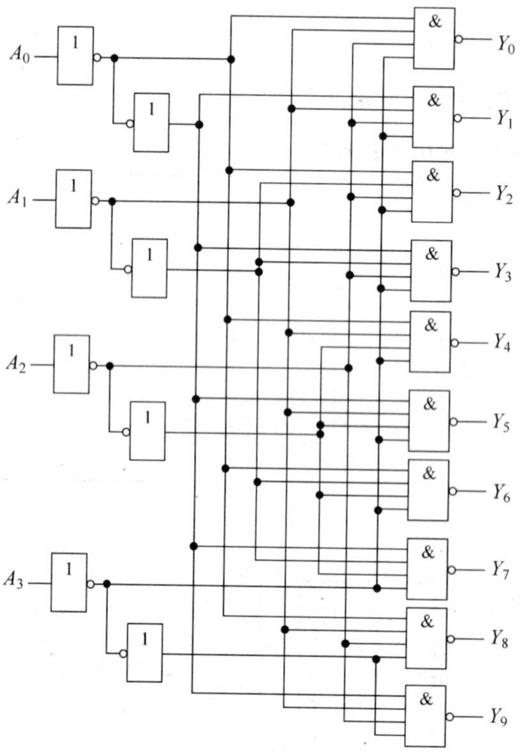

(a) 逻辑电路

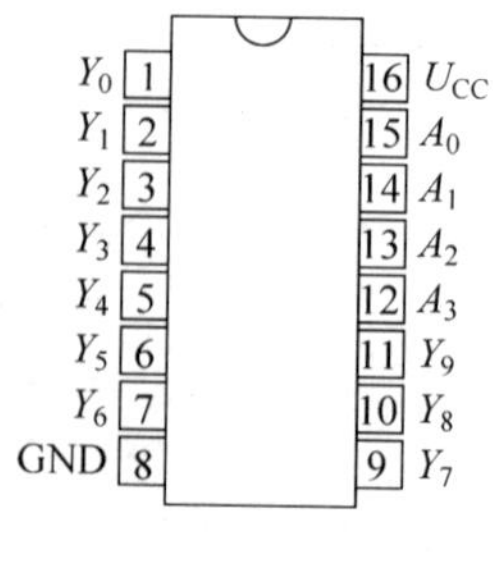

(b) 引脚排列

图10.13 7442二-十进制译码器

对于 Y_0 输出从逻辑电路和功能表都可以得出 $Y_0=\overline{\overline{A_3}\,\overline{A_2}\,\overline{A_1}\,\overline{A_0}}$，当 $A_3A_2A_1A_0=0000$ 时，输出 $Y_0=0$，它对应于十进制数 0，当 $A_3A_2A_1A_0=1001$ 时，输出 $Y_9=\overline{A_3\,\overline{A_2}\,\overline{A_1}\,A_0}=0$，它对应于十进制数 9，其余输出依此类推。

10.2.3　数字显示器

在数字系统中，经常需要将用二进制代码表示的数字、符号和文字等直观地显示出来。数字显示通常由数码显示器和显示译码器完成。

1. 数码显示器

数码显示器按显示方式分为分段式、点阵式和重叠式；按发光材料分为半导体显示器、荧光数码显示器、液晶显示器和气体放电显示器。目前工程上应用较多的是分段式半导体显示器，通常称为七段发光二极管显示器。

图 10.14 所示为七段发光二极管显示器共阴极 BS201A 和共阳极 BS201B 的符号和电路。对共阴极显示器 BS201A 的公共端应接地，给 $a\sim g$ 输入端相应高电平，对应字段的发光二极管显示十进制数；对共阳极显示器 BS201B 的公共端应接 +5V 电源，给 $a\sim g$ 输入端相应低电平，对应字段的发光二极管也显示十进制数。

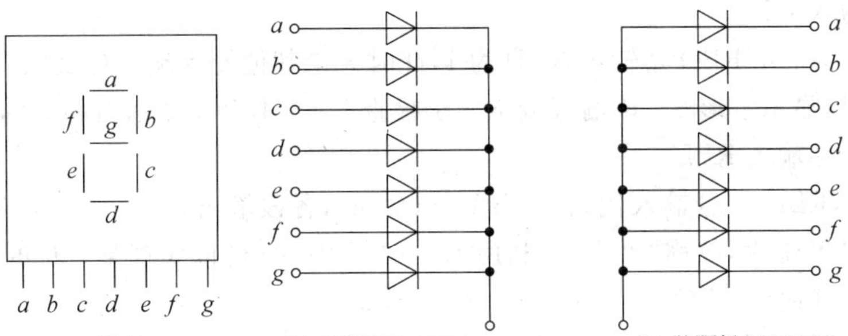

(a) 符号　(b) 共阴极BS201A　(c) 共阳极BS201B

图 10.14　分段式半导体显示器

2. 显示译码器（代码转换器）

驱动共阴极显示器需要输出为高电平有效的显示译码器，而共阳极显示器则需要输出为低电平有效的显示译码器。表 10.11 给出了常用的 7448 七段发光二极管显示译码器功能表。

7448 七段显示译码器输出高电平有效，用以驱动共阴极显示器。从功能表可以看出，对输入代码 0000 的译码条件是：LT 和 RBI 同时等于 1，而对其他输入代码则仅要求 LT=1，这时，译码器各段 $a\sim g$ 输出的电平是由输入 BCD 码决定的，并且满足显示字形的要求。该集成显示译码器还设有多个辅助控制端，以增强器件的功能。现分别简要说明如下。

表 10.11　7448 七段发光二极管显示译码器功能表

十进制或功能	输入						BI/RBO	输入							字形
	LT	RBI	D	C	B	A		a	b	c	d	e	f	g	
0	1	1	0	0	0	0	1	1	1	1	1	1	1	0	0
1	1	×	0	0	0	1	1	0	1	1	0	0	0	0	1
2	1	×	0	0	1	0	1	1	1	0	1	1	0	1	2
3	1	×	0	0	1	1	1	1	1	1	1	0	0	1	3
4	1	×	0	1	0	0	1	0	1	1	0	0	1	1	4
5	1	×	0	1	0	1	1	1	0	1	1	0	1	1	5
6	1	×	0	1	1	0	1	0	0	1	1	1	1	1	6
7	1	×	0	1	1	1	1	1	1	1	0	0	0	0	7
8	1	×	1	0	0	0	1	1	1	1	1	1	1	1	8
9	1	×	1	0	0	1	1	1	1	1	1	0	1	1	9
灭灯	×	×	×	×	×	×	0	0	0	0	0	0	0	0	
动态灭零	1	0	0	0	0	0	0	0	0	0	0	0	0	0	
试灯	0	×	×	×	×	×	1	1	1	1	1	1	1	1	8

1）灭灯输入 BI/RBO

BI/RBO 是特殊控制端，有时作为输入，有时作为输出。当 BI/RBO 作为输入使用，且 BI=0 时，无论其他输入端是什么电平，所有各段输出 $a \sim g$ 均为 0，所以字形熄灭。

2）试灯输入 LT

当 LT=0 时，BI/RBO 是输出端，且为 1，此时无论其他输入端是什么状态，所有各段输出 $a \sim g$ 均为 1，显示字形 8。该输入端常用于检查 7448 本身及显示器的好坏。

3）动态灭零输入 RBI

当 LT=1，RBI=0 且输入代码 $DCBA$=0000 时，各段输出 $a \sim g$ 均为低电平，与输入代码相应的字形"0"熄灭，故称"灭零"。利用 LT=1，RBI=0 可以实现某一位的消隐。

4）动态灭灯输出 RBO

当输入满足"灭零"条件时，BI/RBO 作为输出使用时，且为 0；否则为 1。该端主要用于显示多位数字时，多个译码器之间的连接，消去高位的零，如图 10.15 所示的情况。

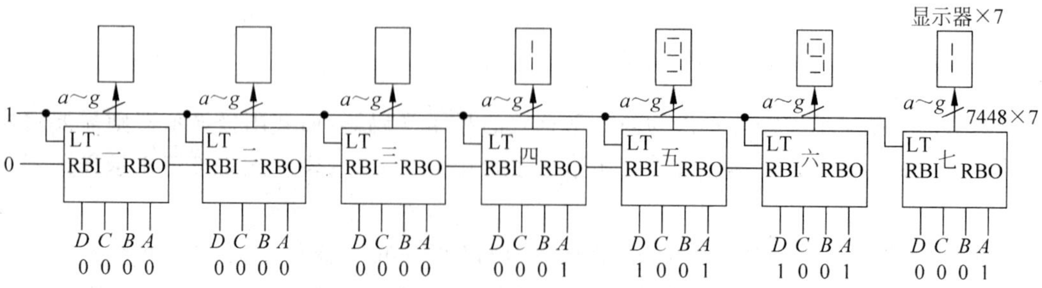

图 10.15　用 7448 实现多位数字译码显示

图中 7 位显示器由 7 个译码器 7448 驱动。各片 7448 的 LT 均接高电平，由于第一片的 RBI=0 且 $DCBA$=0000，所以第一片满足灭零条件，无字形显示，同时输出端 RBO=0；第一片的 RBO 与第二片的 RBI 相连，使第二片也满足灭零条件，无字形显示，并使输出端

RBO=0；同理，第三片的零也熄灭。由于第四、五、六、七片译码器的输入信号 $DCBA\neq 0000$，所以它们都能正常译码，按输入 BCD 码显示数字。若第一片 7448 的输入代码不是 0000，而是任何其他 BCD 码，则该片将正常译码并驱动显示，同时使 RBO=1。这样，第二片、第三片就丧失了灭零条件，所以电路只对最高位灭零，最高位非零的数字仍然正常显示。若第一～七片 7448 的输入代码全是 0000，由于第六片 7448 的 RBO 与第七片 7448 的 RBI 之间没有连线，则第一～六片 7448 满足灭零条件，无字形显示，而第七片 7448 不满足灭零条件，有零显示，电路只对最高位灭零。

10.3 数据分配器与数据选择器

10.3.1 数据分配器

在数据传送中，有时需要将某一路数据分配到不同的数据通道上，实现这种功能的电路称为数据分配器，也称多路分配器。图 10.16 给出四路数据分配器的功能示意图，图中 S 相当于一个由信号 A_1A_0 控制的单刀多掷输出开关，输入数据 D 在地址输入 A_1A_0 控制下，传送到输出 $Y_0\sim Y_3$ 不同数据通道上。例如，$A_1A_0=01$，S 开关合向 Y_1，输入数据 D 被传送到 Y_1 通道上。目前，市场上没有专用的数据分配器器件，实际使用中，用译码器来实现数据分配的功能。例如，用 74138 3 线-8 线译码器实现八路数据分配的功能。74138 作八路数据分配器的逻辑原理电路如图 10.17 所示。

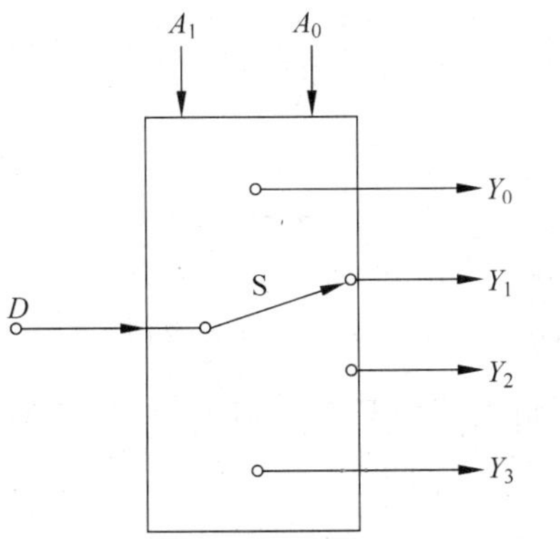

图 10.16 四路数据分配器的功能示意图

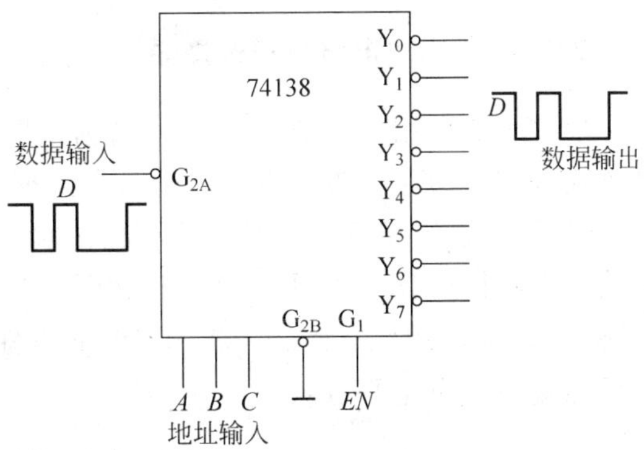

图 10.17 用 74138 作为数据分配器

由图 10.17 可以看出，74138 的三个译码输入 C、B、A 用作数据分配器的地址输入，八个输出 $Y_0\sim Y_7$ 用作八路数据输出，三个输入控制端中的 G_{2A} 用作数据输入端，G_{2B} 接地，G_1 用作使能端。当 $G_1=1$，允许数据分配，若需要将输入数据转送至输出端 Y_2，地址输入应为 $CBA=010$，由其功能表(参见表 10.8)可得

$$\begin{aligned}Y_2&=\overline{(G_1\cdot\overline{G_{2A}}\cdot\overline{G_{2B}})\cdot\overline{C}\cdot B\cdot\overline{A}}\\&=G_{2A}\end{aligned}$$

而其余输出端均为高电平。因此，当地址 $CBA=010$ 时，只有输出端 Y_2 得到与输入相同的数据波形。74138 译码器作为数据分配器的功能表如表 10.12 所示。

表 10.12　74138 编码器作为数据分配器的功能表

输入						输出							
G_1	G_{2B}	G_{2A}	C	B	A	Y_0	Y_1	Y_2	Y_3	Y_4	Y_5	Y_6	Y_7
0	0	×	×	×	×	1	1	1	1	1	1	1	1
1	0	D	0	0	0	D	1	1	1	1	1	1	1
1	0	D	0	0	1	1	D	1	1	1	1	1	1
1	0	D	0	1	0	1	1	D	1	1	1	1	1
1	0	D	0	1	1	1	1	1	D	1	1	1	1
1	0	D	1	0	0	1	1	1	1	D	1	1	1
1	0	D	1	0	1	1	1	1	1	1	D	1	1
1	0	D	1	1	0	1	1	1	1	1	1	D	1
1	0	D	1	1	1	1	1	1	1	1	1	1	D

10.3.2 数据选择器

数据选择器是指经过选择，把多个通道的数据传送到唯一的公共数据通道上去。实现数据选择功能的逻辑电路称为数据选择器。它的作用相当于多个输入的单刀多掷开关，四选一数据选择器的功能示意图如图 10.18 所示。在选择控制变量 A_1、A_0 的作用下，选择输入数据 $D_0 \sim D_3$ 中的某一个为输出数据 Y。

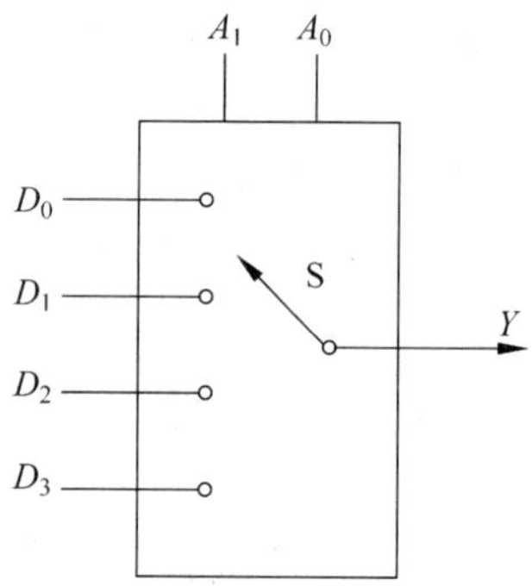

图 10.18　四选一数据选择器功能示意图

1. 74LS151 集成电路数据选择器

74LS151 是常用的集成八选一数据选择器，它有 3 个地址输入端 CBA，可选择 $D_0 \sim D_7$ 八个数据源，具有两个互补输出端，同相输出端 Y 和反相输出端 W。其逻辑电路和引脚排列分别如图 10.19(a)和图 10.19(b)所示，功能表如表 10.13 所示。由图 10.19(a)可知，该逻辑电路的基本结构为与-或-非形式。输入使能端 G 为低电平有效。

表 10.13　74LS151 功能表

输入				输出	
使能	选择				
G	C	B	A	Y	W
1	×	×	×	0	1
0	0	0	0	D_0	$\overline{D_0}$
0	0	0	1	D_1	$\overline{D_1}$
0	0	1	0	D_2	$\overline{D_2}$
0	0	1	1	D_3	$\overline{D_3}$
0	1	0	0	D_4	$\overline{D_4}$
0	1	0	1	D_5	$\overline{D_5}$
0	1	1	0	D_6	$\overline{D_6}$
0	1	1	1	D_7	$\overline{D_7}$

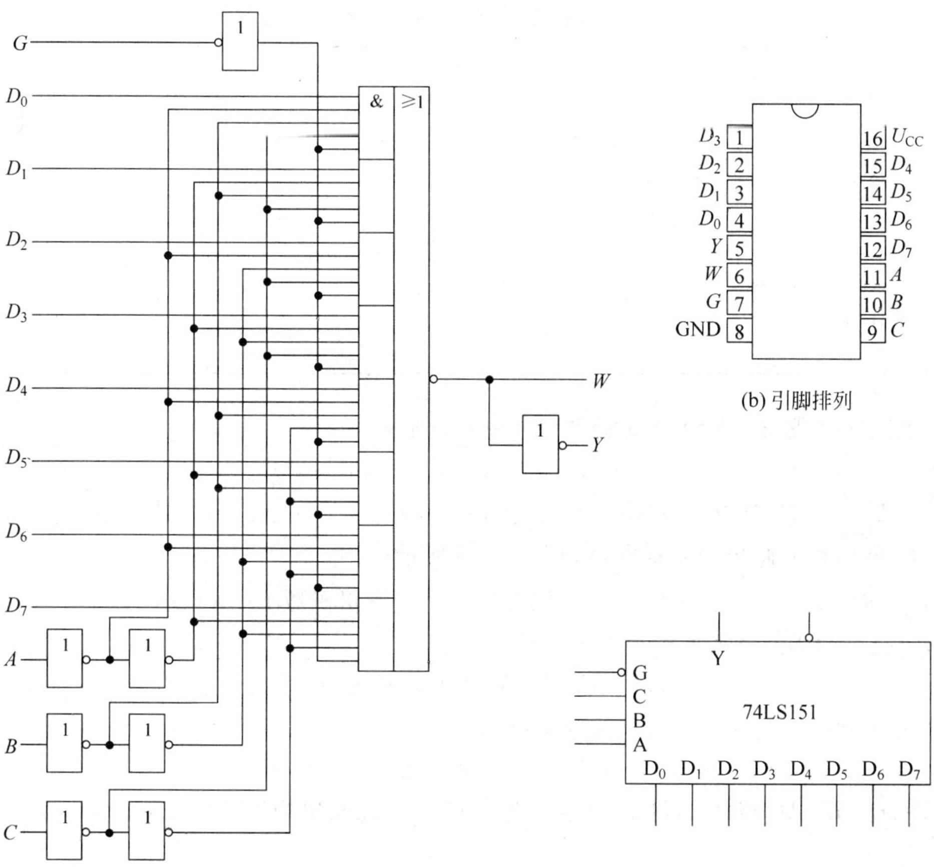

(a) 逻辑电路　　　　(c) 74LS151的逻辑符号

图 10.19　74LS151 常用集成电路数据选择器

输出 Y 的表达式为

$$Y=\sum_{i=0}^{7} m_i D_i$$

式中，m_i 为 CBA 的最小项，当 m_i 为地址输入，D_i 为数据输入，可实现数据选择。例如，当 $CBA=011$ 时，根据最小项性质，只有 $m_3=1$，其余都为 0，所以 $Y=D_3$，即 D_3 传送到输出端。74LS151 的逻辑符号如图 10.19(c)所示。

2. 数据选择器的应用

数据选择器除完成数据选择的功能外，由输出表达式得知，当 D_i 为输入控制信号，m_i 为输入变量组成的最小项，输出 Y 可表示为由 m_i 组成的逻辑表达式。

例 10.8　试用八选一数据选择器 74LS151 实现表 10.14 所示逻辑函数。

解　根据 74LS151 选择器的功能，有 $Y=\sum_{i=0}^{7} m_i D_i$，如果将函数中包含的最小项所对应的数据输入端接逻辑 1，其他数据输入端接逻辑 0，就可用数据选择器实现表 10.14 所列的逻辑函数。根据真值表 10.14，其逻辑函数的最小项表达式为

$$Y=\overline{A}BC+\overline{AB}\,\overline{C}+\overline{ABC}+ABC$$

表 10.14 例 10.8 真值表

A	B	C	Y
0	0	0	0
0	0	1	0
0	1	0	0
0	1	1	1
1	0	0	1
1	0	1	0
1	1	0	1
1	1	1	1

将上式转换成与 74LS151 选择器对应的输出形式

$$Y = m_3 D_3 + m_4 D_4 + m_6 D_6 + m_7 D_7$$

显然，D_3、D_4、D_6、D_7 应接 1，式中没有出现的最小项为 m_0、m_1、m_2、m_5，其控制变量 D_0、D_1、D_2、D_5 应接 0，由此画出的逻辑电路如图 10.20 所示。

例 10.9 试用八选一数据选择器 74LS151 产生逻辑函数 $L=\overline{X}YZ+X\overline{Y}Z+XY$。

解 把已知函数变换成最小项表达式为

$$L = \overline{X}YZ + X\overline{Y}Z + XY\overline{Z} + XYZ$$

再转换成与 74LS151 选择器对应的输出形式

$$L = m_3 D_3 + m_5 D_5 + m_6 D_6 + m_7 D_7$$

显然，D_3、D_5、D_6、D_7 应接 1，D_0、D_1、D_2、D_4 应接 0，由此画出的逻辑电路如图 10.21 所示。

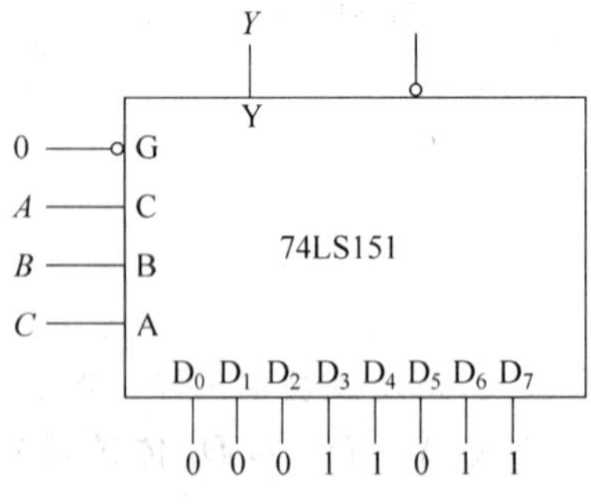

图 10.20 例 10.8 逻辑电路

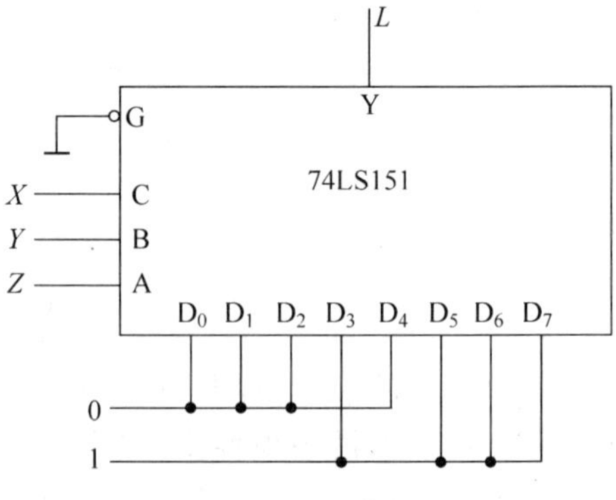

图 10.21 例 10.9 逻辑电路

10.4 加 法 器

计算机完成各种复杂运算的基础是算术加法运算。完成算术加法运算的电路是加法器。

10.4.1 半加器

两个 1 位二进制数相加，若只考虑了两个加数本身，而没有考虑由低位来的进位，称为半加，实现半加运算的逻辑电路称为半加器。半加器的逻辑关系可用真值表 10.15 表示，其中 A 和 B 分别是被加数及加数，S 表示和数，C 表示进位数。由真值表可得出逻辑表达式

$$S = A\overline{B} + \overline{A}B = A \oplus B$$
$$C = AB$$

由此画出半加器的逻辑电路如图 10.22(a)所示，半加器的符号如图 10.22(b)所示。

表 10.15　半加器真值表

A	B	S	C
0	0	0	0
0	1	1	0
1	0	1	0
1	1	0	1

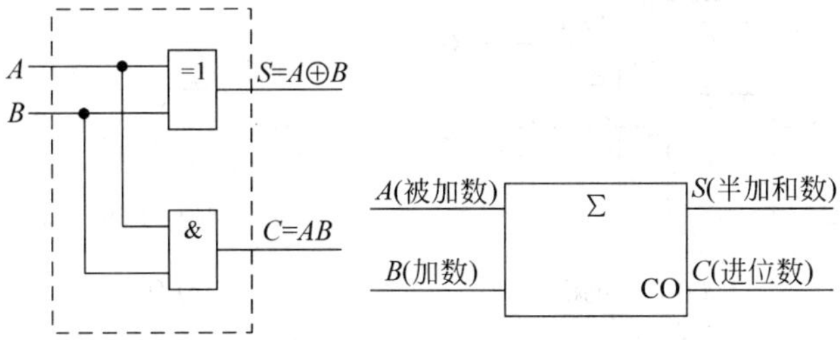

(a) 逻辑电路　(b) 符号

图 10.22　半加器

10.4.2　全加器

全加器能进行加数、被加数和低位来的进位信号相加，并根据求和结果给出该位的进位信号。

根据全加器的功能，可列出它的真值表，如表 10.16 所示。其中 A_i 和 B_i 分别是被加数及加数，C_i 为相邻低位来的进位数，S_i 为本位和数(称为全加和)，C_{i+1} 为相邻高位的进位数。由真值表写出表达式并加以转换，可得

$$\begin{aligned}S_i &= \overline{A}_i\overline{B}_iC_i + \overline{A}_iB_i\overline{C}_i + A_i\overline{B}_i\overline{C}_i + A_iB_iC_i \\ &= C_i(\overline{A}_i\overline{B}_i + A_iB_i) + \overline{C}_i(\overline{A}_iB_i + A_i\overline{B}_i) \\ &= C_i(\overline{A_i \oplus B_i}) + \overline{C}_i(A_i \oplus B_i) \\ &= A_i \oplus B_i \oplus C_i\end{aligned}$$

$$\begin{aligned}C_{i+1} &= \overline{A}_iB_iC_i + A_i\overline{B}_iC_i + A_iB_i\overline{C}_i + A_iB_iC_i \\ &= (\overline{A}_iB_i + A_i\overline{B}_i)C_i + A_iB_i(\overline{C}_i + C_i) \\ &= (A_i \oplus B_i)C_i + A_iB_i\end{aligned}$$

用两个半加器和一个或门可实现全加器，逻辑电路和符号如图 10.23 所示。

表 10.16 全加器真值表

A_i	B_i	C_i	S_i	C_{i+1}
0	0	0	0	0
0	0	1	1	0
0	1	0	1	0
0	1	1	0	1
1	0	0	1	0
1	0	1	0	1
1	1	0	0	1
1	1	1	1	1

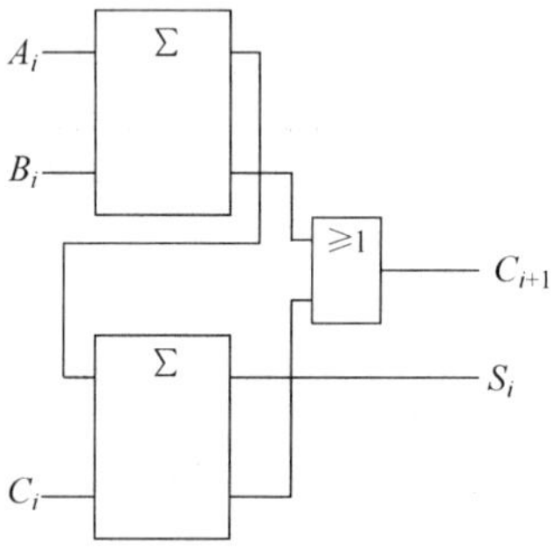

(a) 逻辑电路

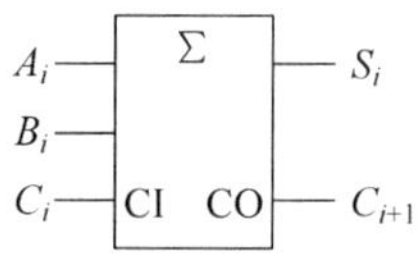

(b) 符号

图 10.23 全加器

小 结

(1) 组合逻辑电路的特点是输出状态只决定于同一时刻的输入状态。简单的组合逻辑电路可由逻辑门电路组成。

(2) 分析组合逻辑电路的目的是确定已知电路的逻辑功能,其步骤大致如下:

① 写出已知电路各输出端的逻辑表达式;

② 化简和变换逻辑表达式;

③ 列出真值表,确定功能。

(3) 应用逻辑门电路设计组合逻辑电路的步骤大致如下:

① 根据命题列出真值表;

② 写出输出端的逻辑表达式;

③ 化简和变换逻辑表达式;

④ 画出逻辑电路图。

(4) 常用的中规模组合逻辑器件包括编码器、译码器、数据选择器、加法器等。这些组合逻辑器件除了具有其基本功能外,通常还具有输入使能、输出使能、输入扩展、输出扩展功能,使其功能更加灵活,便于构成较复杂的逻辑系统。

(5) 应用组合逻辑器件进行组合逻辑电路设计时,所应用的原理和步骤与用门电路时是基本一致的，但应注意：

① 对逻辑表达式的变换与化简的目的是使其尽可能与组合逻辑器件的形式一致，而不是尽量简化；

② 设计时应考虑合理充分应用组合器件的功能。同种类的组合器件有不同的型号，应尽量选用较少的器件数和较简单的器件满足设计要求；

③ 可能出现只需一个组合器件的部分功能就可以满足要求，这时需要对有关输入、输出信号作适当的处理。也可能会出现一个组合器件不能满足设计要求的情况，这就需要对组合器件进行扩展，直接将若干个器件组合或者由适当的逻辑门将若干个器件组合起来。

习　题

10.1　写出如题图 10.1 所示电路对应的真值表。

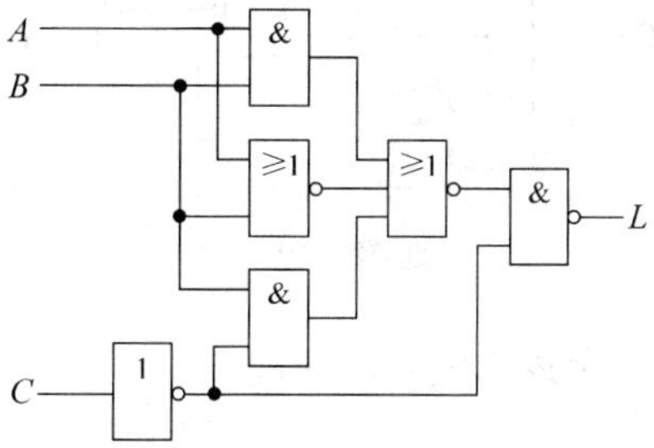

(a)

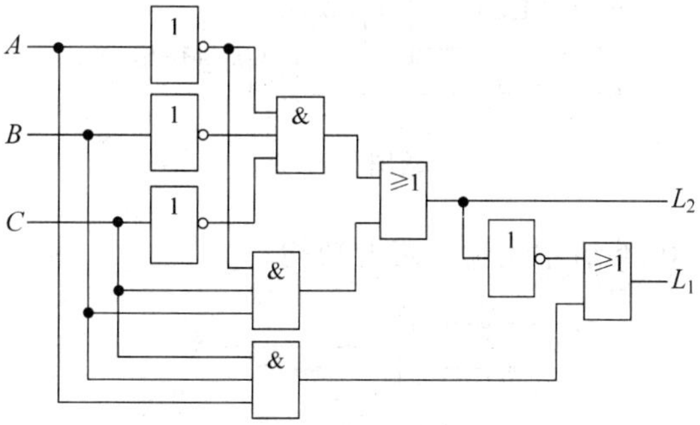

(b)

题图　10.1

10.2　试分析题图 10.2 所示逻辑电路的功能。

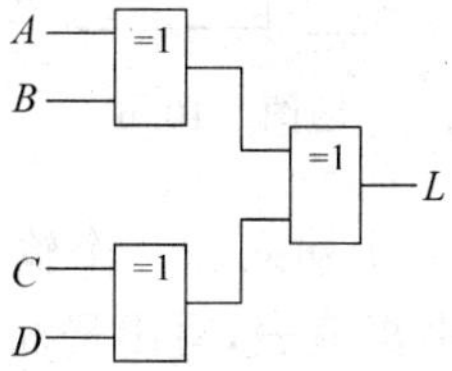

题图　10.2

10.3 试分析题图 10.3 所示逻辑电路的功能。

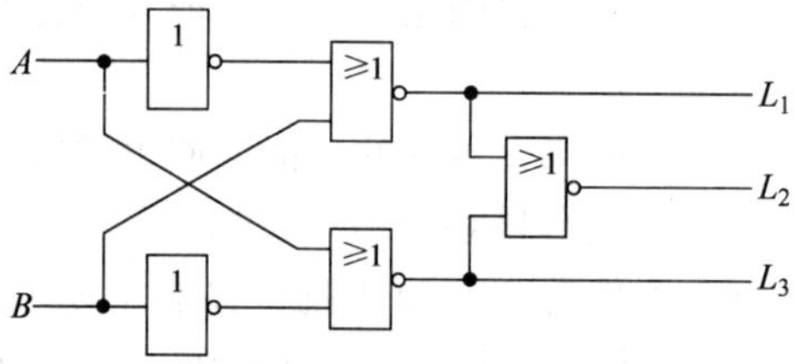

题图 10.3

10.4 试分析题图 10.4 所示逻辑电路的功能。

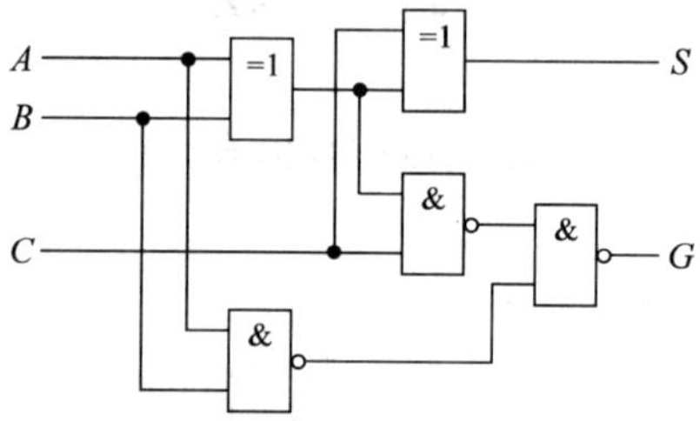

题图 10.4

10.5 试分析题图 10.5 所示逻辑电路的功能。

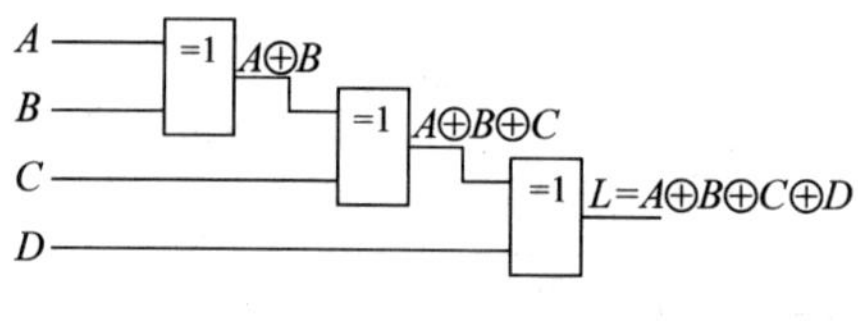

题图 10.5

10.6 试分析题图 10.6 所示逻辑电路的功能。

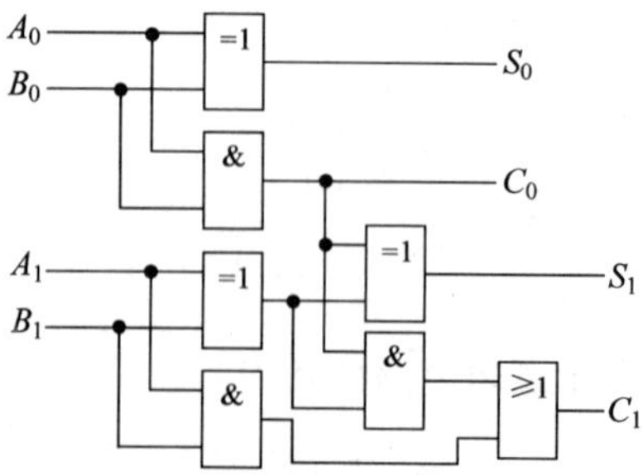

题图 10.6

10.7 试设计组合逻辑电路，有 4 个输入和一个输出，当输入全为 1，或输入全为 0，或输入为奇数个 1 时，输出为 1。请列出真值表，写出最简与或表达式并画出逻辑电路图。

10.8 试设计组合电路，把 4 位二进制码转换为 8421BCD，写出表达式，画出逻辑电路图。

10.9　试用 2 输入与非门设计一个 4 位的奇偶校验器，即当 4 位数中有奇数个 1 输出为 0，否则输出为 1。

10.10　试设计一个 4 输入、4 输出逻辑电路。当控制信号 $C=0$ 时，输出状态与输入状态相反；$C=1$ 时，输出状态与输入状态相同。

10.11　试设计组合电路，输入为两个两位的二进制数，输出为两数的乘积，画出逻辑电路图。

10.12　举重比赛有三个裁判员 A、B、C，另外有一个主裁判 D。A、B、C 裁判认为合格时为一票，D 裁判认为合格时为二票。多数通过时输出 $F=1$。试用与非门设计多数通过的表决电路。

10.13　设某车间有四台电动机 A、B、C、D，要求：(1)A 必须开机；(2)其他三台中至少有两台开机。如果不满足上述条件，则指示灯熄灭。试写出指示灯亮的逻辑表达式，并用与非门实现。设指示灯亮为 1，电动机开机为 1。

10.14　设三台电动机 A、B、C，要求：(1)A 开机则 B 也开机；(2)B 开机则 C 也开机。如果不满足上述条件，即发生报警。试写出报警信号逻辑表达式，并用与非门实现。设输出报警为 1，输入开机为 1。

10.15　某选煤厂由煤仓到洗煤楼用三条传送带(A、B、C)运煤，煤流方向为 $C \rightarrow B \rightarrow A$。为了避免在停车时出现煤的堆积现象，要求三台电动机要顺煤流方向依次停车，即 A 停，B 必须停；B 停，C 必须停。如果不满足应立即发出报警信号，试写出报警信号逻辑表达式，并用与非门实现。设输出报警为 1，输入开机为 1。

10.16　一编码器的真值表如题表 10.16 所示，试用或非门和非门设计出该编码器的逻辑电路。

题表　10.16

I_3	I_2	I_1	I_0	D_7	D_6	D_5	D_4	D_3	D_2	D_1	D_0
1	0	0	0	1	0	1	1	0	0	1	1
0	1	0	0	1	1	0	1	0	1	0	1
0	0	1	0	0	1	1	1	1	0	1	0
0	0	0	1	1	1	0	0	1	1	0	1

10.17　为了使 74138 译码器的第 10 脚输出为低电平，请标出各输入端应置的逻辑电平。

10.18　用译码器 74138 和与非门实现下列函数。

(1) $F=ABC+\overline{A}(B+C)$

(2) $F=AB+BC$

(3) $F=(\overline{A}+\overline{C})(A+B)$

(4) $F=ABC+A\overline{C}D$

10.19　使用七段集成显示译码器 7448 和发光二极管显示器组成一个 7 位数字的译码显示电路，要求将 0099.120 显示成 99.12，各芯片的控制端如何处理？画出外部接线图。(注：不考虑小数点的显示。)

10.20　试用 74151 和逻辑门分别实现下列逻辑函数。

(1) $Z=F(A,B,C)=\sum m(0,1,5,6)$；

(2) $Z=F(A,B,C)=\sum m(1,2,4,7)$；

(3) $Z=F(A,B,C,D)=\sum m(0,2,5,7,9,12,15)$；

(4) $Z=F(A,B,C,D)=\sum m(0,3,7,8,12,13,14)$；

(5) $Z=ABC+A\overline{C}D$。

10.21 试用译码器 74138 和与非门实现如下多输出逻辑函数：

$$Z_1 = A\overline{B}+C$$

$$Z_2 = \overline{AB}+\overline{A}C+AB\overline{C}$$

10.22 数据选择器如题图 10.22 所示。当 $I_3=0, I_2=I_1=I_0=1$ 时，有 $L=\overline{S}_1+S_1\overline{S}_0$ 的关系，证明该逻辑表达式的正确性。

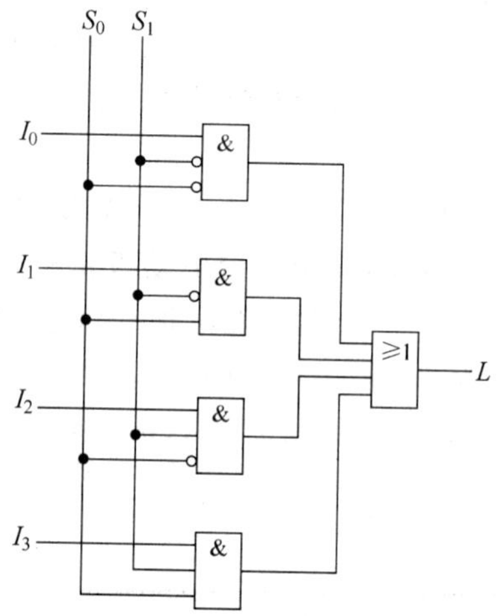

题图 10.22

10.23 应用题图 10.22 所示的电路产生逻辑函数 $F=S_0+S_1$。

第11章

双稳态触发器

在数字系统中，为了寄存二进制编码信息，广泛地使用双稳态触发器做存储元件。双稳态触发器是能够存储一位二进制码的逻辑电路，它有两个互补输出端 Q 和 $\overline{Q}$，通常以输出端 Q 作为输出状态，有两个稳定的输出状态，即低电平“0”或高电平“1”，由此得名为双稳态触发器。它的输出状态不仅与输入有关，而且还与原先的输出状态有关。不同的双稳态触发器具有不同的逻辑功能，在电路结构和触发方式方面也有不同的种类。根据电路功能，双稳态触发器可分为 RS 触发器、JK 触发器、D 触发器和 T 触发器。

本章重点讨论双稳态触发器的结构形式、逻辑功能和触发方式，至于触发器的输入和输出逻辑电平、触发器的传播延迟时间、噪声容限、扇入系数和扇出系数等概念与以前讨论的各类门电路相同，这里就不再重复了。

11.1　RS 触发器

11.1.1　基本 RS 触发器

1. 电路结构和工作原理

基本 RS 触发器又称为置 0、置 1 触发器。它由两个与非门首尾相连构成，如图 11.1(a) 所示。两个门的输出端分别称之为 Q 和 $\overline{Q}$，有时也称为 1 和 0 端，正常工作时，Q 和 $\overline{Q}$ 是互为取非的关系。通常把 Q 端的状态定义为触发器的状态，即 $Q=1$ 时，称触发器处于 1 状态，简称为 1 态；$Q=0$ 时，称触发器处于 0 状态，简称为 0 态。基本 RS 触发器有两个输入端 S 端和 R 端，S 端称为置 1 端，R 端称为置 0 端。

根据输入信号 R、S 不同状态的组合，触发器的输出与输入之间的关系有 4 种情况，现分析如下。

(1) $R=1,S=0$

因为 G_1 有一个输入端是 0，所以输出端 $Q=1$；G_2 的两个输入端全是 1，则输出 $\overline{Q}=0$。可见，当 $R=1,S=0$ 时，触发器被置于 1 态，称触发器置 1(或称置位)。当置 1 端 S 由 0 返回到 1 时，G_1 的输出 Q 仍然为 1，这是因为 $\overline{Q}=0$，使 G_1 的输入端中仍有一个为 0，可见当 $R=1,S=1$ 时，不改变触发器的状态，即当去掉置 1 输入信号 $S=0$ 后，触发器保持原状态不变，触发器具有记忆功能。

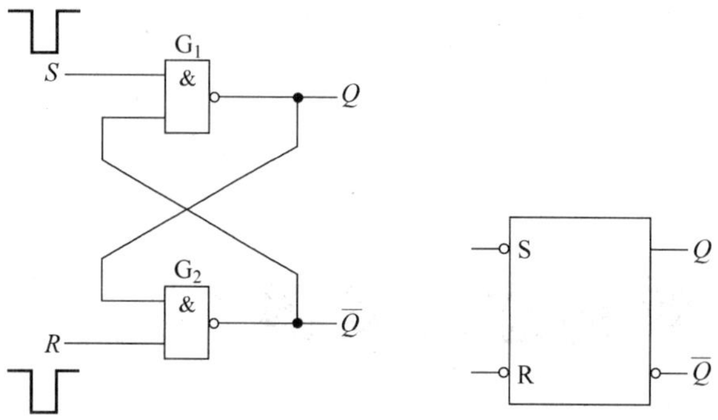

(a) 逻辑电路 (b) 逻辑符号

图 11.1 基本 RS 触发器

(2) $R=0,S=1$

因为 G_2 有一个输入端是 0，所以输出端 $\overline{Q}=1$。G_1 的两个输入端全是 1，则输出端 $Q=0$。可见，当 $R=0,S=1$ 时，触发器置 0(或称复位)。当置 0 端再返回 1 时，G_2 的输出 $\overline{Q}$ 仍为 1，因为 $Q=0$ 使 G_2 的输入端中仍有一个为 0，这时触发器保持原状态不变。

(3) $R=1,S=1$

前面的分析表明，在置 1 信号($R=1,S=0$)作用之后，S 返回 1 时，$R=1,S=1$，触发器保持 1 态不变；在置 0 信号($R=0,S=1$)的作用之后，R 返回 1 时，即 $R=1,S=1$，触发器保持原来的 0 态不变。

(4) $R=0,S=0$

显然，在此条件下，两个与非门的输出端 Q 和 $\overline{Q}$ 全为 1，这违背了 Q 和 $\overline{Q}$ 互补的条件，而在两个输入信号都同时撤去(回到 1)后，触发器的状态将不能确定是 1 还是 0，因此称这种情况为不定状态，这种情况应当避免。

综上所述，基本 RS 触发器的功能如表 11.1 所示，其逻辑符号如图 11.1(b)所示，图中，逻辑符号的 S 端和 R 端各有一个小圆圈，它表示置 1 和置 0 信号都是低电平起作用，即置 0 或置 1 输入信号为低电平，可引起触发器状态改变。在触发器的工作过程中，使触发器状态改变的输入信号称为触发信号，触发器状态的改变称为翻转。基本 RS 触发器的触发信号是电平信号，这种触发方式称为电平触发方式。基本 RS 触发器电路结构简单。主要用于置 0、置 1。通常输入全为 1，需要置 0 时，$R=0$，需要置 1 时，$S=0$。

表 11.1 基本 RS 触发器功能表

R	S	Q	功　能
0	0	不定	禁止
0	1	0	置 0
1	0	1	置 1
1	1	不变	保持

基本 RS 触发器输入、输出关系也可以用波形表示，如图 11.2 所示。图中实线波形忽略了门的传播延迟时间，只反映输入、输出之间的逻辑关系。当触发器置 0 端和置 1 端同时加上宽度相等的负脉冲时(假设正跳和负跳时间均为 0)，在两个负脉冲作用期间，G_1 和 G_2

的输出都是 1；而当两个负脉冲同时消失时，若 G_1 的传播延迟时间 t_{pd1} 较 G_2 的传播延迟时间 t_{pd2} 小，触发器将建立稳定 0 态；若 $t_{pd2} < t_{pd1}$，触发器将建立稳定在 1 态；若 $t_{pd2} = t_{pd1}$，触发器的输出将在 1 和 0 之间来回振荡。通常，两个门之间的传播延迟时间 t_{pd1} 和 t_{pd2} 的大小关系是不知道的，因而，两个宽度相等的负脉冲从 S 端和 R 端同时消失后，触发器的状态是不确定的，图 11.2 中虚线表示不确定状态。

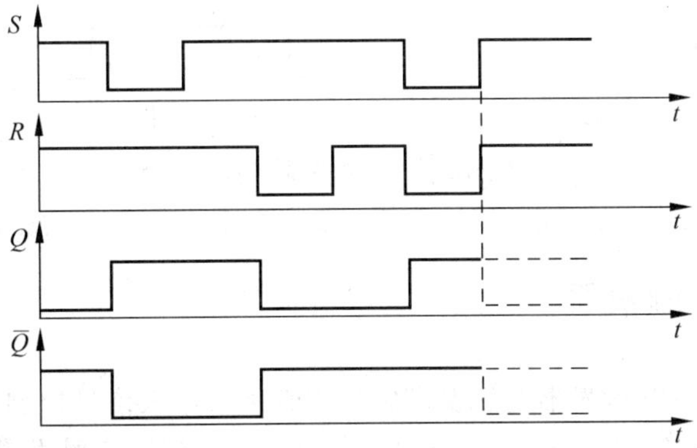

图 11.2　基本 RS 触发器输入、输出波形

2. 基本 RS 触发器的应用举例

在数字系统中，操作人员用机械开关对电路发出命令信号。机械开关包含一个可动的弹簧片和一个或几个固定的触点。当开关改变位置时，弹簧片不能立即与触点稳定接触，存在跳动过程，会使电压或电流波形产生“毛刺”，如图 11.3(a)和图 11.3(b)所示。在电子电路中，一般不允许出现这种现象。如果用开关的输出直接驱动逻辑门，经过逻辑门整形后，输出会有一串脉冲干扰信号导致电路工作出错。

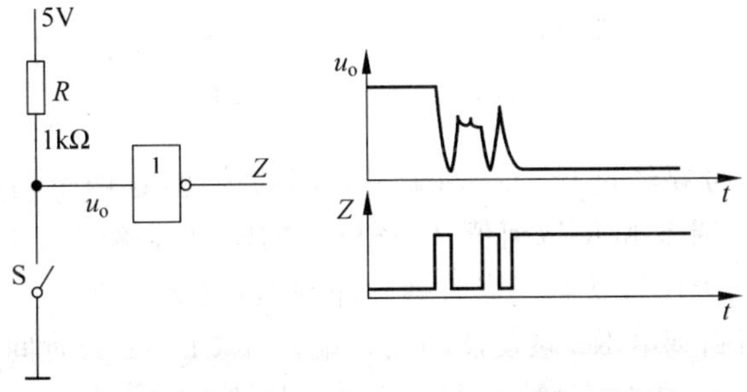

(a) 机械开关的接通　　(b) 对电压波形的影响

图 11.3　机械开关的工作情况

利用基本 RS 触发器的记忆作用可以消除上述开关振动所产生的影响，开关与触发器的连接方法如图 11.4(a)所示。设单刀双掷开关原来与 B 点接通，这时触发器的状态为 0。当开关由 B 拨向 A 时，其中有一短暂的浮空时间，这时触发器的 R、S 均为 1，Q 仍为 0。中间触点与 A 接触时，A 点的电平由于振动而产生“毛刺”。但是，首先是 B 点已经为高电平，A 点一旦出现低电平，触发器的状态翻转为 1，即使 A 点再出现高电平，也不会再改变触发器的状态，所以 Q 端的电压波形不会出现“毛刺”现象，如图 11.4(b)所示。

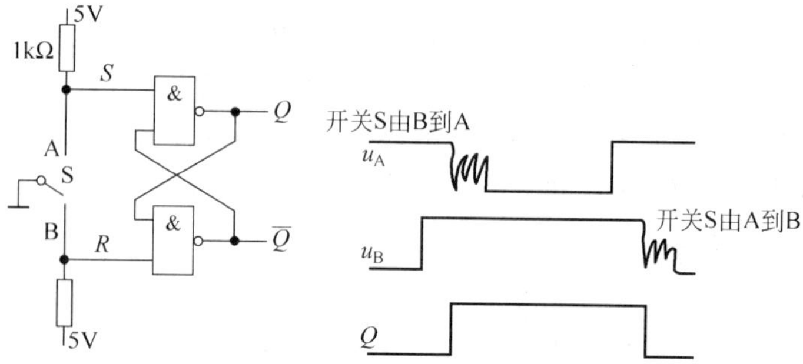

(a) 电路　　(b) 电压波形

图 11.4　利用基本 RS 触发器消除开关振动影响

11.1.2　同步 RS 触发器

前面介绍的基本 RS 触发器的触发翻转过程直接由输入信号控制，而在数字系统中，常常要求触发器按各自输入信号所决定的状态在规定的时刻同步触发翻转，为此，在基本 RS 触发器的输入端增加了时钟脉冲控制端 CP，构成同步 RS 触发器，电路结构和逻辑符号如图 11.5 所示。

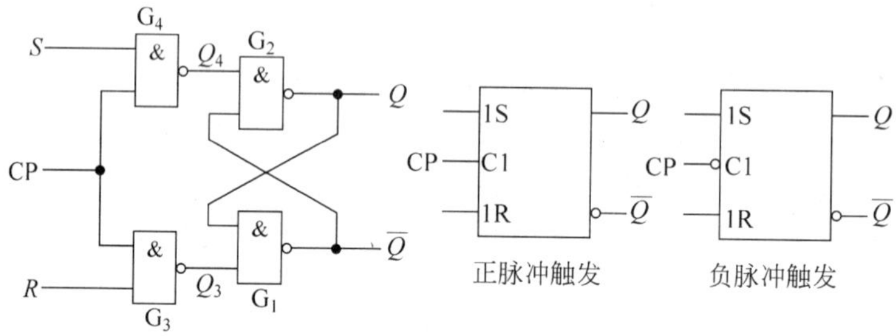

(a) 电路结构　　(b) 逻辑符号

图 11.5　同步 RS 触发器

由图可知，输入信号要经过 G_3、G_4 两个引导门的传递，这两个门同时受 CP 信号控制。当 CP=0 时，无论输入端 S 和 R 取何值，G_3 和 G_4 的输出端始终为 1，所以，由 G_1 和 G_2 组成的基本 RS 触发器处于保持状态。当时钟脉冲到达时 CP 端变为 1，R 和 S 端的信息通过引导门反相之后，作用到基本 RS 触发器的输入端。在 CP=1 的时间内，当 $S=1, R=0$，触发器置 1；当 $S=0, R=1$，触发器置 0；若两个输入皆为 0($S=R=0$)，触发器输出端保持不变，若两个输入皆为 1($S=R=1$)，触发器的两个全输出端全为 1，时钟脉冲结束时，触发器的状态是不确定的，两种状态都可能出现，这要看时钟脉冲结束时，基本 RS 触发器的输入端是置 1 信号还是置 0 信号保持的时间更长一些。将触发器原状态和新状态之间的转换关系用另一种表格的形式记录下来，如表 11.2 所示，这种表格称为触发器的特性表。表中 Q^n 是时钟脉冲到达之前触发器的状态，称为现态；Q^{n+1} 是时钟脉冲作用之后触发器的状态，称为次态。表中“×”表示 $S=R=1$ 时，触发器输出的不确定状态，可当作无关项处理，这样，由特性表可得到 Q^{n+1} 的卡诺图如图 11.6 所示，化简后的表达式为

$$Q^{n+1} = S + \overline{R}Q^n$$

由于应避免触发器的不确定状态，因而触发器的约束条件是 S、R 不能同时为 1。根据上述分析，同步 RS 触发器的逻辑功能可用表达式表示为

$$\begin{cases} Q^{n+1} = S + \overline{R}Q^n \\ SR = 0 \end{cases} \tag{11.1}$$

式(11.1)称为同步 RS 触发器特性方程。

表 11.2　同步 RS 触发器的特性表

S	R	Q^n	Q^{n+1}
0	0	0	0
0	0	1	1
0	1	0	0
0	1	1	0
1	0	0	1
1	0	1	1
1	1	0	×
1	1	1	×

触发器的功能还可以用状态转换图表示，同步 RS 触发器的状态转换图如图 11.7 所示。图中两个圆圈内标的 1 和 0，表示触发器的两个状态，带箭头的弧线表示状态转换的方向，箭头指向触发器次态，箭尾为触发器现态，弧线旁边标出了状态转换的条件。

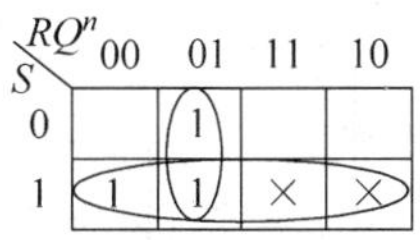

图 11.6　Q^{n+1} 的卡诺图

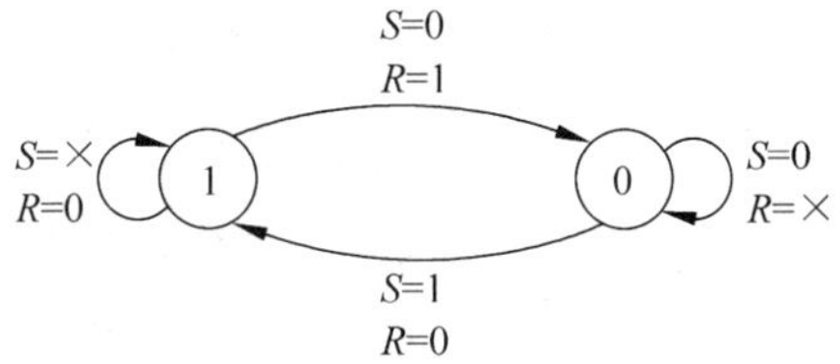

图 11.7　RS 触发器的状态转换图

根据上述分析，同步 RS 触发器的特点如下：

同步 RS 触发器的逻辑功能与基本 RS 触发器相同，但输出翻转是在时钟脉冲的控制下进行的。当 CP=1，接收输入信号，允许触发器翻转；当 CP=0，封锁输入信号，禁止触发器翻转，因此，同步 RS 触发器的触发方式属于脉冲触发方式。脉冲触发方式有正脉冲触发方式和负脉冲触发方式。本例为正脉冲触发方式，若为负脉冲触发方式，逻辑符号中时钟脉冲输入端 C1 应有小圈如图 11.5(b)所示。

例 11.1　图 11.5 中 CP、S、R 的波形如图 11.8 所示，试画出 Q 和 $\overline{Q}$ 的波形，设初始状态 $Q=0$，$\overline{Q}=1$。

解　根据题意，画出 Q 和 $\overline{Q}$ 的波形于图 11.8 中。

触发器在 CP 为高电平时翻转。在 CP 为 1 的时间间隔内，R、S 的状态变化就会引起触发器状态的变化。因此，这种触发器的触发翻转只能控制在一个时间间隔内，而不是控制在某一时刻进行。这种工作方式的触发器在应用中受到一定限制。下面介绍能控制在某一时刻(时钟脉冲的正跳变沿或负跳变沿)翻转的触发器。

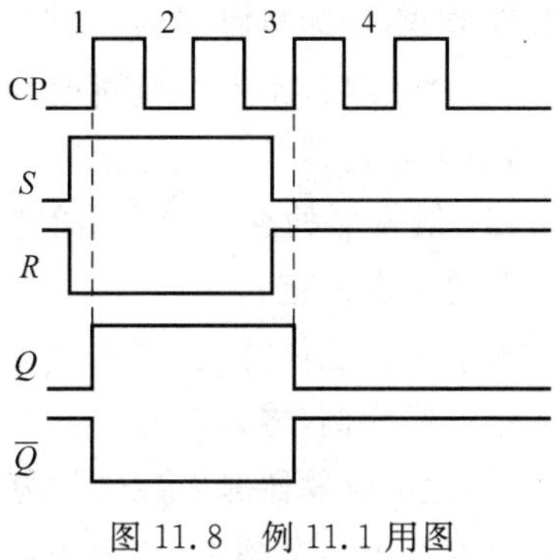

图 11.8　例 11.1 用图

11.1.3 主从 RS 触发器

主从 RS 触发器由两级同步 RS 触发器构成，其中一级接收输入信号，其状态直接由输入信号决定，称为主触发器，还有一级的输入与主触发器的输出连接，其状态由主触发器的状态决定，称为从触发器，主从 RS 触发器的逻辑电路和逻辑符号如图 11.9 所示，两个触发器的逻辑功能和同步 RS 触发器的逻辑功能完全相同，时钟为互补时钟，其工作原理如下。

(1) 当 CP=1 时，主触发器的输入 G_7 和 G_8 打开，主触发器根据 R、S 的状态触发翻转。而对于从触发器，CP 经 G_9 反相后加于它的输入门为逻辑 0 电平，G_3 和 G_4 封锁，其状态不受主触发器输出的影响，或者说这时保持状态不变。

(2) CP 由 1 变 0 后，情况则相反，G_7 和 G_8 被封锁，输入信号 R、S 不影响主触发器的状态。而这时从触发器的 G_3 和 G_4 则打开，从触发器可以根据主触发器的状态决定是否触发翻转，从触发器的翻转时刻是在 CP 由 1 变 0 时刻(CP 的负跳变沿)发生的。

(3) CP 一旦达到 0 电平后，主触发器被封锁其状态不受 R、S 的影响，触发器的状态也不可能再改变。

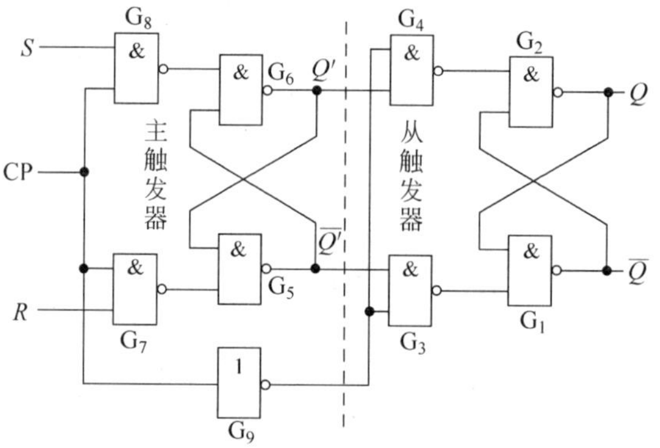

(a) 逻辑电路

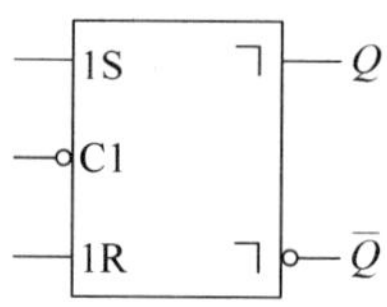

(b) 逻辑符号

图 11.9 主从 RS 触发器的逻辑电路和逻辑符号

由以上分析可知，主从触发器具有如下特点。

(1) 由两个同步 RS 触发器即主触发器和从触发器组成，它们受互补时钟脉冲控制。

(2) 触发器在时钟脉冲作用期间(本例为 CP 高电平)接收输入信号，只允许在时钟脉冲的跳变沿(本例为负跳变沿，在逻辑符号中，时钟脉冲输入端 CP 带有小圆圈)触发翻转，在时钟脉冲跳变后(本例为负跳变)封锁输入信号。由于触发器只在时钟脉冲的跳变沿触发翻转，因而主触发器的触发方式属于脉冲边沿触发方式。

(3) 触发器的翻转状态由时钟脉冲作用期间(本例为 CP 高电平)输入信号的状态即主触发器的状态而定。

由于上述工作特点，主从触发器对输入信号和时钟脉冲要有一定的要求。以负跳变沿主从触发器为例，输入信号应在 CP 正跳变沿前加入，并在 CP 正跳变沿后的高电平期间保持不变，为主触发器触发翻转做好准备，若输入信号在 CP 高电平期间发生改变，将可能使主触发器发生多次翻转，产生逻辑错误；而 CP 正跳变沿后的高电平要有一定的延迟时间，以确保主触发器达到新的稳定状态，CP 负跳变沿使触发器发生翻转后，CP 的低电平也必须有一定的延迟时间，以确保从触发器达到新的稳定状态。

11.2　JK 触发器

主从 RS 触发器虽然实现了控制触发器在某一时刻翻转，但仍然存在信号输入端 $S=R=1$ 时，触发器的新状态不确定。由于不能预计在这种情况下触发器的次态是什么，所以要避免出现这种情况。这一因素限制了 RS 触发器的实际应用。JK 触发器解决了这一问题。

11.2.1　主从 JK 触发器

主从 JK 触发器是在主从 RS 触发器的基础上稍加改动而产生的，负跳变沿主从 JK 触发器的逻辑电路和逻辑符号如图 11.10 所示。

在图 11.10 中，主 RS 触发器的 R 端和 S 端分别增加一个 2 输入的与门 G_{10} 和与门 G_{11}，与门 G_{10} 的 2 个输入端一个作为信号输入端 J，另一个接触发器输出端 $\overline{Q}$，而与门 G_{11} 的 2 个输入端一个作为信号输入端 K，另一个接触发器输出端 Q。由图 11.10 可得

$$S = J\overline{Q}$$

$$R = KQ$$

将上式代入式(11.1)可得到 JK 触发器的特性方程：

$$\begin{aligned} Q^{n+1} &= J\overline{Q}^n + \overline{KQ^n}Q^n \\ &= J\overline{Q}^n + \overline{K}Q^n \end{aligned} \tag{11.2}$$

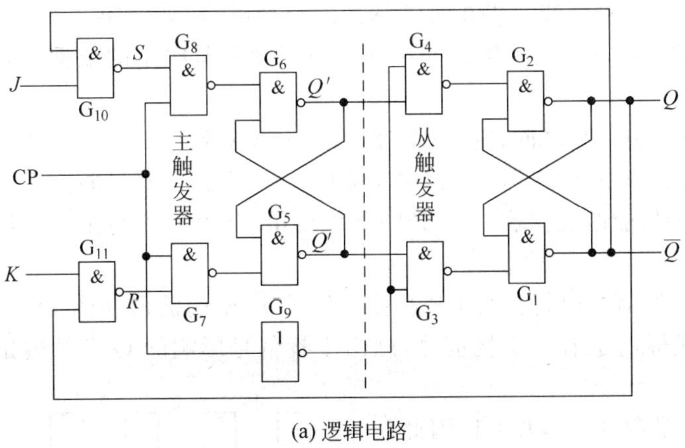

(a) 逻辑电路

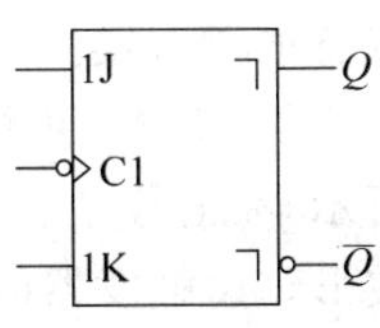

(b) 逻辑符号

图 11.10　负跳变沿主从 JK 触发器

由式(11.2)可知，当 $J=K=1$ 时，$Q^{n+1}=\overline{Q}^n$，每输入一个时钟脉冲后，触发器翻转一次，触发器的这种工作状态称为计数状态，由触发器翻转的次数可以计算出输入时钟脉冲的个数。当 $J=K=0$ 时，$Q^{n+1}=Q^n$，触发器状态保持不变。当 $J\neq K$ 时，$Q^{n+1}=J$，触发器可置 0、

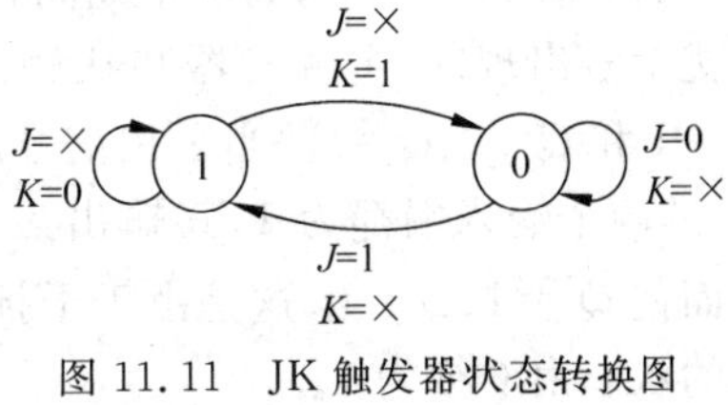

图 11.11　JK 触发器状态转换图

置 1。显然 JK 触发器消除了输出不定的状态。JK 触发器的特性如表 11.3 所示，状态转换图如图 11.11 所示。由特性表可看出 JK 触发器具有保持、计数、置 0、置 1 的功能。

表 11.3 JK 触发器特性表

J	K	Q^n	Q^{n+1}
0	0	0	0
0	0	1	1
0	1	0	0
0	1	1	0
1	0	0	1
1	0	1	1
1	1	0	1
1	1	1	0

例 11.2 设负跳变沿触发的主从 JK 触发器的时钟脉冲和 J、K 信号的波形如图 11.12 所示，画出输出端 Q 的波形。设触发器的初始状态为 0。

解 根据式(11.2)或表 11.3，或图 11.11，可画出 Q 端的波形，如图 11.12 所示。

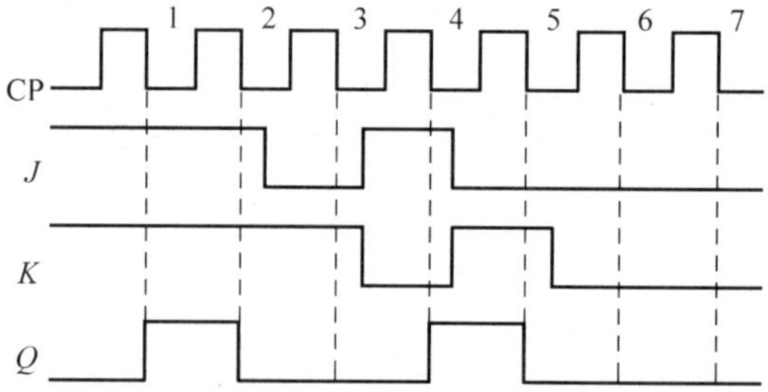

图 11.12 例 11.2 的波形

从图 11.12 可以看出，触发器的触发翻转发生在时钟脉冲的负变跳沿，如在第 1、2、4、5 个 CP 脉冲负变跳沿，Q 端的状态随输入信号 J、K 改变一次；判断触发器次态的依据是正跳变沿前瞬间输入端的状态。

从图 11.10 可知，由于输出端和输入端之间存在反馈连接，若触发器处于 0 态，当 CP=1，主触发器只能接受 J 端的置 1 信号；若触发器处于 1 态，当 CP=1，主触发器只能接受 K 端的置 0 信号。所以主触发器状态只能改变 1 次，在 CP 的下跳变沿，从触发器与主触发器状态取得一致。

例 11.3 负跳变沿主从 JK 触发器的时钟信号 CP 和输入信号 J、K 的波形如图 11.13 所示，在信号 J 的波形图上用虚线标出了有一干扰信号，画出干扰信号影响的 Q 端的输出波形。设触发器的初始状态为 1。

解 (1) 第一个 CP 的正跳变沿前 $J=0$，$K=1$，因此负跳变沿产生后触发器应翻转为 0。

(2) 第二个 CP 的高电平期间，由图 11.13 分析可知，干扰信号出现前，主触发器和从触发器的状态是 $Q'=0$，$\overline{Q}'=1$ 和 $Q=0$，$\overline{Q}=1$。当干扰信号出现时，J 由 0 变为 1，G_{10} 的两个输入端都为 1，其输出为 1，使 G_8 输出变为 0，因而使 $Q'=1$，$\overline{Q}'=0$，这是由于干扰信号的产生使主触发器的状态由 0 变为 1。

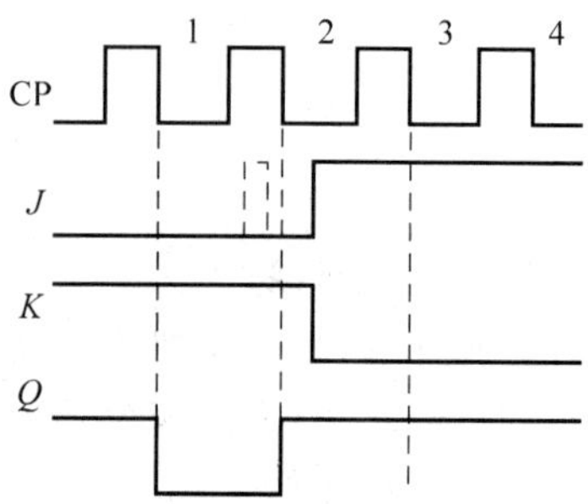

图 11.13 例 11.3 的波形

干扰信号消失后，主触发器是否能恢复到原来的状态呢？由于$\overline{Q}'=0$，已将G_6封锁，G_8的输出变化不会影响Q'的状态，也就是J端的干扰信号的消失不会使Q'恢复到0。因此第二个CP的负跳变沿到来后触发器的状态为$Q=Q'=1$。如果J端没有正跳变的干扰信号产生，根据$J=0,K=1$的条件，触发器的正常状态应为$Q=0$。由此得知，$Q=0$，CP=1期间，J由0变为1，主触发器的状态只能根据输入信号改变一次，这种现象称为一次变化现象。并非所有条件下都会出现一次变化现象。根据电路的对称性，不难理解，当满足条件：$Q=1$，CP=1期间，信号K由0变1，也会产生一次变化现象。只有这两种条件下主从触发器会产生一次变化现象。

(3) 对应于第三、第四个CP的输入条件都是$J=1,K=0$，所以$Q=1$。

由以上分析可知，JK主从触发器具有如下特点：

(1) 触发器在时钟脉冲作用期间(本例为CP高电平)接收输入信号，只允许在时钟脉冲的跳变沿(本例为负跳变沿，在逻辑符号中，时钟脉冲输入端CP带有小圆圈)触发翻转，在时钟脉冲跳变后(本例为负跳变沿)封锁输入信号。

(2) 触发器的翻转状态由时钟脉冲作用期间(本例为CP高电平)输入信号的状态而定。

(3) 主触发器的状态只能根据输入信号改变一次。

主从触发器在使用过程中，为避免出现一次变化现象，对于负跳变沿触发的触发器，输入信号应在CP正跳变沿前加入，且满足建立时间t_{set}，即要求在时钟有效边沿之前建立输入信号的最小时间，并保证在时钟脉冲的持续期内输入信号保持不变，时钟脉冲作用后，输入信号不需要保持一段时间，因而保持时间为零。

11.2.2 边沿JK触发器

负跳变沿主从触发器工作时，必须在正跳变沿前加入输入信号。如果在CP高电平期间输入端出现干扰信号，可能产生一次翻转，那么就有可能使触发器的状态出错。而边沿触发器只允许在CP触发边沿来到前一瞬间加入输入信号。这样，输入端受干扰的时间大大缩短，受干扰的可能性也就降低了。利用传输延迟的负跳变触发的边沿JK触发器的逻辑电路和逻辑符号分别如图11.14(a)和图11.14(b)所示。下面介绍其工作原理。

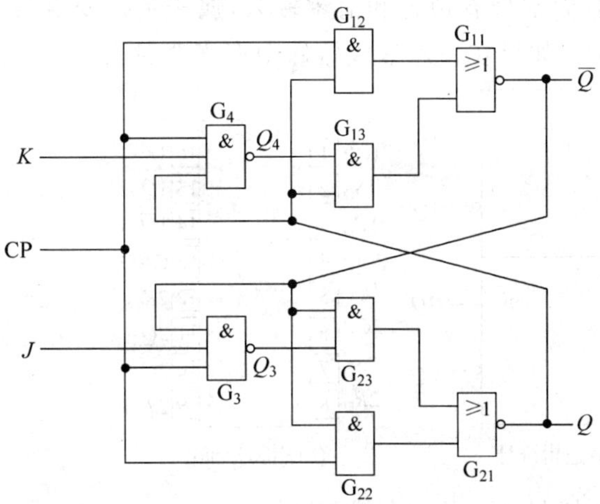

(a) 逻辑电路

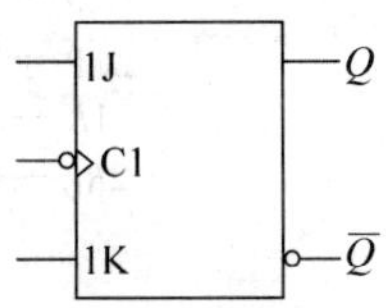

(b) 逻辑符号

图11.14　边沿JK触发器

(1) CP=0 时,触发器处于一个稳态。

CP 为 0 时,G_4、G_3 被封锁,不论 J、K 为何状态,Q_3、Q_4 均为 1；另一方面,G_{12}、G_{22} 也被 CP 封锁,因而由与或非门组成的触发器处于一个稳定状态,使输出 Q、$\overline{Q}$ 状态不变。

(2) CP 由 0 变 1 时,触发器不翻转,为接收输入信号作准备。

设触发器原状态为 $Q=0$,$\overline{Q}=1$。当 CP 由 0 变 1 时,有两个信号通道影响触发器的输出状态,一个是 G_{12}、G_{22} 打开,直接影响触发器的输出；另一个是 G_4、G_3 打开,再经 G_{13}、G_{23} 影响触发器的状态。前一个通道只经一级与门,而后一个通道则要经一级与非门和一级与门,显然 CP 的跳变经前者影响输出比经后者要快得多。在 CP 由 0 变 1 时,G_{22} 的输出首先由 0 变 1,这时无论 G_{23} 为何种状态(即无论 J、K 为何状态),都使 Q 仍为 0。由于 Q 同时连接 G_{12} 和 G_{13} 的输入端,因此它们的输出均为 0,使 G_{11} 的输出 $\overline{Q}=1$,触发器的状态不变。CP 由 0 变 1 后,打开 G_4、G_3 为接收输入信号 J、K 作好了准备。

(3) CP 由 1 变 0 时触发器翻转。

设输入信号 $J=1$、$K=0$,则 $Q_3=0$、$Q_4=1$,G_{13}、G_{23} 的输出均为 0。当 CP 负跳变沿到来时,G_{22} 的输出由 1 变 0,则有 $Q=1$,使 G_{13} 输出为 1,$\overline{Q}=0$,触发器翻转。

虽然 CP 变 0 后,G_4、G_3、G_{12} 和 G_{22} 封锁,$Q_3=Q_4=1$,但由于与非门的延迟时间比与门长(在制造工艺上予以保证),因此 Q_3 和 Q_4 这一新状态的稳定是在触发器翻转之后。由此可知,该触发器在 CP 负跳变沿触发翻转,CP 一旦到 0 电平,则将触发器封锁,处于(1)所分析的情况。

由以上分析可知,边沿触发器的特点是：触发器是在时钟脉冲跳变前一瞬间接收输入信号,跳变时触发翻转(本例为负跳变沿,在逻辑符号中,时钟脉冲输入端 C1 带有小圆圈),跳变后输入即被封锁,换句话说,接收输入信号、触发翻转、封锁输入是在同一时刻完成的。因此,判断边沿触发器次态的依据是触发跳变沿前瞬间输入端的状态。很显然,边沿触发器的触发方式属于边沿触发。

11.2.3 集成 JK 触发器

集成 JK 触发器的产品较多,以下介绍一种较典型的 TTL 双 JK 触发器 74LS76。该器件内含两个相同的 JK 触发器,它们都带有预置和清零输入,属于负跳变沿触发器,其逻辑符号和引脚分布如图 11.15 所示。如果在一片集成器件中有多个触发器,通常在符号前面

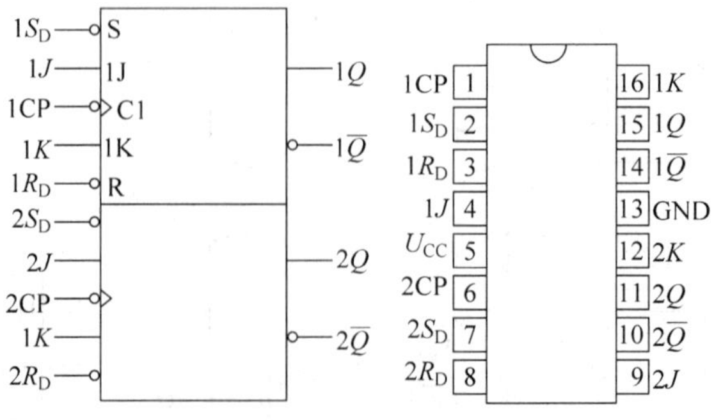

(a) 逻辑符号　　(b) 引脚分布

图 11.15　JK 触发器 74LS76

(或后面)加上数字,以示不同触发器的输入、输出信号,比如C1与1J、1K同属一个触发器。74LS76的逻辑功能如表11.4所示。76型号的产品种类较多,比如还有主从TTL的7476、74H76、负跳变沿触发的高速CMOS双JK触发器HC76等,它们的功能都一样,与表11.4基本一致,只是主从触发器与边沿触发器的触发方式不同。HC76与74LS76的引脚分布完全相同。

表11.4　JK触发器74LS76功能表

输入					输出	
预置 S_D	清零 R_D	时钟 CP	J	K	Q^{n+1}	$\overline{Q}^{n+1}$
0	1	×	×	×	1	0
1	0	×	×	×	0	1
1	1	↓	0	0	Q^n	$\overline{Q}^n$
1	1	↓	1	0	1	0
1	1	↓	0	1	0	1
1	1	↓	1	1	$\overline{Q}^n$	Q^n

对于边沿触发方式,为使触发器可靠地工作,在触发器输入信号与时钟脉冲有效边沿之间应该有个严格的关系。以正跳变沿D触发器为例,为使D触发器同步置1,D端1的值应在时钟有效边沿之前就建立起来。要求在时钟有效边沿之前建立D值的最小时间叫建立时间t_{set}。为完成D触发器的可靠置1,在时钟有效边沿之后,D端的1值还应保持一段时间。要求D值在时钟有效边沿之后保持的最小时间叫保持时间t_h。图11.16是正边沿D触发器时钟有效边沿同建立时间t_{set}和保持时间t_h关系的示意图。手册上对建立时间和保持时间都有明确的规定。例如,74LS74同步置1时,$t_{set}=25$ns,$t_h=5$ns;同步置0时,$t_{set}=20$ns,$t_h=5$ns。

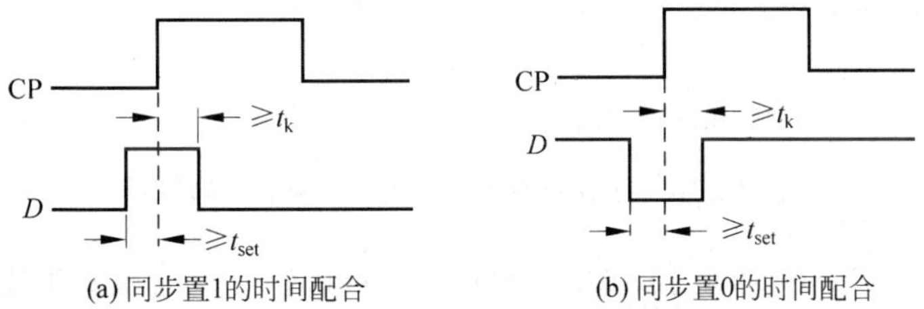

(a) 同步置1的时间配合　　(b) 同步置0的时间配合

图11.16　正边沿D触发器的建立时间和保持时间

11.3　D触发器与T触发器

11.3.1　D触发器

若只取JK触发器输入$J=\overline{K}=D$,就构成D触发器。根据JK触发器的特性方程

$$Q^{n+1}=J\overline{Q}^n+\overline{K}^nQ^n=D\overline{Q}^n+DQ^n$$

$$Q^{n+1} = D \tag{11.3}$$

式(11.3)就是D触发器的特性方程。D触发器的特性表如表11.5所示,状态图如图11.17所示。由特性表可看出D触发器的逻辑功能有保持、置0和置1。

表 11.5 D触发器特性表

D	Q^n	Q^{n+1}
0	0	0
0	1	0
1	0	1
1	1	1

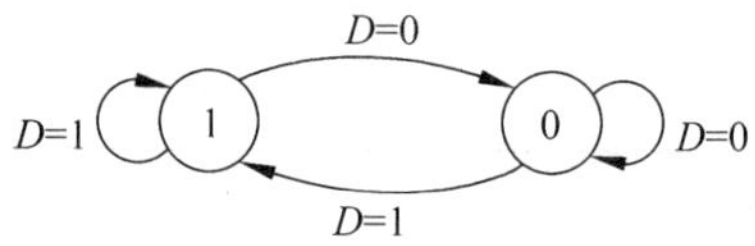

图 11.17 D触发器状态转换图

图11.18是边沿D触发器的逻辑电路和逻辑符号。该触发器由6个与非门组成,其中G_1、G_2已构成基本RS触发器,S_D和R_D接至基本RS触发器的输入端,它们分别是预置和清零端,低电平有效。当$S_D=0$且$R_D=1$时,不论输入端D为何种状态,都会使$Q=1,\overline{Q}=0$,即触发器置1;当$S_D=1$且$R_D=0$时,触发器的状态为0,S_D和R_D通常又称为异步置1和置0端。异步置1和置0是常用的逻辑功能,因而在时序逻辑功能器件中常设有异步置1和置0端,例如JK触发器、D触发器、计数器、寄存器等。分析工作原理时,设它们均已加入了高电平,不影响电路的工作。边沿D触发器工作过程如下。

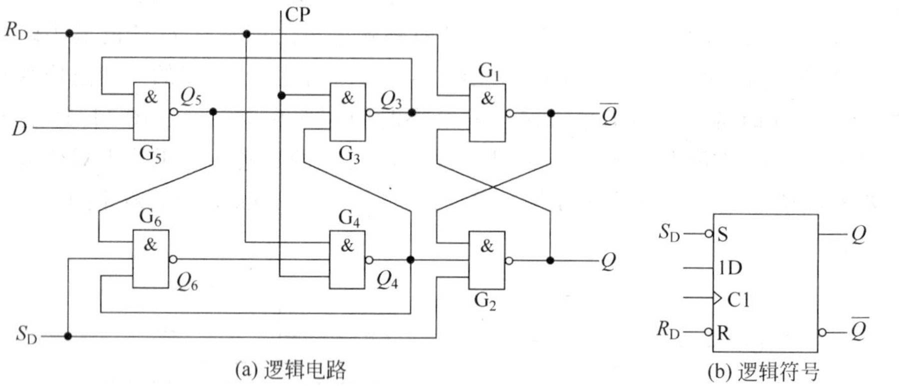

图 11.18 边沿D触发器的逻辑电路和逻辑符号

(1) CP=0时,G_4、G_3被封锁,其输出$Q_3=Q_4=1$,触发器的状态不变。同时,由于Q_3至G_5和Q_4至G_6的反馈信号将这两个门打开,因此可接收输入信号D,$Q_5=\overline{D}$,$Q_6=D$。

(2) 当CP由0变1时触发器翻转。这时G_4、G_3已打开,它们的输出Q_3和Q_4的状态由G_5、G_6的输出状态决定。$Q_3=\overline{Q_5}=D$,$Q_4=\overline{Q_6}=\overline{D}$。由基本RS触发器的逻辑功能可知,$Q=D$。

(3) 触发器翻转后,在CP=1时,输入信号被封锁。G_4、G_3打开后,它们的输出Q_3和Q_4的状态是互补的,即必定有一个是0,若$Q_3=0$,则经G_3输出至G_5输入的反馈线将G_5封锁,即封锁了D通往基本RS触发器的路径,该反馈线起到了使触发器维持在0状态和阻止触发器变为1状态的作用,故该反馈线称为置0维持线,置1阻塞线。若$Q_4=0$时,将G_3和G_6封锁,D端通往基本RS触发器的路径也被封锁。Q_4输出端至G_6的反馈线起到使触发器维持在1状态的作用,称作置1维持线,Q_4输出至G_3输入的反馈线起到阻止触发器置

0 的作用，称为置 0 阻塞线。因此，该触发器常称为维持-阻塞触发器。

总之，该触发器是在 CP 正跳变沿前接受输入信号，正跳变沿时触发翻转，正跳变沿后输入即被封锁，三步都是在正跳变沿前后完成，所以是正跳变沿 D 触发器。

11.3.2　T 触发器

D 触发器取用了 JK 触发器两个输入信号不相等时的状态，若取用 JK 触发器两个输入信号相等时的状态，即 $J=K=T$，则触发器的状态为

$$Q^{n+1} = T\overline{Q}^n + \overline{T}Q^n \tag{11.4}$$

这就是 T 触发器的特性方程。由特性方程可知，$T=1$，$Q^{n+1}=\overline{Q}^n$，触发器为计数状态；$T=0$，$Q^{n+1}=Q^n$，触发器为保持状态。T 触发器特性如表 11.6 所示，状态转换图如图 11.19 所示。T 触发器具有计数和保持两个功能。

事实上，只要将 JK 触发器的 J、K 端连接在一起作为 T 端，就构成了 T 触发器，因此不必专门设计定型的 T 触发器产品。

表 11.6　T 触发器特性表

T	Q^n	Q^{n+1}
0	0	0
0	1	1
1	0	1
1	1	0

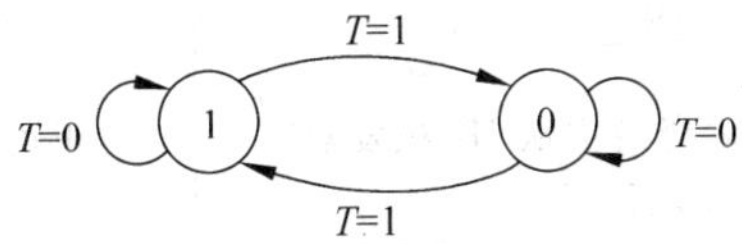

图 11.19　T 触发器状态转换图

小　　结

(1) 双稳态触发器和门电路不同，对于以前所述的各种门电路，若输入为窄脉冲，则输出也为等宽的窄脉冲。对于双稳态触发器，若输入为窄脉冲，则输出为直流电平。换言之，门电路是没有惯性的，而双稳态触发器是有惯性的，有记忆能力的，它能够长期地保持一个二进制状态(只要不断掉电源)，直到输入信号引导它转换到另一个状态为止。

(2) 按电路结构分类，双稳态触发器有基本 RS 触发器、同步触发器、主从触发器和边沿触发器。它们的触发翻转方式不同，基本 RS 触发器属于电平触发，同步触发器属于脉冲触发，边沿触发器和主从触发器是脉冲边沿触发，可以是正跳变沿触发，也可以是负跳变沿触发。主从触发器和边沿触发器的翻转虽然都发生在脉冲跳变时，但对加入输入信号的时间有所不同，对于主从触发器，如果是负跳变触发，输入信号必须在正跳变前加入，而边沿触发器可以在触发沿到来前加入。

(3) 按功能分类，双稳态触发器有 RS 触发器、JK 触发器、T 触发器和 D 触发器。RS 触发器具有约束条件 $RS=0$，T 触发器和 D 触发器的功能比较简单，JK 触发器的逻辑功能最为灵活，由它可以作 RS 触发器使用，也可以方便地转换成 T 触发器和 D 触发器。在分

析双稳态触发器的功能时，一般可用特性表、特性方程和状态图来描述其逻辑功能。

(4) 电路结构和触发方式与功能没有必然的联系。比如 JK 触发器既有主从式的也有边沿式的。主从式触发器和边沿触发器都有 RS、JK、D 功能触发器。

(5) 本章讨论的触发器有一个共同的特点就是触发器的输出有两个稳定的状态，因此这类触发器统称为双稳态触发器。双稳态触发器常用的逻辑符号及特性方程如下：

基本 RS 触发器	负跳变沿主从 RS 触发器	同步 RS 触发器特性方程
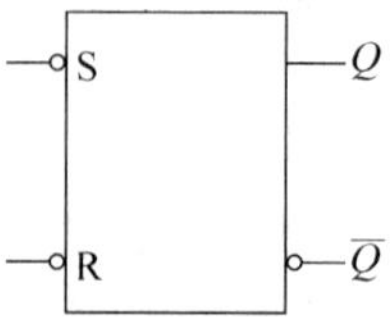	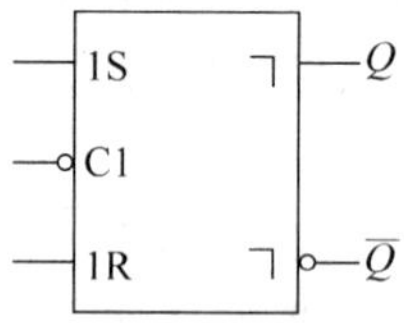	$Q^{n+1}=S+\overline{R}Q^n$ $SR=0$
负跳变沿 JK 触发器	正跳变沿 JK 触发器	JK 触发器特性方程
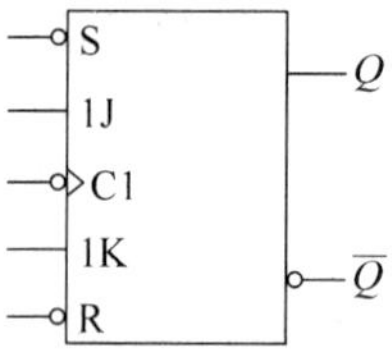	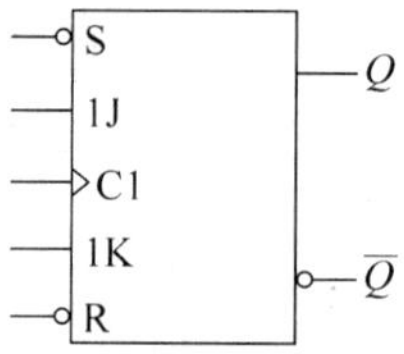	
负跳变沿主从 JK 触发器	正跳变沿主从 JK 触发器	$Q^{n+1}=J\overline{Q}^n+\overline{K}Q^n$
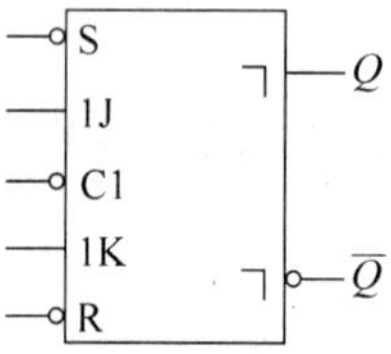	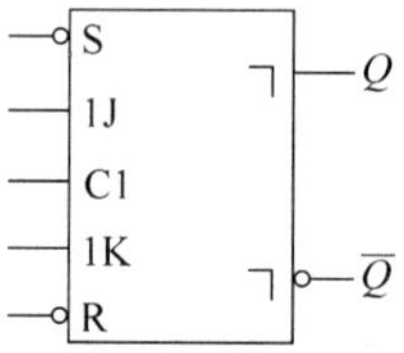	
负跳变沿 D 触发器	正跳变沿 D 触发器	D 触发器特性方程
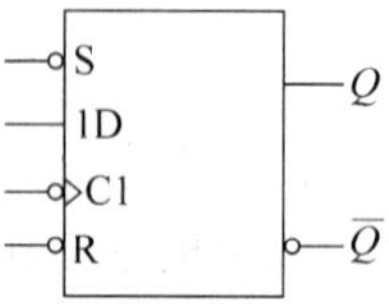	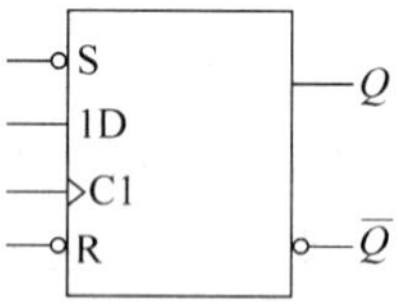	$Q^{n+1}=D$

习　　题

11.1　将题图 11.1 所示波形加在基本 RS 触发器上，试画出 Q 和 $\overline{Q}$ 波形（设初态为 0）。

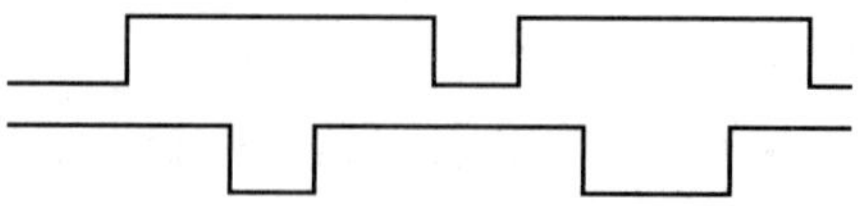

题图　11.1

11.2　将题图 11.2 所示波形加在以下触发器上，试画出触发器输出 Q 的波形（设初态为 0）。

（1）正脉冲时钟 RS 触发器。

（2）负跳变沿主从 RS 触发器。

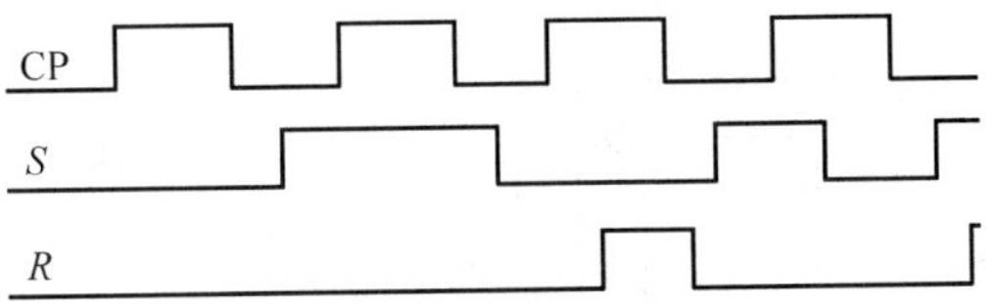

题图　11.2

11.3　将题图 11.3 所示波形加在以下触发器上，试画出输出 Q 的波形（设初态 0）。

（1）正跳变沿 JK 触发器。

（2）负跳变沿 JK 触发器。

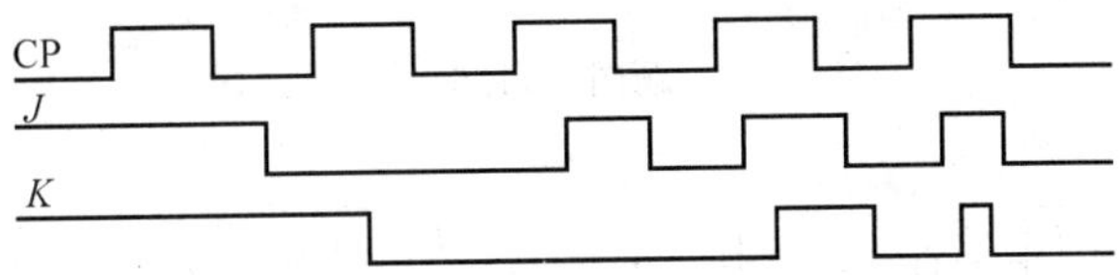

题图　11.3

11.4　将题图 11.4 所示波形加在以下触发器上，试画出触发器输出 Q 的波形（设初态为 0）。

（1）正跳变沿 D 触发器。

（2）负跳变沿 D 触发器。

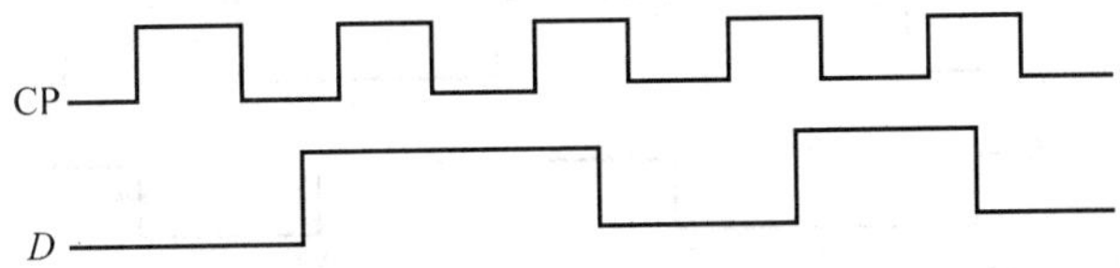

题图　11.4

11.5　将题图 11.5 所示波形加在以下触发器上，试画出输出 Q 的波形（设初态 0）。

（1）正跳变沿 T 触发器。

（2）负跳变沿 T 触发器。

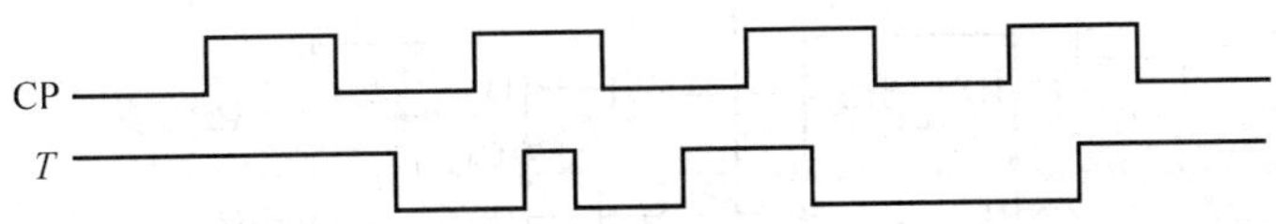

题图　11.5

11.6　根据 CP 波形，画出题图 11.6 中各触发器输出 Q 的波形（设初态为 0）。

11.7　触发器电路如题图 11.7(a)所示，试根据题图 11.7(b)所示输入波形画出 Q_1、Q_2 的波形。

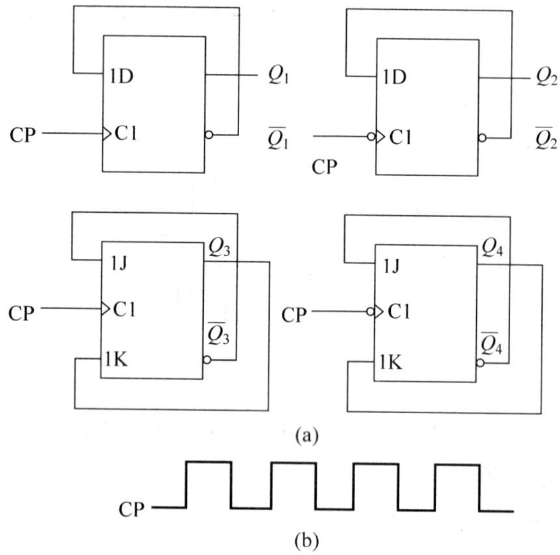

题图 11.6

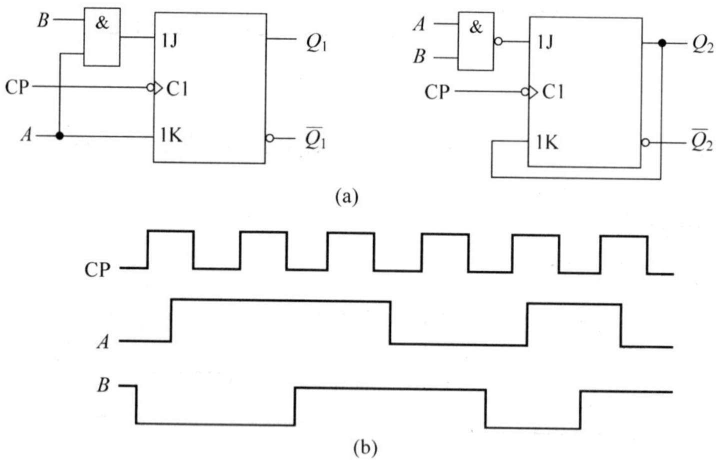

题图 11.7

11.8 触发器电路如题图 11.8(a)所示，试根据题图 11.8(b)所示输入波形画出 Q_1、Q_2 的波形(设初态为 0)。

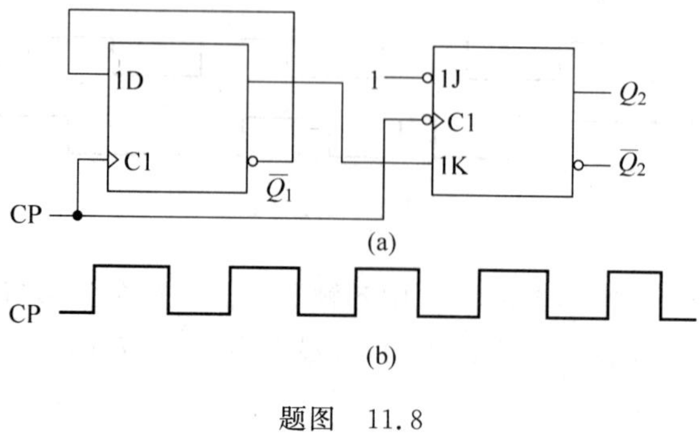

题图 11.8

11.9　触发器组成的电路如题图 11.9 所示，试根据 D 和 CP 波形画出 Q 的波形(设初态为 0)。

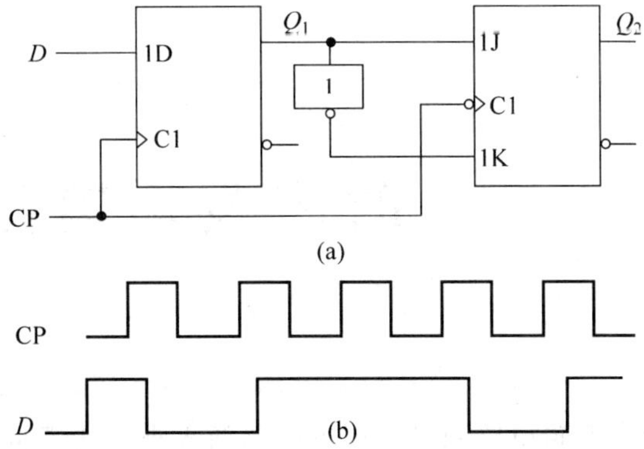

题图　11.9

11.10　D 触发器逻辑符号如题图 11.10 所示，用适当的逻辑门，将 D 触发器转换成 T 触发器和 JK 触发器。

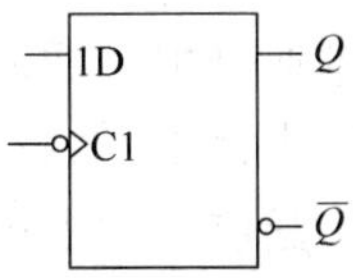

题图　11.10

11.11　试将 JK 触发器转换成 D 触发器和 T 触发器。

11.12　电路和输入信号波形如题图 11.12 所示，画出各触发器 Q 端的波形。各触发器的初始状态为 0。

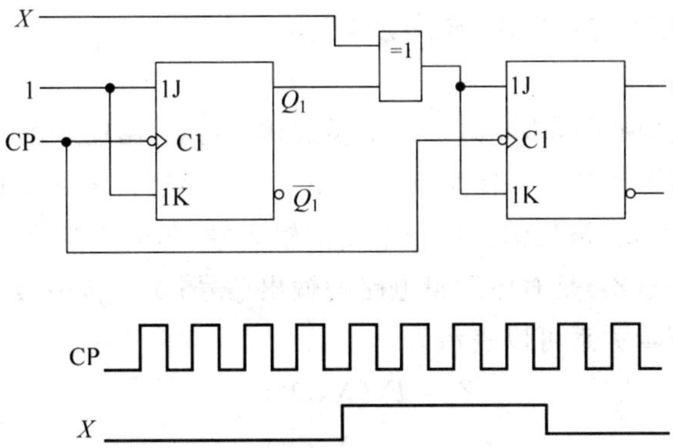

题图　11.12

第12章

时序逻辑电路

逻辑电路可分为组合逻辑电路和时序逻辑电路两大类。从逻辑功能看，前面讨论的组合逻辑电路在任一时刻的输出信号仅仅与当时的输入信号有关，输出与输入有严格的函数关系，用一组方程式就可以描述组合逻辑函数的特性；而时序逻辑电路在任一时刻的输出信号不仅与当时的输入信号有关，而且还与电路原来的状态有关。从结构上看，组合逻辑电路仅由若干逻辑门组成，没有存储电路，因而无记忆能力；而时序逻辑电路除包含组合电路外，还含有由触发器构成的存储元件，因而有记忆能力。

本章将首先叙述时序逻辑电路的基本概念，然后讨论时序逻辑电路的分析和设计方法，最后介绍在计算机和其他数字系统中广泛应用的中规模集成电路的时序逻辑功能器件——计数器、寄存器和555定时器，以及大规模集成电路的时序逻辑功能器件——可编程序逻辑器件。

12.1 时序逻辑电路的基本概念

12.1.1 时序逻辑电路的基本结构及特点

时序电路的基本结构框图如图12.1所示，从总体上看，它由输入逻辑组合电路、输出逻辑组合电路和存储器三部分组成。其中 $X(X_1,\cdots,X_i)$ 是时序逻辑电路的输入信号；$Q(Q_1,\cdots,Q_r)$ 是存储器的输出信号，它被反馈到组合电路的输入端，与输入信号共同决定时序逻辑电路的输出状态；$Z(Z_1,\cdots,Z_j)$ 是时序逻辑电路的输出信号；$Y(Y_1,\cdots,Y_r)$ 是存储器的输入信号。这些信号之间的逻辑关系可以表示为

$$Z = F_1(X,Q^n) \tag{12.1}$$

$$Y = F_2(X,Q^n) \tag{12.2}$$

$$Q^{n+1} = F_3(Y,Q^n) \tag{12.3}$$

其中式(12.1)是输出方程；式(12.2)是存储器的驱动方程(或称激励方程)。由于本章所用存储器由触发器构成，即 $Q_1,\cdots,Q_r$ 表示的是各个触发器的状态，所以式(12.3)是存储器的状态方程，也就是时序逻辑电路的状态方程。Q^{n+1} 是次态，Q^n 是现态。

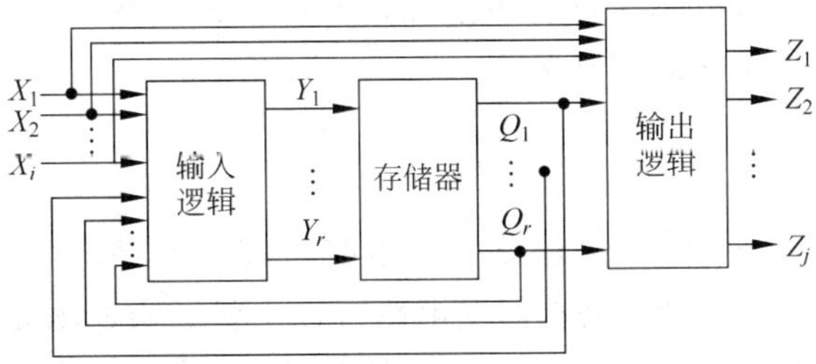

图 12.1　时序电路的结构框图

由以上所述可知，时序逻辑电路的特点是：

(1) 时序逻辑由组合电路和存储电路组成(有时组合电路可以没有，但存储电路不可没有)。

(2) 在存储元件的输出和电路输入之间存在反馈连接。因而电路的工作状态与时间因素相关，即时序电路的输出由电路的输入和原来的状态共同决定。

12.1.2　时序逻辑电路的分类

时序电路通常分为两大类：一类是同步时序逻辑电路，在这类电路中，存储器状态的更新是与时钟脉冲同步进行的，在时钟脉冲的特定时刻(正跳变沿或负跳变沿)更新存储器的状态；另一类是异步时序电路，此类电路无公共的时钟脉冲。由于同步时序电路的理论比较成熟，应用也很广泛，因而这里重点介绍同步时序电路的分析和设计方法。

12.1.3　时序逻辑电路功能的描述方法

1. 逻辑方程式

从理论上讲，根据时序电路的结构，写出的时序电路的输出方程、驱动方程和状态方程就可以描述时序电路的逻辑功能。值得一提的是，对许多时序逻辑电路而言，由 $Z=F_1(X,Q^n)$、$Y=F_2(X,Q^n)$和 $Q^{n+1}=F_3(Y,Q^n)$这 3 个逻辑方程式还不能直观地看出时序电路的逻辑功能到底是什么，此外，设计时序逻辑电路时，往往很难根据给出的逻辑要求而直接写出电路的驱动方程、状态方程和输出方程。因此，下面再介绍几种能够反映时序电路状态变化全过程的描述方法。

2. 状态图

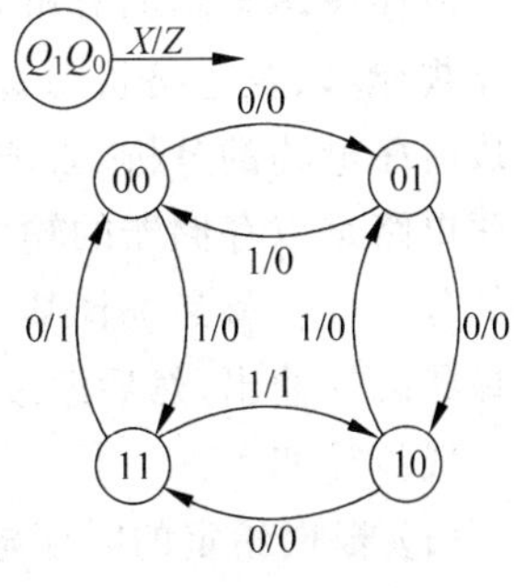

图 12.2　时序电路的状态图

反映时序逻辑电路状态转换规律及相应输入、输出取值关系的图形称为状态图，如图 12.2 所示。在状态图中，圆圈及圆内的字母或数字表示电路的各个状态，连线及箭头表示状态转换的方向(由现态到次态)，当箭头的起点和终点都在同一个圆圈上时，则表示状态不变。标在连线一侧的数字表示状态转换前输入信号的取值和输出值。通常将输入信号的取值写在斜线以上，输出值写在斜线以下。它清楚地表明，在该输入取值作用下，将产生相应的输出值，同时，电路将发生如箭头所指的状态转换。为画图方便，状态图第1行的圆圈可以省去，里面的内容保留。

3. 状态表

反映时序逻辑电路的输出 Z、次态 Q^{n+1} 与电路的输入 X、现态 Q^n 间对应取值关系的表格称为状态表。状态图12.2所描述的时序电路特性用状态表表示如表12.1所示，状态表由三部分组成，第一部分是现态和输入的组合，第二部分是每一个状态与输入的组合所导致的次态，第三部分是现态的输出。

表12.1 图12.2所示状态图的状态表

现态		输入	次态		输出
Q_1^n	Q_0^n	X	Q_1^{n+1}	Q_0^{n+1}	Z
0	0	0	0	1	0
0	0	1	1	1	0
0	1	0	1	0	0
0	1	1	0	0	0
1	0	0	1	1	0
1	0	1	0	1	0
1	1	0	0	0	1
1	1	1	1	0	1

4. 时序图

时序图即时序电路的工作波形图。它能直观地描述时序电路的输入信号、时钟信号、输出信号及电路的状态转换等在时间上的对应关系。

上面介绍的描述时序电路逻辑功能的4种方法可以互相转换。在介绍时序逻辑电路的分析和设计方法时，将具体讲述以上4种描述方法的应用。

12.2 时序逻辑电路的分析与设计

12.2.1 分析时序逻辑电路的一般步骤

时序逻辑电路的分析就是根据给定的时序逻辑电路图，通过分析，求出它的输出 Z 的变化规律，以及电路状态 Q 的转换规律，进而说明该时序电路的逻辑功能和工作特性。为完成时序电路的分析，必须了解输入逻辑和输出逻辑的逻辑功能和存储元件的特性，即分析时序电路是以存储器的输入方程组、触发器的特性方程组和输出方程组为根据的。时序电路的分析过程就是选择某一状态，将这个状态的代码与所有的输入条件组合，求出次态和所选择状态的输出，然后继续这个过程，直到考虑了所有可能的状态为止。分析时序逻辑电路的一般步骤如下：

(1) 根据给定的时序电路图写出下列各逻辑方程式。

① 各触发器的时钟信号 CP 的逻辑表达式；

② 时序电路的输出方程；

③ 各触发器的驱动方程。

(2) 将驱动方程代入相应触发器的特性方程，求得各触发器的次态方程，也就是时序逻辑电路的状态方程。

(3) 根据状态方程和输出方程，列出该时序电路的状态表，画出状态图或时序图。

(4) 用文字描述给定时序逻辑电路的逻辑功能。

需要说明的是，上述步骤不是必须执行的固定程序，实际应用中可根据具体情况加以取舍。

12.2.2 时序逻辑电路的分析举例

例 12.1 试分析如图 12.3 所示的时序电路。

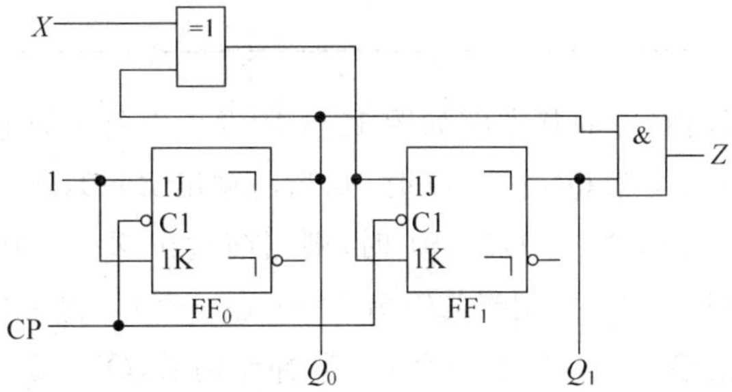

图 12.3 例 12.1 用时序电路

解 分析过程如下：

(1) 写出各逻辑方程式。

这是一个同步时序电路，各触发器时钟脉冲信号 CP 相同，因而各触发器的 CP 逻辑表达式可以不写。

输出方程

$$Z = Q_1^n Q_0^n$$

驱动方程

$$J_0 = 1 \qquad K_0 = 1$$

$$J_1 = X \oplus Q_0^n \qquad K_1 = X \oplus Q_0^n$$

(2) 将驱动方程代入相应触发器的特性方程求出各触发器的次态方程。

$$Q_0^{n+1} = J_0\overline{Q}_0^n + \overline{K}_0 Q_0^n = \overline{Q}_0^n$$

$$\begin{aligned} Q_1^{n+1} &= J_1\overline{Q}_1^n + \overline{K}_1 Q_1^n \\ &= (X \oplus Q_0^n)\overline{Q}_1^n + \overline{X \oplus Q_0^n} Q_1^n \\ &= X \oplus Q_0^n \oplus Q_1^n \end{aligned}$$

(3) 列状态表、画状态图和时序图。

列状态表是分析时序逻辑电路的关键性的一步，其具体做法是：先填入输入和现态的所有组合状态（本例中为 X、Q_1^n、Q_0^n），然后根据输出方程及状态方程，逐行填入当前输出 Z

的相应值，以及次态 Q^{n+1}（Q_1^{n+1}、Q_0^{n+1}）的相应值。照此做法，可列出例 12.1 的状态表，如表 12.2 所示。

表 12.2　例 12.1 状态表

现态		输入	次态		输出
X	Q_1^n	Q_0^n	Q_1^{n+1}	Q_0^{n+1}	Z
0	0	0	0	1	0
0	0	1	1	0	0
0	1	0	1	1	0
0	1	1	0	0	1
1	0	0	1	1	0
1	0	1	0	0	0
1	1	0	0	1	0
1	1	1	1	0	1

根据状态表可以画出对应的状态图如图 12.4 所示。它展示的电路状态变化的规律是：

若输入信号 $X=0$，当现态 $Q_1^nQ_0^n=00$ 时，则当前输出 $Z=0$，在一个 CP 脉冲作用后，电路转向次态 $Q_1^{n+1}Q_0^{n+1}=01$；当 $Q_1^nQ_0^n=01$ 时，则当前输出 $Z=0$，在一个 CP 脉冲作用后，$Q_1^{n+1}Q_0^{n+1}=10$；当 $Q_1^nQ_0^n=10$ 时，则当前输出 $Z=0$，在一个 CP 脉冲作用后，$Q_1^{n+1}Q_0^{n+1}=11$；当 $Q_1^nQ_0^n=11$ 时，则当前输出 $Z=1$，在一个 CP 脉冲作用后，$Q_1^{n+1}Q_0^{n+1}=00$。

若输入信号 $X=1$，电路状态转换的方向则与上述方向相反。

若设电路的初始状态为 $Q_1^nQ_0^n=00$，根据输入信号、状态表和状态图，可画出在一系列 CP 脉冲作用下的时序图，如图 12.5 所示。

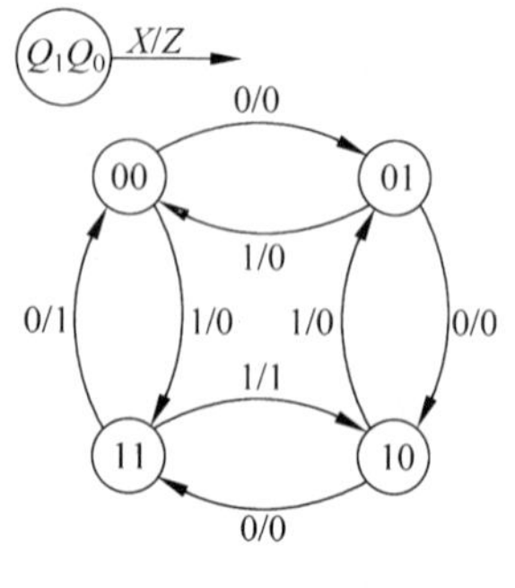

图 12.4　例 12.1 电路的状态图

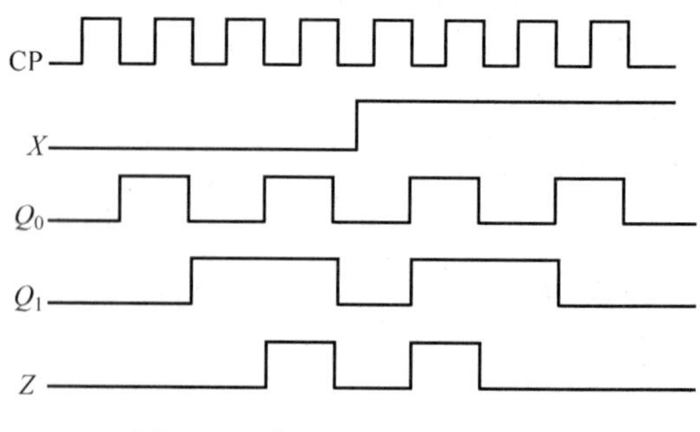

图 12.5　例 12.1 电路的时序图

（4）逻辑功能分析。

由状态图可看出，当 $X=0$ 进行加法计数，在时钟脉冲作用下，$Q_1^nQ_0^n$ 的数值从 00 到 11 递增，每经过 4 个时钟脉冲作用后，电路的状态循环一次。同时在输出端 Z 输出一个进位脉冲，因此，Z 是进位信号。当 $X=1$ 时，电路进行减 1 计数，Z 是借位信号。因此电路是一个可控计数器，有关计数器的详细内容将在 12.3 节加以介绍。

例 12.2　试分析图 12.6 所示的时序电路。

解　图 12.5 所示的 KJ 触发器中，J 有 2 个输入端，两者信号相与后作为 J 的信号进入

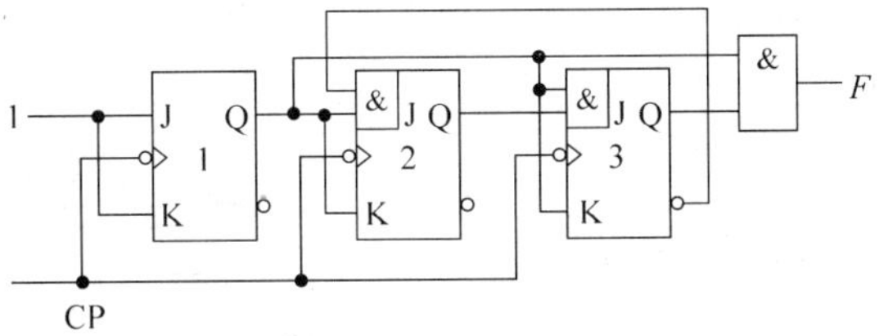

图 12.6　例 12.2 的时序电路

KJ 触发器。在实际应用的 KJ 触发器芯片中，可能有多个 J 端（或多个 K 端），其逻辑关系为与逻辑。

（1）根据图 12.6 写出各逻辑方程式。

输出方程

$$F = Q_3^n Q_1^n$$

驱动方程

$$J_1 = 1 \qquad K_1 = 1$$
$$J_2 = Q_1^n \bar{Q}_3^n \qquad K_2 = Q_1^n$$
$$J_3 = Q_1^n Q_2^n \qquad K_3 = Q_1^n$$

（2）将驱动方程代入相应触发器的特性方程 $Q^{n+1}=J\bar{Q}^n+\bar{K}Q^n$ 中，求出各触发器的次态方程。

$$Q_1^{n+1} = \bar{Q}_1^n$$
$$Q_2^{n+1} = \bar{Q}_3^n \bar{Q}_2^n Q_1^n + Q_2^n \bar{Q}_1^n$$
$$Q_3^{n+1} = \bar{Q}_3^n Q_2^n Q_1^n + Q_3^n \bar{Q}_1^n$$

（3）列状态表、画状态图和波形图。

由于电路没有输入组合逻辑电路部分，所以没有输入变量，状态表中没有此项，电路的状态表如表 12.3 所示。根据状态表可画出这个电路的状态图，如图 12.7 所示。由状态图可见，000、001、010、011、100、101 这 6 个状态形成了闭合回路，在电路正常工作时，电路状态总是按照回路中的箭头方向循环变化，因此这 6 个状态构成了有效循环，称它们为有效状态，其余的 2 个状态称为无效状态。

表 12.3　例 12.2 状态表

现态			次态			输出
Q_3^n	Q_2^n	Q_1^n	Q_3^{n+1}	Q_2^{n+1}	Q_1^{n+1}	F
0	0	0	0	0	1	0
0	0	1	0	1	0	0
0	1	0	0	1	1	0
0	1	1	1	0	0	0
1	0	0	1	0	1	0
1	0	1	0	0	0	1
1	1	0	1	1	1	0
1	1	1	0	0	0	1

若设电路的初始状态为 $Q_3^nQ_2^nQ_1^n=000$，根据状态表和状态图，可画出在一系列 CP 脉冲作用下的时序波形，如图 12.8 所示。

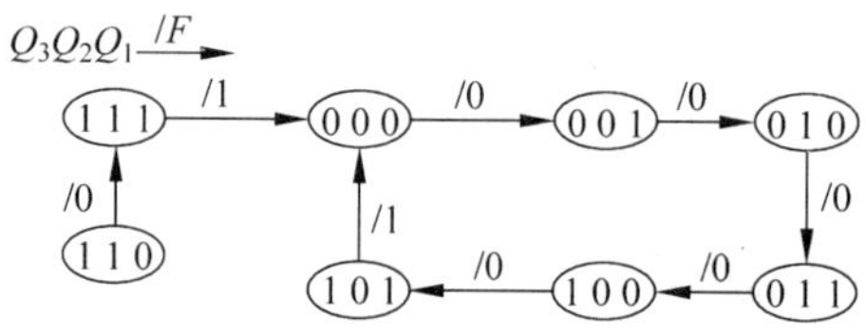

图 12.7　例 12.2 电路的状态图

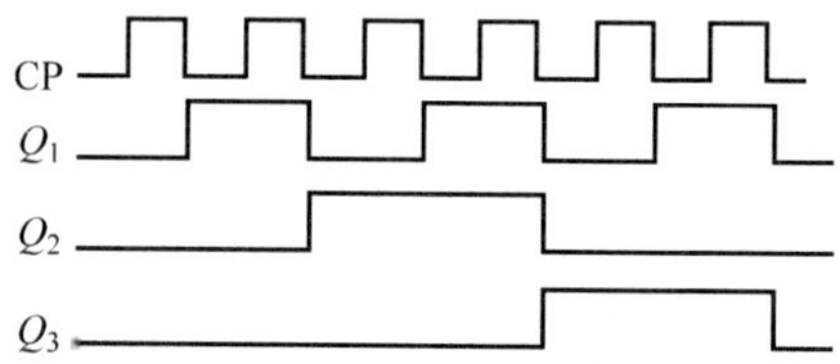

图 12.8　例 12.2 电路的时序波形

（4）逻辑功能分析。

由状态图可以看出，此电路在正常工作时，是一个六进制加法计数器，在时钟脉冲作用下，$Q_3^nQ_2^nQ_1^n$ 的数值从 000 到 101 递增，每经过 6 个时钟脉冲作用后，电路的状态循环一次，当 3 个触发器的输出状态为 101，电路输出 $F=1$，否则 $F=0$。此外，由状态图还可以看出，电路在正常工作时是无法达到无效状态的，若此电路由于某种原因，如噪声信号或接通电源迫使电路进入无效状态时，在 CP 脉冲作用后，电路能自动回到有效序列，电路的这种能力称为自启动能力。通常，希望时序电路具有自启动能力。

例 12.3　试分析图 12.9 所示时序电路。

解　（1）根据图 12.9 写出各逻辑方程式，由于电路没有输入、输出组合逻辑电路部分，所以没有输入、输出变量，只写驱动方程。

$$D_A=\bar{Q}_C^n \qquad D_B=Q_A^n \qquad D_C=Q_B^n$$

（2）将驱动方程代入相应触发器的特性方程 $Q^{n+1}=D$，求出各触发器的次态方程。

$$Q_A^{n+1}=\bar{Q}_C^n \qquad Q_B^{n+1}=Q_A^n \qquad Q_C^{n+1}=Q_B^n$$

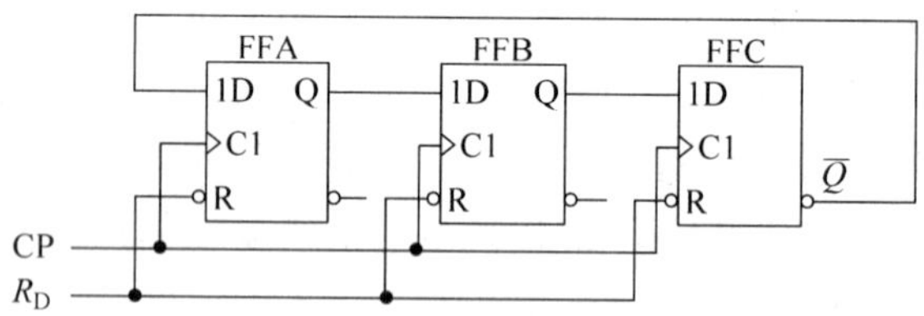

图 12.9　例 12.3 用时序电路

（3）列状态表和画状态图。

由于电路没有输入、输出变量，状态表中没有此 2 项，电路的状态表如表 12.4 所示。根据状态表可画出这个电路的状态图，如图 12.10 所示。000、100、110、111、011、001 这 6 个状态形成了有效循环，010 和 101 为无效循环。

（4）逻辑功能分析。

由状态图可以看出，此电路正常工作时，每经过 6 个时钟脉冲作用后，电路的状态循环一次，因此也称为六进制计数器。电路中的 2 个无效状态构成无效循环，它们不能自动地回到有效循环，所以电路没有自启动能力。

表 12.4　例 12.3 状态表

现态			次态		
Q_A^n	Q_B^n	Q_C^n	Q_A^{n+1}	Q_B^{n+1}	Q_C^{n+1}
0	0	0	1	0	0
0	0	1	0	0	0
0	1	0	1	0	1
0	1	1	0	0	1
1	0	0	1	1	0
1	0	1	0	1	0
1	1	0	1	1	1
1	1	1	0	1	1

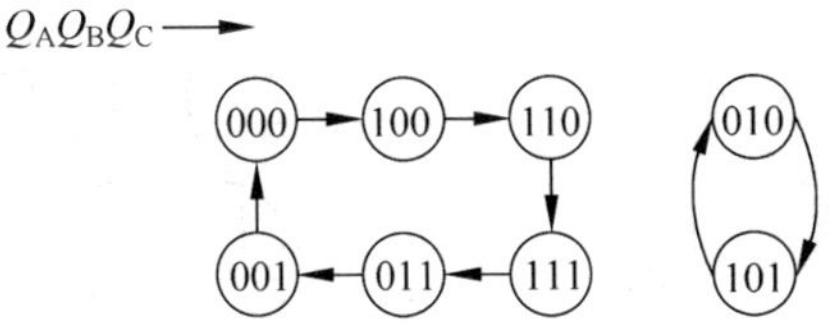

图 12.10　例 12.3 电路的状态图

例 12.4　试分析图 12.11 所示时序电路。

解　(1) 写出各逻辑方程式。

输出方程

$$F = XQ_2^nQ_1^n$$

驱动方程

$$J_1 = X,\quad K_1 = \overline{XQ_2^n}$$

$$J_2 = XQ_1^n,\quad K_2 = \overline{X}$$

(2) 将驱动方程代入相应触发器的特性方程 $Q^{n+1}=J\overline{Q}^n+\overline{K}Q^n$，求出各触发器的次态方程。

$$Q_1^{n+1} = X\overline{Q}_1^n + XQ_2^nQ_1^n$$

$$Q_2^{n+1} = X\overline{Q}_2^nQ_1^n + XQ_2^n$$

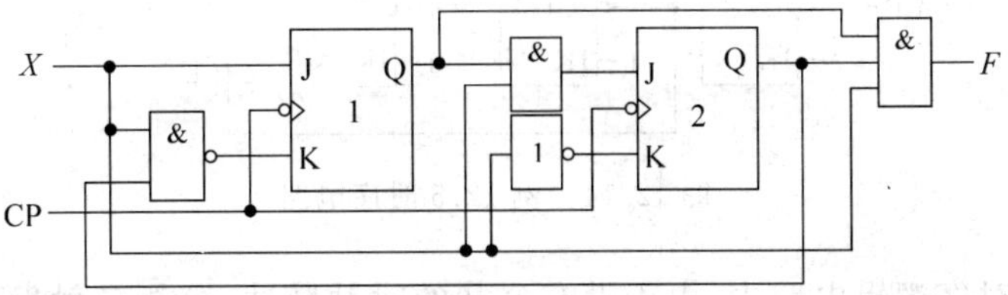

图 12.11　例 12.4 时序电路

(3) 列状态表、画状态图和波形图。

电路的状态表如表 12.5 所示，根据状态表可画出电路的状态图如图 12.12 所示。若设电路的初始状态为 $Q_2^nQ_1^n=00$，根据状态表和状态图，可画出在一系列 CP 脉冲作用下的时序波形，如图 12.13 所示。

表 12.5 例 12.4 状态表

输入	现态		次态		输出
X	Q_2^n	Q_1^n	Q_2^{n+1}	Q_1^{n+1}	F
0	0	0	0	0	0
0	0	1	0	0	0
0	1	0	0	0	0
0	1	1	0	0	0
1	0	0	0	1	0
1	0	1	1	0	0
1	1	0	1	1	0
1	1	1	1	1	1

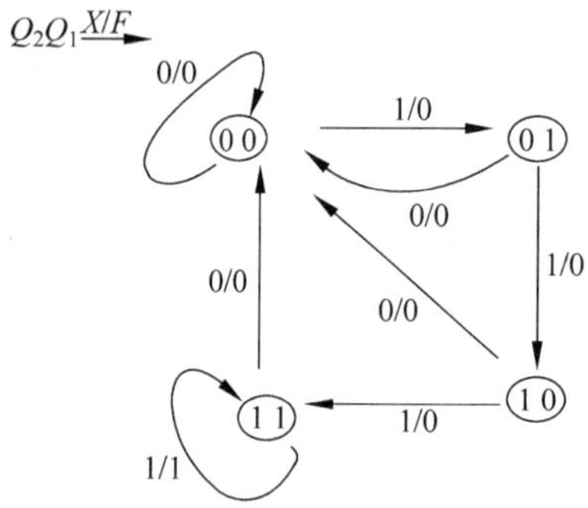

图 12.12 例 12.4 电路的状态图

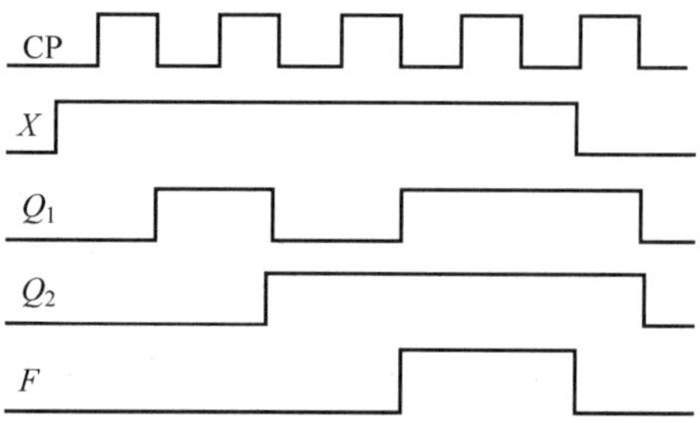

图 12.13 例 12.4 电路的时序波形

(4) 逻辑功能分析。

由状态图可以看出，只要 $X=0$，无论电路处于何种状态都回到 00 状态，且 $F=0$；以后，只有连续输入四个或四个以上的 1 时，才使 $F=1$。该电路的逻辑功能是对输入信号 X 进行检测，当连续输入四个或四个以上个 1 时，输出 $F=1$，否则 $F=0$。故该电路称作 1111 序列检测器。

例 12.5 试分析如图 12.14 所示的异步时序电路。

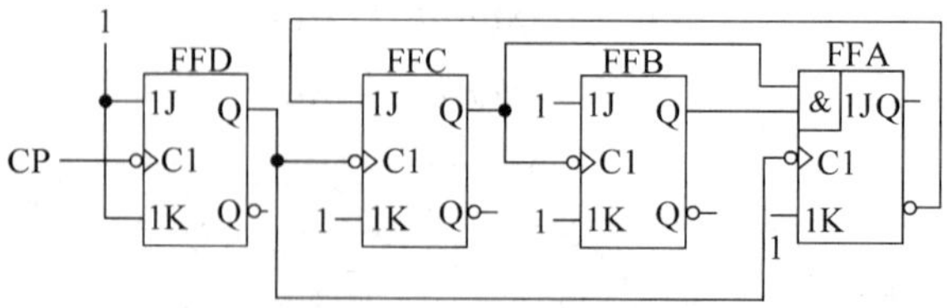

图 12.14 例 12.5 时序电路

解 在异步时序逻辑电路中，由于没有公共的时钟脉冲，分析各触发器的状态转换时，除考虑驱动信号的情况外，还必须考虑其 CP 端的情况，触发器只有在加到其 CP 端上的信号有效时，才有可能改变状态；否则，触发器将保持原有状态不变。因此，分析异步时序逻辑电路，应首先确定各 CP 端的逻辑表达式及触发方式，在考虑各触发器的次态方程时，对于由正跳变沿触发的触发器而言，当其 CP 端的信号由 0 变 1 时，则有触发信号作用，对于由负跳变沿触发的触发器而言，当其 CP 端的信号由 1 变 0 时，则有触发信号作用；有触发信号作用的触发器有可能改变状态，无触发信号作用的触发器则保持原有的状态不变。

（1）根据图12.14写出各逻辑方程式，由于电路没有输入、输出变量，只需写出时钟脉冲信号的逻辑方程和驱动方程。

时钟脉冲信号逻辑方程

$CP_D=CP$，负跳变沿触发。

$CP_C=CP_A=Q_D$，仅当Q_D由1→0时，Q_C和Q_A才可能改变状态，否则，Q_C和Q_A的状态保持不变。

$CP_B=Q_C$，仅当Q_C由1→0时，Q_B才可能改变状态，否则，Q_B的状态保持不变。

驱动方程

$$J_D=K_D=1;$$
$$J_C=\bar{Q}_A^n \qquad K_C=1;$$
$$J_B=K_B=1$$
$$J_A=Q_B^nQ_C^n \qquad K_A=1;$$

（2）将驱动方程代入相应触发器的特性方程中，求出各触发器的次态方程。

$$Q_A^{n+1}=\bar{Q}_A^nQ_B^nQ_C^n\text{（}Q_D\text{负跳变时此式有效）}$$
$$Q_B^{n+1}=\bar{Q}_B^n\text{（}Q_C\text{负跳变时此式有效）}$$
$$Q_C^{n+1}=\bar{Q}_A^n\ \bar{Q}_C^n\text{（}Q_D\text{负跳变时此式有效）}$$
$$Q_D^{n+1}=\bar{Q}_D^n\text{（}CP\text{负跳变时此式有效）}$$

（3）列状态表、画状态图和时序图。

列状态表的方法与同步时序电路基本相似，只是还应注意各触发器CP端的状况（是否有负跳变沿作用），因此，可在状态表中增加各触发器CP端的状况，无负跳变沿作用时的CP用0表示，有负跳变沿作用时的CP用1表示。例12.5的状态表如表12.6所示。由状态表可画出状态图，如图12.15所示。此电路的时序波形如图12.16所示。

表12.6　例12.5状态表

现态				时钟信号				次态			
Q_A^n	Q_B^n	Q_C^n	Q_D^n	CP_A	CP_B	CP_C	CP_D	Q_A^{n+1}	Q_B^{n+1}	Q_C^{n+1}	Q_D^{n+1}
0	0	0	0	0	0	0	1	0	0	0	1
0	0	0	1	1	0	1	1	0	0	1	0
0	0	1	0	0	0	0	1	0	0	1	1
0	0	1	1	1	1	1	1	0	1	0	0
0	1	0	0	0	0	0	1	0	1	0	1
0	1	0	1	1	0	1	1	0	1	1	0
0	1	1	0	0	0	0	1	0	1	1	1
0	1	1	1	1	1	1	1	1	0	0	0
1	0	0	0	0	0	0	1	1	0	0	1
1	0	0	1	1	0	1	1	0	0	0	0
1	0	1	0	0	0	0	1	1	0	1	1
1	0	1	1	1	1	1	1	0	1	0	0
1	1	0	0	0	0	0	1	1	1	0	1
1	1	0	1	1	0	1	1	0	1	0	0
1	1	1	0	0	0	0	1	1	1	1	1
1	1	1	1	1	1	1	1	0	0	0	0

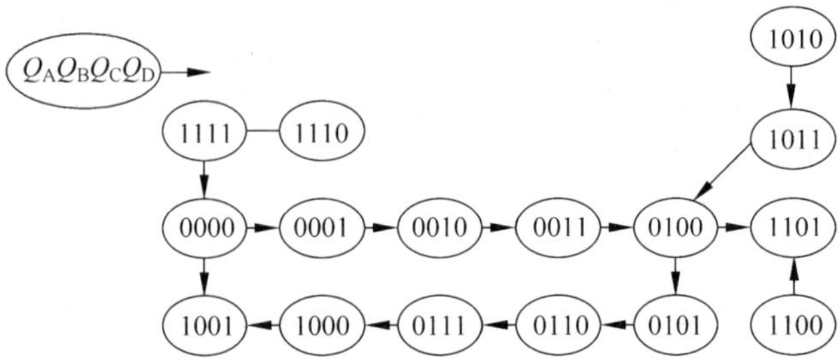

图 12.15 例 12.5 电路的状态图

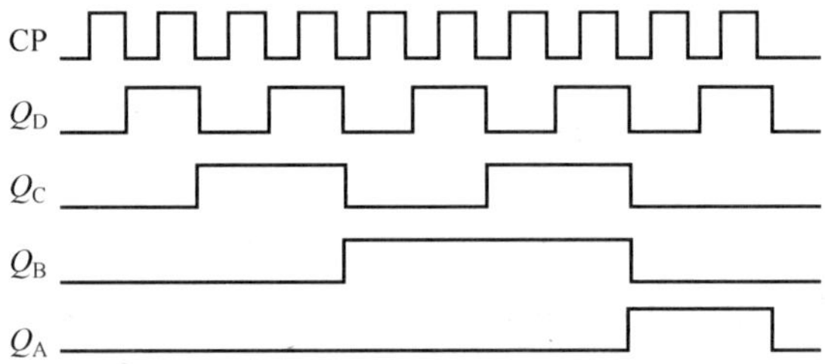

图 12.16 例 12.5 电路的时序波形

(4) 逻辑功能分析。

由状态图和状态表可以看出,有效循环共有十个不同的状态 0000～1001,其余 6 个状态 1010～1111 为无效状态,所以电路是一个十进制异步加法计数器,并具有自启动能力。

12.2.3 同步时序电路的基本设计方法

时序电路设计是时序电路分析的逆过程,即根据给定的逻辑功能要求,选择适当的逻辑器件,设计出符合要求的时序逻辑电路。这种设计方法的基本指导思想是用尽可能少的时钟触发器和门电路来实现符合设计要求的时序电路。用触发器及门电路设计同步时序电路的一般步骤如下。

第一步:绘制状态图。分析给定的逻辑功能,确定输入变量、输出变量及该电路应包含的状态,并用自然二进制码对状态编码。

第二步:列出状态表,确定触发器的个数。触发器的个数 n 按照式(12.4)选择,即

$$2^{n-1} < M \leqslant 2^n \tag{12.4}$$

其中 M 是电路包含的状态个数。

第三步:根据状态表画出触发器次态和输出变量的卡诺图。

第四步:确定触发器种类,由卡诺图求得逻辑电路的输出方程和各触发器的驱动方程。

第五步:画逻辑电路图并检查自启动能力。如果发现设计的电路没有自启动能力,则应对设计进行修改。

例 12.6 设计一个自然二进制码的五进制计数器,当计数到第 5 个状态,输出为 1,否则输出为 0。

解 (1) 由题意可知,该计数器没有输入变量,1 个输出变量,设为 F,共 5 个有效状态,其状态图见图 12.17。

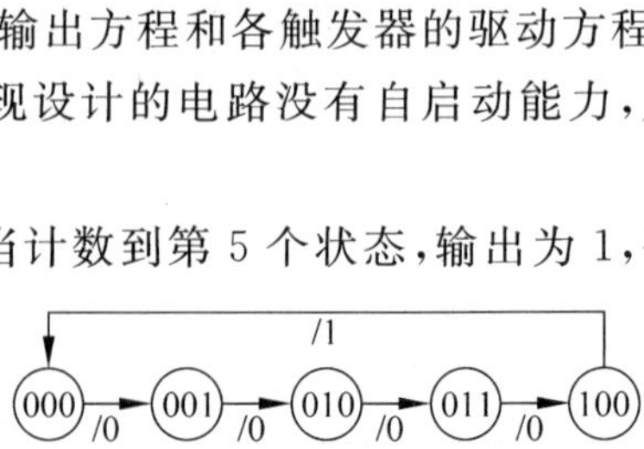

图 12.17 例 12.6 状态图

(2) 状态表如表 12.7 所示。

表 12.7　例 12.6 状态表

现态			次态			输出
Q_2^n	Q_1^n	Q_0^n	Q_2^{n+1}	Q_1^{n+1}	Q_0^{n+1}	F
0	0	0	0	0	1	0
0	0	1	0	1	0	0
0	1	0	0	1	1	0
0	1	1	1	0	0	0
1	0	0	0	0	0	1
1	0	1	×	×	×	×
1	1	0	×	×	×	×
1	1	1	×	×	×	×

由于五进制计数器的状态数 $M=5$,所以应选三个触发器,满足 $2^{n-1}<M\leqslant 2^n$。三个触发器记作 F_0、F_1 和 F_2。

(3) 根据状态表画出三个触发器次态和输出变量 F 的卡诺图如图 12.18 所示。

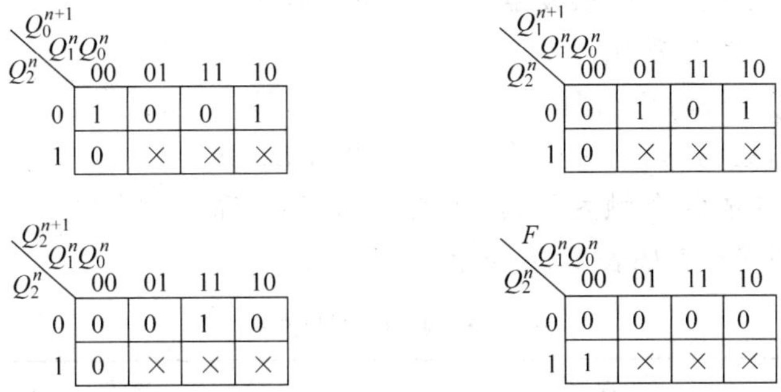

图 12.18　例 12.6 三个次态和输出变量 F 卡诺图

(4) 若选择 D 触发器,通过次态卡诺图化简,得出状态方程如下:

$$\begin{cases} Q_0^{n+1}=D_0=\bar{Q}_2^n\bar{Q}_0^n \\ Q_1^{n+1}=D_1=Q_0^n\bar{Q}_1^n+\bar{Q}_0^nQ_1^n=Q_0^n\oplus Q_1^n \\ Q_2^{n+1}=D_2=Q_0^nQ_1^n \end{cases} \tag{12.5}$$

若选用 JK 触发器,为了便于与触发器特性方程进行对比,重新写出通过次态卡诺图化简后状态方程:

$$\begin{cases} Q_0^{n+1}=\bar{Q}_2^n\,\bar{Q}_0^n \\ Q_1^{n+1}=Q_0^n\bar{Q}_1^n+\bar{Q}_0^n\,Q_1^n \\ Q_2^{n+1}=Q_0^n\,Q_1^n\bar{Q}_2^n \end{cases} \tag{12.6}$$

将次态方程与 JK 触发器特性方程相比较,得出驱动方程:

$$\begin{cases} J_0=\bar{Q}_2^n \qquad K_0=1 \\ J_1=Q_0^n \qquad K_1=Q_0^n \\ J_2=Q_0^n\,Q_1^n \qquad K_1=1 \end{cases} \tag{12.7}$$

根据图 12.8 中输出变量 F 卡诺图,化简后得到输出方程为

$$F = Q_2^n \tag{12.8}$$

比较式(12.5)和式(12.7)发现：选用D触发器，触发器输入端需要3个二输入的逻辑门；而选用JK触发器实现驱动方程仅需要1个二输入端的与门，JK触发器的线路比D触发器简单，故本题选用JK触发器。

(5) 选用JK触发器的自然二进制码的五进制计数器的时序电路如图12.19所示。

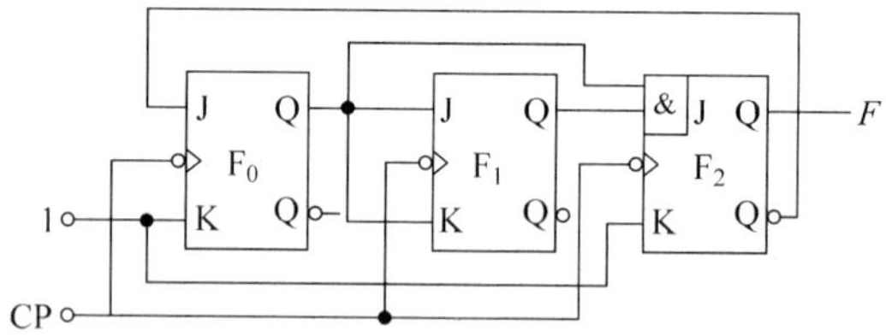

图 12.19 自然二进制码的五进制计数器的时序电路

当电路进入无效状态101、110和111后，由各触发器次态方程(12.6)可知对应的次态分别为010、010和000，电路能自动进入有效循环，所设计的电路具有自启动能力。

例 12.7 试用正边沿JK触发器设计一同步时序电路，其状态转换如图12.20所示。

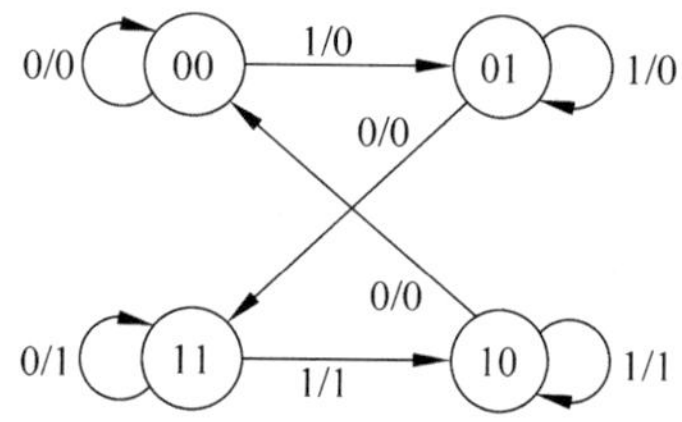

图 12.20 例12.7状态转换图

解 (1)由于题目给出状态图，通过状态图可知，该电路有一个输入变量，设为X，有一个输出变量，设为Z；共有4个状态，所以应选两个触发器，触发器记作FF_0和FF_1。根据状态图列状态表如表12.8所示。

表 12.8 例 12.7 状态表

输入	现态		次态		输出
X	Q_1^n	Q_0^n	Q_1^{n+1}	Q_0^{n+1}	Z
0	0	0	0	0	0
0	0	1	1	1	0
0	1	0	0	0	0
0	1	1	1	1	1
1	0	0	0	1	0
1	0	1	0	1	0
1	1	0	1	0	1
1	1	1	1	0	1

(2) 由状态表画出触发器次态和输出变量Z卡诺图如图12.21所示。

(3) 由于选用JK触发器，为了便于与触发器特性方程进行对比，通过次态卡诺图化简后的状态方程为

$$\begin{cases} Q_0^{n+1} = X\overline{Q}_1^n\overline{Q}_0^n + \overline{Q}_1^n Q_0^n + \overline{X}Q_0^n = X\overline{Q}_1^n\overline{Q}_0^n + \overline{\overline{X}\,\overline{Q}_1^n}Q_0^n \\ Q_1^{n+1} = \overline{X}Q_0^n\overline{Q}_1^n + Q_0^n Q_1^n + XQ_1^n = \overline{X}Q_0^n\overline{Q}_1^n + \overline{\overline{X}\cdot\overline{Q}_0^n}Q_1^n \end{cases}$$

卡诺图化简后的输出方程为

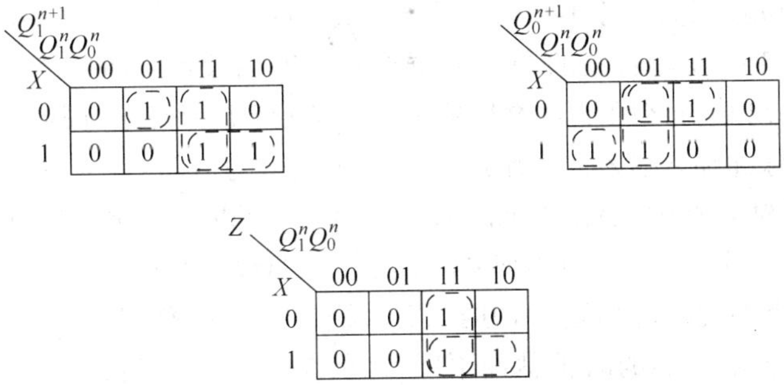

图 12.21　例 12.7 触发器次态和输出变量 Z 卡诺图

$$Z = Q_0^n Q_1^n + XQ_1^n = \overline{\overline{X}\cdot\overline{Q_0^n}}\,Q_1^n$$

将次态方程与 JK 触发器特性方程相比较，得出驱动方程为

$$J_0 = X\overline{Q}_1^n \qquad K_0 = XQ_1^n$$

$$J_1 = \overline{X}Q_0^n \qquad K_1 = \overline{X}\overline{Q}_0^n$$

（4）画出时序电路如图 12.22 所示。

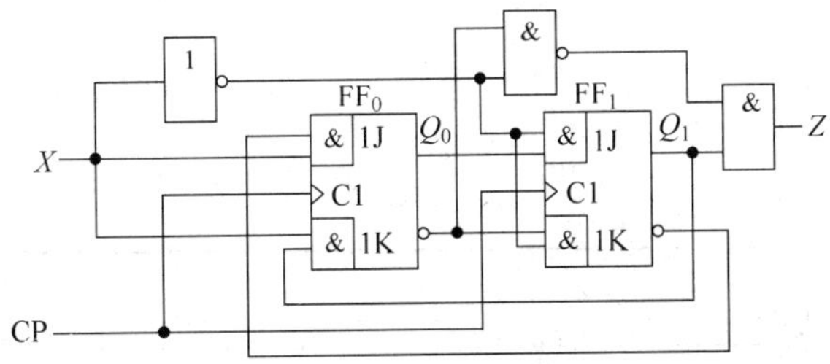

图 12.22　例 12.7 时序电路

12.3　计　数　器

计数器的基本功能是统计时钟脉冲的个数，既可实现计数操作，也可用于分频、定时、产生节拍脉冲等。例如，计算机中的时序发生器、分频器、指令计数器等部分都要使用计数器。

计数器的种类很多。按进位体制的不同，可分为二进制计数器和 M 进制计数器；按时钟脉冲输入方式的不同，可分为同步计数器和异步计数器；按计数过程中数字增减趋势的不同，可分为加法计数器、减法计数器和可逆计数器。

12.3.1　二进制计数器

按二进制数递增或递减方式计数的计数器称为二进制计数器。

1. 异步二进制计数器

一个三位二进制加法计数序列如表 12.9 所示。由表 12.9 可见，最低位 Q_0 随着每次时钟脉冲的出现都改变状态，而其他位在相邻低位由 1 变 0 时，发生翻转。即三位二进制加法计数规律是：最低位在每来一个 CP 翻转一次；低位由 1→0(负跳变沿)时，相邻高位状态发生变化。可用 3 个正跳变沿触发的 D 触发器 FF_2、FF_1 和 FF_0 组成 3 位二进制加法计数器，各个触发器的 $\overline{Q}$ 输出端与该触发器的 D 输入端相连(即 $D_i=\overline{Q}_i$)；同时，各 $\overline{Q}$ 端又与相邻高 1 位触发器的时钟脉冲输入端相连，满足 Q_{i-1}^n 由 1 负跳为 0 时，$Q_i^{n+1}=\overline{Q}_i^n$；计数脉冲 CP 加至触发器 FF_0 的时钟脉冲输入端，如图 12.23 所示。所以每当输入一个计数脉冲，最低位触发器 FF_0 就翻转一次。当 Q_0 由 1 变 0，$\overline{Q}_0$ 由 0 变 1(Q_0 的进位信号)时，FF_1 翻转。当 Q_1 由 1 变 0，$\overline{Q}_1$ 由 0 变 1(Q_1 的进位信号)时，FF_2 翻转，这样电路实现了三位二进制加法计数功能。由于电路中各触发器的时钟脉冲不同，因而是一个异步时序电路，分析其工作过程，不难得到其状态图和时序图，它们分别如图 12.24 和图 12.25 所示。其中虚线是考虑触发器的传输延迟时间 t_{pd}后的波形。

表 12.9　三位二进制加法计数序列

CP	Q_2^n	Q_1^n	Q_0^n
0	0	0	0
1	0	0	1
2	0	1	0
3	0	1	1
4	1	0	0
5	1	0	1
6	1	1	0
7	1	1	1
8	0	0	0

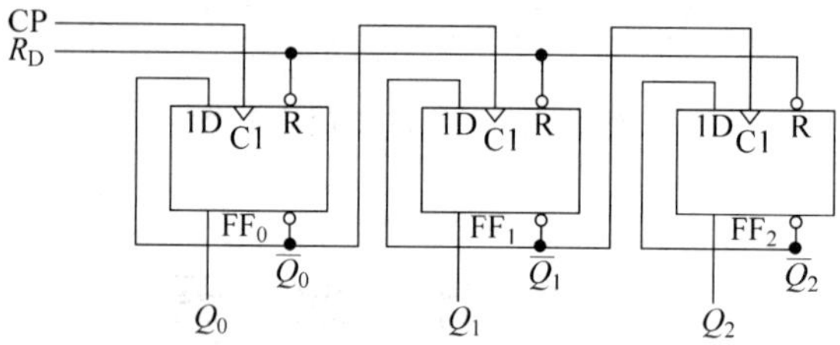

图 12.23　三位二进制异步计数器

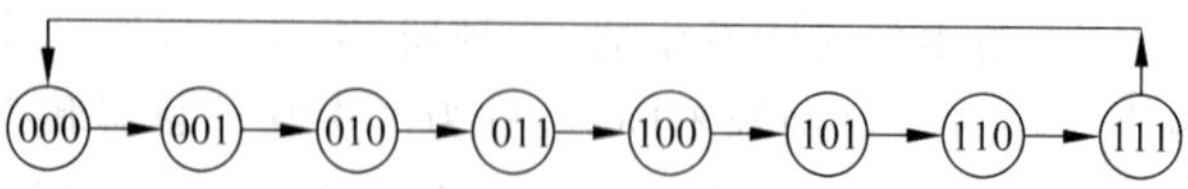

图 12.24　三位二进制加法计数器状态图

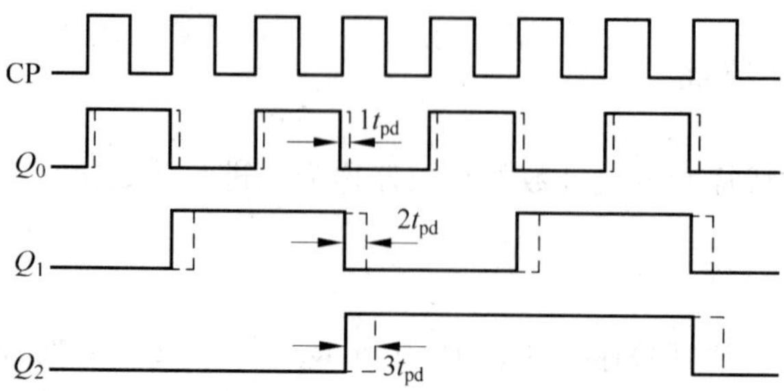

图 12.25　三位二进制计数器时序波形

从时序波形可以清楚地看到：Q_0、Q_1、Q_2 的周期分别是计数脉冲(CP)周期的 2 倍、4 倍、8 倍，也就是说，Q_0、Q_1、Q_2 分别对 CP 波形进行了二分频、四分频、八分频，因而计数器也可作为分频器。

值得注意的是，在考虑各触发器的传输延迟时间时，由图 12.25 中的虚线波形可知，对于一个 n 位的二进制异步计数器来说，从一个计数脉冲(本例为正跳变沿起作用)到来，到 n 个触发器都翻转稳定，需要经历的最长时间是 nt_{pd}，为保证计数器的状态能正确反映计数脉冲的个数，下一个计数脉冲(正跳变沿)必须在 nt_{pd} 后到来，因此计数脉冲的最小周期 $T=nt_{pd}$。

2. 同步二进制计数器

为了提高计数速度，可采用同步计数器，其特点是：计数脉冲同时接于各位触发器的时钟脉冲输入端，当时钟脉冲到来时，各触发器可同时翻转。

由三位二进制加法计数序列表 12.9 可知，若要触发器翻转时刻相同，触发器翻转的条件是：最低位 Q_0 每来一个时钟脉冲翻转一次，而其他位在所有低位为 1 时，再来一个时钟脉冲翻转一次。由此可推出计数器电路的驱动方程。例如，若用 JK 触发器构成三位二进制加法同步计数器，其驱动方程为

$$J_0 = K_0 = 1$$
$$J_1 = K_1 = Q_0^n$$
$$J_2 = K_2 = Q_0^n Q_1^n$$

由驱动方程画出的逻辑电路如图 12.26 所示。利用时序电路的分析方法分析该电路可以得到如图 12.24 所示的状态图，若设触发器初态为 000，因为 $J_0=K_0=1$，所以每来一个计数脉冲 CP，最低位触发器 FF_0 就翻转一次，其他位的触发器 FF_i 仅在 $J_i=K_i=Q_{i-1}$、Q_{i-2}、…、$Q_0=1$ 的条件下，在 CP 负跳变沿到来时才翻转，由此画出的波形如图 12.27 所示。波形图中的虚线是考虑触发器的传输延迟时间 t_{pd}后的波形。由此波形图可知，在同步计数器中，由于计数脉冲 CP 同时作用于各个触发器，所有触发器的翻转是同时进行的，都比计数脉冲 CP 的作用时间滞后一个 t_{pd}，因此其工作速度一般要比异步计数器高。

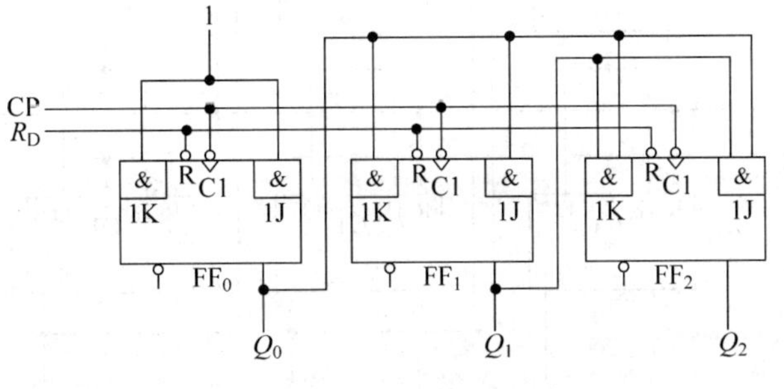

图 12.26 三位二进制加法同步计数器

如果将图 12.26 所示电路中触发器 FF_0、FF_1 和 FF_2 的驱动信号分别改为

$$J_0 = K_0 = 1$$
$$J_1 = K_1 = \bar{Q}_0^n$$

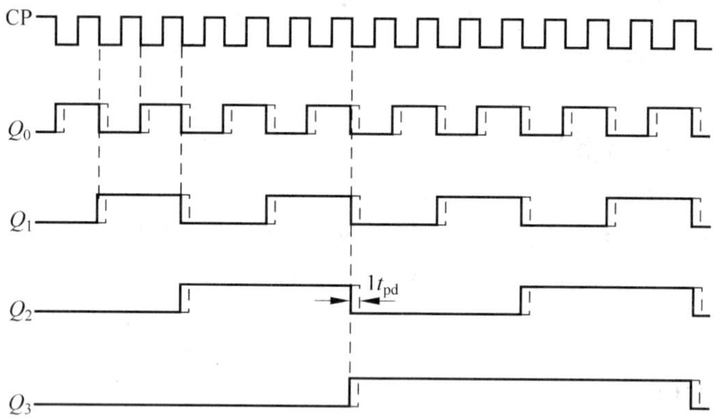

图 12.27 3位二进制加法同步计数器时序波形

$$J_2 = K_2 = \bar{Q}_0^n \bar{Q}_1^n$$

即可构成3位二进制同步减法计数器，其工作过程请读者自行分析。

3. 可逆二进制计数器

同时兼有加和减两种计数功能的计数器称为可逆计数器。图12.28是四位二进制同步可逆计数器，由图可知，各触发器的驱动信号分别为

$$J_0 = K_0 = 1$$

$$J_1 = K_1 = XQ_0^n + \overline{X}\bar{Q}_0^n$$

$$J_2 = K_2 = XQ_0^n Q_1^n + \overline{X}\bar{Q}_0^n \bar{Q}_1^n$$

$$J_3 = K_3 = XQ_0^n Q_1^n Q_2^n + \overline{X}\bar{Q}_0^n \bar{Q}_1^n \bar{Q}_2^n$$

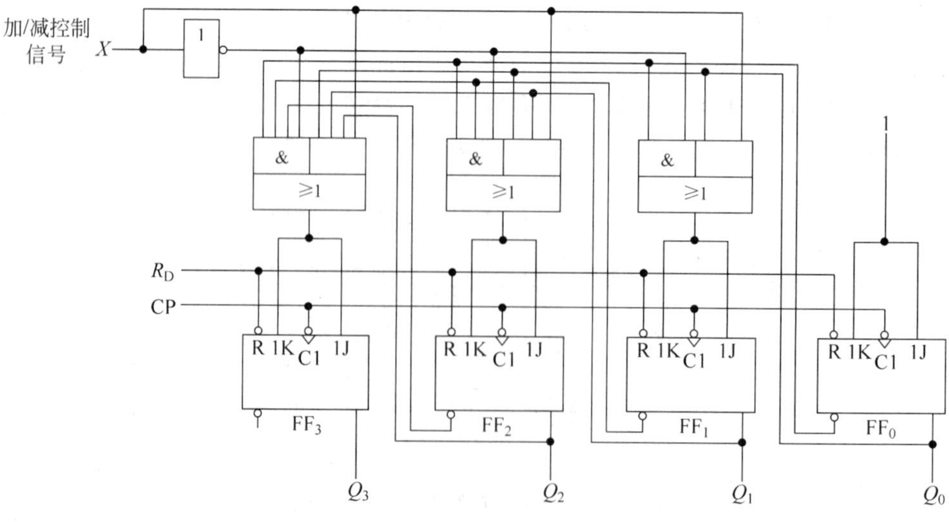

图 12.28 四位二进制同步可逆计数器

当 $X=1$ 时，驱动信号分别为

$$J_0 = K_0 = 1$$

$$J_1 = K_1 = Q_0^n$$

$$J_2 = K_2 = Q_0^n Q_1^n$$

$$J_3 = K_3 = Q_0^n Q_1^n Q_2^n$$

满足加法计数翻转条件，$FF_0 \sim FF_3$ 中的各 J、K 端分别与低位各触发器的 Q 端接通，进行加计数。

当 $X=0$ 时，驱动信号分别为

$$J_0 = K_0 = 1$$

$$J_1 = K_1 = \overline{Q}_0^n$$

$$J_2 = K_2 = \overline{Q}_0^n \overline{Q}_1^n$$

$$J_3 = K_3 = \overline{Q}_0^n \overline{Q}_1^n \overline{Q}_2^n$$

各 J、K 端分别与低位各触发器 $\overline{Q}$ 端接通，若设触发器初态为 0000，在第一个计数脉冲作用后，触发器 FF_0 由 0 翻转为 1，说明 Q_0 有借位，同时，由于 $Q_1Q_0=00$，$Q_2Q_1Q_0=000$，$Q_3Q_2Q_1Q_0=0000$，$Q_1 \sim Q_3$ 都有借位，即 $J_1=K_1=J_2=K_2=J_3=K_3=1$，$FF_1 \sim FF_3$ 也由 0 同时翻转为 1，计数器由 0000 变成 1111 状态。此后，每来 1 个计数脉冲，计数器的状态按二进制递减(减 1)。输入第 16 个计数脉冲后，计数器又回到 0000 状态，完成一次循环。在 $X=0$ 时，计数器进行同步减 1 计数。

利用时序电路分析方法分析图 12.28 所示的电路，可以得到表 12.10 所示的状态表和图 12.29 所示的状态图。显然，该电路实现了可逆计数功能。

表 12.10 图 12.27 电路状态表

计数脉冲	输入信号	电路状态			
CP	X	Q_3^n	Q_2^n	Q_1^n	Q_0^n
0	1	0	0	0	0
1	1	0	0	0	1
2	1	0	0	1	0
3	1	0	0	1	1
4	1	0	1	0	0
5	1	0	1	0	1
6	1	0	1	1	0
7	1	0	1	1	1
8	1	1	0	0	0
9	1	1	0	0	1
10	1	1	0	1	0
11	1	1	0	1	1
12	1	1	1	0	0
13	1	1	1	0	1
14	1	1	1	1	0
15	1	1	1	1	1
16	1	0	0	0	0
1	0	1	1	1	1
2	0	1	1	1	0
3	0	1	1	0	1
4	0	1	1	0	0

续表

计数脉冲	输入信号	电路状态			
CP	X	Q_3^n	Q_2^n	Q_1^n	Q_0^n
5	0	1	0	1	1
6	0	1	0	1	0
7	0	1	0	0	1
8	0	1	0	0	0
9	0	0	1	1	1
10	0	0	1	1	0
11	0	0	1	0	1
12	0	0	1	0	0
13	0	0	0	1	1
14	0	0	0	1	0
15	0	0	0	0	1
16	0	0	0	0	0

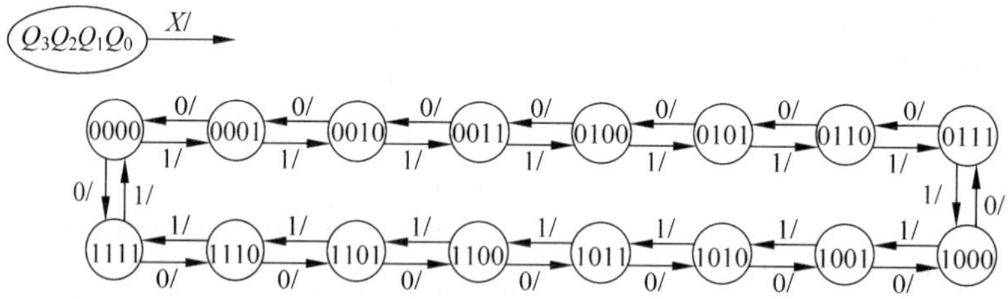

图 12.29　四位二进制可逆计数器状态图

观察上述各计数器状态图，可以发现状态图都存在单一循环（即有效循环），有效循环中的状态个数称为模，如果有效循环中有 M 个状态，这样的时序电路称为模 M 计数器，或称为 M 进制计数器。例如，上面讨论的三位二进制计数器，状态图中共有 8 个状态，因而又可称为模 8 计数器，或八进制计数器，由此看来，二进制计数器是 M 进制计数器中的一种类型。

对于 n 位二进制计数器，需要 n 个触发器组成，共有 $2^n=M$ 个计数状态；对于非二进制计数器来说，当有效状态数 N 和所用触发器的位数 n 之间存在 $N< M=2^n$ 关系时，必然存在 $M-N$ 个多余状态，即无效状态（如例 12.5 十进制计数器中的 1010～1111 六个状态）。在实际工作中，当由于某种原因（如干扰信号等）使计数器进入某一无效状态时，要求计数器能够自动地由无效状态返回到有效状态的循环中来，这就是说，要求设计的计数器具有自启动能力。

12.3.2 集成计数器

在一些简单小型数字系统中，集成计数器因其具有体积小、功耗低、功能灵活等优点被广泛应用，集成计数器的类型很多，本节仅介绍 2 个较典型产品的功能和应用。

1. 74161 集成计数器

74161 是 4 位二进制同步加计数器。它的逻辑电路、引脚排列和符号如图 12.30 所示，

其中 R_D 是清零端，LD 是置数控制端，D、C、B、A 是预置数据输入端，EP 和 ET 是计数使能(控制)端；RCO($=\text{ET}\cdot Q_D\cdot Q_C\cdot Q_B\cdot Q_A$)是进位输出端。

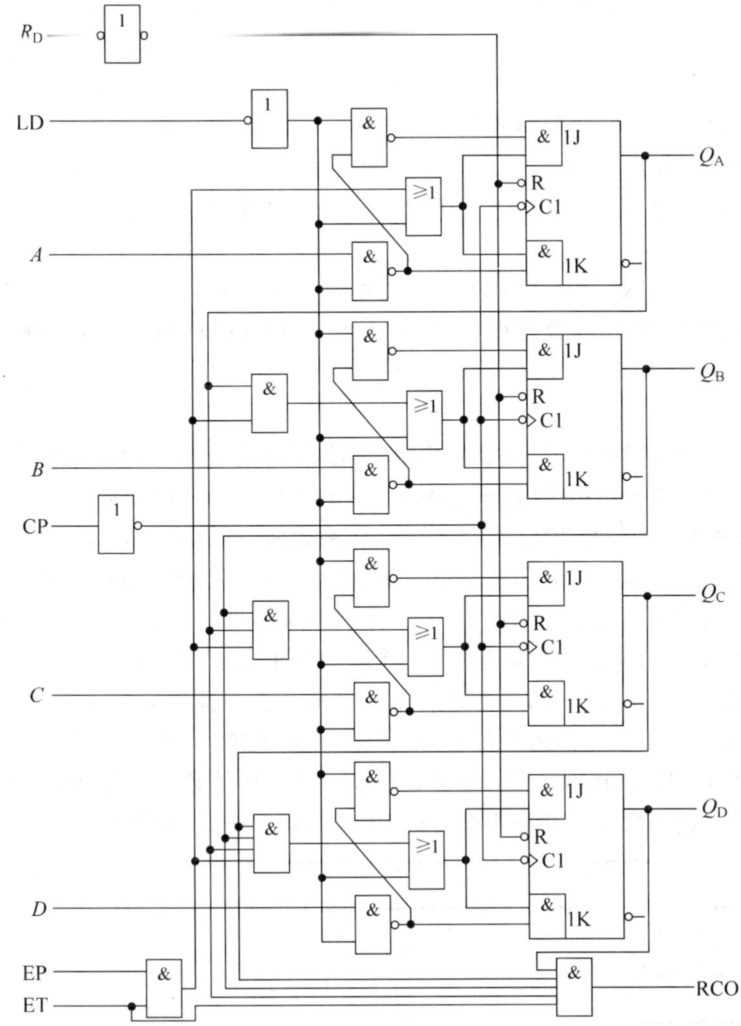

(a) 逻辑电路

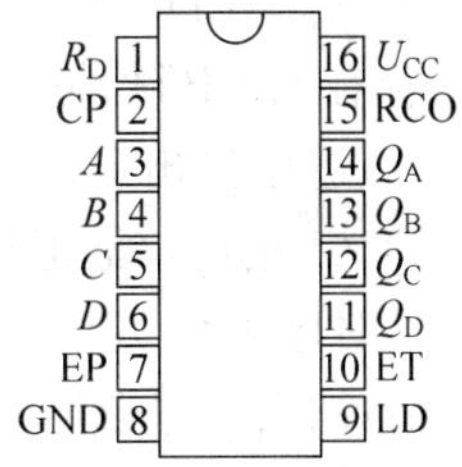

(b) 引脚排列

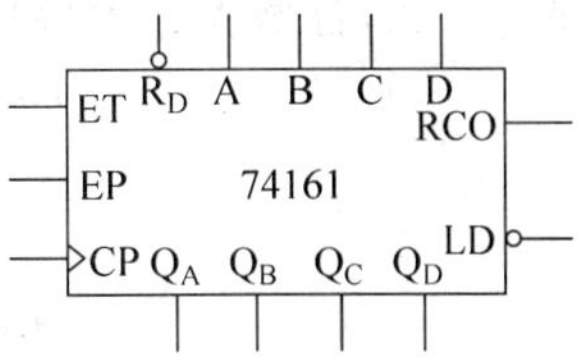

(c) 符号

图 12.30　74161 集成计数器

74161 的功能表如表 12.11 所示，由表可知，74161 具有以下四种工作方式。

表 12.11　74161 的功能表

清零	置数	使能		时钟	置数输入				输出			
R_D	LD	EP	ET	CP	D	C	B	A	Q_D	Q_C	Q_B	Q_A
0	×	×	×	×	×	×	×	×	0	0	0	0
1	0	×	×	↑	D	C	B	A	D	C	B	A
1	1	0	×	×	×	×	×	×		保	持	
1	1	×	0	×	×	×	×	×	保	持	RCO	=0
1	1	1	1	↑	×	×	×	×		计	数	

1）异步清零

当 $R_D=0$ 时，计数器处于异步清零工作方式，这时，不管其他输入端的状态如何（包括时钟信号 CP），计数器输出将被直接置 0。由于清零不受时钟信号控制，因而称为异步清零，且低电平有效。

2）同步并行置数

当 $R_D=1$，LD=0 时，计数器处于同步并行置数工作方式，这时，在时钟脉冲 CP 正跳变沿作用下，D、C、B、A 输入端的数据将分别被 Q_D、Q_C、Q_B、Q_A 所接收。由于置数操作要与 CP 正跳变沿同步，且 A～D 的数据同时置入计数器，所以称为同步并行置数，且低电平有效。

3）计数

当 R_D=LD=ET=EP=1 时，计数器处于计数工作方式，在时钟脉冲 CP 正跳变沿作用下，实现四位二进制计数器的计数功能，计数过程有 16 个状态，计数器的模为 16，当计数状态为 $Q_DQ_CQ_BQ_A=1111$，进位输出 RCO=1。

4）保持

当 R_D=LD=1，ET·EP=0（即两个计数使能端中有 0）时，计数器处于保持工作方式，即不管有无 CP 脉冲作用，计数器都将保持原有状态不变（停止计数）。此时，如果 EP=0，ET=1，进位输出 RCO 也保持不变；如果 ET=0，不管 EP 状态如何，进位输出 RCO=0。

74161 的时序波形如图 12.31 所示。由时序波形可以观察到 74161 的功能和各控制信号之间的时序关系。首先加入一清零信号 $R_D=0$，使各触发器的状态为 0，即计数器清零。R_D 变为 1 后，加入一置数控制信号 LD=0，该信号需维持到下一个时钟脉冲的正跳变到来后。在这个置数信号和时钟脉冲正跳变沿的共同作用下，各触发器的输出状态与预置的输入数据相同（图中为 $DCBA=1100$），置数操作完成。接着是 EP=ET=1，在此期间 74161 处于计数状态。这里是从预置的 $DCBA=1100$ 开始计数，直到 EP=0，ET=1，计数状态结束，转为保持状态，计数器输出保持 EP 负跳变前的状态不变，图中为 $DCBA=0010$，RCD=0。

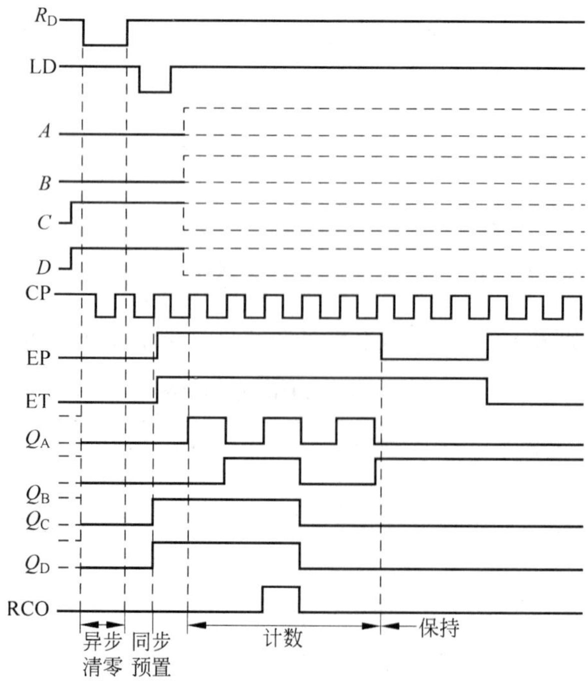

图 12.31　74161 的时序波形

应用 74161 清零方式和置数方式可以实现模大于芯片模数 $M=16$ 或小于 16 的任一进制计数器。

例 12.8　利用清零方式，用 74161 构成九进制计数器。

解　九($N=9$)进制计数器有 9 个状态，而 74161 在计数过程中有 16($M=16$)个状态，因此必须设法跳过 $M-N=16-9=7$ 个状态。即计数器从 0000 状态开始计数，当计到 9 个状态后，利用下一个状态 1001，提供清零信号，迫使计数器回到 0000 状态，此后清零信号消失，计数器重新从 0000 状态开始计数。应用 74161 构成的九进制计数器逻辑电路及有效循环状态图如图 12.32 所示。逻辑图中，利用与非门将输出端 $Q_DQ_CQ_BQ_A=1001$ 信号译码，产生清零信号，使计数器返回 0000 状态。因 74161 计数器是异步清零，电路进入 1001 状态的时间极其短暂，在有效循环状态图中用虚线表示，这样，电路就跳过了 1001～1111 七个状态，实现九进制计数。

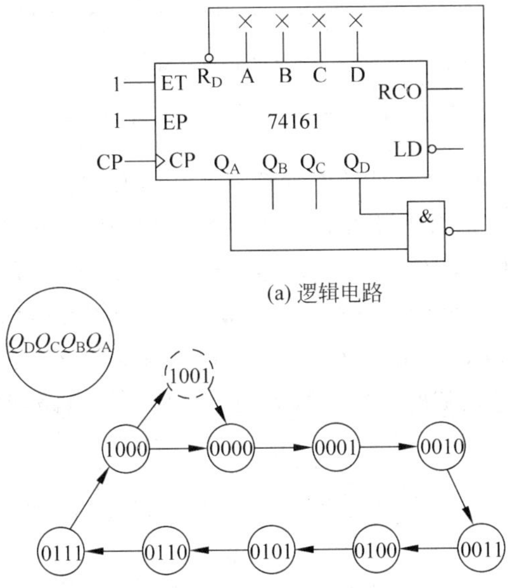

(a) 逻辑电路

(b) 有效循环状态图

图 12.32　利用 74161 清零方式构成九进制计数器

由本例题可知，利用异步清零方式可以把计数序列的后几个状态舍掉，构成不足芯片模数 M(本例为 16)的 N 进制计数器。具体方法是：用与非门对第 $N+1$ 个计数状态(本例 $N=9$，第 $N+1$ 个计数状态为 1001)译码，产生清零信号。当计数到第 $N+1$ 个状态时，$R_D=0$，计数器回 0，这样就舍掉了计数序列的最后 $M-N$ 个状态(本例为 1001，1010，…，1111)，构成 N 进制计数器。

例 12.9　利用 74161 的置数方式，设计九进制计数器电路。

解　方法一：利用置数方式，舍掉计数序列最后几个状态，构成九进制计数器。

要构成九进制计数器，应保留计数序列 0000～1000 九个状态，舍掉 1001～1111 七个状态。具体步骤是：利用与非门对第九个输出状态 1000 译码，产生置数控制信号 0 并送至 LD 端，置数的输入数据为 0000。这样，在下一个时钟脉冲正跳变沿到达时，计数器置入 0000 状态，使计数器按九进制计数。具体逻辑电路和状态图如图 12.33 所示。

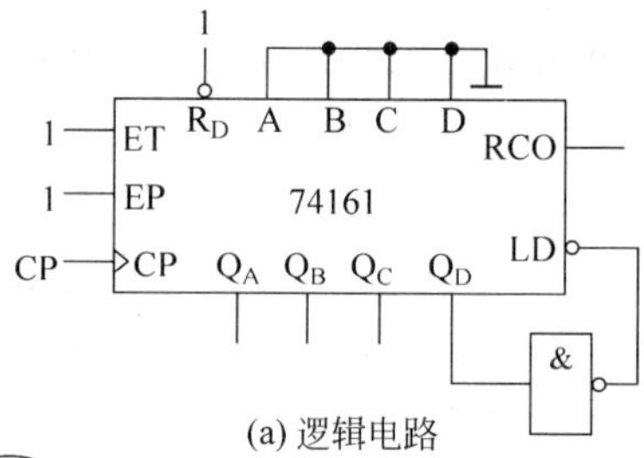

(a) 逻辑电路

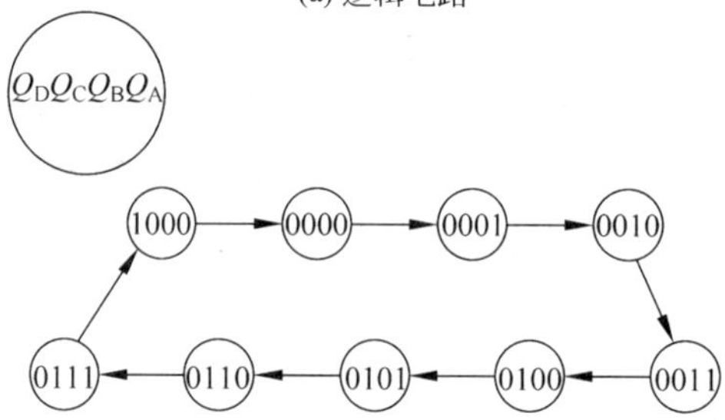

(b) 有效循环状态图

图 12.33 用方法一构成的九进制计数器

方法二：利用置数方式，舍掉计数序列最前几个状态，构成九进制计数器。

具体步骤是：利用与非门将计数到 1111 状态时产生的进位信号译码并送至 LD 端，置数数据输入端置成 0111 状态。因而，计数器在下一个时钟脉冲正跳变沿到达时置入 0111 状态，电路从 0111 开始加 1 计数，当第 8 个时钟脉冲 CP 作用后电路到达 1111 状态，此时 $RCO=ET\cdot Q_D\cdot Q_C\cdot Q_B\cdot Q_A=1$，LD=0，在第 9 个 CP 脉冲作用后，$Q_DQ_CQ_BQ_A$ 被置成 0111 状态，电路进入新的一轮计数周期。具体逻辑电路和状态图如图 12.34 所示。

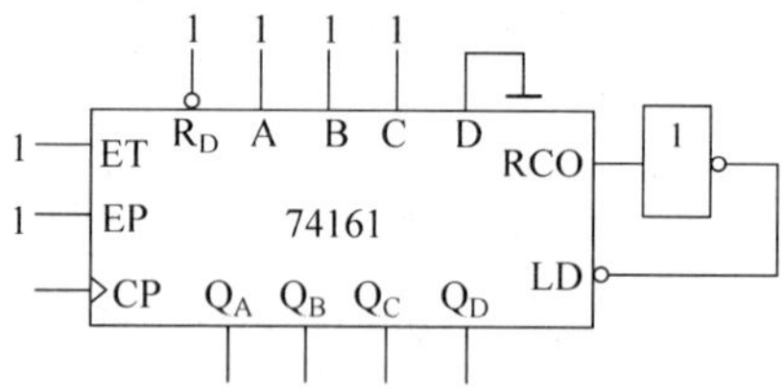

(a) 逻辑电路

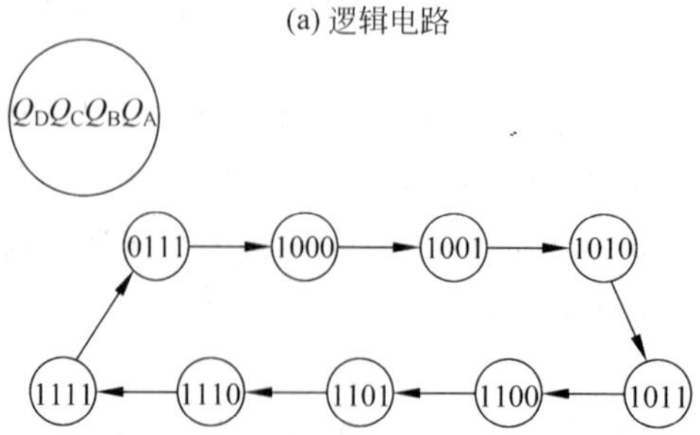

(b) 有效循环状态图

图 12.34 用方法二构成的九进制计数器

由本例题可知，利用同步置数方式也可构成不足芯片模数 M(本例为 16)的 N 进制计数器。若置数控制信号由第 N 个输出状态(本例 $N=9$，状态为 1000，)译码产生，置数输入为 0000，则舍掉计数序列最后的 $M-N$ 个状态，构成 N 进制计数器；若置数控制信号由进

位信号 RCO 译码产生，置数输入为计数序列第 $M-N+1$ 个状态(本例状态为 0111)，则舍掉计数序列最前 $M-N$ 个状态(本例为 $M-N=16-9=7$)，构成 N 进制计数器。

例 12.10 用 74161 组成八位二进制计数器。

解 八位二进制计数器的模数为 $N=2^8=256>16$，且 $256=16\times16$，所以要用两片 74161 组成，如图 12.35 所示。每片均接成十六进制，两个芯片的 CP、R_D 和 LD 并接后分别与计数脉冲和高电平相接。低位芯片(片 1)始终处于计数方式，其使能端 ET=EP=1；高位芯片(片 2)只有在片 1 从 0000 状态计至 1111 状态后，其 RCO=1 时，才进入计数方式，否则为保持方式，因而其使能端 ET=EP 接至片 1 的 RCO 端。这样，低位芯片每计 16 个脉冲，高位芯片计 1 个脉冲，当高位芯片计满 16 个脉冲，计数器完成 1 个周期的同步计数，共有 16×16 个状态。所以通过多个芯片的连接可以实现模数 N 大于芯片模数 $M=16$ 的计数器。

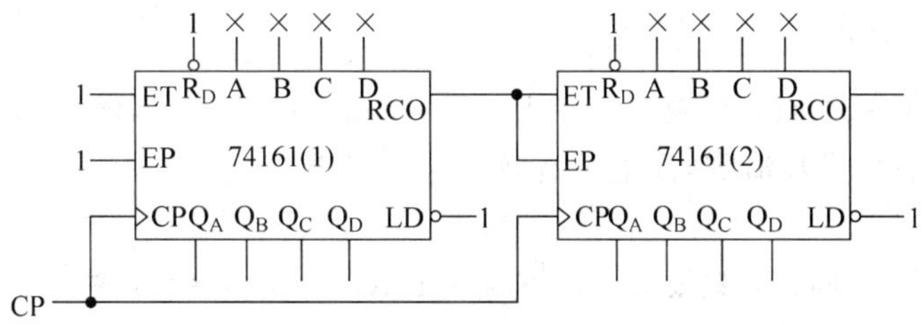

图 12.35　模数大于 16 的计数器

2. 74LS90 集成计数器

74LS90 是异步计数，逻辑电路、引脚排列和符号如图 12.36 所示，它包括两个基本部分：①一个负跳变沿触发的 JK 触发器 FF_A，形成模 2 计数器；②由三个负跳变沿 JK 触发器 FF_B、FF_C、FF_D 组成的异步五进制(模 5)计数器。

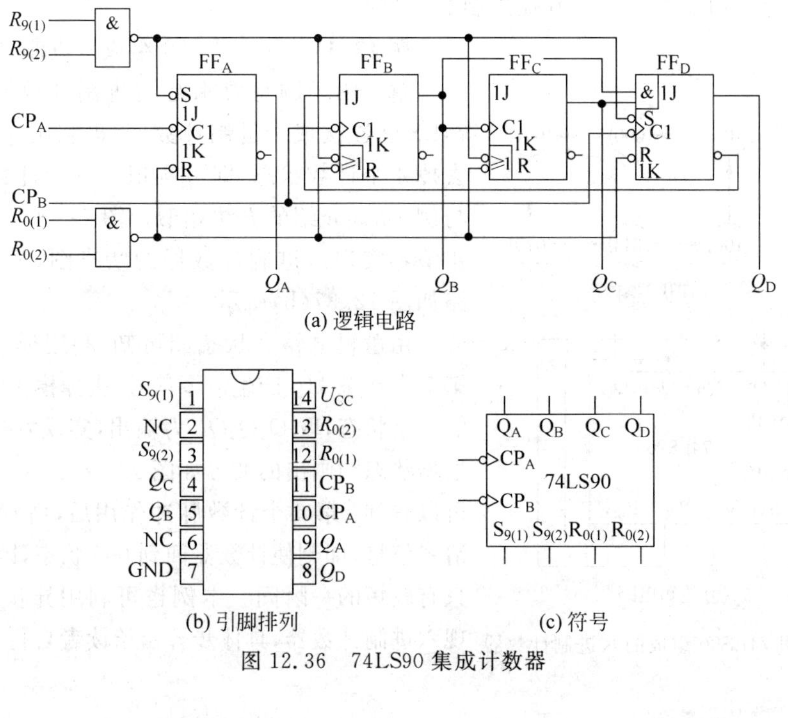

图 12.36　74LS90 集成计数器

74LS90 的功能表如表 12.12 所示，从功能表可以看出，74LS90 具有下列功能。

表 12.12　74LS90 功能表

时钟		清零输入		置 9 输入		输出			
CP_A	CP_B	$R_{0(1)}$	$R_{0(2)}$	$S_{9(1)}$	$S_{9(2)}$	Q_D	Q_B	Q_C	Q_A
×	×	1	1	0	×	0	0	0	0
×	×	1	1	×	0	0	0	0	0
×	×	0	×	1	1	1	0	0	1
×	×	×	0	1	1	1	0	0	1
CP↓	0	有 0		有 0		二进制计数，Q_A 输出			
0	CP↓	有 0		有 0		五进制计数，$Q_DQ_CQ_B$ 输出			
CP↓	Q_0↓	有 0		有 0		十进制计数，$Q_DQ_CQ_BQ_A$ 输出			

1）异步清零

参看功能表第一、二行：只要 $R_{0(1)}=R_{0(2)}=1$，$S_{9(1)}\cdot S_{9(2)}=0$，输出 $Q_DQ_CQ_BQ_A=0000$，不受 CP 控制，因而是异步清零，高电平有效。

2）异步置 9

参看功能表第三、四行：只要 $S_{9(1)}=S_{9(2)}=1$，$R_{0(1)}\cdot R_{0(2)}=0$，输出 $Q_DQ_CQ_BQ_A=1001$，不受 CP 控制，因而是异步置 9，高电平有效。

3）计数

功能表第五行表明：在 $S_{9(1)}\cdot S_{9(2)}=0$ 和 $R_{0(1)}\cdot R_{0(2)}=0$ 同时满足的前提下，可在计数脉冲负跳变沿作用下实现加计数。电路有两个计数脉冲输入端 CP_A 和 CP_B，若在 CP_A 端输入计数脉冲 CP，则输出端 Q_A 实现二进制计数；若在 CP_B 端输入脉冲 CP，则输出端 $Q_DQ_CQ_B$ 实现异步五进制计数；若在 CP_A 端输入计数脉冲 CP，同时将 CP_B 端与 Q_A 相接，则输出端 $Q_DQ_CQ_BQ_A$ 实现异步 8421 码十进制计数。所以 74LS90 是二-五-十进制计数器，利用清零和置 9 功能可以构成其他进制的计数器。

例 12.11　用 74LS90 组成六进制计数器。

解　由于题意要求是六进制计数器，因而先将 74LS90 连接成十进制计数器，再利用异步清零功能去掉 4 个计数状态，即可实现六进制计数，具体方法与例 12.8 介绍的方法相似。图 12.37(a)是利用异步清零实现六进制计数器的状态图，相应的逻辑电路如图 12.37(b)所示。

由逻辑电路和状态图可知，利用模 10 计数器的第 7 个状态 110 产生清零信号，去掉模 10 计数器最后的 4 个状态，取 $Q_CQ_BQ_A$ 为输出，实现六进制计数器。根据状态图画出的波形如图 12.38 所示。在波形图中可以看到：第 6 个计数脉冲作用后，由状态 110 产生清零信号，即刻使计数器回到 000 状态，因而 110 状态只有较短的一瞬间。本例也可利用异步置 9 功能实现六进制计数器，具体步骤留给读者自行分析。

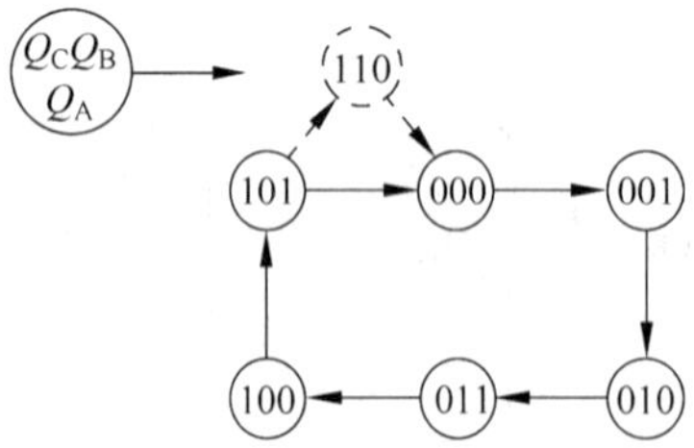

(a) 状态图

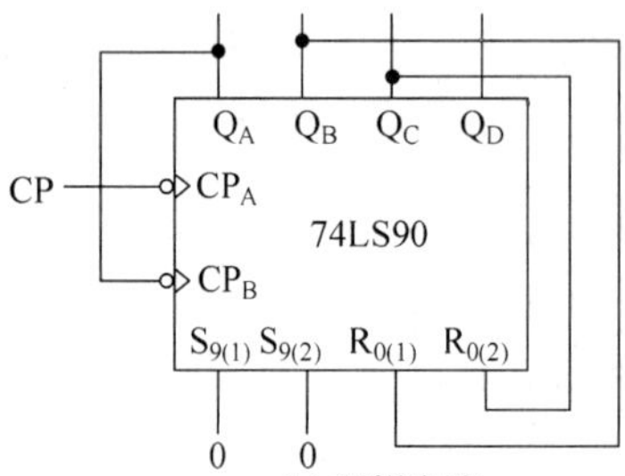

(b) 逻辑电路

图 12.37　用 74LS90 组成的六进制计数器

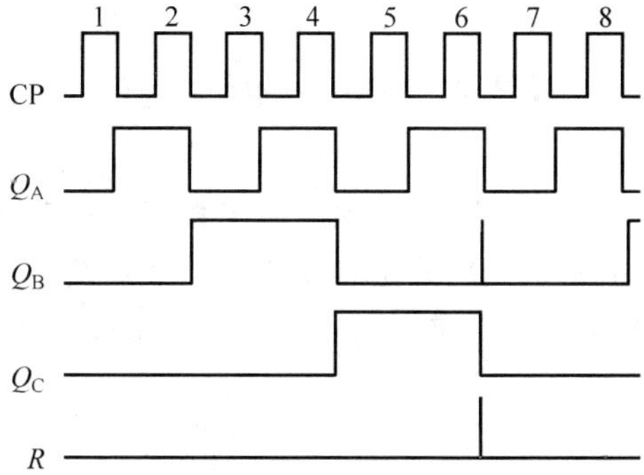

图 12.38 用 74LS90 组成六进制计数器的波形

例 12.12 用 74LS90 组成六十进制计数器。

解 由于 74LS90 最大的 $M=10$，而实际要求 $N=60>M$，所以要用 2 片 74LS90。一片接成十进制(个位)，输出为 $Q_DQ_CQ_BQ_A$，另一片接成六进制(十位)，输出为 $Q_CQ_BQ_A$，计数脉冲接片 1 的 CP_A 端，片 2 的 CP_A 接片 1 的 Q_D 端，逻辑电路如图 12.39 所示。

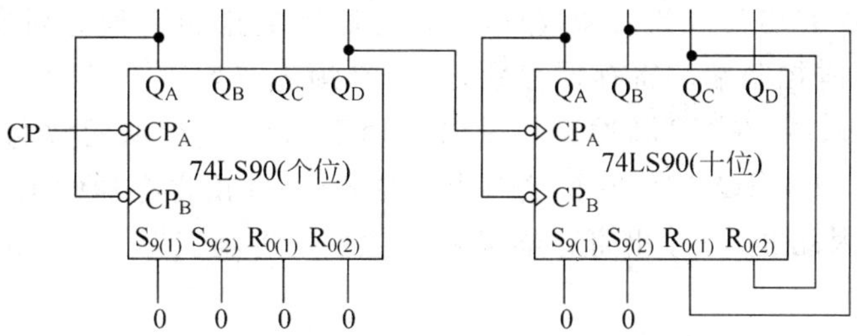

图 12.39 用 74LS90 组成六十进制计数器

六十进制计数器是数字电子表里必不可少的组成部分，用来累计秒数。将图 12.39 所示电路与 BCD-七段显示译码器 7448 及共阴极七段数码管显示器 BS201A 连接起来，就组成了数字电子表里秒计数、译码及显示电路，如图 12.40 所示。

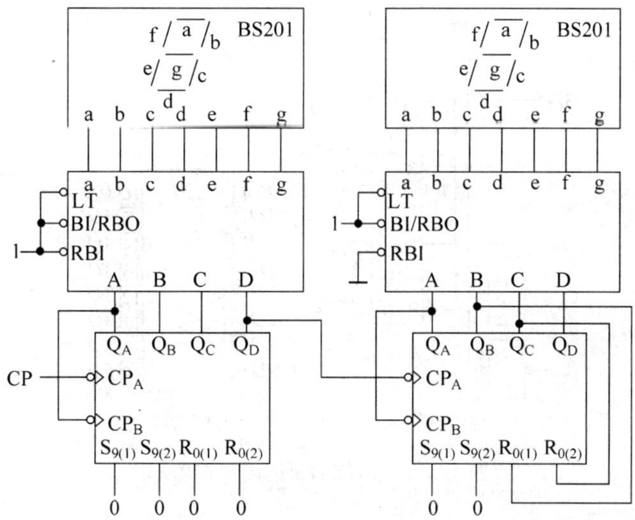

图 12.40 组成数字电子表里秒计数、译码及显示电路

12.4 寄 存 器

寄存器是另一类特殊的时序电路，广泛地应用于数字计算机和数字系统中，其主要的功能是暂存信息和移位操作，主要组成部分是触发器。一个触发器能存储 1 位二进制代码，所以要存储 n 位二进制代码的寄存器就需要用 n 个触发器组成。寄存器输入输出信息的方式有如下几种：

（1）并入-并出方式；

（2）并入-串出方式；

（3）串入-并出方式；

（4）串入-串出方式。

12.4.1 并入-并出寄存器

一个 4 位并入-并出集成寄存器 74LS175 的逻辑电路和引脚排列如图 12.41 所示。图中，R_D 是异步清零控制端。寄存器存数之前，必须先将寄存器清零，否则有可能出错。$1D$～$4D$ 是数据输入端，在 CP 脉冲正跳变沿作用下，$1D$～$4D$ 端的数据被并行地存入寄存器。输出数据可以从 $1Q$～$4Q$ 并行地取出。从并入-并出寄存器的工作过程看，主要的功能是暂存信息，因此并入-并出寄存器又称为数据寄存器。74LS175 的功能如表 12.13 所示。

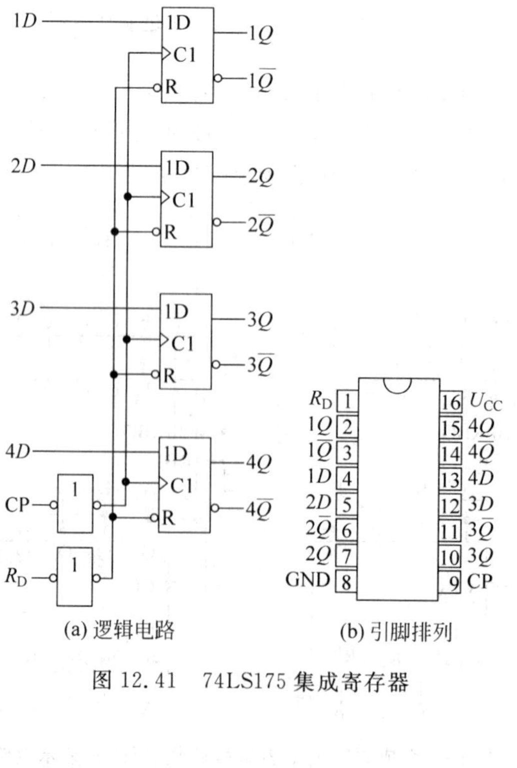

(a) 逻辑电路　　(b) 引脚排列

图 12.41　74LS175 集成寄存器

表 12.13　74LS175 功能表

清零 R_D	时钟 CP	数据输入 1D	2D	3D	4D	数据输出 1Q	2Q	3Q	4Q
0	×	×	×	×	×	0	0	0	0
1	↑	A	B	C	D	A	B	C	D
1	1	×	×	×	×	保持			
1	0	×	×	×	×				

12.4.2　串入-串出寄存器

串入-串出寄存器由几个触发器串接而成。输入数据通过一条数据线加入寄存器，送给最左边或者最右边一位触发器，左边或者右边触发器的输出作为右邻或者左邻触发器的数据输入。在时钟脉冲作用下，内部各触发器的信息同步地向右(或向左)移动。n 位输入数据在 n 个时钟脉冲作用下，串行地移入 n 位寄存器中。存入寄存器中的所有信息再伴随着 n 个时钟脉冲的作用，从最右边(或最左边)的触发器开始，串行地全部移出。4 位串入-串出寄存器逻辑电路如图 12.42 所示。其数据存入的过程可用状态表表 12.14 简单描述。

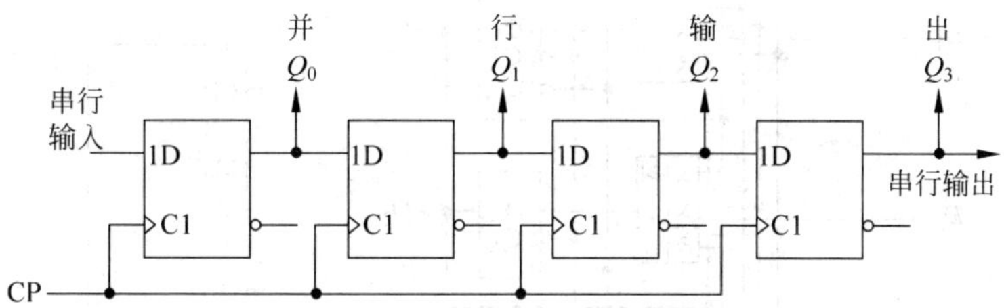

图 12.42　4 位串入-串出寄存器逻辑电路

表 12.14　4 位串入-串出寄存器状态表

时钟 CP	数据输出端 Q_0	Q_1	Q_2	Q_3
0	0	0	0	0
1	D_3	0	0	0
2	D_2	D_3	0	0
3	D_1	D_2	D_3	0
4	D_0	D_1	D_2	D_3

由表可知，假设移位寄存器的初始状态为 0000，现将待输入的数据 $D_0D_1D_2D_3$ 依次送到串行输入端，经过第 1 个时钟脉冲后，$Q_0=D_3$。由于跟随 D_3 后面的数据是 D_2，则经过第 2 个时钟脉冲后，$Q_0=D_2$，$Q_1=D_3$。依此类推，经过 4 个时钟脉冲后，4 个触发器的输出状态 $Q_0Q_1Q_2Q_3$ 与输入数据 $D_0D_1D_2D_3$ 相对应。

由于输入数据在时钟脉冲作用下从左向右一位位地移入寄存器，因而串行寄存器又称为移位寄存器。输入数据向左移动称为左移寄存器，向右移动称为右移寄存器，两者输入数据移动的方向不同，其工作原理是相同的。

12.4.3 多功能寄存器

74194 是一个多功能移位寄存器，由 4 个 D 触发器及其输入控制电路组成。

除有 4 个并行数据输入端 $D_0 \sim D_3$ 外，还有两个控制信号输入端 M_0、M_1，它们有 4 种组态，如表 12.15 所示，完成左移、右移、并入和保持四种功能，逻辑电路、引脚排列和符号如图 12.43 所示。其中左移和右移两项是指串行输入，数据分别从左移输入端 D_{SL} 和右移输入端 D_{SR} 送入寄存器的。R_D 为异步清零输入端。表 12.16 是 74194 的功能表。

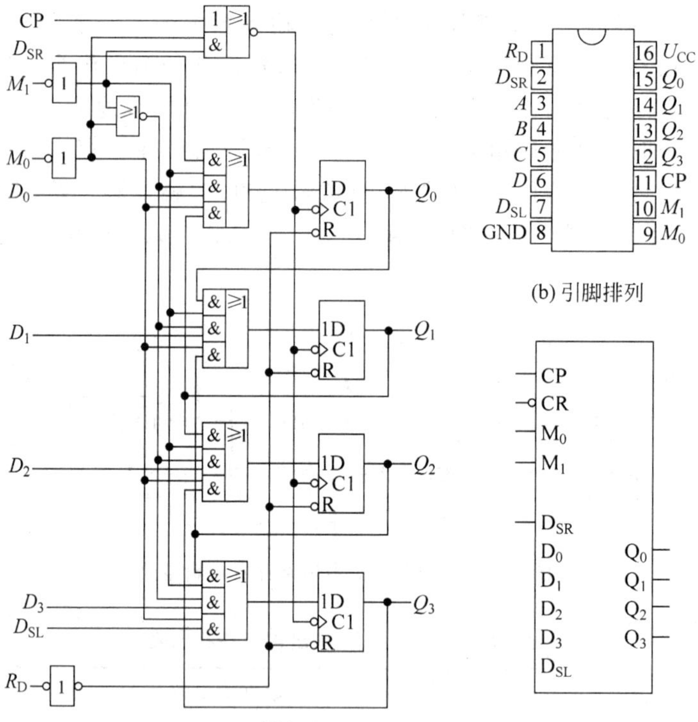

(a) 逻辑电路　(b) 引脚排列　(c) 符号

图 12.43　74194 多功能移位寄存器

表 12.15　74194 控制信号功能表

控制信号组态		完成的功能
M_1	M_0	
0	0	保持
0	1	右移
1	0	左移
1	1	并行输入

表 12.16　74194 功能表

序号	清零 R_D	输入									输出			
		控制信号		串行输入		时钟	并行输入				Q_0	Q_1	Q_2	Q_3
		M_1	M_0	左移 D_{SL}	右移 D_{SR}	CP	D_0	D_1	D_2	D_3				
1	0	×	×	×	×	×	×	×	×	×	0	0	0	0
2	1	×	×	×	×	1(0)	×	×	×	×	Q_0	Q_1	Q_2	Q_3
3	1	1	1	×	×	↑	D_0	D_1	D_2	D_3	D_0	D_1	D_2	D_3
4	1	1	0	1	×	↑	×	×	×	×	Q_1	Q_2	Q_3	1
5	1	1	0	0	×	↑	×	×	×	×	Q_1	Q_2	Q_3	0
6	1	0	1	×	1	↑	×	×	×	×	1	Q_0	Q_1	Q_2
7	1	0	1	×	0	↑	×	×	×	×	0	Q_0	Q_1	Q_2
8	1	0	0	×	×	×	×	×	×	×	Q_0	Q_1	Q_2	Q_3

功能表第 1 行表示寄存器异步清零，第 2 行表示当 $R_D=1$，$CP=1$(或 0)时，寄存器处于原来状态，第 3 行表示为同步并行输入，第 4、5 行为串行输入左移，第 6、7 行为串行输入右移，第 8 行为保持状态。

有时要求在移位过程中数据不要丢失，仍然保持在寄存器中。移位寄存器的最高位的输出移至最低位的输入端，或将最低位的输出移至最高位的输入端，即将移位寄存器的首尾相连，就能实现上述功能，构成循环移位寄存器。它也可以作为计数器用，称为环形计数器。利用 n 位移位寄存器获得 n 个计数状态，可构成 n 位环形计数器。图 12.44(a)给出了用 74194 构成的 4 位环形计数器。

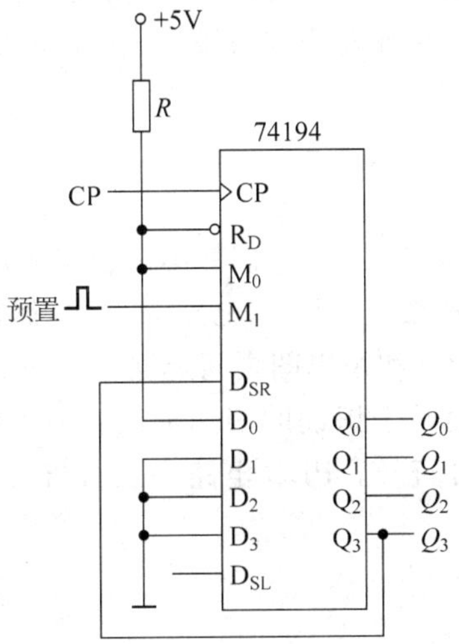

(a) 电路

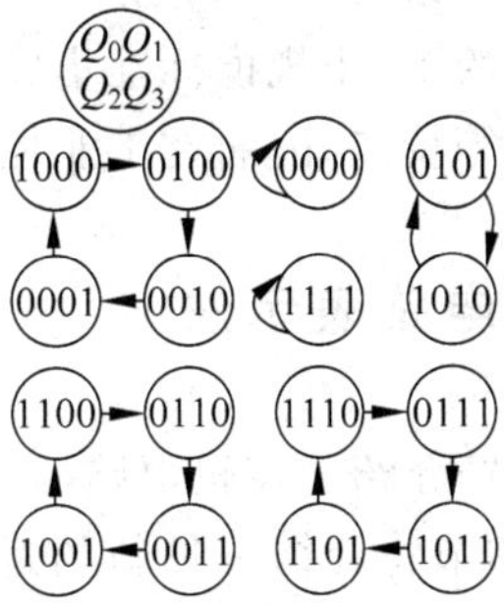

(b) 状态图

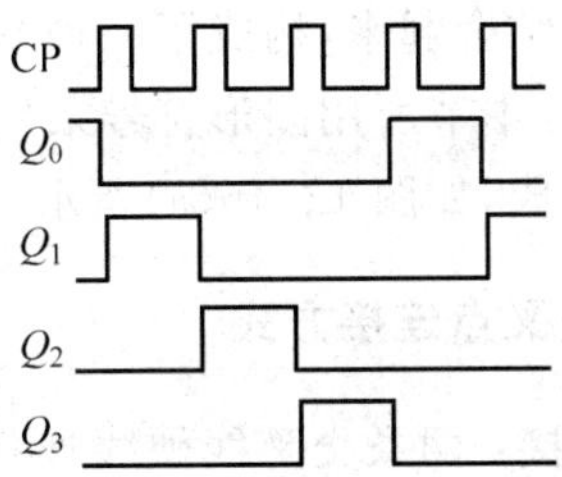

(c) 时序波形

图 12.44　环形计数器

在 M_1 端加预置脉冲，清零端 R_D 和 M_0 端均接高电平，将寄存器初始状态预置成 $Q_0Q_1Q_2Q_3=1000$。预置脉冲结束后，寄存器处于右移工作方式。伴随着时钟脉冲 CP 的正

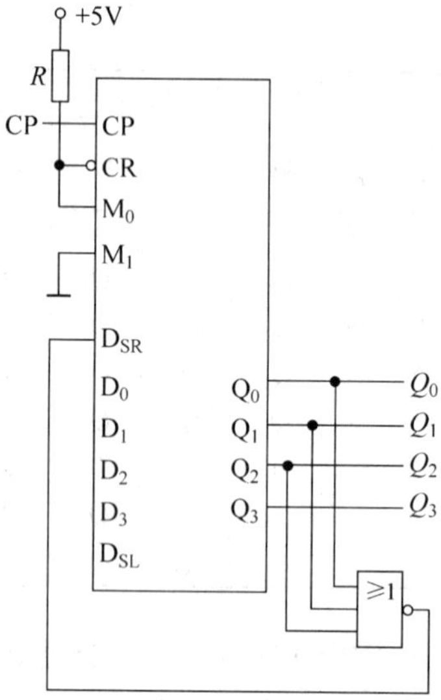

图 12.45 自启动移位计数器

跳变沿，寄存器的内容顺次右移一位，最右边的一位信息 Q_3 通过 D_{SR} 端移入 Q_0。4 个 CP 一个循环，经历四个状态，它们分别是 1000、0100、0010 和 0001，其时序图示于图 12.44(c)。

由图 12.44(b)所示的状态图可见，这个电路的优点是相邻状态间只有一位变化，不会出现竞争冒险，缺点是状态利用率低，且没有自启动能力。由于噪声原因，电路一旦离开有效循环，便不能自动返回了。图 12.44 所示的环形计数器修改后的电路如图 12.45 所示。利用 3 个输出端 Q_0 Q_1 Q_2 的信号，接入一个 3 输入的或非门，将其输出作为右移的输入信号送入右移输入端 D_{SR}（串行输入）。这样一来，移位计数器的状态只要不满足 3 个输出端同时为零的状态，或非门使 $D_{SR}=0$，否则，或非门使 $D_{SR}=1$。因此，如果电路一旦离开有效循环，最多不超过 4 个时钟脉冲，电路一定进入 1000 有效循环中的状态。

12.5 可编程逻辑器件

可编程逻辑器件(Programmable Logic Device，PLD)是 20 世纪 70 年代后期发展起来的一类功能特殊的大规模集成电路。PLD 是一种可以由用户定义和设置逻辑功能的器件。与前面各章介绍的中、小规模标准集成器件相比，该类器件具有结构灵活、集成度高、处理速度快和可靠性高等特点，因而在工业控制和产品开发等方面得到了广泛的应用。

12.5.1 PLD 电路表示法

前面各章已经介绍了逻辑电路的一般表示方法，但它们并不适合于描述 PLD 内部结构和功能。为此，本节将介绍一种新的逻辑表示法——PLD 电路表示法，然后介绍几种比较简单的 PLD。PLD 电路表示法在芯片内部配置和逻辑图之间建立了一一对应的关系，并将逻辑图和真值表结合起来，构成了一种紧凑而易于识读的表达形式。为了便于与国际市场上的产品相适应，本节所用图形符号采用国外符号。PLD 电路一般由与门和或门阵列两种基本的门阵列组成，如图 12.46(a)所示。

1. 门阵列交叉点连接方式

(1) 硬线连接：两条交叉线硬线连接，是固定的，不可以编程改变，交叉点处用实点·表示。

(2) 可编程接通连接：两条交叉线依靠用户编程来实现接通连接，交叉点处用符号×表示。

(3) 断开：表示两条交叉线无任何连接，用交叉线表示。

硬线连接、可编程接通连接和断开的图形符号如图 12.46(b)所示。

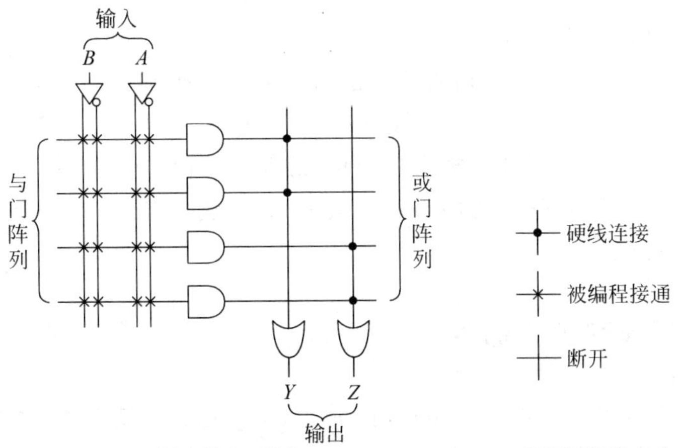

(a) 基本的PLD结构　　(b) PLD连接方式

图 12.46　PLD 电路表示法

2. 基本门电路的 PLD 表示法

PLD 表示法的图形符号如图 12.47 所示。

PLD 电路的输入缓冲器采用互补输出结构，如图 12.47(a)所示，其真值表列于表 12.17。PLD 电路的输出缓冲器一般采用三态反相输出缓冲器，如图 12.47(d)所示，其真值表列于表 12.18。

图 12.47(b)所示为一个 4 输入端与门的 PLD 表示法。通常把 A、B、C、D 称为输入项，L_1 称为乘积项(或简称积项)，$L_1=ABCD$。

图 12.47(c)所示为一个 4 输入端或门的 PLD 表示法。其中 $L_2=A+B+C+D$。

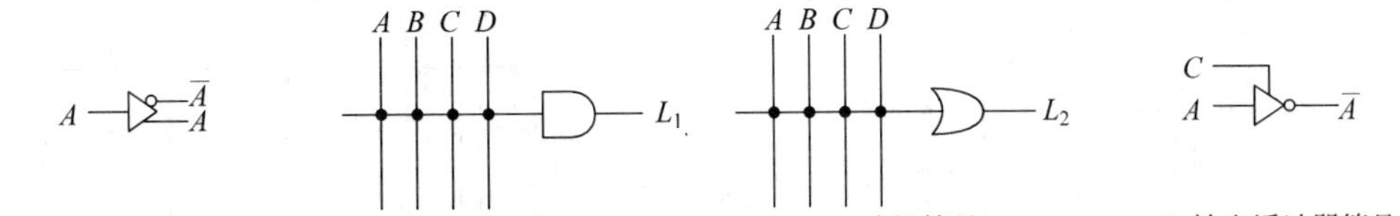

(a) 输入缓冲器符号　(b) 与门符号　(c) 或门符号　(d) 输出缓冲器符号

图 12.47　PLD 表示法的图形符号

表 12.17　输入缓冲器真值表

输入	输出	
A	A	$\overline{A}$
0	0	1
1	1	0

表 12.18　输出缓冲器真值表

输入		输出
C	A	$\overline{A}$
0	0	高阻
0	1	高阻
1	0	1
1	1	0

图 12.48 所示为PLD表示的与门阵列。输出为 D 的与门被编程接通所有的输入项，其输出为 $D=A\cdot\overline{A}\cdot B\cdot\overline{B}=0$。输出为 E 的与门符号中的×表示输入项全部为可编程接通连接×的简化记号，即与门 D 的等效符号，该项输出总为逻辑"0"。输出为 F 的与门没有与任何输入项连接，因此该项保持"悬浮"的逻辑"1"。输出为 G 的与门与输入项 $\overline{A}$ 和 B 硬线连接，其输出为 $G=\overline{A}\cdot B$。

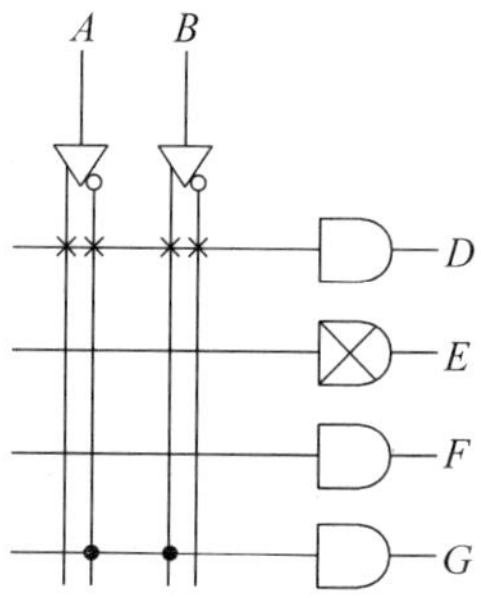

图 12.48 PLD 表示的与门阵列

12.5.2 可编程阵列逻辑器件

可编程阵列逻辑器件（PAL，Programmable Array Logic）是 20 世纪 70 年代后期推出的 PLD 器件。它的基本结构是由可编程的与阵列和固定的或阵列组成，一般采用熔丝编程技术实现与门阵列的编程。图 12.49(a)所示为具有三个输入变量，六个乘积项、三个输出的 PAL 编程前的内部结构。其中每个输出对应两个乘积之和，乘积项的数目固定不变，用乘积之和的形式实现逻辑函数。对于大多数逻辑函数而言，这种与-或表达式结构是较容易得到的。若用它来实现下列 3 个逻辑函数：$L_0=B+AB\,\overline{C}$，$L_1=\overline{A}BC+A\,\overline{B}$，$L_2=\overline{B}\,\overline{C}$，则编程后的 PAL 连接形式如图 12.49(b)所示。一般典型的逻辑函数包含 3、4 个乘积项，在 PAL 现有产品中，乘积项最多可达 8 个，对于大多数逻辑函数，这种结构基本上能满足要求，而且这种结构可以提供很高的工作速度。

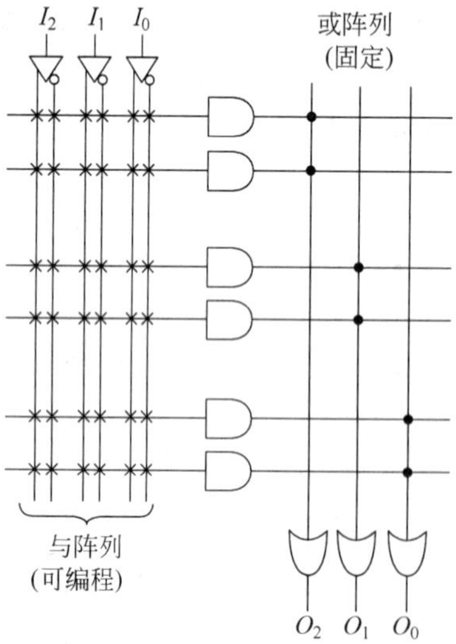

(a) 编程前的内部结构

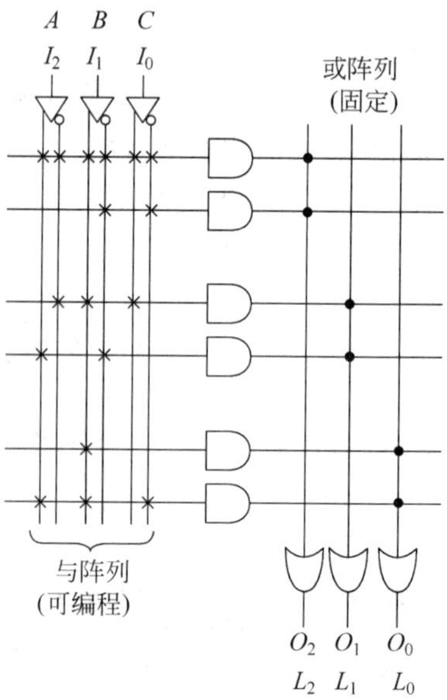

(b) 编程后的内部结构

图 12.49 PAL 的基本结构

图 12.50 给出了一种典型的 PAL 器件 PAL16L8 型的逻辑电路。电路内部包括 16 个输入缓冲器、8 个三态反相输出缓冲器（且低电平有效）和 8 个与-或阵列，器件型号中的 16、8、L 分别表示输入、输出缓冲器的个数及输出的有效电平。每个与-或阵列由 32 个输入端

(对应 16 个输入缓冲器)的与门和 7 个输出端的或门组成。引脚 1～9 以及引脚 11 作为输入端,引脚 13～18 可由用户根据自己的需要将其用作输出端或输入端,从而改变器件输入/输出个数的比例。例如,当引脚 14 的三态反相输出缓冲器的输出呈高阻态时,引脚 14 可以用作输入端,否则,它将用作输出端。引脚 12 和 19 只能用作输出端。

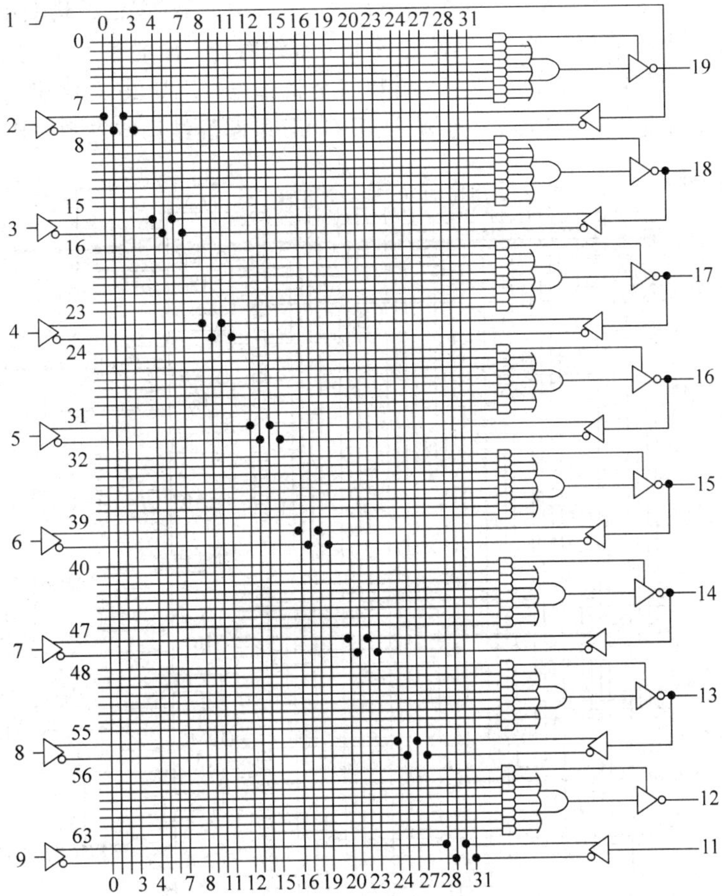

图 12.50　PAL16L8 的逻辑电路

12.5.3　可编程通用阵列逻辑器件

PAL 器件的发展给逻辑设计带来了很大的灵活性,但它还存在着不足之处。一方面,它采用熔丝连接工艺,靠熔丝烧断达到编程的目的,一旦编程便不能改写;另一方面,不同输出结构的 PAL 对应不同型号的 PAL 器件,设计上通用性较差。可编程通用阵列逻辑器件(GAL,General Array Logic)是 20 世纪 80 年代中期推出的另一种可编程逻辑器件。它的基本结构除直接继承了 PAL 器件的与-或阵列结构外,每个输出都配置有一个可以由用户组态的输出逻辑宏单元(OLMC,Output Logic Macro Cell),为逻辑设计提供了极大的灵活性,同时,采用 E^2CMOS 工艺(Electrically Erasable CMOS),使 GAL 器件具有可擦除、可重新编程和可重新配置其结构等功能。

GAL16V8 是 GAL 器件中一种最为通用的器件,器件型号中的 16 表示最多有 16 个引脚作为输入端,器件型号中的 8 表示器件内含有 8 个 OLMC,最多可有 8 个引脚作为输出端,GALl6V8 的逻辑结构如图 12.51 所示。它由五部分组成,8 个输入缓冲器(引脚 2～9 作为固定输入)、8 个输出缓冲器(引脚 12～19 作为输出缓冲器的输出)、8 个输出逻辑宏单元(OLMC12～19,或门阵列包含在其中)、可编程与门阵列(由 8×8 个与门构成,形成 64 个乘积项,每个与门有 32 个输入端)、8 个输出反馈/输入缓冲器(逻辑结构图中间一列,8 个缓冲器)。除以上 5 个组成部分外,该器件还有 1 个系统时钟 CK 的输入端(引脚 1),一个输出三态控制端 OE(引脚 11),一个电源 U_{CC} 端和一个接地端(引脚 20 和引脚 10,图中未画出。通常 U_{CC}=5V)。下面以 GALl6V8 为例,说明 GAL 电路的结构特点和工作原理。

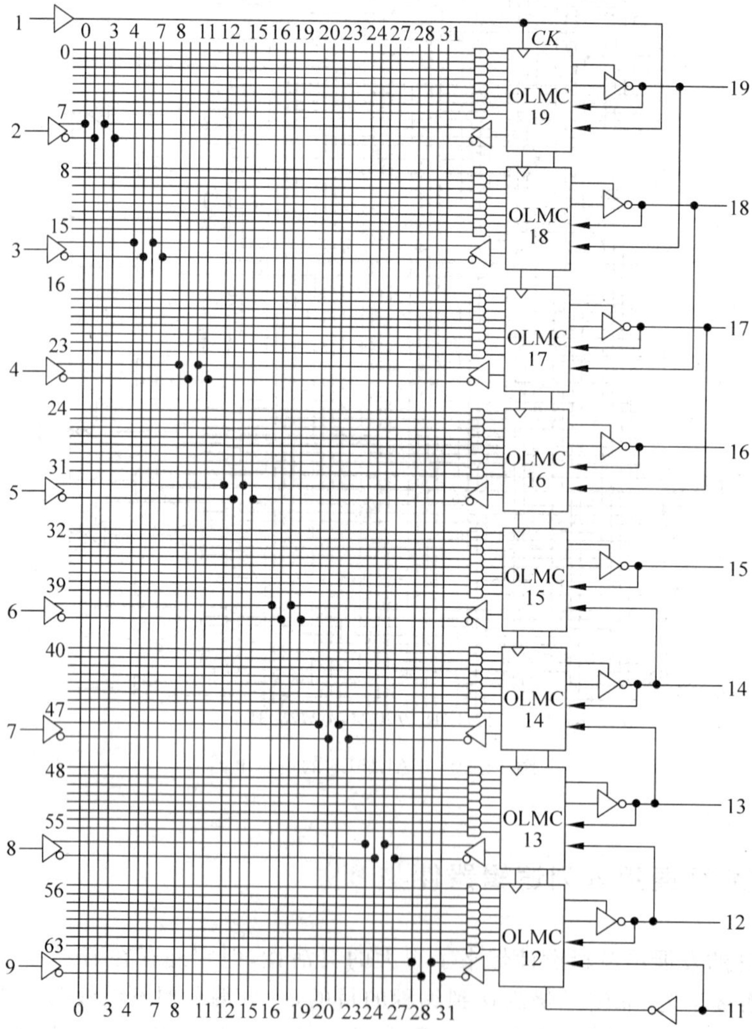

图 12.51　GALl6V8 的逻辑结构

1. 输出逻辑宏单元 OLMC

输出逻辑宏单元 OLMC 的电路结构如图 12.52 所示。

一个 8 输入或阵列,构成了 GAL 的或门阵列,其输入信号来自可编程与阵列,因而每个输入是一个乘积项,或门阵列最多有 8 个乘积项,构成与或组合逻辑。

异或门用于控制输出信号的极性，8 输入或门的输出与结构控制字（见本小节第 3 点）中的控制位 XOR(n)异或后，输出到 D 触发器的 D 端。通过将 XOR(n)编程为 1 或 0 来改变或门输出的极性，XOR(n)中的 n 表示该宏单元对应的 I/O 引脚号。

D 触发器用来存储异或门的输出信号，以满足时序电路的需要。8 个 OLMC 中的 D 触发器时钟 CK 并接在一起，受输入引脚 1 的信号控制，这就决定了只有 8 个 OLMC 全都为组合电路，即 8 个 D 触发器时钟 CK 都不起作用时，引脚 1 才可能通过 OLMC19 的输出反馈/输入缓冲器，作为组合电路的一个输入。

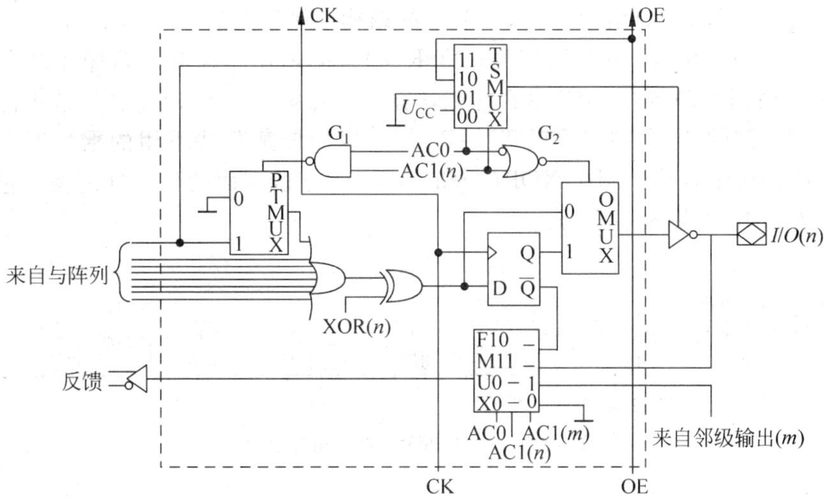

图 12.52　GAL16V8 输出逻辑宏单元 OLMC

PTMUX 称为乘积项多路开关，用来决定第一与项是否成为或门的输入信号。除了 OLMC12 和 OLMC19 两个输出逻辑宏单元外，PTMUX 的控制信号是结构控制字中控制位 AC0 和 AC1(n)。当$\overline{\mathrm{AC0}\cdot\mathrm{AC1}(n)}=0$ 时，第一乘积项作为或门的一个输入项。

TSMUX 称为三态多路开关，用来从 U_{CC}、地电平、OE、第一与项这四路信号中选出一路信号作为输出三态缓冲器的三态控制信号，由结构控制字中控制位 AC0 和 AC1(n)控制。当 AC0 和 AC1(n)为 11 时，第一与项作为输出缓冲器的三态控制信号，第一与项是 0 还是 1 由用户编程决定；为 10 时，取 OE 作为三态控制信号，8 个 OLMC 的 OE 均并联在一起，受 11 号输入引脚的信号控制；为 01 时，取地电平作为三态控制信号，输出呈高阻态；为 00 时，取 U_{CC}为三态控制信号，输出缓冲器被选通。

FMUX 称为反馈多路开关，用来从 D 触发器的 $\overline{Q}$ 端、本级输出、邻级输出、地电平这四路信号中选出一路作为反馈信号，反馈到与阵列。FMUX 形式上有三个控制端，分别是 AC0、AC1(n)、AC1(m)。但是，当 AC0=0 时，AC1(n)不起作用，在 FMUX 框图中，AC1(n)的取值用符号"—"表示，此时，AC1(m)=1，反馈信号来自邻级输出；AC1(m)=0，反馈信号来自地电平。而 AC0=1 时，AC1(m)不起作用，在 FMUX 框图中，AC1(m)的取值用符号"—"表示，此时，AC1(n)=0，反馈信号来自 D 触发器的 $\overline{Q}$ 端；AC1(n)=1，反馈信号来自本级输出端；图中的 m 表示邻级宏单元对应的 I/O 引脚号。

OMUX 称为输出多路开关，用来决定输出是组合电路还是时序电路。OMUX 的数据信号分别来自 D 触发器的 Q 端和异或门的输出。当控制信号$\overline{\mathrm{AC0}}+\mathrm{AC1(n)}=1$ 时，G_2 输出为 1，此时，D 触发器的 Q 端通过 OMUX 与输出三态缓冲器接通，D 触发器对异或门的输出状态起记忆作用，在时钟脉冲 CK 的正跳变沿存入 D 触发器内，因此输出称为时序电路。在$\overline{AC0+AC1(n)}=0$时，门 G_2 输出为 0，这时异或门的输出状态通过 OMUX 直接送到输出三态缓冲器，输出称为组合电路。

2. 结构控制字与工作模式

结构控制字(Architecture Control Word)用来指定 OLMC 中控制信号的状态，从而决定 GAL 器件可重组的输出结构。GAL16V8 的结构控制字共有 82 位，如图 12.53 所示，其中 AC1(n)、AC0 为 OLMC 的控制信号；XOR(n)位的值用于控制逻辑操作结果的输出极性；SYN 位的值用来确定 OLMC 是否能工作在寄存器模式；PT(乘积项)禁止位用于控制逻辑图中与门阵列的 64 个乘积项(PT0～PT63)，以便屏蔽某些不用的乘积项。它们都是结构控制字中的可编程位。图中 XOR(n)和 AC1(n) 字段下面的数字分别表示它们控制该器件中各个 OLMC 的输出引脚号。

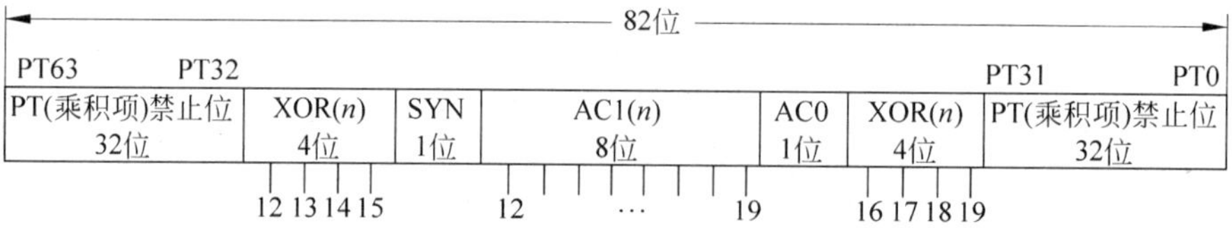

图 12.53　GAL16V8 的结构控制字

由于 OLMC 提供了灵活的输出功能，因此编程后的 GAL 器件可以替代所有其他固定输出级的 PLD。GAL16V8 有 3 种工作模式，即简单型、复杂型和寄存器型。适当连接该器件的引脚线，由上述控制字位 SYN、AC0、AC1(n)的逻辑值可以决定其工作模式，在这些工作模式下，OLMC 的输出结构配置与控制字位逻辑值的关系及各种输出配置的等效电路如表 12.19 所示。

表 12.19　OLMC 的输出结构配置及各种输出配置的等效电路

工作模式	控制字位逻辑值		功能	等效电路
简单型	SYN=1 AC0=0	XOR=0 输出低电平有效 XOR=1 输出高电平有效 AC1=0	15、16 号 OLMC 构成组合逻辑输出	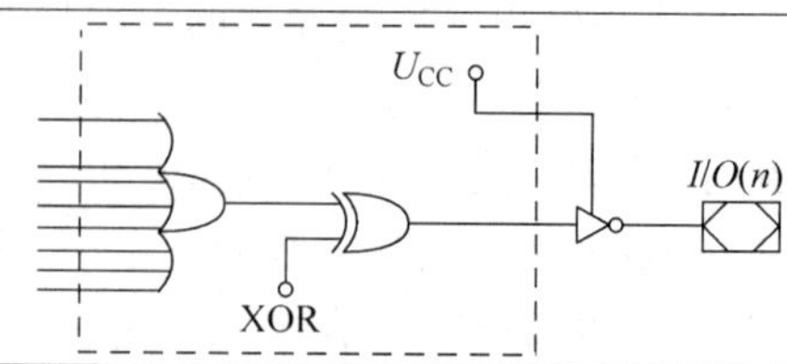
			除 15、16 号 OLMC 外，都可构成组合逻辑输出、邻级输入	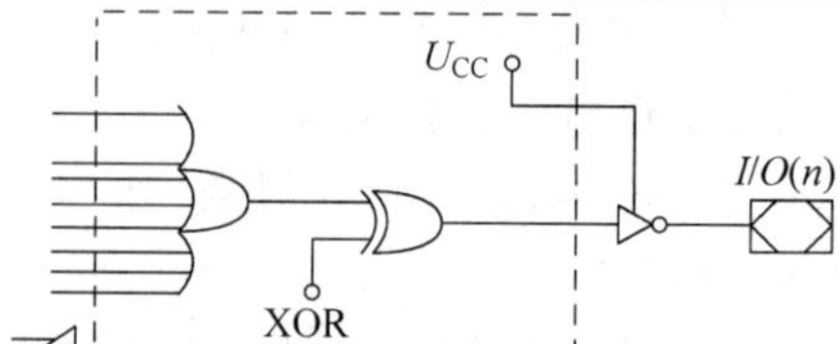
		XOR=0 无效 XOR=1 无效 AC1=1	除 15、16 号 OLMC 外，都可构成邻级输入	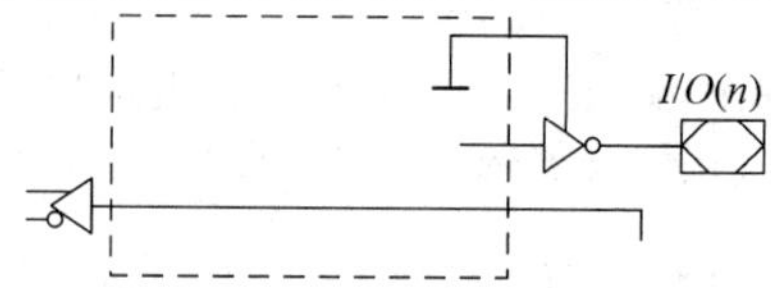

续表

工作模式	控制字位逻辑值		功能	等效电路
复杂型	SYN=1 AC0=1	XOR=0 输出低电平有效 XOR=1 输出高电平有效 AC1=1	13～18 号 OLMC 构成组合逻辑输出或输入，由三态门控制	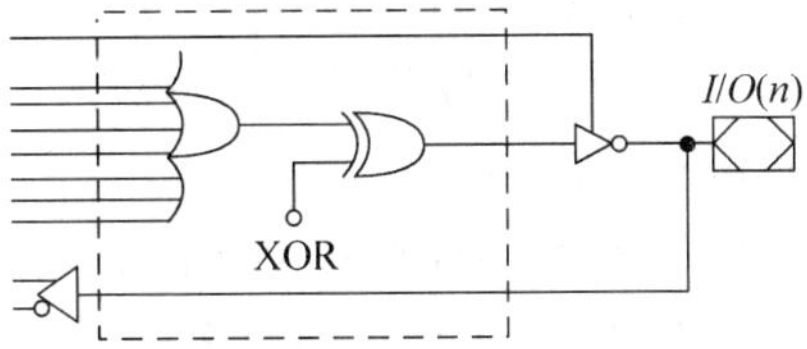
			12、19 号 OLMC 外构成组合逻辑输出，由三态门控制	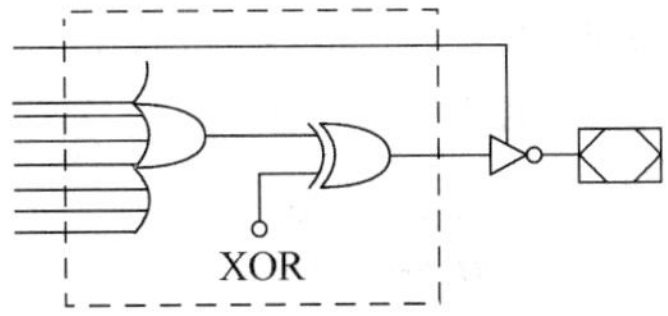
寄存器型（1 和 11 号引脚总是用来作为公共时钟 CK 和使能端 OE）	SYN=0 AC0=1	XOR=0 输出低电平有效 XOR=1 输出高电平有效 AC1=0	12～19 号 OLMC 都可构成寄存器输出，即时序逻辑电路输出	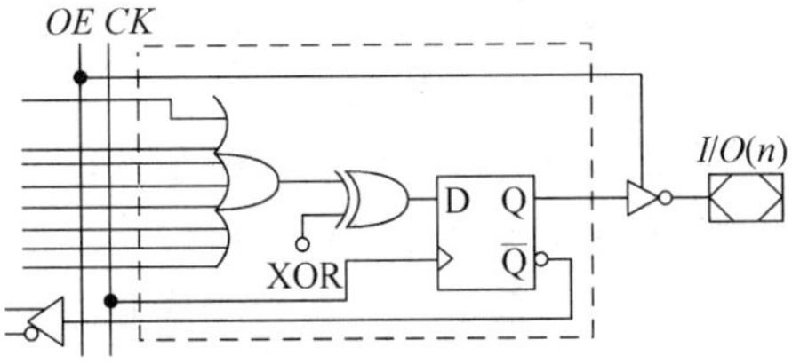
		XOR=0 输出低电平有效 XOR=1 输出高电平有效 AC1=1	12～19 号 OLMC 中部分构成组合逻辑输出或输入（至少应有一个 OLMC 是寄存器输出）	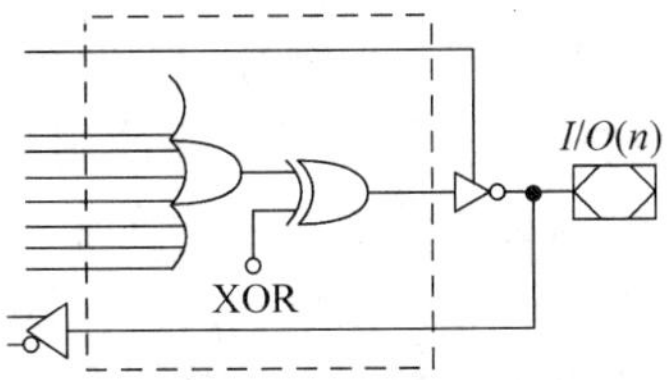

3. GAL 的编程

未编程的 GAL 芯片不具有逻辑功能。只有借助 GAL 的开发工具及计算机才能对 GAL 编程。除了对与阵列编程外，还要对结构控制字阵列、用户标签阵列、整体擦除位及加密位等进行编程。

1) GAL16V8 的行地址

GAL16V8 的行地址分配如图 12.54 所示。其中行地址 0～31 对应于与门阵列，每行包含 64 位。行地址 32 是电子标签，共 64 位，用来存储用户定义的任何信息，如产品制造商的标识码、编程日期、线路形式代码等。行地址 33～39 由制造商保留，用户不能用。行地址 60 是结构控制字，共有 82 位，行地址 61 仅包含 1 位，用于加密，该位一旦编程后，就禁止对 0～31 行的门阵列作进一步编程或验证，以防未经允许而抄袭电路设计。行地址 62 保留。用户不能用。行地址 63 也只有 1 位，用于整体擦除，在编程周期中，对该行寻址并执行清除功能，则可实现对门阵列和结构控制字的整体擦除，

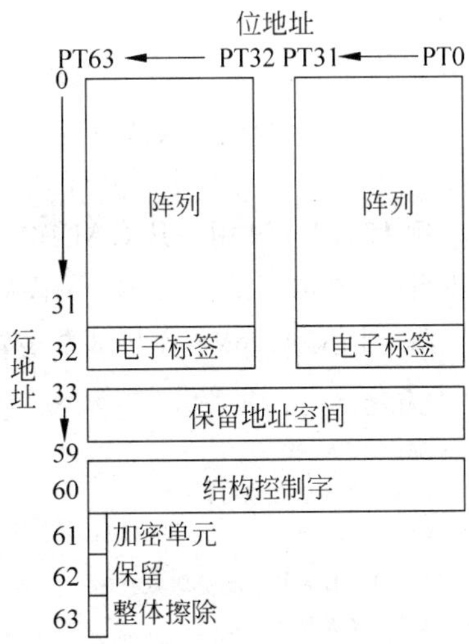

图 12.54 GAL16V8 的行地址分配

同时也擦除了电子标签字和加密单元，GAL 器件则返回原始状态。

2）开发软件

GAL 器件的开发工具包括软件开发工具和硬件开发工具，软件开发工具是指开发 GAL 所用的程序设计语言和相应的汇编程序或编译程序。硬件开发工具是指对 GAL 芯片进行编程用的编程器。

开发 GAL 器件的常用软件是 FM(Fast Map)，它具有源文件格式简单、易学等特点。下面介绍 FM 开发软件的源文件的格式及编程操作。

FM 源文件(或称 GAL 设计说明)的编写可采用任何一种文本编辑软件进行编辑，源文件采用的扩展名为.PLD，用大写字母输入。源文件的格式如下：

第 1 行　器件型号

第 2 行　标题

第 3 行　设计者姓名，设计日期

第 4 行　电子标签

第 i 行　引脚名。可占用多行，$i \geqslant 5$

第 j 行　逻辑方程式，可占用多行

第 k 行　最后一行称为程序描述行，必须采用 DESCRIPTION 关键字符串，每个字符要大写。

上述第 i 行为引脚行，定义引脚名。该行的引脚名最多可用 8 个字符，名字间应用空格、制表符、回车符隔开。不使用的引脚习惯上用 NC 表示，地用 GND 表示，电源用 U_{CC} 表示。引脚名必须按引脚号的次序排列。

第 j 行的逻辑方程式是一组输出等式，每个等式的形式决定了 GAL 器件的工作模式，因而只能采用下列 3 种形式中的一种，即

符号 = 表达式　　　　(简单工作模式)

符号：= 表达式　　　(寄存器工作模式)

符号·OE = 表达式　　(复杂工作模式)

由(符号)定义后的输出引脚才有效，(符号)项定义为一个输出引脚名，写在等式的左侧，等式右边的(表达式)是由若干个(符号)、输入引脚名和逻辑运算符构成的，这些逻辑运算符是：

*　与(AND)

\+　或(OR)

/　非(NOT)或低电平

例 12.13　试用一片 GAL16V8 代替图 12.55 所示的基本逻辑门，要求写出符合 FM 编译软件规范的用户源文件。

解　用 GAL16V8 代替基本逻辑门的用户源文件如下：

```
GAL16V8                      ; DEVICE NAME
BASIC GATES                  ;
LIN AND MENG 2004・1         ;
BGTS                         ; SIGNATURE
B C D E M N P Q H GND        ; PIN NAME
I J Z Y X W V U A UCC        ; PIN NAME
; EQATIONS
```

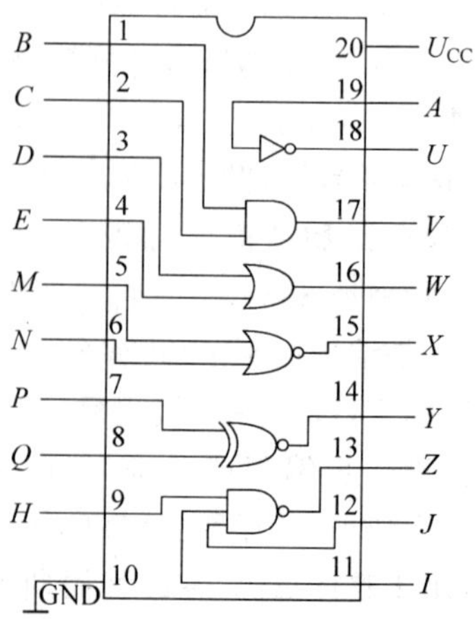

图 12.55　例 12.13 用图

```
U = /A
V = B * C
W = D + E
X = /M * /N
/Y = P * /Q + /P * Q
Z = /H + /I + /J
DESCRIPTION
```

例中的分号称为注释符，以便读懂源文件，MF 软件不识别分号后面的字符。例中 A、B、C、D、E、M、N、P、Q、H、I、J 是输入引脚名，U、V、W、X、Y、Z 是输出引脚名，且必须通过(符号)定义，(符号)内，在输出引脚名前允许有/符号，表示非或低电平，如/Y=P＊/Q+/P＊Q，表示的逻辑关系是 $Y=\overline{P\oplus Q}$。

GAL 器件的极性靠结构控制字中的 XOR(n)来控制，当引脚行的输出引脚名与逻辑方程中采用的(符号)极性相同时，XOR(n)=1，输出高电平有效，否则 XOR(n)=0，输出低电平有效。如例 12.13 源文件引脚行的输出引脚 W 与逻辑方程式中的(符号)W 极性相同，故 XOR(16)=1，引脚行的输出引脚 Y 与逻辑方程式中的(符号)/Y 极性相反，故 XOR(14)=0。

源文件编写完后，可用 FM.EXE 编译软件对其进行编译并生成下述文件：

＊.PLD——编辑后的源文件

＊.LST——文档文件

＊.LPT——熔丝图文件

＊.JED——装载源文件

最后利用编程器可对 GAL16V8 编程。编程后，编译软件根据用户源文件中输出引脚定义的方程形式，自动设置 SYN、AC0 和 AC1 控制字的值，从而设定 OLMC 工作在哪种工作模式。

例 12.14 试用 GAL16V8 设计一个四位加 2 计数器，要求有清零、置数和进位的功能。

解 (1) 求出计数器的逻辑表达式。

设计数器的状态变量为 Q_4、Q_3、Q_2、Q_1，清零输入变量为 CLR，置数输入变量为 I_4、I_3、I_2、I_1，进位输出变量为 M。根据题意，先不考虑清零和置数的情况下，计数器的状态转换表及对应的卡诺图如表 12.20 和图 12.56 所示。

表 12.20 计数器的状态转换表

现态				次态				输出
Q_4^n	Q_3^n	Q_2^n	Q_1^n	Q_4^{n+1}	Q_3^{n+1}	Q_2^{n+1}	Q_1^{n+1}	M
0	0	0	0	0	0	1	0	0
0	0	1	0	0	1	0	0	0
0	1	0	0	0	1	1	0	0
0	1	1	0	1	0	0	0	0
1	0	0	0	1	0	1	0	0
1	0	1	0	1	1	0	0	0
1	1	0	0	1	1	1	0	0
1	1	1	0	0	0	0	0	1

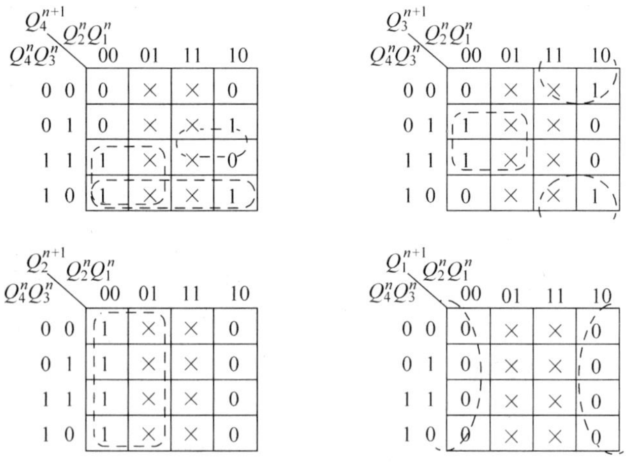

图 12.56　例 12.14 卡诺图

用卡诺图化简得

$$Q_4^{n+1}=Q_4^n\bar{Q}_2^n+Q_4^n\bar{Q}_3^n+\bar{Q}_4^nQ_3^nQ_2^n$$

$$Q_3^{n+1}=Q_3^n\bar{Q}_2^n+\bar{Q}_3^nQ_2^n$$

$$Q_2^{n+1}=\bar{Q}_2^n$$

$$Q_1^{n+1}=Q_1^n$$

$$M=Q_4^nQ_3^nQ_2^n$$

考虑清零和置数功能，修改后的计数的逻辑表达式为

$$Q_4^{n+1}=(Q_4^n\bar{Q}_2^n+Q_4^n\bar{Q}_3^n+\bar{Q}_4^nQ_3^nQ_2^n)\overline{CLR}+I_4$$

$$Q_3^{n+1}=(Q_3^n\bar{Q}_2^n+\bar{Q}_3^nQ_2^n)\overline{CLR}+I_3$$

$$Q_2^{n+1}=\bar{Q}_2^n\,\overline{CLR}+I_2$$

$$Q_1^{n+1}=Q_1^n\,\overline{CLR}+I_1$$

$$M=Q_4^nQ_3^nQ_2^n\,\overline{CLR}$$

(2) 配置 GALl6V8 的引脚。

用 GALl6V8 实现四位加 2 计数器时的引脚配置如图 12.57 所示。各引脚功能如下：

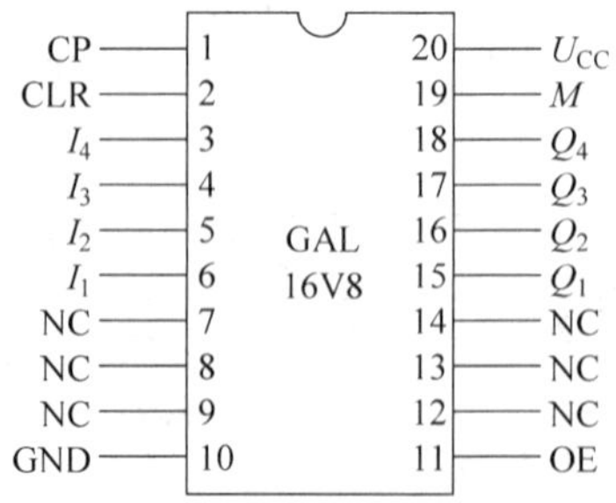

图 12.57　实现四位加 2 计数器时的引脚配置

CP——时钟输入端，正跳变沿触发；

CLR——清零输入端；

$I_1 \sim I_4$——置数输入端，程序中用 I1～I4 表示；

GND——接地端；

OE——输出允许端；

$Q_1 \sim Q_4$——计数器输出端，程序中用 Q1～Q4 表示；

M——进位输出端；

U_{CC}——电源端，接＋5V，程序中用 UCC 表示；

(3) 编写 FM 源文件。

设源文件名为 COUNTER. PLD，适用于 FM 软件规范的用户源文件如下：

```
GAL16V8
 + 2COUNTER
GAL1
COUNT
CP CLR I4 I3 I2 I1 NC NC NC GND
OE NC NC NC Q1 Q2 Q3 Q4 M UCC
; EQUATIONS
Q4:= Q4 * /Q2 * /CLR + Q4 * /Q3 * /CLR + /Q4 * Q3 * Q2 * /CLR + I4
Q3:= Q3 * /Q2 * /CLR + /Q3 * Q2 * /CLR + I3
Q2:= /Q2 * /CLR + I2
Q1:= Q1 * /CLR + I1
M:= Q4 * Q3 * Q2 * /CLR
DESCRIPTION
```

接着用 FM.EXE 编译软件对上述源文件进行编译，然后对 CAL16V8 编程。

12.6　555 定时器

555 定时器是目前在信号产生和变换电路中应用非常广泛的一种中规模集成电路。本节重点介绍用 555 定时器组成的各类脉冲产生与变换电路。

12.6.1　555 定时器的结构和工作原理

555 定时器电路结构原理如图 12.58 所示。它由分压器、两个比较器 C_1 和 C_2、基本 RS 触发器以及输出缓冲级 G_2 和开关放电管 T 组成。

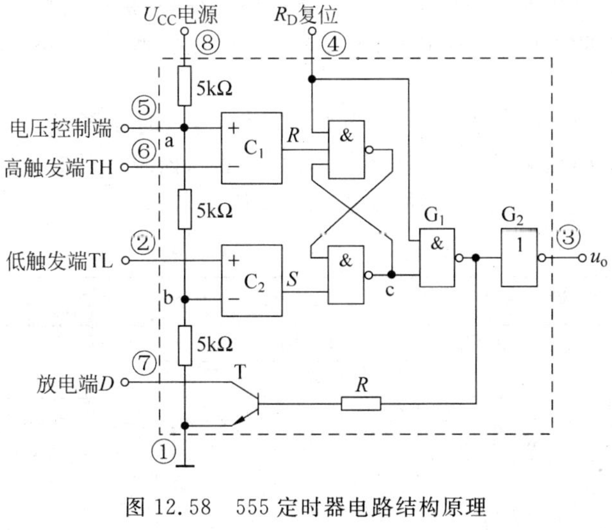

图 12.58　555 定时器电路结构原理

1. 分压器

分压器由三个 5kΩ 电阻组成，分压器上的两个分压点 a 和 b 的电平由电源 U_{CC}（管脚

⑧)和电压控制端(管脚⑤)共同控制,为比较器提供基准电平。当⑤脚悬空时,$U_a=\frac{2}{3}U_{CC}$,$U_b=\frac{1}{3}U_{CC}$。如果改变⑤脚的输入,则可改变 a、b 的基准电平。

2. 比较器

分压器的两个分压点 a 和 b 分别接在比较器 C_1 的同相输入端和 C_2 的反相输入端上,作为比较器的基准电压。而 C_1 的反相输入端和 C_2 的同相输入端分别作为高触发端 TH(管脚⑥)和低触发端 TL(管脚②)与外电路相连。

设⑤脚悬空。当 TH 的电平 $U_6>U_a$,TL 的电平 $U_2>U_b$ 时,比较器 C_1 端输出为低电平,比较器 C_2 输出为高电平,向基本 RS 触发器输入置 0 信号。

当 TH 的电平 $U_6<U_a$,TL 的电平 $U_2<U_b$ 时,比较器 C_1 端输出为高电平,比较器 C_2 输出为低电平,向基本 RS 触发器输入置 1 信号。

当 TH 的电平 $U_6<U_a$,TL 的电平 $U_2>U_b$ 时,比较器 C_1 端和比较器 C_2 输出均为高电平,基本 RS 触发器无信号输入。

3. 基本 RS 触发器

基本 RS 触发器由两个与非门组成,它的状态由前述的两个比较器的输出控制。当比较器输入置 0 信号时,触发器的输出状态为 0(即 c 点电平为 U_{OL}),当比较器输入置 1 信号时,触发器的输出状态为 1(即 c 点电平为 U_{OH}),否则触发器保持原状态。

4. 输出缓冲级和放电管

555 的输出状态 u_o(管脚③)由 RS 触发器的输出端 c 点电平高低决定。而当复位端(管脚④)为低电平时,不管 c 点状态如何,输出 u_o 均为低电平 U_{OL}。因此,除了在开始工作前从复位端输入负脉冲使电路置 0 外,正常工作时应将管脚④接高电平。

由 G_2 构成的缓冲级主要使电路有较大的输出电流。此外,缓冲级的存在还可以隔离负载对 555 定时器的影响。

放电管 T 的状态由 G_1 的状态控制,当 G_1 输出高电平时 T 导通,当 G_1 输出低电平时 T 截止,放电管的输出端(管脚⑦)通常外接延迟元件,用以控制暂态的维持时间。

综上所述,可得 555 定时器的功能如表 12.21 所示。

表 12.21 555 定时器功能表

输入			输出	
高触发端 TH	低触发端 TL	复位(R_D)	输出(u_o)	放电管 T
X	X	0	0	导通
$>\frac{2}{3}U_{CC}$	$>\frac{1}{3}U_{CC}$	1	0	导通
$<\frac{2}{3}U_{CC}$	$<\frac{1}{3}U_{CC}$	1	1	截止
$<\frac{2}{3}U_{CC}$	$>\frac{1}{3}U_{CC}$	1	不变	不变

12.6.2 由555定时器组成的多谐振荡器

1. 由555定时器组成的多谐振荡器的电路及其工作原理

由555定时器组成的多谐振荡器如图12.59所示。其中⑥端与②端连在一起且与电容器C相连；电阻R_1、D_1、C和C、D_2、R_2、T分别组成电容器充、放电回路。由于⑤端悬空，分压器上的a、b两点的电平分别为比较器C_1和C_2输入基准电压$\frac{2}{3}U_{CC}$和$\frac{1}{3}U_{CC}$。

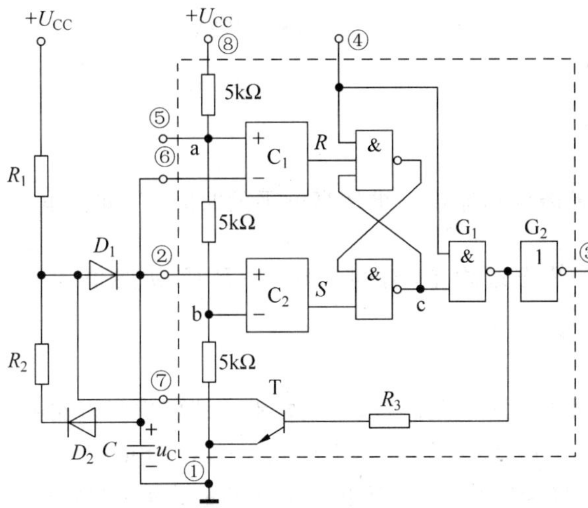

图12.59 由555定时器组成的多谐振荡器

当电容器C上的电压u_C大于$\frac{2}{3}U_{CC}$时，比较器C_1由于反相输入端电平高于同相输入端电平而使其输出为低电平，使基本RS触发器置0；反之，当u_C小于$\frac{1}{3}U_{CC}$时，比较器C_2由于同相输入端电平低于反相输入端电平而使其输出为低电平，使基本RS触发器置1。当$\frac{2}{3}U_{CC}>u_C>\frac{1}{3}U_{CC}$时，比较器$C_1$和$C_2$输出均为高电平，触发器状态保持不变。

合上电源后，U_{CC}通过R_1、D_1对电容C充电，当u_C逐渐增高到大于$\frac{2}{3}U_{CC}$时，比较器C_1输出端变成低电平，向基本RS触发器输入置0负脉冲，整个电路输出为低电平U_{OL}，触发器进入第一暂稳态。

在电路进入第一暂稳态的同时，与非门G_1输出变为高电平，使得放电管T导通，电容器C经过D_2、R_2和T放电，电容器两端电压下降，当u_C下降到小于$\frac{1}{3}U_{CC}$时，比较器C_2的输出由高电平变为低电平，向基本RS触发器输入置1负脉冲，输出由低电平转为高电平U_{OH}，电路进入第二暂稳态。

电路进入第二暂稳态后，G_1输出为低电平，T管截止，电容器放电回路断开，电源U_{CC}又通过R_1、D_1向C充电，以后过程周而复始，电路不断进行两个暂稳态的交换，输出一系列方波。工作时电容C上的波形和输出波形分别如图12.60(a)、(b)所示。

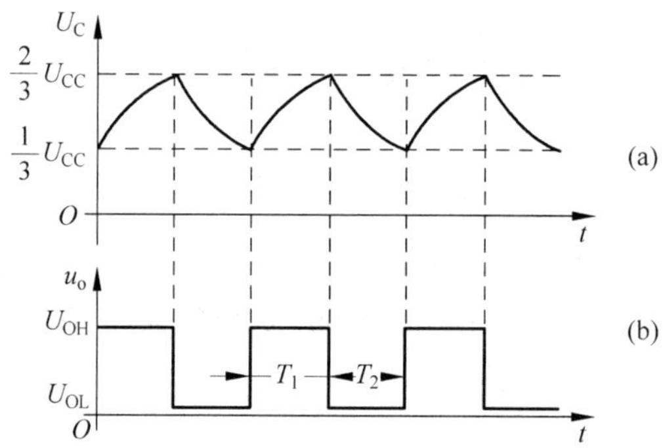

图 12.60 电路工作波形

2. 振荡周期的计算

由以上分析可知，多谐振荡器输出维持高电平的时间 T_1 即为电容器电压从$\frac{1}{3}U_{CC}$充电到$\frac{2}{3}U_{CC}$所需的时间，此暂态过程中，时间常数 $\tau=R_1C$，初始值 $u_C(0_+)=\frac{1}{3}U_{CC}$，最终值 $u_C(\infty)=U_{CC}$，$u_C(T_1)=\frac{2}{3}U_{CC}$。

由电路理论可知，对于一阶电路而言，用三要素法即可进行电路的暂态分析，其公式为

$$f(t)=f(\infty)+[f(0_+)-f(\infty)]e^{-t/\tau} \tag{12.9}$$

式中，$f(0_+)$为初始值；$f(\infty)$为正常情况下应达到的最终值；τ 为时间常数。通常 $f(t)$还未到达 $f(\infty)$时电路状态就已经发生改变，因此，常利用电路状态改变时的 $f(t)$反过来求解状态转换所需时间，其公式为

$$t=\tau\ln\frac{f(\infty)-f(0_+)}{f(\infty)-f(t)} \tag{12.10}$$

由式(12.10)可计算出维持高电平的时间 T_1

$$T_1=\tau\ln\frac{f(\infty)-f(0_+)}{f(\infty)-f(T_1)}=R_1C\ln\frac{U_{CC}-\frac{1}{3}U_{CC}}{U_{CC}-\frac{2}{3}U_{CC}}$$

$$T_1=R_1C\ln2\approx0.7R_1C \tag{12.11}$$

多谐振荡器输出维持低电平的时间 T_2 为电容器电压从$\frac{2}{3}U_{CC}$放电到$\frac{1}{3}U_{CC}$所需的时间，此暂态过程中，时间常数 $\tau=R_2C$，初始值 $u_C(0_+)=\frac{2}{3}U_{CC}$，最终值 $u_C(\infty)=0$，$u_C(T_2)=\frac{1}{3}U_{CC}$，由式(12.10)得

$$T_2=\tau\ln\frac{f(\infty)-f(0_+)}{f(\infty)-f(T_2)}=R_2C\ln\frac{0-\frac{2}{3}U_{CC}}{0-\frac{1}{3}U_{CC}}$$

$$T_2=R_2C\ln2\approx0.7R_2C \tag{12.12}$$

输出方波的周期
$$T = T_1 + T_2 \approx 0.7(R_1 + R_2)C \tag{12.13}$$

振荡频率为
$$f = \frac{1}{T_1 + T_2} \approx \frac{1.43}{(R_1 + R_2)C} \tag{12.14}$$

输出波形的占空比(即输出高电平的时间在整个周期中占的比例)为
$$q(\%) = \frac{T_1}{T_1 + T_2} \times 100\% = \frac{R_1}{R_1 + R_2} \times 100\% \tag{12.15}$$

当 $R_1 = R_2 = R$ 时，$T_1 = T_2 \approx 0.7RC$
$$T = 2T_1 \approx 1.4RC$$

振荡频率为
$$f = \frac{1}{T} \approx \frac{0.71}{RC}$$

输出波形的占空比为
$$q(\%) = \frac{T_1}{T} \times 100\% = \frac{0.7RC}{1.4RC} \times 100\% = 50\%$$

图 12.59 所示的电路占空比不可调节。如在原电路中的两个电阻 R_1 和 R_2 之间加一个电位器，如图 12.61 所示，便构成了占空比可调的多谐振荡器。

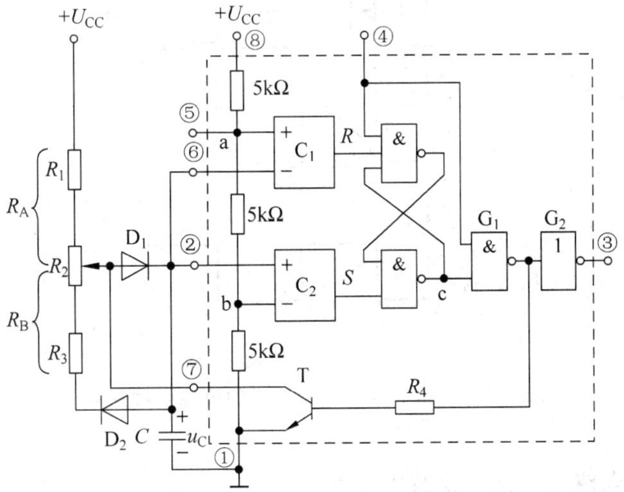

图 12.61　占空比可调的多谐振荡器

输出波形的占空比为
$$q(\%) = \frac{T_1}{T_1 + T_2} \times 100\% = \frac{R_A}{R_A + R_B} \times 100\%$$

12.6.3　由 555 定时器组成的单稳态触发器

由 555 定时器组成的单稳态触发器如图 12.62(a)所示。此时电压控制端⑤悬空，电源 U_{CC}通过 R、C 串联接地，高触发端⑥与放电端⑦连在一起并接入 R 与 C 之间(即⑥与⑦脚的电平均等于 u_C)，输入控制信号 u_i 由低触发端 TL②输入，一般情况下处于高电平，其值大于$\frac{2}{3}U_{CC}$。故比较器 C_2 的输出通常为高电平。由于⑤端悬空，分压器的 a、b 两点的电平分别为$\frac{2}{3}U_{CC}$和$\frac{1}{3}U_{CC}$。

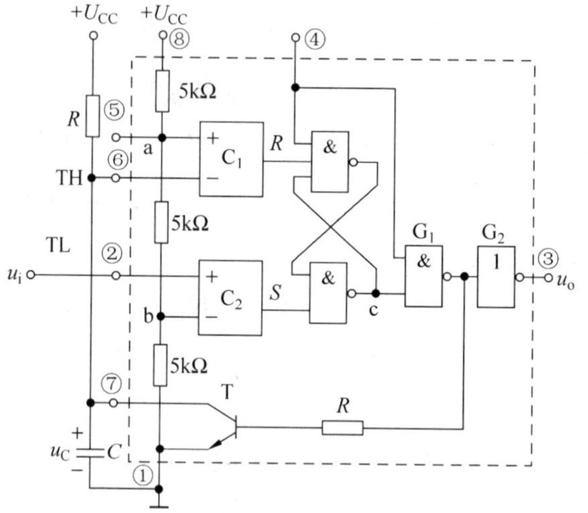

(a) 电路

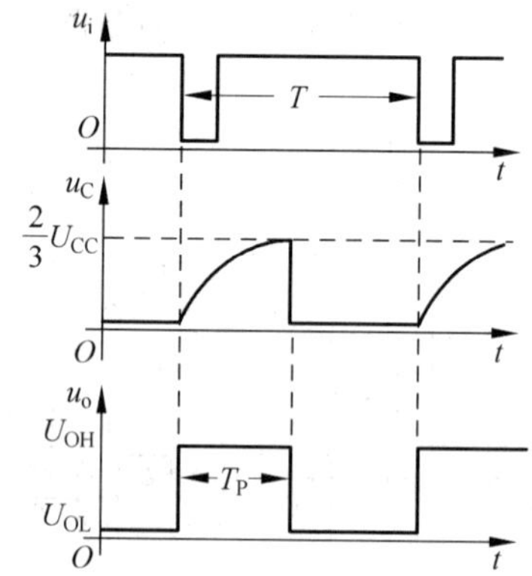

(b) 工作波形

图 12.62 由 555 定时器组成的单稳态触发器

1. 合上电源后电路进入稳定状态的过程

合上电源后，U_{CC}通过 R 对 C 充电，在 u_C 未达到$\frac{2}{3}U_{CC}$前，比较器 C_1 的输出为高电平，当 u_C 上升到$\frac{2}{3}U_{CC}$时，C_1 的输出状态由高电平转为低电平，向基本 RS 触发器输入置 0 负脉冲，基本 RS 触发器置 0。G_1 的输出因输入为 0 而转为高电平，放电管 T 饱和导通，电容器 C 经 T 管放电，u_C 迅速下降，当 u_C 下降到小于$\frac{2}{3}U_{CC}$时，比较器 C_1 的输出电平转为高电平，基本 RS 触发器因其两个控制端都为 1 而保持 0 态。只要输入端没有负脉冲触发信号，u_C 一直下降至 T 管的饱和电压，基本 RS 触发器一直保持 0 态，也就是单稳态触发器的稳定状态。

2. 输入触发负脉冲时电路进入暂稳态的过程

当触发负脉冲 u_i 由②端输入并使得②端的电平低于$\frac{1}{3}U_{CC}$时，比较器 C_2 由于同相输入端的电平低于反相输入端电平使得其输出立即转为低电平，向基本 RS 触发器送入置 1 负脉冲，输出由低电平转为高电平，电路转为暂稳态。负脉冲过后，C_2 输出转为 1，电路保持一段时间的暂稳态不变。

3. 电路由暂稳态自动返回到稳态的过程

在输出转为高电平的同时，G_1 的输出转为低电平，放电管 T 立即截止，⑦端与地的联系中断，U_{CC} 又通过 R 对电容 C 充电，当 $u_C=\frac{2}{3}U_{CC}$ 时，比较器 C_1 的输出又转为低电平，向基本 RS 触发器送入置 0 负脉冲，电路输出 u_o 从高电平变为低电平，整个电路由暂稳态返回到稳态，电路将保持这一稳定状态直到下一个触发负脉冲到来为止。整个电路 u_i、u_C 和 u_o 的波形如图 12.62(b)所示。

4. 电容器两端电压的恢复过程

当 u_o 从高电平变为低电平后，G_1 的输出又转为高电平，放电管 T 饱和导通，电容器 C 经 T 管迅速放电。从 C 放电开始到其两端的电压降到 T 管的饱和电压所需的时间即为恢复时间 T_R，但由于电容 C 通过管 T 放电的时间常数很小，故恢复时间 T_R 也很短，可忽略不计。

5. 暂稳态维持时间的计算

如略去放电管 T 的饱和管压降，电容器 C 的电压从零充电到 $\frac{2}{3}U_{CC}$ 所需的时间即为电路暂稳态的维持时间 T_P。此暂稳态过程中，时间常数 $\tau=RC$，初始值 $u_C(0_+)=0$，最终值 $u_C(\infty)=U_{CC}$，$u_C(T_p)=\frac{2}{3}U_{CC}$，由式(12.10)得

$$T_p=\tau\ln\frac{f(\infty)-f(0_+)}{f(\infty)-f(T_P)}$$

$$=RC\ln\frac{U_{CC}-0}{U_{CC}-\frac{2}{3}U_{CC}}$$

$$T_P=\ln 3\cdot RC\approx 1.1RC \tag{12.16}$$

改变 R 和 C 的数值可达到调节 T_P 的目的。

为保证单稳态触发器的每一个输入负脉冲都能起到触发作用，触发时 u_i 的电平应小于 $\frac{1}{3}U_{CC}$ 且输入触发脉冲的宽度小于暂稳态的维持时间 T_P。重复周期 T 必须大于暂稳态的维持时间 T_P 和电容器 C 的电压放电恢复时间 T_R 之和。由于恢复时间很短，故重复周期 T 只要略大于暂稳态维持时间即可。

单稳态触发器除了对脉冲进行整形，把不规则的脉冲变换成宽度、幅值为给定值的脉冲外，由于其暂稳态维持时间的长短仅取决于电路中的 R、C 参数而与触发脉冲的宽度无关，故单稳态触发器还可以起定时作用，如图 12.63 所示，利用单稳的输出控制一个与门的一个输入端，那么在 T_P 时间与门工作，U_B 的信号可以通过，实现脉冲的定时选通。此外，单稳态触发器通过调节 R、C 参数，可使输入信号延迟一定的时间后再输出，如图 12.64 所示，利用单稳态输出脉冲宽度 T_P 可将输入信号的下降沿延时 T_P。

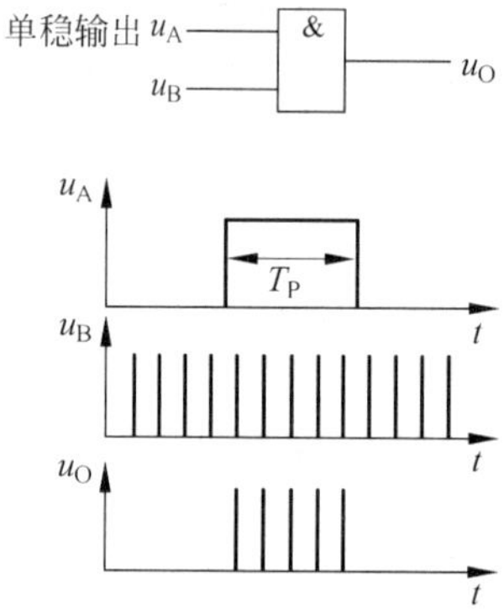

图 12.63 脉冲的定时选通

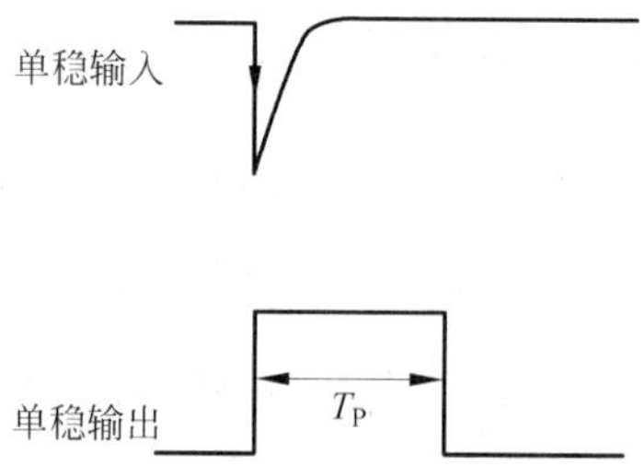

图 12.64 单稳态触发器的延时作用

12.6.4 由 555 定时器组成的施密特触发器

施密特触发器是一种双稳态触发器。它不同于一般双稳态触发器的地方是：一般的双稳态触发器是脉冲触发，而施密特触发器属于电平触发。对于缓慢变化的输入信号施密特触发器仍然适用，当输入信号达到某一定电平值时，输出电平会发生跃变。

由 555 定时器组成的施密特触发器如图 12.65(a)所示。图中④端接入高电平、⑥端和②端连在一起通过电阻 R_2 接于 R_1 和 R_3 组成的分压器的 d 点上，⑤端接调节电压 u_{ad}，⑦端可以悬空，如需要时也可以通过 R_4 接入另一电源 U_{CC2} 上。

由 555 工作原理可知，当⑥端的电平高于 a 点电平时，比较器 C_1 输出低电平(负脉冲)，使基本 RS 触发器置 0，电路输出为 0，而当②端的电平低于 b 点电平时，比较器 C_2 输出为 0，使基本 RS 触发器置 1，电路输出为 1。图中⑥端和②端连在一起构成 e 点，在讨论电路工作原理时，应掌握 e 点电平变化而引起输出电平变化这一关键。

1. 接入电源，电路进入第一稳态

在 $u_i=0$ 且整个电路未接入电源时，由于 $u_i=0$，相当于与接地点①相连，故电容器 C 两端电压为 0，C 相当于短路。在电路接入电源瞬间，由于电容器两端的电压不能跃变，d 点(即 e 点)电平为 0，低于 U_b，使基本 RS 触发器置 1。当 U_{CC1} 通过电阻对电容 C 充电完毕后，$u_C=U_d=U_{CC}\dfrac{R_3}{R_1+R_3}$，适当选择电阻 R_1 和 R_3，使得 $U_a>U_d>U_b$，此时比较器 C_1 和 C_2 输出均为高电平，基本 RS 触发器保持 1 态不变，电路处于第一稳态，输出端电压 $u_{o1}=U_{OH}$。

2. 输入电压变化时，输出状态得到相应改变

加输入电压 u_i 以后，u_i 叠加在 U_d 上，$u_e=u_i+U_d$，如图 12.65(b)所示。当 $u_e>U_a$时，比较器 C_1 输出由 1 变到 0，使基本 RS 触发器置 0，电路进入第二稳态，输出低电平 $u_{o1}=U_{OL}$。以后，只要 $u_e>U_b$，电路输出将保持第二稳态不变，只有当 $u_e<U_b$时，输出电压 u_{o1} 才转入高电平，回到第一稳态。

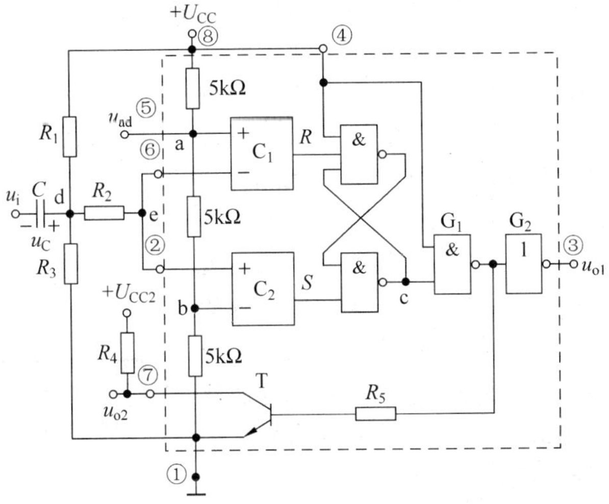

(a) 电路

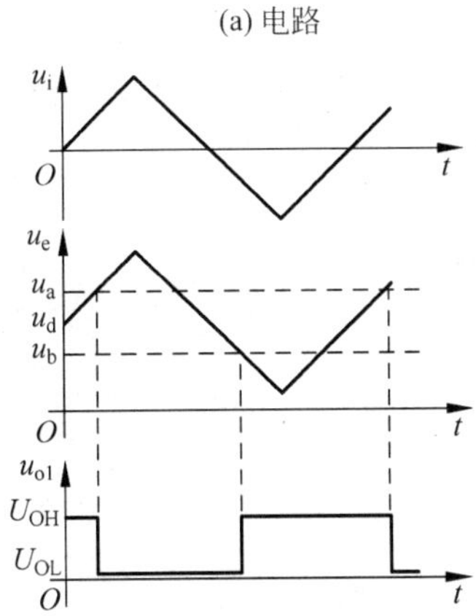

(b) 工作波形

图 12.65　由 555 定时器组成的施密特触发器

U_a和U_b分别为使触发器翻转的两个电平，且$U_a>U_b$，故U_a称为上限触发门槛电平，U_b称为下限触发门槛电平。在输入电压u_i为一三角波时，输出电压u_{o1}的波形如图 12.65(b)所示。上、下限触发门槛电平的差值称为滞后电压(或称回差)，此电路回差

$$U_H = U_a - U_b = \frac{2}{3}U_{CC1} - \frac{1}{3}U_{CC1} = \frac{1}{3}U_{CC1}$$

是一个固定值，如果要调节回差的大小，可在⑤端加入电压u_{ad}，加入u_{ad}后，$U_a=u_{ad}$，$U_b=0.5u_{ad}$，改变u_{ad}的数值可达到调节回差的目的。

图 12.65(a)所示电路当⑦端悬空时输出电压u_{o1}的数值分别为与非门的输出高电平U_{OH}或输出低电平U_{OL}，如果要求输出电压高、低电平与非门的输出高、低电平不同时，可将⑦端通过电阻R_4接入另一电源U_{CC2}中，其电源电压的数值与要求电压的数值相等，并改成从⑦端输出电压u_{o2}。改进后电路的工作原理与原来完全相同，只是当u_{o1}输出高电平时，G_1输出低电平，T 截止，⑦端输出高电平u_{o2H}($\approx U_{CC2}$)；当u_{o1}输出低电平时，G_1输出高电平，T 饱和导通，⑦端输出低电平u_{o2L}($\approx 0.3V$)。引入R_4和U_{CC2}后，可以使电路输出电压更灵活，应用范围更广。

由于施密特触发器具有回差特性，所以具有较强的抗干扰能力。一般而言，回差电压越大，抗干扰能力越强，但触发灵敏度也跟着下降。

施密特触发器在数字电路中最主要的用途是对输入波形进行整形和变换。它可将正弦波、三角波等波形变换成整齐的方波输出，如图 12.66 所示；利用回差特性，可将信号波形顶部叠加的干扰信号消除，完成波形整形，如图 12.67 所示。此外，还可利用施密特触发器进行幅值甄别。例如，如果要在一系列幅值不等的脉冲波中仅保留幅值大于 U_A 的脉冲，就可选定 U_A 为上限触发门槛电压。这样，凡幅值大于 U_A 的脉冲波就能使电路输出脉冲，而幅值小于 A 的脉冲波则被淘汰掉，达到幅值甄别的目的，如图 12.68 所示。

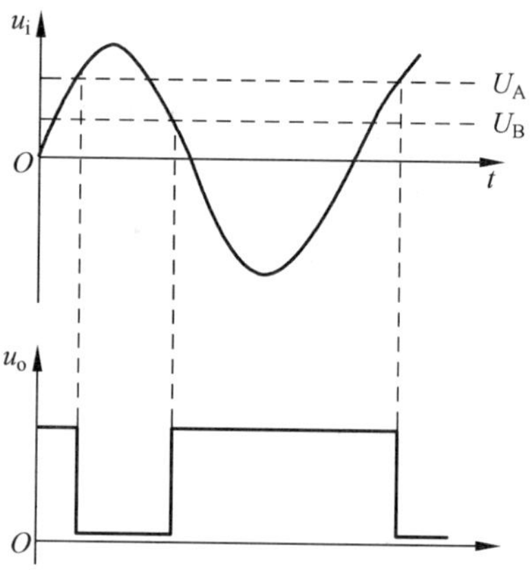

图 12.66 波形变换

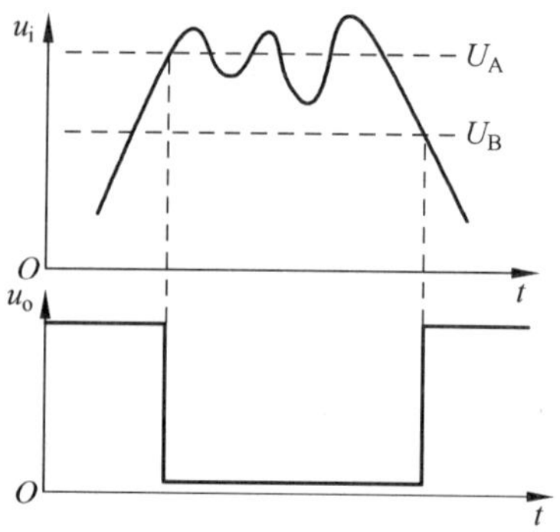

图 12.67 波形整形

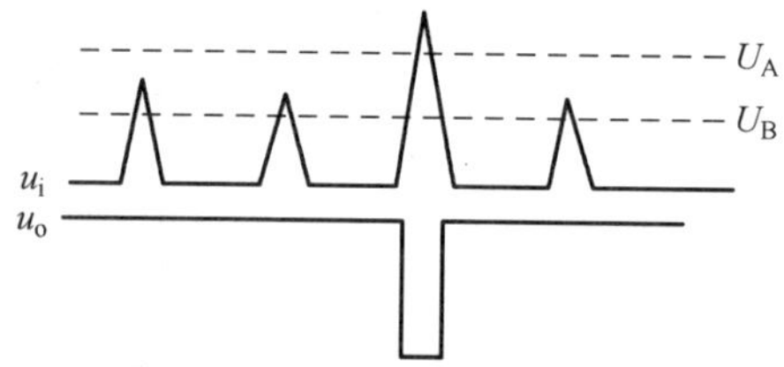

图 12.68 幅值甄别

小 结

(1) 时序逻辑电路通常由组合电路及存储电路两大部分组成。时序电路的特点是存储电路能将电路的状态记忆下来，并和当前的输入信号一起决定电路的输出信号。这个特点决定了时序电路的逻辑功能，即时序电路在任一时刻的输出信号不仅和当时的输入信号有关，而且还与电路原来的状态有关。

(2) 时序电路可分为同步时序电路和异步时序电路两种工作方式。它们的主要区别是，在同步时序电路的存储电路中，所有触发器的 CP 端均受同一时钟脉冲源控制，而在异步时序电路中，各触发器 CP 端受不同的触发脉冲控制。

(3) 描述时序电路逻辑功能的方法有逻辑方程组(含驱动方程、状态方程和输出方程)、状态表、状态图和波形图(时序图)，它们各具特色，各有所长，且可以相互转换。逻辑方程组是具体时序电路的直接描述，状态表和状态图能给出时序电路的全部工作过程，时序图能更直观地显示电路的工作过程。为进行时序电路的分析和设计，应该熟练地掌握这几种描述方法。

(4) 时序电路的分析与设计是两个相反的过程，时序电路的分析步骤是由给定的时序电路，写出逻辑方程组，列出状态表，画出状态图或时序图，最后指出电路逻辑功能。时序电路的设计步骤是根据要实现的逻辑功能，作出状态表，然后进行状态编码(状态分配)，再求出所选触发器的驱动方程、时序电路的状态方程和输出方程，最后画出设计好的逻辑电路图，检查是否有自启动能力。

(5) 计数器不仅能用于累计输入时钟脉冲的个数，还能用于分频、定时、产生节拍脉冲等。寄存器的功能是存储二进制代码。移位寄存器不但可以存储代码，还可用来实现数据的串行-并行转换、数据处理及数值的运算。

(6) 计数器和寄存器是简单而又最常用的时序逻辑器件。它们在计算机和其他数字系统中的作用往往超过了它们自身的功能。时序电路的分析和设计方法都可以用于分析和设计(用触发器和门电路构成的)计数器、寄存器及由它们组成的电路。

(7) 用已有的 M 进制集成计数器产品可以构成 N(任意)进制的计数器。当 $M>N$ 时，用 1 片 M 进制计数器，采取清零或置数方式，跳过 $M-N$ 个状态，就可以得到 N 进制的计数器；当 $M<N$ 时，要用多片 M 进制计数器组合起来，才能构成 N 进制计数器。

(8) 可编程逻辑器件(PLD) 具有集成度高、可靠性好、处理速度快和保密性强等特点。用户可以自行设计该类器件的逻辑功能。PAL 和 GAL 是两种典型的可编程逻辑器件，其电路结构的核心都是与-或阵列。而 GAL 器件的输出部分增加了输出逻辑宏单元 OLMC，因此比 PAL 具有更强的功能和灵活性。

(9) 555 定时器是一种应用十分广泛的集成器件。它可组成多谐振荡器、单稳态触发器和施密特触发器，用于脉冲的产生、整形、定时等多种场合。

(10) 双稳态触发器具有两个稳定状态，电路组成包括正反馈环节和门电路两部分；单稳态触发器具有一个稳态和一个暂态；而多谐振荡器没有稳态，只有两个暂态。暂态的维持依赖于 RC 电路的充、放电，学习中要注意掌握 RC 元件对暂态时间的控制作用、电路由一个状态翻转到另一个状态的条件以及状态维持时间的计算等。

习　　题

12.1　组合逻辑电路与时序逻辑电路有何区别？时序逻辑电路有哪几种工作方式？描述时序电路逻辑功能的方法有哪几种？

12.2　已知一时序电路的状态表如题表 12.2 所示，试作出相应的状态图。

题表　12.2

现态	输入	次态	输出
	X		Z
S_0	0	S_3	1
S_0	1	S_1	0
S_1	0	S_3	1
S_1	1	S_2	0
S_2	0	S_3	1
S_2	1	S_0	0
S_3	0	S_1	1
S_3	1	S_2	0

12.3　已知状态图如题图 12.3 所示，试作出它的状态表。

12.4　题图 12.4 是某时序电路的状态转换图，设电路的初始状态为 01，当序列 $X=$

100110(自左至右输入)时,求该电路输出 Z 的序列。

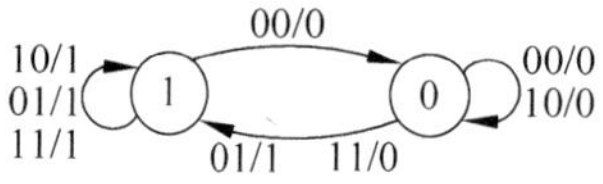

题图 12.3

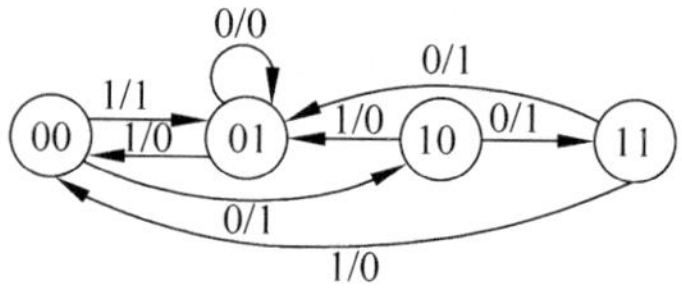

题图 12.4

12.5 已知某时序电路的状态表如题表 12.5 所示,试画出它的状态图。如果电路的初始状态在 S_2,输入信号 X 依次是 0、1、0、1、1、1、1,试求其相应的输出 Z。

题表 12.5

现态	输入	次态	输出
	X		Z
S_1	0	S_1	0
S_2	0	S_1	1
S_3	0	S_2	1
S_4	0	S_4	0
S_5	0	S_2	1
S_1	1	S_2	0
S_2	1	S_4	1
S_3	1	S_5	1
S_4	1	S_3	0
S_5	1	S_1	1

12.6 已知状态表如题表 12.6 所示,若电路的初始状态为 $Q_1Q_0=00$,输入信号波形如题图 12.6 所示,试画出 Q_1、Q_0 的波形(设触发器响应于负跳变)。

题表 12.6

现态		输入	次态		输出
Q_1^n	Q_0^n	X	Q_1^{n+1}	Q_0^{n+1}	Z
0	0	0	0	1	1
0	1	0	1	0	0
1	0	0	1	0	0
1	1	0	0	1	1
0	0	1	1	1	1
0	1	1	1	0	0
1	0	1	1	1	0
1	1	1	0	0	1

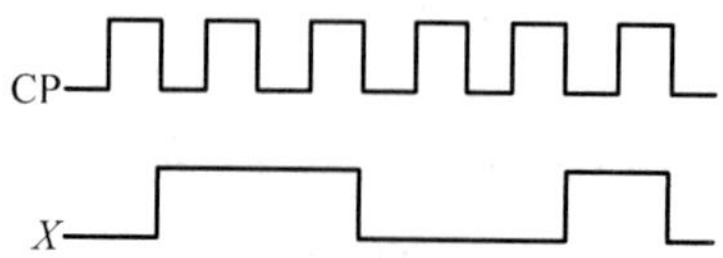

题图 12.6

12.7　试分析题图 12.7 所示时序电路，画出其状态表和状态图。设电路的初始状态为 0，画出在题图 12.7(b)所示波形作用下，Q 和 Z 的波形图。

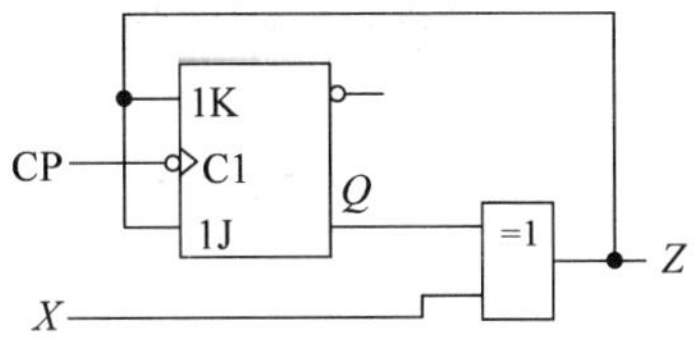

(a)

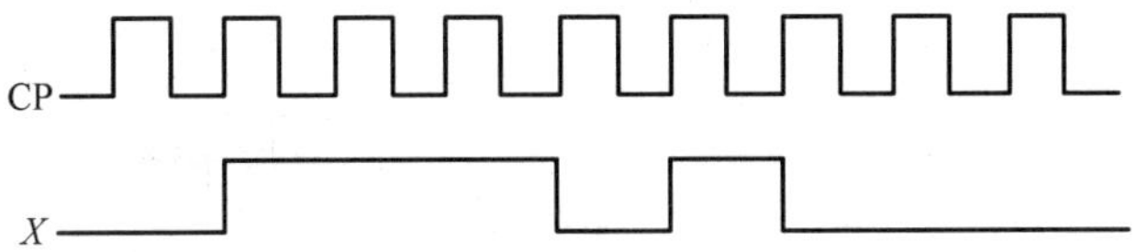

(b)

题图　12.7

12.8　试分析题图 12.8 所示时序电路，画出状态图。

12.9　试分析题图 12.9 所示时序电路，列出状态表，画出状态图。

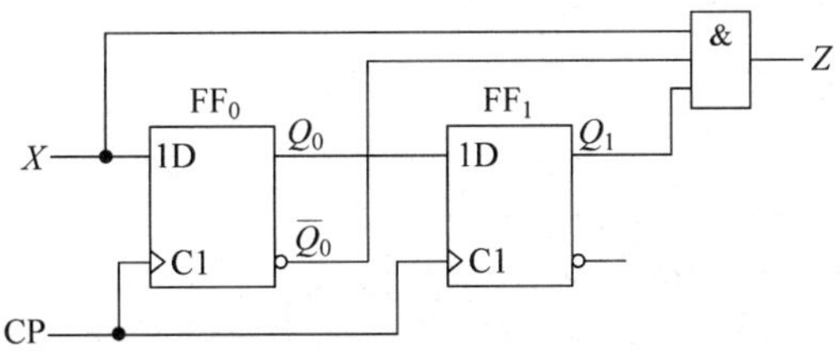

题图　12.8

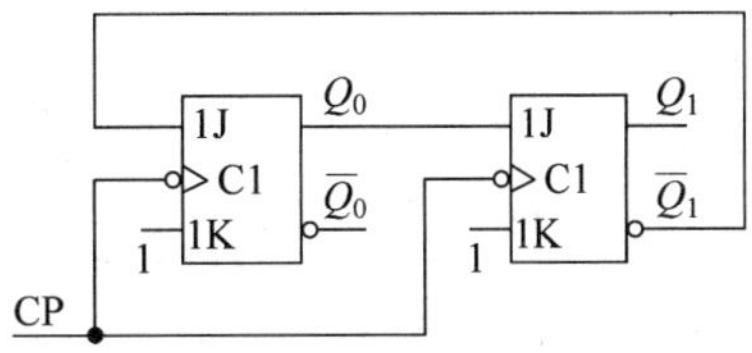

题图　12.9

12.10　分析题图 12.10 所示同步时序电路，写出各触发器的驱动方程、电路的状态方程，画出状态表和状态图。

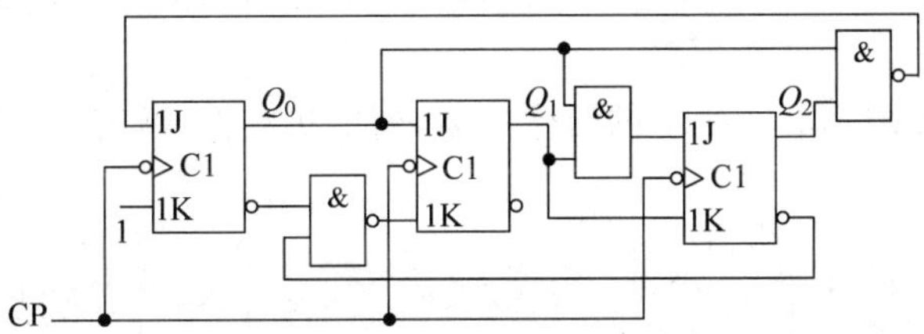

题图　12.10

12.11　分析题图 12.11 所示电路，写出它的驱动方程、状态方程和输出方程，画出状态表。

12.12　试画出题图 12.12 所示时序电路的状态转换图，并画出对应于 CP 的 Q_1、Q_0 和输出 Z 的波形。设电路的初始状态为 00。

12.13　试分析题图 12.13 所示时序电路，列出状态表，画出状态图。

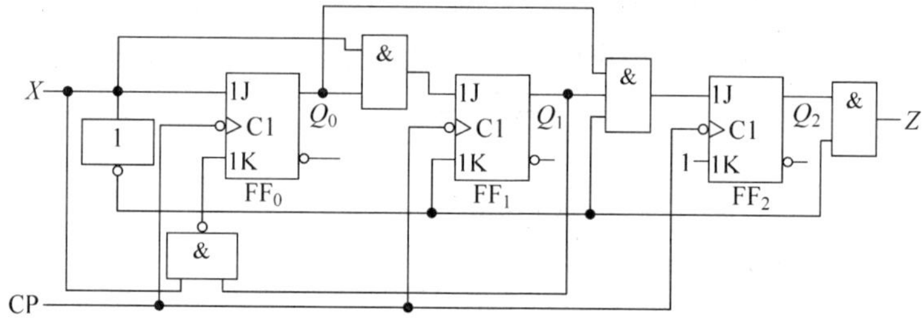

题图 12.11

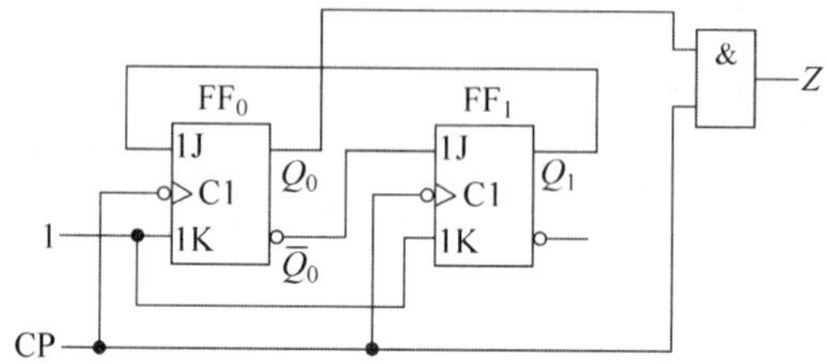

(a)

(b)

题图 12.12

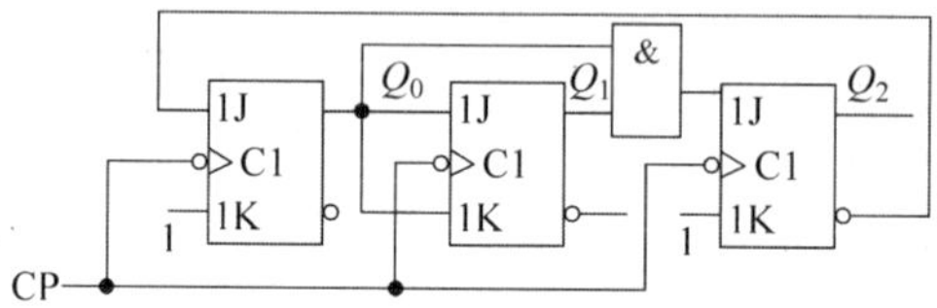

题图 12.13

12.14 试分析题图 12.14 所示时序电路，列出状态表，画出状态图并指出电路存在的问题。

12.15 试分析题图 12.15 所示的时序电路，列出状态表，画出状态图。

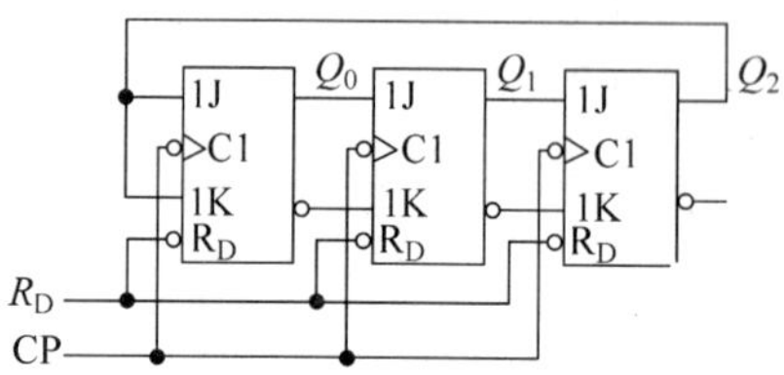

题图 12.14

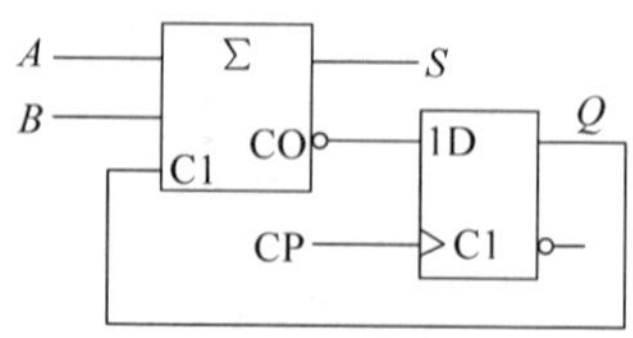

题图 12.15

12.16 试分析题图 12.16 所示时序电路，画出对应于 CP 的 Q_2、Q_1、Q_0 波形，说明三个彩灯点亮的顺序。设电路的初始状态为 000，$Q_2=1$，黄灯亮，$Q_1=1$，绿灯亮，$Q_0=1$，红灯亮。

12.17 分析题图 12.17 所示电路，画出状态图和时序图。

12.18 分析题图 12.18 所示电路，画出状态图，指出电路是否有自启动能力。

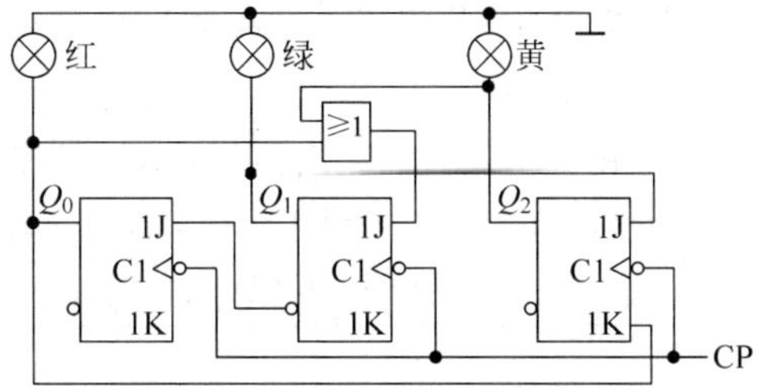

题图 12.16

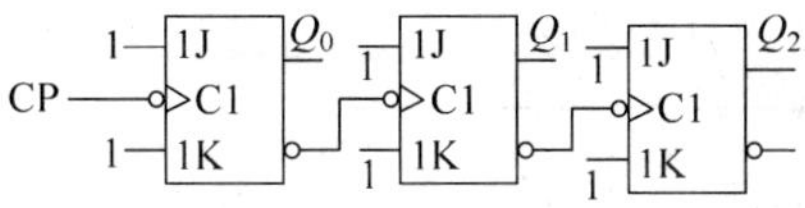

题图 12.17

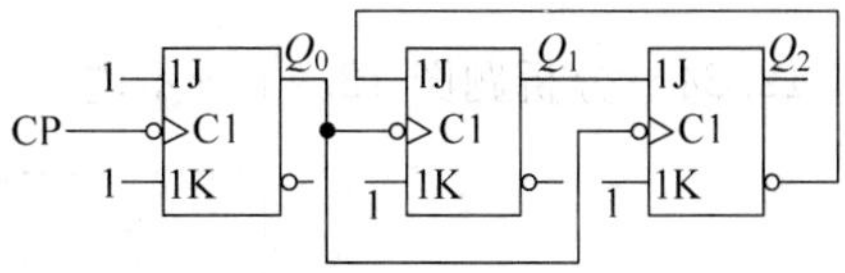

题图 12.18

12.19 分析题图 12.19 所示电路，画出状态图，指出是几进制计数器。

12.20 分析题图 12.20 所示电路，画出状态图，指出是几进制计数器。

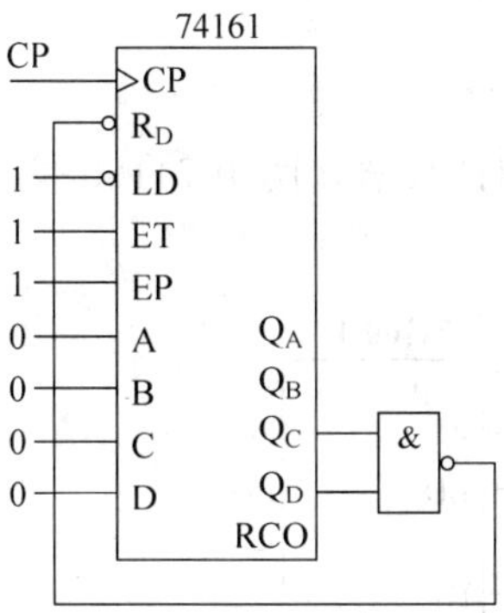

题图 12.19

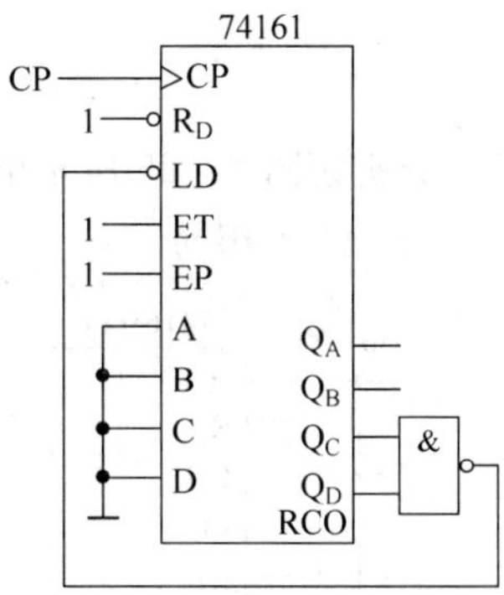

题图 12.20

12.21 分析题图 12.21 所示电路，画出状态图，并指出是几进制计数器。

12.22 分析题图 12.22 所示电路，并指出是几进制计数器。

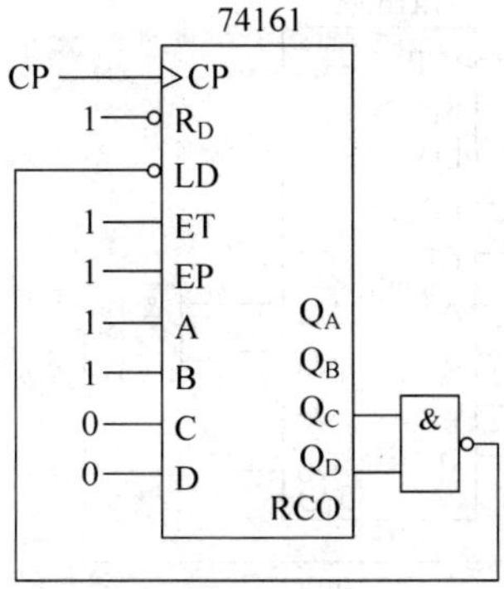

题图 12.21

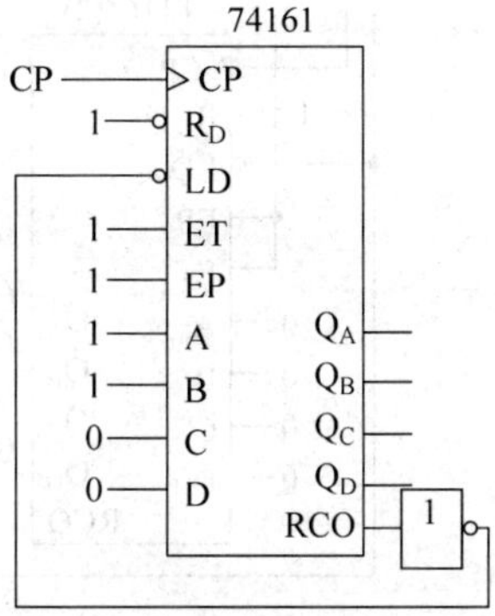

题图 12.22

12.23 分析题图 12.23 所示电路，并指出是几进制计数器。

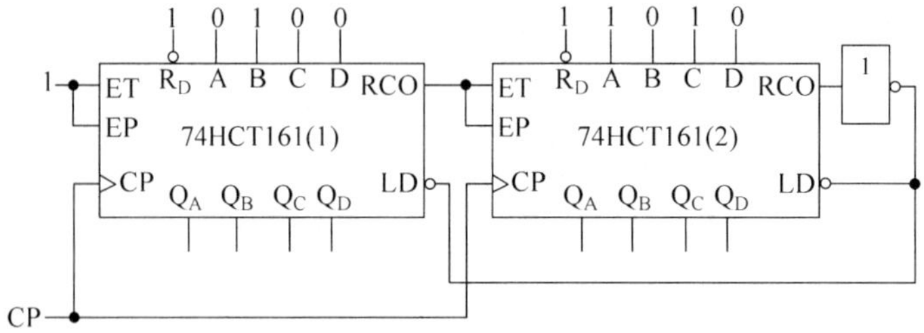

题图 12.23

12.24 分析题图 12.24 所示电路，并指出是几进制计数器。

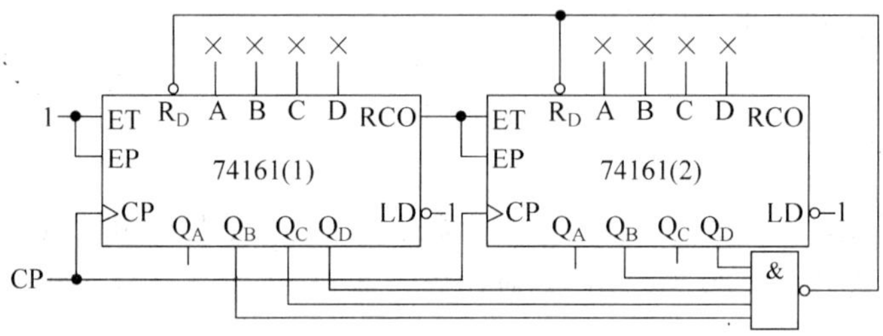

题图 12.24

12.25 分析题图 12.25 所示电路，并指出是几进制计数器。图中 74160 是十进制计数器，使用方法与 74161 相同。

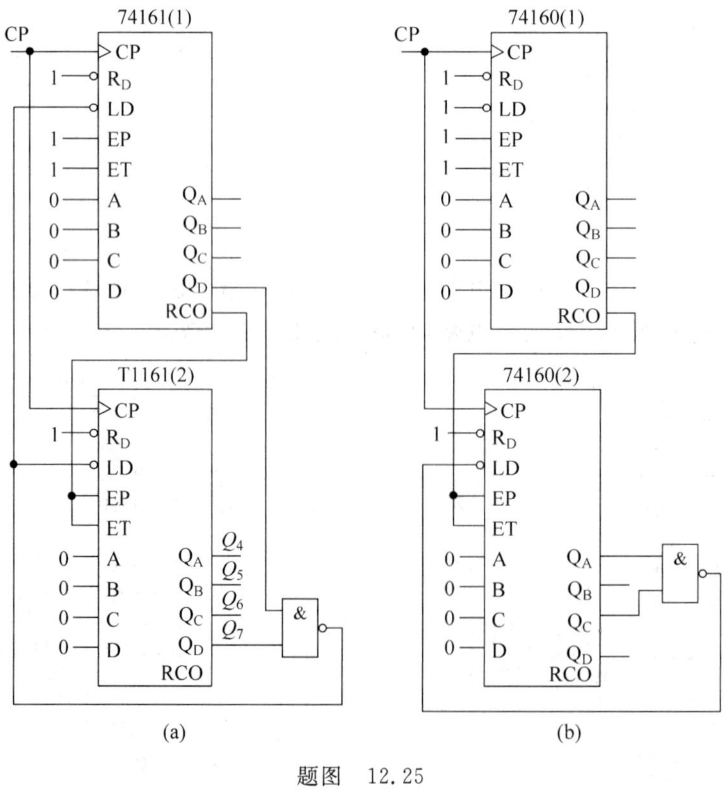

题图 12.25

12.26　按题表 12.26 所示的最简状态表和状态编码方案，用主从 JK 触发器设计此同步时序电路。

题表　12.26

现态	输入	次态	输出
	X		Z
$S_0=00$	0	S_1	0
$S_1=01$	0	S_2	0
$S_2=10$	0	S_3	0
$S_3=11$	0	S_0	1
$S_0=00$	1	S_3	0
$S_1=01$	1	S_0	0
$S_2=10$	1	S_1	0
$S_3=11$	1	S_2	1

12.27　某同步时序电路的编码状态图如题图 12.27 所示，试写出用 D 触发器设计此电路时的最简驱动方程。

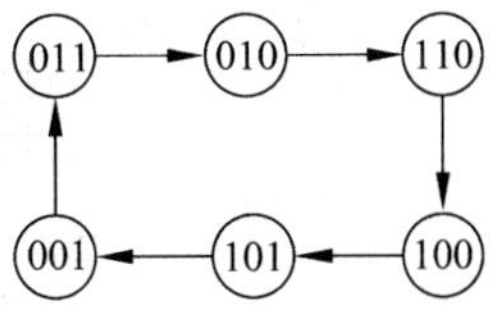

题图　12.27

12.28　试分析题图 12.28 中由 74LS90 构成的各电路，画出有效循环的状态图，并指出各是几进制计数器。

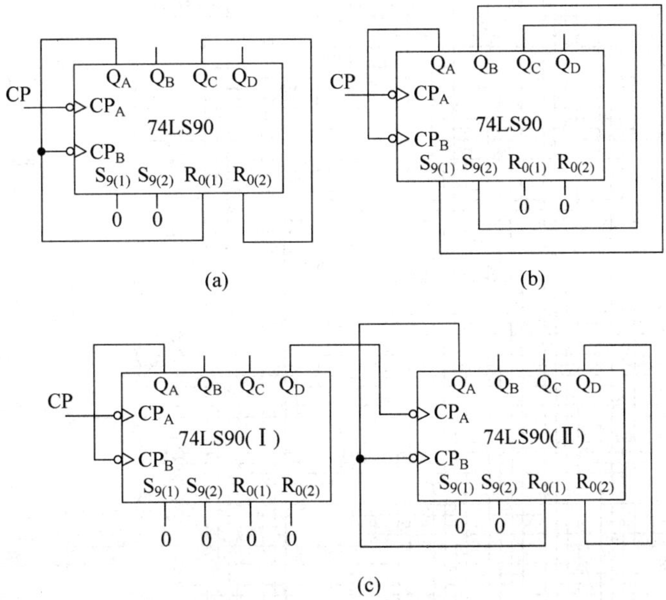

题图　12.28

12.29　步进电机有四条输入线，要求的输入波形示于题图 12.29 中。为驱动步进电机，试设计一个同步时序电路，输出题图 12.29 所示的波形。

12.30　试用负边沿 D 触发器设计一同步时序电路，其状态转换图如题图 12.30(a)所示，S_0、S_1、S_2 的编码如题图 12.30(b)所示。

12.31　试分析题图 12.31 所示的逻辑电路，写出输出逻辑函数表达式。

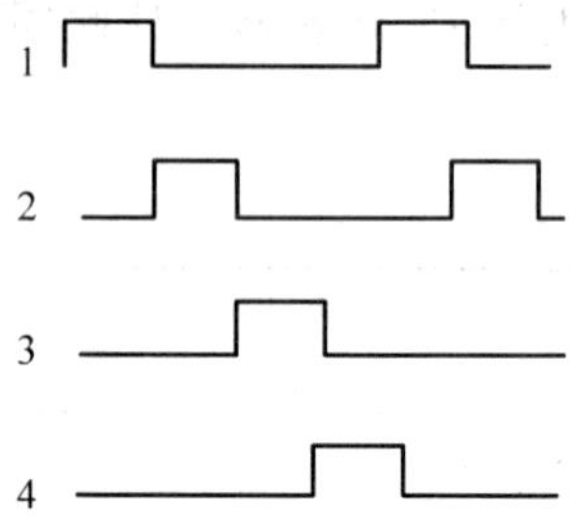

题图 12.29

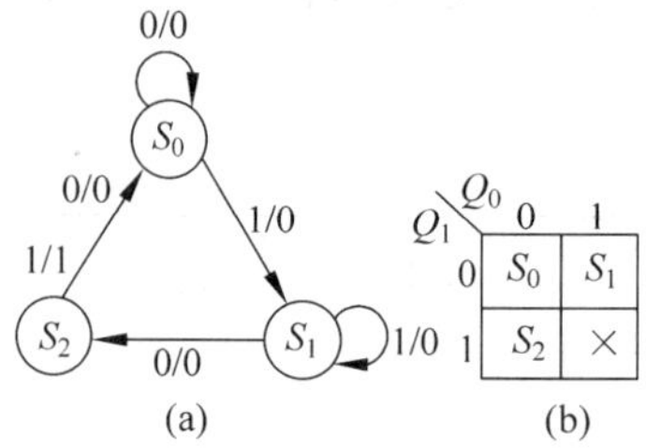

题图 12.30

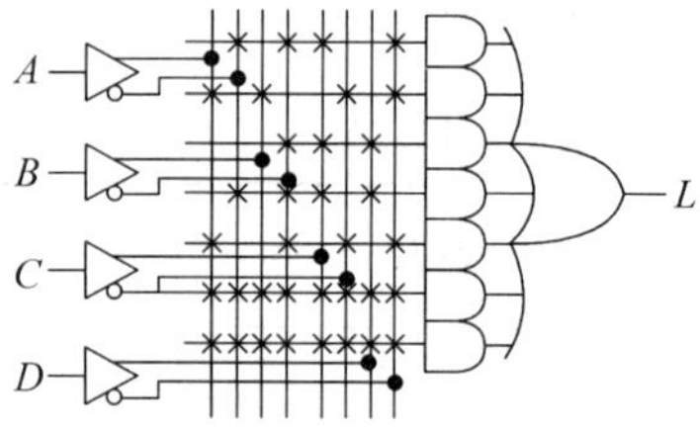

题图 12.31

12.32 PAL16L8 编程后的电路如题图 12.32 所示，试写出 X、Y 和 Z 的逻辑函数表达式。

12.33 试分析题图 12.33 所示电路，说明该电路的逻辑功能。

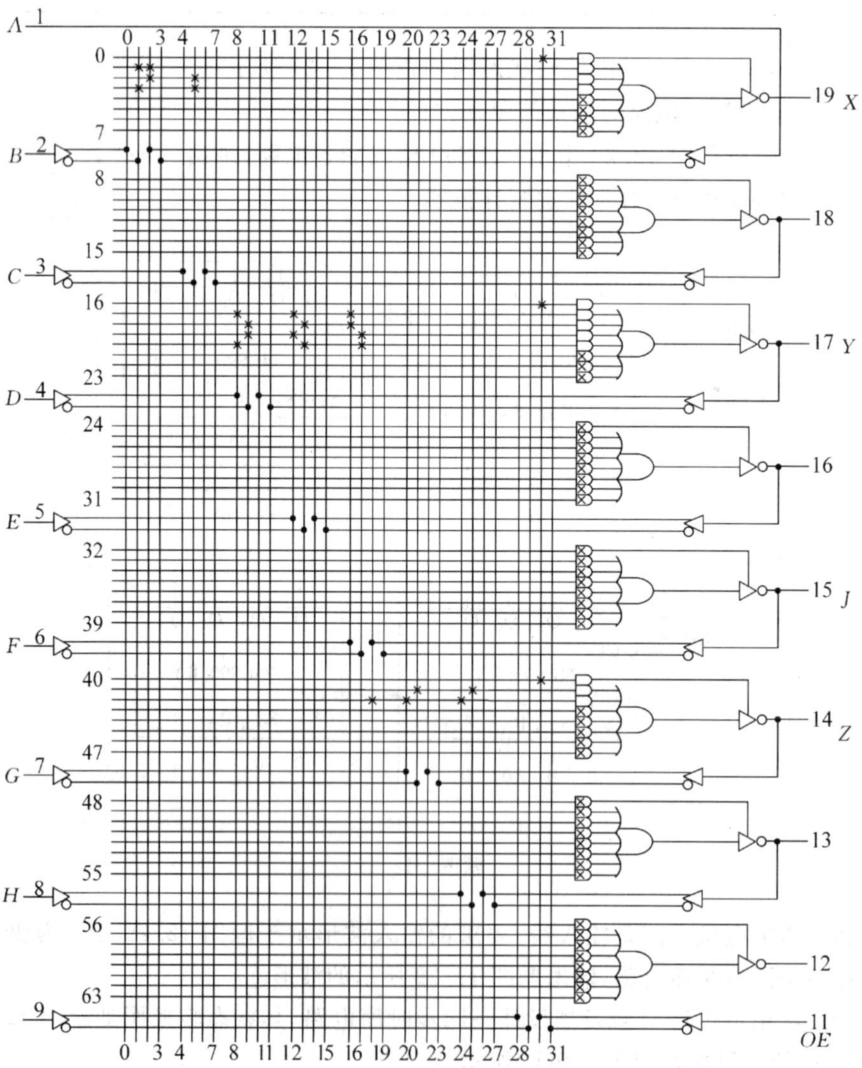

题图 12.32

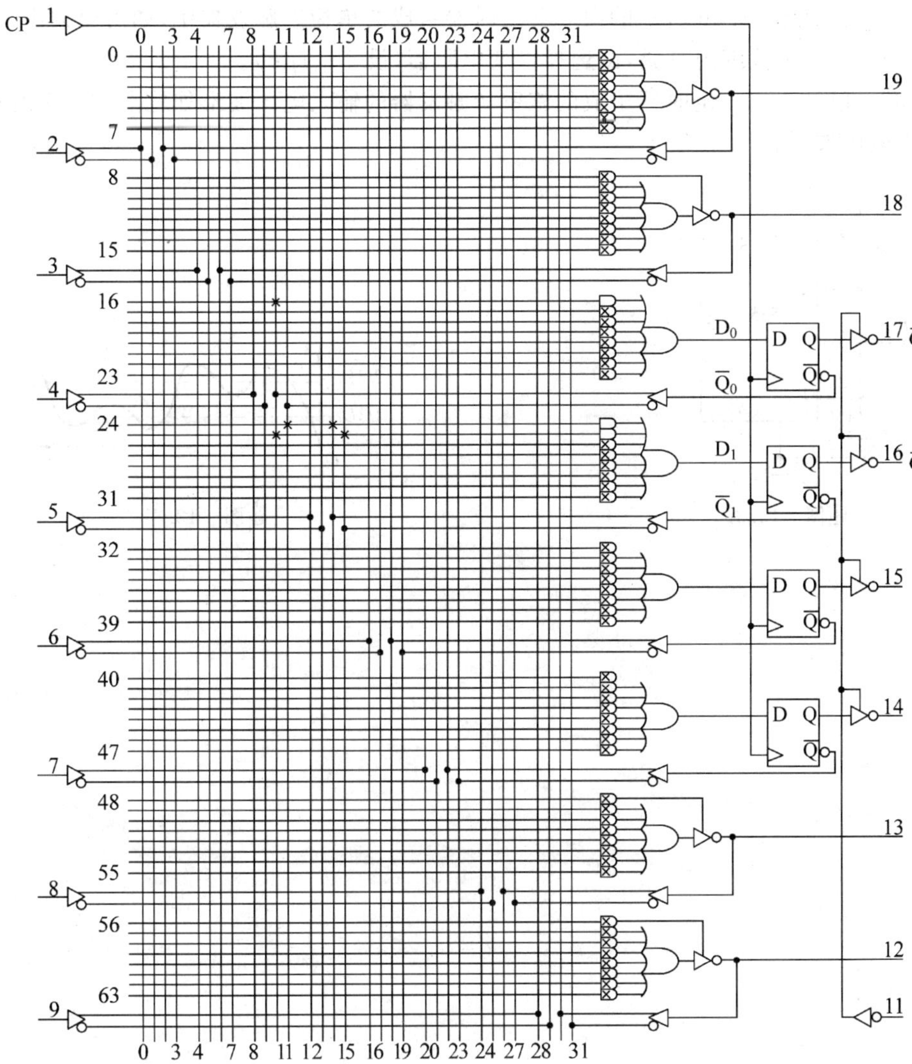

题图　12.33

12.34　在题图 12.34 所示的由 555 定时器组成的多谐振荡器中，当 $R_1=R_2=40\Omega, C=1\mu F$ 时，求输出方波的频率。

12.35　试分析题图 12.35 所示的由一个与非门组成的单稳态触发器的工作原理。

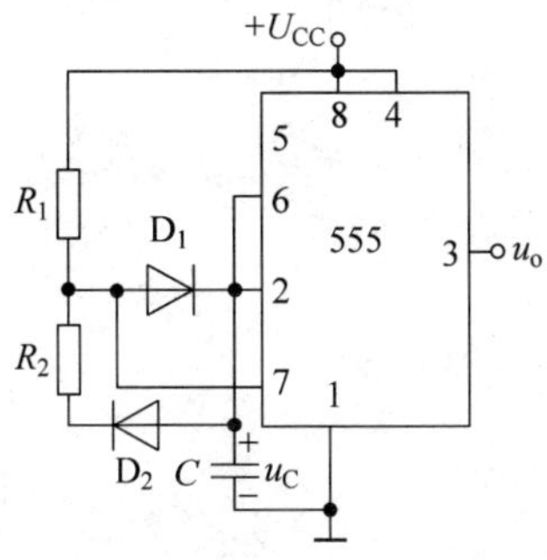

题图　12.34

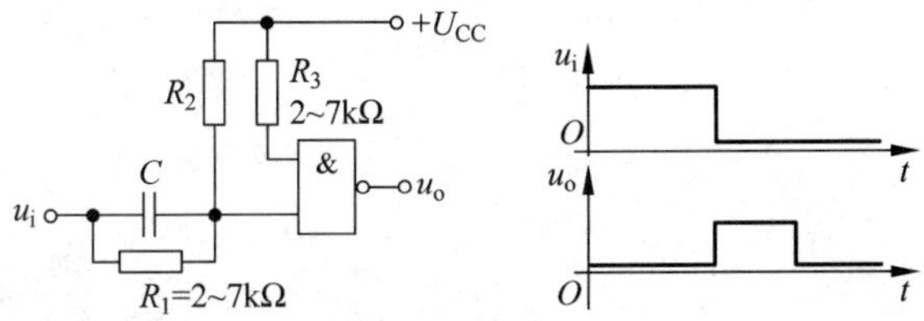

题图　12.35

12.36 在题图 12.36 所示的由 555 定时器组成的单稳态触发器中，如需要输出正脉冲的宽度在 0.1～10s 范围内可调，试选择可变电阻器（设 $C=1\mu F$）。

12.37 已知由 555 定时器组成的施密特触发器的输入电压波形如题图 12.37 所示，试画出输出电压波形。

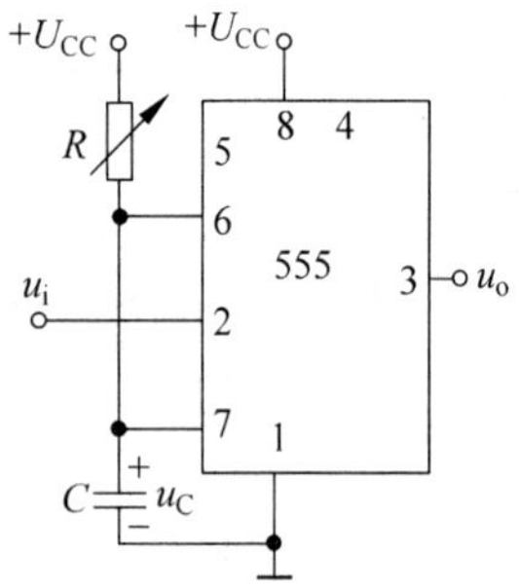

题图 12.36

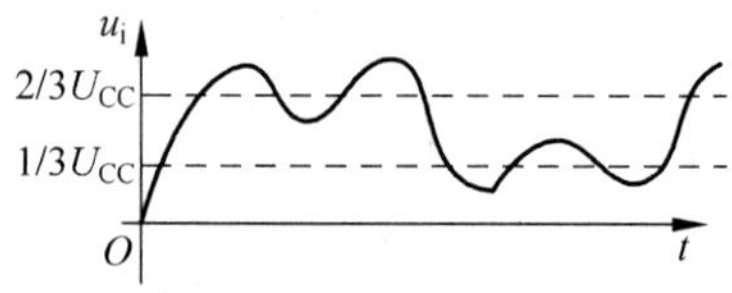

题图 12.37

第13章

数模和模数转换器

在微型计算机工业检测与控制、数字测量仪表、数字通信等领域中,常常需要将模拟量转换成数字量(简称 A/D 转换),或将数字量转换成模拟量(简称 D/A 转换)。前者由 A/D 转换器完成,后者由 D/A 转换器完成。例如,在微机工业控制系统中,被控制量(如压力、温度、流量、速度等)经传感器检测后的输出量通常都是模拟量,此模拟量需经 A/D 转换器转换成数字量送入计算机。而计算机要对生产过程中的某些量(参数)进行控制,则计算机输出的数字量也常需要经 D/A 转换器转换成模拟量去控制执行机构。某微机控制系统框图如图 13.1 所示。

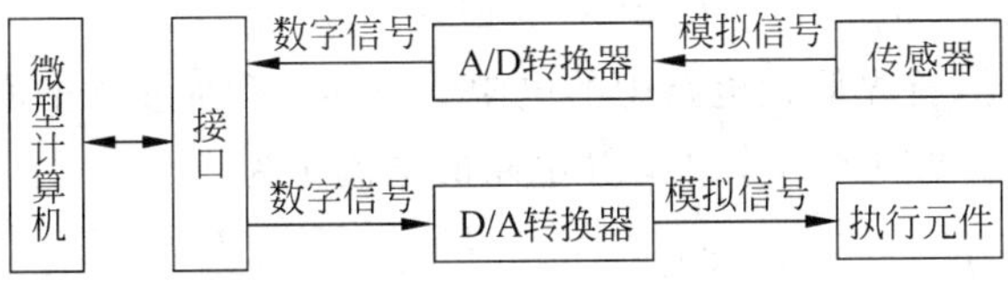

图 13.1　微机控制系统框图

本章主要介绍各类数模转换器和模数转换器的组成和工作原理。

13.1　D/A 转换器

D/A 转换器的作用是将输入的数字量转换成与之成正比的模拟量输出。通常,D/A 转换器由基准电压、数码输入、电子模拟开关、解码电路及求和电路等几部分组成。

D/A 转换器的组成按数码输入的方式可分为并行输入和串行输入两种;按解码电路结构分,可分为权电阻网络、T 形电阻网络、倒 T 形电阻网络等多种;另外,采用不同的电子模拟开关,也可构成不同的 D/A 转换器。

13.1.1　权电阻型 D/A 转换器

权电阻型 D/A 转换器的工作原理如下:在反相加法运算放大器的各输入支路中接入不同的权电阻,使其在运算放大器输入端叠加而成的电流与相应的数字量成正比,然后利用运算放大器能将电流转换成电压的原理,在其输出端得到一个与相应数字量成正比的电压。

运算放大器输出的模拟电压量与输入数字量的关系为

$$u_o = U_R \cdot D \tag{13.1}$$

式中，D 为输入的数字量；u_o 为运放输出的模拟电压量；U_R 为基准电压，也为输出量与输入量的比例系数。

4 位权电阻型 D/A 转换器原理如图 13.2 所示。它由基准电压 U_R、权电阻电路 $R_3 \sim R_0$、求和运算电路 A 和电子模拟开关 $S_3 \sim S_0$ 组成。

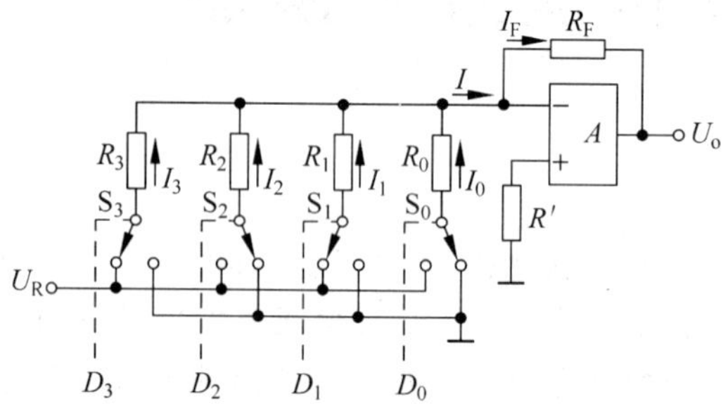

图 13.2　4 位权电阻型 D/A 转换器原理

对于一个 4 位二进制数，$D = D_3D_2D_1D_0 = D_3 2^3 + D_2 2^2 + D_1 2^1 + D_0 2^0$，其中 2^3、2^2、2^1、2^0 分别表示各位的权，$D_3 \sim D_0$ 为各位的数码，将它们代入式(13.1)可得

$$u_o = U_R(D_3 2^3 + D_2 2^2 + D_1 2^1 + D_0 2^0)$$

为使问题简单起见，首先假设电路中的电阻 $R_3 \sim R_0$ 不通过电子模拟开关 $S_3 \sim S_0$ 而直接与基准电压 U_R 相连，此时流入求和运算电路的电流 I 为

$$\begin{aligned} I &= I_3 + I_2 + I_1 + I_0 = \frac{U_R}{R_3} + \frac{U_R}{R_2} + \frac{U_R}{R_1} + \frac{U_R}{R_0} \\ &= U_R\left(\frac{1}{R_3} + \frac{1}{R_2} + \frac{1}{R_1} + \frac{1}{R_0}\right) \end{aligned} \tag{13.2}$$

如果权电阻电路按以下规律取值

$$R_0 = R,\quad R_1 = \frac{R}{2^1},\quad R_2 = \frac{R}{2^2},\quad R_3 = \frac{R}{2^3}$$

则各电阻上流过的电流为

$$I_0 = \frac{U_R}{R},\quad I_1 = \frac{U_R}{\frac{R}{2^1}} = 2^1 I_0,\quad I_2 = \frac{U_R}{\frac{R}{2^2}} = 2^2 I_0,\quad I_3 = \frac{U_R}{\frac{R}{2^3}} = 2^3 I_0$$

这样，在参考电压 U_R 作用下，各电阻上流过的电流与权相对应，所以，称 $I_3 \sim I_0$ 为权电流，相对应的各支路的电阻则为权电阻。此时

$$\begin{aligned} U_o &= -I_F R_F = -IR_F \\ &= -R_F(I_3 + I_2 + I_1 + I_0) \\ &= -\frac{R_F}{R}U_R(2^3 + 2^2 + 2^1 + 2^0) \\ &= -\frac{R_F}{R}U_R \cdot (1111)_B \end{aligned}$$

输出电压与对应的二进制数$(1111)_B$成比例。

但二进制数除了数字"1"外，还有可能为"0"。可以在每一条权电阻支路中串入电子模拟开关 S。当电子模拟开关的控制端数字 D 为"1"时，相应的电子开关将此支路的电流引入求和运算电路；当控制端数字 D 为"0"时，相应的电子开关将此支路的电流直接引入接地端，电流就不能流入运算放大器。设输入二进制数为$(1010)_B$，即 D_2 和 D_0 为 0，开关 S_2 和 S_0 将电流引入接地端，而 D_3 和 D_1 为 1，开关 S_3 和 S_1 将电流引入求和运算电路，流入求和电路的电流为

$$\sum I = I_3 + I_1 = \frac{U_R}{R}(2^3 + 2^1)$$

输出电压

$$U_o = -\frac{R_F}{R}U_R(2^3 + 2^1) = -\frac{R_F}{R}U_R(1010)_B = K(1010)_B$$

式中 $K = -\frac{R_F}{R}U_R$。将权电阻网络扩大到 N 位，就可得 N 位权电阻型 D/A 转换器，其一般表达式为

$$u_o = KN_B \tag{13.3}$$

权电阻 D/A 转换器的转换精度与每个权电阻阻值的精确度有关，而各权电阻阻值相差较远，保证精度较困难，为克服此缺点，通常采用 T 形电阻网络的 D/A 转换器。

13.1.2 倒 T 形电阻网络 D/A 转换器

4 位倒 T 形电阻网络 D/A 转换器的原理如图 13.3 所示。它由基准电压 U_R、由 R-$2R$ 电阻组成的倒 T 形解码网络、求和运算电路 A 和电子模拟开关 S_3～S_0 组成。

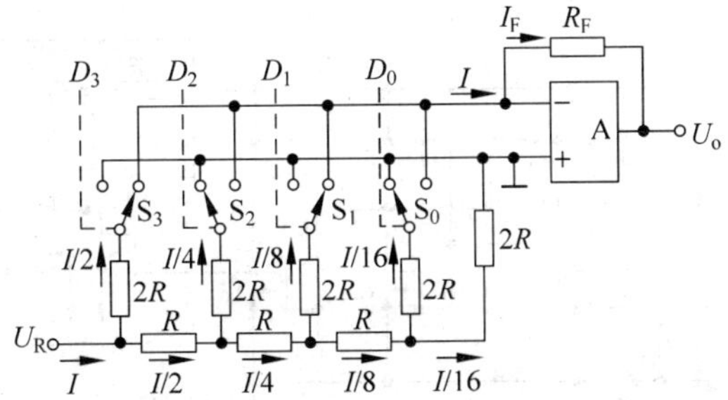

图 13.3　4 位倒 T 形电阻网络 D/A 转换器原理

由反相输入运放中虚地的概念可知，图 13.3 中不管电子模拟开关接入接地端还是接入求和运算放大器的反相输入端，其等效电路均如图 13.4 所示。

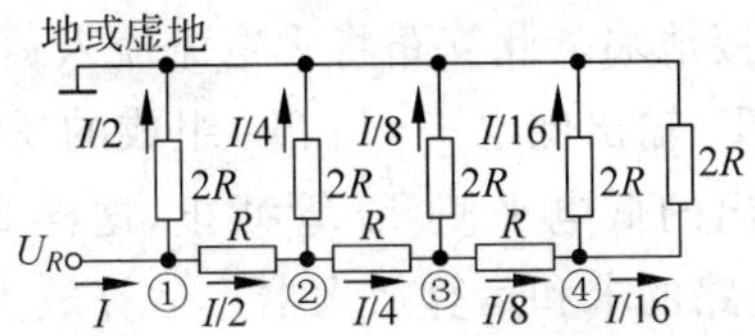

图 13.4　4 位倒 T 形电阻网络等效电路

由电路结构可以看出，不论从哪一个节点向右看，它和地之间的等效电阻均为 R。这样，注入节点①的电流为 $I=U_R/R$，注入节点②、③、④的电流分别为 $I/2$、$I/4$、$I/8$。流过每一个 $2R$ 电阻的电流从左至右分别为 $I/2$、$I/4$、$I/8$ 和 $I/16$。

当电子模拟开关的控制端 D_i 为高电平时，相应的电子开关 S_i 将此支路的电流引入求和运算电路；当控制端为低电平时，此支路电流直接接地，不能流入运算放大器。设输入二进制数仍为 1010，则只有开关 S_3 和 S_1 将电流引入求和运算电路，流入求和电路的电流为

$$I=\frac{I}{2}+\frac{I}{8}=\frac{U_R}{R}\left(\frac{1}{2^1}+\frac{1}{2^3}\right)=\frac{U_R}{2^4\times R}(2^3+2^1)=\frac{U_R}{2^4\times R}(1010)_B$$

输出电压

$$U_o=-\frac{R_F U_R}{2^4\times R}(2^3+2^1)=-\frac{R_F U_R}{2^4\times R}(1010)_B=K(1010)_B$$

式中 $K=-\dfrac{R_F U_R}{2^4\times R}$。

将倒 T 形电阻网络扩大到 N 位，其总电流为

$$I=\frac{U_R}{R}\left(\frac{D_0}{2^N}+\frac{D_1}{2^{N-1}}+\cdots+\frac{D_{N-1}}{2^1}\right)=\frac{U_R}{2^N\times R}(D_0 2^0+D_1 2^1+\cdots+D_{n-1}2^{N-1}) \quad (13.4)$$

并可得 N 位倒 T 形电阻网络 D/A 转换器，其一般表达式为

$$u_o=KN_B \quad (13.5)$$

式中 $K=-\dfrac{R_F U_R}{2^N\times R}$；$N_B$ 为二进制数。

图 13.2 和图 13.3 中的电子模拟开关 $S_0\sim S_3$ 的实际电路如图 13.5 所示。其中 $T_1\sim T_3$ 组成电平转移电路，使输入信号能与 TTL 电平兼容；T_4 与 T_5、T_6 与 T_7 组成二个反相器，其输出分别是模拟开关 T_8 和 T_9 的驱动电路。

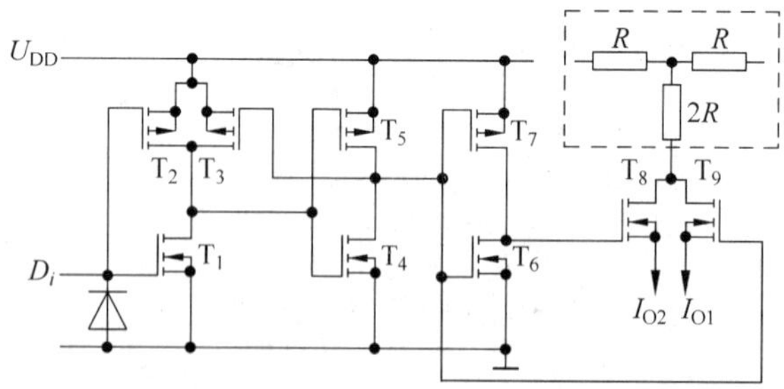

图 13.5 电子模拟开关的实际电路

当数字输入端 $D_i=0$ 时，T_1 输出高电平，T_4、T_5 组成的反相器输出的低电平使 T_9 截止，T_6、T_7 组成的反相器输出的高电平使 T_8 管饱和导通，这样 $2R$ 电阻上的电流经过 T_8 管从 I_{O2} 端流入上述两个电路的接地端。此支路将无电流流入运算放大器。

当数字输入端 $D_i=1$ 时，T_1 输出低电平，T_4、T_5 组成的反相器输出的高电平使 T_9 饱和导通，T_6、T_7 组成的反相器输出的低电平使 T_8 管截止，这样 $2R$ 电阻上相应的权电流经过 T_9 管从 I_{O1} 端流入上述两个电路的求和运算放大器。运算放大器的输出电压与此位的数字成正比。

13.1.3　D/A 转换器的主要技术参数

D/A 转换器的主要技术参数有以下几种。

1. 分辨率

一个 N 位 D/A 转换器的额定分辨率就是最低位(LSB)的相对值，即$\frac{1}{2^N-1}$。由于该参数是由 D/A 转换器数字量的位数 N 所决定，故常用位数表示，如 8 位(bit)、12 位、16 位等。位数越多，输出电压可分离的等级就越多，分辨率越高。

2. 精度

精度是指输入端加有最大数值量(全 1)时，D/A 转换器的实际输出值和理论计算值之差。它主要包括以下几种。

(1) 非线性误差：当每两个相邻数字量对应的模拟量之差都是 2^N-1 时，即为理想的线性特性。在满刻度范围内，偏离理想的转换特性的最大值称为非线性误差。它是由电子开关导通的电压降和电阻网络的电阻值的偏差产生的。常用满刻度的百分数来表示。

(2) 比例系数误差：它是指实际转换特性曲线的斜率与理想特性曲线斜率的误差。是由参考电压 U_R 的偏离引起的。也用满刻度的百分数表示。

(3) 失调误差：它是由运算放大器的零点漂移引起的误差。与输入的数字量无关。

3. 建立时间

D/A 转换器的输入变化为满刻度时，其输出达到稳定值所需的时间称为建立时间或稳定时间，也称转换时间。

除上述参数外，在使用时，还必须知道工作电源电压、输出值范围和输入逻辑电平等，这些都可在手册中查到。

13.1.4　集成 D/A 转换器

D/A 转换器的产品都是集成芯片。根据输出的极性，D/A 转换器有单极性输出和双极性输出两种。所谓单极性输出就是输入数字量在 0 至满度值之间变化时，输出模拟量只在一种极性(正值或负值)范围内变化；而双极性输出就是输入数字量在 0 至满度值之间变化时，输出模拟量在某一正值与某一负值之间变化，即输出模拟量有正有负。图 13.6 是 AD7520 D/A 转换器的引脚排列。AD7520 是 10 位 CMOS 电流开关型 D/A 转换器，AD7520 芯片内含有倒 T 形电阻网络、CMOS 电流开关和反馈电阻 R，输入为 10 位二进制数 D_9～D_0，输出为单极性。AD7520 工作时，需外接参考电压源和运算放大器，图 13.7 是用 AD7520 采用内部反馈电阻构成 D/A 转换电路，图中虚线部分内为 AD7520 内部电路。

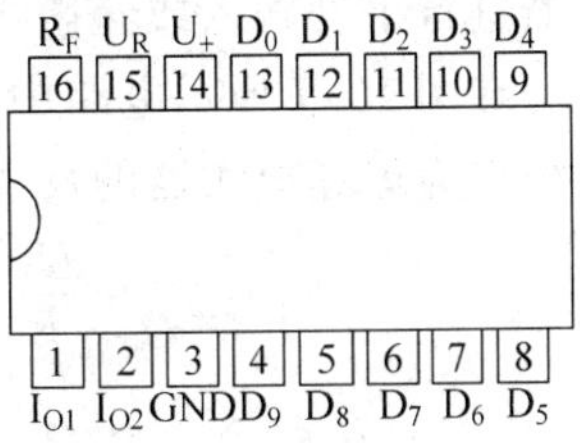

图 13.6　AD7520 的引脚

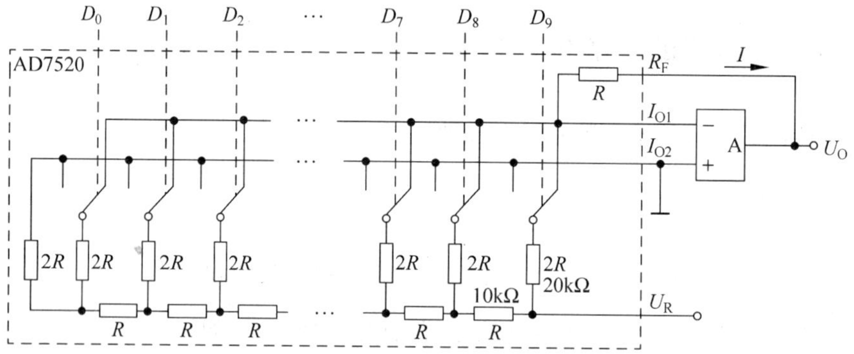

图 13.7　AD7520 应用电路

图 13.7 中 U_R 是基准电压输入端，由于 I_{O1} 电流输出端接在虚地，运算放大器的输出电流 I 由倒 T 形网络和开关位置所决定，根据式(13.4)得

$$I=\frac{U_R}{R}\left(\frac{D_0}{2^{10}}+\frac{D_1}{2^9}+\cdots+\frac{D_9}{2^0}\right)=\frac{U_R}{2^{10}\times R}(D_0 2^0+D_1 2^1+\cdots+D_9 2^9)$$

运算放大器的输出电压 U_O 为

$$U_O=-IR=-\frac{U_R}{2^{10}}(D_0 2^0+D_1 2^1+\cdots+D_9 2^9)$$

输出与输入之间的关系如表 13.1 所示。

表 13.1　AD7520 输入与输出的关系

数字输入 MSB　　LSB	模拟输出
1111111111	$-\frac{1023}{1024}U_R$
…	…
1000000001	$-\frac{513}{1024}U_R$
1000000000	$-\frac{512}{1024}U_R$
0111111111	$-\frac{511}{1024}U_R$
…	…
0000000001	$-\frac{1}{1024}U_R$
0000000000	0

由 U_O 表达式可知，改变输入数字值，可达到对模拟信号 U_R 的衰减控制，数字可通过译码器进行手动输入或经微机编程输入，因此，图 13.7 所示电路又称为数字可编程衰减器。

在图 13.7 所示电路中，倒 T 形网络实际充当了运算放大器的输入电阻。若把倒 T 形网络作为运算放大器的反馈电阻，如图 13.8 所示。根据运算放大器虚地原理，可以得到

$$\frac{U_I}{R}=-\frac{U_O}{2^{10}\times R}(D_0 2^0+D_1 2^1+\cdots+D_9 2^9)$$

$$A_U=\frac{U_O}{U_I}=-\frac{2^{10}}{D_0 2^0+D_1 2^1+\cdots+D_9 2^9}$$

这样，反相比例放大器在其输入电阻一定时，通过改变输入数字量，便可得到不同的增益，实现数字增益控制(放大)。

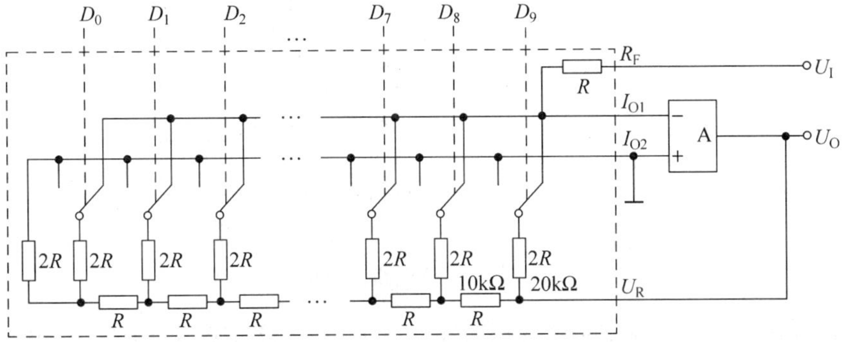

图 13.8　数字可编程增益放大器

13.2　A/D 转换器

A/D 转换器是实现将模拟输入量转换成相应的数字量输出的器件。A/D 转换器的种类很多，转换原理也各不相同，但基本上是由采样-保持、量化、编码几个环节组成。常用的 A/D 转换器有并行 A/D 转换器、逐次逼近式 A/D 转换器、双积分式 A/D 转换器和计数式 A/D 转换器等。

13.2.1　采样-保持电路

由于 A/D 转换器将输入的模拟量转换为数字量需要一定的时间，为保证给后续环节提供稳定的输入值，输入信号通常要先经过采样-保持电路再送入 A/D 转换器。例如，某数字测量仪表的结构框图如图 13.9 所示。

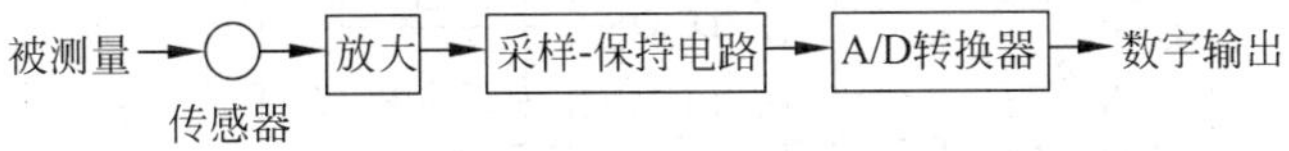

图 13.9　数字测量仪表的结构框图

所谓采样-保持电路就是在控制信号的作用下，对输入信号进行间歇性采样，并在两次采样之间的时间内保持前一次采样瞬时值的电路。

采样-保持电路的简单工作原理可用图 13.10 来说明。图中，开关 S 的接通与断开由采样-保持控制信号 CP_S 控制。设在 $t=t_0$ 时刻开关 S 闭合，电路处于采样状态，电容器 C 被迅速充电，$u_o=u_i$，在 $t_0\sim t_1$ 的时间内是采样阶段；在 $t=t_1$ 时刻 S 断开，电容 C 两端电压保持不变(设电容 C 没有放电回路)由它维持 u_o 不变，这是保持阶段。在 $t=t_2$ 时开关又闭合，电路再次处于采样阶段，以后过程周而复始地进行，其输入波形 u_i 和输出波形 u_o 如图 13.10(b)所示。模数转换在保持阶段进行。

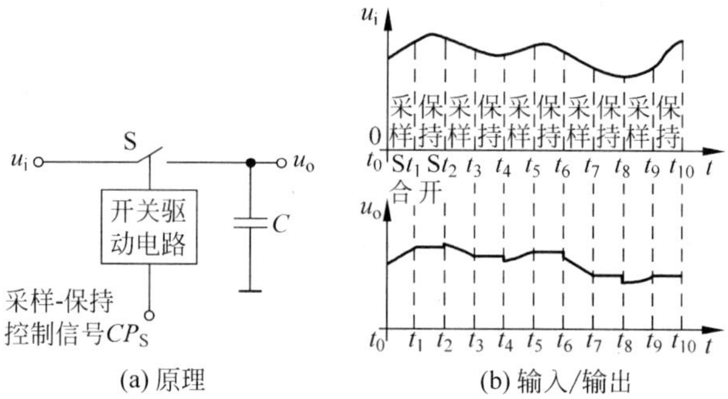

图 13.10 采样-保持电路的简单工作原理

为了保证采样后的电压不失真地恢复成输入电压，采样开关 S 的控制信号 CP_S 的频率 f_S 必须满足公式 $f_S \geqslant 2f_{imax}$（f_{imax}为输入电压频谱中的最高频率），这个公式称为采样定理。

13.2.2 并行 A/D 转换器

三位二进制数并行 A/D 转换器的原理如图 13.11 所示。它由分压器、比较器、寄存器和编码器组成。下面分别介绍各部分的作用。

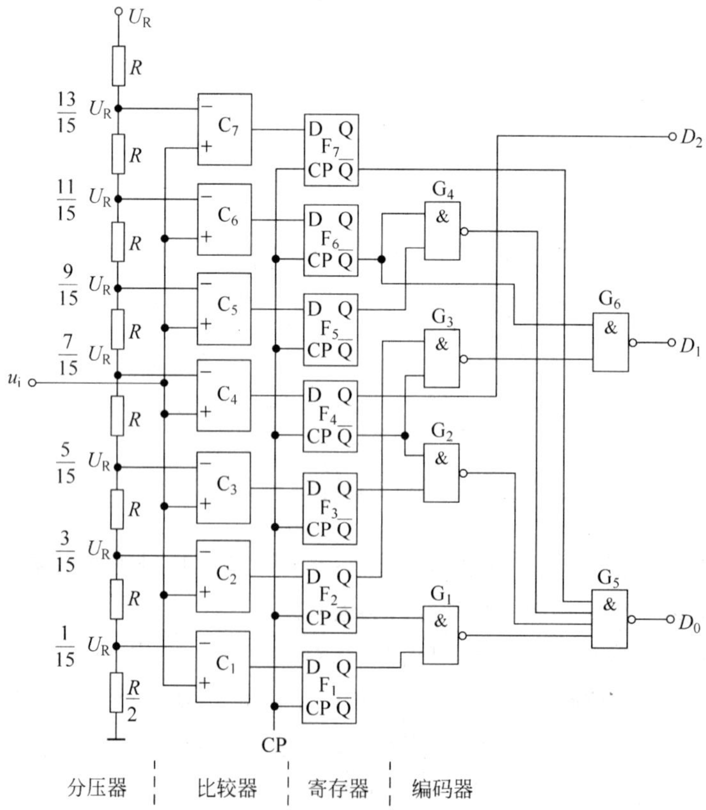

图 13.11 三位二进制数并行 A/D 转换器的原理

1. 分压器

分压器由 7 个阻值均为 R 的电阻和一个阻值为 $R/2$ 的电阻串联而成。将基准电压 U_R 加在分压器上，为电路提供了由 $\frac{1}{15}U_R \sim \frac{13}{15}U_R$ 和 U_R 8 个参考电压，其中前 7 个电压分别接在 7 个比较器的反相输入端。这里 $\frac{1}{15}U_R$ 是可以分辨的模拟信号的最小值，也是 A/D 转换器可能出现的最大误差，称为"最小量化单位"。U_R 是 A/D 转换器能够测量的最大值，超过此值，A/D 转换器无法显示出实际值，就像超过天平极限无法测量出重量的准确值一样。

模拟输入电压 u_i 同时输入到各比较器的同相输入端，以便与各参考电压值相比较，其值应小于基准电压 U_R。

2. 比较器

由于比较器 $C_1 \sim C_7$ 的反相输入端的参考电压分别为 $\frac{1}{15}U_R$、$\frac{3}{15}U_R$、…、$\frac{13}{15}U_R$，故每一个比较器的输出值(0 或 1)将由模拟输入量 u_i 与其参考电压值比较而决定。例如，如 $0 \leqslant u_i < \frac{1}{15}U_R$ 时，所有比较器的输出均为 0，当 $\frac{5}{15}U_R \leqslant u_i < \frac{7}{15}U_R$ 时，$C_7 \sim C_4$ 输出为 0，$C_3 \sim C_1$ 输出为 1。各比较器的输出状态如表 13.2 所示。

3. 寄存器和编码器

由 $C_1 \sim C_7$ 输出的信号通过寄存器 $F_1 \sim F_7$ 送入三位二进制编码器 $G_1 \sim G_6$。编码器输出端 $D_0 \sim D_2$ 与寄存器输出信号 $Q_1 \sim Q_7$ 的逻辑表达式为

$$\begin{aligned} D_2 &= Q_4 \\ D_1 &= \overline{\overline{Q_2\overline{Q}_4} \cdot \overline{Q}_6} = Q_2\overline{Q}_4 + Q_6 \\ D_0 &= \overline{\overline{Q_1\overline{Q}_2} \cdot \overline{Q_3\overline{Q}_4} \cdot \overline{Q_5\overline{Q}_6} \cdot \overline{Q}_7} = Q_1\overline{Q}_2 + Q_3\overline{Q}_4 + Q_5\overline{Q}_6 + Q_7 \end{aligned} \tag{13.6}$$

输入模拟电压与输出代码之间的关系如表 13.2 所示。

表 13.2　3 位并行 A/D 转换器输入与输出关系对照表

模拟输入	比较器输出							数字输出		
	C_7	C_6	C_5	C_4	C_3	C_2	C_1	D_2	D_1	D_0
$0 \leqslant u_i < U_R/15$	0	0	0	0	0	0	0	0	0	0
$U_R/15 \leqslant u_i < 3U_R/15$	0	0	0	0	0	0	1	0	0	1
$3U_R/15 \leqslant u_i < 5U_R/15$	0	0	0	0	0	1	1	0	1	0
$5U_R/15 \leqslant u_i < 7U_R/15$	0	0	0	0	1	1	1	0	1	1
$7U_R/15 \leqslant u_i < 9U_R/15$	0	0	0	1	1	1	1	1	0	0
$9U_R/15 \leqslant u_i < 11U_R/15$	0	0	1	1	1	1	1	1	0	1
$11U_R/15 \leqslant u_i < 13U_R/15$	0	1	1	1	1	1	1	1	1	0
$13U_R/15 \leqslant u_i < U_R$	1	1	1	1	1	1	1	1	1	1

如$\frac{5}{15}U_R \leqslant u_i < \frac{7}{15}U_R$时，$C_7 \sim C_4$输出为0，$C_3 \sim C_1$输出为1，编码器的输出为$D_2D_1D_0=011$。

并行A/D转换器由于各位数码转换同时进行，因此转换速度快。如要提高转换精度，则应减小"最小量化单位"，即增加分压器的电阻个数。这样相应输出的数字信号位数增多，使得电路更加复杂。因此，它一般用于输出数码的位数$N \leqslant 4$的情况。

13.2.3 逐次逼近型A/D转换器

前述的并行A/D转换器在提高转换精度时会使电路变得比较复杂，故只适用于转换精度不太高的场合。在对转换精度要求较高而对转换速度要求不太高的情况下，更多地使用逐次逼近型A/D转换器。

下面先以天平称物体为例介绍逐次逼近原理。设用量程为A克的天平称质量在其量程范围以内的物体M，首先采用$A/2$g的砝码与M比较，如$M>A/2$g时，认定第一次测量结果为$A/2$g；如果$M<A/2$g时，则认为第一次测量的结果为0，其测量的最大误差为$A/2$g。然后在第一次测量结果的基础上加上$A/4$g的砝码进行第二次测量，即当第一次测量结果为$A/2$g时，使用$3A/4$g的砝码与M比较，如$M>3A/4$g，认为第二次测量结果为$3A/4$g，否则仍为$A/2$g；当第一次测量结果为0时，用$A/4$g的砝码与M比较，如$M>A/4$g，认为第二次测量结果为$A/4$g，否则仍为0，其最大误差缩小到$A/4$g。第三次测量是在第二次测量结果的基础上加上$A/8$g的砝码进行比较，视M与三个砝码总量比较的大小决定第三次测量的结果。如此反复进行测量，直到满足测量精度为止。由上述可知，这种测量方法使得测量最大误差从小于$A/2$g经过n次测量后逐次减小到$A/2^n$g，故称为逐次逼近法。

用量程为16g的天平称质量为11.5g物体M的过程如下所示，设使用砝码分别为8g、4g、2g、1g。

	使用砝码	待测量与砝码的关系	测量结果	最大测量误差
第一次测量	8g	$M>8$g	8g	8g
第二次测量	(8+4)g	$M<12$g	8g	4g
第三次测量	(8+2)g	$M>10$g	10g	2g
第四次测量	(8+2+1)g	$M>11$g	11g	1g

4位逐次逼近型A/D转换器的逻辑电路如图13.12所示。其基本原理与前述的称重相似，将不同的参考电压与经采样-保持后的输入电压一步一步地进行比较，最后将比较结果经编码输出。

逐次逼近型A/D转换器主要由以下几部分构成。

1. D/A转换器

D/A转换器的工作原理前面已经介绍过，其作用是根据不同的输入代码，产生不同的参考电压值U_R'并将它送到电压比较器与输入模拟信号u_i进行比较。各参考电压U_R'与输入数码之间的关系如表13.3所示。

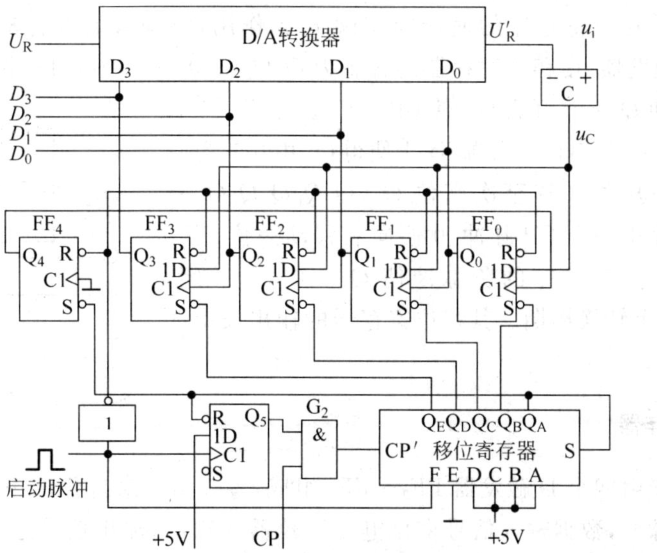

图 13.12 4 位逐次逼近型 A/D 转换器逻辑电路

表 13.3 参考电压与输入数码之间的关系

D_3	D_2	D_1	D_0	U'_R
0	0	0	0	0
0	0	0	1	$(1/16)U_R$
0	0	1	0	$(2/16)U_R$
0	0	1	1	$(3/16)U_R$
0	1	0	0	$(4/16)U_R$
0	1	0	1	$(5/16)U_R$
0	1	1	0	$(6/16)U_R$
0	1	1	1	$(7/16)U_R$
1	0	0	0	$(8/16)U_R$
1	0	0	1	$(9/16)U_R$
1	0	1	0	$(10/16)U_R$
1	0	1	1	$(11/16)U_R$
1	1	0	0	$(12/16)U_R$
1	1	0	1	$(13/16)U_R$
1	1	1	0	$(14/16)U_R$
1	1	1	1	$(15/16)U_R$

表中 U_R 为 D/A 转换器的基准电压，也是 D/A 转换器的最大量程。

2. 移位寄存器

这是一个五位右移循环移位寄存器。$EDCBA$ 为预置并行数据输入端，S 为右移数据输入端，移位寄存器的数据输出端是 $Q_EQ_DQ_CQ_BQ_A$，F 使能控制端，CP′为时钟控制端。因 S 与 Q_A 相连，所以组成五位右移循环移位寄存器，即在时钟的作用下，实现数据右移循环，$Q_E \to Q_D \to Q_C \to Q_B \to Q_A \to Q_E$。它的作用是产生节拍脉冲送入数据寄存器，使其产生不同的数字代码输送到 D/A 转换器，以便产生不同的参考电压 U'_R。

启动脉冲使移位寄存器的使能控制端 F 起作用，将预置的并行输入数据 $EDCBA=01111$ 送入各触发器，使移位寄存器的状态为 $Q_EQ_DQ_CQ_BQ_A=01111$；由于 $Q_A=1$，故 $S=1$。同时启动脉冲使 $Q_5=1$，开启 G_2，使 $CP'=CP$。在第一个移位脉冲CP的作用下，串行输入端 $S=1$ 使得 Q_E 由0变为1，同时将最高位 Q_E 的0移至次高位 Q_D，$Q_EQ_DQ_CQ_BQ_A=10111$。这样，每来一个CP脉冲，0便向右移动一位，当0移位到最低位 Q_A 时，Q_A 的负脉冲使 $Q_5=0$，G_2 关闭，$CP'=0$，形成一个转换周期。其移位寄存器的输出波形如图13.13所示。

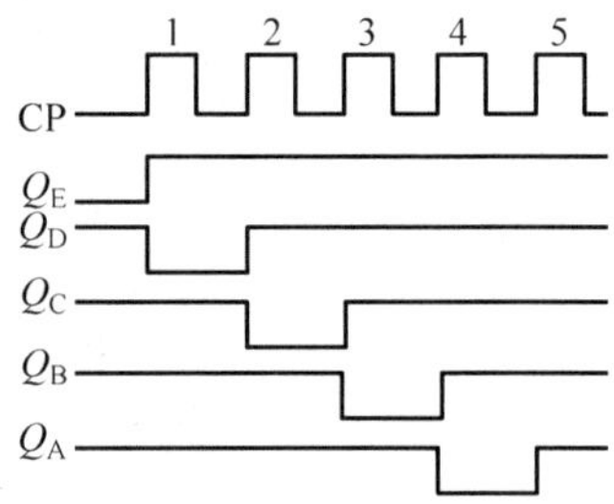

图13.13 移位寄存器的输出波形

3. 数据寄存器

数据寄存器由四个D触发器 $FF_0\sim FF_3$ 组成，置1信号来自移位寄存器的 Q_B，Q_E，置0信号来自启动脉冲，数据输入信号来自电压比较器的输出，输出信号送至D/A转换器。它的作用是输出相应的数码以决定D/A转换器输出的参考电压 U'_R，使之与输入电压 u_i 进行比较；保存比较结果并根据此结果决定下一次的参考电压，再与输入电压 u_i 比较，……。逐次地提高测量精度，直到比较结束为止。

4. 电压比较器

它的同相输入端输入由采样-保持电路输出的电压 u_i，反相输入端输入由D/A转换器输出的参考电压 U'_R，当 $u_i>U'_R$ 时，输出 $u_C=1$；当 $u_i<U'_R$ 时，输出 $u_C=0$。

下面举具体例子说明其工作过程。设基准电压 $U_R=16V$，输入模拟电压 $u_i=11.5V$。

启动脉冲除了对移位寄存器起作用外，还将数据寄存器置0。

由图13.12和图13.13可知，移位寄存器输出接到数据寄存器的直接置1端 S_D 上。当 $Q_EQ_DQ_CQ_BQ_A=01111$ 时，$Q_E=0$ 使 Q_3 置1，数据寄存器输出 $Q_3Q_2Q_1Q_0=1000$，D/A转换器接收数据寄存器的输出信号1000，产生第一次参考电压 $U'_{R1}=\frac{8}{16}U_R=8V$，电压比较器将 U'_{R1} 与 u_i 进行第一次比较，由于 $11.5V>8V$，$u_C=1$，数据寄存器 $FF_3\sim FF_0$ 的 D 控制端均为1。

当第一个CP到来时，$Q_EQ_DQ_CQ_BQ_A=10111$，由于 $FF_3\sim FF_0$ 的 D 均为1，则数据寄存器的输出 $Q_3Q_2Q_1Q_0=1100$（注：$Q_2=1$ 是因为移位寄存器的 Q_D 由1变为0时送入的负脉冲置1；$Q_3=1$ 是因为 $D=1$，且 Q_2 从0变为1时给 FF_3 送入一个 CP 脉冲；如果此时 $D=0$，则 $Q_3=0$。FF_1 和 FF_0 虽然控制端 $D=1$，但由于没有 CP 脉冲输入，故仍为0)，D/A转换器产生的 $U'_{R2}=\frac{12}{16}U_R=12V$ 参考电压与 u_i 进行第二次比较，由于 $11.5V<12V$，故 $u_C=0$，$FF_3\sim FF_0$ 的 D 端均为0。

当第二个CP到来时，$Q_EQ_DQ_CQ_BQ_A=11011$，按前述方法可知数据寄存器的输出 $Q_3Q_2Q_1Q_0=1010$，D/A转换器的输出电压 $\frac{10}{16}U_R=10V$ 与 u_i 进行第三次比较，由于 $11.5V>10V$，$u_C=1$，$FF_3\sim FF_0$ 的 D 端均为1。

当第三个CP到来时，$Q_EQ_DQ_CQ_BQ_A=11101$，数据寄存器的输出 $Q_3Q_2Q_1Q_0=1011$，D/A

转换器的输出电压$\frac{11}{16}U_R$＝11V 与 u_i 进行第四次比较，由于 11.5V＞11V，$u_C=1$，FF_3～FF_0 的 D 端均为 1。

当第四个 CP 到来时，$Q_EQ_DQ_CQ_BQ_A=11110$，Q_A 向 FF_4 送入置 1 负脉冲，$Q_4=1$，使得 FF_3～FF_0 的输出 $Q_3Q_2Q_1Q_0=1011$，同时 Q_A 由 1 到 0 使 $Q_5=0$，G_2 封闭，时钟脉冲 CP 无法进入移位寄存器，A/D 转换结束。$D_3D_2D_1D_0=Q_3Q_2Q_1Q_0=1011$ 即为最终转换结果。转换最大误差为 $16/2^4=1V$。

由以上分析可知，逐次比较型 A/D 转换器转换精度与输出数字量的位数有关，位数越多，转换精度越高。而转换时间与其位数和时间频率有关，位数越少，时钟频率越高，转换时间越短。

13.2.4　双积分式 A/D 转换器

双积分式 A/D 转换器是一种间接式 A/D 转换器。其工作原理是：先将模拟电压 u_i 转换成与它大小成比例的时间 T，再在时间间隔 T 内利用计数器对时钟脉冲计数，所得的数字 N 也将正比于此模拟输入电压 u_i。

双积分式 A/D 转换器原理电路如图 13.14 所示。它主要由以下几部分组成。

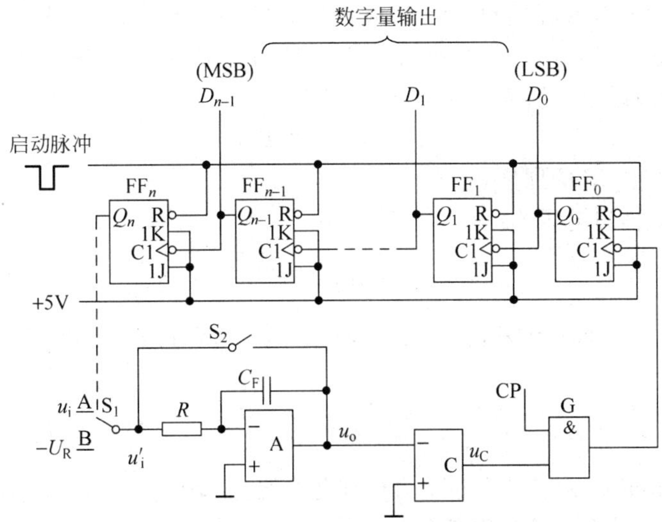

图 13.14　双积分 A/D 转换器原理电路

1. 积分器

它是转换器的核心部分。它的输入接电子开关 S_1，而开关 S_1 受触发器 FF_n 的输出端 Q_n 控制。当 $Q_n=0$ 时，S_1 接到 A 点，与输入电压 u_i 接通，积分器对 u_i 积分；当 $Q_n=1$ 时，S_1 接 B 点基准电压 $-U_R$，积分器对 $-U_R$ 积分。积分器进行两次方向相反的积分，这也是此类 A/D 转换器名称的由来。

2. 过零比较器

积分器 A 的输出 u_o 接入过零比较器的反相输入端。当 $u_o>0$ 时，比较器输出 $u_C=0$；

当 $u_o \leqslant 0$ 时，$u_C=1$。比较器 C 的输出 u_C 作为时钟脉冲控制门 G 的控制信号。

3. 时钟控制门 G

时钟控制门 G 有两个输入端，一个为比较器输出 u_C，另一个接时钟脉冲 CP。当 $u_C=0$ 时，时钟控制门 G 关闭，时钟脉冲 CP 被封闭；当 $u_C=1$ 时，时钟控制门 G 开启，CP 可以进入计数器作为计数脉冲，$u_C=1$ 的时间较长，计数器累计的脉冲个数愈多。

4. 计数器和定时器

由 $n+1$ 个触发器($FF_n \sim FF_0$)组成的二进制计数器，既用于计数，又用于定时。输入启动脉冲时，计数器置 0。当时钟控制门 G 开启时，计数器开始对 CP 计数，将与输入电压 u_i 成正比的时间间隔 T 变成数字信号输出。计数到使 $Q_n=1$ 时，积分器的电子开关 S_1 转接 B 处。

下面以 u_i 为正极性直流电压为例讨论其工作过程，设积分器 A 中电容器 C_F 初始电压为 0。

(1) 第一次积分阶段：输入启动脉冲时，计数器置 0。$Q_n=0$ 使开关 S_1 接到 A 点，积分器对正直流电压 u_i 积分，输出电压 u_o 的表达式为

$$u_o = -\frac{1}{RC_F}\int_0^t u_i \mathrm{d}t = -\frac{1}{\tau}\int_0^t u_i \mathrm{d}t \tag{13.7}$$

式中 $\tau=RC_F$，为积分时间常数。

由于 $u_o<0$，过零比较器输出 $u_C=1$，时钟控制门 G 开启，计数器从 0 开始对 CP 计数。当计数到 2^n 时，Q_n 由于 $Q_{n-1} \sim Q_0$ 全部由 1 翻转为 0 而置 1，使开关 S_1 由 A 点转接到 B 点，第一次积分阶段结束。所需时间为

$$t = T_1 = 2^n T_{CP} \tag{13.8}$$

式中 T_{CP} 为时钟脉冲 CP 的周期。

此时积分器的输出电压 u_{o1} 为

$$u_{o1} = -\frac{T_1}{\tau}u_i = -\frac{2^n T_{CP}}{\tau}u_i \tag{13.9}$$

(2) 第二次积分阶段：开关 S_1 转接至 B 点后，积分器对基准电压 $-U_R$ 积分。积分器输出电压为

$$u_o = u_{o1} - \frac{1}{\tau}\int_{T_1}^t (-U_R)\mathrm{d}t = -\frac{2^n T_{CP}}{\tau}u_i + \frac{U_R}{\tau}(t-T_1) \tag{13.10}$$

积分器输出电压 u_o 由负值向正值方向变化。当 $u_o \geqslant 0$ 时，过零比较器输出 $u_C=0$，G 门被封锁，计数器停止计数。第二次积分阶段结束。设第二次积分所需时间为 T_2，整个阶段累计的时钟个数为 N，则

$$T_2 = t - T_1 = NT_{CP}$$

代入式(13.10)得

$$u_o = -\frac{2^n T_{CP}}{\tau}u_i + \frac{U_R}{\tau}NT_{CP} = 0$$

可得

$$N = \frac{2^n}{U_R}u_i \tag{13.11}$$

由此式可见，第二次积分的计数 N 与输入电压 u_i 成正比。N 表示的二进制数就是与模拟

量输入 u_i 对应的数字量。如取 $U_R=2^nU$，则计数器所计数的数值本身就等于被测的模拟电压。电路中各部分的工作波形如图13.15所示。当A/D转换完毕时，开关 S_2 合上，电容 C_F 放电至零，为下一次转换作准备。

上例所设的输入电压为一直流量，当输入电压变化时，可令 U_i 为输入电压 u_i 在 T_1 时间间隔内的平均值，则式(13.9)可改写为

$$u_{o1}=-\frac{T_1}{\tau}U_i=-\frac{2^nT_{CP}}{\tau}U_i \tag{13.12}$$

数字量输出为

$$N=\frac{2^n}{U_R}U_i \tag{13.13}$$

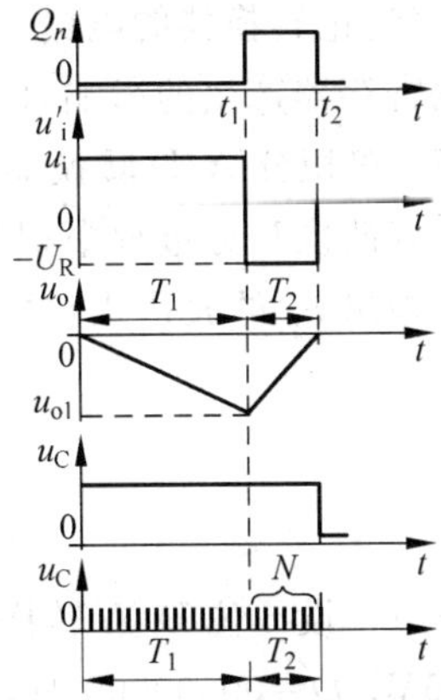

图13.15　电路中各部分的工作波形

由于双积分A/D转换器输出量与输入电压的平均值成正比，所以有较强的抗干扰能力。又由于从式(13.11)及式(13.13)可看出输出量与 RC 电路的时间常数无关，从而消除了 RC 电路的非线性误差。因此，双积分A/D转换器广泛应用在对精度要求高而对转换速度要求不太高的场合。

小　　结

(1) D/A转换器种类繁多、结构各不相同，但主要由数码寄存器、模拟电子开关电路、解码电路、求和电路以及基准电压几部分组成。

(2) 权电阻D/A转换器主要由权电阻电路、模拟电子开关和求和运算放大器组成。学习时要掌握好其工作原理。权电阻D/A转换器最大特点是转换速度快，但随着转换精度提高时电路结构趋于复杂。而且，权电阻阻值分布的范围宽，制造精度和稳定性不易保证，对转换精度也有一定影响。

(3) 倒T形电阻网络D/A转换器主要由倒T形电阻网络、模拟电子开关和求和运算放大器组成。由于倒T形电阻网络中电阻的取值只有两种：R 和 $2R$。所以，它除了克服了权电阻电路的阻值分布范围广带来的缺点外，而且各个 $2R$ 支路上流过的电流为固定值。在分析时要掌握好流过 $2R$ 电路电流的规律，其余部分与权电阻D/A转换器相同。

(4) 不同的A/D转换器的转换方式、特点各不相同，电路结构也相差很远，便于在不同场合、不同要求加以选择。并行A/D转换器的转换速度高但转换精度不高，在提高转换精度时，会使电路结构趋于复杂，适合于转换精度要求不高但转换速度高的场合；双积分A/D转换器由于在对输入信号积分时取用的是输入电压的平均值，因此对工频信号具有很强的抗干扰能力。但转换速度相对低一点，因此适用于要求转换精度高但转换速度不高的场合；逐次比较型A/D转换器在一定程度上兼顾了以上两类转换器的优点，因此应用较广。

(5) 并行A/D转换器主要由分压器、比较器、寄存器和编码器组成。学习时注意掌握比较器将输入模拟量变成数字量输出和将此数字量进行编码输出的两个环节。

(6) 逐次比较型A/D转换器由D/A转换器、移位寄存器、数码寄存器和电压比较器组成。它的工作原理相对来讲复杂一些，学习时先利用天平称重的例子理解好逐次逼近的原

理，再来讨论转换器的电路。分析时要特别注意移位寄存器的作用，弄清每一次的比较结果对数码寄存器产生的影响，以便较好地掌握整个电路的工作原理。

(7) 双积分 A/D 转换器主要由积分器、过零比较器、计数器和定时电路组成。学习时要掌握好两次积分过程中积分器的输出状态，从第一次积分到第二次积分转换的条件及积分器的输出 u_o 的表达式和数码输出 N 的公式。

习　题

13.1　设 8 位 D/A 转换器输入输出的关系为线性关系，其数字码为 $D=11111111$ 时，$A=+5\text{V}$；$D=00000000$ 时，$A=0\text{V}$。现要求 D/A 转换器的输出端输出一个近似的梯形曲线的模拟信号如题图 13.1 所示，写出在相应时刻 $t_1 \sim t_{12}$ 应在 D/A 转换器输入端输入的数字信号。

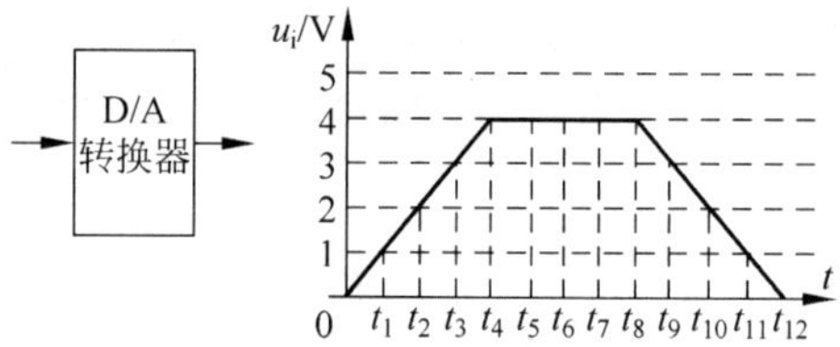

题图　13.1

13.2　在权电阻 D/A 转换器中，若 $n=6$，并选最高数位 MSB 的权电阻 $R=10\text{k}\Omega$，试求其余各位权电阻的阻值为多少？

13.3　10 位倒 T 形电阻网络 D/A 转换器如题图 13.3 所示，当 $R=R_f$ 时，试求：(1)若 $U_R=0.5\text{V}$，输出电压的取值范围；(2)若要求电路输入数字量为 200H 时输出电压 $U_O=5\text{V}$，U_R 应取何值？

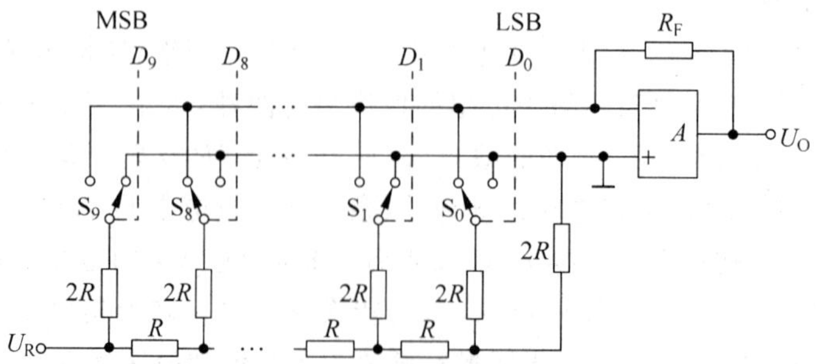

题图　13.3

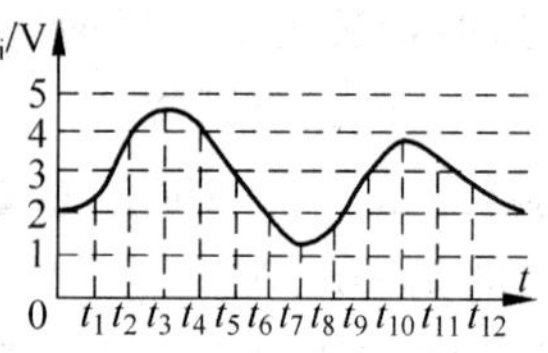

题图　13.4

13.4　设 4 位 A/D 转换器输入输出的关系为线性关系，当 $A=+5\text{V}$ 时，$D=1111$；$A=0\text{V}$ 时，$D=0000$。试将题图 13.4 所示的模拟信号变换为数字信号(按图示时间间隔采样)。

13.5　在逐次逼近型 4 位 A/D 转换器中，若 $U_R=5\text{V}$，输入电压 $u_i=3.75\text{V}$，试问其输出 $D_3 \sim D_0=$？

参 考 答 案

第 1 章

1.1　化学成分纯净的半导体，电子，空穴，相等

1.2　少数载流子，内电场

1.3　单向导电性，正向电流（平均整流电流），最大反向工作电压

1.4　1. ×；2. ×；3. √；4. √；5 √；6. √；7. √；8. √；9. ×；10. ×

1.5　少数载流子，多数载流子

1.6　=，正向偏置；>，变窄；<，变宽

1.7　反向击穿曲线陡，反向击穿区；稳定电压、稳定电流、额定功率、动态电阻

1.8　(a) $U_X=6.2\text{V}$，$U_Y=6.9\text{V}$，　(b) $U_X=0\text{V}$，$U_Y=10\text{V}$

1.9

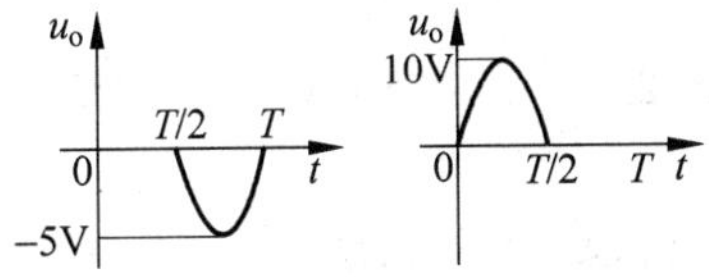

(a)　　(b)

1.10

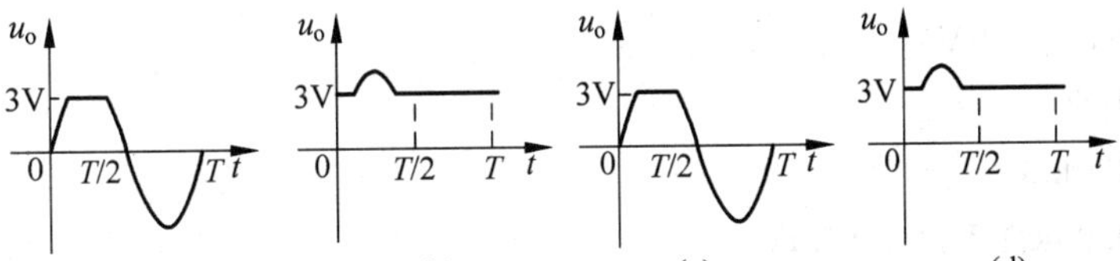

(a)　　(b)　　(c)　　(d)

1.11　(a) 导通，−3V；　(b) 截止，−6V；　(c) 截止，−0.3V；　(d) 导通，−3V

1.12　(a) −6V；　(b) 12V；　(c) 0V；　(d) −6V

1.13　D_1 截止，D_2 导通，$U_{AB}=-4\text{V}$

1.14　D_{Z1} 导通，D_{Z2} 截止，$U_{AB}=-0.6\text{V}$

1.15　(a) 导通；　(b) 导通

1.16　D_{Z1} 反向击穿，D_{Z2} 反向截止，0V

1.17　15V

1.18　C

1.19　接线图

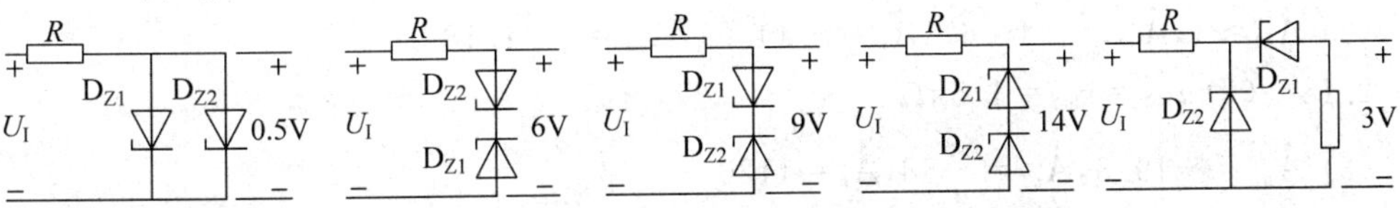

第 2 章

2.1 NPN 和 PNP，自由电子和空穴；正向偏置，反向偏置

2.2 饱和区，截止区。饱和区，发射结正偏和集电结正偏；截止区，发射结反偏和集电结反偏

2.3 NPN、硅管、E、B、C；PNP、硅管、C、B、E；PNP、锗管、C、E、B

2.4 C、B、E，$\beta=40$，PNP

2.5 截止、饱和、放大

2.6 ×、×、√

2.7 d

2.8 (a) 无，(b) 有，(c) 无，(d) 无

2.9 $\beta=200$，$I_B=0.125\text{mA}$，$I_C=25\text{mA}$，$U_{CE}=1\text{V}$

2.10 (1) $U_{CC}=6\text{V}$，$I_B=20\mu\text{A}$，$I_C=1\text{mA}$，$U_{CE}=3\text{V}$

(2) $R_b=300\text{k}\Omega$，$R_c=3\text{k}\Omega$

(3) $U_{om}=1.5\text{V}$

(4) $I_{bm}=20\mu\text{A}$

2.11 (1) $I_B=40\mu\text{A}$，$I_C=4\text{mA}$，$U_{CE}=4\text{V}$

(3) $r_{be}\approx0.86\text{k}\Omega$，$\dot{A}_u\approx-232.6$，$r_i\approx0.86\text{k}\Omega$，$r_o=2\text{k}\Omega$

(4) 饱和失真，加大 R_b

2.12 (1) $I_B=40\mu\text{A}$，$I_C=2\text{mA}$，$U_{CE}=4\text{V}$

(3) $r_{be}=863\Omega$

(4) $\dot{A}_u\approx-116$，$\dot{A}_{us}\approx-73$

2.13 (1) $U_{CE}=9\text{V}$

(2) 顶部失真

(3) $R_b=300\text{k}\Omega$

(4) $r_{be}\approx0.95\text{k}\Omega$，$U_o=389\text{mV}$

2.14 (1) $I_C=0.8\text{mA}$，$U_{CE}=6.1\text{V}$

(2) $r_{be}=3.58\text{k}\Omega$，$\dot{A}_u=-94.4$，$r_i=3.06\text{k}\Omega$，$r_o=5.1\text{k}\Omega$

(3) A；B、A、C；B、A、C；C、B；C

2.15 (1) $U_B=3\text{V}$，$I_C\approx1\text{mA}$，$I_B=20\mu\text{A}$，$U_{CE}=3.6\text{V}$，$r_{be}=1.63\text{k}\Omega$

(2) $\dot{A}_u=-12.7$，$r_i=5.8\text{k}\Omega$，$r_o=6\text{k}\Omega$

(3) $U_o=-108\text{mV}$

2.16 (1) $I_B=11\mu\text{A}$，$I_C=0.55\text{mA}$，$U_{CE}=6.3\text{V}$

(3) $\dot{A}_u=0.98$，$r_i=96.7\text{k}\Omega$，$r_o=39\Omega$

2.17 (1) $r_i=235.77\text{k}\Omega$，$r_o=12\text{k}\Omega$

(2) $\dot{A}_{u1}\approx1$，$\dot{A}_{u2}=-44.67$，$\dot{A}_u=-44.67$，$\dot{A}_{us}=-41.18$

2.18 (1) $r_{be1}=r_{be2}=1.5\text{k}\Omega$

(2) $\dot{A}_{u1}=-19.3$，$\dot{A}_{u2}=-58$，$\dot{A}_u=1120$

2.19 (2) $\dot{A}_u=-\frac{\beta_1(R_{c1}/\!/r_{i2})}{r_{be1}+(1+\beta_1)R_{e1}}\times\frac{(1+\beta_2)(R_{e2}/\!/R_L)}{r_{be2}+(1+\beta_2)(R_{e2}/\!/R_L)}$,

$r_{i2}=R_{b2}/\!/[r_{be2}+(1+\beta_2)(R_{e2}/\!/R_L)]$

(3) $r_i=R_{b11}/\!/R_{b12}/\!/[r_{be1}+(1+\beta_1)R_{e1}]$, $r_o=R_{e2}/\!/\frac{r_{be2}+(R_{c1}/\!/R_{b2})}{1+\beta_2}$

2.20 (1) 向负载提供信号功率,需要较大的信号电压和电流

(2) $\theta=360°$, $\theta=180°$, $180°<\theta<360°$

(3) 效率,交越,甲乙; 4.2W,2

2.21 (1) 提供极低的静态工作点

(2) $P_{om}=9W$

(3) $P_{Tm}=1.8W$

(4) $P_O=2.25W$, $\eta=0.3925$

2.22 (1) $P_{om}=12.25W$, $\eta=0.733$

(2) $P_T=2.45W$

2.23 (1) 频率,线性,正弦,相同,发生

(2) 非线性,非正弦,不相同

(3) 极间电容,耦合电容和旁路电容

(4) 0.707 倍,45°

第 3 章

3.1 依靠一种载流导电,有两种载流子参与导电

3.2 电流控制电流源,较低; 电压控制电流源,较高

3.3 (1) √ (2) × (3) √ (4) × (5) √

3.4 N 沟道,P 沟道; 箭头方向代表 PN 结的方向

3.5 图(a)晶体管,图(b)N 沟道,结型场效应管,图(c)P 沟道,结型场效应管

3.6 (a) P 沟通耗尽型 MOS 场效应管 (b) N 沟通增强型 MOS 场效应管 (c) N 沟道结型场效应管

3.7 (1) 增强型 (2) P 沟道 (3) $U_T=-4V$

3.8 图(a) P 沟道,结型场效应管; 图(b) N 沟道,耗尽型 MOS 场效应管; 图(c)P 沟道,耗尽型 MOS 场效应管; 图(d) N 沟道,增强型 MOS 场效应管

3.9 用计算法得 $U_{GSQ}\approx-0.33V$, $I_{DQ}\approx0.22mA$, $U_{DSQ}\approx9.2V$

3.10 (2) 电压放大倍数 $\dot{A}_{um}\approx-3.3$ (3) 放大器的输入电阻 $r_i=2075k\Omega$

3.11 电压放大倍数 $\dot{A}_{um}\approx0.92$; 输入电阻 $r_i=2075k\Omega$; 输出电阻 $r_o\approx1.02k\Omega$

第 4 章

4.1 串联负反馈要求 R_s 小,并联负反馈要求 R_s 大,电流负反馈要求 R_L 小,电压负反馈要求 R_L 大

4.2 电流负; 电压负; 直流负; 负

4.3 串联负; 电压负

4.4 正; 负

4.5 (a) 串联电流负反馈; (b) 串联电压负反馈; (c) 并联电压负反馈; (d) 串联电流

负反馈

4.6 (a) R_3、R_5 组成并联电压交、直流正反馈，R_4 组成串联电流负反馈；(b) 100kΩ 组成并联交、直流电压负反馈；(c) R_1、R_7、C_2 组成并联电压直流负反馈，R_4、R_9 组成串联电流交、直流负反馈；(d) R_f、R_{e2} 组成并联电流交、直流负反馈。

4.7 (1)(c) (2)(a) (3)(d) (4)(b) (5)(a) (6)(d)

4.8 电压；互导；互阻；电流

4.9 0.05%

4.10 R_f 引入并联电压负反馈

4.11 k、p 两点引入串联电流负反馈，o、q 两点引入串联电压负反馈

4.12 k、n 两点应连起来

第 5 章

5.1 温度对晶体管的影响

5.2 小；因为温漂是缓变化信号，电容器不能通过缓变化信号

5.3 A

5.4 稳定静态工作电流，提高共模抑制比

5.5 0；∞

5.6 相反；相同

5.7 (1) $u_{id}=0, u_{ic}=4\text{mV}$ (2) $u_{id}=8\text{mV}, u_{ic}=0$ (3) $u_{id}=10\text{mV}, u_{ic}=-1\text{mV}$
(4) $u_{id}=-2\text{mV}, u_{ic}=5\text{mV}$

5.8 $I_E=0.37\text{mA}, r_{be}=7467\Omega, A_{ud2}\approx 33.5$

5.9 (1) $I_{B1}=I_{B2}=0.0109\text{mA}, I_{C1}=I_{C2}=0.545\text{mA}, U_{CE1}=U_{CE2}=7.47\text{V}$

(2) $r_{be}=2733\Omega, \dot{A}_{ud}=-21.99$

5.10 (1) $I_{B1}=0.01\text{mA}, I_{C1}=1\text{mA}, U_{CE1}=5\text{V}$

(2) $u_o\approx -8.7\text{V}$

(3) $u_o\approx -2.9\text{V}$

(4) $R_{id}=25.6\text{k}\Omega, R_{ic}\approx 10\text{M}\Omega, R_o=11.2\text{k}\Omega$

5.11 放大；正偏；反偏；第一个

5.12 (a) $u_o=-2u_{i1}-4u_{i2}$ (b) $u_o=-0.5u_{i1}-2.5u_{i2}-u_{i3}$

5.13 (a) $u_o=u_{i1}+4u_{i2}$ (b) $u_o=-5u_{i1}+4u_{i2}+2u_{i3}$

5.17 $u_o=-U_i\dfrac{R_2R_3+R_2R_4+R_3R_4}{R_1R_4}$

5.18 $u_o=10u_{i1}-2u_{i2}-5u_{i3}$

5.19 $u_o=-6u_{i1}-24u_{i2}+6u_{i3}$

5.20 $u_o=\dfrac{R_2}{R_1+R_2}u_{i1}+\dfrac{R_1}{R_1+R_2}u_{i2}$

5.21 $U_o=-500\text{mV}$

5.22 $U_{o1}=-0.6\text{V}, U_{o2}=-1.2\text{V}$

5.23 (1) $\dot{A}_{u1}=\dfrac{U_{o1}}{U_{i1}}=1+\dfrac{R_1}{R_P/2}=1+\dfrac{2R_1}{R_P}$ $\dot{A}_{u2}=\dfrac{U_{o2}}{U_{i2}}=1+\dfrac{R_2}{R_P/2}=1+\dfrac{2R_2}{R_P}$

(2) $\dot{A}_u=\dfrac{U_o}{U_{i2}-U_{i1}}=\left(1+\dfrac{2R}{R_p}\right)$

5.24 (1) $U_{o1}=U_{i1}+\frac{U_{i1}-U_{i2}}{R_p}R_1=1-\frac{2R}{R_p}$ $U_{o2}=U_{i2}-\frac{U_{i1}-U_{i2}}{R_p}R_2=3+\frac{2R}{R_p}$

(2) $U_o=U_{o2}-U_{o1}=\left(1+\frac{2R_1}{R_p}\right)(U_{i2}-U_{i1})=2\left(1+\frac{2R}{R_p}\right)$

$\dot{A}_u=\frac{U_o}{U_{i1}-U_{i2}}=-\left(1+\frac{2R}{R_p}\right)$

5.25 $u_o=-\int(u_{i1}+2u_{i2})\mathrm{d}t=-\int(1-2)\mathrm{d}t=t \quad |u_o|<U_{om}$

5.26

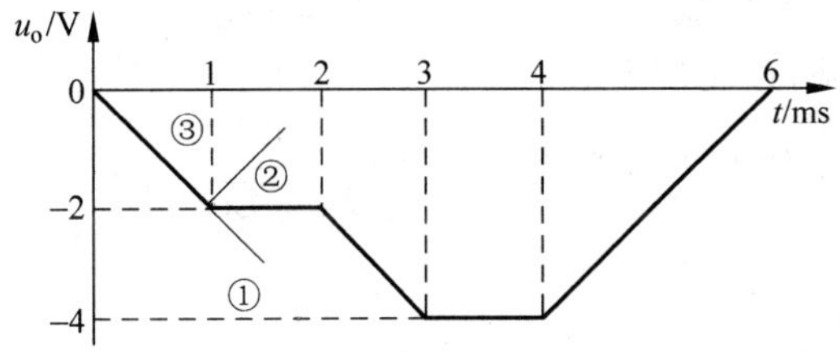

5.28

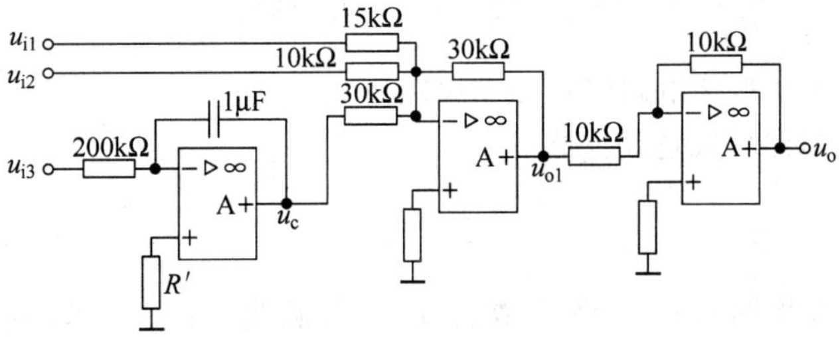

5.30 $\dot{A}_u(\mathrm{j}\omega)=-\frac{\mathrm{j}\omega R_f C}{1+\mathrm{j}\omega R_1 C}$

5.31 当 $u_i=-8\mathrm{V}$，$u_o=U_B+U_{Z1}+U_D-i_F R_2=8.7\mathrm{V}$；

当 $u_i=-2\mathrm{V}$，$u_o=U_B-U_D-U_{Z2}-i_F R_2=-9.7\mathrm{V}$。

5.32 当 $u_o=+U_{om}$ 时，$U_H=U_B$，当 $u_o=-U_{om}$ 时，$U_L=\frac{R_3}{R_2+R_3}U_B-\frac{R_2}{R_2+R_3}U_{om}$

5.33 $U_H-U_L=5\mathrm{V}$

5.34 当 $u_o=+5\mathrm{V}$ 时，D 导通，$U_H=3.5\mathrm{V}$，当 $u_o=-5\mathrm{V}$ 时，D 截止，$U_L=2\mathrm{V}$。输出波形为

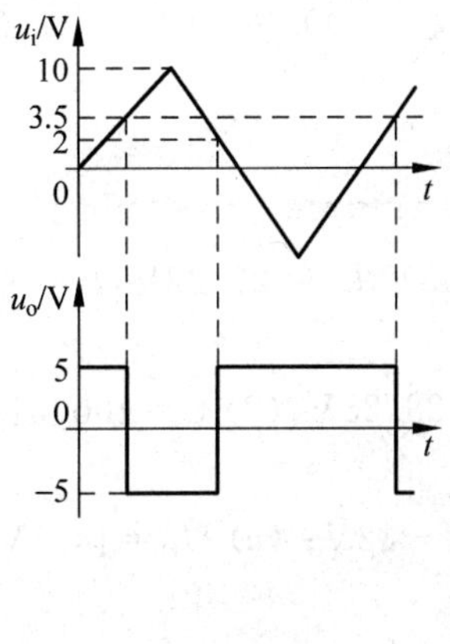

5.35

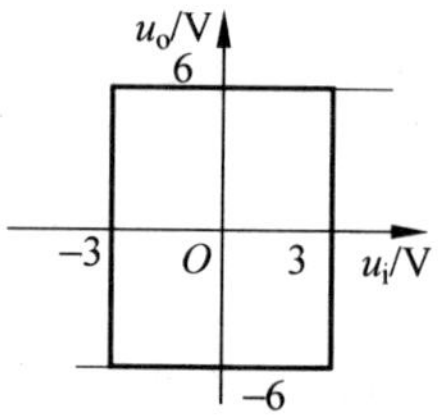

第 6 章

6.4 (a) 可能；(b) 不可能；(c) 可能；(d) 不可能

6.5 上正下负，稳幅，正温度系数。

6.6 (1) 选频网络：R、L、C 串联电路，$f_0=\dfrac{1}{2\pi\sqrt{LC}}$

(2) $\dfrac{R_1+R_2}{R_2}\cdot\dfrac{R_3}{R+R_3}>1$

(3) 采用可变电容器

6.7 (1) $f_0=\dfrac{1}{2\pi\sqrt{LC}}=16\text{kHz}$ (2) $R_{min}=0.91\text{k}\Omega$

6.8 (1) 文氏电桥振荡电路(RC 振荡电路)

(2) RC 串并联电路构成选频网络

(3) $f_0=\dfrac{1}{2\pi RC}$

(4) 当振荡时选频网络的反馈系数为 1/3，要满足 $|\dot{A}\dot{F}|=1$，则 $|\dot{A}|=3$，可得出 $R_1=2R_2$

6.9 (1) C (2) B (3) D (4) B

6.10 (1) 电阻；电感；电容

(2) 电阻；电感

(3) 一定幅度，一定频率的；闭环放大倍数

(4) 正反馈；放大电路；正反馈网络；选频网络；稳幅

(5) $\dot{A}\dot{F}=1$；$\phi_A+\phi_F=2n\pi$；$|\dot{A}\dot{F}|=1$；$|\dot{A}\dot{F}|>1$

(6) RC；LC；石英晶体

(7) 石英晶体自身的谐振频率

6.11 (1) √ (2) × (3) √ (4) × (5) × (6) × (7) ×

第 7 章

7.1 $U_O=0.45U_2$，$I_O=4.5\text{A}$

7.2 $U_2=10\text{V}$，$U_O=9\text{V}$，$I_O=0.45\text{A}$

7.3 $I_D=0.25\text{A}$，$U_{DRm}=31.43\text{V}$，$U_2=22.22\text{V}$，$I_2=0.56\text{A}$

7.4 $U_O=U_m$，$U_{DRm}=2U_m$

7.5 (1) $I_D=0.48\text{A}$，$U_{DRm}=28.28\text{V}$，(2) $C=1000\mu\text{F}$，耐压 30V，(3) $K=11$

7.6 $I_Z=1\text{mA}<I_{Zmax}$

7.7 (a) $U_O=9\text{V}$；(b) $U_O=-12\text{V}$；(c) $U_O=14.1\text{V}$；(d) $U_O=4.5\text{V}$

7.8 $U_O = 7V$

7.9 $U_Z = 10V$, $I_{Zmax} = 20mA$, $0.7k\Omega < R < 1.5k\Omega$

7.10 选 $U_Z = 15V$ 的稳压管，$I_{Zmax} = 14mA$, $0.9k\Omega < R < 4.5k\Omega$

7.11 (1) C; (2) B; (3) A; (4) B; (5) D; (6) A,A; (7) C,B

7.12

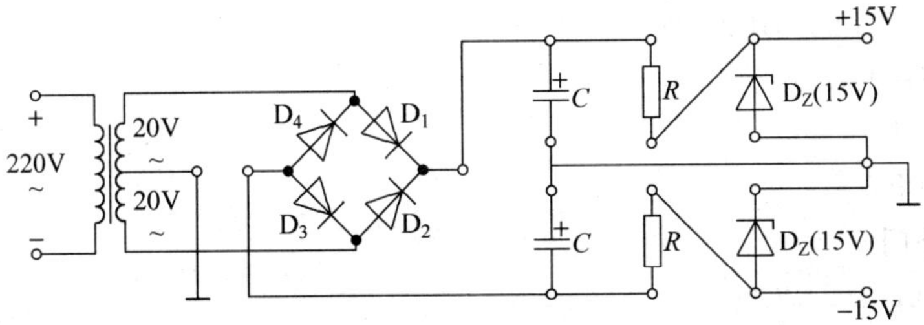

第 8 章

8.1 $100 = 64_H = 1100100_B$,

$127 = 7F_H = 1111111_B$,

$255 = FF_H = 11111111_B$,

$1024 = 400_H = 10000000000_B$,

$16.5 = 10.8_H = 10000.1_B$,

$50.375 = 32.6_H = 110010.011$

8.2 $1011_B = B_H = 11$,

$1000000_B = 40_H = 64$,

$10000000_B = 80_H = 128$,

$11001.011_B = 19.6_H = 25.375$

8.3 $AF3C_H = 1010111100111100_B = 44860$,

$0F_H = 00001111_B = 15$,

$80_H = 10000000_B = 128$,

$3BD.8_H = 001110111101.1_B = 957.5$

8.4 $10111_B = 23 = (0010\ 0011)_{BCD}$,

$521_D = (0101\ 0010\ 0001)_{BCD}$,

$3F4_H = 1012 = (0001\ 0000\ 0001\ 0010)_{BCD}$

8.5 (1) 0110101

(2) 1000001

(3) 0100101

(4) 1111111

8.6 (1) 10000

(2) 11011

(3) 0011

8.7 填空题

(1) 与；或；非

(2) 对立；逻辑状态

(3) 输入和输出

(4) 0 或 1；1；0

(5) 或

(6) 与非；或非；异或

8.8 (1) a)TTL；b)CMOS

(2) c)1+1=1

(3) b)OC 门

(4) c)OC 门

(5) b)三态门

8.9 波形(1)、(2)、(3)

8.10 波形(2)

8.12 (a) $F=\overline{AB}$或 $A\oplus B$

(b) $F=AB$ 或 $A\oplus B$

(c) $F=A+B$ 或 $A\oplus B$

(d) $F=A\oplus B$

(e) $F=\overline{A+B}$

第 9 章

9.1 (1) X

(2) X

(3) Y

(4) $XZ+YZ$

(5) 0

(6) $YW+XY$

(7) $AB+BC+\overline{A}\overline{B}$

(8) $BC+A\overline{C}$

(9) $A+CD$

(10) $A+\overline{B}CD$

(11) A

(12) $AB+C$

9.2 (1) 表达式；真值表；卡诺图；逻辑图

(2) 真值表

(3) ABC；$\overline{A}B\overline{C}$；$A\overline{B}\overline{C}$

9.3 (1) $\overline{F}=\overline{A}\cdot\overline{\overline{B}\cdot C\cdot\overline{\overline{DE}}}$

(2) $\overline{F}=\overline{B}+[(\overline{C}+D)\cdot\overline{A}\cdot E]$

(3) $\overline{F}=(\overline{A}+B)\cdot(C+D)$

9.4 $T_1=\overline{A}\overline{B}+\overline{A}\overline{C}$

$T_2=AB+AC$

9.5 (1) $F=C\overline{B}\overline{A}+C\overline{B}A+CB\overline{A}+CBA$

9.6 (1) $F(X,Y,Z)=Y$

(2) $F(A,B,C,D)=ABC+ABD+BCD$

(3) $F(A,B,C,D)=BCD+\bar{A}B\bar{D}$

(4) $F(A,B,C,D)=AB+\bar{A}\bar{B}C$

9.7 (1) $F=XY+\bar{X}\bar{Z}$

(3) $F=\bar{A}+BC$

(5) $F=D+\bar{B}C$

(7) $F=\bar{X}Z+X\bar{Y}+W\bar{X}Y$

9.8 (1) $F=X+\bar{Y}Z$ (2) $F=\overline{\bar{X}\,\overline{\bar{Y}Z}}$ (3) $F=(X+\bar{Y})(X+Z)=\overline{\overline{X+\bar{Y}}+\overline{X+Z}}$

9.9 $F=\overline{B+\overline{A+\bar{C}+\bar{D}}}$

9.10 $F=\bar{B}D+\bar{B}C+CD=\overline{\overline{\bar{B}D}\cdot\overline{\bar{B}C}\cdot\overline{CD}}$

9.11 $F=XZ+\bar{X}Y$

9.12 $Y_1=BC+\bar{A}C+\bar{B}\bar{C}\bar{D}$, $Y_2=AC+\bar{B}C$(用 7 个与非门实现)

$Y_1=BC+\bar{A}\bar{B}C+\bar{B}\bar{C}\bar{D}$, $Y_2=AC+\bar{A}\bar{B}C$(则用 6 个与非门实现)

9.13 $F=ABC+AB\bar{C}+A\bar{B}C$, $d=\bar{A}B\bar{C}$

9.14 $F=ABC+AB\bar{C}+\bar{A}BC+\bar{A}\bar{B}C$, $d=A\bar{B}C$

9.15 $F=\bar{A}BC+ABC+AB\bar{C}=AB+BC=\overline{\overline{AB}\cdot\overline{BC}}$,

$F=AB+BC=B(A+C)=\overline{\overline{B+B}+\overline{A+C}}$

9.16 $F=AB\bar{C}+\bar{A}BC+ABC+\bar{A}\bar{B}C=AB+\bar{A}C=\overline{\bar{A}+\bar{B}}+\overline{A+\bar{C}}$

第 10 章

10.1

(a)				(b)				
A	B	C	L	A	B	C	L_1	L_2
0	0	0	1	0	0	0	0	1
0	0	1	1	0	0	1	1	0
0	1	0	1	0	1	0	1	0
0	1	1	1	0	1	1	0	1
1	0	0	0	1	0	0	1	0
1	0	1	1	1	0	1	1	0
1	1	0	1	1	1	0	1	0
1	1	1	1	1	1	1	1	0

10.2 $L=(A\oplus B)\oplus(C\oplus D)$ 奇偶校验器,$L=1$ 奇数个 1,$L=0$ 偶数个 1。

10.3 $L_1=\overline{\bar{A}+B}$; $L_2=\overline{\overline{\bar{A}+B}+\overline{A+\bar{B}}}$; $L_3=\overline{A+\bar{B}}$

10.4 $S=A\oplus B\oplus C$; $G=\overline{\overline{(A\oplus B)C}\cdot\overline{AB}}=AB+AC+BC$

奇偶校验电路,$S=1$ 奇数个 1; $S=0$ 偶数个 1; $C=1$,1 的个数$\geqslant 2$; $C=0$,1 的个数$\leqslant 1$

10.5 奇偶校验电路,$L=1$ 奇数个 1,$L=0$ 偶数个 1

10.6 多位数全加器

$S_0=A_0\oplus B_0, C_0=A_0B_0$

$S_1=A_1\oplus B_1\oplus(A_0B_0), C_1=A_1B_1+(A_1\oplus B_1)A_0B_0$

10.7 $F=\overline{A}\overline{B}\overline{C}+\overline{A}\overline{B}\overline{D}+\overline{A}\overline{C}\overline{D}+ABD+ABC+BCD+ACD+\overline{B}\overline{C}\overline{D}$

10.8 $B_0=D_0, B_1=\overline{D}_3D_1+D_3D_2\overline{D}_1, B_2=\overline{D}_3D_2+D_2D_1, B_3=D_3\overline{D}_2\overline{D}_1, B_4=D_3D_2+D_3D_1$

10.11 $P_3=A_1A_0B_1B_0, P_2=A_1B_1\overline{B}_0+A_1\overline{A}_0B_1, P_1=\overline{A}_1A_0B_1+A_0B_1\overline{B}_0+A_1\overline{B}_1B_0+A_1\overline{A}_0B_0, P_0=A_0B_0$

10.12 $F=DC+DB+DA+CBA$

10.13 $F=ACD+ABD+ABC$

10.14 $F=A\overline{B}+B\overline{C}$

10.15 $F=\overline{A}B+\overline{B}C$

10.22 $L=\overline{S}_0\overline{S}_1I_0+\overline{S}_0S_1I_1+S_0\overline{S}_1I_2+S_0S_1I_3=\overline{S}_0\overline{S}_1+S_0\overline{S}_1+\overline{S}_0S_1=\overline{S}_1+S_1\overline{S}_0$

10.23 取 $I_0=0, I_3=I_2=I_1=1$

$F=S_0\overline{S}_1+\overline{S}_0S_1+S_0S_1=S_0\overline{S}_1+\overline{S}_0S_1+S_0S_1+S_0S_1=S_0+S_1$

第 11 章

11.1

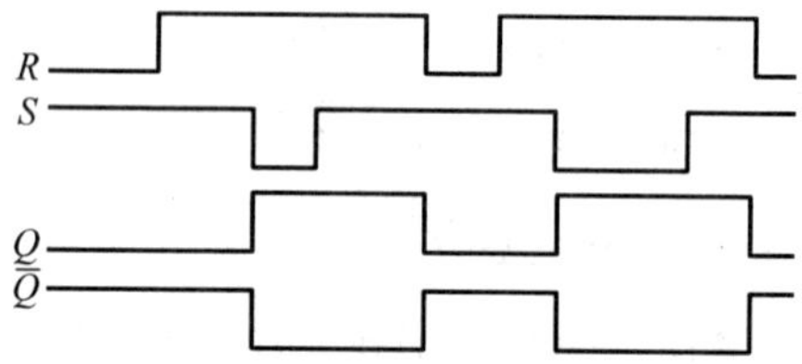

11.2

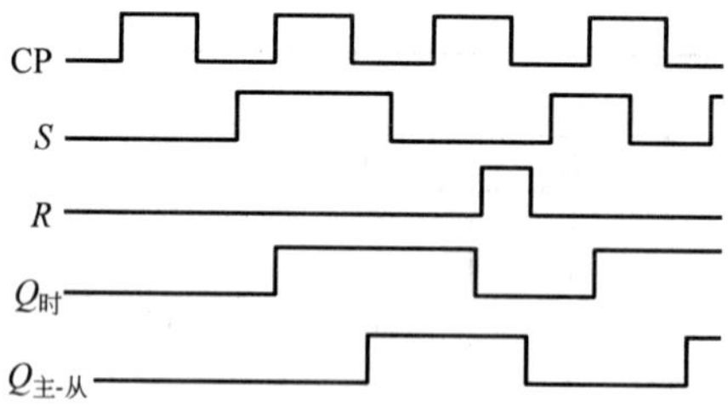

11.3

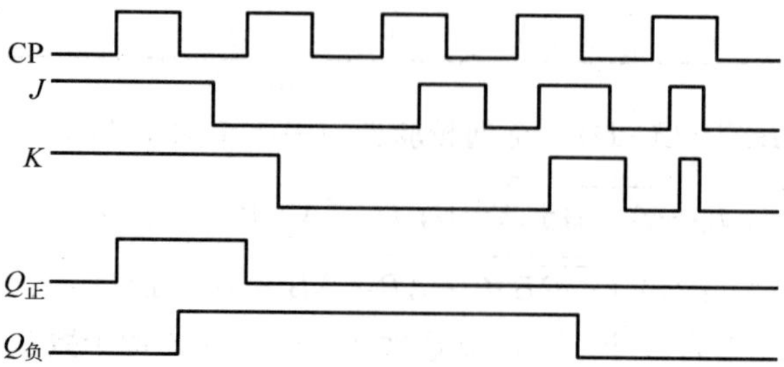

11.4

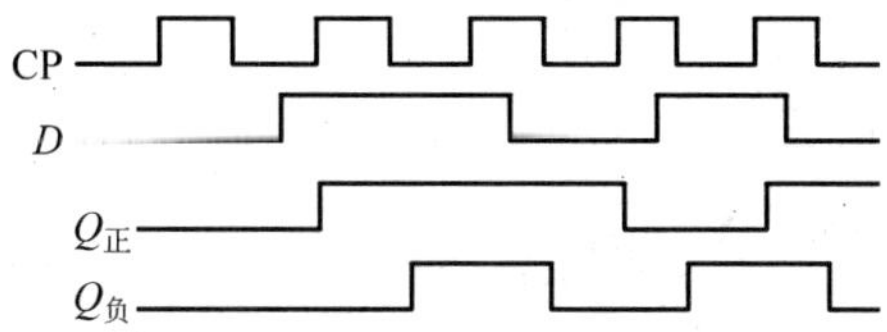

11.5

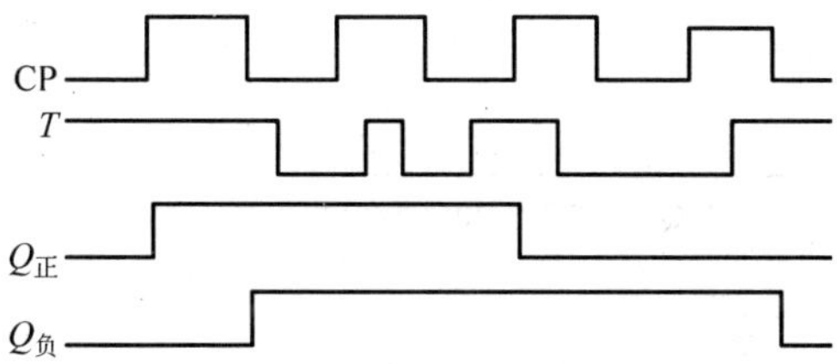

11.6

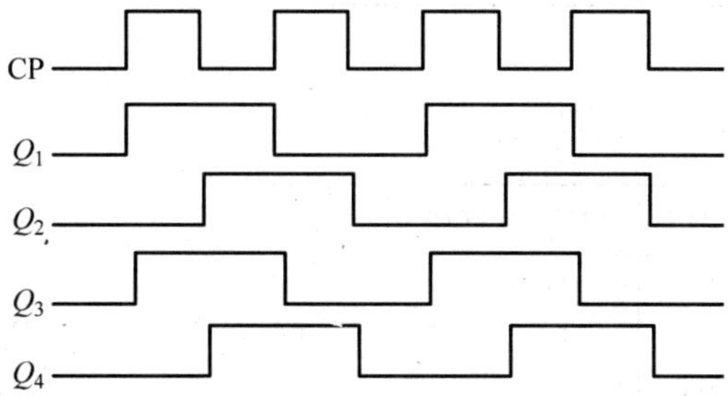

11.7

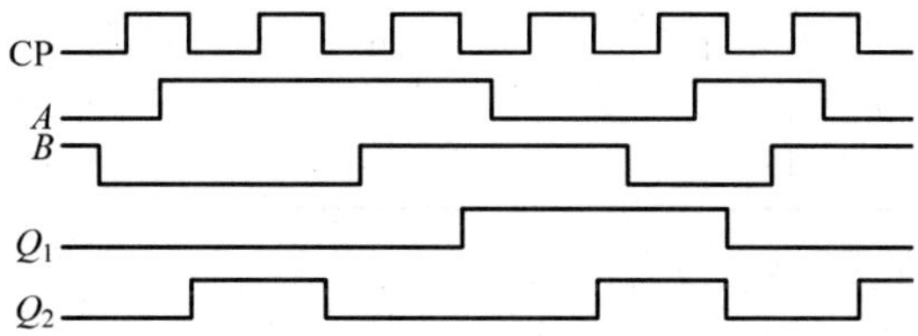

11.8

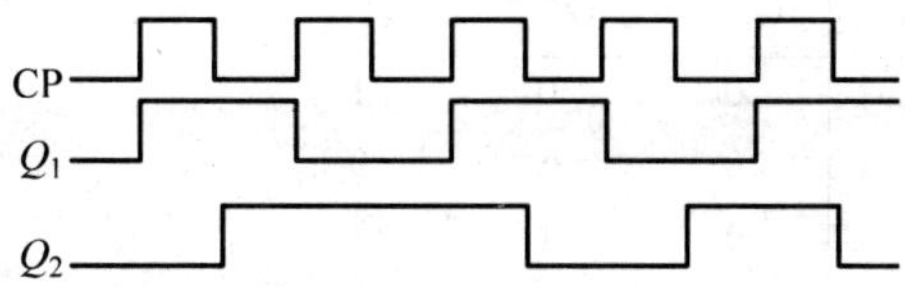

11.9

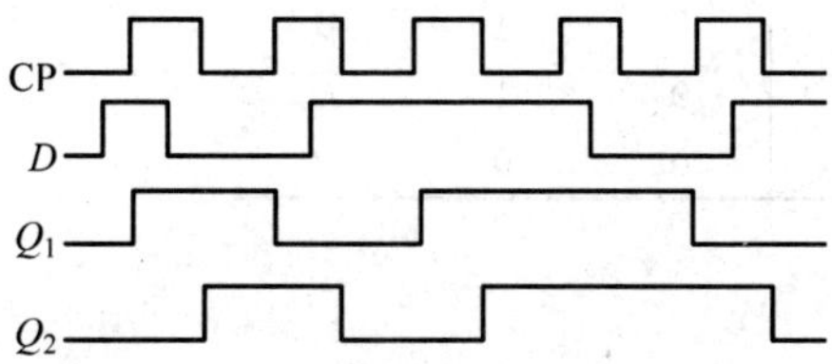

第 12 章

12.8

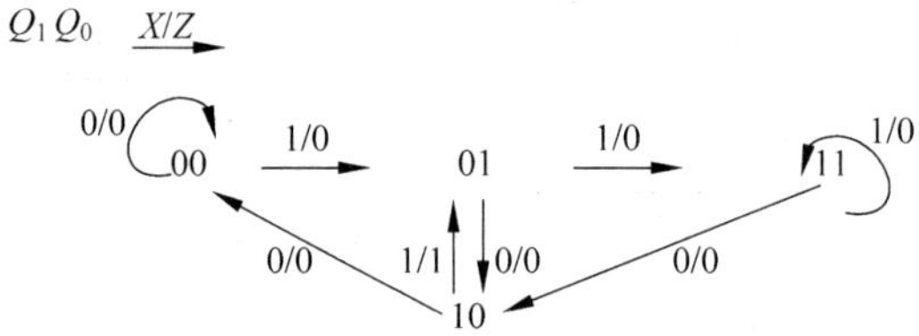

12.9

Q_1^n	Q_0^n	Q_1^{n+1}	Q_0^{n+1}
0	0	0	1
0	1	1	0
1	0	0	0
1	1	0	0

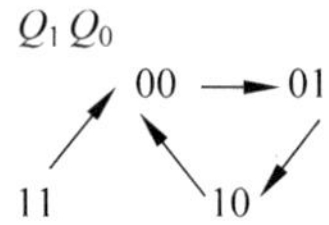

12.10

Q_2^n	Q_1^n	Q_0^n	Q_2^{n+1}	Q_1^{n+1}	Q_0^{n+1}
0	0	0	0	0	1
0	0	1	0	1	0
0	1	0	0	1	1
0	1	1	1	0	0
1	0	0	1	0	1
1	0	1	1	1	0
1	1	0	0	0	1
1	1	1	0	0	0

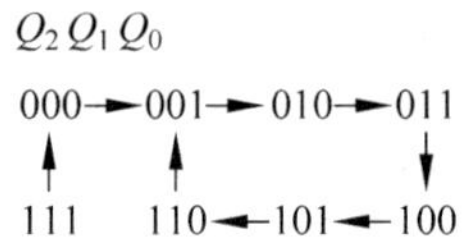

12.13

Q_2^n	Q_1^n	Q_0^n	Q_2^{n+1}	Q_1^{n+1}	Q_0^{n+1}
0	0	0	0	0	1
0	0	1	0	1	0
0	1	0	0	1	1
0	1	1	1	0	0
1	0	0	0	0	0
1	0	1	0	1	0
1	1	0	0	1	0
1	1	1	0	0	0

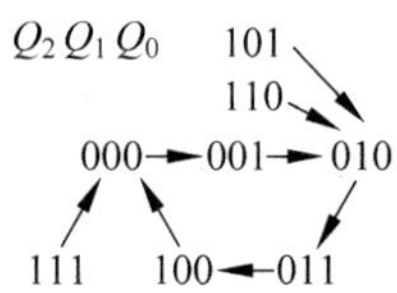

12.14

Q_2^n	Q_1^n	Q_0^n	Q_2^{n+1}	Q_1^{n+1}	Q_0^{n+1}
0	0	0	0	0	0
0	0	1	0	1	1
0	1	0	1	0	0
0	1	1	1	1	1
1	0	0	0	0	1
1	0	1	0	1	0
1	1	0	1	0	1
1	1	1	1	1	0

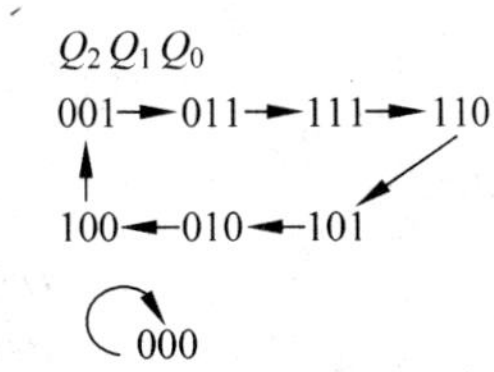

电路置0后不能自启动

12.15

A	B	Q^n	Q^{n+1}	S
0	0	0	0	0
0	0	1	0	1
0	1	0	0	1
0	1	1	1	0
1	0	0	0	1
1	0	1	1	0
1	1	0	1	0
1	1	1	1	1

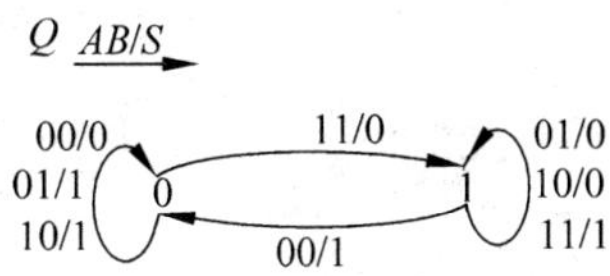

12.16

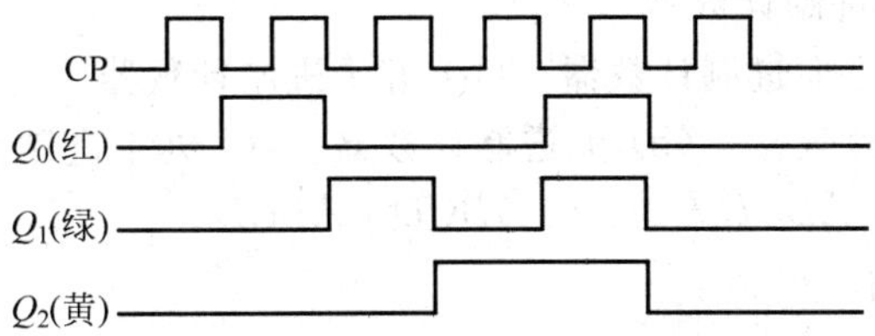

灯亮的顺序为：红→绿→黄→全亮→全熄

12.17

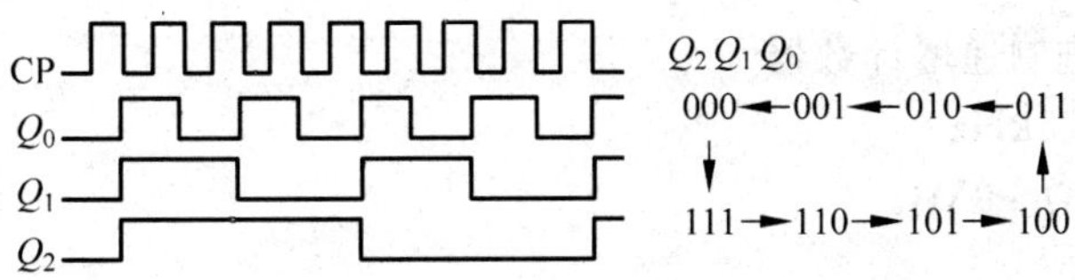

12.18

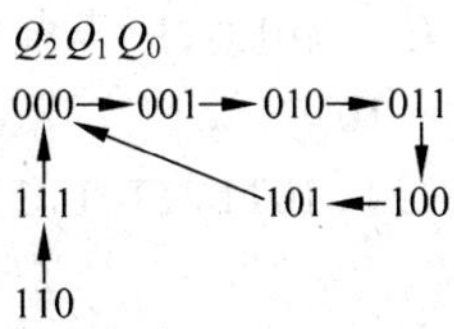

能自启动

12.19

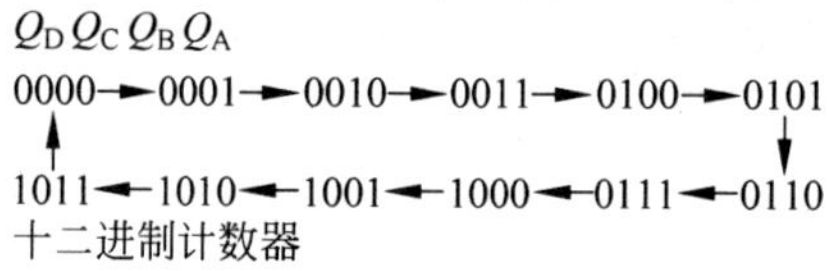

12.20

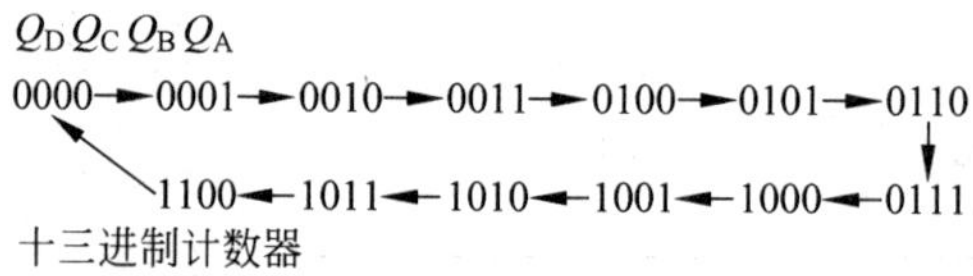

12.21

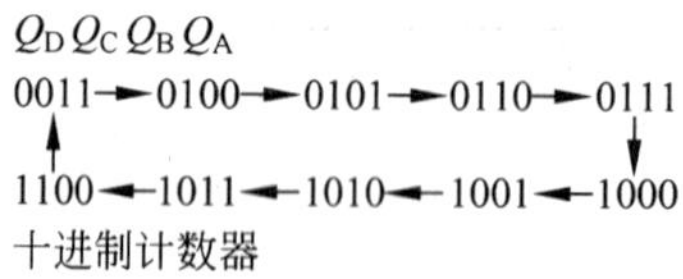

12.22

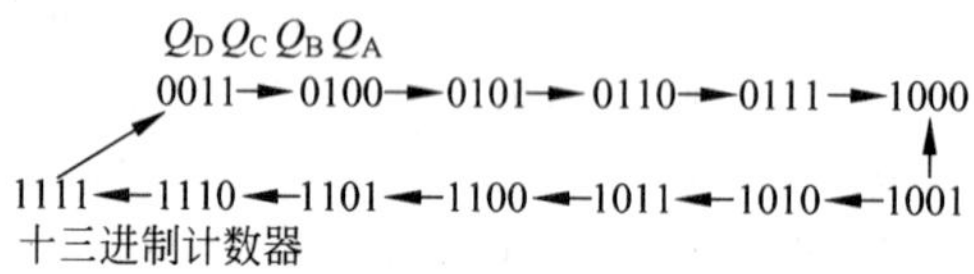

12.23 $X=\overline{A\overline{B}+A\overline{C}+\overline{B}\,\overline{C}}$

12.24 一百七十四进制计数器

12.25 (a) 一百三十七进制计数器 (b) 五十进制计数器

12.28 (a) 五进制计数器 (b) 七进制计数器 (c) 九十进制计数器

12.31 $L=\overline{A}\,\overline{B}C\overline{D}+AB\overline{C}\,\overline{D}+\overline{B}CD+\overline{A}\,\overline{B}CD+A\overline{B}\,\overline{C}\,\overline{D}$

12.32 当 $OE=1$ 时

$X=\overline{A\overline{B}+A\overline{C}+\overline{\overline{BC}}}$

$Y=\overline{DEF+\overline{D}\,\underline{E}F+\overline{D}E\overline{F}+D\overline{E}\,\overline{F}}$

$Z=\overline{\overline{G}\,\overline{H}+GHJ}$

12.33 2 位二进制递增计数器

12.34 $f=17.75\text{kHz}$

12.36 $R=90\text{k}\Omega\sim 9\text{M}\Omega$

第 13 章

13.1 t_1 与 t_{11}：33H，t_2 与 t_{10}：66H，t_3 与 t_9：99H，$t_4\sim t_8$：CCH。

13.2 $R_5=10\text{k}\Omega$ 时，$R_4=20\text{k}\Omega$，$R_3=40\text{k}\Omega$，$R_2=80\text{k}\Omega$，$R_1=160\text{k}\Omega$，$R_0=320\text{k}\Omega$

13.3 (1) $0\sim -10.995\text{V}$ (2) -10V

13.4 $t_0\sim t_{12}$ D 分别为 0110，0111，1011，1101，1100，1001，0110，0100，0101，1001，1011，1010，1000。

13.5 1100

附录 A

半导体器件型号命名方法
(国家标准GB249—64)

本标准适用于无线电电子设备所用半导体器件的型号命名。

半导体器件的型号由四部分组成：

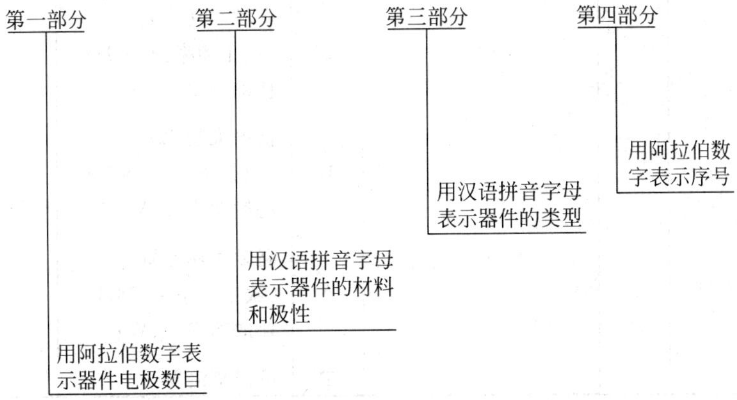

示例：锗 PNP 型高频小功率三极管(晶体管)

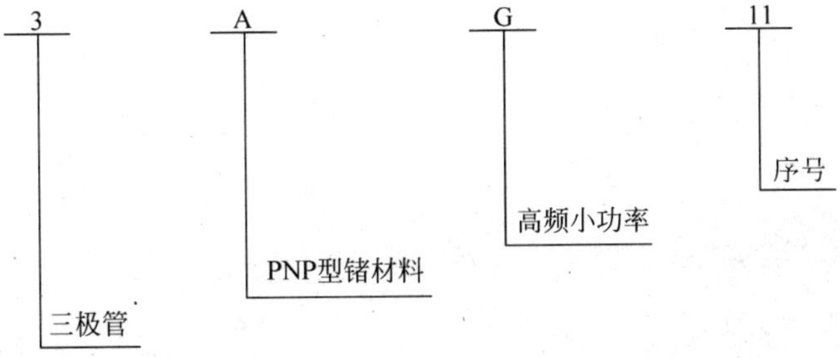

型号组成部分的符号及其意义：

第一部分		第二部分		第三部分		第四部分
用数字表示器件电极数目		用汉语拼音字母表示器件的材料和极性		用汉语拼音字母表示器件类型		用数字表示器件序号
序号	意　　义	符号	意　　义	符号	意　　义	
2	二极管	A	N 型锗材料	P	普通管	
3	三极管	B	P 型锗材料	V	微波管	

续表

第一部分		第二部分		第三部分		第四部分
用数字表示器件电极数目		用汉语拼音字母表示器件的材料和极性		用汉语拼音字母表示器件类型		用数字表示器件序号
序号	意　义	符号	意　义	符号	意　义	
		C	N型硅材料	W	稳压管	
		D	P型硅材料	C	参量管	
		A	PNP型锗材料	Z	整流管	
		B	NPN型锗材料	L	整流堆	
		C	PNP型硅材料	S	隧道管	
		D	NPN型硅材料	U	光电管	
				K	开关管	
				X	低频小功率管 (截止频率<3MHz 耗散功率<1W)	
				G	高频小功率管 (截止频率≥3MHz 耗散功率<1W)	
				D	低频大功率管 (截止频率<3MHz 耗散功率≥1W)	
				A	高频大功率管 (截止频率≥3MHz 耗散功率≥1W)	
				T	可控整流器	

附录 B

电气图用图形符号二进制逻辑单元简介(国家标准 GB4728.12—85)

B.1 二进制逻辑单元图形符号结构

二进制逻辑单元图形符号由方框(或方框的组合)和一个或多个定性符号组成,如图 B.1 所示。框图中单星号 * 表示与输入和输出有关的定性符号,双星号 ** 表示总定性符号。定性符号在框内,框外为信号。按一般约定,输入线画在方框的左边或上边。输出线画在方框的右边或下边,以保持信息流的方向是从左到右,或从顶到底。

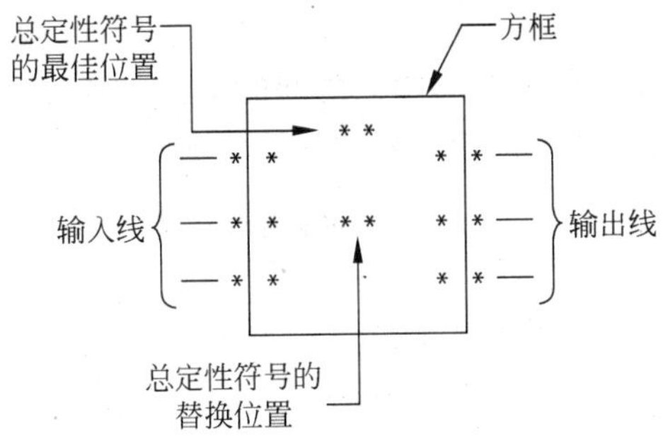

图 B.1　符号的组成方框

B.2 方　　框

共有三种方框：单元框、公共控制框和公共输出单示框如图 B.2 所示。单元框是基本方框,它可与公共控制框或公共输出单示框,或与前二者一起组成逻辑单元框外形轮廓。

方框可用邻接法和镶嵌法的方式组合。在有邻接单元或镶嵌单元的符号中,如果单元框之间的公共线是沿着信息流方向,就表明这些单元之间无逻辑连接；如果单元框之间的公共线是垂直于信息流方向,则表明单元之间至少有一种逻辑连接,如图 B.3(a)、(b)所示。

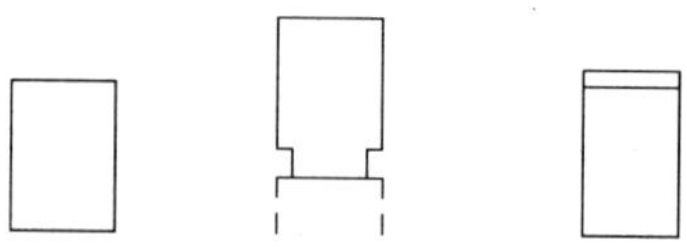

(a) 单元框 (b) 公共控制框 (c) 公共输出单示框

图 B.2 三种方框图

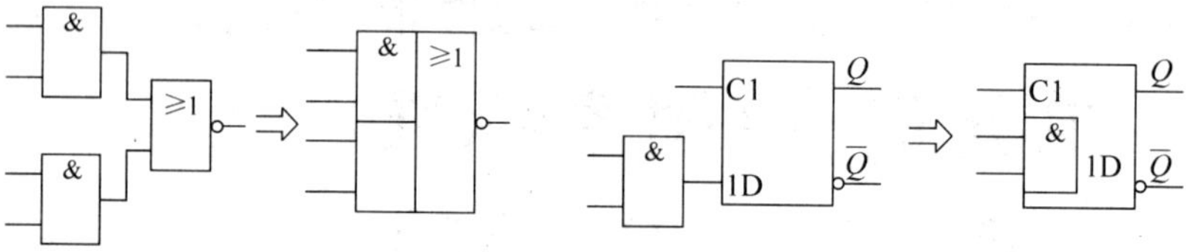

(a) 邻接法 (b) 镶嵌法

图 B.3 邻接法与镶嵌法定性符号

B.3 定性符号

定性符号分为总定性符号和与输入、输出和其他连接有关的定性符号两种。定性符号画在单元基本框中用以表明该单元输入或输出的物理特性或逻辑特性，或表明该单元全部逻辑特性。

1. 总定性符号

总定性符号用来规定单元的输出与输入之间的逻辑功能，其作用对象是方框内部，即输出、输入内部逻辑状态。常用的总定性符号如表 B.1 所示。

表 B.1 常用总定性符号

符号	说明	符号	说明
&	与	COMP	数值比较
≥1	或	ALU	算术逻辑
≥m	逻辑门槛		二进制延迟
=1	异或	$I=0$	初始 0 状态
=m	等于 m	$I=1$	初始 1 状态
1	缓冲		单稳，可重复触发
=	恒等		单稳，不可重复触发
>$n/2$	多数	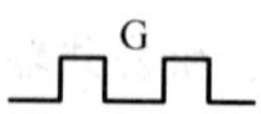	非稳态
$2k$	偶数(偶数校验)	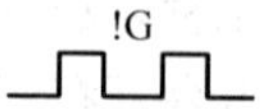	非稳态，同步启动
$2k+1$	奇数(奇数校验)		非稳态，完成最后一个脉冲后停止输出
▷	放大、驱动		

续表

符 号	说 明	符 号	说 明
*◇	分布连接、点功能、线功能	!G! 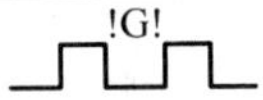	非稳态、同步启动,完成最后一个脉冲后停止输出
* 	具有磁滞特性		
X/Y	转换	SRC_m	移位寄存
MUX	多路选择	CTR_m	循环长度为 2^m 的计数
DX 或 DMUX	多路分配	$CTRDIV_m$	循环长度为 m 的计数
$\sum$	加法运算	ROM_m	只读存储
P—Q	减法运算	$PROM_m$	可编程只读存储
CPG	先行进位	RAM△	随机存储
$\prod$	乘法运算	CAM△	内容可寻址寄存

注:* 号表明单元逻辑功能的总定性符号代替;△号用地址和位数的适当符号代替。

2. 与输入、输出和其他连接有关的定性符号

与输入、输出和其他连接有关的定性符号用来说明相应输入端或输出端所具有的逻辑功能或物理特性,共有 4 种,如表 B.2～B.5 所示。

表 B.2 逻辑非、逻辑极性和动态输入符号

符 号	说 明	符 号	说 明
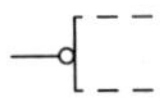	逻辑非,在输入端	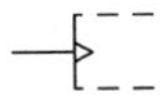	动态输入
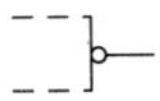	逻辑非,在输出端	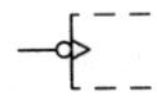	带逻辑非的动态输入
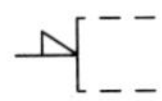	逻辑极性符号,在输入端	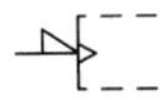	带极性符号的动态输入
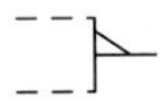	逻辑极性符号,在输出端		

表 B.3 内部连接符号

符 号	说 明	符 号	说 明
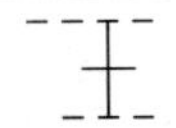	内部连接	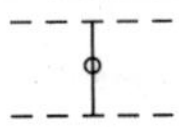	具有逻辑非和动态特性的内部连接
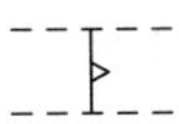	具有逻辑非的内部连接	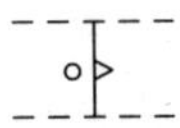	内部输入(虚拟输入)
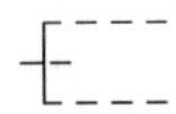	具有动态特性的内部连接	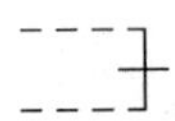	内部输出(虚拟输出)

表 B.4 方框内符号

符号	说明	符号	说明
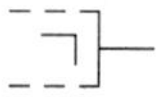	延迟输出	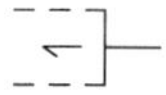	三态输出
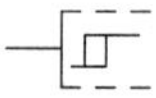	双向门槛输入 具有磁滞现象的输入	E	扩展输入
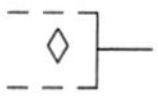	开路输出（如开集电极、开发射极、开漏极、开源极）	E	扩展输出
	H 型开路输出（如 PNP 开集电极、NPN 开发射极、P 沟道开漏极、N 沟道开源极）	EN	使能输入
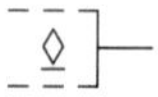	L 型开路输出（如 PNP 开发射极、NPN 开集电极、P 沟道开源极、N 沟道开漏极）	D	D 输入
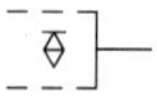	无源下拉输出	J	J 输入
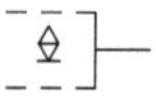	无源上拉输出	K	K 输入
R	R 输入	im	操作数输入
S	S 输入	>	数值比较器的“大于”输入
T	T 输入	<	数值比较器的“小于”输入
→m	移位输入，从左到右或从顶到底	=	数值比较器的“等于”输入
>m	移位输入，从右到左或从底到顶	• > •	数值比较器的“大于”输出
+m	正计数输入	• < •	数值比较器的“小于”输出
−m	逆计数输入	• = •	数值比较器的“等于”输出
?	联想存储器的询问输入 联想存储器疑问输入	CT=m	内容输入
!	联想存储器的比较输出 联想存储器的匹配输出	CT=m	内容输出
m_1, m_2, ⋮, m_n	多位输入的位组合		在输入边的线组合
			在输出边的线组合
m_1, m_2, ⋮, m_n	多位输出的位组合	“1”	固定方式输入

表 B.5　非逻辑连接和信息流指示符

符　　号	说　　明
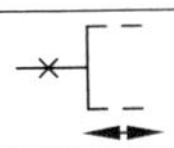	非逻辑连接,示在左边双向信息流

B.4　关联标注法

运用关联标注法的目的,是为了使二进制逻辑单元的图形符号更紧凑和更确切地表达逻辑单元的内部连接关系,运用这种标注不需具体画出所有单元及所包括的内部连接,就能表明输入之间、输出之间和输入与输出之间的关系,由关联标注所提供的信息补充了单元功能定性符号所提供的信息。

1. 约定

关联标注是人们引入符号语言中的一种概念,需要一些共同的约定。

为便于叙述,引用"影响"和"受影响"两个术语。用一个表达某输入(输出)与其他输入(输出)之间内在关系的特定字母后,跟着标识序号来标记"影响"其他输入或输出的输入(输出)[称之为"影响输入(输出)"];用与"影响输入(输出)"相同的标识序号来标记"受影响输入(输出)"影响的输入或输出[称之为"受影响输入(输出)"]。

(1) 如果以"影响输入(输出)"内部逻辑状态的补状态作为影响条件,则在"受影响输入(输出)"的标识序号上画一横线。

(2) 如果两个影响输入(输出)有相同的字母和相同的标识序号,则它们之间彼此处在相或关系中。

(3) 如果需要用一个标记来说明受影响输入(输出)对单元的影响,则应在该标记前面加上"影响输入(输出)"的标识序号作为前缀。

(4) 如果一个输入(输出)受一个以上"影响输入(输出)"的影响,则"影响输入(输出)"的各个标识序号均应在"受影响输入(输出)"的标记中列出,并以逗号隔开。这些标识序号从左到右的排列次序与影响关系的顺序相同。

2. 关联类型及用途

关联类型共有10种,见表B.6。

"与"关联、"或"关联和"非"关联是用来注明输入和/或输出之间的布尔关系。

"互连"关联是用来表示一个输入或输出把其逻辑状态强加到另一个或多个输入和/或输出上。

"控制"关联是用来标识时序单元的定时输入或时钟输入,并指出受它控制的输入。

"置位"关联和"复位"关联是用来规定当R输入和S输入均处在它们的内部1状态时,基本触发器的内部逻辑状态。

"使能"关联是用来标识使能输入并指出由它控制的输入和/或输出(如哪些输出呈现高阻抗状态)。

“方式”关联是用来标识选择单元操作方式的输入，并指出取决于该方式的输入和/或输出。

“地址”关联是用来标识存储器的地址输入。

表 B.6 关联类型、符号及作用

关联类型	关联符号	对“受影响输入”或“受影响输出”的影响	
		当“影响输入(出)”=1 时	当“影响输入(出)”=0
控制	C	允许动作	禁止动作
使能	EN	允许动作	禁止“受影响输入”动作置开路或三态输出于外部高阻抗条件置其他于输出于“0”状态
方式	M	允许动作(已选方式)	禁止动作(未选方式)
复位	R	“受影响输出”复位	不起作用
置位	S	“受影响输出”置位	不起作用
与	G	允许动作	置“0”状态
或	V	置“1”状态	允许动作
非	N	求补状态	不起作用
互接	Z	置“1”状态	置“0”状态
地址	A	允许动作(已选地址)	禁止动作(未选地址)

B.5 逻辑状态、逻辑电平与逻辑约定

1. 内、外部逻辑状态与逻辑电平

在本标准中，引入了内、外部逻辑状态的概念，它们分别表示图形符号框内、外输入或输出的逻辑状态。对输入端而言，指的是在任何限定符号之前的逻辑状态。对输出端而言，指的是在任何限定符号之后的逻辑状态。所有限定符号(除非门外)均表示对内部逻辑状态而言的逻辑功能，如图 B.4 所示。

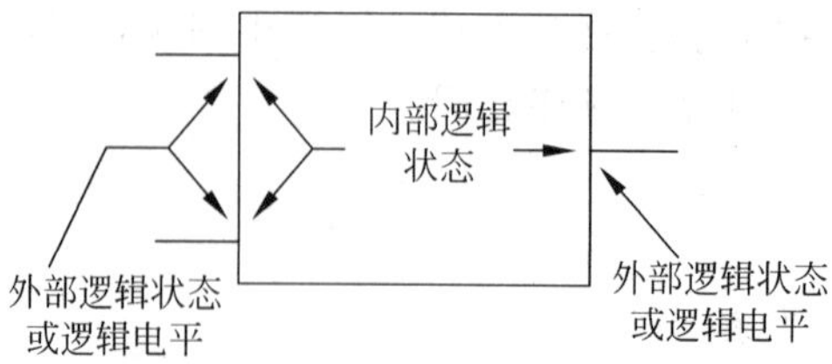

图 B.4 逻辑状态和逻辑电平的概念图解

2. 逻辑约定

对逻辑状态与逻辑电平之间关系所作的规定，称之为逻辑约定。包括以下两种。

1) 单一逻辑约定

即正逻辑约定或负逻辑约定。这种逻辑约定采用逻辑非的图形符号。

在本图标中对正、负逻辑约定的图形符号在画法上无区别。只有用文字或图形符号

说明。

2) 用极性指示符号的逻辑约定

这是一种用极性指示符号(见表 B.2)来表示输入(出)端的外部逻辑电平与内部逻辑状态之间关系的逻辑约定。有极性指示符的输入(输出)端,其框外低电平对应框内逻辑 1 状态,框外高电平对应框内逻辑 0 状态。无极性指示符的输入(出)端,其框外低电平对应框内逻辑 0 状态,框外高电平对应框内逻辑 1 状态。

值得强调的是,极性指示符又表示一种逻辑约定,它与单一逻辑约定中的逻辑非的“○”运算符号的本质完全不同。在用极性指示符表示的逻辑电路中,其输入和输出端上不允许采用逻辑非符号,同样,在单一逻辑约定的逻辑电路中,也不允许采用极性指示符。还应当注意,无论采用什么逻辑约定,在符号框内只存在内部逻辑状态,不存在内部逻辑电平。在采用单一逻辑约定的图形符号中,图形框外既存在外部逻辑电平又存在外部逻辑状态;而在采用极性指示符的逻辑约定的图形符号中,图形框外仅存在外部逻辑电平,不存在外部逻辑状态,所以不能将逻辑函数表达式写在采用极性指示符逻辑约定图形符号的输出端。

附录C

常用逻辑符号对照表

说明 符号 名称	本书所用符号	曾用符号	美国所用符号
与门	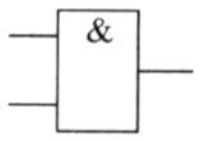	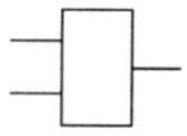	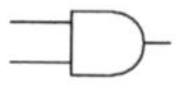
或门	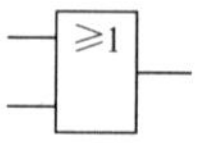	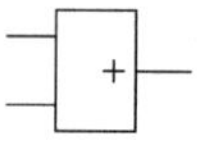	
非门	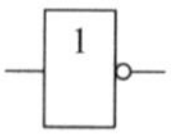	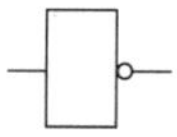	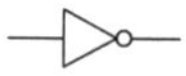
与非门	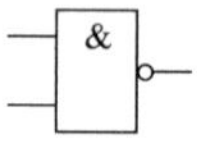	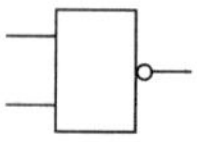	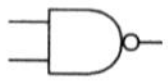
或非门	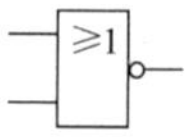	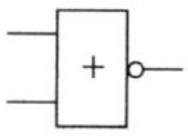	
与或非门	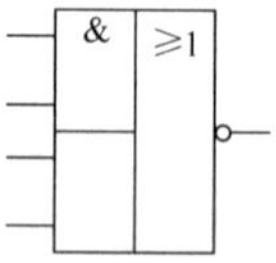	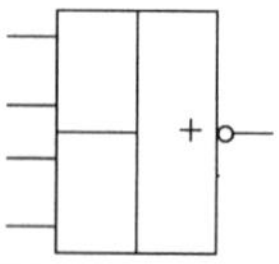	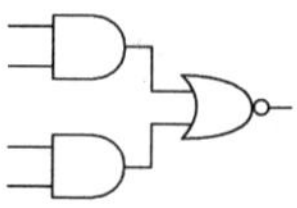
异或门	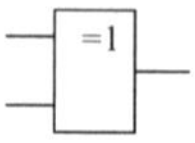	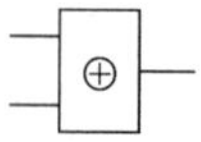	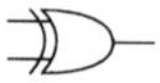
同或门	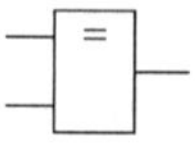	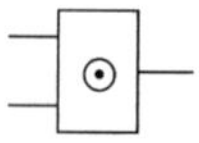	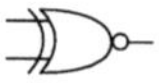
集电极开路与非门	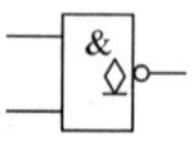	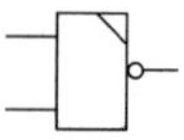	
三态输出与非门	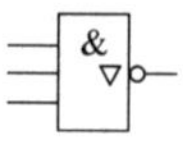	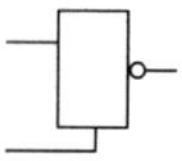	

续表

符号 说明 名称	本书所用符号	曾用符号	美国所用符号
传输门	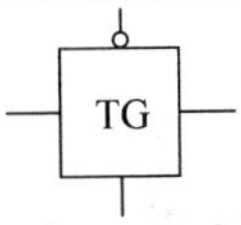	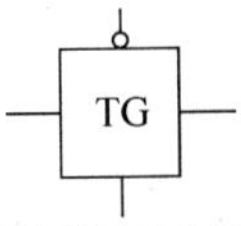	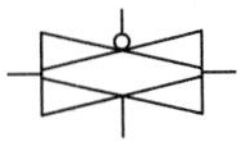
半加器	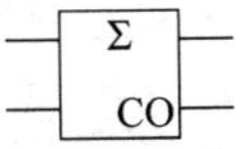	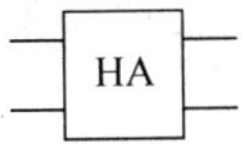	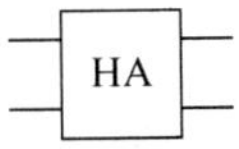
全加器	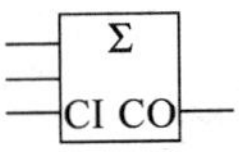	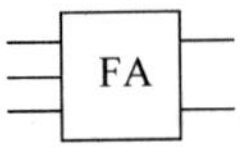	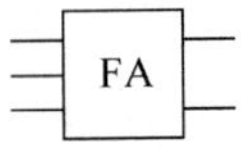
基本 RS 触发器	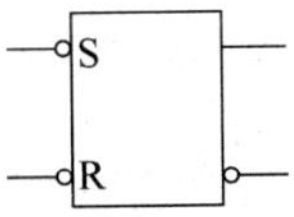	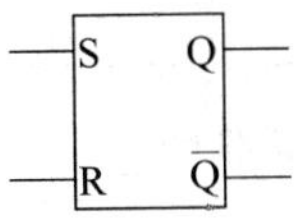	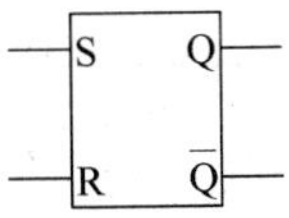
同步 RS 触发器	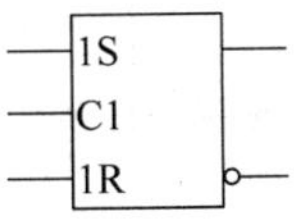	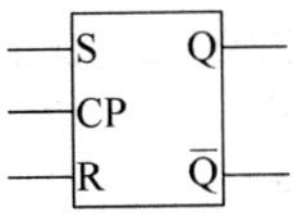	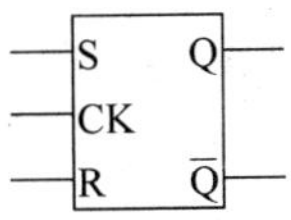
上升沿触发 D 触发器	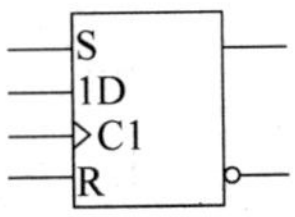	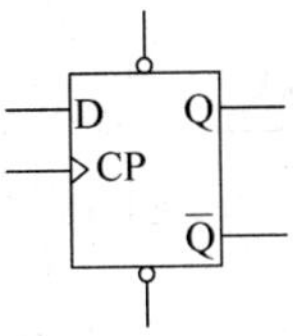	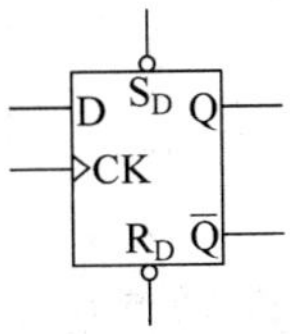
下降沿触发 JK 触发器	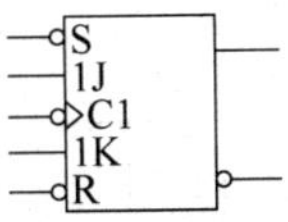	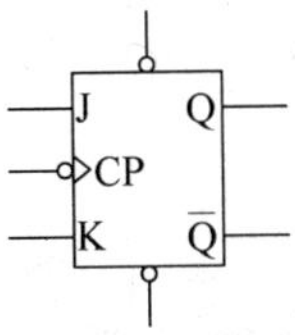	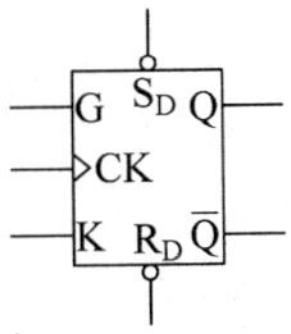
脉冲触发(主从) JK 触发器	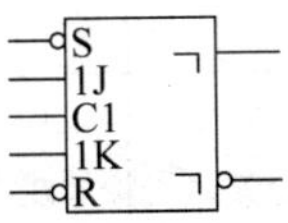	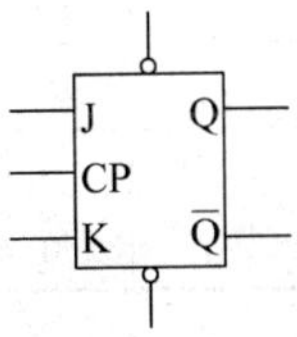	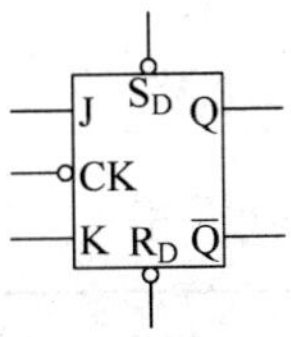
带施密特触发特性的与门	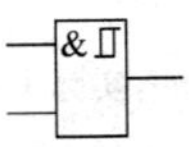	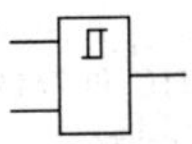	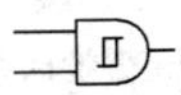

附录D

TTL和CMOS逻辑门电路的技术参数

参数名称	类别(系列)	TTL 74	TTL 74LS	TTL 74ALS	CMOS 74HC	CMOS 74HCT
输入和输出电流	$I_{IH(max)}$/mA	0.04	0.02	0.02	0.001	0.001
	$I_{IL(max)}$/mA	1.6	0.4	0.1	0.001	0.001
	$I_{OH(max)}$/mA	0.4	0.4	0.4	4	4
	$I_{OL(max)}$/mA	16	8	8	4	4
输入和输出电压	$V_{IH(min)}$/V	2.0	2.0	2.0	3.5	2.0
	$V_{IL(max)}$/V	0.8	0.8	0.8	1.0	0.8
	$V_{OH(min)}$/V	2.4	2.7	2.7	4.9	4.9
	$V_{OL(max)}$/V	0.4	0.5	0.4	0.1	0.1
电源电压	U_{CC}或U_{DD}/V	4.75～5.25			2.0～6.0	
平均传输延迟时间	t_{pd} * /ns	9.5	8	2.5	10	13
功耗	P_D ** /mW	10	4	2.0	0.8	0.5
扇出数	N_O ***	10	20		4000	4000
噪声容限	U_{NL}/V	0.4	0.3	0.4	0.9	0.7
	U_{NH}/V	0.4	0.7	0.7	1.4	2.9

* $t_{pd}=(t_{PLH}+t_{PHL})/2$

** $P_D=[P_{D(静)}+P_{D(动)}]/2$

*** N_O 指带同类门的扇出系数。74HC 和 74HCT 的 N_O 均为 4000，实际上不可能有这么大的数，因 CMOS 的输入电容较大，约为 10pF。本附录的参数引自文献[1]。

附录 E

国产半导体集成电路型号命名法（国家标准GB3430—82）

本标准适用于半导体集成电路系列和品种的国家标准所产生的半导体集成电路（以下简称器件）。

E.1 型号的组成

器件的型号由五部分组成，其五个组成部分的符号和意义如下：

第零部分		第一部分		第二部分	第三部分		第四部分	
用字母表示器件符合国家标准		用字母表示器件的类型		用阿拉伯数字和字母表示器件的系列和品种代号	用字母表示器件的工作温度范围		用字母表示器件的封装形式	
符号	意义	符号	意义		符号	意义	符号	意义
C	中国制造	T	TTL		C	0～70℃	W	陶瓷扁平
		H	HTL		E	－40～85℃	B	塑料扁平
		E	ECL		R	－55～85℃	F	全封闭扁平
		C	CMOS		M	－55～125℃	D	陶瓷双列直插
		F	线性放大器		⋮	⋮	P	塑料直插
		D	音响、电视电路				J	黑陶瓷扁平
		W	稳压器				K	金属菱形
		J	接口电路				T	金属圆形
		B	非线性电路				⋮	⋮
		M	存储器					
		μ	微型机电路					
		⋮	⋮					

E.2 例　　示

例 1：肖特基 TTL 双 4 输入与非门。

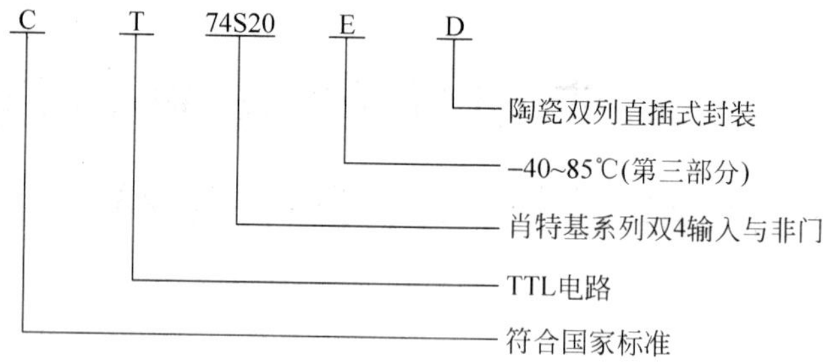

例 2：CMOS 8 选 1 数据选择器(三态输出)。

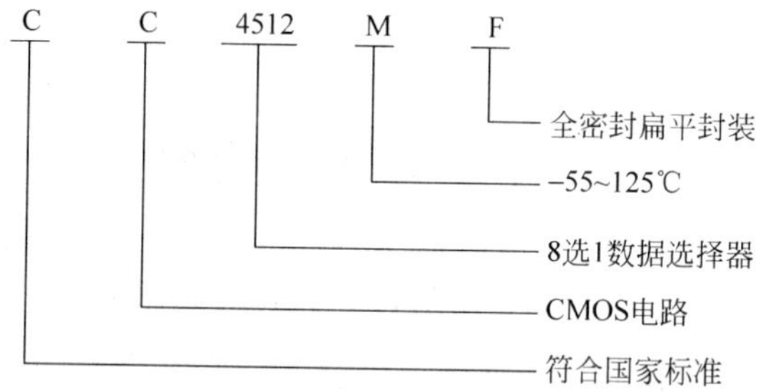

例 3：通用运算放大器。

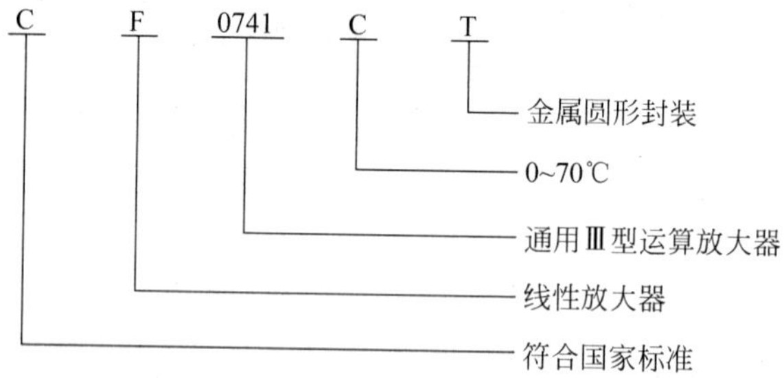

附录 F

符号说明

1. 基本符号

Q、q	电荷	X	电抗
Φ	磁通	Y	导纳
I,i	电流	B	电纳
U,u	电压,电位	t	时间
P,p	功率	f	频率
W,w	能量	ω	角频率
R,r	电阻	T	周期
G,g	电导	τ	时间常数
L	电感	A	放大倍数
C	电容	K	热力学温度的单位(开尔文)
M	互感	k	玻耳兹曼常数
Z	阻抗	φ	相位角

2. 电压、电流

英文小写字母 $u(i)$,其下标若为英文小写字母,则表示交流电压(电流)瞬时值或任意电压(电流)值(例如,u_o 表示输出交流电压瞬时值,u_{id}表示差模输入电压信号)。

英文小写字母 $u(i)$,其下标若为英文大写字母,则表示含有直流分量的电压(电流)瞬时值(例如,u_O 表示含有直流分量的输出电压瞬时值)。

英文大写字母 $U(I)$,其下标若为英文小写字母,则表示正弦电压(电流)有效值(如 U_o 表示输出正弦电压有效值)。

英文大写字母 $U(I)$,其下标若为英文大写字母,则表示直流电压(电流)(如 U_O 表示输出直流电压)。

$\dot{U}$、$\dot{I}$	正弦电压、电流相量(复数量)
U_m、I_m	正弦电压、电流幅值
$\dot{U}_f$、$\dot{I}_f$	反馈电压、电流相量(复数量)
U_S、I_S	直流电压源、电流源

u_s、i_s 正弦电压源、电流源
U_i 输入电压有效值
U_o、I_o 输出电压、电流有效值
ΔU、ΔI 直流电压、电流变化量
Δu、Δi 电压、电流瞬时值变化量
U_R、 基准电压、参考电压
I_R 基准电流、参考电流
u_i 输入电压瞬时值、输入电压
i_i 输入电流瞬时值、输入电流
u_o 输出电压瞬时值、输出电压
u_I 含有直流成分输入电压瞬时值
u_O 含有直流成分输出电压的瞬时值
I_L 负载电流
U_{CC}、U_{EE} 集电极、发射极直流电源电压
U_B 基极直流电源电压
U_{DD}、U_{SS} 漏极和源极直流电源电压
u_i'、i_i' 放大器的净输入电压、电流瞬时值
u_f、i_f 放大器的反馈电压、电流瞬时值
u_F、i_F 放大器含有直流成分的反馈电压、电流瞬时值
$\dot{U}_N$ 噪声或干扰电压

3. 电阻

R_s 信号源内阻
r_i 输入电阻
r_o 输出电阻
R_f、r_f 反馈电阻
r_{if} 具有反馈时的输入电阻
r_{of} 具有反馈时的输出电阻
R_w 电位器(可变电阻器)
R_L 负载电阻

4. 放大倍数、增益

A_u 电压放大倍数
A_{us} 考虑信号源内阻时电压放大倍数，即源电压放大倍数
A_{ud} 差模电压放大倍数
A_{uc} 共模电压放大倍数
A_{od} 开环差模电压放大倍数
A_{usm} 中频电压放大倍数

A_{usl} 低频电压放大倍数
A_{ush} 高频电压放大倍数
A_{f} 闭环放大倍数
A_{uf} 具有负反馈的电压放大倍数，即闭环电压放大倍数
A_{i} 开环电流放大倍数
A_{if} 闭环电流放大倍数
A_{r} 开环互阻放大倍数
A_{rf} 闭环互阻放大倍数
A_{g} 开环互导放大倍数
A_{gf} 闭环互导放大倍数
F 反馈系数
A_{P} 功率放大倍数

5. 功率

p 瞬时功率
P 平均功率(有功功率)
Q 无功功率
$\widetilde{S}$ 复功率
S 视在功率
λ 功率因数
η 效率
P_{o} 输出信号功率
P_{E}、P_{S} 直流电源供给功率
P_{C} 集电极损耗功率

6. 频率

f_{h} 上限截止频率
f_{l} 下限截止频率
f_{BW} 通频带(带宽)
f_{hf} 具有负反馈时放大电路的上限截止频率
f_{lf} 具有负反馈时放大电路的下限截止频率
f_{BWf} 具有负反馈时的通频带
f_{α} 共基极接法时晶体管电流放大系数的上限截止频率
f_{β} 共射极接法时晶体管电流放大系数的上限截止频率
f_{T} 晶体管的特征频率
ω_{0} 谐振角频率、振荡角频率、中心角频率
f_{0} 谐振频率

7. 二极管

D	二极管通用符号
I_D、i_D	二极管电流
U_D、u_D	二极管电压
I_R	反向工作电流
I_{Rm}	最大反向工作电流
I_S	反向饱和电流
I_{Fm}	最大整流电流
U_{Rm}	最大反向工作电压
U_T	温度电压当量
U_{on}	二极管开启电压
R_D	二极管直流电阻
r_D	二极管交流电阻
C_b	势垒电容
C_d	扩散电容
C_j	结电容
P	空穴型半导体
N	电子型半导体
n	电子浓度
p	空穴浓度
D_Z	稳压二极管通用符号
U_Z	稳压二极管稳定电压值
I_Z	稳压二极管工作电流
I_{Zmax}	稳压二极管最大稳定电流
r_Z	稳压二极管的动态电阻
P_Z	稳压二极管额定功率

8. 晶体管和场效应管

T	晶体管和场效应管通用符号
Q	静态工作点、LC 回路的品质因数
B、b	基极
C、c	集电极
E、e	发射极
I_{CBO}	发射极开路、集-基极间的反向饱和电流
I_{CEO}	基极开路、集-射极间的穿透电流
I_{CM}	集电极最大允许电流
I_{BQ}、I_B	基极静态电流
I_{CQ}、I_C	集电极静态电流

U_{CEQ}、U_{CE} 集电极-发射极间静态压降
P_{CM} 晶体管集电极最大耗散功率
r_b、$r_{bb'}$ 基区体电阻
$r_{b'e}$ 发射结电阻
r_{be} 共射接法下,基极-发射极间的微变电阻
r_{ce} 共射接法下,集电极-发射极间的微变电阻
R_C、R_c 集电极外接电阻
R_B、R_b 基极偏置电阻
R_E、R_e 发射极外接电阻
C_e 发射极旁路电容
$C_{b'c}$ 基极-集电极间电容
$C_{b'e}$ 基极-发射极间电容
C_F、C_f 反馈电容
α 共基接法电流放大系数
β 共射接法电流放大系数
g_m 晶体管、场效应管互导
BU_{EBO} 集电极开路时 e-b 间的击穿电压
BU_{CEO} 基极开路时 c-e 间的击穿电压
D、d 场效应管漏极
G、g 场效应管栅极
S、s 场效应管源极、整流电路的脉动系数
U_P 场效应管夹断电压
U_T 增强型场效应管的开启电压
$U_{(BR)DS}$ 最大漏、源电压
$U_{(BR)GS}$ 最大栅、源电压
I_D、i_D 漏极电流
I_{DSS} 饱和漏极电流,结型、耗尽型场效应管 $U_{GS}=0$ 时的 I_D 值
P_{DM} 场效应管最大耗散功率
R_{GS} 直流输入电阻
r_{gs} 输入电阻
r_d 输出电阻
R_g 场效应管栅极外接电阻
R_d 场效应管漏极外接电阻
R 场效应管源极外接电阻
C 场效应管源极旁路电容
g_m 场效应管低频互导

9. 集成运放

U_+、I_+ 集成运放同相端输入电压、电流

U_-、I_-　集成运放反相端输入电压、电流
U_{IO}、I_{IO}　集成运放输入失调电压、失调电流
u_{id}　差模输入电压信号
U_{idmax}　最大差模输入电压
u_{ic}　共模输入电压信号
U_{icmax}　最大共模输入电压
$U_{op\text{-}p}$　集成运放最大输出电压
U_{OH}　集成运放输出电压的最高电压或逻辑门电路输出高电平
U_{OL}　集成运放输出电压的最低电压或逻辑门电路输出低电平
U_{IH}　逻辑门电路输入高电平
U_{IL}　逻辑门电路输入低电平
U_{NH}　逻辑门电路高电平噪声容限
U_{NL}　逻辑门电路低电平噪声容限
I_{IB}　集成运放输入偏置电流
r_{id}　差模输入电阻
r_{ic}　共模输入电阻
$R(R')$　集成运放输入端的平衡电阻
K_{CMR}　共模抑制比
S_R　集成运放的转换速率
t_{Pd}　平均传输延迟时间

10. 其他

$\frac{S}{N}$　信噪比
G_m　增益裕度
ϕ_m　增益裕度
q　占空比
S_r　稳压系数
S_T　温度系数
t_W　脉冲宽度
U_M　脉冲幅度
t_r　上升时间
t_f　下降时间

参 考 文 献

1. Robert Boylestan, louis Nasnelky. Electronic Devices and Circuit Theory. Prentice-Hall, Inc, 1996
2. 张风言主编. 电子电路基础. 北京：高等教育出版社，1999
3. 陈大钦主编. 电子技术基础. 北京：高等教育出版社，1991
4. 邹寿彬主编. 电子技术基础. 北京：高等教育出版社，1991
5. 童诗白，华成英主编. 模拟电子技术基础. 第三版. 北京：高等教育出版社，2001
6. 周铜山，李长法编著. 模拟集成电路原理及应用. 北京：科学技术文献出版社，1991
7. 谢字美主编. 电子线路设计·实验·测试. 武汉：华中理工大学出版社，1994
8. 孙肖子，张企民编著. 模拟电子技术基础. 西安：西安电子科技大学出版社，2001
9. Susan A. R. Garrod, Robert J. Borns. Digital logic; Analysis, Application & Design, Purdue University. Saunders College Publishing. Philadelphia, 1991
10. Char H. Roth. JR. Fundamentals of Logic Design. USA: Company of PND. 1991
11. Milos D. Ercegovac, Tomas _ Lang, Jaime H. Moreno. Introduction to Digital System. John Wiley Son, 1998
12. 阎石主编. 数字电子技术基础. 第 4 版. 北京：高等教育出版社，1998
13. 曹汉房，陈耀奎编著. 数字技术教程. 北京：电子工业出版社，1995
14. 康华光主编. 电子技术基础. 北京：高等教育出版社，2000
15. 吴建强主编. 数字集成电路应用基础. 北京：航空工业出版社，1995
16. 杨晖，张风言编著. 大规模可编程逻辑器件与数字系统设计. 北京：北京航空航天大学出版社，1998
17. 韩振振，唐志宏主编. 数字电路逻辑设计. 大连：大连理工大学出版社，2000
18. 电子工程手册编委会等编. 中外集成电路简明速查手册——TTL、CMOS. 北京：电子工业出版社，1991

《模拟电路基础》目录

ISBN 9787302144151　　林红、周鑫霞主编

《数字电路与逻辑设计》目录

ISBN 9787302090724　　林红、周鑫霞编著